조경기능사
필기

시대에듀

무 조 건 단 기 에 뽀 개 기

편·저·자·약·력

홍석윤

[학력 및 주요 경력]
- 現 농업고등학교 교사(식물자원·조경)
- 환경조경학과 학사
- 한국조경학회 상임이사
- 조경 관련 유튜브 채널 '홍선생 학교가자' 운영
- 클래스101 식물 분야 크리에이터

[저서]
- 시대에듀 조경기사·산업기사 필기 한권으로 합격하기
- 시대에듀 무단뽀 조경기능사 필기+무료 동영상

[수상]
- 2024년 전국 FFK전진대회 조경 분야 대상(장관상), 은상·동상(지도교사)
  강원 FFK전진대회 조경 분야 금상·은상·동상(지도교사)
- 2024년 지역사회 유공 표창
- 2024년 지도교사 유공 표창
- 2024년 대한민국 청소년 창업경진대회 한국청년창업가정신재단 이사장상(지도교사)
- 2024년 영농창업 경진대회 우수상(지도교사)
- 2023년 지역사회 유공 표창
- 2022년 전국 FFK전진대회 조경 분야 은상(지도교사)
  강원 FFK전진대회 조경 분야 은상·동상(지도교사)
- 2021년 제17회 전국 창업아이템 경진대회 최우수상(지도교사), 공로상

끝까지 책임진다! 시대에듀!
QR코드를 통해 도서 출간 이후 발견된 오류나 개정법령, 변경된 시험 정보, 최신기출문제, 도서 업데이트 자료 등이 있는지 확인해 보세요! **시대에듀 합격 스마트 앱**을 통해서도 알려 드리고 있으니 구글 플레이나 앱 스토어에서 다운받아 사용하세요.
또한, 파본 도서인 경우에는 구입하신 곳에서 교환해 드립니다.

편집진행 윤진영·장윤경 | **표지디자인** 권은경·길전홍선 | **본문디자인** 정경일

※ 이 책은 저작권법에 의해 보호를 받는 저작물이므로 동영상 제작 및 무단전재와 복제를 금합니다.

PREFACE

조경기능사는 주거환경과 환경복원 문제의 중요성이 증가함에 따라 전문 인력을 통해 생활공간을 가꾸고 자연환경을 보호하기 위해 도입된 국가공인자격증입니다.

본 수험서에는 조경기능사 자격시험에 대비하는 수험생들을 위해 다음과 같이 구성하였습니다.

1. 기능사 시험은 문제은행식으로 출제되기 때문에 과년도 기출문제를 꼼꼼히 분석하여 많이 출제되었던 중요 개념을 핵심이론으로 정리하였습니다.
2. 문제를 풀며 관련 이론을 완벽히 이해할 수 있도록 상세한 해설을 수록하였습니다.
3. 시험 전 꼭 알아야 할 핵심요약집 빨간키를 수록하였습니다.

본 도서와 함께 저자의 유튜브 채널(홍선생 학교가자)을 활용하시면 더욱 효과적으로 조경기능사 자격시험을 준비하실 수 있습니다. 수험서에 수록된 정보 이외에 더욱 다양한 팁과 정보를 전달해 드릴 예정입니다.

본 도서가 조경기능사 시험을 열심히 준비하는 여러분들에게 큰 도움이 되어 모두 합격의 기쁨을 누릴 수 있기를 기원하겠습니다.

저자 홍석윤 올림

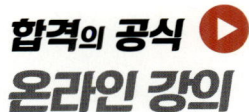

보다 깊이 있는 학습을 원하는 수험생들을 위한 시대에듀의 동영상 강의가 준비되어 있습니다.
www.youtube.com ➔ 시대에듀 ➔ 구독

조경기능사 시험의 모든 것

조경기능사란?
급속한 산업화·도시화에 따른 환경의 파괴로 인하여 환경 복원과 주거환경 문제에 대한 관심과 그 중요성이 부각됨으로써 전문인력으로 하여금 생활공간을 아름답게 꾸미고 자연환경을 보호하고자 도입되었다.

수행직무
자연환경과 인문환경에 대한 현장조사를 수행하여 기본구상 및 기본계획, 부분적 실시설계를 이해하고 현장여건을 고려하여 시공을 통해 조경 결과물을 도출하고 이를 관리하는 직무를 수행한다.

시험일정

구 분	필기원서접수 (인터넷)	필기시험	필기합격 (예정자)발표	실기원서접수	실기시험	최종 합격자 발표일
제1회	1월 초순	1월 하순	2월 초순	2월 초순	3월 중순	4월 중순
제2회	3월 중순	4월 초순	4월 중순	4월 하순	5월 하순	7월 초순
제3회	6월 초순	6월 하순	7월 중순	7월 하순	8월 하순	9월 하순
제4회	8월 하순	9월 중순	10월 중순	10월 중순	11월 하순	12월 중순

※ 상기 시험일정은 시행처의 사정에 따라 변경될 수 있으니, 큐넷 홈페이지(www.q-net.or.kr)에서 확인하시기 바랍니다.

시험 관련 세부정보

❶ **시행처** : 한국산업인력공단
❷ **시험과목**
  • 필기 : 조경설계, 조경시공, 조경관리
  • 실기 : 조경기초 실무
❸ **검정방법**
  • 필기 : 객관식 4지 택일형, 60문항(1시간)
  • 실기 : 작업형(3시간)
❹ **합격기준**(필기·실기) : 100점 만점에 60점 이상
❺ **응시자격** : 제한 없음

연도별 합격자 현황

필기시험

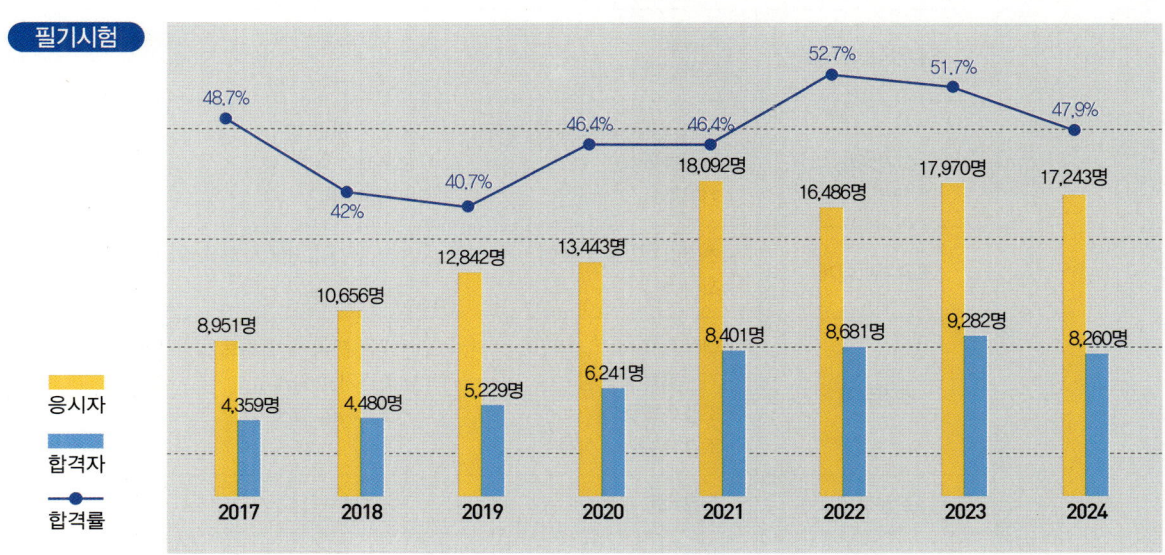

실기시험

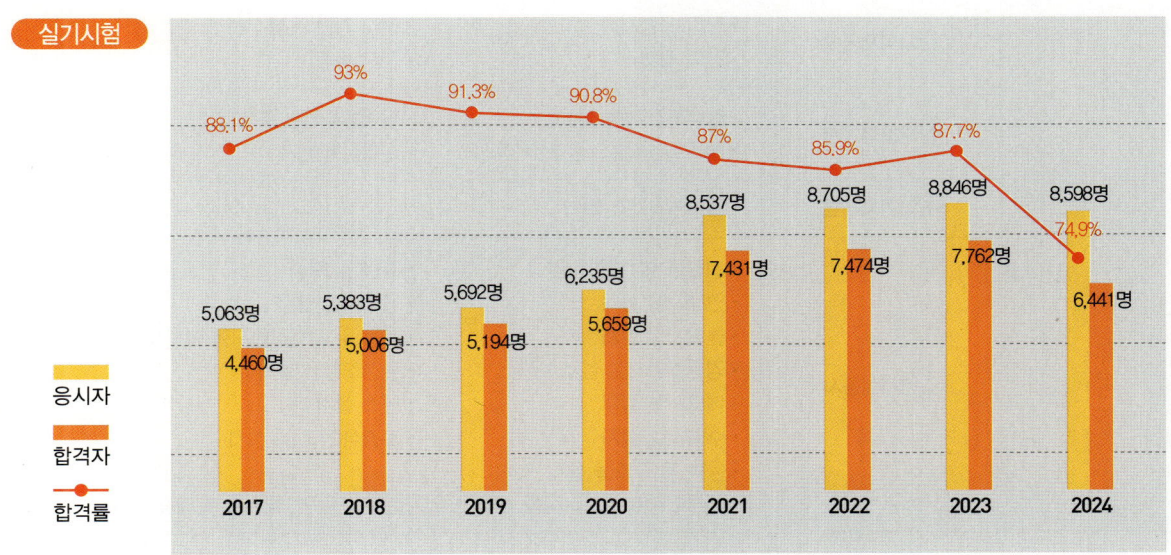

조경기능사 필기 출제기준

필기 과목명	주요항목	세부항목	
조경설계, 조경시공, 조경관리	조경양식의 이해	• 조경일반 • 동양조경 양식	• 서양조경 양식
	조경계획	• 자연, 인문, 사회 환경 조사분석 • 기능분석 • 기본구상	• 조경 관련 법 • 분석의 종합, 평가 • 기본계획
	조경기초설계	• 조경디자인요소 표현 • 적산	• 전산응용도면(CAD) 작성
	조경설계	• 대상지 조사 • 기본계획안 작성 • 조경식재 설계 • 조경설계도서 작성	• 관련 분야 설계 검토 • 조경기반 설계 • 조경시설 설계
	조경식물	• 조경식물 파악	
	기초식재공사	• 굴취 • 교목 식재 • 지피·초화류 식재	• 수목 운반 • 관목 식재
	잔디식재공사	• 잔디 시험시공 • 잔디 식재	• 잔디 기반 조성 • 잔디 파종
	실내조경공사	• 실내조경기반 조성 • 실내조경시설·점경물 설치	• 실내녹화기반 조성 • 실내식물 식재
	조경인공재료	• 조경인공재료 파악	
	조경시설공사	• 시설물 설치 전 작업 • 안내시설 설치 • 놀이시설 설치 • 경관조명시설 설치 • 데크시설 설치 • 수경시설 설치 • 옹벽 등 구조물 설치 • 생태조경(빗물처리시설, 생태못, 인공습지, 비탈면, 훼손지, 생태숲) 설치	• 측량 및 토공 • 옥외시설 설치 • 운동 및 체력단련시설 설치 • 환경조형물 설치 • 펜스 설치 • 조경석(인조암) 설치

필기 과목명	주요항목	세부항목	
조경설계, 조경시공, 조경관리	조경포장공사	• 포장기반 조성 • 친환경 흙포장공사 • 조립블록포장공사 • 콘크리트포장공사	• 포장경계공사 • 탄성포장공사 • 투수포장공사
	조경공사 준공 전 관리	• 병해충 방제 • 토양관리 • 제초관리 • 수목보호조치	• 관배수관리 • 시비관리 • 전정관리 • 시설물 보수관리
	일반 정지·전정 관리	• 연간 정지·전정 관리계획 수립 • 굵은 가지치기 • 가지 길이 줄이기 • 가지 솎기 • 생울타리 다듬기 • 가로수 가지치기 • 상록교목 수관 다듬기 • 화목류 정지·전정 • 소나무류 순 자르기	
	관수 및 기타 조경관리	• 관수관리 • 멀칭관리 • 장비 유지관리 • 실내식물 관리	• 지주목관리 • 월동관리 • 청결 유지관리
	초화류 관리	• 계절별 초화류 조성 계획 • 초화류 시공 도면작성 • 식재기반 조성 • 초화류 관수관리 • 초화류 병충해관리	• 시장 조사 • 초화류 구매 • 초화류 식재 • 초화류 월동관리
	조경시설관리	• 급·배수시설 • 놀이시설 • 운동 및 체력단련시설 • 안내시설 • 생태조경(빗물처리시설, 생태못, 인공습지, 비탈면, 훼손지, 생태숲)시설	• 포장시설 • 관리 및 편익시설 • 경관조명시설 • 수경시설

CBT 응시 요령

기능사 종목 전면 CBT 시행에 따른
CBT 완전 정복!

"CBT 가상 체험 서비스 제공"
한국산업인력공단
(http://www.q-net.or.kr) 참고

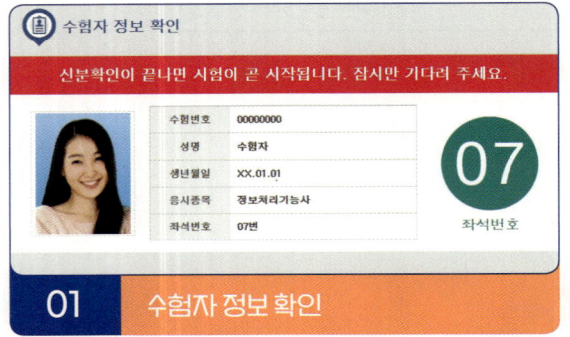

시험장 감독위원이 컴퓨터에 나온 수험자 정보와 신분증이 일치하는지를 확인하는 단계입니다. 수험번호, 성명, 생년월일, 응시종목, 좌석번호를 확인합니다.

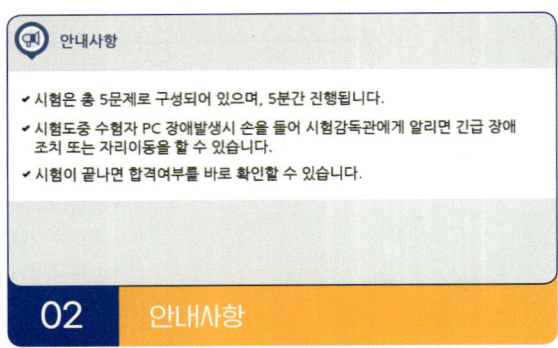

시험에 관한 안내사항을 확인합니다.

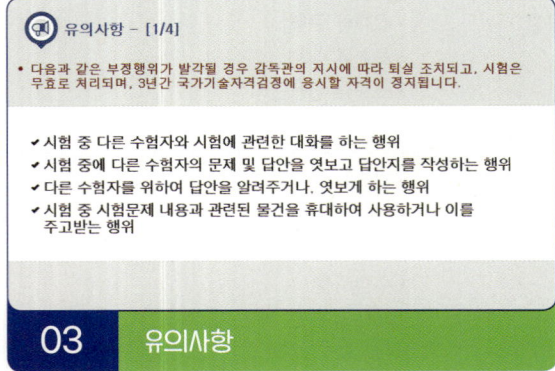

부정행위에 관한 유의사항이므로 꼼꼼히 확인합니다.

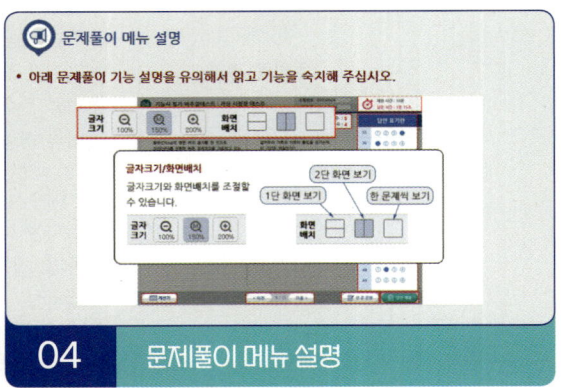

문제풀이 메뉴의 기능에 관한 설명을 유의해서 읽고 기능을 숙지해 주세요.

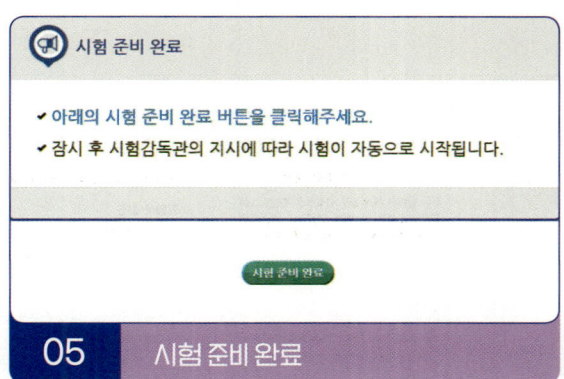

05 시험 준비 완료

시험 안내사항 및 문제풀이 연습까지 모두 마친 수험자는 시험 준비 완료 버튼을 클릭한 후 잠시 대기합니다.

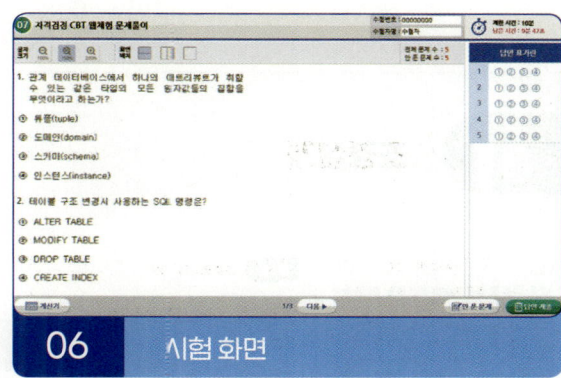

06 시험 화면

시험 화면이 뜨면 수험번호와 수험자명을 확인하고, 글자크기 및 화면배치를 조절한 후 시험을 시작합니다.

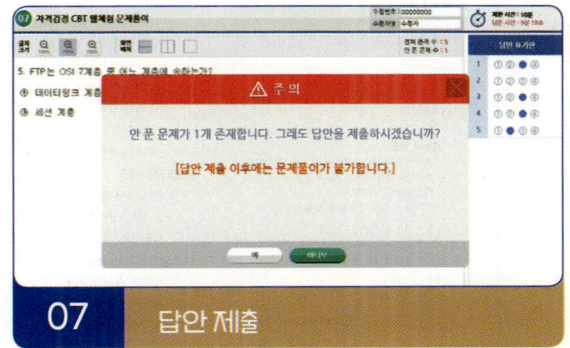

07 답안 제출

[답안 제출] 버튼을 클릭하면 답안 제출 승인 알림창이 나옵니다. 시험을 마치려면 [예] 버튼을 클릭하고 시험을 계속 진행하려면 [아니오] 버튼을 클릭하면 됩니다. 답안 제출은 실수 방지를 위해 두 번의 확인 과정을 거칩니다. [예] 버튼을 누르면 답안 제출이 완료되며 득점 및 합격여부 등을 확인할 수 있습니다.

CBT 완전 정복 Tip

내 시험에만 집중할 것
CBT 시험은 같은 고사장이라도 각기 다른 시험이 진행되고 있으니 자신의 시험에만 집중하면 됩니다.

이상이 있을 경우 조용히 손을 들 것
컴퓨터로 진행되는 시험이기 때문에 프로그램상의 문제가 있을 수 있습니다. 이때 조용히 손을 들어 감독관에게 문제점을 알리며, 큰 소리를 내는 등 다른 사람에게 피해를 주는 일이 없도록 합니다.

연습 용지를 요청할 것
응시자의 요청에 한해 연습 용지를 제공하고 있습니다. 필요시 연습 용지를 요청하며 미리 시험에 관련된 내용을 적어놓지 않도록 합니다. 연습 용지는 시험이 종료되면 회수되므로 들고 나가지 않도록 유의합니다.

답안 제출은 신중하게 할 것
답안은 제한 시간 내에 언제든 제출할 수 있지만 한 번 제출하게 되면 더 이상의 문제풀이가 불가합니다. 안 푼 문제가 있는지 또는 맞게 표기하였는지 다시 한 번 확인합니다.

이 책의 구성과 특징

❶ 핵심이론

필수적으로 학습해야 하는 중요한 이론들을 각 과목별로 분류하여 수록하였습니다. 시험과 관계없는 두꺼운 기본서의 복잡한 이론은 이제 그만!
시험에 꼭 나오는 이론을 중심으로 효과적으로 공부하십시오.

❷ 10년간 자주 출제된 문제

출제기준을 중심으로 출제빈도가 높은 기출문제와 필수적으로 풀어보아야 할 문제를 핵심이론당 1~2문제씩 선정했습니다.
각 문제마다 핵심을 찌르는 명쾌한 해설이 수록되어 있습니다.

FORMULA OF PASS · SDEDU.CO.KR

2014년 제1회 과년도 기출문제

01 앙드레 르 노트르(Andre Le Notre)가 유명하게 된 것은 어떤 정원을 만든 후부터인가?
① 베르사유(Versailles)
② 센트럴파크(Central Park)
③ 토스카나장(Villa Toscana)
④ 알람브라(Alhambra)

해설
르 노트르에 의해 세계 최대 규모의 정형식 정원이 꾸며졌다. 베르사유궁은 르 노트르와 루이 14세의 이름과 가장 밀접한 연관이 있으며, 루이 14세 스스로 그렇게 불리기를 바라던 위대한 태양왕의 실제적 상징으로 널리 알려져 있다.
- 영국 최초의 공공공원인 버컨헤드파크의 영향을 받은 최초의 공원이다.
- 고대 로마시대의 별장(빌라)이다.
- 스페인에 현존하는 이슬람 정원의 형태로 유명한 곳이며, 4개의 중정(알베르카 중정, 사자 중정, 린다라하 중정, 레하 중정)이 남아있다.

02 경관구성의 기법 중 [보기]가 설명하는 수목 배치 기법은?

보기
한 그루의 나무를 다른 나무와 연결시키지 않고 독립하여 심는 경우를 말하며 멀리서도 눈에 잘 띄기 때문에 랜드마크의 역할도 한다.

① 점식
② 열식
③ 군식
④ 부등변삼각형 식재

해설
- 정형식 조경양식에 필수이며, 일렬 선형으로 식재하는 것
- 관목이나 초본류를 모아 심는 것
- 자연식 조경에 쓰임

03 계획 구역 내에 거주하고 있는 사람과 이용자를 이해하는 데 목적이 있는 분석방법은?
① 자연환경분석
② 인문환경분석
③ 시각환경분석
④ 청각환경분석

해설
조경계획의 과정에서 기초자료의 분석은 주로 자연환경과 인문·사회환경의 분석으로 구분할 수 있다. 자연환경은 대기기상과 기후분석, 물(수문과 수계)분석, 토양토질환경, 동물(출현종, 서식지, 이동로 등), 식물(식생상, 식생종 등)을 조사 분석하며, 인문환경이 자연환경에 대비되는 개념으로 인구, 토지이용, 교통조사, 시설물조사, 인간행태유형 등을 토대로 분석하는 환경이다.

04 다음 중 일본 정원과 관련이 가장 적은 것은?
① 축소 지향성
② 인공적 기교
③ 통경선의 강조
④ 추상적 구성

해설
- 통경선의 강조는 프랑스 정원양식과 관계가 있다.
- 일본 조경의 특징
  - 일본 정원에서 중점을 두고 있는 것 : 조화
  - 정신세계의 상징화, 인공적인 기교, 추상적 구성, 관상적인 가치에 가장 치중한 정원이다.

2025년 제1회 최근 기출복원문제

01 경사지의 토양유실 방지에 효과가 있는 환경친화적인 경사면 보호용 재료로 가장 적당한 것은?
① 콘크리트블럭
② 차광망
③ 코이어메시
④ PE조경블럭

해설
코이어메시
- 코코넛 섬유로 만든 생분해성 섬유망이다.
- 식생 유도가 가능하고 자연친화적이다.
- 사용 후 자연 분해된다.
- 경사면에 설치하여 초기 식물의 생육을 도우며 토사유실 방지에 효과적이다.

02 이식할 수목의 가식장소와 그 방법의 설명으로 잘못된 것은?
① 공사의 지장이 없는 곳에 감독관의 지시에 따라 가식 장소를 정한다.
② 그늘지고 점토질 성분이 풍부한 토양을 사용한다.
③ 나무가 쓰러지지 않도록 세우고 뿌리분에 흙을 덮는다.
④ 필요한 경우 관수시설 및 수목 보양시설을 갖춘다.

해설
- 그늘보다 햇볕이 적당히 드는 곳이 수목 생장에 더 유리하다.
- 점토질 토양은 배수가 나쁘고 통기성도 낮아 뿌리 발육에 해롭다.
- 가식지의 토양은 배수가 잘되는 사양토(모래가 많이 섞인 흙)가 적당하다.

03 어떤 목재의 함수율이 50%일 때 목재중량이 6,000g이라면 전건중량은 얼마인가?
① 1,000g
② 2,000g
③ 3,000g
④ 4,000g

해설
$50\% = \dfrac{6,000 - x}{x} \times 100$
$x = 4,000$

04 유상곡수연을 위해 원정에 곡수(曲水)를 돌리는 곡수거를 조성한 기록이 남아 있는 것과 관련된 인물은?
① 도연명
② 이태백
③ 두보
④ 왕희지

해설
왕희지의 난정고사에 유상곡수연을 위해 원정에 곡수(曲水)를 돌리는 곡수거를 조성한 기록이 남아 있고, 도연명의 안빈낙도의 철학이 정원양식에 영향을 미쳤다.

이 책의 목차 & 학습플랜

빨리보는 간단한 키워드

PART 01 | 핵심이론

CHAPTER 01	조경설계	002
CHAPTER 02	조경시공	048
CHAPTER 03	조경관리	111

PART 02 | 과년도 + 최근 기출복원문제

2014년	과년도 기출문제	140
2015년	과년도 기출문제	190
2016년	과년도 기출문제	240
2017년	과년도 기출복원문제	277
2018년	과년도 기출복원문제	302
2019년	과년도 기출복원문제	327
2020년	과년도 기출복원문제	353
2021년	과년도 기출복원문제	379
2022년	과년도 기출복원문제	404
2023년	과년도 기출복원문제	429
2024년	과년도 기출복원문제	452
2025년	최근 기출복원문제	477

학습플랜 체크란

☑ 8월 25일, 1회독

빨간키

빨리보는 **간**단한 **키**워드

CHAPTER 01 조경설계

■ 조경의 의미
- 좁은 의미 : 식재를 중심으로 한 전통적인 조경기술로 정원을 만드는 일만을 말한다.
- 넓은 의미 : 정원을 포함한 광범위한 옥외공간 건설에 적극 참여하는 것이다.

■ 조경의 정의 - 미국조경가협회(ASLA)
- 1909년 : 조경은 인간의 이용과 즐거움을 위하여 토지를 다루는 기술이다.
- 1975년 : 실용성과 즐거움, 자원의 보전과 효율적 관리, 문화적 지식의 응용을 통하여 설계·계획하고 토지를 관리하며, 자연 및 인공 요소를 구성하는 기술이다.

■ 조경가
- 미국의 옴스테드(Olmsted, Frederick Law)가 1858년 처음 용어를 사용하였다.
- 경관을 조성하는 전문가이다.

■ 이집트의 주택정원
- 정원은 네모 반듯하고 높은 울담, 담 안에 몇 겹의 수목 열식, 구형 또는 T자형 침상지, 물가의 키오스크 등으로 구성되었다.
- 시카모어, 파피루스, 사자의 정원 등

■ 바빌로니아의 공중정원(추장 알리의 언덕)
- 신바빌로니아의 네부카드네자르 2세가 왕비 아미티스를 위해 조성한 정원으로 세계 7대 불가사의 중 하나이다.
- 왕을 위한 사냥터인 수렵원이 있었다.

■ 그리스의 아고라(Agora)
- 도시활동의 중심지로서, 시장이나 집회소로 이용되었다.
- 도서관, 의회당, 신전, 야외음악당으로 둘러싸인 중앙공간의 광장이다.

▌ 로마의 주택정원
- 폼페이의 주택정원은 2개의 중정과 1개의 후원으로 구성된 내향적인 양식이다.
- 제1중정(아트리움, Atrium) : 손님 접대나 사무를 위한 공적 공간이다.
- 제2중정(페리스틸리움, Peristylium) : 주정의 역할을 하는 가족을 위한 사적 공간으로 주랑식 정원이고, 바닥은 포장하지 않은 채 탁자와 의자를 배치했으며, 화훼와 분수, 조각, 제단, 돌수반 등을 정형적으로 식재·배치하였다.
- 후원(지스터스, Xystus) : 수로를 축으로 그 좌우에 산책로인 원로와 화단을 대칭적으로 배치하였다.

▌ 포럼(Forum)
지배계급을 위한 상징적 지역으로 왕의 행진, 집단이 모여 토론할 수 있는 광장의 성격을 지닌다.

▌ 스페인의 알람브라궁전
- 알베르카 중정 : 궁전의 주정으로 공적 기능을 가지고 있으며, 비례가 정확하고 화려함, 장엄미가 뛰어나다.
- 사자의 중정 : 주랑식 중정으로 가장 화려하다. 12마리의 사자가 수반과 분수를 받치고 있으며, 분수로부터 4개의 수로가 뻗어 중정을 사분하고 있다.
- 린다라하 중정 : 중정 가운데에 분수를 시설하여 여성적인 분위기를 연출하였고 가장자리를 회양목으로 식재하여 여러 모양의 화단을 만들었다.
- 레하 중정 : 바닥은 둥근 색자갈로 무늬를 주고 중앙에는 분수를 세워 환상적이면서도 엄숙한 분위기를 연출한다.

▌ 프랑스 정원의 특징
- 건축식, 평면기하학식 조경양식으로, 축선(軸線, Axis)이 중심이 되어 조성되었다.
- 르 노트르(Le Notre)
  - 이탈리아에서 유학하여 조경을 공부하였다.
  - 프랑스 평면기하학식 정원을 확립하는 데 가장 큰 기여를 하였다.
- 비스타(Vista, 통경선) : 좌우로 시선을 제한하여 일정 지점으로 시선이 모이도록 구성된 경관이며 정원을 한층 더 넓게 보이게 하는 효과가 있다.
- 베르사유궁원 : 르 노트르에 의해 조성된 세계 최대규모의 정형식 정원이다.
- 보르비콩트(Vaux-le-Vicomte)정원 : 니콜라스 푸케가 소유하였고 앙드레 르 노트르가 설계하였다. 궁전 전면 중앙의 주축선을 중심으로 하여 좌우대칭으로 화단을 장식하고 수로를 놓았다.

▌ 르네상스시대 3대 빌라 : 에스테장(Villa d'Este), 랑테장(Villa Lante), 파르네제장(Villa Farnese)

매듭화단
영국 튜더왕조에서 유행했던 화단으로, 낮게 깎은 회양목 등을 이용하여 여러 가지 기하학적 문양으로 구획하여 조성하였다.

미국의 센트럴파크(Central Park)
- 영국 최초의 공공공원인 버컨헤드공원의 영향을 받은 최초의 공원으로, 미국 도시공원의 효시가 되었다.
- 국립공원운동에 영향을 주어 1872년 옐로스톤공원(Yellow Stone Park)이 최초의 국립공원으로 지정되었다.
- 부드러운 곡선의 수법과 폭넓은 원로, 넓은 잔디밭으로 구성하였다.

중국 정원의 특징
- 차경수법을 도입하였다.
- 사실주의 보다는 상징적 축조가 주를 이루는 사의주의에 입각하였다.
- 대비에 중점을 두고 있으며, 이것이 중국정원의 특색을 이루고 있다.
- 기하학적인 무늬가 그려져 있는 원로가 있다.
- 건물과 정원이 한 덩어리가 되는 형태로 발달했다.
- 지역마다 재료를 달리한 정원양식이 생겼다.
- 태호석과 같은 구멍 뚫린 괴석을 세우는 정원 수법이 유래되었고, 태호석을 이용한 석가산 수법이 유행하였다.
- 자연경관이 수려한 곳에 인위적으로 암석과 수목을 배치하였다.
- 중국 정원의 양식에 가장 많은 영향을 끼친 사상은 신선사상이다.

일본 정원의 시대별 특징

시대	특징
7세기 초	백제의 노자공이 수미산과 홍교를 조성하였다.
8세기(나라시대)	평성궁 : 수도에 위치한 궁궐로, 연못을 중심으로 조성한 정원(동원정원)과 곡수연을 위한 S자 모양의 곡지가 발견되었다.
8~11세기 (헤이안시대)	• 신선사상의 영향으로 지원 안에 연못과 섬을 축조했다(임천식 정원). • 침전조 정원양식 : 주 건물을 침전으로 꾸미고 그 앞에 연못 등의 정원을 조성하였다. • 회유임천식 : 정원 중심부에 연못을 파고 섬을 만들어 다리를 놓고 섬과 연못주위를 돌아다니며 감상하는 정원양식이다.
14세기 (무로마치시대)	• 고산수수법이 가장 크게 발달했던 시기이다. 고산수식 정원은 축소 지향적인 일본의 민족성과 극도의 상징성으로 조성된 정원양식이다. • 축산고산수식 정원 : 바위를 중심으로 왕모래와 다듬은 수목(식물)을 사용해 꾸민 추상적인 정원이다(대덕사 대선원). • 왕모래는 냇물, 바위는 폭포, 나무는 다듬어 산봉우리를 상징한다.
15세기 후반 (무로마치시대)	평정고산수식 정원 : 수목(식물)도 사용하지 않고 바위와 왕모래만으로 꾸민 정원이다(용안사 방장정원).
16세기 (모모야마시대)	• 다정양식이 탄생하였으며, 다정원은 정원요소로 징검돌, 물통, 세수통, 석등 등의 배치를 중시하였다. • 다정(茶庭)이 나타내는 아름다움의 미 : 조화미
17세기 (에도시대 초기)	회유임천식 + 다정식 정원
19세기 (에도시대 후기)	축경식 정원 : 일본의 독특한 정원양식으로 여행 취미의 결과 얻어진 풍경의 수목이나 명승고적, 폭포, 호수, 명산계곡 등을 그대로 정원에 축소시켜 감상하는 정원이다.

▌ 백제시대 정원의 특징
- 궁남지 : 백제 무왕 35년(634년경)에 만들어진 조경 유적이며 현존하는 정원이다.
- 임류각 : 동성왕 때 궁 동쪽에 세워 강의 수경과 산야의 조경을 즐긴 위락기능을 하였다.
- 석연지 : 정원의 점경물로 만들어졌고, 물을 담아 연꽃을 심고 부들, 개구리밥, 마름 등의 부엽식물을 곁들이며 물고기도 넣어 키웠다.

▌ 안압지(문무왕 14년, 674) - 임해전 지원
- 물가에 세워진 임해전(臨海殿), 봉래산을 본따서 축소한 연못이다.
- 신선사상을 배경으로 한 해안풍경을 묘사하였다.
- 연못 속에는 삼신산을 암시하는 3개의 섬[대(남쪽), 중(북쪽), 소(중앙)]이 타원형을 이루고 있으며, 임해전의 동쪽에 가장 큰 섬과 가장 작은 섬이 위치한다.
- 임해전이 주로 직선으로 된 연못의 남북축 선상에 배치되어 있고, 연못 내 돌을 쌓아 중국의 무산 12봉을 본 딴 석가산을 조성하였다.
- 연못의 남쪽과 서쪽은 직선이고 동안은 돌출하는 반도로 되어 있으며, 북쪽은 굴곡 있는 해안형으로 되어 있다.
- 섬의 모양은 거북이형이다.

▌ 고려시대 정원의 특징
- 중국 송시대의 수법을 모방하여 화원과 석가산, 많은 누각 등을 배치한 관상 위주의 화려한 정원을 꾸몄다.
- 내원서 : 고려시대 궁궐정원을 맡아보던 관서이다.

▌ 조선시대 정원의 특징
- 경복궁
  - 경회루 원지의 형태 : 방지형(네모난 형태), 장방형(직사각형의 형태)이다.
  - 교태전 후원인 아미산 : 화계가 있으며 굴뚝은 육각형이 4개가 있다. 왕과 왕비만이 즐길 수 있는 사적인 정원이다.
- 창덕궁
  - 창경궁과 함께 동궐(東闕)이라 불렀고 후원은 비원이라 했으며, 경복궁과 달리 자연지형을 이용하여 후원을 조성하였다.
  - 낮은 곳에 못을 파고, 높은 곳에 정자를 세워 관상·휴식공간으로 사용하였다.
  - 창덕궁 후원의 명칭 변화 : 후원(後園), 후원(後苑), 북원(北園), 금원(禁園), 비원(秘苑)

▌ 별서정원 : 담양 소쇄원, 부용동 원림, 다산초당 등

▌조경계획 및 설계과정

- 목표설정(기본전제) → 자료조사(수집) 및 분석 → 종합 → 기본구상 및 대안 → 기본계획 → 기본설계 → 실시설계
- 목표설정(기본전제) : 계획의 목적과 방침 및 설계방법 등을 검토하는 것으로, 계획의 전체 성격에 영향을 미친다.
- 자료조사(수집) 및 분석 : 계획의 기본구상에 초점을 맞추어 시간적, 경제적 여건을 감안하여 자료를 수집하고 분석한다(자연환경분석, 인문·사회분석).
- 자료종합 : 자료분석한 내용들의 자료를 종합하는 단계이다.
- 기본구상 : 수집된 자료를 종합한 후에 이를 바탕으로 개략적인 계획안을 결정하는 단계이며 몇 가지의 대안을 만들어 각 대안의 장단점을 비교한 후에 최종안으로 결정한다.
- 기본계획 : 마스터플랜(Master Plan)의 작성이 위주가 되는 과정이다.
  예 토지이용계획, 교통동선계획, 시설물 배치계획, 식재계획, 하부구조계획, 집행계획
- 기본설계 : 조경계획 및 설계과정에 있어서 각 공간의 규모, 사용재료, 마감방법을 제시해주는 단계이다.
- 실시설계 : 시방서 및 공사비 내역서 등을 포함 하고 있는 설계이다.

▌제도용구

- T자 : T형으로 만들어진 자로, 크기는 모체 길이가 900mm의 것이 가장 널리 쓰이고 있으며 주로 평행선을 긋거나, 삼각자와 조합하여 수직선과 사선을 그을 때 사용한다.
- 삼각자 : 제도용 삼각자는 45°의 사선과 30°, 60°의 사선을 그을 수 있는 두 종류가 한 세트로 되어 있고 여러 가지 크기가 있는데, 제도에서는 보통 300mm 정도의 것을 많이 사용한다. 도면 내에 축소하여 그릴 때 사용한다.
- 템플릿 : 아크릴 등 얇은 판에 크기가 다른 원, 사각, 타원 또는 각종 기호 등을 뚫어 놓은 것으로, 수목을 표현할 때는 원형 템플릿을 가장 많이 사용한다.
- 운형자 : 여러 가지 곡선 모양을 본떠 만든 것으로, 컴퍼스로 그리기 어려운 곡선을 그리는 데 사용한다.
- 원호자 : 조경 제도 용품 중 곡선자라고 하여 각종 반지름의 원호를 그릴 때 사용하기 적합한 재료이다.

▌도면표시기호(조경재료 표현)

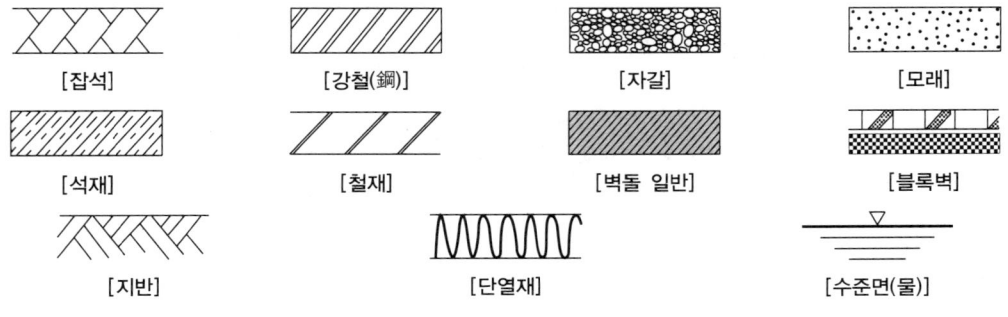

▌ 치수 표시
- 치수의 단위는 mm로 하며, 단위 표시는 하지 않는다.
- 치수를 표시할 때는 치수선과 치수 보조선을 사용한다.
- 치수선은 치수 보조선에 직각이 되도록 그으며, 화살표나 점으로 경계를 명확히 표시한다.
- 치수의 기입은 치수선에 따라 평행하게 기입한다.
- 도면의 아래로부터 위로, 또는 왼쪽에서 오른쪽으로 읽을 수 있도록 치수선의 윗부분이나 치수선의 중앙에 기입한다.

▌ 설계도의 종류
- 평면도 : 물체를 수직방향으로 내려다본 것을 가정하고 작도한 것으로, 모든 설계에 있어 가장 기본이 되는 도면이며 평면을 보고 입체감을 느낄 수 있어야 한다.
- 입면도 : 평면도와 같은 축척을 이용하여 작성하며 정면도, 배면도, 측면도 등으로 세분한다.
- 단면도 : 구조물을 수직으로 자른 단면을 보여 주는 도면으로 구조물의 내부구조 및 공간구성을 표현하며, 평면도에 단면 부위를 반드시 표시한다.
- 상세도 : 일반 평면도나 단면도에서 잘 나타나지 않는 세부사항을 시공이 가능하도록 표현한 도면이다.
- 투시도 : 설계안이 완공되었을 경우를 가정하여 설계내용을 실제 눈에 보이는 대로 입체적인 그림으로 나타낸 것이다.

▌ 보색대비
- 보색끼리 놓인 색이 서로의 채도를 높아 보이게 하여 뚜렷이 보인다.
- 노란색 ↔ 남색, 녹색 ↔ 자주색, 파란색 ↔ 주황색, 보라색 ↔ 연두색

▌ 먼셀의 표시계 기본 5색 : 빨(R), 노(Y), 녹(G), 파(B), 보(P)

▌ 배식설계방법
- 정형식 배식
  - 단식 : 현관 앞의 중앙이나 시선을 유도하는 축의 종점 등 중요한 위치에, 생김새가 우수하고 중량감을 갖춘 정형수를 단독으로 식재하는 수법이다.
  - 대식 : 시선축의 양쪽에 동형·동종의 나무를 대칭식재하는 방법으로, 정연한 질서감을 표현할 수 있다.
  - 집단식재 : 수목을 집단적으로 식재하는 방법으로, 군식 또는 군상식재(무더기식재)라고 한다.

- 자연식 배식
  - 부등변삼각형 식재 : 크고 작은 세 그루의 나무를 부등변삼각형의 각 꼭짓점에 해당하는 위치에 식재하는 방법이다.
  - 임의식재 : 대규모의 식재구역에 배식할 경우, 부등변삼각형 식재를 기본단위로 하여 그 삼각망을 순차적으로 확대하면서 연결시켜 나가는 방법이다.
  - 모아심기 : 자연상태의 식생구성을 모방하여 수종·크기·수형이 다른 두 가지 이상의 수목을 모아 무더기로 한 자리에 식재하는 방법이다.

경관구성의 요소
- 경관구성의 우세요소 : 선, 형태, 질감, 색채
- 경관구성의 가변요소 : 광선, 기상조건, 계절, 시간, 기타(운동, 거리, 관찰위치, 규모 등)

단독주택의 정원
- 앞뜰 : 대문과 현관 사이에 끼어있는 공간으로 대문, 진입로, 주차장, 차고 등으로 구성되며 수목이나 초화류, 분수 등으로 과장되게 처리하지 말고 단순하고 경쾌하게 치장하는 것이 좋다.
- 안뜰 : 거실과 인접한 공간으로 주택 내에서 가장 중요한 공간이다. 가족의 휴식이 이루어지는 장소로써 테라스, 연못, 화단, 산책길, 수영장 등 가장 특색있게 꾸며야 한다.
- 뒤뜰 : 침실에 인접한 공간으로써 정숙한 분위기를 갖는 공간이다. 외국의 경우 일광욕실 등 흔히 폐쇄된 외딴 장소로 이용하는 경우도 있다.
- 작업뜰 : 주방, 세탁실, 다용도실 등과 연결되어 장독대, 건조장, 쓰레기장 등으로 사용되므로 전정이나 주정과는 시각적으로 차단되면서 동선의 연결이 필요하다.

도시공원의 종류
- 생활권공원 : 소공원, 어린이공원, 근린공원
  ※ 어린이공원 : 유치거리 250m 이하, 규모 1,500m^2 이상, 공원시설 부지면적 100분의 60 이하
- 주제공원 : 역사공원, 문화공원, 수변공원, 묘지공원, 체육공원, 도시농업공원, 방재공원, 기타 공원

골프장의 설계
- 클럽하우스 중심으로 골프코스구역, 관리시설구역, 위락시설구역, 생산시설구역, 환경보존구역으로 나누고, 아웃(Out)의 9홀과 인(In)의 9홀로 구분한다.
- 표준코스는 18홀(Hole)로 4개의 짧은 홀, 10개의 중간 홀, 4개의 긴 홀을 지형에 맞추어 흥미 있게 배치한다.
- 방위는 잔디에 좋은 남사면 또는 남동사면으로 한다.

학교정원의 설계
- 부지의 형태, 건물의 위치, 부지의 면적 등에 따라 진입공간, 휴게공간, 운동장, 교사 주변 화단, 경계공간 등으로 구분한다.
- 수목 선정 시 조경수목의 생태적, 경관적, 교육적, 경제적인 특성 등을 고려한다.

옥상정원의 시설물 설치
- 옥상정원의 시설물 : 분수, 벤치, 퍼걸러, 연못, 벽천, 어린이 놀이시설 등과 휴지통, 조명등
- 바람막이벽과 옥상 가장자리에 안전을 위한 난간을 설치하며, 바닥은 슬래브 위에 방수막을 덮고 그 위에 보호층을 설치하여 마무리한다.

적산 및 견적 시 주의사항
- 공사현장의 충분한 사전답사, 현장설명서, 도면, 시방서를 검토하여 주어진 조건대로 공사비를 산출한다.
- 도면에서 제시된 재료의 수량, 면적 및 길이의 축척을 고려하여 산출하되 중복계산은 피한다.
- 계산 : 설계도상에 있어서 소계에는 원 단위를 쓰고, 최종단위는 천 단위를 사용하며, 나머지는 버린다.
- 조경 적산은 규격 및 표준화가 어렵고, 시공시기의 제한이나 지역성에 의존하는 특성이 있다.

공사비의 산출
- 공사비는 노무비, 재료비, 경비, 이윤 등으로 구성된다.
- 순공사비 = 노무비 + 재료비 + 경비
- 노무비
  - 직접노무비 : 직접적 작업의 종사자에 지급하는 비용이며 시공수량×품셈×노무단가로 계산한다.
  - 간접노무비 : 보조적 작업의 종사자에 지급하는 비용이며 직접노무비×간접노무비율(15% 내외)로 계산한다.
    예) 경비원, 사무직원 등
- 재료비 = 직접재료비 + 간접재료비 − 작업부산물
  - 직접재료비 : 공사 목적물을 구성하는 재료비
  - 간접재료비 : 공사에 보조적으로 소비되는 물품비이다.
    예) 지주목, 거푸집, 동바리, 비계 등
- 이윤 = (순공사비 + 일반관리비 − 재료비) × 15% 또는 (노무비 + 경비 + 일반관리비) × 15%
  ※ 일반관리비 : 기업의 유지를 위한 관리활동 부문에서 발생하는 제비용
- 경비 : 공사의 시공을 위하여 소요되는 공사원가 중 재료비와 노무비를 제외한 비용이다.
  예) 전력비, 수도광열비, 운반비, 기계경비, 특허권사용료, 기술료, 연구개발비, 품질관리비, 보험료, 보관비, 외주가공비, 산업안전보건관리비, 폐기물처리비, 도서인쇄비, 안전관리비 등

CHAPTER 02 조경시공

■ 조경식물의 분류

- 형태적 분류

나무 고유의 모양	교목, 관목, 덩굴성 수목
잎의 모양	침엽수, 활엽수
잎의 생태	상록수, 낙엽수

- 관상 부위에 따른 분류

꽃	봄꽃, 여름꽃, 가을꽃, 겨울꽃	잎	주목, 식나무, 벽오동, 단풍나무류, 계수나무, 은행나무, 측백나무, 대나무, 호랑가시나무, 낙우송, 소나무류, 위성류, 회양목, 화백, 느티나무 등
열매	피라칸타, 낙상홍, 석류나무, 팥배나무, 탱자나무, 모과나무, 살구나무, 자두나무, 마가목, 산수유, 대추나무, 오미자, 감나무, 생강나무, 감탕나무, 사철나무, 화살나무 등	단풍	단풍나무류, 붉나무, 화살나무, 마가목, 산딸나무, 낙상홍, 매자나무, 은행나무, 백합나무, 배롱나무, 계수나무, 일본잎갈나무, 담쟁이덩굴 등

- 이용 목적에 따른 분류

경관장식용	• 소나무, 은행나무, 단풍나무 주목, 동백나무 등의 교목류 • 철쭉류, 수국, 명자나무, 장미, 조팝나무 등의 관목류
녹음용	• 수관이 크고, 큰 잎이 치밀하고 무성하며, 지하고가 높은 교목 • 느티나무, 칠엽수, 회화나무, 일본목련, 백합나무, 은행나무 등
가로수용	• 시선유도, 방음, 방화, 도시수식의 목적으로 심는 나무 • 벚나무, 은행나무, 느티나무, 가죽나무, 회화나무 등

■ 조경수목의 특성

- 수형
  - 수관 : 가지와 잎이 뭉쳐서 이루어진 부분으로, 가지의 생김새에 따라 수관의 모양이 달라진다.
  - 수간 : 줄기와 뿌리솟음의 2가지 요소로 이루어지며, 줄기의 생김새나 갈라진 수에 따라 수형이 달라진다.
  - 나무가 자란 그대로의 수형인 자연수형과 인위적으로 만든 인공수형이 있다.
- 환경 : 기온, 광선, 바람, 토양, 수분, 공해, 염해 등
- 조경수목의 규격표시
  - 흉고직경(B, 가슴높이지름) : 줄기의 굵기를 측정하는 것으로, 일반적인 가슴높이(지표면에서부터 1.2m)에서 잰 나무줄기의 지름을 말하는데, 쌍간일 경우 각 간의 흉고직경 합의 70%나 해당 수목의 최대 흉고직경 중 큰 것을 선택한다.

- 근원직경(R, 근원지름) : 지표면과 접한 줄기의 지름을 말하며, 흉고직경을 측정할 수 없는 관목이나 가슴높이 이하에서 줄기가 여러 갈래로 갈라진 교목, 덩굴성 수목, 묘목 등에 적용한다.

■ 지피식물의 특성

- 피식물의 조건
  - 지표면을 치밀하게 피복하고, 부드러워야 한다.
  - 식물체의 키가 낮고, 다년생이어야 한다.
  - 번식력이 왕성하고, 생장이 비교적 빨라야 한다.
  - 성질이 강하고, 환경조건에 적응을 잘해야 한다.
  - 병해충에 대한 저항성과 내답압성을 갖추어야 한다.
  - 식물적 특성을 고루 갖추고, 관리가 용이해야 한다.
- 지피식물의 기능 : 미적 효과, 운동 및 휴식공간 제공, 강우로 인한 진땅 방지, 토양유실 방지, 흙먼지 방지, 동결 방지

■ 초화류의 분류

한해살이 초화류(1·2년생)	• 봄뿌림 : 맨드라미, 샐비어, 마리골드, 나팔꽃, 코스모스, 과꽃, 봉선화, 채송화, 분꽃, 피튜니아, 백일홍 등 • 가을뿌림 : 팬지, 금잔화, 금어초, 패랭이꽃, 안개초, 스위트피 등
여러해살이 초화류(다년생)	국화, 베고니아, 아스파라거스, 카네이션, 부용, 꽃창포, 제라늄, 플록스, 도라지, 샤스타데이지 등
알뿌리 초화류(구근 초화류)	• 봄심기 : 달리아, 칸나, 아마릴리스, 글라디올러스, 상사화, 투베로즈, 진저 등 • 가을심기 : 히아신스, 아네모네, 튤립, 수선화, 크로커스, 백합, 아이리스 등

■ 목재의 장단점

장점	단점
• 색깔 및 무늬 등 외관이 아름다우며, 재질이 부드럽고 촉감이 좋다. • 가벼워서 운반하거나 다루기가 쉽고, 중량에 비하여 강도가 크다. • 열, 소리, 전기 등의 전도성이 낮다. • 생산량이 많고, 가격이 비교적 저렴하며, 입수가 용이하다.	• 자연소재이므로 내화성이 없고, 부패하기 쉽다. • 함수량의 증감에 따라 팽창·수축하여 변형되기 쉽다. • 부위에 따라 재질이 고르지 못하며, 구부러지고 옹이가 있다. • 강도가 균일하지 못하고, 크기에 제한을 받는다.

■ 석재의 장단점

장점	단점
• 외관이 매우 아름다우며, 내구성과 강도가 크다. • 변형되지 않으며, 가공성이 있고, 가공 정도에 따라 다양한 외양을 가질 수 있다. • 산지에 따라 다양한 색조와 질감을 갖으며, 압축강도와 내화학성이 크고, 마모성은 작다.	• 무거워서 다루기 불편하고, 타 재료에 비해 가공하기가 어렵다. • 경제적 부담이 크고, 압축강도에 비해 휨강도나 인장강도가 작다. • 화열을 받을 경우 균열 또는 파괴되기 쉽다.

점토질재료의 특성
- 여러 가지 암석이 풍화되어 분해된 물질로 만든 것으로, 가소성이어서 물로 반죽하면 원하는 모양으로 성형할 수 있다.
- 건조시키면 굳고, 불에 구우면 더욱 경화되는 성질이 있다.
- 벽돌, 도관, 타일, 도자기, 기와 등

시멘트의 종류
- 보통 포틀랜드 시멘트 : 겨울철 또는 수중공사 등 짧은 시일 내에 마무리해야 하는 공사에 사용하기 편리하며, 가격이 저렴하며 일반 조경공사 현장에서 가장 많이 쓰인다.
- 조강 포틀랜드 시멘트 : 조기에 고강도를 나타내는 시멘트로 긴급공사에 적합하다.
- 백색 포틀랜드 시멘트 : 산화철, 산화마그네슘이 적은 백색점토와 석회석을 원료로 하고 소성연료는 중유를 사용하여 만들어진다.
- 혼합시멘트(고로슬래그 시멘트) : 용광로에서 나온 광석 찌꺼기를 석고와 시멘트에 섞은 것으로 하수도 공사에 쓰인다.
- 특수 시멘트(알루미나 시멘트) : 알루민산석회를 주광물로 한 시멘트로 조기강도(24시간 보통 포틀랜드 시멘트의 28일 강도)가 매우 커서 긴급공사에 많이 사용된다.

시멘트벽돌과 포장용 벽돌의 규격(단위 : mm)
- A형(기존형) : 210×100×60
- B형(표준형) : 190×90×57
- 가로×세로 : 300×300
- 보도용(두께 60), 차도용(두께 80), 보차도용(두께 70~80)

콘크리트
시멘트와 모래·자갈 또는 부순 돌 등을 골고루 섞은 것을 물로 개어 굳힌 인조석

배합비[시멘트 : 잔골재(모래) : 굵은골재]
- 보통콘크리트 : 1 : 3 : 6
- 철근콘크리트 : 1 : 2 : 4

콘크리트의 장단점

장점	단점
• 모양을 임의로 만들 수 있으며, 재료의 채취와 운반이 용이하다. • 유지관리비가 적게 든다. • 철근을 피복하여 녹을 방지하고, 철근과의 부착력을 높인다.	• 균열이 생기기 쉽고, 개조 및 파괴가 어렵다. • 무게가 무겁고 인장강도 및 휨강도가 작으며, 품질 유지 및 시공 관리가 어렵다.

혼화재료

- 콘크리트의 성질을 개선하고 공사비 절약을 목적으로 사용한다.
- AE제 : 워커빌리티를 개선하고 동결융해에 대한 저항성이 증가하는 장점이 있지만, 압축강도와 철근과의 부착강도가 감소하는 단점이 있다.
- 감수제 : 소정의 컨시스턴시를 얻기 위해 필요한 단위중량을 감소시켜 워커빌리티를 증대시킨다.
- 급결제 : 겨울철이나 물속 공사, 콘크리트 뿜어붙이기 등에 필요한 조기강도의 발생 촉진을 위하여 첨가하는 것으로, 주로 염화칼슘(시멘트량의 1% 정도)이나 규산나트륨(시멘트량의 3% 정도)을 사용하고 이외에 탄산나트륨, 염화나트륨, 염화마그네슘 등이 있다.
- 플라이애시(Fly Ash) : 화력발전소의 미분탄 연소 시 발생하는 미립분으로, 대표적인 인공포졸란이며 포졸란 반응을 통해 콘크리트의 성질을 개량한다.

미장재료의 장단점

장점	단점
• 이음매 없이 바탕을 처리할 수 있으며, 다양한 형태로 성형할 수 있고, 가소성이 크다. • 마무리 방법이 다양하며, 여러 형태로 디자인할 수 있다. • 타 재료와 혼합하여 방수, 차음, 내화, 단열의 효과를 얻을 수 있다.	• 물을 사용하므로 재료의 혼합에 있어 경화시간이 길고, 배합 시 시간 경과에 따른 강도 저하의 판단이 어렵다. • 배합시간이 있으므로 균일하지 못해 바탕마감 표면의 강도가 일정하지 않다.

미장재료의 종류

- 모르타르 : 일반적으로 시멘트와 모래를 섞어서 물로 반죽한 것을 의미하지만, 첨가한 고착제에 따라 다양한 종류로 구분한다.
- 회반죽 : 소석회에 모래, 여물이나 해초풀을 넣어 반죽한 풀 형태의 미장재로 벽이나 천장 등을 미장하는 데 사용한다.
- 벽토(壁土) : 진흙에 고운 모래, 짚여물, 착색안료와 물을 혼합하여 반죽한 것이다.

금속재료의 장단점

장점	단점
• 다양한 형상의 제품을 만들 수 있고, 대규모의 공업생산품을 공급할 수 있다. • 각기 고유한 광택이 있고, 하중에 대한 강도가 크며, 재질이 균일하고, 불에 타지 않는 등 물리적 성질이 우수하다.	• 비중이 크고, 가열하면 역학적 성질이 저하된다. • 녹이 슬고 부식이 되는 등 화학적 결함이 있다. • 색채와 질감이 차가운 느낌을 준다.

▌플라스틱재료의 특성
- 가벼우면서도 강도와 탄력성이 크다.
- 소성·가공성이 좋아 복잡한 모양으로 성형이 가능하다.
- 내산성·내알칼리성이 크고, 녹슬지 않는다.
- 착색이 자유롭고, 광택이 좋으며, 접착력이 크다.
- 절연성이 있어 전기가 통하지 않고, 열에 매우 취약하다.
- 내열성·내후성·내광성이 부족하며, 변색하는 등의 결점이 있다.

▌도장재료의 종류
- 수성페인트
  - 안료를 결합제와 혼합하고 물로 희석하여 사용하는 페인트
  - 에멀젼페인트 : 대표적인 수성페인트로 물에 아스팔트, 유성페인트, 수지성 페인트 등을 현탁시킨 유화액상 페인트이며, 주로 건축물의 내외벽에 도장을 한 후 마감하는 데 사용한다.
- 유성페인트
  - 안료를 건성유와 혼합하고 전용 희석제로 희석하여 사용하는 페인트
  - 에나멜페인트와 래커페인트가 많이 쓰임
- 바니시(니스) : 천연수지나 합성수지를 건성유로 용해한 유성 바니시와 휘발성 용제로 용해한 휘발성 바니시로 구분한다.
- 퍼티(Putty) : 석고를 건성유로 반죽한 접합제의 일종이다.

▌섬유질재료의 종류
- 볏짚 : 줄기를 감싸 해충의 잠복소를 만드는 데 쓴다.
- 새끼줄 : 주로 조경수목을 보호하는 데 사용하며, 10타래를 1속이라 한다.
- 밧줄 : 마섬유로 만든 섬유로프를 많이 쓴다.

▌시공계획의 과정
- 시공계획의 순서 : 계약조건 검토 → 설계도서 검토(내역 검토, 현장사전조사) → 가설공사(가설사무소, 숙소, 도로 등) → 작업계획(인원, 자재조달 등) → 자금수주계획 → 안전관리계획 → 공사착수
- 시공계획의 과정 : 사전조사 → 기본계획 → 일정계획 → 가설 및 조달계획

공정표의 종류

- 막대 공정표
  - 전체공사를 구성하는 모든 부분공사를 세로로 열거하고, 이용할 수 있는 공사기간을 가로축에 나열한 것이다.
  - 공사기간 내에 전체공사를 끝낼 수 있도록 부분공사 시공에 필요한 시간을 계획하고, 각 부분공사의 소요기간을 도표 위의 일수에 맞추어 가로막대로 표시한다.
- 곡선식 공정표
  - 계획과 실적을 한눈에 비교할 수 있어 공사의 전체적인 진척상황을 파악하는 데 가장 유리한 공정표이다.
  - 현 공정이 허용한계선 아래에 있을 때는 공정의 촉진이 필요하며, 실시공정곡선이 허용한계선 내에 있도록 유도한다.
- 네트워크 공정표
  - 공사의 상호관계가 명료하여 복잡한 공사나 대형공사의 전체적인 파악이 쉽다.
  - 개개의 작업이 도시되어 있어 프로젝트 전체 및 부분파악이 용이하다.
  - 문제점의 사전 예측이 용이하다.
  - 작업순서 관계가 명확하여 공사 담당자 간의 정보교환이 원활하다.
  - 공사 통제 기능이 좋다.
  - 일정의 변화를 탄력적으로 대처할 수 있다.
  - 네트워크 기법의 표시상의 제약으로 작업의 세분화 정도에는 한계가 있다.

뿌리돌림

- 목적 : 이식력이 약한 나무를 대상으로 굴취 전에 미리 잔뿌리를 발달시켜 이식력을 높이거나, 노목이나 쇠약목의 세력 회복을 위한 목적으로도 사용한다.
- 시기
  - 뿌리돌림을 하는 시기는 봄의 해토 직후부터 생장이 가장 활발한 시기에 하는 것이 적합하며, 혹서기와 혹한기는 피하는 것이 좋다.
  - 일반적으로 뿌리돌림 후 1년 뒤에 이식하는데, 수세가 약하거나 대형목·노목 등 이식이 어려운 나무는 뿌리둘레의 1/2 또는 1/3씩 2~3년에 걸쳐 뿌리돌림을 실시한 후 이식하는 것이 좋다.
  - 봄에 뿌리돌림을 한 낙엽수는 당해 가을이나 이듬해 봄에, 상록수는 이듬해 봄이나 장마기에 이식할 수 있다.
- 작업방법
  - 뿌리분의 크기는 굴취 시와 마찬가지로 근원직경의 4~6배로 하는데, 보통 4배 정도를 기준으로 한다.
  - 큰 나무의 경우 수목을 지탱하기 위해 3~4방향으로 굵은 뿌리를 하나씩 남겨 두고 15cm 정도의 폭으로 환상박피한다.
  - 작업 시 뿌리분이 깨질 위험이 있으면 새끼로 감아 뿌리분이 깨지는 것을 막는다.
  - 뿌리돌림을 하면 많은 뿌리가 절단되어 영양과 수분의 수급균형이 깨지므로, 가지와 잎을 적당히 솎아 지상부와 지하부의 균형을 맞추어 준다.

▌지주 세우기의 종류 및 방법
- 단각지주 : 수고 1.2m 이하의 관목에 사용하며 카이즈카향나무, 수양버들, 위성류, 수양벚나무 등의 어린 수종 등에 사용한다.
- 이각지주 : 수고 1.2~2.0m의 소형 가로수에 사용하며 좁은 장소에 깊게 넣는다.
- 삼발이지주 : 소형은 높이 4.5~5.0m의 수목에 사용하고, 대형은 높이 5.0m 이상의 수목에 사용한다.
- 삼각지주 : 일반적으로 가장 많이 사용하며, 가로수와 같이 보행량이 많은 곳에 주로 설치한다.
- 사각지주 : 설치방법은 삼각지주와 같지만 지주목이 하나 더 들어가 있어 미관상 가장 아름답고 삼각지주보다 견고하다.
- 연결형지주 : 교목의 군식이나 열식에 사용(대나무 이용)

▌떼심기 방법
- 전면떼 붙이기(평떼 붙이기) : 조기에 잔디경관을 조성해야 할 곳에 쓰이지만 떼장이 많이 소요되며, 떼장 사이를 1~3cm 정도로 어긋나게 배열하여 전체 면에 심는다.
- 어긋나게 붙이기 : 떼장을 20~30cm 간격으로 어긋나게 놓거나 서로 맞물려 어긋나게 배열하여 심는다.
- 줄떼 붙이기 : 줄 사이를 떼장 너비 또는 그 반 너비로 떼어서 10~30cm의 간격을 두고 줄 모양으로 이어 심는다.

▌화단의 조성방법
- 초화류 식재는 종자를 파종하는 방법과 꽃 모종을 심는 방법이 있으나, 대부분은 개화 직전의 꽃 모종을 갈아 심는 방법을 이용한다.
- 꽃 모종으로는 밭에서 재배한 것과 포트에서 재배한 것을 이용하는데, 밭에서 재배한 꽃 모종은 심기 1~2시간 전에 관수하면 캐낼 때 흙이 많이 붙어 분뜨기에 좋다.
- 꽃 모종을 심을 때에는 초종별 특성에 맞추어 식재 간격을 조정해야 뿌리 활착과 줄기 퍼짐이 좋다.
- 꽃묘는 줄이 바뀔 때마다 어긋나게 심는 것이 좋고, 비교적 큰 면적의 화단은 심부에서 바깥쪽으로 심어 나간다.
- 식재할 곳에 $1m^2$당 퇴비 1~2kg, 복합비료 80~120g을 밑거름으로 뿌리고, 20~30cm 깊이로 갈아 준다.

▌조경시공의 순서
터닦기 → 급배수 및 호안공 → 콘크리트 공사 → 정원시설물 설치 → 식재공사

▌ 토공사

- 흙깎기(절토)
  - 흙깎기를 할 때는 안식각보다 약간 작게 하여 비탈면의 안정을 유지해야 하는데, 보통 토질에서는 흙깎기 비탈면 경사를 1:1 정도로 한다.
  - 식재공사가 포함된 경우의 흙깎기에서는 반드시 지표면 30~50cm 정도 깊이의 표토를 보존하여 식물의 생육에 유용하도록 한다.
- 흙쌓기(성토)
  - 일반적인 흙쌓기의 경사는 1:1.5이다.
  - 흙쌓기를 할 때는 보통 30~40cm마다 다짐을 해야 하며, 그렇지 못할 경우에는 설계도면에 표시된 계획고를 유지하기 위해서 더돋기를 실시해야 한다.

▌ 관수공사

- 지표 관수법
  - 수동식 방법으로, 식물의 주변에 지형과 경사를 고려해 물도랑 등의 수로나 웅덩이를 이용하여 관수한다.
  - 균일한 관수가 어려우며, 물의 낭비가 많아 용수의 이용에 비효율적이다.
- 살수식 관수법 : 자동식 방법으로, 고정된 스프링클러를 통해 일정 수량의 압력수를 대기 중에 살수함으로써 자연 강우와 같은 효과를 내는 방법이다.
- 점적식 관수법
  - 자동식 방법으로, 수목의 뿌리 부분의 지표나 지하에 설치한 특수한 구조의 점적기에 연결된 호스를 통해 한 방울씩 서서히 관수하는 방법이다.
  - 용수효율이 가장 높으며 교목과 관목의 관수에 주로 쓰인다.

▌ 워커빌리티(Workability)

콘크리트를 혼합한 후 운반, 다짐, 채우기까지 시공과정에서 작업의 좋고 나쁨(시공연도), 즉 콘크리트의 시공성을 의미한다.

▌ 블리딩(Bleeding)

굳지 않은 모르타르나 콘크리트에서 물이 분리되어 위로 올라오는 현상을 말한다.

▌ 레이턴스(Laitance)

콘크리트 타설 후 블리딩 현상으로 인해 떠오른 물이 증발하고 표면에 남은 미세한 시멘트 입자와 불순물이 혼합된 얇은 층으로 표면강도와 내구성을 저하시킨다.

▌ 자연석 놓기

- 경관석 놓기
  - 경관석이란 시각의 초점이 되거나 중요하게 강조하고 싶은 장소에, 보기 좋은 자연석을 한 개 또는 여러 개 배치하여 감상효과를 높이는 데 쓰는 돌을 말한다.
  - 경관석을 단독으로 놓을 때에는 위치, 높이, 길이, 기울기 등을 고려하여 그 경관석의 아름다움이 감상자에게 충분히 느껴지도록 하는 것이 중요하다.
  - 경관석을 여러 개 짝지어 놓을 때에는 중심이 되는 큰 주석과 보조역할을 하는 작은 부석을 잘 조화시켜야 하는데, 수량은 일반적으로 홀수로 하고, 돌 사이의 거리나 크기 등을 조정하여 힘이 분산되지 않고 짜임새가 있도록 한다.
- 디딤돌 놓기
  - 디딤돌이란 동선을 아름답게 표현하고, 지피식물을 보호하며, 무엇보다 보행자의 편의를 돕기 위해 놓는 돌을 말한다.
  - 디딤돌은 보통 한 면이 넓적하고 평평한 자연석을 많이 쓰나, 가공한 화강암 판석이나 점판암 판석 또는 통나무 등을 쓰는 경우도 있다.
  - 디딤돌의 긴지름은 보행자의 진행방향과 수직을 이루도록 하고, 방향성을 주는 것이 좋으며, 지표보다 3~5cm 정도 높게 한다.

▌ 마름돌 쌓기

- 메쌓기 : 모르타르나 콘크리트를 사용하지 않고, 뒤틈 사이에 굄돌을 고인 후 뒤채움 골재로 채우며 쌓는 방법이다.
- 찰쌓기 : 쌓아 올릴 때 줄눈에는 모르타르를 사용하고 뒤채움에는 콘크리트를 사용하는 방법으로, 뒤채움을 할 때는 조약돌을 쓰는 경우도 있다.
- 켜쌓기
  - 각 층을 직선으로 쌓는 방법으로, 골쌓기보다 약하기 때문에 높이 쌓기에는 곤란하며 돌의 크기도 균일해야 한다.
  - 켜쌓기는 시각적으로 좋아 조경공간에 주로 쓰인다.
- 골쌓기
  - 줄눈을 파상으로 골을 지어 가며 쌓는 방법이다.
  - 하천공사 등에 견치석을 쌓을 때 많이 이용하고 있으며, 견고하기 때문에 일부분이 무너져도 전체에 파급되지 않는 장점이 있다.

벽돌쌓기의 종류

- 길이쌓기 : 벽면에 벽돌의 길이만 나타나게 쌓는 방법이다. 0.5B 쌓기에 쓰이며 끝 부분에는 반토막 벽돌이 들어간다.
- 마구리쌓기 : 벽면에 벽돌의 마구리만 나타나도록 쌓는 방법으로, 1.0B 이상 쌓기에 쓰이며 끝 부분에는 반절짜리 벽돌이 들어간다.
- 영국식 쌓기 : 길이 쌓기 켜와 마구리쌓기 켜를 반복하여 쌓고, 모서리의 벽 끝에는 이오토막을 쓰는 방법으로, 매우 견고하다.
- 프랑스식 쌓기 : 켜마다 길이와 마구리가 번갈아 나오는 방법으로, 영국식 쌓기보다 아름다우나 견고성은 떨어진다.
- 미국식 쌓기 : 5켜까지 길이 쌓기로 하고, 그 위 1켜는 마구리쌓기로 하는 방법이다.
- 네덜란드식 쌓기 : 영국식 쌓기와 같으나, 시공이 편리하고 쌓을 때 모서리 끝에 칠오토막을 써서 안정감을 준다. 우리나라에서는 대부분 이 방식을 쓰고 있다.

유희시설 공사

- 모래밭
  - 모래밭은 휴게시설 가까이에 배치하고, 작은 규모의 놀이시설이나 놀이벽·놀이조각을 배치하며, 큰 규모의 놀이시설은 배치하지 않는 것이 좋다.
  - 모래밭의 바닥은 빗물의 배수를 위하여 맹암거나 잡석깔기 등 적절한 배수시설을 설계하고, 모래밭의 깊이는 안전을 고려하여 30cm 이상으로 한다.
- 미끄럼대
  - 미끄럼대는 되도록 북향 또는 동향으로 배치한다.
  - 미끄럼판의 기울기는 30~35°로 재질을 고려하여 설계하고, 1인용 미끄럼판의 폭은 40~50cm를 기준으로 한다.
- 그네
  - 그네는 햇빛을 마주하지 않도록 북향 또는 동향으로 배치한다.
  - 놀이터의 규모나 성격에 어울리는 유형을 배치하고, 그네의 요동운동을 고려하여 주변 시설과 적정거리를 이격시킨다.

휴게시설

- 의자(벤치)
  - 긴 휴식이 필요한 곳에는 등의자를, 짧은 휴식이 필요한 곳에는 평의자를 설치하고, 공공공간에는 되도록 고정식을, 정원 등 관리가 쉬운 곳에는 이동식을 배치한다.
  - 앉음판의 높이는 34~46cm, 폭은 38~45cm를 기준으로 물이 고이지 않도록 설계하고, 어린이를 위한 의자는 낮게 하는 것이 좋다.
  - ※ 이용자가 사계절 가장 편하게 사용할 수 있는 벤치의 재료는 목재이다.

- 퍼걸러(Pergola, 그늘시렁)
  - 여름에는 그늘을 제공하고 겨울에는 햇빛이 잘 들도록 대지의 조건, 방위, 태양의 고도를 고려하여 배치한다.
  - 조형성이 뛰어난 퍼걸러는 시각적으로 넓게 조망할 수 있는 곳이나 통경선(Vista)이 끝나는 곳에 초점요소로서 배치할 수 있다.

▌ 편익시설

- 공중화장실
  - 화장실 건물은 다른 건물과 식별할 수 있도록 하고, 이용자의 눈에 직접 띄지 않도록 수목 등으로 적절히 차폐시킨다.
  - 설계 대상공간의 종류, 성격, 규모, 이용자 수 등을 고려하여 화장실의 규격을 결정하되, 한 동의 크기는 30~40m^2의 규모에 여자용 변기 3개, 남자용 대변기 1개, 휠체어용 변기 1개, 소변기 3개 정도를 설치
- 음수대
  - 가급적 습한 곳은 피하고, 양지 바른 곳에 설치하며, 녹지에 접한 포장부위에 배치
  - 설계 시 배수구는 청소가 용이한 구조와 형태로 하고, 지수전과 제수밸브 등 필요시설을 적정위치에 제 기능을 충족하도록 한다.

▌ 수경시설

- 못(연못)
  - 콘크리트 등의 인공적인 못의 경우에는 바닥에 배수시설을 설계하고, 수위 조절을 위한 월류(Over Flow)를 반영한다.
  - 겨울철 설비의 동파를 막기 위한 퇴수밸브 등을 반영한다.
- 분수
  - 분수의 수조너비는 분수높이의 2배, 바람의 영향을 크게 받는 지역은 분수높이의 4배를 기준으로 한다.
  - 빗물이나 오염수가 유입되지 않도록 수조에 턱을 주거나 경사를 조절한다.
- 폭포 및 벽천
  - 설치장소에 따라 동결수경 연출이 가능하므로 검토하여 반영하되, 시설물의 파괴 예방 등 유지관리가 쉬운 곳에 배치한다.
  - 상부수조의 넓이와 연출높이에 비례하여 하부수조의 크기와 깊이를 산정한다.

CHAPTER 03 조경관리

▌ 전정의 종류
- 생장을 돕기 위한 전정 : 묘목의 키가 빨리 자라도록 하기 위해 곁가지를 적당히 자르거나, 과일나무나 오동나무 등 세력이 약한 묘목 밑동을 베어 강한 곁가지를 발생시켜 새로 기르기 위한 전정이다.
- 생장을 억제하기 위한 전정 : 좁은 정원에서 녹음수가 필요 이상으로 자라지 않도록 줄기나 가지를 자르거나, 향나무, 회양목 등 산울타리처럼 일정한 모양으로 유지시키기 위한 전정이다.
- 개화·결실을 돕기 위한 전정 : 과일나무의 개화와 결실을 촉진하기 위하여 실시하는 전정과 꽃나무류의 개화를 촉진하기 위하여 실시하는 전정이 있다.
- 생리를 조절하기 위한 전정 : 나무를 옮길 때 가지와 잎을 그대로 둔 상태로 식재하면 지하부와 지상부의 생리적 균형이 깨지기 쉬우므로, 가지와 잎을 알맞게 잘라 주는 방법이다.
- 세력을 갱신하기 위한 전정 : 맹아력이 강한 나무가 늙어서 생기를 잃거나 꽃맺음이 나빠지는 겨울에 줄기나 가지를 잘라 내어 새 줄기나 가지로 갱신하는 것을 말한다.

▌ 전정의 시기
- 겨울전정 : 12~3월 사이 휴면기에 실시하는 전정으로, 내한성이 강한 낙엽수가 주 대상이다.
- 봄전정 : 3~5월에 실시하는 전정으로, 나무 높이를 높이거나 상록수의 모양을 정리하고 싶을 때 실시한다.
- 여름전정 : 6~8월에 실시하는 전정으로, 제1신장기를 마치고 가지와 잎이 무성하게 자라면 수광이나 통풍이 나쁘게 되기 때문에, 웃자란 가지나 너무 혼잡하게 자란 가지를 잘라 주어 수광 및 통풍을 좋게 해준다.
- 가을전정 : 9~11월에 하는 전정으로, 여름철에 자라난 웃자란 가지나 너무 혼잡한 가지를 가볍게 전정한다.

▌ 전정의 순서와 횟수
- 전정의 순서
  - 나무 전체를 충분히 관찰하고 만들고자 하는 수형을 결정한 다음, 수형이나 목적에 맞지 않는 큰 가지부터 전정한다.
  - 가지를 자를 때에는 수관의 위에서부터 아래로, 수관의 밖에서부터 안으로 자르고, 굵은 가지를 먼저 자른 후에 가는 가지를 다듬는다.

- 전정의 횟수
  - 침엽수 : 1회
  - 상록수 중 맹아력이 큰 나무 : 3회
  - 상록수 중 맹아력이 보통인 나무 : 2회
  - 낙엽수 : 2회

■ 줄기감기(수피감기, 줄기싸기)

- 줄기를 감는 목적은 줄기로부터의 수분 증산을 억제하고, 해충의 침입을 방지하며, 강한 햇빛과 추위로부터 수피를 보호하기 위한 것이다.
- 줄기감기에는 주로 새끼와 녹화마대가 쓰이지만, 겨울철에는 동해를 방지하기 위해 거적 등으로 감싸 준다.
- 감은 줄기나 녹화마대 위에 진흙을 발라 주기도 하는데, 이는 일시적인 나무의 외상 방지, 수분 증산의 억제뿐만 아니라 수피 속에 서식하는 해충의 산란과 번식을 예방하여 구제하기 위한 것이다.
  ※ 발라 준 진흙이 건조하고 갈라지면 그 틈을 다시 채워 준다.

■ 주요 비료의 역할

- 질소(N) : 광합성작용의 촉진으로 잎이나 줄기 등 수목의 생장에 도움을 주며, 부족하면 생장이 위축되고 성숙이 빨라지나, 많으면 도장(徒長)하고 약해지며 성숙이 늦어진다.
- 인(P) : 세포분열 촉진, 꽃·열매·뿌리 발육에 관여하고, 부족하면 꽃과 열매가 나빠지고, 많으면 성숙이 촉진되어 수확량이 감소한다.
- 칼륨(K) : 꽃·열매의 향기, 색깔을 조절하고, 부족하면 황화현상이 일어난다.
- 칼슘(Ca) : 단백질 합성, 식물체 유기산 중화의 역할을 하고, 부족하면 생장점이 파괴되어 갈색으로 변한다.
- 황(S) : 호흡작용, 콩과 식물의 근류 형성에 관여하며, 부족하면 단백질 합성이 늦어지고 침엽수는 잎의 끝부분이 황색이나 적색으로 변한다.
- 철(Fe) : 산소 운반, 엽록소 생성 촉매작용 등의 역할을 하는데, 부족하면 잎조직에 황화현상이 일어난다.
- 붕소(B) : 개화 및 과실 형성에 관여하며, 부족하면 잎의 변색, 착화 곤란, 뿌리생장 저하가 나타난다.

■ 병원체의 침입경로

- 각피를 통한 침입 : 잎·줄기 등의 표면에 있는 각피나 뿌리의 표피를 병원체가 자기 힘으로 뚫고 침입하는 것이다.
- 자연개구부를 통한 침입 : 기공, 수공, 피목, 밀선(꿀샘) 등과 같은 식물체에 존재하는 미세한 구멍을 통해 침입하는 것이다.
- 상처를 통한 침입 : 여러 가지 원인에 의해서 만들어진 상처의 괴사조직을 통해 병원체가 침입하는 것이다.

녹병균의 중간기주
- 배나무 붉은별무늬병(적성병) : 향나무
- 사과나무 붉은별무늬병 : 향나무
- 소나무 혹병 : 졸참나무, 신갈나무
- 잣나무 털녹병 : 송이풀, 까치밥나무
- 포플러잎 녹병 : 일본잎갈나무(낙엽송)

잔디깎기의 목적
잡초방제, 분얼 촉진, 이용 편리 도모, 병충해 방지

농약의 포장지 색깔
- 살균제 : 분홍색
- 살충제 : 초록색
  ※ 살균·살충제 : 위쪽 – 분홍색, 아래쪽 – 초록색
- 생장조절제 : 파란색
- 제초제 : 노란색
- 비선택성 제초제 : 빨간색

조경관리의 구분
- 운영관리 : 예산, 조직, 재산, 재무제도 등의 관리
- 유지관리 : 잔디, 초화류, 식재수목, 각종 시설물 및 건축물 등의 관리
- 이용관리 : 주민참여 유도, 안전관리, 홍보, 이용지도, 행사프로그램 주도 등의 관리

조경시설의 관리
- 목재시설 관리
  - 목재시설은 감촉이 좋고 외관이 아름다워 사용률이 높지만, 철재보다 부패하기 쉽고 잘 갈라지며, 거스러미가 일어나 정기적으로 보수하고 도료를 칠해 주어야 한다.
  - 죔 부분이나 땅에 묻힌 부분과 2년이 경과한 것은 부식되기 쉬우므로 정기적인 보수를 하고, 방부 처리하거나 모르타르를 칠해 준다.
- 철재시설 관리
  - 도장이 벗겨진 곳은 녹막이 칠(광명단, 도료 등)을 두 번 한 다음 유성 페인트를 칠해 주고, 파손이 심한 부분은 교체해 준다.
  - 볼트나 너트가 풀어졌을 때에는 충분히 죄어 주고, 심하게 훼손되었을 때에는 용접 또는 교환해 준다.

- 콘크리트시설 관리
  - 자체가 무겁기 때문에 가라앉거나 기울어지고, 균열이 발생할 때에는 위험한 상태가 되기 전에 보수를 하여야 한다.
  - 도장은 일정 시간이 지나면 벗겨지므로 3년에 1회 정도 다시 해 주어야 한다.
  - 콘크리트의 균열이 생긴 곳은 실(Seal)재를 주입하여 봉합한다.
- 수경시설 관리
  - 연못 : 급수구와 배수구의 막힘 여부 수시점검, 겨울 전에 물을 빼 이물질 제거 및 청소를 실시한다.
  - 분수 : 고정식 분수의 겨울전 물 빼기, 이동식 분수는 이물질 제거 후 보관한다.

조경수목의 주요 병해와 병징

병명	피해수종	주요 병징
잎마름병	소나무, 곰솔, 잣나무, 주목 등	봄철에 침엽 윗부분에 띠 모양의 황색 반점이 형성된 후 갈색으로 변하면서 반점이 합쳐짐
털녹병	잣나무	4월 중하순경 줄기에 흰색 또는 황백색의 주머니가 형성되고, 6월 하순 이후에는 나무껍질이 파열됨
흰가루병	밤나무, 참나무류, 느티나무, 물푸레나무, 감나무, 장미, 배롱나무 등	• 잎과 새 가지에 흰 가루가 생겨 위축됨 • 참나무류는 가을에 검은색 미립점이 형성됨
잎녹병	잣나무, 소나무, 전나무 등	4월 상순부터 1개월 동안 침엽에 황색 또는 황백색 주머니가 나란히 형성됨
그을음병	소나무류, 주목, 감귤, 배롱나무, 감나무 등	• 깍지벌레, 진딧물 등의 배설물에서 발생함 • 생육이 불량한 나무의 잎, 가지, 줄기에 그을음이 퍼짐
부란병	사과나무, 꽃아그배나무 등	나무껍질이 갈색으로 부풀어 오르고, 쉽게 벗겨지며, 알코올 냄새가 남
줄기마름병	밤나무, 포플러류, 자작나무, 벚나무, 은행나무 등	• 나무껍질이 파열되고, 환부 표면에 균체가 형성됨 • 밤나무는 나무껍질 밑에 부채꼴 균사체가 형성됨
탄저병	오동나무, 호두나무, 물푸레나무, 감나무, 대추나무	• 5~6월경 잎맥, 잎자루, 어린 줄기에 담갈색 또는 회갈색의 둥근 점무늬가 형성됨 • 성숙과의 표면에 검은 반점이 나타나고 움푹 들어감
빗자루병	전나무, 오동나무, 대추나무, 벚나무, 대나무, 살구나무 등	• 균이 잎과 줄기에 침입하여 피해를 줌 • 연약한 가는 가지와 잎이 총생하고, 잎이 담황록색으로 변색됨 • 대나무는 마디 수가 많고, 바늘 모양의 소엽이 착생됨
갈색무늬병	포플러류, 오리나무, 사과나무, 느티나무, 자작나무, 밤나무, 대나무 등	• 7월 상순부터 늦가을에 잎에 갈색 무늬가 생기고, 병든 잎은 8월 중순에 일찍 떨어짐 • 지면에서 가까운 잎에 발생함
자줏빛날개무늬병	호두나무, 은행나무 등	뿌리에 자갈색 균사가 망상으로 형성되고, 표피와 줄기 사이가 부패함
검은점무늬병	살구나무, 벚나무 등	• 잎과 열매에 검은 점무늬가 생김 • 열매의 감염 부위는 함몰되고, 푸른색으로 착색됨
세균성구멍병	벚나무, 살구나무, 자두나무 등	• 5~6월경에 발생하여 8~9월에 피해가 극심함 • 잎에 원형의 갈색 점무늬가 형성된 후 환부가 탈락하여 구멍이 형성됨
뿌리썩음병	소나무류, 삼나무, 잎본잎갈나무(낙엽송), 전나무, 밤나무, 오동나무 등	• 뿌리 및 줄기에 발생함 • 나무껍질 속에 흰색 균사가 형성됨 • 가을에는 환부에 버섯이 형성됨

PART 01

핵심이론

CHAPTER 01 조경설계

CHAPTER 02 조경시공

CHAPTER 03 조경관리

CHAPTER 01 조경설계

10년간 자주 출제된 문제

1-1. 다음 중 좁은 의미의 조경 또는 조원으로 가장 적합한 설명은?
① 복잡 다양한 근대에 이르러 적용되었다.
② 기술자를 조경가라 부르기 시작하였다.
③ 정원을 포함한 광범위한 옥외공간 전반이 주대상이다.
④ 식재를 중심으로 한 전통적인 조경기술로 정원을 만드는 일만을 말한다.

1-2. 미국조경가협회가 내린 조경에 대한 정의 중 시대가 다른 것은?
① 조경은 실용성과 즐거움을 줄 수 있는 환경의 조성에 목표를 둔다.
② 조경은 자원의 보전과 효율적 관리를 도모한다.
③ 조경은 문화 및 과학적 지식의 응용을 통하여 설계·계획하고, 토지를 관리하며 자연 및 인공 요소를 구성하는 기술이다.
④ 조경은 인간의 이용과 즐거움을 위하여 토지를 다루는 기술이다.

[해설]

1-2
④ 조경은 인간의 이용과 즐거움을 위하여 토지를 다루는 기술이다(1909년).
①·②·③ 실용성과 즐거움, 자원의 보전과 효율적 관리, 문화적 지식의 응용을 통하여 설계·계획하고 토지를 관리하며, 자연 및 인공 요소를 구성하는 기술이다(1975년).

정답 1-1 ④ 1-2 ④

제1절 조경양식의 이해

핵심이론 01 조경의 목적 및 필요성

① 조경의 의미
  ㉠ 넓은 의미 : 정원을 포함한 광범위한 옥외공간 건설에 적극 참여하는 것이다.
  ㉡ 좁은 의미 : 식재를 중심으로 한 전통적인 조경기술로 정원을 만드는 일만을 말한다.

② 조경의 정의 - 미국조경가협회(ASLA)
  ㉠ 1909년 : 조경은 인간의 이용과 즐거움을 위하여 토지를 다루는 기술이다.
  ㉡ 1975년 : 실용성과 즐거움, 자원의 보전과 효율적 관리, 문화적 지식의 응용을 통하여 설계·계획하고 토지를 관리하며, 자연 및 인공 요소를 구성하는 기술이다.

③ 조경가
  ㉠ 미국의 옴스테드(Olmsted, Frederick Law)가 1858년 처음 용어를 사용하였다.
  ㉡ 조경가와 건축가의 작업은 많은 유사성이 있다.
  ㉢ 경관을 조성하는 전문가이다.

➕ 오답 노트

정원사(Landscape gardener)라는 개념과 동일하다. (×)
  → 옴스테드는 뉴욕시의 센트럴 파크를 설계할 당시 정원사는 정원만을 대상으로 하는 좁은 뜻을 지니고 있어서 다양한 전문성을 대변하는 데 한계가 있다고 생각하였다.

④ 조경의 필요성 : 고속도로, 댐 등 각종 경제개발에 따른 국토의 자연 훼손의 해결을 위해 필요성을 느끼게 되었다.

핵심이론 02 조경의 범위

① 조경의 기능(영역)별 구분
  ㉠ 정원 : 주택정원, 아파트 등 공동주거단지정원, 학교정원, 오피스빌딩정원, 옥상정원, 실내정원 등
  ㉡ 도시공원과 녹지 : 소공원, 어린이공원, 근린공원, 역사공원, 문화공원, 수변공원, 묘지공원, 체육공원, 도시농업공원, 완충녹지, 경관녹지, 연결녹지 등
  ㉢ 자연공원 : 국립공원, 도립공원, 군립공원 및 지질공원 등
  ㉣ 문화유산 : 목조와 석조 건축물, 궁궐 터, 전통민가, 사찰, 성터, 고분, 왕릉 등의 사적지
  ㉤ 위락·관광시설 : 골프장, 야영장, 경마장, 스키장, 해수욕장, 낚시터, 관광농원, 유원지, 휴양지, 삼림욕장 등
  ㉥ 기타 시설 : 도로, 광장, 사무실, 학교, 공장, 항만, 공업단지, 가로 및 고속도로, 자전거도로, 보행자 전용도로 등

② 조경프로젝트의 수행단계별 구분
  ㉠ 조경계획 : 자료의 수집, 분석, 종합에 초점을 맞추는 수행단계
  ㉡ 조경설계 : 자료를 활용하여 3차원적 공간을 창조해 나가는 수행단계
  ㉢ 조경시공 : 공학적 지식과 생물을 다루는 특별한 기술이 필요한 수행단계
  ㉣ 조경관리 : 식생과 시설물의 이용에 관한 전체적인 것을 다루는 수행단계

10년간 자주 출제된 문제

2-1. 도시공원 및 녹지 등에 관한 법률 시행규칙에 의한 도시공원의 구분에 해당되지 않는 것은?
① 역사공원
② 체육공원
③ 도시농업공원
④ 국립공원

2-2. 조경을 프로젝트의 대상지별로 구분할 때 문화유산 주변 공간에 해당되지 않는 곳은?
① 궁궐
② 사찰
③ 유원지
④ 왕릉

[해설]

2-1
④ 국립공원은 자연공원에 해당한다.

2-2
③ 유원지는 위락·관광시설에 해당한다.

정답 2-1 ④ 2-2 ③

10년간 자주 출제된 문제

3-1. 형태는 직선 또는 규칙적인 곡선에 의해 구성되고 축을 형성하며 연못이나 화단 등의 각 부분에도 대칭형이 되는 조경양식은?
① 자연식
② 풍경식
③ 정형식
④ 절충식

3-2. 조경양식에 대한 설명으로 틀린 것은?
① 조경양식에는 정형식, 자연식, 절충식 등이 있다.
② 정형식 조경은 영국에서 처음 시작된 양식으로 비스타 축을 이용한 중앙 광로가 있다.
③ 자연식 조경은 동아시아에서 발달한 양식이며 자연 상태 그대로를 정원으로 조성한다.
④ 절충식 조경은 한 장소에 정형식과 자연식을 동시에 지니고 있는 조경양식이다.

3-3. 새로운 정원양식을 생기게 하는 것 중 자연적인 조건이 아닌 것은?
① 기상
② 역사
③ 암석
④ 지형

[해설]

3-1
정형식 정원
• 서아시아와 유럽지역에서 발달한 양식이다.
• 건물에서 뻗어 나가는 강한 축을 중심으로 좌우 대칭형으로 구성된다.
• 수목의 전정은 기하학적 형태이다.

3-2
② 영국에서 시작하여 유럽대륙에 영향을 주었던 조경양식은 자연식 조경이다.

3-3
② 역사는 사회환경적인 조건에 해당한다.

정답 3-1 ③ 3-2 ② 3-3 ②

핵심이론 03 조경양식의 분류와 발생요인

① **정형식 정원**
  ㉠ 서아시아와 유럽지역에서 발달한 양식이다.
  ㉡ 건물에서 뻗어 나가는 강한 축을 중심으로 좌우대칭형이다.
  ㉢ 수목의 전정은 기하학적 형태이다.
  ㉣ 종류
   • 평면기하식 : 대칭적 구성으로 평야지대에서 발달하였다.
    예 프랑스의 베르사유궁원
   • 노단건축식 : 계단식 구성으로 경사지에서 발달하였다.
    예 바빌로니아의 공중정원, 이탈리아의 빌라정원 등
   • 중정식 : 건물로 둘러싸인 내부에 소규모 분수나 연못 등을 조성하였다. 예 중세의 수도원정원, 스페인의 알람브라 등

② **자연식 정원**
  ㉠ 동아시아에서 주로 발달한 양식이며, 유럽에서는 18세기경부터 영국에서 발달하여 유럽대륙에 영향을 주었다.
  ㉡ 자연을 모방하거나 축소하여 자연적 형태로 정원을 조성하였다.
  ㉢ 연못이나 호수 중심으로 정원을 조성하여 주변을 돌 수 있는 산책로를 만들어 다양한 경관을 즐길 수 있도록 하였다.
  ㉣ 종류
   • 자연풍경식 : 넓은 잔디밭을 이용한 전원적이고 목가적인 자연풍경을 강조하였다(영국, 독일 등).
   • 회유임천식 : 숲과 깊은 굴곡의 수변을 이용하여 곳곳에 다리를 설치하고 주변을 회유하며 정원을 감상하였다(중국 : 자연과의 대비에 중점, 일본 : 자연풍경과의 조화에 중점).
   • 고산수식 : 물을 전혀 사용하지 않고 바위(중심), 왕모래, 나무만을 사용하였다(일본 : 불교의 영향).

③ **절충식 정원**
  ㉠ 한 정원에 정형식과 자연식 정원의 형태적 특징을 동시에 지니고 있는 양식이다.
  ㉡ 실용성과 자연성을 동시에 가지고 있다.

④ **조경양식의 발생요인**
  ㉠ 자연적 요인 : 기후, 기상, 지형, 식물, 토질, 암석 등
  ㉡ 사회환경적 요인 : 사상, 종교, 역사성, 민족성, 정치, 경제, 건축, 예술, 과학기술 등

핵심이론 04 서양조경양식(1) : 고대국가

① 이집트
   ㉠ 이집트 데이르 엘바하리 신전에 열식의 배식기법을 사용하였다.
      ※ 열식 : 일렬 선형으로 식재하는것
   ㉡ '사자(死者)의 정원'이라는 이름의 묘지정원을 조성하였다.
   ㉢ 파피루스 : 이집트 하(下)대의 상징 식물로 여겨졌으며, 연못에 식재되었고, 식물의 꽃은 즐거움과 승리를 의미하여 신과 사자에게 바쳐졌다. 이집트 건축의 주두(柱頭) 장식에도 사용되었다.
   ㉣ 시카모어(Sycamore) : 고대 이집트의 대표적인 정원수이다. 녹음수로 많이 사용되었고, 신성시하여 사자(死者)를 이 나무의 그늘에 쉬게 하는 풍습이 있었다.

② 바빌로니아(서아시아)정원
   ㉠ 공중정원 : 메소포타미아의 대표적인 정원이며 서양 최초의 옥상정원이다.
   ㉡ 수렵원(Hunting park)
      • 왕(군주)을 위한 사냥터로 사용하였다.
      • 언덕을 만들어 정상에 신전을 세우고, 언덕을 만들 때 생긴 저지대에 인공호수를 만들었으며, 언덕에 소나무, 사이프러스, 종려나무, 향나무 등 각종 수목을 규칙적으로 식재하였다.

③ 그리스
   ㉠ 아고라(Agora) : 도시활동의 중심이 되는 옥외 광장으로, 시장이나 집회소로 이용되었다.
   ㉡ 짐나지움(Gymnasium) : 청년들이 체육 훈련을 하는 자리로 만들어졌던 곳
   ㉢ 구릉이 많은 지형에 영향을 받았다.
   ㉣ 히포다무스에 의해 도시계획에서 격자형이 채택되었다.

④ 로마
   ㉠ 폼페이의 주택정원은 2개의 중정과 1개의 후원으로 구성된 내향적인 양식이다.
      • 제1중정(아트리움, Atrium) : 손님 접대나 사무를 위한 공적 공간이다.
      • 제2중정(페리스틸리움, Peristylium) : 주정의 역할을 하는 가족을 위한 사적 공간으로 주랑식 정원이다.

10년간 자주 출제된 문제

4-1. 다음 중 고대 이집트의 대표적인 정원수는?

• 강한 직사광선으로 인하여 녹음수로 많이 사용
• 신성시하여 사자(死者)를 이 나무의 그늘에 쉬게 하는 풍습이 있었음

① 파피루스
② 버드나무
③ 장미
④ 시카모어

정답 4-1 ④

10년간 자주 출제된 문제

4-2. 서양의 각 시대별 조경양식에 관한 설명 중 옳은 것은?

① 서아시아의 조경은 수렵원 및 공중정원이 특징적이다.
② 이집트는 상업 및 집회를 위한 공공정원이 유행하였다.
③ 고대 그리스는 포럼과 같은 옥외 공간이 형성되었다.
④ 고대 로마의 주택정원에는 지스터스(Xystus)라는 가족을 위한 사적인 공간을 조성하였다.

- 후원(지스터스, Xystus) : 수로를 축으로 그 좌우에 산책로인 원로와 화단을 대칭적으로 배치했으며, 군식 또는 5점 식재를 하였다.
ⓒ 별장(빌라, Villa) : 라우렌티아나장, 투스카니(토스카나)장, 하드리아누스장이 있다.
ⓒ 포럼(Forum) : 그리스의 아고라와 같은 개념의 장소이며, 지배계급을 위한 상징적 지역으로 왕의 행진이나 집단이 모여 토론할 수 있는 광장의 성격을 가지고 있다.

해설

4-2
② 집회를 위한 공간은 고대 그리스의 아고라이다.
③ 포럼은 고대 로마와 관련이 있다.
④ 가족을 위한 사적인 공간은 제2중정인 페리스틸리움이다.

정답 4-2 ①

핵심이론 05 서양조경양식(2) : 중세시대 조경

① 수도원정원
  ㉠ 약초원, 과수원, 수반 등을 사용하였다.
  ㉡ 클라우스트룸(Claustrum) : 중세 수도원의 전형적인 정원으로 예배실을 비롯한 교단의 공공건물에 의해 둘러싸인 네모난 공지이다.
  ㉢ 파라다이소(Paradiso) : 원로의 교차점인 중정 중앙에 큰나무한 그루를 심는 것을 말한다.

② 이슬람 정원
  ㉠ 이슬람(이란)
    • 차하르바그(Chahar-bagh)
      - 4개의 정원이라는 뜻으로, 수로를 이용하여 정원을 같은 면적으로 4등분한 정원양식을 말한다.
      - 중세 클로이스터가든에 나타나는 사분원(四分園)의 기원이 된 회교정원양식이다.
    • 주요 시설 : 연못, 분천, 캐스케이드, 저수지, 커낼(Canal)
    ※ 필수 요소 : 물
  ㉡ 무굴인도
    • 타지마할 : 16세기 인도 무굴제국의 대표적 이슬람 건축물이자 묘지정원(묘원)이다.
    • 인도정원에 영향을 미친 가장 중요한 요소는 물이다.
  ㉢ 스페인
    • 알람브라궁전 : 4개의 중정이 남아있다.

알베르카 중정	• 궁전의 주정으로 공적 기능을 한다. • 비례가 정확하고 화려함, 장엄미가 뛰어나다.
사자의 중정	• 주랑식 중정으로 가장 화려하다. • 12마리의 사자가 수반과 분수를 받치고 있으며, 분수로부터 4개의 수로가 뻗어 중정을 사분(四分)하고 있다.
린다라하 중정	• 중정 가운데에 분수를 시설하여 여성적인 분위기를 연출한다. • 가장자리를 회양목으로 식재하여 여러 모양의 화단을 만든다.
레하(창격자) 중정	바닥은 둥근 색자갈로 무늬를 주고 중앙에는 분수를 세워 환상적이면서도 엄숙한 분위기를 연출한다.

  • 헤네랄리페(Generalife) 이궁 : 수로가 있는 중정으로, 연꽃 모양의 수반과 회양목으로 구성하여 3면은 건물이고, 한쪽은 아케이드로 둘러싸여 있다.
  ※ 알람브라궁전 안에 있는 것이 아님을 주의한다.

10년간 자주 출제된 문제

5-1. 다음 중 스페인 정원과 가장 관련이 적은 것은?
① 비스타   ② 색채타일
③ 분수   ④ 발코니

[해설]
5-1
비스타는 프랑스 정원과 관련이 있으며 좌우로 시선을 제한하여 일정 지점으로 시선이 모이도록 구성된 경관이다.

정답 5-1 ①

10년간 자주 출제된 문제

5-2. 스페인의 코르도바를 중심으로 한 지역에서 발달한 정원양식은?
① Peristylium   ② Court
③ Atrium   ④ Patio

- 파티오(Patio)
  - 스페인어로 안뜰・앞마당이란 뜻으로 건물 안에 있는 정원(庭園)을 의미한다.
  - 가장 중요한 구성 요소는 물이다.
  - 코르도바 지역은 옛 로마의 별장 및 정원 유적의 영향을 받아 파티오식 정원이 발달하였다.
- 기하학적인 터 가르기를 하였다.
- 물, 분수, 발코니 등을 사용하였고, 바닥에는 색채타일을 이용하였다.
- 회교문화의 영향을 입은 독특한 정원양식(회교식 건축)이다.
- 정형식 조경 중에서 이슬람 양식의 스페인 정원이 속하는 형식 : 중정식
- 안달루시아(Andalusia) 지방에서 발달하였다.
- 난대・열대 수목이나 꽃나무를 화분에 심어 중요한 자리에 배치하였다.
- 정원의 중심부에 분수가 설치된 작은 연못을 설치하였다.

⭐ **오답 노트**

스페인 정원은 규모가 웅장하다. (×)
→ 스페인의 파티오는 건물로 둘러싸인 중정을 중심으로 발달한 특성상 규모가 웅장한 모습을 보이진 않는다.

[해설]

5-2
코르도바 지역은 옛 로마의 별장 및 정원 유적의 영향을 받아 파티오(Patio)식 정원이 발달하였으며 파티오에서는 물이 가장 중요한 구성요소이다.

정답 5-2 ④

핵심이론 06 서양조경양식(3) : 근세시대 조경

① 프랑스
  ㉠ 건축식, 평면기하학식 조경양식이다.
  ㉡ 축선(軸線, Axis)이 중심이 되어 조성되었다.
  ㉢ 르 노트르(Le Notre)
    • 이탈리아에서 유학하여 조경을 공부하였다.
    • 프랑스 평면기하학식 정원을 확립하는 데 가장 큰 기여를 하였다.
  ㉣ 비스타(Vista)
    • 좌우로 시선을 제한하여 일정 지점으로 시선이 모이도록 구성된 경관이다.
    • 정원을 한층 더 넓게 보이게 하는 효과이다.
    • 통경선강조 수법이라고도 한다.
  ㉤ 베르사유궁원 : 르 노트르에 의해 조성된 세계 최대규모의 정형식 정원이다.
  ㉥ 보르비콩트(Vaux-le-Vicomte)정원
    • 니콜라스 푸케(Nicolas Fouquet)가 소유하였고 앙드레 르 노트르가 설계하였다.
    • 영국인 브라운의 지도하에 덕수궁 석조전 앞뜰에 조성된 정원양식과 관계있다.
    • 궁전 전면 중앙의 주축선을 중심으로 하여 좌우대칭으로 화단을 장식하고 수로를 놓았다.

② 이탈리아
  ㉠ 르네상스시대부터 조경양식이 크게 발달하였다.
  ㉡ 르네상스시대 3대 빌라 : 에스테장(Villa d'Este), 랑테장(Villa Lante), 파르네제장(Villa Farnese)
  ㉢ 에스테장 : 자수화단, 미로, 연못 등으로 구성되며 연못, 물 풍금(제1노단), 용의 분수(제2노단), 100개의 분수(제3노단) 등 다양한 수경시설을 조성하여 물의 정원으로 불린다.
    ※ 르네상스시대의 조경 작품 : 에스테장, 랑테장, 파르네제장, 메디치장, 란셀로티장, 감베라이아장
    ※ 고대 로마의 별장과 구분 : 라우렌티아나장, 투스카니(토스카나)장, 하드리아누스장

10년간 자주 출제된 문제

6-1. 정형식 조경 중에서 르네상스시대의 프랑스 정원이 속하는 형식은 무엇인가?
① 평면기하학식 ② 노단식
③ 중정식 ④ 전원풍경식

6-2. 다음 중 본격적인 프랑스식 정원으로서 루이 14세 당시의 니콜라스 푸케와 관련 있는 정원은?
① 보르비콩트(Vaux-le-Vicomte)
② 베르사유(Versailles)궁원
③ 퐁텐블로(Fontainebleau)
④ 생-클루(Saint-cloud)

해설

6-1
르네상스시대의 프랑스 정원은 평면기하학식, 건축식 조경양식에 속한다.

6-2
보르비콩트정원은 니콜라스푸케가 소유하였고 앙드레 르 노트르가 설계하였다.

정답 6-1 ① 6-2 ①

10년간 자주 출제된 문제

6-3. 영국 튜더왕조에서 유행했던 화단으로, 낮게 깎은 회양목 등으로 화단을 여러 가지 기하학적 문양으로 구획 짓는 것은?

① 기식화단
② 매듭화단
③ 카펫화단
④ 경재화단

ⓓ 테라스(노단, 계단)를 쌓아 만들어진 정원으로, 지형의 경사가 심해서 노단건축식 정원양식이 발생(피렌체에서 발달)하였다.
ⓔ 정원은 기둥, 복도, 열주, 퍼걸러, 조각상, 장식분, 계단폭포, 물무대, 정원극장, 동굴 등이 장식된다.
ⓕ 정원의 바닥은 포장되며 곳곳에 광장이 마련되어 화단으로 장식된다.
ⓖ 강한 축을 중심으로 정형적 대칭을 이루도록 꾸며진다.
ⓗ 원로의 교차점이나 종점에는 조각, 분천, 연못, 캐스케이드벽천, 장식화분 등이 배치된다.
　※ 캐스케이드(Cascade) : 여러 단을 만들어 물을 흘러내리게 하는 조경기법이다.

③ **영국** : 르네상스시대

ⓐ 매듭화단 : 영국 튜더왕조에서 유행했던 화단으로, 낮게 깎은 회양목 등을 이용하여 여러 가지 기하학적 문양으로 구획하여 조성하였다.
ⓑ 미원(maze) : 수목을 전정하여 정형적인 모양의 미로를 만든 것이다.

[해설]

6-3
① 기식화단 : 사방에서 관상할 수 있도록 가운데를 높이고 가장자리로 갈수록 키가 작은 꽃을 심는 화단이다.
③ 카펫화단 : 넓은 뜰이나 공원 등에 키가 작은 꽃을 촘촘하게 심어 마치 양탄자처럼 꽃색이 조화된 기하학적 무늬를 만드는 화단이다.
④ 경재화단 : 울타리·벽·건물 등을 배경으로, 뒤에는 키가 큰 종류를, 앞에는 키가 작은 종류를 심어 앞에서 관상할 수 있도록 만든 화단이다.

정답 6-3 ②

핵심이론 07 서양조경양식(4) : 근대·현대 조경

① 영국의 18세기 자연(전원)풍경식 정원
  ㉠ 영국에서 가장 발달한 정원양식으로 자연과의 비율이 1 : 1로 조성되었다.
  ㉡ 렙턴(Repton)에 의해 완성되었다.
    ※ 렙턴은 정원의 개조 전후의 모습을 보여주는 레드북(Red Book)의 창안자이다.
  ㉢ 스토우(Stowe) 가든 : 영국의 18세기 낭만주의 사상과 관련이 있으며 브릿지맨(Bridgeman)과 윌리엄 켄트가 설계하였다.
    ※ 브릿지맨은 정원 내에 하하(Ha-ha)수법을 도입하였다.
  ㉣ 윌리엄 켄트(Willam Kent, 1685~1748)
    • 근대 조경의 아버지로 불리며, '자연은 직선을 싫어한다'는 말을 남겼다.
    • 수로, 산울타리 등을 배척하고 불규칙적인 생김새의 정원을 꾸몄다.

② 영국의 19세기 정원
  ㉠ 사적인 정원 중심에서 공적인 대중공원의 성격으로 전환되었다.
  ㉡ 버컨헤드파크(Birkenhead Park) : 미국 식민지 개척을 통한 유럽 각국의 다양한 사유지 중심의 정원양식이 공공적인 성격으로 전환되는 계기에 영향을 미쳤다.

③ 미국
  ㉠ 센트럴파크(Central Park)
    • 옴스테드가 설계한 최초의 도시공원으로, 모든 시민을 위한 근대적이고 본격적인 공원이다.
    • 미국 뉴욕에 조성되었으며, 약 334ha의 장방형 슈퍼블록으로 구성되어 있다.
    • 19세기 미국에서 식민지 시대의 사유지 중심의 정원에서 공공적인 성격을 지닌 조경으로 전환되는 전기를 마련하였다.
    • 국립공원 운동에 영향을 주어 1872년 옐로스톤공원이 최초의 국립공원으로 지정되었다.

10년간 자주 출제된 문제

7-1. 영국의 스토우(Stowe)원을 설계했으며, 정원 내에 하하(Ha-ha)의 기교를 생각해 낸 조경가는?
① 브릿지맨
② 윌리엄 켄트
③ 험프리 랩턴
④ 에디슨

7-2. 1857년 미국 뉴욕에 중앙공원(Central Park)를 설계한 사람은?
① 하워드
② 르코르뷔지에
③ 옴스테드
④ 브라운

|해설|

7-1
② 윌리엄 켄트 : '자연은 직선을 싫어한다'는 말을 남겼던 조경가이다.
③ 험프리 랩턴 : 정원의 개조전후의 모습을 보여주는 레드북(Red Book)의 창안자이다.
④ 에디슨 : 에디슨, 포프, 셰스톤 등은 정원예술과 관련한 문학작품을 발표하였다.

7-2
센트럴파크는 옴스테드가 설계한 최초의 도시공원이며 모든시민을 위한 근대적이고 본격적인 공원이다.

정답 7-1 ① 7-2 ③

10년간 자주 출제된 문제

7-3. 다음 중 독일의 풍경식 정원과 가장 관계가 깊은 것은?
① 한정된 공간에서 다양한 변화를 추구
② 동양의 사의주의 자연풍경식을 수용
③ 외국에서 도입한 원예식물의 수용
④ 식물생태학, 식물지리학 등의 과학이론의 적용

ⓒ 옴스테드와 캘버트보가 그린스워드(Greensward)안을 제시하였다.
  ※ 그린스워드안의 내용 : 차음과 차폐를 위한 주변식재, 넓고 쾌적한 마차 드라이브 코스, 동적놀이를 위한 운동장, 입체적 동선체계

④ 하워드의 전원도시론 : 20세기 영국에서 환경문제를 위해 하워드가 제시한 것으로, 도시, 전원, 전원도시를 3개의 자석으로 삼고 하나의 전원도시가 계획인구로 성장하면 또 하나의 전원도시를 건설하여 이것들을 철도와 도로로 연결하여 도시집단을 형성하는 이론이다.

⑤ 1893년 시카고 만국 박람회
  ㉠ 미대륙 발견 400주년을 기념하기 위해 계획하였다.
  ㉡ 도시계획에 대한 관심이 증대하였고 도시계획이 발달하는 계기가 되었다.
  ㉢ 도시미화운동이 일어났다.

⑥ 프랑스의 쁘띠트리아농(Petit Trianon) : 루이 16세의 왕비인 마리 앙투아네트의 별궁으로 사용하였다.

⑦ 독일
  ㉠ 영국의 자연풍경식 정원의 영향을 받아 독특한 양식을 갖게 되었다.
  ㉡ 식물생태학과 식물지리학 등의 과학적 지식을 이용한 자연경관의 재생이 목적이었다.
  ㉢ 분구원 : 19세기 정원의 실용적인 측면이 강조되어 독일에서 만들어진 정원의 형태이다.
  ㉣ 벽천 : 근대 독일 구성식조경에서 발달한 조경시설물로 실용과 미관을 겸비하였다.

⑧ 네덜란드
  ㉠ 튤립, 히야신스, 아네모네, 수선화 등의 구근류로 장식하였다.
  ㉡ 운하식이다.
  ㉢ 테라스를 전개시킬수 없었으므로 분수, 캐스케이드가 채택될 수 없었다.
  ㉣ 국토가 좁고 인구 집약적이어서 소규모 정원이 발달하였다.
  ㉤ 한정된 공간에서 다양한 변화를 추구하기 위해 토피어리, 창살울타리, 화분 등을 이용한 장식적 정원이 발달하였다.

정답 7-3 ④

핵심이론 08 동양조경양식(1) : 우리나라 전통조경의 특징

① 신선사상에 근거를 두고 음양오행설이 가미 되었다.
② 동양정원에서 연못을 파고 그 가운데 섬을 만드는 수법에 가장 큰 영향을 준 것 역시 신선사상이다.
③ 우리나라 전통조경 공간인 연못에는 봉래, 방장, 영주의 삼신산을 상징하는 세 섬을 꾸며 신선사상을 표현했다.
④ 네모진 연못은 땅(음)을 상징하고, 둥근섬은 하늘(양)을 상징하고 있다.
⑤ 풍수지리설에 영향을 받으며, 계절의 변화를 느낄 수 있다.

10년간 자주 출제된 문제

8-1. 우리나라 전통 조경의 설명으로 옳지 않은 것은?
① 신선사상에 근거를 두고 여기에 음양오행설이 가미되었다.
② 연못의 모양은 조롱박형, 목숨수자형, 마음심자형 등 여러 가지가 있다.
③ 네모진 연못은 땅 즉, 음을 상징하고 있다.
④ 둥근 섬은 하늘 즉, 양을 상징하고 있다.

핵심이론 09 동양조경양식(3) : 한국의 삼국시대와 고려시대

① 삼국시대
  ㉠ 고구려 : 안학궁, 대성산성, 장안성
    • 안학궁(장수왕) : 장수왕 때 평양(대동강 상류 대성산)에 지은 궁이다.
    • 대성산성(장수왕) : 여섯 개의 크고 작은 봉우리를 포함한 산성으로 우리나라 성곽 중 가장 많은 연못(170여개)이 있었다.
    • 장안성(평원왕) : 성으로 구분되었다(외성-민가, 중성-관청, 내성-왕궁, 북성-사원 및 군사).
  ㉡ 백제 : 궁남지, 임류각, 석연지
    • 궁남지 : 백제 무왕 35년(634년경)에 만들어진 조경 유적이며 현존하는 정원이다.
    • 임류각 : 동성왕 때 궁 동쪽에 세워 강의 수경과 산야의 조경을 즐긴 위락기능을 하였다.
    • 석연지 : 정원의 점경물로 만들어졌고, 물을 담아 연꽃을 심고 부들, 개구리밥, 마름 등의 부엽식물을 곁들이며 물고기도 넣어 키웠다.
    • 백제의 정원에 영향을 주었던 사상 : 신선사상
    • 수미산 : 백제의 노자공이 일본에 건너가 전파한 축산의 형태이다.

[해설]

8-1
중국이나 일본 등의 연못 형태가 자연스러운 곡선을 띠고 있는 데 비해 우리나라의 경우 직선 형태를 띤 것은 이러한 음양오행사상의 영향이 크다.

정답 8-1 ②

10년간 자주 출제된 문제

9-1. 다음 중 신선사상의 영향을 받은 정원은?
① 고산수정원　② 안압지
③ 경복궁　　　④ 경회루

9-2. 고려시대 궁궐의 정원을 맡아 관리하던 해당 부서는?
① 내원서　② 정원서
③ 상림원　④ 동산바치

9-3. 중국 송시대의 수법을 모방한 화원과 석가산 및 누각 등이 많이 나타난 시기는?
① 백제시대　② 신라시대
③ 고려시대　④ 조선시대

해설

9-1
신선사상은 백제와 신라의 정원에 영향을 주었던 사상이므로 백제나 신라의 정원을 찾으면 된다. 안압지는 신라의 대표적인 정원이다.
① 일본의 정원
③・④ 조선시대의 정원

9-2
정원 관리서의 변천 : 궁원(고구려) → 내원서(고려) → 상림원(조선 세종) → 장원서(조선 세조)
- 고려시대의 정원관리기관 : 사선서, 내원서
- 조선시대의 정원관리기관 : 상림원, 장원서

정답 9-1 ② 9-2 ① 9-3 ③

ⓒ 신라 : 동궁과 월지(안압지), 포석정
- 신라의 정원에 영향을 주었던 사상 : 신선사상
- 동궁과 월지(통일신라 문무왕 14년)
  - 물가에 세워진 임해전(臨海殿), 봉래산을 본따서 축소한 연못이다.
  - 신선사상을 배경으로 한 해안풍경을 묘사하였다.
  - 연못 속에는 삼신산을 암시하는 3개의 섬[대(남쪽), 중(북쪽), 소(중앙)]이 타원형을 이루고 있으며, 임해전의 동쪽에 가장 큰 섬과 가장 작은 섬이 위치한다.
  - 임해전이 주로 직선으로 된 연못의 남북축 선상에 배치되어 있고, 연못 내 돌을 쌓아 중국의 무산 12봉을 본 딴 석가산을 조성하였다.
  - 연못의 남쪽과 서쪽은 직선이고 동안은 돌출하는 반도로 되어 있으며, 북쪽은 굴곡 있는 해안형으로 되어 있다.
  - 섬의 모양은 거북이형이다.
- 포석정 : 흐르는 물에 술잔을 띄워 곡수연을 즐기던 곳으로, 왕희지의 난정고사를 본 따 만든 왕과 측근들의 유락공간이었다.

② **고려시대**
ⓐ 대표적인 정원 유적 : 동지(東池), 만월대, 수창궁원, 청평사 문수원 정원 등이 있다.
ⓑ 중국 송시대의 수법을 모방한 화원과 석가산, 누각 등이 나타난다.
ⓒ 내원서 : 고려시대 궁궐정원을 맡아보던 관서이다.
ⓓ 휴식과 조망을 위한 정자를 설치하기 시작하였다.

핵심이론 10 동양조경양식(3) : 한국의 조선시대와 현대

① 조선시대
  ㉠ 대표적인 조경(정원) : 경복궁, 창덕궁, 창경궁, 별서, 별당, 별장 등
  ㉡ 특징
   • 한국적인 색채가 가장 짙은 정원양식이 발달하였다.
   • 우리나라의 독특한 정원 수법인 후원양식이 가장 성행한 시기이다.
   • 중엽이후 풍수지리설과 음양오행설, 유교의 영향을 받아 후원양식이 생겼다.
   • 정원 내 연못의 형태는 방지형이라고 불리는 사각형의 가장 단순한 형태였다.
   • 조경식물에 관한 문헌
    - 양화소록(1474) : 우리나라 최초의 문헌으로, 조선시대 전기 조경관련 대표 저술서이다. 정원식물의 특성과 번식법, 괴석의 배치법, 꽃을 화분에 심는 법, 최화법(催花法), 꽃이 꺼리는 것, 꽃을 취하는 법과 기르는 법, 화분 놓는 법과 관리법 등의 내용이 수록되어 있다.
    - 이수광의 지봉유설
    - 홍만선의 산림경제 : 농가생활에 관한 백과사전
    - 서유구의 임원경제지
  ㉢ 후원양식
   • 건물 뒤에 자리잡은 언덕배기를 계단 모양으로 다듬어 만들었다.
    예 경복궁 교태전 후원의 아미산, 창덕궁 낙선재의 후원 등
   • 후원양식의 정원에 설치되는 정원시설물 : 장대석, 괴석, 세심석, 굴뚝 등

   ⭐ 오답 노트
   조선시대 후원의 장식용으로 쓰인 것 : 석가산(×)
   → 석가산은 조선시대 후원의 장식용으로는 쓰이지 않았다.

  ㉣ 경복궁
   • 경회루 원지의 형태 : 방지형(네모난 형태), 장방형(직사각형의 형태)이다.
   • 교태전 후원인 아미산 : 화계가 있으며 굴뚝은 육각형이 4개가 있다. 왕과 왕비만이 즐길 수 있는 사적인 정원이다.

10년간 자주 출제된 문제

10-1. 조선시대 후원양식에 대한 설명 중 틀린 것은?
① 중엽 이후 풍수지리설의 영향을 받아 후원양식이 생겼다.
② 건물 뒤에 자리 잡은 언덕배기를 계단 모양으로 다듬어 만들었다.
③ 각 계단에는 향나무를 주로 한 나무를 다듬어 장식하였다.
④ 경복궁 교태전 후원인 아미산, 창덕궁 낙선재의 후원 등이 그 예이다.

10-2. 다음 중 경복궁 교태전 후원과 관련이 없는 것은?
① 화계가 있다.
② 상량전이 있다.
③ 아미산이라 칭한다.
④ 굴뚝은 육각형이 4개가 있다.

[해설]

10-1
후원은 우리나라의 독특한 정원양식으로, 건물 뒤편의 언덕을 계단 모양으로 다듬어 장대석을 앞혀 평지를 만들고, 키 작은 꽃나무를 심거나 괴석・세심석 또는 장식을 겸한 굴뚝 등을 세워 아름답게 꾸몄다.

10-2
② 상량전은 창덕궁과 관련이 있다.

정답 10-1 ③ 10-2 ②

10년간 자주 출제된 문제

10-3. 다음 중 서양식 전각과 서양식 정원이 조성되어 있는 우리나라의 궁궐은?

① 경복궁
② 창덕궁
③ 덕수궁
④ 경희궁

[해설]

10-3
덕수궁 내 위치한 석조전(石造殿)은 고종황제의 집무실 겸 접견실로 사용하고자 지은 대한제국 황궁의 정전으로, 1900년에 착공하여 1910년에 완공되었으며, 영국인 하딩과 로벨 등이 설계에 참여한 우리나라 최초의 서양식 건물이다.

정답 10-3 ③

- 자경전 : 십장생 굴뚝과 장식문양이 있었다.
  ※ 십장생 : 해, 산, 물, 돌, 소나무, 달 또는 구름, 불로초, 거북, 학, 사슴
  ※ 꽃담 벽화문양 : 매화, 복숭아, 모란, 석류, 국화, 진달래, 대나무 등
- 향원정 지원 : 경복궁 후원의 중심을 이루는 연못으로 중앙에 둥근 섬이 있고, 여기에 정육각형의 2층 건물 향원정이 있다.

ⓜ 창덕궁
- 왕과 왕비만이 즐길 수 있는 사적인 정원이다.
- 창경궁과 함께 동궐(東闕)이라 불렀고 후원은 북원, 금원, 비원이라고 불렀다.
- 경복궁과 달리 자연지형을 이용하여 후원을 조성하였다.
- 옥류천(곡수연 터)에는 청의정과 태극정이 있고, 부용지를 중심으로 부용정, 주합루, 어수문, 영화당이 있다.
- 낙선재(樂善齋) 후원은 창덕궁에 속한 건물로 단청을 하지 않았으며, 5단의 계단식 화계(花階)가 있다. 원래는 창경궁에 속해있던 건물이었지만 지금은 창덕궁에서 관리하고 있다.

ⓑ 창경궁 통명전 지당
  ※ 지당 : 관상을 위하여 만든 연못
- 장방형으로 장대석으로 쌓은 석지이다.
- 무지개형 곡선 형태의 석교가 있다.
- 지당 속에 괴석을 심은 석분 3개와 기물을 받쳤던 앙련 받침대석 1개를 배치하였다.
- 물은 직선의 석구를 통해 지당에 유입된다.

ⓢ 덕수궁
- 1910년에 완성된 우리나라 최초의 서양식 건물이다.
- 석조전 앞 정원 : 우리나라에서 최초의 유럽식 정원이 도입된 곳이다.
- 서양식 전각과 서양식 정원이 조성되어 있는 곳이다.

ⓞ 주택정원 : 궁궐의 정원과 비교해 볼 때 화려함이나 규모면에서는 떨어지나 방지, 경사면의 계단식 처리 등 공통된 조경기법을 사용하고 있다. 입지조건에 따라 민가정원, 별서정원, 산수정원 등으로 구분된다.

ⓩ 별서정원
- 사대부가 본가와 떨어져 농사를 지으며 생활하기 위해 초야에 지은 집이다.
- 양산보의 소쇄원(담양) : 사대부나 양반계급들이 꾸민 별서 정원이며 대, 각, 단, 화계 및 2개의 연못으로 구성되었다.
  ※ 전라남도 담양지역의 정자원림 : 소쇄원 원림, 명옥헌 원림, 식영정 원림
- 윤선도의 부용동 원림 : 울타리가 없으며, 자연 자체에 최소한의 인위적 구성만을 가미했다.
- 정약용의 다산초당 : 방지원도를 만들고, 괴석으로 석가산을 축조하였으며, 언덕 위쪽에 있는 용천에서 물을 끌어다 폭포를 만들어 못 안에 떨어뜨렸다.

🔖 **오답 노트**

방화수류정은 별서정원이다. (×)
→ 방화수류정은 별서정원이 아닌 성벽 모서리에 군사적 용도로 세운 누각이다.

② 근세 및 현대
  ㉠ 탑골공원 : 우리나라 최초의 근대식 대중공원으로 탑동공원, 파고다공원이라고도 하며, 1897년 영국인 브라운이 고문으로서 참여하였다.
  ㉡ 덕수궁의 석조전 정원
    - 우리나라에서 최초의 유럽식 정원이 도입된 곳이다.
    - 침상원(침상경원) : 석조전 앞뜰에 분수와 연못을 중심으로 조성된 좌우대칭적인 기하학식 정원으로, 우리나라 최초의 유럽식(프랑스) 정원이다.

10년간 자주 출제된 문제

10-4. 사대부나 양반 계급에 속했던 사람이 자연 속에 묻혀 야인으로서의 생활을 즐기던 별서 정원이 아닌 것은?
① 소쇄원
② 방화수류정
③ 다산초당
④ 부용동정원

[해설]
10-4
방화수류정은 별서정원이 아닌 누각이다.

정답 10-4 ②

10년간 자주 출제된 문제

11-1. 다음 중 중국정원의 특징에 해당하는 것은?
① 정형식
② 태호석
③ 침전조정원
④ 직선미

[해설]
11-1
중국 정원에서는 태호석과 같은 구멍 뚫린 괴석을 세우는 정원 수법이 유래되었고, 태호석을 이용한 석가산 수법이 유행하였다.

정답 11-1 ②

핵심이론 11 동양조경양식(4) : 중국

① 중국 조경의 특징
  ㉠ 차경수법을 도입하였다.
  ㉡ 사실주의 보다는 상징적 축조가 주를 이루는 사의주의에 입각하였다.
  ㉢ 대비에 중점을 두고 있으며, 이것이 중국정원의 특색을 이루고 있다.
  ㉣ 기하학적인 무늬가 그려져있는 원로가 있다.
  ㉤ 건물과 정원이 한덩어리가 되는 형태로 발달했다.
  ㉥ 지역마다 재료를 달리한 정원양식이 생겼다.
  ㉦ 태호석과 같은 구멍 뚫린 괴석을 세우는 정원 수법이 유래되었고, 태호석을 이용한 석가산 수법이 유행하였다.
  ㉧ 자연경관이 수려한 곳에 인위적으로 암석과 수목을 배치하였다.
  ㉨ 중국정원의 양식에 가장 많은 영향을 끼친 사상은 신선사상이다.

② 시대별 특징
  ㉠ 주(周)나라
    • 영대 : 정원에 연못을 파고 그 흙을 높이 쌓아 올려 구축한 대(臺)로, 낮에는 조망을 하고 밤에는 밤하늘을 즐겼다.
    • 영유 : 숲과 못을 갖추고 동물을 사육했으며, 왕후가 놀이터로 사용했다.
    • 원유 : 수렵원으로 야생동물을 방사하여 사냥을 즐겼다.
  ㉡ 진(秦) · 한(漢)나라
    • 진나라 : 진의 시황제는 상림원에 아방궁을 만들었고 여산릉(진시황의 묘)과 만리장성을 축조했다.
    • 한나라
      - 상림원 : 중국 정원 중 가장 오래된 수렵원이며 중국 정원의 기원이다.
      - 태액지원 : 장안 건장궁 내의 곡지 중 하나이다.
  ㉢ 진(晉) · 수(隋)나라
    • 진나라 : 왕희지의 난정고사에 곡수거를 조성한 기록이 남아 있고, 도연명의 안빈낙도의 철학이 영향을 미쳤다.
    • 수나라 : 궁궐 안에 진기한 수목, 기암, 금수를 길렀고, 많은 궁전과 누각을 건축했으며(현인궁), 남북을 연결하는 대운하를 완성했다.

② 당(唐)나라
  - 대표적인 궁 : 대명궁, 온천궁, 화청궁, 흥경궁, 구성궁
  - ※ 온천궁(溫泉宮) : 당나라 현종과 양귀비의 설화가 있는 이궁으로 백낙천의 장한가와 두보의 시는 화청궁의 아름다움을 노래하고 있다.
  - 연못, 괴석을 배치하는 등 중국정원의 기본적인 양식이 확립되었다.
◎ 송(宋)나라
  - 송나라의 수법을 받아들여 고려시대 조경수법은 대비를 중요시하는 양상을 보인다.
  - 만세산 : 휘종 때 항주의 봉황산을 닮은 가산을 쌓아올리고 대석가산을 조성했다.
  - 오흥과 소주의 정원 : 태호석을 이용한 석가산을 주로 하는 정원이 조성되었다.
  - 소주의 4대 명원 : 졸정원, 창랑정, 사자림, 유원
  - 기록 : 이격비의 낙양명원기, 주돈이의 애련설 등
⑭ 명(明)나라(1368~1644)
  - 기록 : 계성의 원야, 문진형의 장물지 등
  - 졸정원 : 소주에 위치하며, 3개의 섬을 곡교(다리)로 연결하였다.
◇ 청(靑)나라(1644~1911) : 자금성 금원 및 이궁
  - 원명원 이궁 : 동양 최초의 서양식 정원으로 프랑스 르 노트르식 정원의 영향을 받았다.
  - 이화원(만수산 이궁) : 건륭제가 조영한 청나라의 대표 정원으로 만수산과 곤명호로 구성되어 있으며, 건축물과 자연이 강한 대비를 이루고 있다.
  - 열하 피서산장 : 만리장성 밖에 위치한 황제의 여름별장이다.

10년간 자주 출제된 문제

11-2. 고려시대 조경수법은 대비를 중요시하는 양상을 보인다. 어느 시대의 수법을 받아 들였는가?
① 신라시대 수법
② 일본 임천식 수법
③ 중국 당시대 수법
④ 중국 송시대 수법

11-3. 중국 청나라 때의 유적이 아닌 것은?
① 자금성 금원
② 원명원 이궁
③ 이화원
④ 졸정원

[해설]

11-2
고려시대는 중국 송시대의 수법을 모방한 화원과 석가산, 많은 누각 등으로 정원을 꾸몄다.

11-3
졸정원은 명나라 때의 유적이다.

정답 11-2 ④ 11-3 ④

10년간 자주 출제된 문제

12-1. 정토사상과 신선사상을 바탕으로 불교 선사상의 직접적 영향을 받아 극도의 상징성(자연석이나 모래 등으로 산수자연을 상징)으로 조성된 14~15세기 일본의 정원양식은?
① 중정식 정원
② 고산수식 정원
③ 전원풍경식 정원
④ 다정식 정원

해설

12-1
일본 무로마치시대에 등장한 고산수식 정원은 물을 전혀 사용하지 않고 바위, 왕모래, 나무만을 사용한 축산고산수식에서 나무조차 사용하지 않는 평정고산수식으로 발달하였다.

정답 12-1 ②

핵심이론 12 동양조경양식(5) : 일본

① 일본 조경의 특징
  ㉠ 일본 정원에서 가장 중점을 두고 있는 것 : 조화
  ㉡ 돌과 나무 등을 활용해 섬세하게 자연을 축경화 하거나, 정신세계를 상징화하려고 했다.
  ㉢ 정신세계의 상징화, 인공적인 기교, 추상적 구성, 관상적인 가치에 가장 치중한 정원이다.

② 시대별 특징
  ㉠ 7세기 초 : 백제의 노자공이 수미산과 홍교를 조성하였다.
  ㉡ 나라시대(8세기) : 평성궁 – 수도에 위치한 궁궐로, 연못을 중심으로 조성한 정원(동원정원)과 곡수연을 위한 S자 모양의 곡지가 발견되었다.
  ㉢ 헤이안시대(8~11세기)
    • 임천식 정원 : 신선사상의 영향으로 지원 안에 연못과 섬을 축조했다.
    • 침전조 정원양식 : 주 건물을 침전으로 꾸미고 그 앞에 연못 등의 정원을 조성하였다.
    • 회유임천식 : 정원 중심부에 연못을 파고 섬을 만들어 다리를 놓고 섬과 연못주위를 돌아다니며 감상하는 정원양식이다.
  ㉣ 무로마치시대(14세기)
    • 고산수 수법이 가장 크게 발달했던 시기로, 고산수식 정원은 축소 지향적인 일본의 민족성과 극도의 상징성으로 조성된 정원양식이다.
    • 축산고산수식 정원
      – 바위를 중심으로 왕모래와 다듬은 수목(식물)을 사용해 꾸민 추상적인 정원이다.
      – 왕모래는 냇물, 바위는 폭포, 다듬은 수목은 산봉우리를 상징한다.
      – 대표적인 정원 : 대덕사 대선원
  ㉤ 무로마치시대(15세기 후반)
    • 평정고산수식 정원 : 수목(식물)도 사용하지 않고 바위와 왕모래만으로 꾸민 정원이다.
    • 대표적인 정원 : 용안사 방장정원

ⓗ 모모야마시대(16세기)
- 다정양식이 탄생하였다.
- 다정(茶庭)이 나타내는 아름다움의 미 : 조화미
- 다정원은 정원요소로 징검돌, 물통, 세수통, 석등 등의 배치를 중시하였다.

ⓢ 에도시대
- 초기(17세기) : 회유임천식+다정식 정원
- 후기(19세기) : 축경식 정원 - 일본의 독특한 정원양식으로 여행취미의 결과 얻어진 풍경의 수목이나 명승고적, 폭포, 호수, 명산계곡 등을 그대로 정원에 축소시켜 감상하는 정원이다.

10년간 자주 출제된 문제

12-2. 정원요소로 징검돌, 물통, 세수통, 석등 등의 배치를 중시하던 일본의 정원양식은?
① 다정원
② 침전조정원
③ 축산고산수정원
④ 평정고산수정원

해설

12-2
다정원(茶庭園)
- 다실과 다실에 이르는 길을 중심으로 좁은 공간에 꾸며지는 일종의 자연식 정원으로 대자연의 운치를 연상시킨다.
- 뜀돌이나 포석수법을 구사하여 풍우에 씻긴 산길을 나타내고, 수통이나 돌로 만든 물그릇으로 샘을 상징하였다.
- 오래된 석탑이나 석등을 놓아 수림 속에 쇠퇴해 버린 고찰의 분위기를 재현하였다.

정답 12-2 ①

제2절 조경계획

핵심이론 01 조경계획의 수행과정

① 조경계획 및 설계과정 : 목표설정(기본전제) → 자료조사(수집) 및 분석 → 종합 → 기본구상 및 대안 → 기본계획 → 기본설계 → 실시설계

※ 조경계획의 과정은 목표설정부터 기본계획까지이며 설계과정은 기본설계와 실시설계까지이다.

㉠ 목표설정(기본전제) : 계획의 목적과 방침 및 설계방법 등을 검토하는 것으로, 계획의 전체 성격에 영향을 미친다.

㉡ 자료조사(수집) 및 분석 : 계획의 기본구상에 초점을 맞추어 시간적, 경제적 여건을 감안하여 자료를 수집하고 분석한다.
  예 자연환경 분석, 인문·사회 분석

㉢ 자료종합 : 자료분석한 내용들의 자료를 종합하는 단계이다.

㉣ 기본구상
  - 수집된 자료를 종합한 후에 이를 바탕으로 개략적인 계획안을 결정하는 단계이다.
  - 몇 가지의 대안을 만들어 각 대안의 장단점을 비교한 후에 최종안으로 결정한다.

㉤ 기본계획 : 마스터플랜(Master Plan)의 작성이 위주가 되는 과정이다.
  예 토지이용계획, 교통동선계획, 시설물 배치계획, 식재계획, 하부구조계획, 집행계획

㉥ 기본설계 : 조경계획 및 설계과정에 있어서 각 공간의 규모, 사용재료, 마감방법을 제시해주는 단계이다.

㉦ 실시설계 : 시방서 및 공사비 내역서 등을 포함 하고 있는 설계이다.

② 조경계획의 과정 : 기초조사 → 터가르기 → 동선계획 → 식재계획

10년간 자주 출제된 문제

1-1. 조경계획의 과정을 기술한 것 중 가장 잘 표현한 것은?

① 자료분석 및 종합 - 목표설정 - 기본계획 - 실시설계 - 기본설계
② 목표설정 - 기본설계 - 자료분석 및 종합 - 기본계획 - 실시설계
③ 기본계획 - 목표설정 - 자료분석 및 종합 - 기본설계 - 실시설계
④ 목표설정 - 자료분석 및 종합 - 기본계획 - 기본설계 - 실시설계

1-2. 조경계획 및 설계에 있어서 몇 가지의 대안을 만들어 각 대안의 장단점을 비교한 후에 최종안으로 결정하는 단계는?

① 기본구상
② 기본계획
③ 기본설계
④ 실시설계

해설

1-1
조경계획 및 설계과정 : 목표설정(기본전제) → 자료조사(수집) 및 분석 → 종합 → 기본구상 및 대안 → 기본계획 → 기본설계 → 실시설계

1-2
기본구상 : 수집된 자료를 종합한 후에 이를 바탕으로 개략적인 계획안을 결정하는 단계이다.

정답 1-1 ④ 1-2 ①

핵심이론 02 자연환경 조사분석

① 조사항목과 조사내용 : 대기(기상과 기후분석), 물(수문과 수계분석), 토양(토질)환경, 동물(출현종, 서식지, 이동로 등), 식물(식생상, 식생종 등)을 조사분석한다.

② 지형 및 지질조사
  ㉠ 경사도 분석 : 완·급경사지의 분포를 쉽게 알아볼 수 있도록 경사도에 따라 점진적인 색의 변화를 준 것으로 2개의 인접 등고선의 수직거리는 항상 일정하고 수평거리만 변하게 되며, 일정 경사도는 일정 수평거리를 가진다.
  ㉡ 경사도 계산

$$경사도(\%) = \frac{수직거리}{수평거리} \times 100$$

③ 기후조사
  ㉠ 기후 : 기상대 자료, 미기후 조사(직접 조사)
  ㉡ 미기후 : 지형이나 풍향 등에 따른 부분적 장소의 독특한 기상상태로, 지상에서 가까운 공기층에 국지적으로 일어나는 기후상태를 말한다.
  • 미기후의 조사항목 : 태양 복사열의 정도, 공기 유통의 정도, 안개 및 서리해 유무, 지형적 여건에 따른 일조시간, 대기오염 자료 등

오답 노트

미기후와 관련된 조사 항목 : 지하수 유입의 정도(×)
  → 미기후는 국부적인 장소에 나타나는 기후가 주변과 현저히 다르게 나타나는 것을 말한다. 따라서 지하수 유입과는 관련이 없다.

• 미기후의 특징
  - 일반적으로 지역적인 기후 자료보다 자료를 얻기 어렵다.
  - 그 지역 주민에 의해 지난 수년 동안의 자료를 얻을 수 있다.
  - 국부적인 장소의 기후가 주변기후와 현저히 다르게 나타난다.
  - 수목, 건물 등의 존재 여부, 지형, 지표면의 재료 등에 영향을 받는다.
  - 호수에서 바람이 불어오는 곳은 겨울에는 따뜻하고 여름에는 서늘하다.
  - 야간에는 언덕보다 골짜기의 온도가 낮고, 습도는 높다.

10년간 자주 출제된 문제

2-1. 지형도상에서 2점 간의 수평거리가 200 m이고, 높이 차가 5m라 하면 경사도는 얼마인가?
① 2.5%   ② 5.0%
③ 10.0% ④ 50.0%

2-2. 다음 미기후(Micro-climate)에 관한 설명 중 적합하지 않은 것은?
① 지형은 미기후의 주요 결정 요소가 된다.
② 그 지역 주민에 의해 지난 수년 동안의 자료를 얻을 수 있다.
③ 일반적으로 지역적인 기후 자료보다 미기후 자료를 얻기가 쉽다.
④ 미기후는 세부적인 토지이용에 커다란 영향을 미치게 된다.

해설

2-1

$$경사도(\%) = \frac{수직거리}{수평거리} \times 100$$
$$= \frac{5}{200} \times 100$$
$$= 2.5\%$$

2-2

③ 일반적으로 지역적인 기후 자료보다 미기후 자료를 얻기가 어렵다.

정답 2-1 ① 2-2 ③

10년간 자주 출제된 문제

2-3. 다음 중 서울 시내의 남산에 위치한 남산타워는 도시를 구성하는 요소 중 어디에 속하는가?
① 도로(Paths)
② 랜드마크(Landmark)
③ 지역(District)
④ 가장자리(Edge)

해설
2-3
랜드마크
한 도시나 지역의 이미지를 떠오르게 하는 대표적인 건축물이나 조형물로서, 남산타워, 파리의 에펠탑, 런던의 타워 브릿지, 뉴욕의 자유의 여신상 등이 이에 속한다.

정답 2-3 ②

- 야간에 바람은 산위에서 계곡을 향해 분다.
- 지형은 미기후의 주요 결정 요소가 된다.
- 미기후는 세부적인 토지이용에 커다란 영향을 미치게 된다.
- 미기후 요소 : 대기 요소, 서리, 안개, 자외선, 이산화황, 이산화탄소

④ **토양조사**
㉠ 토양의 구조
- 입단구조 : 여러 개의 입자가 하나의 큰 입자로 뭉쳐진 것이다.
- 단립구조 : 자연적으로 형성된 입단의 단위, 독립 토양입자이다.
- 입상 : 입단의 모양은 구형이며 표토에서 볼 수 있다. 임목(林木) 생장에 가장 좋은 토양구조이다.
- 괴상 : 구조단위의 가로, 세로축의 길이가 비슷하고, 집적층(Bt층)에서 나타난다.
- 판상 : 가로축의 길이가 세로축의 길이보다 길며, E층과 점토반층에서 나타난다.
- 주상 : 세로축의 길이가 가로축의 길이보다 길며 모가 있고, Bt층에서 나타난다.

㉡ 토양수분
- 결합수 : 어떤 성분과 화학적으로 결합되는 물
- 흡습수 : 토양입자 표면에 피막처럼 흡착되는 물
- 모관수(모세관수) : 흡습수의 둘레를 싸고 있는 물이며 식물이 생육에 주로 이용하는 유효수분이다.
- 중력수 : 중력에 의해 자유롭게 흐르는 물

⑤ **수문조사**
㉠ 수문(水文) : 육수의 기원, 분포, 순환, 특성 등을 말하며, 이는 하천·호소 등의 수온, 수질의 변화, 유량을 주로 조사한다.
㉡ 측량도와 현지조사를 통해 대상지 내의 수계, 집수구역 및 유수 방향을 조사 분석한다.

⑥ **식생(생태)조사** : 계획 대상지에 생육하고 있는 식물상을 파악하고 새로 도입할 식물의 종류를 결정하는 데 매우 중요한 역할을 한다. 계획 대상지 주변까지 조사해야 한다.

⑦ **경관조사** : 케빈 린치(Kevin Lynch)는 도시경관을 분석함에 있어서 기호를 만들어 이를 도시경관 분석에 이용하여 도면을 작성하였다. 경관의 좋고 나쁨을 기호화하여 분석하였다.

㉠ 통로(Path) : 도로는 방향성과 연속성을 가져야 한다. 관찰자의 이동에 따라 연속적으로 경관이 변해가는 과정을 설명할 수 있다.
㉡ 모서리(Edges) : 지역을 분리시킨다.
㉢ 지구(District) : 테마가 명확히 있어야 하고 각 지구간에는 인구성이 있어야 한다.
㉣ 결절점(Node) : 도시의 핵, 통로의 교차 또는 집중점, 접합점, 광장, 교통시설, 로터리, 도심부를 말한다.
㉤ 랜드마크(Landmark) : 관찰자가 유일하게 볼 수 있고 분명한 형태가 있어야 한다.

핵심이론 03 인문·사회환경 조사분석

① 조사항목과 조사내용
  ㉠ 인문·사회환경은 경제·사회환경(인구, 주거, 산업, 교통, 문화재 등)과 생활환경(대기질, 악취, 수질, 토지이용, 소음·진동, 폐기물, 위락·경관, 위생·보건, 전파장해, 일조장해 등)을 조사분석한다.
  ㉡ 조사 및 분석은 사업의 목적과 성격에 부합하는 항목과 내용을 선별한다.
② 토지이용조사 : 이용 형태별로 밭, 논, 대지, 임야 등으로 조사하되 등기부상의 법정 지목과 실제 이용 상태를 조사한다.
③ 교통조사 : 계획부지 내의 교통체계를 조사하고 계획 대상지에 접근할 수 있는 교통수단과 동선 배치 상태, 교통량 등을 조사한다.
④ 시설물조사 : 각종 건축물의 현황, 부지 내에 가설되어 있는 전력선, 가스관, 상하수도를 조사한다.
⑤ 지역현황조사 : 행정구역과 대상지의 입지 현황을 분석하여 광역적, 지역적, 접근 체계와 주변 현황을 조사 분석한다. 인구조사와 역사적 유물조사도 실시한다.
⑥ 인구 및 산업조사 : 계획부지 이외의 주변 지역까지 조사한다.
  예 남녀, 연령, 학력, 직업, 소득 등
⑦ 역사적 및 문화유적조사 : 유·무형의 역사·문화 유물을 조사하여 보존, 복원, 이전 등의 계획을 수립한다.

10년간 자주 출제된 문제

3-1. 다음 중 계획단계에서 자연환경 조사 사항과 가장관계가 없는 것은?
① 식생
② 주변 교통량
③ 기상조건
④ 토양조사

3-2. 다음 자연환경 분석 중 자연 형성 과정을 파악하기 위해서 실시하는 분석내용이 아닌 것은?
① 지형
② 수문
③ 토지이용
④ 야생동물

|해설|
3-1
교통량 등의 교통조사는 인문·사회환경 조사분석에 해당된다.

3-2
③ 토지이용조사는 인문·사회환경 조사분석에 해당된다.
①·②·③ 지형, 수문, 야생동물은 자연환경 조사 분석과 관련이 있다.

정답 3-1 ② 3-2 ③

10년간 자주 출제된 문제

4-1. 도시공원 및 녹지 등에 관한 법률에 의한 도시공원의 구분에 해당하지 않는 것은?
① 역사공원
② 체육공원
③ 도시농업공원
④ 국립공원

4-2. 다음 도시공원 중 주제공원에 해당되는 않는 것은?(단, 도시공원 및 녹지 등에 관한 법률을 적용한다)
① 체험공원
② 역사공원
③ 문화공원
④ 수변공원

[해설]

4-1

도시공원의 세분 및 규모(도시공원 및 녹지 등에 관한 법률 제15조)
1. 국가도시공원
2. 생활권공원 : 소공원, 어린이공원, 근린공원
3. 주제공원 : 역사공원, 문화공원, 수변공원, 묘지공원, 체육공원, 도시농업공원, 방재공원, 그 밖에 특별시·광역시·특별자치시·도·특별자치도 또는 지방자치법에 따른 서울특별시·광역시 및 특별자치시를 제외한 인구 50만 이상 대도시의 조례로 정하는 공원

정답 4-1 ④ 4-2 ①

핵심이론 04 도시공원 및 녹지 등에 관한 법률·시행령·시행규칙

① 도시공원의 세분 및 규모(법 제15조)

㉠ 국가도시공원 : 법에 따라 설치·관리하는 도시공원 중 국가가 지정하는 공원

㉡ 생활권공원 : 도시생활권의 기반이 되는 공원의 성격으로 설치·관리하는 공원으로서 다음의 공원
  - 소공원 : 소규모 토지를 이용하여 도시민의 휴식 및 정서 함양을 도모하기 위하여 설치하는 공원
  - 어린이공원 : 어린이의 보건 및 정서생활의 향상에 이바지하기 위하여 설치하는 공원
  - 근린공원 : 근린거주자 또는 근린생활권으로 구성된 지역생활권 거주자의 보건·휴양 및 정서생활의 향상에 이바지하기 위하여 설치하는 공원

㉢ 주제공원 : 생활권공원 외에 다양한 목적으로 설치하는 다음의 공원
  - 역사공원 : 도시의 역사적 장소나 시설물, 유적·유물 등을 활용하여 도시민의 휴식·교육을 목적으로 설치하는 공원
  - 문화공원 : 도시의 각종 문화적 특징을 활용하여 도시민의 휴식·교육을 목적으로 설치하는 공원
  - 수변공원 : 도시의 하천가·호숫가 등 수변공간을 활용하여 도시민의 여가·휴식을 목적으로 설치하는 공원
  - 묘지공원 : 묘지 이용자에게 휴식 등을 제공하기 위하여 일정한 구역에 장사 등에 관한 법률에 따른 묘지와 공원시설을 혼합하여 설치하는 공원
  - 체육공원 : 주로 운동경기나 야외활동 등 체육활동을 통하여 건전한 신체와 정신을 배양함을 목적으로 설치하는 공원
  - 도시농업공원 : 도시민의 정서순화 및 공동체의식 함양을 위하여 도시농업을 주된 목적으로 설치하는 공원
  - 방재공원 : 지진 등 재난발생 시 도시민 대피 및 구호 거점으로 활용될 수 있도록 설치하는 공원
  - 그 밖에 특별시·광역시·특별자치시·도·특별자치도 또는 지방자치법에 따른 서울특별시·광역시 및 특별자치시를 제외한 인구 50만 이상 대도시의 조례로 정하는 공원

② 도시공원의 규모의 기준(시행규칙 [별표 3])과 도시공원 안 공원시설 부지면적(시행규칙 [별표 4])

공원구분			유치거리	규모	공원시설 부지면적
생활권 공원		소공원	제한 없음	제한 없음	100분의 20 이하
		어린이공원	250m 이하	1,500m² 이상	100분의 60 이하
	근린 공원	근린생활권 근린공원	500m 이하	10,000m² 이상	100분의 40 이하
		도보권 근린공원	1,000m 이하	30,000m² 이상	100분의 40 이하
		도시지역권 근린공원	제한 없음	100,000m² 이상	100분의 40 이하
		광역권 근린공원	제한 없음	1,000,000m² 이상	
주제 공원		역사공원	제한 없음	제한 없음	제한 없음
		문화공원	제한 없음	제한 없음	제한 없음
		수변공원	제한 없음	제한 없음	100분의 40 이하
		묘지공원	제한 없음	100,000m² 이상	100분의 20 이상
		체육공원	제한 없음	10,000m² 이상	100분의 50 이하
		도시농업공원	제한 없음	10,000m² 이상	100분의 50 이하
		인구 50만 이상 대도시의 조례로 정하는 공원(서울특별시·광역시·특별자치시도 제외)	제한 없음	제한 없음	100분의 50 이하

※ 소공원 및 어린이공원 : 공원구역 경계로부터 250m 이내에 거주하는 주민 500명 이상의 요청이 있을 경우 조성계획의 정비를 요청할 수 있다.

③ 벌칙(법 제53조, 제54조)
  ㉠ 1년 이하의 징역 또는 1천만원 이하의 벌금
    • 위탁 또는 인가를 받지 아니하고 도시공원 또는 공원시설을 설치하거나 관리한 자
    • 허가를 받지 아니하거나 허가받은 내용을 위반하여 도시공원 또는 녹지에서 시설·건축물 또는 공작물을 설치한 자
    • 거짓이나 그 밖의 부정한 방법으로 허가를 받은 자
    • 도시공원에 입장하는 사람으로부터 입장료를 징수한 자
  ㉡ 300만원 이하의 벌금
    • 도시공원 또는 공원시설의 유지·수선 외의 관리를 한 자
    • 허가를 받지 아니하거나 허가받은 내용을 위반하여 도시공원, 도시자연공원구역 또는 녹지에서 금지행위를 한 자(허가를 받지 아니하거나 허가받은 내용을 위반하여 도시공원 또는 녹지에서 시설·건축물 또는 공작물을 설치한 자는 제외)
    • 공원시설을 훼손한 자

10년간 자주 출제된 문제

4-3. 도시공원 및 녹지 등에 관한 법률상 도시공원 설치 및 규모의 기준에서 어린이공원의 최소규모는 얼마인가?
① 500m² ② 1,000m²
③ 1,500m² ④ 2,000m²

|해설|
4-3
어린이공원의 규모는 최소 1,500m² 이상이다.

정답 4-3 ③

핵심이론 05 자연공원법·시행령·시행규칙

① 정의(법 제2조)
  ㉠ '자연공원'이란 국립공원·도립공원·군립공원(郡立公園) 및 지질공원을 말한다.
  ㉡ '공원기본계획'이란 자연공원을 보전·이용·관리하기 위하여 장기적인 발전방향을 제시하는 종합계획으로서 공원계획과 공원별 보전·관리계획의 지침이 되는 계획을 말한다.
  ㉢ '공원계획'이란 자연공원을 보전·관리하고 알맞게 이용하도록 하기 위한 용도지구의 결정, 공원시설의 설치, 건축물의 철거·이전, 그 밖의 행위 제한 및 토지 이용 등에 관한 계획을 말한다.

② **자연공원의 지정(법 제4조제1항)** : 국립공원은 환경부장관이 지정·관리하고, 도립공원은 도지사 또는 특별자치도지사가, 광역시립공원은 특별시장·광역시장·특별자치시장이 각각 지정·관리하며, 군립공원은 군수가, 시립공원은 시장이, 구립공원은 자치구의 구청장이 각각 지정·관리한다.

③ **용도지구(법 제18조제1항)** : 공원관리청은 자연공원을 효과적으로 보전하고 이용할 수 있도록 하기 위하여 다음의 용도지구를 공원계획으로 결정한다.
  ㉠ 공원자연보존지구 : 다음에 해당하는 곳으로서 특별히 보호할 필요가 있는 지역
    • 생물다양성이 특히 풍부한 곳
    • 자연생태계가 원시성을 지니고 있는 곳
    • 특별히 보호할 가치가 높은 야생 동·식물이 살고 있는 곳
    • 경관이 특히 아름다운 곳
  ㉡ 공원자연환경지구 : 공원자연보존지구의 완충공간(緩衝空間)으로 보전할 필요가 있는 지역
  ㉢ 공원마을지구 : 마을이 형성된 지역으로서 주민생활을 유지하는 데 필요한 지역
  ㉣ 공원문화유산지구 : 문화유산의 보존 및 활용에 관한 법률에 따른 지정문화유산 및 자연유산의 보존 및 활용에 관한 법률에 따른 천연기념물 등을 보유한 사찰(寺刹)과 전통사찰보존지 중 문화유산 및 자연유산의 보전에 필요하거나 불사(佛事)에 필요한 시설을 설치하고자 하는 지역

10년간 자주 출제된 문제

5-1. 국립공원은 누가 지정하여 관리하는가?
① 국토교통부장관
② 행정안전부장관
③ 환경부장관
④ 농림축산식품부장관

5-2. 조경의 대상을 기능별로 분류해 볼 때 자연공원에 포함되는 것은?
① 묘지공원
② 휴양지
③ 군립공원
④ 경관녹지

|해설|
5-2
정의(자연공원법 제2조제1호)
'자연공원'이란 국립공원·도립공원·군립공원(郡立公園) 및 지질공원을 말한다.

정답 5-1 ③ 5-2 ③

핵심이론 06 기본계획

① 토지이용계획 : 이용을 위한 기능적 특성을 고려하여 토지이용을 구분해야 한다.
② 교통동선계획 : 통행량 발생 분석 → 통행량 배분 → 통행로 선정
③ 시설물 배치계획 : 시설물 평면계획, 시설물의 형태, 재료, 색채를 고려하여 배치한다.
④ 식재계획
   ㉠ 수종 선택 : 자생수종을 활용하고, 식재의 기능 및 분위기에 따른 수종을 선택한다.
   ㉡ 배식 : 건물 주변이나 기념성이 높은 장소는 정형식으로, 자연에 가까이 접해 있는 장소는 비정형식으로 한다.
   ㉢ 녹지체계 : 녹지가 하나의 체계를 이루게 하고, 교통·통신체계와도 적절히 연결될 수 있도록 한다.

[녹지 계통의 형식]

방사식	도시의 중심에서 외부로 방사상의 녹지대가 형성된 형태이며, 도시 내부와 외부의 관련성이 높으며 재난시 시민들의 빠른 대피에 큰 효과를 발휘하는 녹지 형태이다.
방사 환상식	방사식 녹지 형태와 환상식 녹지를 결합한 가장 이상적인 도시녹지 형태이다.
위성식	대도시의 인구 분산을 위해 환상 내부에 녹지대를 조성하고 녹지대 내에 소시가지를 위성적으로 배치한 형태이다.
환상식	도시를 중심으로 5~10km 폭의 환상형 녹지가 조성된 것으로 도시가 확대되는 것을 방지하는 데 효과가 큰 형태이다.
평행식	띠 모양으로 일정한 간격을 두고 평행하게 녹지대가 조성된 형태이다.
분산식	녹지대가 여러 가지 형태로 불규칙적으로 조성된 형태이다.

⑤ 하부구조계획 : 전기, 전화, 상하수도, 가스 등은 가능한 한 지하로 매설하여 경관성을 살린다.
⑥ 집행계획 : 프로젝트 안이 결정된 후 실행하기 위한 계획이다.
   ※ 조경계획 시 기본계획을 수립하는데 가장 기초로 이용되는 도면은 현황도이다.

10년간 자주 출제된 문제

6-1. 다음 중 기본계획에 해당되지 않는 것은?
① 땅가름
② 주요시설배치
③ 식재계획
④ 실시설계

6-2. 기본계획 수립 시 도면으로 표현되는 작업이 아닌 것은?
① 동선계획
② 집행계획
③ 시설물 배치계획
④ 식재계획

해설

6-1
조경계획의 과정 : 목표 설정 → 현황자료 분석(자연환경분석, 인문환경분석) 및 종합 → 기본구상 → 기본계획(토지이용계획, 교통동선계획, 시설물 배치계획, 식재계획, 하부구조계획, 집행계획) → 기본설계 → 실시설계 → 시공 및 감리 → 유지관리

6-2
집행계획은 프로젝트 안이 결정된 후 실행하기 위한 계획이므로 도면으로 표현되는 작업이 아니다.

정답 6-1 ④ 6-2 ②

10년간 자주 출제된 문제

1-1. 수목을 표시를 할 때 주로 사용되는 제도용구는?
① 삼각자
② 템플릿
③ 삼각축척
④ 곡선자

1-2. 다음 제도용구 가운데 곡선을 긋기 위한 도구는?
① T자
② 삼각자
③ 운형자
④ 삼각축척자

[해설]

1-1
템플릿 : 아크릴 등 얇은 판에 크기가 다른 원, 사각, 타원 또는 각종 기호 등을 뚫어 놓은 것으로, 수목을 표현할 때는 원형 템플릿을 가장 많이 사용한다.

1-2
운형자 : 여러 가지 곡선 모양을 본떠 만든 것으로, 컴퍼스로 그리기 어려운 곡선을 그리는 데 사용한다.

정답 1-1 ② 1-2 ③

제3절 조경기초설계

핵심이론 01 설계의 기초

① 설계와 제도
   ㉠ 설계 : 설계는 제작 또는 시공을 목표로 아이디어를 도출해 내고, 이를 구체적으로 발전시켜 도면 또는 스케치 등의 형태로 표현하는 일을 말한다.
   ㉡ 제도 : 제도기구를 사용하여 설계자의 의사를 선, 기호, 문장 등으로 제도용지에 표시하는 일을 말한다.

② 제도용구의 종류와 사용법
   ㉠ T자 : T형으로 만들어진 자로, 크기는 모체 길이가 900mm의 것이 가장 널리 쓰이며 주로 평행선을 긋거나, 삼각자와 조합하여 수직선과 사선을 그을 때 사용한다.
   ㉡ 삼각자 : 제도용 삼각자는 45°의 사선과 30°, 60°의 사선을 그을 수 있는 두 종류가 한 세트로 되어 있고 여러 가지 크기가 있는데, 제도에서는 보통 300mm 정도의 것을 많이 사용한다.
   ㉢ 삼각축척자 : 단면이 삼각형으로 되어 있으며, 각변에 1/100, 1/200, 1/300, 1/400, 1/500, 1/600의 축척 눈금이 새겨져 있다. 길이는 300mm를 주로 사용하며, 실물의 크기를 도면 내에 축소하여 그릴 때 사용한다.
   ㉣ 템플릿 : 아크릴 등 얇은 판에 크기가 다른 원, 사각, 타원 또는 각종 기호 등을 뚫어 놓은 것으로, 수목을 표현할 때는 원형 템플릿을 가장 많이 사용한다.
   ㉤ 운형자 : 여러 가지 곡선 모양을 본떠 만든 것으로, 컴퍼스로 그리기 어려운 곡선을 그리는 데 사용한다.
   ㉥ 원호자 : 조경 제도 용품 중 곡선자라고 하여 각종 반지름의 원호를 그릴 때 사용하기 적합한 재료이다.
   ㉦ 자유곡선자 : 납과 합성수지를 이용하여 유연성 있게 만든 것으로 자유롭게 곡선을 그릴 때 사용한다.

핵심이론 02 레터링기법과 도면기호 표기

① 선 그리기
  ㉠ 선을 처음 긋기 시작할 때는 긋고자 하는 선의 길이를 생각하고 긋는다.
  ㉡ 선은 일관성과 통일성을 유지하며, 같은 목적으로 사용되는 선의 굵기와 진하기는 같아야 한다.
  ㉢ 선 긋는 방향은 왼쪽에서 오른쪽으로, 아래쪽에서 위쪽으로 긋는다.
  ㉣ 선의 연결과 교차 부분에 정확하도록 작도한다.

② 치수 표시 및 글자 쓰기
  ㉠ 치수의 단위는 밀리미터(mm)로 하며, 단위 표시는 하지 않는다.
  ㉡ 치수를 표시할 때에는 치수선과 치수 보조선을 사용한다.
  ㉢ 치수선은 치수 보조선에 직각이 되도록 그으며, 화살표나 점으로 경계를 명확히 표시한다.
  ㉣ 치수의 기입은 치수선에 따라 평행하게 기입한다.
  ㉤ 도면의 아래로부터 위로, 또는 왼쪽에서 오른쪽으로 읽을 수 있도록 치수선의 윗부분이나 치수선의 중앙에 기입한다.
  ㉥ 숫자는 가능한 아라비아 숫자를 사용한다.
  ㉦ 글자의 크기는 각 도면의 상황에 맞추어 알아보기 쉬운 크기로 한다.
  ㉧ 치수 수치는 공간이 부족할 경우 한 쪽의 기호를 넘어서 연장하는 치수선의 위쪽에 기입 할 수 있다.

③ 인출선 표시
  ㉠ 인출선은 도면의 내용물 자체에 설명을 기입할 수 없을 때 사용하는 선이다.
  ㉡ 조경설계에서는 수목명, 본수, 규격 등을 기입하기 위하여 많이 이용한다.
  ㉢ 인출선은 가는 실선을 사용하며, 긋는 방향과 기울기를 통일한다.
  ㉣ 한 도면 내에서 사용하는 모든 인출선의 굵기와 질은 동일하게 유지한다.

10년간 자주 출제된 문제

2-1. 치수선 및 치수에 대한 기본적인 설명으로 부적합한 것은?

① 단위는 mm로 하고, 단위표시를 반드시 기입한다.
② 치수를 표시할 때에는 치수선과 치수보조선을 사용한다.
③ 치수선은 치수보조선에 직각이 되도록 긋는다.
④ 치수의 기입은 치수선에 따라 도변에 평행하게 기입한다.

｜해설｜

2-1
① 치수표시 치수는 mm 단위로 하되 치수선에는 숫자만 기입한다.

정답 2-1 ①

10년간 자주 출제된 문제

2-2. 다음 설계기호는 무엇을 표시한 것인가?

① 인조석다짐
② 잡석다짐
③ 보도블록 포장
④ 콘크리트 포장

정답 2-2 ②

④ 조경재료 표현

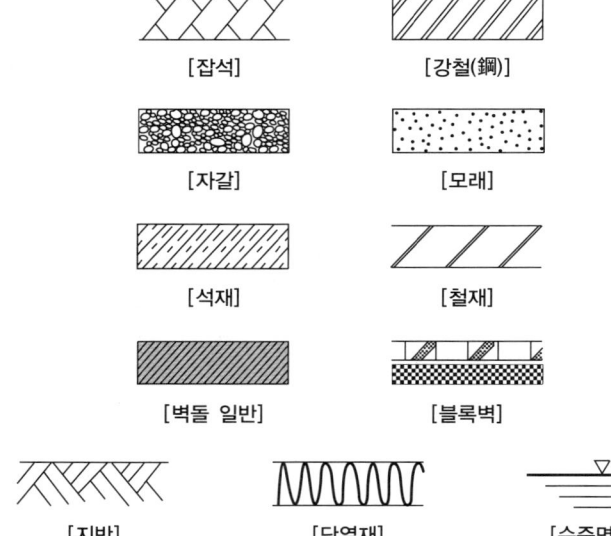

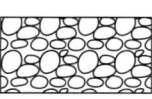 [콘크리트-강자갈]   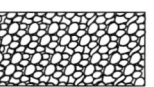 [콘크리트-깬자갈]

핵심이론 03 조경기초도면 작성

① 제도의 순서 : 축척의 결정→도면의 윤곽 설정→도면의 위치 설정→제도
  ㉠ 축척의 결정 : 조경설계에 사용하는 축척은 대지의 규모나 도면의 종류에 따라 결정하는데, 일반적으로 배치도와 평면도는 1/100~1/600, 상세도는 1/10~1/50을 사용한다.
  ㉡ 도면의 윤곽선과 표제란의 위치 설정
    • 표제란의 위치는 보통 도면의 오른쪽에 상하로 길게 설정하지만, 도면의 오른쪽 하단 구석에 작게 또는 하단부 좌우로 길게 설정할 수도 있다.
    • 표제란에는 공사명, 도면명, 범례, 축척, 설계자명, 도면 번호, 설계 일시 등의 사항을 기록한다.
  ㉢ 도면내용의 배치 : 도면 내용을 배치하면서 도형의 크기와 여백의 배치 등을 조정해야 한다.
  ㉣ 제도 : 도면 내용의 배치가 끝나면 연필로 밑그림을 그리고, 다시 연필로 도면을 완성하거나 제도 잉크로 그린 다음, 표제란을 기입하여 완성시킨다.

② 선
  ㉠ 굵기에 따른 분류
    • 굵은 선 : 도면의 윤곽선, 건물의 외곽선, 단면선 등 – B, HB, F 연필
    • 중간 선 : 물체의 외형선, 경계선, 파선 등 – F, H, 2H 연필
    • 가는 선 : 문자 보조선, 치수선, 지시선, 해칭선, 인출선, 질감 등 – 2H, 3H, 4H 연필

10년간 자주 출제된 문제

3-1. 정원설계에 주로 많이 사용되는 축척은?
① 1/50~1/100
② 1/300~1/600
③ 1/600~1/1,000
④ 1/1,000~1/1,200

해설

3-1
일반적으로 배치도와 평면도는 1/600~1/100, 상세도는 1/50~1/10을 사용하며, 정원설계도는 1/100 ~1/50을 사용한다.

정답 3-1 ①

10년간 자주 출제된 문제

3-2. 물체의 절단한 위치 및 경계를 표시하는 선은?

① 실선
② 파선
③ 1점쇄선
④ 2점쇄선

ⓒ 용도에 따른 분류

	명칭	굵기	용도에 의한 명칭	용도
실선	굵은 실선	전선, 0.3~0.8mm	단면선, 외형선, 파단선	물체의 보이는 부분을 나타내는 선으로서, 단면선과 외형선으로 구별하여 사용하기도 한다.
	가는 실선	가는 선, 0.2mm 이하	치수선, 치수보조선, 지시선, 해칭선	치수선, 치수보조선, 인출선, 각도 설명 등을 나타내는 지시선 및 해칭선으로 사용한다.
허선	파선	반선, 전선의 약 1/2	숨은선	물체의 보이지 않는 부분의 모양을 나타내는 선으로서, 파선과 구별할 필요가 있을 때는 점선을 쓴다.
	1점쇄선	가는 선, 0.2mm 이하	중심선	물체의 중심축, 대칭축을 표시하는 데 사용한다.
	1점쇄선	반선, 전선의 약 1/2	절단선, 경계선, 기준선	물체의 절단한 위치를 표시할 때나 경계선으로 사용한다.
	2점쇄선	반선, 전선의 약 1/2	가상선	물체가 있는 것으로 생각되는 부분을 표시하거나 일점쇄선과 구별할 때 사용한다.

정답 3-2 ③

핵심이론 04 설계도의 종류

① 평면도
  ㉠ 물체를 수직방향으로 내려다본 것을 가정하고 작도한 것으로, 모든 설계에 있어 가장 기본이 되는 도면이며 평면을 보고 입체감을 느낄 수 있어야 한다.
  ㉡ 동선의 패턴, 토지이용의 구분, 주요 식재를 표시한다.
② 입면도 : 구조물의 외형을 보여주는 것이다. 평면도와 같은 축척을 이용하여 작성하며 정면도, 배면도, 측면도 등으로 세분한다.
③ 단면도 : 구조물을 수직으로 자른 단면을 보여주는 도면으로 구조물의 내부구조 및 공간구성을 표현하며, 평면도에 단면 부위를 반드시 표시한다. 조경설계에서 대지 단면도로 많이 이용되고 있다.
④ 상세도
  ㉠ 일반 평면도나 단면도에서 잘 나타나지 않는 세부사항을 시공이 가능하도록 표현한 도면이다.
  ㉡ 평면도나 단면도에 비해 확대된 축척을 사용하며, 재료, 공법, 치수 등을 자세히 기입한다.
⑤ 투시도
  ㉠ 설계안이 완성되었을 경우를 가정하여 설계내용을 실제 눈에 보이는 대로 입체적인 그림으로 나타낸 것이다.
    • 보는 눈의 높이에 따른 구분 : 조감도, 투시도, 앙시도
    • 보는 눈의 위치에 따른 구분 : 평행투시(1소점 투시), 성각투시(2소점 투시), 경사투시(3소점 투시)
  ㉡ 투시도에는 치수와 치수선을 표시하지 않는다.
  ㉢ 설계안이 완공되었을 경우를 가정하여 설계내용을 실제 눈에 보이는 대로 절단한 면에서 먼 곳에 있는 것은 작게, 가까이 있는 것은 크고 깊이가 있게 하나의 화면에 그리는 것이다.
⑥ 조감도 : 하늘에서 새가 내려다본 것처럼 설계 대상지의 완성 후 모습을 공중에서 비스듬히 내려다보았을 때의 모양을 그린 그림이다.
⑦ 스케치 : 눈높이나 눈보다 조금 높은 높이에서 보이는 공간을 표현하는 그림으로 관찰자가 설계된 공간에 서서 볼 때를 가상하여 투시도 작도법에 의하지 않고 실제 눈에 보이는 대로 자연스럽게 그려 표시한다.

10년간 자주 출제된 문제

4-1. 설계안이 완공되었을 경우를 가정하여 설계내용을 실제 눈에 보이는 대로 절단한 면에서 먼 곳에 있는 것은 작게, 가까이 있는 것은 크고 깊이가 있게 하나의 화면에 그리는 것은?
① 평면도
② 조감도
③ 투시도
④ 상세도

4-2. 다음 중 다른 도면들에 비해 확대된 축척을 사용하며 재료, 공법, 치수 등을 자세히 기입하는 도면의 종류로 가장 적당한 것은?
① 상세도
② 투시도
③ 평면도
④ 단면도

|해설|

4-1
투시도 : 설계안이 완성되었을 경우를 가정하여 설계내용을 실제 눈에 보이는 대로 입체적인 그림으로 나타낸 것이다.

4-2
상세도
• 일반 평면도나 단면도에서 잘 나타나지 않는 세부사항을 시공이 가능하도록 표현한 도면이다.
• 평면도나 단면도에 비해 확대된 축척을 사용하며, 재료, 공법, 치수 등을 자세히 기입한다.

정답 4-1 ③ 4-2 ①

핵심이론 05 디자인 원리

① 경관구성의 미적 원리

　㉠ 통일성 : 전체가 시각적으로 통일된 하나로 보이는 것을 말한다.
　　• 조화(Harmony) : 색채나 형태들이 유사한 시각적 요소들과 서로 잘 어울리는 것을 말한다.
　　• 균형(Balance) : 한쪽으로 치우침 없이 전체적으로 균등하게 분배된 구성을 말한다.
　　• 대칭(Symmetry) : 축을 중심으로 좌우 또는 상하로 균등하게 배치하는 것을 말한다.
　　• 비대칭(Skew) : 모양은 다르지만 시각적으로 느껴지는 무게가 비슷하거나 시선을 끄는 정도가 비슷하게 분배되어 균형을 유지하는 것이다.
　　• 반복(Repetition) : 단순미가 되풀이될 때 반복의 미가 발생한다.
　　• 강조(Accent) : 비슷한 형태나 색채들 사이에 이와 상반되는 것을 넣어 강조하면 시각적으로 산만함을 막고 통일성을 조성할 수 있다.

　㉡ 다양성
　　• 비례(Proportion) : 길이, 면적 등 물리적 크기의 비례에 규칙적인 변화를 주게 되면 부분과 전체의 관계를 보다 풍부하게 할 수 있다.
　　• 율동(Rhythm) : 각 요소들이 규칙성을 가지면서 전체적으로 연속적인 운동감을 가지는 것을 의미한다.
　　• 대비(Contrast) : 질감, 형태 또는 색채를 서로 대조시킴으로써 변화를 주는 방법이다.
　　• 점이(漸移) : 유사와 반복이 복합되어 자연적인 순서의 질서를 갖게 된다.
　　• 단순미(Simple) : 질서 유지가 주는 느낌으로, 아무 저항 없이 형태가 순조롭게 머릿속에 들어올 때 편안함이 느껴진다.

② 색의 대비

　㉠ 색상대비 : 도형의 색이 바탕색의 잔상으로 나타나는 심리보색의 방향으로 변화되어 지각되는 대비효과
　㉡ 명도대비 : 어느 한 색이 주변 명도 차에 의해 달라져 보이는 현상

10년간 자주 출제된 문제

5-1. 정원수의 60%까지를 소나무로 배치하거나 향나무를 심어 전체를 하나의 힘찬 형태나 색채 또는 선으로 통일시켰을 때 나타나는 아름다움을 무엇이라 하는가?

① 단순미　　② 통일미
③ 점층미　　④ 균형미

해설

5-1
통일미 : 형, 색, 양, 재료 및 기술상에서 미적 단계의 결합이나 질서를 말하며, 통일에 지나치게 치중하면 단조롭고 무미건조해지기 쉽다.

정답 5-1 ②

ⓒ 채도대비 : 채도 차가 큰 두 색을 인접하여 배치하면 채도가 높은 색은 더욱 선명하게 보이고, 채도가 낮은 색은 더욱 탁해 보인다.

ⓒ 보색대비 : 보색끼리 놓인 색이 서로의 채도를 높아 보이게 하여 뚜렷이 보인다.

ⓒ 면적대비 : 같은 색이라도 면적이 클수록 밝고 선명하게 보이며, 면적이 작을수록 어둡고 짙게 보인다.

ⓒ 연변대비 : 색과 색이 서로 접하는 부분에서 일어나는 현상으로 같은색이어도 밝은색과 인접해있는 부분은 어두워 보이고 어두운색과 인접해있는 부분은 밝게 보인다.

③ 먼셀의 표시계
ⓒ 표시 : 5Y 4/6(색상 : 5Y, 명도 : 4, 채도 : 6)
ⓒ 기본 5색 : 빨(R), 노(Y), 녹(G), 파(B), 보(P)로 나눈 후 그 사이에 주황(YR), 연두(GY), 청록(BG), 남(PB), 자주(RP)를 추가하여 총 10색상이다.
ⓒ 명도 : 흑색을 0, 백색을 10으로 하여 나눈 것으로 11단계를 무채색의 기본단계로 구성한다.

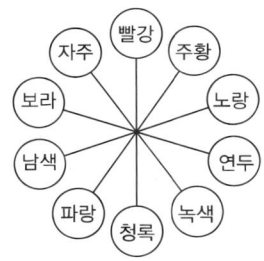

[먼셀 표색계의 10색상환]

④ 색의 성질
ⓒ 유목성 : 다수의 대상이 존재할 때 어느 색이 보다 쉽게 지각되는지 또는 쉽게 눈에 띄는지의 정도를 말한다.
ⓒ 시인성 : 대상의 존재나 형상이 보이기 쉬운 정도를 말한다.
ⓒ 식별성 : 색의 차이에 의해 대상이 갖는 정보의 차이를 구별하여 전달하는 성질을 말한다.
ⓒ 연색성 : 조명 광에 의하여 물체의 색을 결정하는 광원의 성질을 말한다.

10년간 자주 출제된 문제

5-2. 채도대비에 의해 주황색 글씨를 보다 선명하게 보이도록 하려면 바탕색으로 어떤 색이 가장 적합한가?
① 빨간색　　② 노란색
③ 파란색　　④ 회색

5-3. 먼셀 표색계의 10색상환에서 서로 마주보고 있는 색상의 짝이 잘못 연결된 것은?
① 빨강(R) - 청록(BG)
② 노랑(Y) - 남색(PB)
③ 초록(G) - 자주(RP)
④ 주황(YR) - 보라(P)

|해설|

5-2
채도는 색상, 명도와 함께 색의 주요 속성이며, 색이 선명할수록 채도가 높고, 무채색(흰색, 회색, 검정색)일수록 채도가 낮다.

5-3
보색
• 색상환에서 반대편의 색
• 노란색 ↔ 남색, 녹색 ↔ 자주색, 파란색 ↔ 주황색, 보라색 ↔ 연두색

정답 5-2 ④　5-3 ④

10년간 자주 출제된 문제

6-1. 다양한 2차원 드로잉이나 3차원 모델을 마련하는 데 사용할 수 있는 범용 프로그램으로서 전통적인 제도 방식에 비해 훨씬 빠르고 정확한 드로잉을 작성할 수 있는 것은?
① 워드프로세서(Word Processor)
② 캐드 시스템(CAD System)
③ 이미지 프로세싱(Image Processing)
④ 지리정보시스템(GIS)

6-2. CAD의 효과로 옳지 않은 것은?
① 정보의 축적
② 품질 향상
③ 표현력 감소
④ 경영의 효율화

해설

6-1
조경 분야에서의 컴퓨터 활용
- 워드 프로세서 : 문서 작성
- 캐드 시스템 : 각종 도면 입력, 편집 및 출력
- 이미지 프로세싱 : 사진 합성을 통한 스케치, 투시도 및 조감도 제작
- 지리정보 시스템 : 현황자료 분석 및 종합

6-2
표현 방법이 다양하고 입체적 표현이 가능하며 짧은 시간에 많은 아이디어를 제공할 수 있다.

정답 6-1 ② **6-2** ③

핵심이론 06 전산응용도면(CAD) 작성

① CAD의 이해

㉠ CAD(Computer Aided Design & Drafting)
- Auto Computer Aided Design의 약자로, 미국의 Auto Desk사에서 만들어 낸 프로그램이다.
- Auto CAD는 다양한 2차원 드로잉이나 3차원 모델을 마련하는 데 사용할 수 있는 범용 CAD 프로그램으로서, 전통적인 제도 방식에 비해 빠르고 정확한 드로잉을 할 수 있다.

㉡ 응용분야 : 모든 종류의 설계도면, 즉 건축, 전자, 화학, 토목, 기계, 자동차, 선박, 우주항공 등 공학 응용을 위한 도면, 지형도 및 항해지도, 제품 디자인, 인테리어 디자인(Interior Design), 조경 및 건축 설계, 가드닝 설계, 영화 광고 방송 등의 산업 예술, 군사 과학 연구를 위한 모의실험(Simulation) 등에 광범위하게 활용되고 있다.

② CAD의 이용 효과

㉠ 생산성 향상 : 반복 작업과 수정 시 탁월한 효과, 설계시간의 단축, 도면 분할 및 오버레이(Overlay) 작업이 가능하다.

㉡ 품질 향상 : 도면의 수정 및 재활용 가능성, 작업상 오류의 수정 작업, 정확한 설계도면 작성이 가능하다.

㉢ 표현력 증대 : 표현 방법이 다양하고 입체적 표현이 가능하며 짧은 시간에 많은 아이디어를 제공할 수 있다.

㉣ 업무의 표준화 : 샘플 및 표준도 축적으로 라이브러리 구축 및 설계 기법의 표준화로 제품을 표준화할 수 있다.

㉤ 정보의 축적 : 프로젝트별로 도면축척을 달리하여 자료 집성화(DB구축), 설계정보 및 기술축적으로 후속 프로젝트 활용에 유용하다.

㉥ 경영의 효율화 : 경영의 효율화와 합리화를 추구하여 기업의 이미지 쇄신과 신뢰도를 증진시킬 수 있다.

핵심이론 07 적산

① **적산 및 견적** : 공사에 소요되는 재료량 및 품을 산출하는 작업을 적산이라 하고, 적산에서 산출한 수량에 단가를 적용하여 비용을 산출하는 작업을 견적이라 한다.

② **할증률** : 설계수량과 계획수량의 적산량에 운반, 저장, 절단, 가공 및 시공과정에서 발생하는 손실량을 예측하여 부가하는 과정이다.
  ㉠ 붉은 벽돌 : 3%
  ㉡ 경계블록 : 3%
  ㉢ 이형철근 : 3%
  ㉣ 일반용 합판 : 3%
  ㉤ 목재 : 5%
  ㉥ 시멘트 벽돌 : 5%
  ㉦ 원형철근 : 5%
  ㉧ 조경용 수목 : 10%
  ㉨ 석재판붙임용재(정형돌) : 10%

③ **수량 계산**
  ㉠ 수량의 계산기준
    • 수량의 단위 및 소수위는 표준품셈 단위표준에 의한다.
    • 수량의 계산은 지정 소수의 이하 1위까지 구하고, 끝수는 사사오입(반올림)한다.
  ㉡ 일위대가표의 금액란의 금액 단위 표준 : 0.1원
    ※ 일위대가표 : 예산서의 일부로 재료, 노무, 경비 등을 나타내는 단위비용 적산의 근거가 되는 표이다. 금액은 0.1위, 총계는 1위까지 쓰고 그 미만은 버린다.
  ㉢ 수량의 종류
    • 설계수량 : 실시설계나 상세설계에 표시된 재료 및 치수에 의하여 산출된 수량이다.
    • 계획수량 : 설계도에 명시되어 있지 않으나 시공현장 조건에 따라 시공계획 수립상 소요되는 수량이다.
    • 소요수량 : 설계수량과 계획수량의 산출량에 운반, 저장, 가공 및 시공과정에서 발생되는 손실량을 예측하여 부가한 할증수량이다.

10년간 자주 출제된 문제

7-1. 각 재료의 할증률로 맞는 것은?
① 이형철근 : 5%
② 목재 : 3%
③ 조경용 수목 : 5%
④ 경계블록 : 3%

7-2. 설계도서 중 일위대가표를 작성할 때 일위대가표 금액란의 금액 단위표준은?
① 0.01원
② 0.1원
③ 1원
④ 10원

|해설|

7-1
① 이형철근 : 3%
② 목재 : 5%
③ 조경용 수목 : 10%

7-2
금액의 단위표준
• 설계서의 총액 : 단위(원), 끝자리(1,000), 이하 버림(단, 10,000원 이하의 공사는 100원 이하 버림)
• 설계서의 소계 : 단위(원), 끝자리(1), 미만 버림
• 설계서의 금액란 : 단위(원), 끝자리(1), 미만 버림
• 일위대가표의 계금 : 단위(원), 끝자리(1), 미만 버림
• 일위대가표의 금액란 : 단위(원), 끝자리(0.1), 미만 버림

정답 7-1 ④ 7-2 ②

④ 벽돌의 수량 산출
  ㉠ 벽돌의 규격(단위 : mm)
    • 기존형 : 210×100×60
    • 표준형 : 190×90×57
  ㉡ 1m²에 필요한 벽돌의 수(N) = $\dfrac{1}{(l+n)(d+m)}$

  여기서, l : 벽돌의 길이(m), d : 벽돌의 두께(m),
        m : 가로줄눈 너비(m), n : 세로줄눈 너비(m)

  ㉢ 1m³에 필요한 벽돌의 수(N)(매/m³) = $\dfrac{l}{(1+n)(b+m)(d+m)}$

  여기서, b : 벽돌의 너비(m)

핵심이론 08 토량 계산

① **토량변화율** : 토량변화율은 토량 배분을 위한 토적 계산과 시공기계의 능력 산정을 위한 기준이다.

  ㉠ 토량의 증가율 $L = \dfrac{\text{흐트러진 상태의 토량}}{\text{자연상태의 토량}}$

  ㉡ 토량의 감소율 $C = \dfrac{\text{다져진 상태의 토량}}{\text{자연상태의 토량}}$

  ※ L값은 흙의 운반계획 견적에 필요하고, 값은 성토에 필요한 채취토량 견적에 필요하다. 동일 토사에 있어 일반적으로 L값이 C값보다 크다.

구하는 Q \ 기준이 되는 q	자연상태의 토량 (굴착하려는 토량)	흐트러진 상태의 토량 (굴착, 운반 토량)	다져진 후의 토량
자연상태의 토양	1	L	C
흐트러진 상태의 토양	$1/L$	1	C/L

② **토량의 계산** : 토량을 계산하는 방법에는 양단면평균법, 중앙단면법, 각주공식법(주상체법), 점고법 등이 있다.

  ㉠ 양단면적평균법 : $V = \dfrac{A_1 + A_2}{2} \times l$

  ㉡ 중앙단면적법 : $V = A_m \times l$

  ㉢ 각주공식법 : $V = \dfrac{1}{6}(A_1 + 4A_m + A_2) \times l$

10년간 자주 출제된 문제

자연상태의 토량 2,000m³을 굴착하면, 그 흐트러진 상태의 토량은 얼마가 되는가?(단, 토량 변화율을 L=1.25, C=0.9라고 가정한다)

① 2,500m³ ② 3,000m³
③ 3,500m³ ④ 4,000m³

[해설]

$L = \dfrac{\text{흐트러진 상태의 토량}}{\text{자연상태의 토량}}$

$1.25 = \dfrac{\text{흐트러진 상태의 토량}}{2,000\text{m}^3}$

∴ 흐트러진 상태의 토량 = 2,000×1.25
                    = 2,500m³

정답 ①

핵심이론 09 공사비 산출

① 공사비는 노무비, 재료비, 경비, 이윤 등으로 구성된다.
② 순공사비 = 노무비 + 재료비 + 경비
③ 노무비
　㉠ 직접노무비
　　• 직접적 작업의 종사자에 지급하는 비용
　　• 직접노무비 = 시공수량 × 품셈 × 노무단가
　㉡ 간접노무비
　　• 보조적 작업의 종사자에 지급하는 비용
　　　예 경비원, 사무직원 등
　　• 간접노무비 = 직접노무비 × 간접노무비율(15% 내외)
④ 재료비 = 직접재료비 + 간접재료비 − 작업부산물
　㉠ 직접재료비 : 공사 목적물을 구성하는 재료비
　㉡ 간접재료비 : 공사에 보조적으로 소비되는 물품비
　　　예 지주목, 거푸집, 동바리, 비계 등
⑤ 이윤 = (순공사비 + 일반관리비 − 재료비) × 15%
　　또는 (노무비 + 경비 + 일반관리비) × 15%
※ 일반관리비 : 기업의 유지를 위한 관리활동 부문에서 발생하는 제비용
⑥ 경비 : 공사의 시공을 위하여 소요되는 공사원가 중 재료비와 노무비를 제외한 비용
　예 전력비, 수도광열비, 운반비, 기계경비, 특허권사용료, 기술료, 연구개발비, 품질관리비, 보험료, 보관비, 외주가공비, 산업안전보건관리비, 폐기물처리비, 도서인쇄비, 안전관리비 등

10년간 자주 출제된 문제

9-1. 다음 중 순공사원가에 해당되지 않는 것은?
① 재료비　　② 노무비
③ 이윤　　　④ 경비

9-2. 다음 중 원가계산에 의한 공사비의 구성에서 경비에 해당하지 않는 항목은?
① 안전관리비　② 운반비
③ 가설비　　　④ 노무비

해설

9-1
순공사비 = 노무비 + 재료비 + 경비

9-2
경비는 공사의 시공을 위하여 소요되는 공사원가 중 재료비와 노무비를 제외한 비용이므로 노무비는 해당하지 않는다.

정답 9-1 ③　9-2 ④

10년간 자주 출제된 문제

10-1. 물 200L를 가지고 제초제 1,000배액을 만들 경우 필요한 약량은 몇 mL인가?

10-2. 페니트로티온 45% 유제 원액 100cc를 0.05%로 희석 살포액을 만들려고 할 때 필요한 물의 양은 얼마인가?(단, 유제의 비중은 1.0이다)

10-3. 어떤 목재의 함수율이 50%일 때 목재중량이 3,000g이라면 전건중량은 얼마인가?

10-4. 축척 $\frac{1}{1,200}$의 도면을 $\frac{1}{600}$로 변경하고자 할 때 도면의 증가면적은?

10-5. 실제 길이 3m는 축척 1/30 도면에서 얼마로 나타나는가?

10-6. 근원직경이 18cm인 나무의 뿌리분을 만들려고 한다. 소나무 뿌리분의 지름을 계산하면 얼마인가?(d는 상록수 4, 활엽수 5이다)

10-7. 단위용적중량이 1.65t/m²이고 굵은골재의 비중이 2.65일 때, 이 골재의 공극률과 실적률은 얼마인가?

핵심이론 10 빈출 계산문제

① 살포액의 희석(약량)

- 필요 약량 = 수량 ÷ 희석배수
- ha당 원액 소요량 = $\frac{총소요량}{희석배수}$

② 살포액의 희석

- 필요 수량 = 약량 × 희석 배수
- 필요 수량 = 약량 × $\left(\frac{원액\ 농도}{희석\ 농도} - 1\right)$ × 원액 비중

③ 목재의 함수율

$$함수율(\%) = \frac{목재의\ 함수중량 - 목재의\ 전건중량}{목재의\ 전건중량} \times 100$$

④ 축척비와 면적비

$$(축적비)^2 = 면적비$$

※ 축척이 2배 증가하면 면적은 4배 증가한다.

⑤ 도면상의 길이

$$도상길이 = 실제\ 거리 \times 축척$$

⑥ 뿌리분의 지름

$$뿌리분의\ 지름 = 24 + (N-3) \times d$$
여기서, N : 근원직경, d : 상수

⑦ 공극률 : 골재 간 공극의 비율을 백분율로 나타낸 것

- 공극률 = $\left(1 - \frac{가비중}{진비중}\right) \times 100$

  = $\frac{골재의\ 비중 - 단위용적중량}{골재의\ 비중} \times 100$

- 실적률 = 100 − 공극률

정답 10-1 200mL 10-2 89,900cc 10-3 2,000g
10-4 4배 10-5 10cm 10-6 84cm
10-7 공극률 37.7%, 실적률 62.3%

⑧ 필요 잔디량

$$필요\ 잔디량(떳장의\ 양) = \frac{전체면적}{떳장\ 1장의\ 면적}$$

※ 잔디의 규격 : 30cm × 30cm × 3cm
　1m²당 필요한 잔디량 : 11장

⑨ 벽돌의 규격

구분	0.5B	1.0B	1.5B	2.0B
기존형(210×100×60)	65매	130매	195매	260매
표준형(190×90×57)	75매	149	224매	298매

⑩ 잔토처리량

$$잔토처리량 = (터파기량 - 되메우기량) \times L$$

10년간 자주 출제된 문제

10-8. 1,800m²의 잔디광장을 평떼로 조성하려고 할 때 필요한 잔디량은 약 얼마인가?(단, 잔디 1매의 규격은 30cm×30cm×3cm이다)

10-9. 벽돌(190×90×57)을 이용하여 경계부의 담장을 쌓으려고 한다. 시공면적 10m²에 1.5B(한장 반) 두께로 시공할 때 약 몇 장의 벽돌이 필요한가?(단, 줄눈은 10mm이고, 할증률은 무시한다)

10-10. 토공사에서 터파기할 양이 100m³, 되메우기량이 70m³일 때 실질적인 잔토처리량(m³)은?(단, $L=1.1$, $C=0.8$이다)

정답 10-8 20,000매　10-9 약 2,240장　10-10 33m³

10년간 자주 출제된 문제

1-1. 다음중 정형식 배식이 아닌 것은?
① 열식
② 집단식재
③ 교호식재
④ 임의식재

1-2. 배식 방법에 대한 설명이 옳지 않은 것은?
① 단식 – 생김새가 우수하고, 중량감을 갖춘 정형수를 단독으로 식재
② 대식 – 시선축의 좌우에 같은 형태, 같은 종류의 나무를 대칭 식재
③ 열식 – 같은 형태와 종류의 나무를 일정한 간격으로 직선상에 식재
④ 교호식재 – 서로 마주보게 배치하는 식재

해설
1-1
④ 임의식재는 자연식 배식의 종류이다.
1-2
④ 교호식재는 두 줄의 열식을 서로 어긋나게 식재하는 방법이다.

정답 1-1 ④ 1-2 ④

제4절 조경설계

핵심이론 01 배식설계

① **정형식 배식**
  ㉠ 단식 : 현관 앞의 중앙이나 시선을 유도하는 축의 종점 등 중요한 위치에 생김새가 우수하고 중량감을 갖춘 정형수를 단독으로 식재하는 방법으로, 점식 또는 단독식재라고도 한다.
  ㉡ 대식 : 시선축의 양쪽에 동형·동종의 나무를 대칭식재하는 방법으로, 정연한 질서감을 표현할 수 있다.
  ㉢ 열식 : 동종·동형의 나무를 일직선상에 일정한 간격으로 식재하는 방법으로, 간격이 좁을수록 차폐효과가 높아진다.
  ㉣ 교호식재 : 두 줄의 열식을 서로 어긋나게 식재하는 방법으로, 배식 폭을 넓히는 데 사용되며, 지그재그식재라고도 한다.
  ㉤ 집단식재 : 수목을 집단적으로 식재하는 방법으로, 한 덩어리로서의 질량감을 필요로 하는 경우에 이용하며, 군식 또는 군상식재(무더기식재)라고 한다.

② **자연식 배식**
  ㉠ 부등변삼각형 식재 : 크고 작은 세 그루의 나무를 부등변삼각형의 각 꼭짓점에 해당하는 위치에 식재하는 방법이다.
  ㉡ 임의식재 : 대규모의 식재구역에 배식할 경우, 부등변삼각형 식재를 기본단위로 하여 그 삼각망을 순차적으로 확대하면서 연결시켜 나가는 방법이다.
  ㉢ 모아심기 : 자연상태의 식생구성을 모방하여, 수종·크기·수형이 다른 두 가지 이상의 수목을 모아 무더기로 한 자리에 식재하는 방법으로, 이때 평면적인 형태는 자연스럽고 부드러운 유기적 형태를 많이 이용한다.
  ㉣ 배경식재 : 의도하는 경관을 두드러지게 보이도록 하기 위하여 그 경관의 후방에 식재군을 조성하여 배경을 구성하는 방법이다.

핵심이론 02 구조물 설계기준

① **계단** : 경사가 18%를 초과하는 경우에는 보행에 어려움이 발생되지 않도록 계단을 설치한다.
  ㉠ 기울기는 수평면에서 35°를 기준으로 하고, 계단의 폭은 연결도로의 폭과 같거나 그 이상의 폭으로 한다.
  ㉡ 단 높이는 18cm 이하, 단 너비는 26cm 이상으로 하고 계단의 경사는 최대 30~35°가 넘지 않도록 한다.
  ㉢ 높이가 2m를 넘는 계단에는 2m 이내마다 해당 계단의 유효 폭 이상의 폭으로 너비 120cm 이상인 참을 둔다.
  ㉣ 높이 1m를 초과하는 계단으로서 계단 양측에 벽, 기타 이와 유사한 것이 없는 경우에는 난간을 두고, 계단의 폭이 3m를 초과하면 매 3m 이내 마다 난간을 설치한다.
  ㉤ 난간 설치의 경우 계단의 단 높이가 15cm 이하이고 단 너비가 30cm 이상일 경우에는 예외로 할 수 있다.
  ※ 단 높이를 h, 단 너비를 b로 할 때 $2h+b$ = 60~65cm가 적당하다.

② **경사로** : 평지가 아닌 곳에 보행로를 설치할 때는 경사로를 설계하여 장애인과 같은 이용자가 안전하게 이용할 수 있도록 한다.
  ㉠ 바닥표면은 미끄럽지 않은 재료를 채용하고 평탄한 마감으로 설계한다.
  ㉡ 장애인 등의 통행이 가능한 접근로의 기울기는 18분의 1이하로 하여야 한다. 다만, 지형상 곤란한 경우에는 12분의 1까지 완화할 수 있다.
  ㉢ 경사로의 유효폭은 1.2m 이상으로 하여야 한다. 다만, 건축물을 증축·개축·재축·이전·대수선 또는 용도변경하는 경우로서 1.2m 이상의 유효폭을 확보하기 곤란한 때에는 0.9m까지 완화할 수 있다.
  ※ 바닥면으로부터 높이 0.75m 이내마다 휴식을 할 수 있도록 수평면으로된 참을 설치하여야 한다.
  ㉣ 경사로의 길이가 1.8m 이상이거나 높이가 0.15m 이상인 경우에는 양측면에 손잡이를 연속하여 설치하여야 한다.

③ **주차공간** : 옥외주차장을 마련할 경우 중형자동차 1대의 주차공간은 2.5×5.0m 이상 확보되어야 한다.

10년간 자주 출제된 문제

계단의 설계 시 고려해야 할 기준으로 옳지 않은 것은?
① 계단의 경사는 최대 30~35°가 넘지 않도록 해야 한다.
② 단 높이를 h, 단 너비를 b로 할 때 $2h+b$ = 60~65cm가 적당하다.
③ 진행 방향에 따라 중간에 1인용일 때 단 너비 90~110cm 정도의 계단 참을 설치한다.
④ 계단의 높이가 5m 이상이 될 때에만 중간에 계단참을 설치한다.

|해설|
높이가 2m를 넘는 계단에는 2m 이내마다 해당 계단의 유효 폭 이상의 폭으로 너비 120cm 이상인 참을 둔다.

정답 ④

10년간 자주 출제된 문제

3-1. 대문에서 현관에 이르는 공간으로 명쾌하고 가장 밝은 공간이 되도록 할 곳은?
① 앞뜰　　　② 안뜰
③ 뒷뜰　　　④ 가운데 뜰

3-2. 옥상정원의 환경조건에 대한 설명 중 옳지 않은 것은?
① 토양 수분의 용량이 적다.
② 토양 온도의 변동 폭이 크다.
③ 양분의 유실속도가 늦다.
④ 바람의 피해를 받기 쉽다.

[해설]
3-2
양분의 유실속도가 빠르다.

정답 3-1 ①　3-2 ③

핵심이론 03 정원의 설계

① 주택의 정원
　㉠ 앞뜰 : 대문과 현관 사이에 끼어있는 공간으로 대문, 진입로, 주차장, 차고 등으로 구성되며 수목이나 초화류, 분수 등으로 과장되게 처리하지 말고 단순하고 경쾌하게 치장하는 것이 좋다.
　㉡ 안뜰 : 거실과 인접한 공간으로 주택 내에서 가장 중요한 공간이다. 가족의 휴식이 이루어지는 장소로서 테라스, 연못, 화단, 산책길, 수영장 등 가장 특색있게 꾸며야 한다.
　㉢ 뒤뜰 : 침실에 인접한 공간으로써 정숙한 분위기를 갖는 공간이다. 외국의 경우 일광욕실 등 흔히 폐쇄된 외딴 장소로 이용하는 경우도 있다.
　㉣ 작업뜰 : 주방, 세탁실, 다용도실 등과 연결되어 장독대, 건조장, 쓰레기장 등으로 사용되므로 전정이나 주정과는 시각적으로 차단되면서 동선의 연결이 필요하다.

② 옥상정원
　㉠ 옥상정원 설계 시 고려사항 : 하중, 토양층 깊이와 구성성분, 방수 및 배수, 수종의 적절한 선택

　오답 노트
　옥상정원 설계 시 지주목의 종류는 고려사항이 아니다.

　㉡ 경량재 : 버미큘라이트, 펄라이트, 피트모스, 화산재 등이 있다.
　㉢ 옥상정원의 환경조건 및 특징
　　• 토양수분의 용량이 적다.
　　• 토양온도의 변동 폭이 크다.
　　• 바람의 피해를 받기 쉽다.
　　• 옥상정원에서 식물을 심을 자리는 전체면적의 1/3을 넘지 않도록 하는 것이 좋다.
　　• 잔디를 입히는 곳의 흙의 두께는 30cm 정도를 표준으로 한다.
　　• 건물 구조가 약할 때에는 큰 화분에 심은 나무를 이용하는 것이 좋다.
　　• 배수에 특히 유의하여 바닥에 관암거를 설치하고 10cm 정도의 왕모래를 깔도록 한다.

　오답 노트
　옥상정원에서 양분의 유실속도가 늦다. (×)
　→ 옥상정원 양분의 유실속도는 빠르다.

핵심이론 04 공원의 설계

① 도시공원
  ㉠ 어린이공원
    • 장소에 관한 설치기준에는 제한이 없으며, 유치거리는 250m 이하, 규모는 1,500m² 이상으로 한다.
    • 부지면적은 당해 공원면적의 60% 이하로 한다.
    • 안전성이 가장 중요하므로 주변으로부터 쉽게 관찰이 되도록 설치하여야 한다.
  ㉡ 묘지공원 : 정숙한 장소로서 장래 시가화가 예상되지 않는 자연녹지 지역에 10,000m² 규모 이상 설치할 수 있는 기준을 적용하는 도시의 주제공원

② 자연공원
  ㉠ 자연공원이란 국립공원·도립공원·군립공원 및 지질공원을 말한다(자연공원법 제2조제1호).
  ㉡ 최초의 국립공원 : 1872년 옐로스톤 국립공원
  ㉢ 우리나라 최초의 국립공원 : 1967년 지리산 국립공원

③ 골프장
  ㉠ 표준코스는 18홀(Hole)로 4개의 짧은 홀(220m 내외), 10개의 중간 홀(274~430m), 4개의 긴 홀(430m 이상)을 지형에 맞추어 흥미 있게 배치한다.
  ㉡ 방위는 잔디에 좋은 남사면 또는 남동사면으로 한다.
  ㉢ 홀의 구성
    • 티(Tee) : 출발점 지역
    • 그린(Green) : 종점 지역
    • 페어웨이(Fairway) : 티와 그린 사이에 짧게 깎은 잔디 지역
    • 러프(Rough) : 페어웨이 주변의 깎지 않은 초지로 이루어진 지역
    • 해저드(Hazard) : 장애 지역

10년간 자주 출제된 문제

자연공원의 설계지침으로 틀린 것은?
① 산책로 주변은 시야가 트이게 하여 경관을 감상할 수 있게 한다.
② 건물, 간판 등은 주위 경관과 대조되게 원색을 사용한다.
③ 공원 진입부는 자연공원을 상징할 수 있는 특유 수종을 식재한다.
④ 공원 진입부에는 식별성이 높은 장승, 문주 등의 시설을 설치한다.

[해설]
② 주위 경관과 조화를 이루어야 한다.

정답 ②

CHAPTER 02 조경시공

10년간 자주 출제된 문제

1-1. 나무의 높이나 나무 고유의 모양에 따른 분류가 아닌 것은?
① 교목
② 활엽수
③ 상록수
④ 덩굴성 수목(만경목)

1-2. 다음 중 수목의 분류상 교목으로 분류할 수 없는 것은?
① 일본목련
② 느티나무
③ 목련
④ 병꽃나무

1-3. 침엽수로만 짝지어진 것이 아닌 것은?
① 향나무, 주목
② 낙우송, 잣나무
③ 가시나무, 구실잣밤나무
④ 편백, 낙엽송

해설

1-2
병꽃나무는 관목으로서, 높이 2~3m 정도로 자란다.

1-3
- 가시나무는 상록침엽교목이며, 높이 15m, 수고직경 50cm 정도 자란다.
- 구실잣밤나무는 상록활엽교목이며, 높이 15m, 수고직경 1m 정도 자란다.

정답 1-1 ③ 1-2 ④ 1-3 ③

제1절 조경식물

핵심이론 01 조경식물의 분류(1) : 형태적 분류

① 나무 고유의 모양
  ㉠ 교목 : 곧은 줄기가 있고 줄기와 가지의 구별이 명확하며, 줄기의 길이 생장이 현저하여 키가 큰 나무로 대개 8m 이상인 나무를 말한다.
  ㉡ 관목 : 뿌리 부근에서 여러 줄기가 나와 줄기와 가지 구별이 뚜렷하지 않은 키가 작은 나무로 대개 2~3m 이하의 나무이다.
  ㉢ 덩굴성 수목 : 만경목이라고도 하며, 스스로 서지 못하고 다른 물체를 감아 올라가는 수목을 말한다.

[형태적 분류에 따른 주요 수종]

교목	주목, 잣나무, 소나무, 전나무, 향나무, 개잎갈나무, 동백나무, 은행나무, 자작나무, 밤나무, 느티나무, 계수나무, 백목련, 모과나무, 왕벚나무, 살구나무, 팥배나무, 단풍나무, 배롱나무, 버즘나무, 산수유, 감나무, 대추나무, 회화나무, 후박나무, 떡갈나무 등
관목	옥향, 돈나무, 피라칸타, 회양목, 사철나무, 팔손이, 협죽도, 모란, 수국, 명자나무, 장미, 조팝나무, 박태기나무, 탱자나무, 낙상홍, 진달래, 철쭉, 개나리, 쥐똥나무, 수수꽃다리, 무궁화, 매자나무 등
덩굴성 수목	능소화, 등나무, 으름덩굴, 담쟁이덩굴, 인동덩굴, 포도나무, 송악, 머루, 오미자 등

② 잎의 모양
  ㉠ 침엽수 : 겉씨식물, 나자식물에 속하는 나무들로 일반적으로 잎이 좁다.
  ㉡ 활엽수 : 속씨식물, 피자식물에 속하는 나무들로 일반적으로 잎이 넓다.

[잎의 모양에 따른 주요 수종]

침엽수	소나무, 곰솔, 잣나무, 전나무, 구상나무, 비자나무, 편백, 화백, 낙우송, 메타세쿼이아, 일본잎갈나무, 삼나무, 측백나무, 가이즈까향나무, 개잎갈나무, 독일가문비나무, 눈향나무 등
활엽수	태산목, 먼나무, 사철나무, 동백나무, 능수버들, 회양목, 단풍나무, 층층나무, 굴거리나무, 호두나무, 서어나무, 상수리나무, 느티나무, 칠엽수, 벽오동, 버즘나무, 자작나무, 왕벚나무, 팔손이, 가중나무, 무화과나무, 해당화, 산철쭉, 수수꽃다리 등

③ 잎의 생태
  ㉠ 상록수 : 항상 푸른 잎을 가지고 있는 나무로, 시각적으로 보기 흉한 것을 가려 주거나 겨울철 바람막이로 유용하게 쓰인다.
  ㉡ 낙엽수 : 가을철 생리현상으로 잎이 모두 떨어지거나 고엽이 일부 붙어있는 나무로서 겨울에는 햇빛을, 여름에는 시원한 그늘을 얻는 데 적합하므로 주로 가로수용으로 많이 쓰인다.

[잎의 생태에 따른 주요 수종]

상록교목	주목, 잣나무, 섬잣나무, 소나무, 전나무, 서양측백, 향나무, 먼나무, 가시나무, 태산목, 후박나무, 동백나무, 아왜나무 등
상록관목	눈향나무, 남천, 다정큼나무, 피라칸타, 회양목, 호랑가시나무, 꽝꽝나무, 사철나무, 식나무, 광나무, 목서, 협죽도, 치자나무 등
낙엽교목	은행나무, 낙우송, 메타세쿼이아, 자작나무, 느티나무, 일본목련, 모과나무, 꽃사과, 매화나무, 마가목, 복자기, 층층나무, 산수유 등
낙엽관목	생강나무, 나무수국, 황매화, 앵두나무, 화살나무, 보리수나무, 흰말채나무, 미선나무, 개나리, 쥐똥나무, 좀작살나무, 병꽃나무 등

[조경식물의 성상별 종류]

성상	주요 수종
상록침엽교목	소나무, 전나무, 개잎갈나무(히말라야시다), 잣나무, 측백나무, 곰솔(해송), 서양측백나무, 화백, 주목, 스트로브잣나무, 향나무, 섬잣나무, 반송, 가이즈까향나무
상록침엽관목	개비자나무, 눈향나무, 눈주목, 둥근측백, 옥향
상록활엽교목	광나무, 가시나무, 소귀나무, 차나무, 녹나무, 구실잣밤나무, 참식나무
상록활엽관목	돈나무, 식나무, 피라칸타, 다정큼나무, 자금우, 회양목, 사철나무, 호랑가시나무
낙엽침엽교목	메타세쿼이아, 은행나무, 낙우송
낙엽활엽교목	느티나무, 대추나무, 감나무, 포플러, 갈참나무, 매실(화)나무, 목련, 자두나무, 개오동나무, 느릅나무, 중국단풍나무, 당단풍, 칠엽수, 때죽나무, 떡갈나무, 오동나무, 이팝나무, 회화나무, 튤립(백합)나무, 자귀나무, 팽나무, 버즘나무
낙엽활엽관목	박태기나무, 명자나무, 수국, 진달래, 개나리, 화살나무, 조팝나무, 목수국, 산철쭉, 수수꽃다리, 싸리류, 쥐똥나무, 장미, 황매화, 해당화, 무궁화, 낙상홍, 좀작살나무
만경류	능소화, 등나무, 덩굴장미, 담쟁이덩굴, 인동덩굴, 송악

10년간 자주 출제된 문제

1-4. 상록수의 주요한 기능으로 부적합한 것은?
① 시각적으로 불필요한 곳을 가려준다.
② 겨울철에는 바람막이로 유용하다.
③ 신록과 단풍으로 계절감을 준다.
④ 변화되지 않는 생김새를 유지한다.

1-5. 다음 중 수목의 형태상 분류가 다른 것은?
① 떡갈나무
② 박태기나무
③ 회화나무
④ 느티나무

1-6. 상록활엽수이며, 교목인 수종으로 가장 적당한 것은?
① 눈주목
② 녹나무
③ 히말라야시다
④ 치자나무

|해설|

1-4
상록수란 계절에 관계없이 잎의 색이 항상 푸른 나무를 말한다.

1-5
② 낙엽활엽관목이다.
①·③·④ 낙엽활엽교목이다.

1-6
① 상록침엽관목이다.
③ 상록침엽교목이다.
④ 상록활엽관목이다.

정답 1-4 ③ 1-5 ② 1-6 ②

10년간 자주 출제된 문제

2-1. 다음 중 수종의 특징상 관상 부위가 주로 줄기인 것은?
① 자작나무　② 자귀나무
③ 수양버들　④ 위성류

2-2. 흰말채나무의 특징을 설명한 것으로 틀린 것은?
① 노란색의 열매가 특징적이다.
② 층층나무과로 낙엽활엽관목이다.
③ 수피가 여름에는 녹색이나 가을, 겨울철의 붉은 줄기가 아름답다.
④ 잎은 대생하며 타원형 또는 난상타원형이고, 표면에 작은 털이 있으며 뒷면은 흰색의 특징을 갖는다.

핵심이론 02 조경식물의 분류(2) : 관상 부위에 따른 분류

① 꽃을 관상하는 나무
　㉠ 봄꽃 : 진달래, 벚나무, 철쭉, 동백나무, 목련, 조팝나무, 산사나무, 매화나무, 개나리, 산수유, 등나무, 수수꽃다리, 모란, 박태기나무 등
　㉡ 여름꽃 : 배롱나무, 협죽도, 자귀나무, 석류나무, 능소화, 치자나무, 마가목, 백정화, 산딸나무, 층층나무, 수국, 무궁화 등
　㉢ 가을꽃 : 부용, 협죽도, 은목서, 호랑가시나무 등
　㉣ 겨울꽃 : 팔손이나무, 비파나무 등
② 열매를 관상하는 나무 : 피라칸타, 낙상홍, 석류나무, 팥배나무, 탱자나무, 모과나무, 살구나무, 자두나무, 마가목, 산수유, 대추나무, 오미자, 감나무, 생강나무, 감탕나무, 사철나무, 화살나무, 포도나무 등
③ 잎을 관상하는 나무 : 주목, 식나무, 벽오동, 단풍나무류, 계수나무, 은행나무, 측백나무, 대나무, 호랑가시나무, 낙우송, 소나무류, 위성류, 회양목, 화백, 느티나무 등
④ 단풍을 관상하는 나무 : 단풍나무류, 붉나무, 화살나무, 마가목, 산딸나무, 낙상홍, 매자나무, 은행나무, 백합나무, 배롱나무, 계수나무, 일본잎갈나무, 담쟁이덩굴 등
⑤ 수피를 관상하는 나무 : 백송, 자작나무, 배롱나무, 곰솔, 독일가문비, 벽오동, 소나무, 모과나무 등

해설

2-1
① 자작나무는 눈처럼 하얀 껍질과 시원스럽게 뻗은 키가 인상적이며 서양에서는 '숲속의 여왕'으로 부를 만큼 아름다운 나무이다.

2-2
① 열매가 하얗게 익어서 흰말채나무라고 한다. 특히 겨울철에 줄기의 붉은색을 감상하기 위한 수종이다.

정답 2-1 ①　2-2 ①

핵심이론 03 조경식물의 분류(3) : 이용 목적에 따른 분류

① 경관장식용
  ㉠ 교목류 : 소나무, 은행나무, 단풍나무, 주목, 동백나무, 자작나무, 목련, 모과나무, 꽃사과, 왕벚나무, 자귀나무, 배롱나무, 산수유 등
  ㉡ 관목류 : 철쭉류, 수국, 명자나무, 장미, 조팝나무, 낙상홍, 수수꽃다리, 옥향(둥근향나무), 피라칸타, 무궁화, 병꽃나무, 진달래, 개나리 등

② 녹음용
  ㉠ 강한 햇빛을 조절하기 위해 식재하는 나무이다.
  ㉡ 적용 수종 : 수관이 크고, 큰 잎이 치밀하고 무성하며, 지하고가 높은 교목이 바람직하다.
  ㉢ 수목의 종류 : 느티나무, 칠엽수, 회화나무, 일본목련, 백합나무, 은행나무, 버즘나무, 벽오동, 녹나무, 굴거리나무, 층층나무, 플라타너스(양버즘나무) 등이 있다.

③ 가로수용
  ㉠ 시선유도, 방음, 방화, 도시 수식의 목적으로 심는 나무로, 자동차나 보행자에게 녹음을 제공한다.
  ㉡ 적용 수종 : 수형, 잎모양 및 색깔이 아름다운 낙엽교목이어야 하고, 다듬기작업이 용이하며, 병해충 및 공해에 강한 수종으로 불량 토양에서도 생육이 강하고 밟혀도 잘 견디는 수종이 알맞다.
  ㉢ 수목의 종류 : 벚나무, 은행나무, 느티나무, 가죽(가중)나무, 회화나무, 은단풍, 칠엽수, 메타세쿼이아, 플라타너스 등이 있다.

④ 산울타리 및 은폐용
  ㉠ 도로나 옆집과의 경계 또는 담장 역할을 하는 수목이며, 시각적으로 아름답지 못하거나 불쾌감을 주는 장소를 가려 주는 역할을 하는 수목이다.
  ㉡ 적용 수종 : 주로 상록수로서 지엽이 치밀해야 하고, 적당한 높이로 아랫가지가 오래도록 말라죽지 않으며, 맹아력이 크고 불량한 환경 조건에도 잘 견디는 수종으로 외관이 아름답고 번식이 용이해야 한다.
  ㉢ 수목의 종류 : 측백나무, 화백, 편백, 사철나무, 개나리, 명자나무, 피라칸타, 무궁화, 회양목, 탱자나무, 꽝꽝나무, 향나무, 호랑가시나무, 쥐똥나무 등이 있다.

10년간 자주 출제된 문제

3-1. 다음 중 가로수용으로 가장 적합한 수종은?
① 회화나무 ② 돈나무
③ 호랑가시나무 ④ 풀명자

3-2. 다음 중 산울타리 수종으로 적당하지 않은 수종은?
① 가이즈카향나무 ② 무궁화나무
③ 단풍나무 ④ 측백나무

3-3. 산울타리용 수종의 조건이라고 할 수 없는 것은?
① 성질이 강하고 아름다울 것
② 적당한 높이의 아랫가지가 쉽게 마를 것
③ 가급적 상록수로서 잎과 가지가 치밀할 것
④ 맹아력이 커서 다듬기 작업에 잘 견딜 것

해설

3-1
가로수용 수종 : 벚나무, 은행나무, 느티나무, 가죽(가중)나무, 회화나무, 은단풍, 칠엽수, 메타세쿼이아, 플라타너스 등

3-2
③ 단풍나무는 주로 경관장식용으로 쓰인다.

3-3
산울타리용 수종의 조건
• 주로 상록수로서 지엽이 치밀한 수종
• 적당한 높이로 아랫가지가 오래 가는 수종
• 맹아력이 크고 불량한 환경 조건에도 잘 견디는 수종
• 외관이 아름답고 번식이 용이한 수종

정답 3-1 ① 3-2 ③ 3-3 ②

10년간 자주 출제된 문제

3-4. 다음 중 수목의 용도에 따르는 설명이 틀린 것은?

① 가로수는 병충해 및 공해에 강해야한다.
② 녹음수는 낙엽활엽수가 좋으며, 가지 다듬기를 할 수 있어야 한다.
③ 방풍수는 심근성이고, 가급적 낙엽수이어야 한다.
④ 방화수는 상록활엽수이고, 잎이 두꺼워야 한다.

⑤ 방음용
　㉠ 시가지 또는 도로변 등 소음이 많이 발생하는 곳에서의 소음차단 및 감소를 위한 수목이다.
　㉡ 적용 수종 : 잎이 치밀한 상록교목이 바람직하며, 지하고가 낮고 자동차 배기가스에 견디는 힘이 강한 수종이 좋다.
　㉢ 수목의 종류 : 구실잣밤나무, 녹나무, 식나무, 아왜나무, 후피향나무, 동백나무 등이 있다.

⑥ 방화용
　㉠ 화재 시 옆집으로 번지는 것을 막고, 연소시간을 지연시키는 역할을 한다.
　㉡ 적용 수종 : 가지가 많고 잎이 무성한 수종으로 수분이 많은 상록활엽수가 좋다.
　㉢ 수목의 종류 : 가시나무, 굴거리나무, 후박나무, 감탕나무, 아왜나무, 사철나무, 주목, 편백, 화백, 은행나무 등이 있다.

⑦ 방풍용
　㉠ 바람을 막거나 약화시킬 목적으로 식재하는 수목이다.
　㉡ 적용 수종 : 강한 풍압에 잘 견딜 수 있는 심근성이면서 줄기와 가지가 강인해야 한다.
　㉢ 수목의 종류 : 곰솔, 삼나무, 편백, 전나무, 가시나무, 녹나무, 구실잣밤나무, 후박나무, 아왜나무, 동백나무, 은행나무, 느티나무, 팽나무 등이 있다.

[해설]

3-4

③ 방풍수는 심근성이면서 줄기나 가지가 강인한 상록수가 좋다.

정답 3-4 ③

핵심이론 04 조경식물의 외형적 특성(1) : 자연수형

① 원추형 : 낙우송, 삼나무, 전나무, 메타세쿼이아, 독일가문비나무, 일본잎갈나무, 구상나무, 주목 등
② 우산형 : 편백, 화백, 반송, 층층나무, 왕벚나무, 매화나무, 복숭아나무, 네군도단풍 등
③ 구형 : 졸참나무, 가시나무, 녹나무, 수수꽃다리, 화살나무, 회화나무, 느티나무 등
④ 난형 : 백합나무, 측백나무, 동백나무, 태산목, 계수나무, 목련, 버즘나무 등
⑤ 원주형 : 포플러류, 무궁화, 부용 등
⑥ 배상형 : 느티나무, 가중나무, 단풍나무, 배롱나무, 산수유, 자귀나무, 석류나무 등
⑦ 능수형 : 능수버들, 용버들, 수양벚나무, 실화백 등
⑧ 만경형 : 능소화, 담쟁이덩굴, 등나무, 으름덩굴, 인동덩굴, 송악, 줄사철나무 등
⑨ 포복형 : 눈향나무, 눈잣나무 등

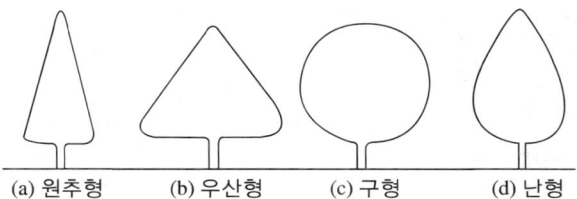

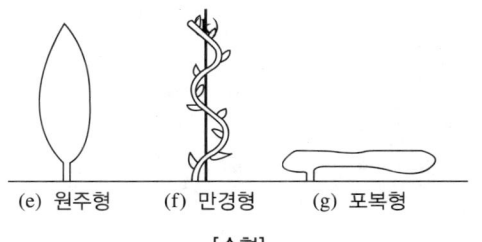

[수형]

10년간 자주 출제된 문제

조경수는 수관 본위(本位)의 수형(樹形)에 따라 크게 정형과 부정형으로 구분하고, 거기서 정형은 직선형과 곡선형으로 구분된다. 다음 곡선형 중 타원형(楕圓形) 'G'의 형태를 갖는 수종은?

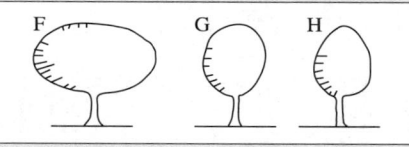

① 미루나무 ② 층층나무
③ 박태기나무 ④ 히말라야시다

[해설]
① 가지가 곧게 서서 빗자루 같은 수형
② 우산형
④ 원추형

정답 ③

핵심이론 05 조경식물의 외형적 특성(2) : 색채

① 줄기(수피)의 색채
  ㉠ 백색계 줄기 : 자작나무, 백송, 플라타너스(양버즘나무), 동백나무 등
  ㉡ 청록색계 줄기 : 황매화, 벽오동, 식나무 등
  ㉢ 갈색계 줄기 : 배롱나무, 철쭉, 동백나무, 편백 등
  ㉣ 얼룩무늬 줄기 : 모과나무, 배롱나무, 노각나무
  ㉤ 흑갈색 줄기 : 곰솔
  ㉥ 회갈색 줄기 : 개잎갈나무
    ※ 흰말채나무 : 수피가 여름에는 녹색이나 가을, 겨울철에는 붉은 줄기이다.

② 꽃과 열매의 색채
  ㉠ 꽃의 색채

흰색(백색)	백목련, 조팝나무, 미선나무, 흰말채나무, 벚나무, 매화나무, 층층나무, 산딸나무, 돈나무, 팥배나무, 층층나무, 가막살나무, 쥐똥나무, 꽃사과, 백당나무, 야광나무, 아까시나무, 귀룽나무, 불두화, 꽃사과, 이팝나무, 불두화
붉은색	동백나무, 배롱나무, 댕강나무, 명자나무, 박태기나무, 해당화, 모과나무, 모란
황색	산수유, 매자나무, 튤립나무, 개나리, 모감주나무, 생강나무, 풍년화
보라색	무궁화, 참오동나무, 등나무, 진달래, 수수꽃다리, 산철쭉, 비비추(연보라)

  ㉡ 열매의 색채

붉은색	산수유, 감나무, 가막살나무, 화살나무, 감탕나무, 팥배나무, 매자나무, 백당나무, 호랑가시나무, 피라칸타, 낙상홍, 앵두나무, 마가목, 찔레나무, 사철나무, 노박덩굴, 산사나무, 목련, 보리수나무, 까치밥나무
황색	튤립나무, 회화나무, 은행나무, 탱자나무, 살구나무, 매화나무, 상수리나무, 명자나무, 멀구슬나무, 아그배나무
보라색	좀작살나무
검은색	생강나무, 꽝꽝나무, 광나무, 굴거리나무, 쥐똥나무, 팔손이, 인동덩굴, 후박나무, 아왜나무, 뽕나무, 왕벚나무, 병아리꽃나무, 오갈피나무, 팽나무
갈색	칠엽수, 배롱나무, 메타세콰이어
흰색	흰말채나무

③ 단풍의 색채
  ㉠ 붉은색(다홍색) : 단풍나무, 마가목, 감나무, 화살나무, 붉나무, 담쟁이덩굴, 옻나무, 산딸나무 등
  ㉡ 노란색(황색) : 은행나무, 일본잎갈나무, 메타세쿼이아, 느티나무, 백합나무, 갈참나무, 칠엽수, 벽오동, 배롱나무, 자작나무, 계수나무, 고로쇠나무 등

10년간 자주 출제된 문제

5-1. 다음 중 수목의 수피가 흰색을 갖는 수종은?

① 배롱나무
② 자작나무
③ 흰말채나무
④ 노각나무

5-2. 노란색 단풍이 아름다운 수종으로 짝지어진 것은?

① 은행나무, 붉나무
② 백합나무, 고로쇠나무
③ 담쟁이, 감나무
④ 검양옻나무, 매자나무

해설

5-1
①·④ 배롱나무와 노각나무는 얼룩무늬 수피이다.
③ 수피가 여름에는 녹색이나 가을, 겨울철의 붉은 줄기이다.

5-2
• 붉은색 단풍 : 단풍나무, 마가목, 감나무, 화살나무, 붉나무, 담쟁이덩굴, 옻나무, 산딸나무 등
• 노란색 단풍 : 은행나무, 일본잎갈나무, 메타세퀴아, 느티나무, 백합나무, 갈참나무, 칠엽수, 벽오동, 배롱나무, 자작나무, 계수나무, 고로쇠나무 등

정답 5-1 ② 5-2 ④

핵심이론 06 조경식물의 외형적 특성(3) : 향기, 질감

① 향기
　㉠ 꽃 향기를 풍기는 나무 : 매화나무(3월), 수수꽃다리(4~5월), 장미(5~10월), 일본목련(6월), 함박꽃나무(6월), 인동덩굴(7월), 목서류(10월) 등
　㉡ 열매에서 향기를 풍기는 나무 : 녹나무, 모과나무 등
　㉢ 잎에서 향기를 풍기는 나무 : 녹나무, 서양측백, 백동백나무, 생강나무, 월계수 등
② 질감 : 물체의 외형을 보거나 만졌을 때 느껴지는 감각이다.
　㉠ 질감이 거친 나무 : 큰 건물이나 서양식 건물에 잘 어울리며 칠엽수, 벽오동, 태산목, 팔손이나무, 버즘나무 등이 있다.
　㉡ 질감이 고운 나무 : 한옥이나 좁은 정원에 잘 어울리며 철쭉류, 소나무, 편백 등이 있다.

10년간 자주 출제된 문제

6-1. 다음 중 가을에 꽃향기를 풍기는 수종은?
① 매화나무
② 수수꽃다리
③ 모과나무
④ 목서류

핵심이론 07 조경식물의 생리적 특성(1) : 개화

① 개화 : 나무가 성숙하는 결실을 위한 전 단계를 말한다.
② 초여름부터 가을에 걸쳐 꽃이 피는 나무는 개화하는 그해에 자란 가지에서 꽃눈이 분화하여 그해 안에 꽃이 피는 성질을 가지게 된다.
　예) 능소화, 무궁화, 배롱나무, 장미, 찔레나무 등
③ 수종별 개화시기

시기	수종
2월	풍년화, 동백나무
3월	미선나무, 매실나무, 개나리, 생강나무, 산수유, 만리화, 히어리, 개암나무, 진달래, 살구나무, 백목련, 황금개나리, 벌목련 등
4월	목련, 네군도단풍, 수양벚나무, 왕벚나무, 앵도나무(앵두나무), 자목련, 채진목, 명자꽃, 복숭아나무, 배나무, 황매화, 죽단화, 수수꽃다리, 박태기나무, 조팝나무, 탱자나무, 사과나무, 모과나무, 흰말채나무, 철쭉, 노린재나무, 모란 등
5월	꽃사과나무, 팥배나무, 등나무, 칠엽수, 노린재나무, 말채나무, 산사나무, 매자나무, 층층나무, 일본목련, 병꽃나무, 해당화, 이팝나무, 찔레꽃, 귀룽나무, 댕강나무, 오동나무, 함박꽃나무, 아까시나무, 조팝나무, 위성류, 튤립나무, 덩굴장미, 붉은인동덩굴, 피라칸타, 산딸나무, 다래, 때죽나무, 아카시아 등
6월	마가목, 백당나무, 불두화, 감나무, 장미, 나래쪽동백, 고광나무, 쥐똥나무, 인동덩굴, 황금쥐똥나무, 싸리, 낙상홍, 밤나무, 낙상홍, 노각나무, 피나무, 가중나무 등
7월~8월	수국, 산수국, 자귀나무, 능소화, 작살나무, 흰작살나무, 좀작살나무, 모감주나무, 개오동, 무궁화, 벽오동, 회화나무, 배롱나무, 석류, 쉬나무, 부들레야, 나무수국 등
9~10월	목서류
11~12월	팔손이, 비파나무

10년간 자주 출제된 문제

7-1. 다음 중 개화기가 가장 빠른 것끼리 짝지어진 것은?
① 목련, 아카시아
② 목련, 수수꽃다리
③ 풍년화, 생강나무
④ 배롱나무, 쥐똥나무

해설

6-1
꽃 향기를 풍기는 나무 : 매화나무(3월), 수수꽃다리(4~5월), 장미(5~10월), 일본목련(6월), 함박꽃나무(6월), 인동덩굴(7월), 목서류(10월) 등

7-1
③ 풍년화는 2월, 생강나무는 3월에 개화한다.
① 목련은 4월, 아카시아는 5월에 개화한다.
② 4월에 개화한다.
④ 배롱나무는 7~8월, 쥐똥나무는 6월에 개화한다.

정답 6-1 ④ / 7-1 ③

핵심이론 08 조경식물의 생리적 특성(2)

① 생장속도
  ㉠ 양지에서 잘 자라는 나무는 어릴 때 생장이 빠르지만 음지에서 잘 자라는 나무는 생장이 비교적 느리다(배식계획을 세우는 데 꼭 필요하다).
  ㉡ 생장속도가 빠른 수종 : 배롱나무, 쉬나무, 팥배나무, 자귀나무, 층층나무, 개나리, 무궁화 귀룽나무, 네군도단풍 등
  ㉢ 생장속도가 느린 수종 : 구상나무, 금송, 백송, 독일가문비나무, 감탕나무, 때죽나무, 산사나무, 비자나무, 위성류 등

② 맹아성
  ㉠ 줄기나 가지가 꺾이거나 다치면 그 부분에 있던 숨은 눈이 자라 싹이 나오는 것이다.
  ㉡ 맹아력이 강한 나무 : 주목, 화백, 향나무, 모과나무, 층층나무, 낙우송, 사철나무, 탱자나무, 회양목, 능수버들, 미루나무, 플라타너스(양버즘나무), 무궁화, 쥐똥나무, 개나리, 가시나무, 철쭉 등
  ㉢ 맹아력이 약한 나무 : 백송, 소나무, 잣나무, 자작나무, 살구나무, 감나무, 칠엽수, 태산목, 비자나무, 녹나무, 굴거리나무, 왕벚나무 등

③ 이식에 대한 적응성
  ㉠ 이식이 쉬운 수종 : 주목, 화백, 향나무, 모과나무, 층층나무, 낙우송, 사철나무, 탱자나무, 회양목, 능수버들, 미루나무, 플라타너스(양버즘나무), 무궁화, 쥐똥나무, 개나리, 가시나무, 철쭉 등
  ㉡ 이식이 어려운 수종 : 소나무, 전나무, 주목, 백송, 독일가문비나무, 섬잣나무, 가시나무, 굴거리나무, 호랑가시나무, 굴참나무, 떡갈나무, 느티나무, 목련, 백합나무, 칠엽수, 감나무, 자작나무, 맹종죽, 일본잎갈나무(낙엽송) 등

10년간 자주 출제된 문제

8-1. 다음 수목 중 일반적으로 생장속도가 가장 느린 것은?

① 네군도단풍 ② 층층나무
③ 개나리   ④ 비자나무

8-2. 맹아력이 강한 나무로 짝지어진 것은?

① 잣나무, 무궁화
② 쥐똥나무, 가시나무
③ 느티나무, 해송
④ 미루나무, 소나무

해설

8-1
- 생장속도가 빠른 수종 : 배롱나무, 쉬나무, 팥배나무, 자귀나무, 층층나무, 개나리, 무궁화, 귀룽나무, 네군도단풍 등
- 생장속도가 느린 수종 : 구상나무, 금송, 백송, 독일가문비나무, 감탕나무, 때죽나무, 산사나무, 비자나무, 위성류 등

8-2
맹아력이 강한 수목 : 낙우송, 사철나무, 탱자나무, 회양목, 능수버들, 미루나무, 플라타너스, 무궁화, 쥐똥나무, 개나리, 가시나무, 향나무

정답 8-1 ④ 8-2 ②

핵심이론 09 조경식물의 생태적 특성(1)

① 우리나라 산림대별 주요 수종

난대림		녹나무, 동백나무, 감탕나무, 사철나무, 가시나무류, 멀구슬나무, 아왜나무, 후박나무 등
온대림	남부	대나무류, 곰솔, 서어나무, 팽나무, 굴피나무, 사철나무, 단풍나무 등
	중부	신갈나무, 졸참나무, 전나무, 향나무, 밤나무, 때죽나무, 소나무 등
	북부	자작나무, 박달나무, 신갈나무, 사시나무, 전나무, 잎갈나무, 잣나무, 거제수나무 등
한대림		잣나무, 전나무, 주목, 분비나무, 가문비나무, 잎갈나무, 종비나무 등

② 심근성 수종과 천근성 수종
  ㉠ 심근성 수종
   • 일반적으로 뿌리가 깊게 뻗는 것으로 토양층이 깊은 곳에 식재한다.
   • 종류 : 소나무, 곰솔, 전나무, 주목, 동백나무, 일본목련, 느티나무, 백합나무, 상수리나무, 은행나무, 칠엽수, 백목련, 가시나무 등
  ㉡ 천근성 수종
   • 일반적으로 뿌리가 얕게 뻗는 것으로 토양층이 얕은 곳에도 식재할 수 있다.
   • 종류 : 독일가문비나무, 일본잎갈나무, 편백, 버드나무, 자작나무, 아까시나무, 포플러류, 현사시나무, 매화나무, 황철나무 등

③ 식물 생육에 필요한 토양의 깊이
  ㉠ 생존 최소 토심 : 식물이 생존할 수 있는 토양의 최소 깊이
  ㉡ 생육 최소 토심 : 식물이 정상적으로 자랄 수 있는 토양의 깊이

구분	생존 최소 토심(cm)	생육 최소 토심(cm)
잔디, 초본	15	30
소관목	30	45
대관목	45	60
천근성 교목	60	90
심근성 교목	90	150

10년간 자주 출제된 문제

9-1. 다음 중 천근성(淺根性) 수종으로 짝지어진 것은?
① 독일가문비나무, 자작나무
② 전나무, 백합나무
③ 느티나무, 은행나무
④ 백목련, 가시나무

9-2. 잔디의 식재지 표토의 최소 토심(생육 최소깊이)은?
① 10cm
② 20cm
③ 30cm
④ 45cm

해설

9-1
②・③・④ 심근성 수종이다.

9-2
잔디의 생존 최소 토심은 15cm, 생육 최소 토심은 30cm이다.

정답 9-1 ① 9-2 ③

10년간 자주 출제된 문제

9-3. 수목은 생육조건에 따라 양수와 음수로 구분하는데, 다음 중 성격이 다른 하나는?

① 무궁화
② 박태기나무
③ 독일가문비나무
④ 산수유

④ 조경수목의 음양성
  ㉠ 음수
  - 전 광선량의 10% 이하의 약한 광선으로도 비교적 좋은 생육을 하는 나무
  - 종류 : 주목, 전나무, 비자나무, 독일가문비나무, 가시나무, 녹나무, 후박나무, 동백나무, 호랑가시나무, 팔손이나무, 회양목, 목란 등

  ㉡ 양수
  - 전 광선량의 60% 내외의 충분한 광선을 받아야 좋은 생육을 하는 나무
  - 종류 : 소나무, 곰솔, 측백나무, 일본잎갈나무(낙엽송), 향나무, 은행나무, 철쭉류, 삼나무, 느티나무, 포플러류, 가죽(가중)나무, 무궁화, 백목련, 모과나무, 두릅나무, 산수유, 자작나무, 석류나무 등

[해설]

9-3
③ 음수이다.
①·②·④ 양수이다.

정답 9-3 ③

핵심이론 10 조경식물의 생태적 특성(2)

① 토양
  ㉠ 유기물층(A_0층, O층)
    • 낙엽층(L층) : 낙엽이 분해되지 않고 원형대로 쌓여 있는 층
    • 분해층(F층) : 낙엽이 분해되었지만 다소 원형을 유지하고 있어 육안으로 어느 부분이라는 것을 알 수 있는 층
    • 부식층(H층) : 전부 부패된 흑갈색의 유기물층이며 분해가 진행되어 육안으로 낙엽의 기원을 전혀 알 수 없는 유기물층이다.
  ㉡ 표층(A층, 용탈층) : 외계(기후, 식생, 생물 등)의 영향을 직접적으로 받는 층으로, 식물에 필요한 양분이 풍부하다.
  ㉢ 하층(B층, 집적층) : 외계의 영향을 간접적으로 받는 층으로, 표층에 비해 부식 함량이 적고 모래의 풍화가 충분히 진행되어 갈색을 띤다.
  ㉣ 기층(C층, 모재층) : 토양화가 거의 진행되지 않은 거친 모래 형태의 토양모질물로 구성된 층
② 척박지에 잘 견디는 수종 : 소나무, 향나무, 오리나무, 버드나무, 자작나무, 등나무, 아까시나무, 자귀나무, 보리수나무, 다릅나무, 꽝꽝나무 등
  ※ 비옥지를 좋아하는 수종 : 주목, 철쭉, 측백나무, 회양목 등
③ 공해
  ㉠ 아황산가스에 강한 수종 : 양버즘나무(플라타너스), 은행나무, 비자나무, 솔송, 왜금송, 편백, 화백, 가이즈까향나무, 개비자나무, 향나무, 가시나무, 굴거리나무, 녹나무, 태산목, 사철나무, 벽오동, 칠엽수, 무궁화, 자귀나무, 쥐똥나무, 개암나무, 유카 등
  ㉡ 아황산가스에 약한 수종 : 독일가문비나무, 소나무, 대왕송, 잣나무, 일본잎갈나무, 삼나무, 느티나무, 고로쇠나무, 매실나무, 단풍나무, 전나무 등
  ㉢ 자동차 배기가스에 강한 수종 : 화백, 비자나무, 가이즈까향나무, 녹나무, 감탕나무, 미루나무, 벽오동, 은행나무, 편백나무, 향나무, 쥐똥나무, 개나리, 히말라야시다 등
  ㉣ 자동차 배기가스에 약한 수종 : 단풍나무, 팽나무, 전나무, 소나무, 수수꽃다리, 화살나무, 금목서, 은목서, 목련, 튤립나무 등

10년간 자주 출제된 문제

10-1. 토양 단면에 있어 낙엽과 그 분해 물질 등 대부분 유기물로 되어 있는 토양 고유의 층으로 L층, F층, H층으로 구성되어 있는 것은?
① 용탈층(A층)
② 유기물층(A_0층)
③ 집적층(B층)
④ 모재층(C층)

10-2. 다음 중 일반적으로 대기오염 물질인 아황산가스에 대한 저항성이 강한 수종은?
① 전나무　　② 산벚나무
③ 편백　　　④ 소나무

[해설]
10-2
아황산가스에 강한 수종 : 은행나무, 편백, 화백, 향나무, 비자나무, 태산목, 아왜나무, 가시나무, 녹나무, 사철나무, 벽오동, 능수버들, 플라타너스(양버즘나무), 쥐똥나무, 돈나무, 호랑가시나무, 갈참나무, 무궁화, 칠엽수, 종려나무, 층층나무, 백합나무 등

정답 10-1 ② 10-2 ③

10년간 자주 출제된 문제

10-3. 임해공업단지의 조경용 수종으로 적합한 것은?
① 소나무
② 목련
③ 사철나무
④ 왕벚나무

④ 염해
  ㉠ 내염성이 큰 수종(임해공업지역에서 잘 자라는 수종) : 해송, 눈향나무, 해당화, 비자나무, 사철나무, 동백나무, 유카, 찔레나무, 회양목 등
  ㉡ 내염성이 작은 수종 : 독일가문비나무, 일본잎갈나무(낙엽송), 소나무, 목련, 단풍나무, 오리나무, 개나리, 왕벚나무, 양버들, 피나무, 죽도화 등

[해설]

10-3
임해공업단지의 조경용 수종으로는 내염성이 큰 수종이 적합하다.

정답 10-3 ③

핵심이론 11 지피식물

① **지피식물의 개념**
  ㉠ 지면을 낮게 덮으면서 자라는 키가 작은 식물이다.
  ㉡ 대표적으로 잔디와 같이 주로 지면을 피복하기 위해 사용되는 식물을 말한다.

② **지피식물의 분류**
  ㉠ 한국잔디류 : 들잔디, 금잔디, 빌로드 잔디 등
  ㉡ 서양잔디류 : 켄터키블루그래스(Kentucky Bluegrass), 버뮤다그래스(Bermuda Grass), 페스큐(Fescue), 벤트그래스(Bent Grass) 등
  ㉢ 소관목류 : 눈향나무, 회양목, 둥근향나무, 철쭉, 눈주목 등
  ㉣ 초본류 : 맥문동, 비비추, 꽃잔디, 원추리, 클로버, 질경이 등
  ㉤ 덩굴성 식물류 : 송악, 헤데라, 돌나물, 칡, 등나무, 담쟁이덩굴, 인동덩굴 등
  ㉥ 기타 : 조릿대류, 고사리류, 선태류 등

③ **지피식물의 효과** : 미적효과, 운동 및 휴식공간 제공, 강우로 인한 진땅 방지, 토양유실 방지, 흙먼지 방지, 동결 방지

④ **지피식물의 조건**
  ㉠ 지표면을 치밀하게 피복하고, 부드러워야 한다.
  ㉡ 식물체의 키가 낮고, 다년생이어야 한다.
  ㉢ 번식력이 왕성하고, 생장이 비교적 빨라야 한다.
  ㉣ 성질이 강하고, 환경조건에 적응을 잘해야 한다.
  ㉤ 병해충에 대한 저항성과 내답압성을 갖추어야 한다.
  ㉥ 식물적 특성을 고루 갖추고, 관리가 용이해야 한다.

10년간 자주 출제된 문제

11-1. 지피식물에 해당하지 않는 것은?
① 인동덩굴 ② 송악
③ 금목서   ④ 맥문동

11-2. 식물의 분류와 해당 식물들의 연결이 옳지 않은 것은?
① 한국잔디류 : 들잔디, 금잔디, 비로드잔디
② 소관목류 : 회양목, 이팝나무, 원추리
③ 초본류 : 맥문동, 비비추, 원추리
④ 덩굴성 식물류 : 송악, 칡, 등나무

해설

11-1
④ 금목서는 상록활엽관목이다.

11-2
② 이팝나무는 낙엽교목이고, 원추리는 초본류이다.

정답 11-1 ③　11-2 ②

핵심이론 12 초화류

① 초화류(풀종류의 화초나 꽃)의 분류
  ㉠ 한해살이 초화류(1·2년생 초화류) : 맨드라미, 샐비어, 마리골드, 나팔꽃, 코스모스, 과꽃, 봉숭아, 채송화, 분꽃, 백일홍, 팬지, 피튜니아, 금잔화, 금어초, 패랭이꽃, 안개초, 스위트피 등
  ㉡ 여러해살이 초화류(다년생 초화류) : 국화, 베고니아, 아스파라거스, 카네이션, 부용, 꽃창포, 제라늄, 플록스, 도라지꽃, 샤스타데이지 등
  ㉢ 알뿌리 초화류(구근 초화류) : 달리아, 칸나, 아마릴리스, 글라디올러스, 상사화, 투베로즈, 진저, 히아신스, 아네모네, 튤립, 수선화, 크로커스, 백합, 아이리스 등
  ㉣ 수생 초류 : 수련, 연꽃, 붕어마름, 부평초, 창포류, 마름 등

② 화단의 종류
  ㉠ 평면화단 : 동일한 크기의 초화를 이용하여 여러가지 무늬를 만들어 조화시킨 화단
    • 화문화단 : 양탄자 무늬와 같다하여 양탄자화단 또는 자수화단, 모전화단이라고 한다.
    • 리본화단 : 통로, 담장, 산울타리, 건물 주변에 좁고 길게 만든 화단으로 대상화단이라고도 한다.
    • 포석화단 : 연못, 통로 주위에 돌을 깔고 돌 사이에 키 작은 초화류를 식재하여 돌과 조화시켜 관상하는 화단이다.
  ㉡ 입체화단 : 키가 다른 여러 화초를 입체적으로 잘 배치하여 만든 화단
    • 기식화단 : 중앙에는 키 큰 직립성의 초화를 심고 주변부로 갈수록 키 작은 종류를 심어 사방에서 관상할 수 있게 만든 화단으로 잔디밭 중앙, 광장의 중앙, 축의 교차점에 위치한다.
    • 경재화단 : 전면 한쪽에서만 관상하는데 앞쪽은 키 작은 식물, 뒤쪽 키 큰 식물을 배치하여 입체적으로 구성한 것으로 건물, 도로, 산울타리, 담장을 배경으로 폭이 좁고 길게 만든다.
    • 노단화단 : 테라스 화단 즉, 경사지를 계단 모양으로 돌을 쌓고 축대 위에 초화를 심는다.
  ㉢ 특수화단 : 특수한 용도와 형태를 가진 화단
    • 침상화단 : 지면보다 1m 정도 낮게 하여 기하학적인 땅가름을 하고 초화식재가 한 눈에 내려다보이도록 한다.
    • 수재화단 : 물에서 자라는 수생식물(수련, 꽃창포, 마름 등)을 물고기와 함께 길러 관상한다.

10년간 자주 출제된 문제

12-1. 알뿌리로 짝지어진 초화류는?
① 패랭이꽃, 칸나
② 금붕어꽃, 라넌큘러스
③ 튤립, 데이지
④ 다알리아, 수선화

12-2. 화단을 조성하는 장소의 환경조건과 구성하는 재료 등에 따라 구분할 때 경재화단에 대한 설명으로 바른 것은?
① 화단의 어느 방향에서나 관상 가능하도록 중앙 부위는 높게, 가장자리는 낮게 조성한다.
② 양쪽 방향에서 관상할 수 있으며 키가 작고 잎이나 꽃이 화려하고 아름다운 것을 심어준다.
③ 전면에서만 감상하기 때문에 화단 앞쪽은 키가 작은 것, 뒤쪽으로 갈수록 큰 초화류를 심는다.
④ 가장 규모가 크고 아름다운 화단으로 광장이나 잔디밭 등에 조성되며 화려하고 복잡한 문양 등으로 펼쳐진다.

해설

12-1
알뿌리 초화류(구근 초화류) : 달리아, 칸나, 아마릴리스, 글라디올러스, 상사화, 투베로즈, 진저, 히아신스, 아네모네, 튤립, 수선화, 크로커스, 백합, 아이리스 등

12-2
경재화단은 앞쪽은 키 작은 식물, 뒤쪽은 키 큰 식물을 배치하여 입체적으로 구성한 것으로 전면 한쪽에서만 관상하며 건물, 도로, 산울타리, 담장을 배경으로 폭이 좁고 길게 만든다.

정답 12-1 ④ 12-2 ③

③ 초화류 식재 방법
  ㉠ 식재하는 줄이 바뀔 때 마다 서로 어긋나게 심는다.
  ㉡ 큰 면적의 화단은 중심부에서 시작해서 바깥쪽으로 심어나간다.
  ㉢ 심기 한나절 전에 관수 해 준다.

  ⭐ **오답 노트**
  - 화단용 초화류는 키가 되도록 커야 한다. (×)
  - 화단용 초화류는 큰 꽃이 피어야 한다. (×)
  → 가급적 키가 작아야 한다.

10년간 자주 출제된 문제

12-3. 화단 식재용 초화류의 조건으로 틀린 것은?
① 꽃이 많이 달릴 것
② 개화기간이 길 것
③ 키가 되도록 클 것
④ 병해충에 강할 것

[해설]
12-3
화단용 초화류는 가급적 키가 작아야 한다.

정답 12-3 ③

핵심이론 13 조경식물의 규격

10년간 자주 출제된 문제

13-1. 시공 시 설계도면에 수목의 치수를 구분하고자 한다. 다음 중 흉고직경을 표시하는 기호는?

① B ② CL
③ F ④ W

13-2. 수목의 식재품 적용 시 흉고직경에 의한 식재품을 적용하는 것이 가장 적합한 수종은 어느 것인가?

① 산수유
② 은행나무
③ 꽃사과
④ 백목련

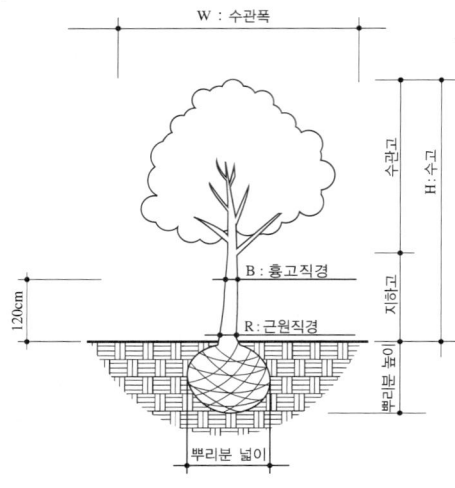

[조경수목의 규격표시]

① 수고(H : Height, 단위 : m) : 지표면으로부터 수관의 상단부까지의 수직 높이를 수고라 하며, 이때 웃자란 가지는 제외한다.
② 지하고(BH) : 지표면에서부터 수관의 맨 아래 가지까지의 수직높이를 말한다.
③ 수관고 : 수고에서 지하고를 뺀 수관의 높이를 말한다.
④ 수관폭(W : Width, 단위 : m) : 수관 투영면 양단의 직선거리를 말한다.
⑤ 흉고직경(가슴높이지름, B, 단위 : cm) : 줄기의 굵기를 측정하는 것으로, 일반적인 가슴높이(지표면에서부터 1.2m)에서 잰 나무줄기의 지름을 말한다.
⑥ 근원직경(근원지름, R : Root, 단위 : cm) : 지표면과 접한 줄기의 지름을 말한다.

[교목성과 관목성]

교목성	• 수고(H)×수관 폭(W) : 대부분의 침엽수 예 주목, 잣나무, 편백, 독일가문비 등 • 수고(H)×흉고직경(B) : 대부분의 단간, 쌍간 활엽수 예 은행나무, 자작나무, 왕벚나무, 메타세콰이어 등 • 수고(H)×근원직경(R) : 대부분의 다간 활엽수 예 느티나무, 단풍나무 등 ※ 하나의 나무에 줄기 1개 : 단간 　하나의 나무에 줄기 2개 : 쌍간 　하나의 나무에 줄기 5개 이상 : 다간
관목성	• 수고(H)×수관 폭(W) : 대부분의 관목류 • 수고(H)×수관 폭(W)×수관 길이(L) : 눈향처럼 수관길이가 있는 것 • 수고(H)×가지수 또는 줄기수 : 개나리, 쥐똥나무, 장미, 모란 등

[해설]

13-1
흉고직경 : 가슴높이지름, B, 단위 cm

13-2
수고(H) × 흉고직경(B) : 대부분의 단간, 쌍간 활엽수
예 은행나무, 자작나무, 왕벚나무, 메타세콰이어 등

정답 14-1 ① 14-2 ②

핵심이론 14 빈출 조경식물

2번이상 출제

분류		수종
녹음용		플라타너스(양버즘나무), 느티나무, 은행나무, 백합나무, 버즘나무, 칠엽수
방풍용		팽나무, 녹나무, 느티나무, 구실잣밤나무, 소나무, 가시나무, 낙엽활엽수
방화용		광나무, 삭나무, 상록활엽수
방음용		아왜나무
아황산가스에 강한 수종		플라타너스, 사철나무, 은행나무, 편백, 가시나무, 백합나무, 칠엽수
아황산가스에 약한 수종		삼나무, 고로쇠나무
배기가스나 공해에 강한 수종		이팝나무, 귀룽나무, 화백, 향나무
배기가스나 공해에 약한 수종		왕벚나무
척박지에서 잘 자라는 수종		졸참나무, 소나무, 자작나무, 자귀나무
임해공업단지 조경용		사철나무, 광나무, 노간주나무
내염성이 강한 수종		서향, 사철나무
내염성이 약한 수종		일본목련
상록	침엽수	비자나무, 전나무
	활엽수	사철나무, 꽝꽝나무, 동백나무, 후박나무, 굴거리나무
	활엽교목	구상나무
	활엽관목	광나무, 꽝꽝나무, 아왜나무, 서향
낙엽	침엽교목	낙우송, 낙엽송, 은행나무
	활엽수	박태기나무
	활엽교목	이팝나무, 백목련, 산수유, 수양버들
	활엽관목	흰말채나무, 조팝나무, 미선나무
열매	삭과	회양목
	핵과	옻나무
	시과	고로쇠나무, 복자기
수관의 형태가 원추형		전나무, 구상나무
열매	적색(붉은색)	산수유, 남천, 피라칸타, 자금우, 주목, 화살나무, 사철나무, 해당화, 낙상홍
	검은색	맥문동, 생강나무
	갈색	회양목
	황색(노란색)	옻나무
	흰색	흰말채나무
꽃	황색	산수유, 회양목, 복수초, 모감주나무, 금목서, 풍년화, 생강나무, 능소화
	흰색	고광나무
	적색	벌개미취(연자주색)

분류		수종
수피 (줄기)	녹색	식나무, 벽오동 ※ 흰말채나무 : 여름에는 녹색, 가을과 겨울에는 붉은색
	흰색	자작나무
	적갈색	주목, 소나무
	갈색	편백
	흑갈색	곰솔
	회갈색	개잎갈나무
	얼룩무늬	노각나무, 모과나무, 배롱나무
황색(노란색) 단풍		백합나무, (붉은)고로쇠나무
잎보다 꽃이 먼저 개화		산수유, 개나리, 백목련
꽃에서 향기가 나는 수종		목서류, 서향, 함박꽃나무, 백목련, 미선나무
관상 부위가 줄기		자작나무, 배롱나무
양수		향나무, 가중나무(가죽나무), 자작나무, 메타세쿼이어, 버즘나무, 곰솔, 느티나무, 백목련, 무궁화, 박태기나무, 산수유, 은행나무, 일본잎갈나무, 석류나무, 소나무
음수		굴거리나무, 주목, 팔손이나무, 녹나무, 전나무, 동백나무, 후박나무, 독일가문비, 사철나무, 식나무, 조록싸리, 비자나무
천근성		자작나무, 독일가문비, 수양버들, 미루나무, 서향
심근성		전나무, 백합나무, 은행나무, 느티나무, 후박나무
단풍나무과		고로쇠나무, 신나무, 복자기
물푸레나무과		미선나무, 광나무, 이팝나무
장미과		피라칸타, 해당화, 왕벚나무

제2절 기초 식재공사

핵심이론 01 뿌리분의 종류

① 굴취 : 수목을 이식하기 위해 캐내는 작업을 말한다.
② 뿌리분 : 수목을 이식할 때는 뿌리 부분을 어느 정도 크기를 가진 반구형으로 굴취하는데, 이때 흙과 합해진 뿌리 덩어리를 말한다.
③ 뿌리감기 굴취법
　㉠ 뿌리를 절단한 후 뿌리 주위에 기존의 흙을 붙이고 짚과 새끼 등으로 뿌리감기를 하여 뿌리분을 만드는 방법이다.
　㉡ 교목류, 상록수, 이식력이 약한 나무, 희귀한 나무, 부적기 이식 때 쓰인다.
④ 뿌리분의 크기
　㉠ 뿌리분의 크기는 일반적으로 근원직경의 4~6배로 하는데, 보통 4배 정도를 기준으로 한다.
　㉡ 뿌리분의 깊이는 잔뿌리의 밀도가 현저히 감소하는 부위까지 하는 것이 원칙이다.
⑤ 뿌리분의 종류
　㉠ 접시분 : 자작나무, 편백나무, 독일가문비나무, 향나무 등의 천근성 수종
　㉡ 보통분 : 벚나무, 측백나무 등 일반적 수종
　㉢ 조개분 : 느티나무, 소나무, 회화나무, 주목 등 심근성 수종

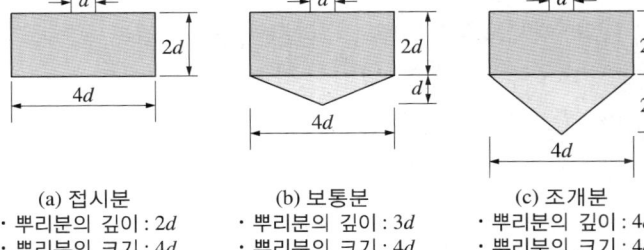

(a) 접시분
- 뿌리분의 깊이 : $2d$
- 뿌리분의 크기 : $4d$

(b) 보통분
- 뿌리분의 깊이 : $3d$
- 뿌리분의 크기 : $4d$

(c) 조개분
- 뿌리분의 깊이 : $4d$
- 뿌리분의 크기 : $4d$

[뿌리분의 모양]

10년간 자주 출제된 문제

1-1. 다음 중 뿌리분의 형태를 조개분으로 굴취하는 수종으로만 나열된 것은?
① 소나무, 느티나무
② 버드나무, 가문비나무
③ 눈주목, 편백
④ 사철나무, 사시나무

1-2. 수목의 이식 시 조개분으로 분뜨기했을 때 분의 깊이는 근원직경의 몇 배가 좋은가?
① 2배　　② 3배
③ 4배　　④ 6배

|해설|

1-1
조개분으로 굴취하는 수종 : 느티나무, 소나무, 회화나무, 주목 등의 심근성 수종

1-2
뿌리분의 생김새(근원지름의 4배인 경우)
- 접시분 : 분의 크기 = $4d$, 분의 깊이 = $2d$
- 보통분 : 분의 크기 = $4d$, 분의 깊이 = $3d$
- 조개분 : 분의 크기 = $4d$, 분의 깊이 = $4d$

정답 1-1 ①　1-2 ③

핵심이론 02 굴취

① 뿌리분 뜨기
  ㉠ 뿌리분 뜨기에 앞서 고사지, 쇠약지, 밀생한 가지 등을 수형이 상하지 않는 범위 내에서 전정한다.
  ㉡ 뿌리분 범위에 있는 잡초나 오물을 제거하고 다진 다음, 뿌리분 크기를 표시하고 삽이나 곡괭이를 사용하여 수직으로 파내려 간다.
  ㉢ 뿌리분 감기할 때의 굴취 폭은 분 크기보다 30cm 이상 크게 하여 분감기작업을 할 수 있도록 하고, 굵은 뿌리는 톱이나 전정가위로 깨끗이 절단한다.
  ㉣ 뿌리분의 크기는 뿌리목 줄기 지름의 3~4배를 기준으로 한다.

② 뿌리분 감기
  ㉠ 뿌리분 감기는 뿌리분 깊이만큼 파낸 다음 실시하지만, 모래 등이 있어 뿌리분만 들기가 어려운 경우에는 뿌리분 주위를 1/2 정도 파내려 갔을 때부터 뿌리감기를 시작하고, 나머지 흙을 파 다시 분감기를 실시해야 분흙이 분리되지 않는다.
  ㉡ 뿌리분의 모양을 깨끗이 정리하고 절단한 뿌리는 가위나 칼로 깨끗이 다듬은 다음 방부제를 발라 주는 것이 좋다.
  ㉢ 준비한 끈으로 뿌리분의 측면을 위에서 아래로 감아 내려간다.
  ㉣ 허리감기를 한 후 땅속 곧은 뿌리만 남긴 채 뿌리분 밑부분의 흙을 조금씩 파내며, 밑면과 윗면을 석줄, 넉줄 그리고 다섯줄 감기를 한다.
  ㉤ 녹화마대나 녹화테이프로 뿌리분의 측면을 각고, 끈으로 위아래를 감아 주는 방법도 많이 쓴다.
  ㉥ 마지막으로 남은 곧은 뿌리를 잘라 내는데 이때 수목이 넘어가지 않도록 주의해야 한다.

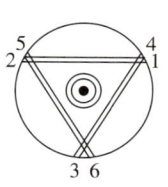 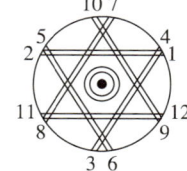 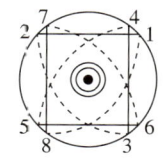

(a) 3줄 한 번 감기　(b) 3줄 두 번 감기　(c) 4줄 한 번 감기

[각종 새끼감기 방법]

10년간 자주 출제된 문제

2-1. 수목의 뿌리분 굴취와 관련된 설명으로 틀린 것은?

① 분의 크기는 뿌리목 줄기 지름의 3~4배를 기준으로 한다.
② 수목 주위를 파 내려가는 방향은 지면과 직각이 되도록 한다.
③ 분의 주위를 1/2 정도 파 내려갔을 무렵부터 뿌리감기를 시작한다.
④ 분감기 전 직근을 잘라야 용이하게 작업할 수 있다.

해설

2-1
④ 반생까지 조인 후에 노출된 직근이 있다면 톱으로 절단한다.

정답 2-1 ④

③ 뿌리분 들어내기
　㉠ 뿌리분을 뜬 후 뿌리분을 들어낼 때는 무엇보다 안전을 고려해 조심성 있게 작업하여 수목 자체와 뿌리분의 손상을 막을 수 있도록 한다.
　㉡ 대형목인 경우 잘못하여 나무가 쓰러지게 되면 작업자가 다칠 수 있으므로 각별히 조심해야 한다.
④ 뿌리분의 지름(직경) = $24 + (N-3) \times D$
　여기서, N : 줄기의 근원 지름, D : 상수(상록수 : 4, 낙엽수 : 5)
⑤ 굴취 후 운반 순서 : 구덩이 파기 → 수목넣기 → 2/3정도 흙 채우기 → 물 부어 막대기 다지기 → 나머지 흙 채우기

10년간 자주 출제된 문제

2-2. 근원직경이 45cm인 느티나무를 포장으로부터 굴취할 때, 뿌리분의 직경(cm)은 얼마가 적당한가?(단, 상수는 상록수 4, 낙엽수 3을 적용한다)

① 92　　② 105
③ 132　　④ 150

해설

2-2
뿌리분의 직경 = $24 + (N-3) \times D$
여기서, N : 줄기의 근원 지름
　　　　D : 상수
∴ $24 + (45-3) \times 3 = 150$

정답 2-2 ④

10년간 자주 출제된 문제

3-1. 수목을 옮겨심기 전에 뿌리돌림을 하는 이유로 가장 중요한 것은?
① 관리가 편리하도록
② 수목 내의 수분 양을 줄이기 위하여
③ 무게를 줄여 운반이 쉽게 하기 위하여
④ 잔뿌리를 발생시켜 수목의 활착을 돕기 위하여

3-2. 다음 중 큰 나무의 뿌리돌림에 대한 설명으로 가장 거리가 먼 것은?
① 굵은 뿌리를 3~4개 정도 남겨둔다.
② 굵은 뿌리 절단 시는 톱으로 깨끗이 절단한다.
③ 뿌리돌림을 한 후에 새끼로 뿌리분을 감아두면 뿌리의 부패를 촉진하여 좋지 않다.
④ 뿌리돌림을 하기 전 수목이 흔들리지 않도록 지주목을 설치하여 작업하는 방법도 좋다.

|해설|

3-1
뿌리돌림의 목적
- 이식력이 약한 나무를 대상으로 굴취 전에 미리 잔뿌리를 발달시켜 이식력을 높이기 위한 것이다.
- 노목이나 쇠약목의 세력 회복을 위한 목적으로도 사용한다.

3-2
③ 새끼로 감아두면 뿌리분이 깨지는 것을 막을 수 있다.

정답 3-1 ④ 3-2 ③

핵심이론 03 뿌리돌림

① 목적 : 이식력이 약한 나무를 대상으로 굴취 전에 미리 잔뿌리를 발달시켜 이식력을 높이기 위한 것으로, 노목이나 쇠약목의 세력 회복을 위한 목적으로도 사용한다.

② 시기
  ㉠ 수목을 옮겨심기 6개월~1년 전에 실시한다.
  ㉡ 봄의 해토 직후부터 생장이 가장 활발한 시기에 하는 것이 적합하며, 혹서기와 혹한기는 피하는 것이 좋다.
  ㉢ 이식하기 1~2년 전에 실시하되 최소 6개월 전 초봄이나 늦가을에 실시한다.
  ㉣ 노목이나 보호수와 같이 중요한 나무는 2~4회 나누어 연차적으로 실시한다.
  ㉤ 봄에 뿌리돌림을 한 낙엽수는 당해 가을이나 이듬해 봄(3월 중순~4월 상순)에, 상록수는 이듬해 봄이나 장마기에 이식할 수 있다.

③ 작업방법
  ㉠ 뿌리분의 크기는 굴취 시와 마찬가지로 근원직경의 4~6배로 하는데, 보통 4배 정도를 기준으로 한다.
  ㉡ 뿌리돌림 시 남겨 둘 곧은 뿌리는 15~20cm의 폭으로 환상박피한다.
  ㉢ 작업 시 뿌리분이 깨질 위험이 있으면 새끼로 감아 뿌리분이 깨지는 것을 막는다.
  ㉣ 뿌리돌림을 하면 많은 뿌리가 절단되어 영양과 수분의 수급균형이 깨지므로, 가지와 잎을 적당히 솎아 지상부와 지하부의 균형을 맞추어 준다.

④ 큰 나무의 뿌리돌림
  ㉠ 수목을 지탱하기 위해 굵은 뿌리를 3~4개 정도 남겨둔다.
  ㉡ 뿌리돌림을 하기 전 수목이 흔들리지 않도록 지주목을 설치하여 작업하는 방법도 좋다.
  ㉢ 굵은 뿌리는 톱으로 깨끗이 절단한다.

핵심이론 04 수목 운반

① 장거리 운반 시 주의사항 : 수피 손상 방지, 분 깨짐 방지, 바람 피해 방지

> **오답 노트**
> 병충해 방제는 수목 운반 시 주의해야 할 사항이 아니다.

② 대형 수목을 굴취 또는 운반 시 사용되는 장비 : 체인블록, 크레인, 백호
③ 운반할 나무는 줄기에 새끼나 거적으로 감싸주어 운반 도중 물리적인 상처로부터 보호한다.
④ 밖으로 넓게 퍼진 가지는 가지런히 여미어 새끼줄로 묶어 줌으로써 운반 도중의 손상을 막는다.
⑤ 장거리 운반이나 큰 나무인 경우에는 뿌리분을 거적으로 다시 감싸주고 새끼줄 또는 고무줄로 묶어준다.
⑥ 나무를 싣는 방향은 반드시 뿌리분이 차의 앞쪽으로 오게하여 싣고, 내릴 때 편리하게 한다.

10년간 자주 출제된 문제

4-1. 다음 중 무거운 돌을 놓거나, 큰 나무를 옮길 때 신속하게 운반과 적재를 동시에 할 수 있어 편리한 장비는?
① 체인블록
② 모터그레이더
③ 트럭크레인
④ 콤바인

핵심이론 05 식재지반의 조성

① 토양환경이 조성되지 않은 경우, 토양개량을 통하여 식물생육에 적합하도록 개선하거나, 완전히 객토를 실시해서 수목의 생육 토심을 확보할 수 있도록 해주어야 한다.
② 비탈면에 교목을 식재하려면 1 : 3보다 완만해야 하며, 관목을 식재하려면 1 : 2보다 완만해야 한다. 비탈면의 잔디를 기계로 깎으려면 비탈면의 경사가 1 : 3보다 완만한 것이 좋다.
③ 식재 예정지에 도착한 수목은 가능한 한 빨리 심는 것이 좋다.
④ 수목 식재 보조 재료
　㉠ 사각지주 : 간선도로변 가로수, 상가, 광장 등 미관을 고려하는 지역에 사용한다.
　㉡ 삼발이지주 : 수목의 규격에 따라 소형, 중형 및 대형으로 구분된다.
　㉢ 당김줄형지주 : 일반적으로 대형나무 및 경관적으로 중요한 곳에 설치하며, 나무줄기의 적당한 높이에서 고정한 와이어로프를 세 방향으로 벌려서 지하에 고정하는 지주설치 방법이다.
　㉣ 뿌리 보호 덮개, 멀칭재, 결속재, 농약 등
　㉤ 연결형 지주 : 동일한 규격의 수목을 연속적으로 모아심었거나 줄지어 심었을 때 적합한 지주설치법

10년간 자주 출제된 문제

5-1. 다음 중 비탈면에 교목을 식재할 때 기울기는 어느 정도보다 완만하여야 하는가?
① 1 : 1 정도
② 1 : 1.5 정도
③ 1 : 2 정도
④ 1 : 3 정도

[해설]

4-1
대형 수목을 굴취 또는 운반 시 사용되는 장비로는 체인블록, 크레인, 백호 등이 있다.

정답 4-1 ③ / 5-1 ④

10년간 자주 출제된 문제

6-1. 다음 중 교목의 식재 공사 공정으로 옳은 것은?

① 구덩이 파기 → 물 죽쑤기 → 묻기 → 지주 세우기 → 수목방향 정하기 → 물집 만들기
② 구덩이 파기 → 수목방향 정하기 → 묻기 → 물 죽쑤기 → 지주세우기 → 물집 만들기
③ 수목방향 정하기 → 구덩이 파기 → 물 죽쑤기 → 묻기 → 지주세우기 → 물집 만들기
④ 수목방향 정하기 → 구덩이 파기 → 묻기 → 지주세우기 → 물 죽쑤기 → 물집 만들기

6-2. 지주 세우기에서 일반적으로 대형의 나무에 적용하며 경관적 가치가 요구되는 곳에 설치하는 지주 형태는?

① 이각형
② 삼발이형
③ 삼각 및 사각지주
④ 당김줄형

|해설|

6-2
수고 4.5m 이상의 독립목은 당김줄형으로 설치하거나 삼각형으로 지주목을 세운다.

정답 6-1 ② 6-2 ④

핵심이론 06 수목 식재

① **식재준비** : 공정표, 시공도면, 시방서를 검토하고 수목의 배식, 규격, 지하 매설물을 고려하여 식재 위치를 결정한다.

② **구덩이 파기** : 식재할 구덩이는 토질, 경도, 버수성을 확인하고, 뿌리분 크기의 1.5배 이상으로 파고 불순물을 제거한다.

③ **운반** : 수목을 손상시키지 않도록 주의하면서 식재 구덩이까지 운반한다.

④ **심기**

㉠ 운반한 수목의 불필요한 가지를 전정하고, 뿌리분 상태와 식재 토양을 재확인한다.

㉡ 완숙된 유기질 거름을 부드러운 흙과 섞어 구덩이 바닥에 놓고, 그 위에 다시 흙을 얇게 덮는데, 중앙 부분이 약간 볼록하게 한다.

㉢ 구덩이에 수목의 뿌리분을 놓는데 식재 깊이와 방향은 해당 수목의 원래 깊이와 방향을 맞추어 준다. 이때 경관상 수형을 고려하여 방향을 잡기도 한다.

㉣ 뿌리분 주변에 표토나 부식질이 풍부하고 불순물이 섞이지 않은 토양을 넣으며 구덩이를 채우는데, 2/3~3/4 정도 채운 다음 물을 충분히 주고 나무 막대기 등으로 쑤셔(죽쑤기) 뿌리분과 흙을 밀착시키고 기포가 없어지도록 한다.

⑤ **지주 세우기**

㉠ 지주는 수목식재 후 바람으로 인한 뿌리의 흔들림이나 강풍에 의해 쓰러지는 것을 방지하고, 활착을 촉진시키기 위해 목재, 철재파이프, 철선, 와이어로프 등을 수목에 견고하게 부착시켜 수목을 고정시키는 것을 말한다.

㉡ 지주는 수목이 정상적으로 활착하고, 그 후 생육이 충분해질 때까지 설치해 놓아야 한다.

㉢ 지주목 설치 시에는 풍향, 지형, 모양, 크기, 입지조건 등을 고려한다.

• 수고 1.2m 이하의 수목 : 단각형을 사용한다.
• 수고 4.5m 이하의 수목 : 지주의 경사각은 70°를 표준으로 한다.
• 수고 4.5m 이상의 독립목 : 당김줄형 또는 삼각형으로 지주목을 세운다.

② 지주가 닿는 부분의 수피가 상하지 않도록 새끼, 타이어튜브, 마대, 새끼 등으로 보호조치를 해주어야 하며 땅속에 깊이 고정시켜야 하는데, 이때 뿌리가 상하지 않도록 주의한다.

오답 노트

지주는 뿌리 속에 박아 넣어 견고히 고정한다. (×)
→ 지주는 아래를 뾰족하게 깎아서 땅속으로 30~50cm 정도의 깊이로 박는다.

⑩ 지상부의 지주는 페인트칠을 하는 것이 좋다.
⑥ 식재 후 조치사항 : 가지솎기, 줄기감기(수피감기, 줄기싸기), 멀칭, 약제 살포, 뒷정리, 시비
⑦ 수목의 이식 및 가식
  ㉠ 수목을 이식할 때 고려사항
    • 이식시기 : 뿌리 활동이 시작되기 직전이 가장 좋다.
    • 지상부의 지엽을 전정해 준다.
    • 뿌리분의 손상이 없도록 주의하여 이식한다.
    • 굵은 뿌리의 자른 부위는 방부처리 하여 부패를 방지한다.
    • 뿌리분은 충분한 크기로 유지한다.
  ㉡ 이식할 수목의 가식장소
    • 공사의 지장이 없는 곳에 감독관의 지시에 따라 가식 장소를 정한다.
    • 배수가 잘되는 곳을 선택한다.
    • 나무가 쓰러지지 않도록 세우고 뿌리분에 흙을 덮는다.
    • 필요한 경우 관수시설 및 수목 보양시설을 갖춘다.
    • 식재지에서 가까운 곳을 선택한다.

10년간 자주 출제된 문제

6-3. 수목 식재 후의 관리사항으로서 필요 없는 것은?
① 전정
② 뿌리돌림
③ 가지치기
④ 시비

6-4. 이식할 수목의 가식 장소와 그 방법의 설명으로 잘못된 것은?
① 공사의 지장이 없는 곳에 감독관의 지시에 따라 가식 장소를 정한다.
② 그늘지고 배수가 잘 되지 않는 곳을 선택한다.
③ 나무가 쓰러지지 않도록 세우고 뿌리분에 흙을 덮는다.
④ 필요한 경우 관수시설 및 수목 보양시설을 갖춘다.

해설

6-3
식재 후 조치사항 : 가지솎기, 줄기감기(수피감기, 줄기싸기), 멀칭, 약제 살포, 뒷정리, 시비

6-4
수목의 가식 장소로는 햇볕이 적절히 들고, 배수가 잘되는 곳을 선택해야 한다.

정답 6-3 ② 6-4 ②

10년간 자주 출제된 문제

1-1. 잔디에 관한 설명으로 틀린 것은?
① 잔디는 생육온도에 따라 난지형 잔디와 한지형 잔디로 구분된다.
② 잔디의 번식방법에는 종자파종과 영양번식 등이 있다.
③ 한국잔디는 일반적으로 종자번식이 잘 되기 때문에 건설현장에서 종자파종으로 잔디밭을 조성한다.
④ 종자파종은 뗏장심기에 비하여 균일하고 치밀한 잔디면을 만들 수 있다.

1-2. 한지형 잔디에 속하지 않는 것은?
① 버뮤다그래스
② 이탈리안 라이그래스
③ 크리핑 벤트그래스
④ 켄터키 블루그래스

해설

1-1
한국잔디의 경우 종자로 번식되는 경우보다는 땅속줄기와 지표면을 덮듯이 신장하는 포복경으로 번식한다. 서양잔디는 종자파종에 의하여 쉽게 잔디밭이 조성되며 여름 고온기를 제외하고는 언제라도 파종할 수 있는 이점이 있다.

1-2
① 버뮤다그래스는 난지형 잔디이다.

정답 1-1 ③ 1-2 ①

제3절 잔디 식재 공사

핵심이론 01 잔디의 종류와 특성

① 한국잔디류(난지형 잔디)
  ㉠ 들잔디, 금잔디, 빌로드잔디, 갯잔디 등이 있다.
   • 들잔디 : 한국잔디 중 가장 많이 이용하는 잔디로, 성질이 강하고 답압에 잘 견딘다.
   • 금잔디 : 고려잔디라고도 하며 섬세하고 유연하다.
   • 빌로드잔디 : 남해안 지역에서 자생하는 잔디로 잎은 섬세하나 내한성과 번식력이 약하다.
  ㉡ 가는 줄기와 땅속줄기에 의해 옆으로 퍼지는 포복경으로 번식한다.
  ㉢ 5~9월 사이에 잎이 푸른 상태로 있어 녹색 기간이 짧고 그늘에서 잘 자라지 못한다.
  ㉣ 잔디밭 조성에 많은 시간이 소요되고 손상을 받은 후 회복 속도가 느린 단점이 있으나, 포복성으로 밟힘에 강하고, 병충해와 공해에도 강한 장점이 있다.

② 서양잔디류 : 난지형 잔디인 버뮤다그래스와 한지형 잔디인 톨페스큐, 켄터키 블루그래스, 벤트그래스, 라이그래스가 있다.

버뮤다그래스 (난지형 잔디)	• 내한성이 약하고 남해안 지역에 자생하는 잔디이다. • 내답압성이 크며 관리가 용이하다.
켄터키 블루그래스 (한지형 잔디)	• 미국이나 유럽에서 정원과 공원의 잔디밭에 가장 많이 쓰는 잔디이다. • 지나친 이용으로 손상받았을 때 회복력이 좋으므로 경기장이나 골프장의 페어웨이 피복에 적합하다.
벤트그래스 (한지형 잔디)	• 잎폭이 1~2mm로 질감이 매우 고우며, 4~8mm 정도로 낮게 깎아 이용하는 것으로 잔디 중 가장 품질이 좋아서 골프장의 그린에 많이 이용되고 있다. • 3월부터 12월까지 푸른 상태를 유지하며, 서늘할 때 생육이 왕성하다. • 그늘에서 병충해에 가장 약하며, 여름철 방제에 힘써야 한다. • 내답압성이 약하다.
톨페스큐 (한지형 잔디)	• 잎 표면에 도드라진 줄이 있고 고온과 건조에 가장 강하며 질감이 거칠다. • 척박한 토양에서 잘 견디며 비탈면 녹화에 적합하다.

핵심이론 02 잔디 식재

① 잔디 식재의 유형
  ㉠ 전면떼붙이기(평떼붙이기) : 떳장 사이를 1~3cm 정도로 어긋나게 배열하여 전체 면에 심는다.
  ㉡ 어긋나게 붙이기 : 떳장을 20~30cm 간격으로 어긋나게 놓거나 서로 맞물려 어긋나게 배열하여 심는다.
  ㉢ 줄떼붙이기 : 줄 사이를 떳장 너비 또는 그 반 너비로 떼어서 10~30cm의 간격을 두고 줄 모양으로 이어 심는다.

  (a) 전면떼붙이기 (b) 어긋나게 붙이기 (c) 줄떼붙이기
  [떼심기의 종류]

② 1m²당 필요한 잔디량 : 11장
③ 잔디 붙이기에 따른 떳장 소요량
  ㉠ 전면떼붙이기 : 잔디밭 면적만큼의 떳장 수(100%)이다.
  ㉡ 전떼이음매붙이기(4cm 간격) : 전면 붙이기의 77.8%이다.
  ㉢ 어긋나게 붙이기 : 전면 붙이기의 50.0%이다.
  ㉣ 줄떼붙이기 : 떳장 너비와 같은 너비로 떼어 붙일 때는 피복면적의 50%, 반너비를 뗄 때는 75%에 해당하는 양이다.
④ 떼의 요건
  ㉠ 떼심기에 사용하는 잔디는 땅속 줄기가 굵고 생육이 왕성하여 발근력이 좋아야 한다.
  ㉡ 떼의 규격은 30×30×3cm로 흙을 붙인 흙잔디와 흙을 턴 흙털이잔디가 있다.
  ㉢ 흙털이잔디는 운반이 어렵거나 중요하지 않은 장소 등에 쓰인다.
  ㉣ 떼심기는 연중 가능하나 여름과 겨울은 피하는 것이 좋다.
⑤ 떼심기의 주의점
  ㉠ 떳장의 이음새와 떳장의 가장자리 부분에 흙이 충분히 채워져야 하며 떳장 위에도 떳밥을 뿌려 주어야 한다. 특히, 흙털이잔디는 떳밥이 잔디 사이사이에 잘 채워지도록 해야 한다.
  ㉡ 떳장을 붙인 다음에는 잔디면을 110~130kg 정도 무게의 롤러로 전압하거나 달구로 다져 주고 관수를 충분히 하여 흙과 밀착되도록 한다.
  ㉢ 경사면 시공 때는 떳장 1매당 2개의 떼꽂이를 받아 떳장을 고정해야 하며, 경사면의 아래쪽부터 위쪽으로 심어 나간다.

10년간 자주 출제된 문제

2-1. 50m² 면적에 전면붙이기로 잔디 식재를 하려 할 때 필요한 잔디 소요 매수는?(단, 잔디 1매의 규격은 20×20×3cm이다)
① 200매
② 555매
③ 1,250매
④ 1,500매

2-2. 잔디공사 중 떼심기 작업의 주의사항이 아닌 것은?
① 떳장의 이음새에는 흙을 충분히 채워준다.
② 관수를 충분히 하여 흙과 밀착되도록 한다.
③ 경사면의 시공은 위쪽에서 아래쪽으로 작업한다.
④ 떳장을 붙인 다음에 롤러 등의 장비로 전압을 실시한다.

해설

2-1
잔디 1매의 규격은 20×20cm이므로 1m²당 필요한 잔디량은 25장이고, 50m²는 1,250매가 필요하다.

2-2
경사면 시공 시 떳장 1매당 2개의 떼꽂이를 박아 고정시키고, 아래쪽에서 위쪽으로 식재한다.

정답 2-1 ③ 2-2 ③

10년간 자주 출제된 문제

3-1. 잔디의 뗏밥넣기에 관한 설명으로 가장 부적합한 것은?
① 뗏밥은 가는 모래 2, 밭흙 1, 유기물 약간을 섞어 사용한다.
② 뗏밥에 이용하는 흙은 일반적으로 열처리 하거나 증기 소독 등 소독을 하기도 한다.
③ 뗏밥은 한지형 잔디의 경우 봄, 가을에 주고 난지형 잔디의 경우 생육이 왕성한 6~8월에 주는 것이 좋다.
④ 뗏밥의 두께는 30mm 정도로 주고, 다시 줄 때에는 일주일이 지난 후에 잎이 덮일 때까지 주어야 좋다.

3-2. 난지형 잔디에 뗏밥을 주는 가장 적합한 시기는?
① 3~4월
② 6~8월
③ 9~10월
④ 11~1월

[해설]

3-1
뗏밥의 두께는 2~4mm 정도로 주고, 다시 줄 때에는 15일이 지난 후에 주어야 하며 봄철에 두껍게 한 번에 주는 경우에는 5~10mm 정도로 시행한다.

3-2
한지형 잔디는 봄과 가을에, 난지형 잔디는 생육이 왕성한 6~8월에 주는 것이 좋다.

정답 3-1 ④ 3-2 ②

핵심이론 03 잔디 파종

① 잔디의 생육 환경
  ㉠ 온도 : 보편적으로 한지형 잔디종자의 발아적온은 20~30℃이고, 난지형 잔디종자의 발아적온은 30~35℃이다.
  ㉡ 일조 : 한지형 잔디는 그늘에서도 비교적 잘 견딘다.
  ㉢ 토양 : 잔디의 종류에 따라 차이가 있으나 대체로 참흙이 알맞으며, 토양산도는 pH 5.5~7.0이 적당하다.
  ㉣ 잔디의 파종
    • 잔디종자는 1ha당 약 50~150kg 정도 파종한다.
    • 파종시기 : 난지형 잔디는 5~6월 초순 경, 한지형 잔디는 9~10월 또는 3~5월경을 적기로 한다.
    • 토양 수분 유지를 위해 폴리에틸렌필름이나 볏짚, 황마천, 차광막 등으로 덮어준다.
    • 종자파종은 뗏장심기에 비하여 균일하고 치밀한 잔디면을 만들 수 있다.

② 배토(뗏밥주기)
  ㉠ 목적
    • 노출된 지하줄기를 보호하고, 지표면을 평탄하게 하며 잔디의 표층 상태를 좋게 한다.
    • 부정근, 부정아를 발달시켜 잔디의 생육을 원활하게 한다.
  ㉡ 시기 : 한지형 잔디는 봄과 가을에, 난지형 잔디는 생육이 왕성한 6~8월(5~7월)에 주는 것이 좋다.
  ㉢ 배토방법
    • 뗏밥은 가는 모래 2, 밭흙 1, 유기물 약간을 섞어 사용한다.
    • 뗏밥은 일반적으로 가열하여 사용하며, 증기소독이나 화학약품 소독을 하기도 한다.
    • 뗏밥의 두께는 보통 2~4mm 정도로 주고, 다시 줄 때는 15일이 지난 후에 주며, 연 1~2회 주는데, 골프장의 경우는 3~7mm 정도로 연 3~5회 준다.
    • 잔디 포지전면을 골고루 뿌리고 레이크로 긁어 준다.
    • 일시에 많이 주는 것은 피한다.

③ 대취(Thatch)
　㉠ 지표면과 잔디 사이에 형성되는 것으로, 이미 죽었거나 살아 있는 뿌리, 줄기 그리고 가지 등이 서로 섞여 있는 유기층을 말한다.
　㉡ 잔디의 생육을 불량하게 하는 요인으로 작용한다.
　㉢ 대취의 특징
　　• 대취는 공기와 비료의 효율적인 이동을 방해하고, 잔디의 생육을 약화시킨다.
　　• 대취층에 병원균이나 해충이 기거하면서 피해를 준다.
　　• 탄력성이 있어서 그 위에서 운동할 때 안전성을 제공한다.
　　• 소수성(Hydrophobic)인 대취의 성질로 인하여 토양으로 수분이 전달되지 않아서 국부적으로 마른지역을 형성하며, 그 위의 잔디가 말라 죽게 한다.
　　• 대취의 축적이 많을수록 잔디의 스캘핑현상이 잘 일어나며, 지렁이의 발생이 증가한다.
　　　※ 스캘핑(Scalping) : 지나친 잔디깎기로 인해 줄기나 죽은 잎들이 노출되어 누렇게 보이는 현상

10년간 자주 출제된 문제

3-3. 대취(Thach)란 지표면과 잔디(녹색 식물체) 사이에 형성되는 것으로 이미 죽었거나 살아있는 뿌리, 줄기 그리고 가지 등이 서로 섞여 있는 유기층을 말한다. 다음 중 대취의 특징으로 옳지 않은 것은?
① 한겨울에 스캘핑이 생기게 한다.
② 대취층에 병원균이나 해충이 기거하면서 피해를 준다.
③ 탄력성이 있어서 그 위에서 운동할 때 안전성을 제공한다.
④ 소수성(Hydrophobic)의 대취의 성질로 인하여 토양으로 수분이 전달되지 않아서 국부적으로 마른 지역을 형성하며 그 위의 잔디가 말라 죽게 된다.

해설
3-3
대취층
두께가 13mm 이하인 경우 대취층의 완충 능력으로 쿠션 효과 등의 장점이 있으나, 대취층이 과다하게 축적되면 잔디환경 적응력 저하, 병해충 발생 증가, 방제효과 감소 및 스캘핑 현상 등의 단점이 나타난다.

정답 3-3 ①

10년간 자주 출제된 문제

1-1. 목재의 성질을 설명한 것이다. 틀린 것은?
① 함수율이 낮을수록 강도가 높아진다.
② 비중이 높을수록 강도가 높다.
③ 열전도율은 콘크리트, 석재 등에 비하여 높다.
④ 연소가 쉽고, 해충의 피해가 높다.

1-2. 일반적인 합판의 특징이 아닌 것은?
① 함수율 변화에 의한 수축, 팽창의 변형이 작다.
② 균일한 크기로 제작이 가능하다.
③ 균일한 강도를 얻을 수 있다.
④ 내화성을 크게 높일 수 있다.

해설

1-1
③ 목재의 열전도율은 콘크리트, 석재 등에 비하여 낮다.

1-2
합판은 구조적인 특징 때문에 습도의 변화에 안정되며, 수축이나 팽창에 대한 저항성도 다른 판상재료에 비하여 크지만 내화성은 약하다.

정답 1-1 ③ 1-2 ④

제4절 조경인공재료

핵심이론 01 목질재료

① **조경에서 목질재료의 용도**
  ㉠ 의자, 퍼걸러, 탁자, 정자, 조합놀이대, 게시판, 계단, 디딤목, 울타리, 체력단련시설 등에 쓰인다.
  ㉡ 목재는 금속재, 콘크리트재, 플라스틱재 등의 재료가 따를 수 없는 특성이 있어 널리 이용되고 있다.

② **목질재료의 장단점**

장점	단점
• 색깔 및 무늬 등 외관이 아름답다. • 재질이 부드럽고, 촉감이 좋다. • 무게가 가벼워서 운반하거나 다루기가 쉽다. • 중량에 비하여 강도가 크다. • 열, 소리, 전기 등의 전도성이 낮다. • 생산량이 많고, 가격이 비교적 저렴하며, 입수가 용이하다.	• 자연소재이므로 내화성이 없고, 부패하기 쉽다. • 함수량의 증감에 따라 팽창·수축하여 변형되기 쉽다. • 부위에 따라 재질이 고르지 못하다. • 구부러지고 옹이가 있다. • 강도가 균일하지 못하고, 크기에 제한을 받는다.

③ **목질재료의 종류와 특성**
  ㉠ 원목
    • 거친 질감을 가지고 있으면서도 덜 가공되었다는 점 때문에 조경에서 많이 쓰인다.
    • 주로 계단 용재, 원로의 디딤판, 화단의 경계목, 작은 울타리에 거의 가공하지 않은 원목이 쓰인다.
  ㉡ 가공재(합판)
    • 목재를 얇은 판으로 깎은 단판에 접착제를 바른 다음, 나무의 결이 엇갈리게 여러 겹으로 붙여서 만든 판상의 가공재이다.
    • 특수한 목적으로 가공한 목재로, 내수합판, 방화합판, 방충합판, 방부합판 등이 있다.
    • 합판의 특징
      – 제품이 규격화되어 있어 능률적으로 사용 가능하다.
      – 나뭇결이 아름답고, 균일한 크기로 제작이 가능하다.
      – 수축·팽창 등에 의한 변형이 거의 없다.
      – 내구성과 내습성이 크다.

ⓒ 침엽수 : 가볍고 목질이 연하며 탄력 있고 질겨, 건축이나 토목시설의 구조재용으로 많이 쓰인다.
ⓔ 활엽수 : 무늬가 아름답고 단단하며 재질이 치밀하여, 가구 제작과 실내장식을 위한 건축 내장용으로 많이 쓰인다.

④ 목재료의 구조
  ㉠ 목재는 수심, 목질부, 수피부, 부름켜 등으로 구성되어 있다.
  ㉡ 춘재와 추재
   • 춘재(春材) : 봄과 여름에 자란 부분으로, 성장속도가 빠르므로 세포가 크고 재질이 연하며, 색이 연하고 유연한 목질부이다.
   • 추재(秋材) : 가을과 겨울에 자란 부분으로, 성장속도가 느리므로 세포가 작고 세포막이 두꺼우며, 색이 진하고 단단한 목질부이다. 춘재보다 자람의 폭이 넓다.
  ㉢ 심재와 변재
   • 심재(心材) : 나무줄기를 잘랐을 때 중심의 색이 짙은 부분으로, 생식기능이 줄어든 세포로 이루어져 있다. 성장이 거의 멈춘 부분으로 목질이 단단하다.
   • 변재(邊材) : 심재 바깥쪽에 비교적 옅은 색을 가진 부분으로, 수액의 통로이자 양분의 저장소이다. 성장을 계속하는 부분으로 목질이 연하다.

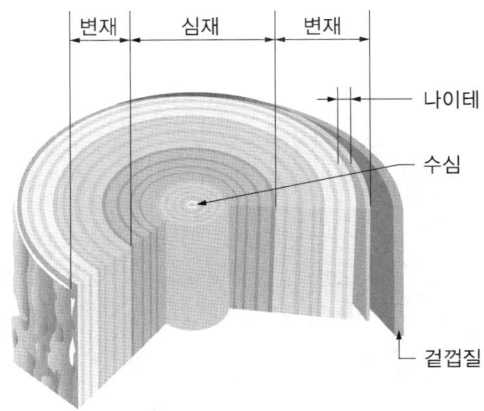

[목재의 구조]

10년간 자주 출제된 문제

1-3. 목재의 구조에 대한 설명으로 틀린 것은?
① 춘재는 빛깔이 엷고 재질이 연하다.
② 춘재와 추재의 두 부분을 합친 것을 나이테라 한다.
③ 목재의 수심 가까이에 위치하고 있는 진한 색 부분을 변재라 한다.
④ 생장이 느린 수목이나 추운 지방에서 자란 수목은 나이테가 좁고 치밀하다.

｜해설｜
1-3
나무를 가로로 잘랐을 때 중심의 색이 짙은 부분을 심재라고 하고, 그 바깥쪽으로 색이 옅은 부분을 변재라고 한다.

정답 1-3 ③

10년간 자주 출제된 문제

2-1. 목재를 건조하는 목적에 관한 설명으로 가장 거리가 먼 것은?
① 변색, 부패를 방지하기 위하여
② 탄성과 강도를 낮추기 위하여
③ 가공하기 쉽게 하기 위하여
④ 접착이나 칠이 잘 되게 하기 위하여

2-2. 목재의 건조방법 중 인공건조법이 아닌 것은?
① 침수법
② 증기법
③ 훈연건조법
④ 공기가열건조법

[해설]
2-2
① 침수법은 자연건조법이다.

정답 2-1 ② 2-2 ①

핵심이론 02 목질재료의 가공

① 목재의 건조
  ㉠ 건조 목적 및 효과
   • 균에 의한 부식과 충해를 방지한다.
   • 변형, 수축 및 균열을 방지한다.
   • 강도 및 내구성을 향상시킨다.
   • 중량경감과 그로 인한 취급 및 운반비를 절감한다.
   • 도장 및 약재처리를 용이하게 한다.
   • 단열과 전기절연효과가 높아진다.
  ㉡ 건조방법
   • 자연건조법 : 공기건조법, 침수법
   • 인공건조법 : 자비법, 증기법, 열기법, 훈연법, 진공법, 고주파 건조법

② 목재의 방부
  ㉠ 목재의 부식요인
   • 부패 : 균류의 균사에서 분비되는 각종 효소에 의한 화학적인 변화이다.
   • 풍화 : 기온변화나 비바람에 의한 자연적 변화이다.
   • 충해 : 흰개미, 하늘소, 왕바구미, 가루나무좀 등이 연한 춘재부를 침색하여 표면만 남기고 내부가 텅 비게 되는 현상이다.
  ㉡ 방부제의 종류
   • 수용성 방부제(실내용제)
    – 침투성이 좋고 화기에 안정적이지만, 물에 녹으며 철을 부식시킨다.
    – CCA방부제, 황산구리용액, 염화아연용액, 염화제2수은용액, 플루오린화나트륨용액 등
   • 유용성 방부제(실외용제)
    – 방수성과 침투성이 좋고 값이 싸지만, 화기에 약하고 냄새와 색깔이 좋지 않다.
    – 펜타클로로페놀(PCP), 유기주석 화합물, 나프텐산 금속염 등
   • 유성(상) 방부제 : 크레오소트유, 콜타르, 목타르 등

ⓒ 방부제 처리방법
- 주입법 : 감압 또는 가압 등의 기계적 압력차에 의해 목재 중에 크레오소트나 PCP를 침투시키는 처리방법으로 가장 효과적인 방법이다.
- 침지법 : 상온에서 방부액이나 물에 목재를 담가 산소 공급을 차단하는 방법이다.
- 표면탄화법 : 목재 표면을 3~4mm 정도 태워 수분을 제거하는 방법으로 흡수성이 증가하는 단점이 있다.
- 도포법(도장법) : 방수용 도장제(페인트, 니스, 오일스테인 등), 방부제, 아스팔트, 콜타르 등을 칠하는 방법이다.

10년간 자주 출제된 문제

2-3. 목재의 방부제로 쓰이는 CCA 방부제는 어떤 성분을 주로 배합하여 만든 것인가?

① 크롬, 칼슘, 비소
② 구리, 비소, 크롬
③ 칼륨, 구리, 크롬
④ 칼슘, 칼륨, 구리

[해설]

2-3
CCA는 크롬(Chrome)과 구리(Copper), 비소(Arsenic)의 머릿글자를 딴 것이다.

정답 2-3 ②

10년간 자주 출제된 문제

3-1. 석질재료의 장점이 아닌 것은?
① 외관이 매우 아름답다.
② 내구성과 강도가 크다.
③ 가격이 저렴하고 시공이 용이하다.
④ 변형되지 않으며 가공성이 있다.

3-2. 석회암이 변화되어 결정화한 것으로 석질이 치밀하고 견고할 뿐 아니라 외관이 미려하여 실내장식재 또는 조각재로 사용되는 것은?
① 응회암
② 사문암
③ 대리석
④ 점판암

|해설|

3-1
석질재료의 장단점
- 장점 : 외관이 매우 아름답다, 내구성과 강도가 크다, 가공성이 있으며, 변형되지 않는다.
- 단점 : 무거워서 다루기 불편하다, 가공하기가 어렵다, 가격이 비싸다.

3-2
① 응회암은 화산재가 쌓여 생성된 암석이다.
② 사문암은 감람석이 변질된 것이다.
④ 점판암은 셰일이 변성되어 생성된 암석이다.

정답 3-1 ③ 3-2 ③

핵심이론 03 석질재료

① 석질재료의 장단점

장점	단점
• 외관이 매우 아름답다.	• 무거워서 다루기 불편하다.
• 내구성과 강도가 크다.	• 타 재료에 비해 가공하기가 어렵다.
• 변형되지 않으며, 가공성이 있다.	• 경제적 부담이 크다.
• 가공 정도에 따라 다양한 외양을 가질 수 있다.	• 압축강도에 비해 휨강도나 인장강도가 작다.
• 산지에 따라 다양한 색조와 질감을 갖는다.	• 화열을 받을 경우 균열 또는 파괴되기 쉽다.
• 압축강도와 내화학성이 크고, 마모성은 작다.	• 석재에 포함된 수분이 동결, 융해를 반복하여 조직의 재질을 약화시킴으로써 붕괴된다.

② 석질재료의 종류와 특성

㉠ 화성암 : 화강암, 안산암, 현무암, 섬록암 등
- 화강암 : 내구성·내마모성이 강하고 견고하며 외관이 아름답지만, 내화도가 적어서 고열을 받는 곳에는 부적합하다.
- 색깔은 흰색 또는 담회색이며, 단단하고 내구성이 강하다.
- 석질이 치밀하고 경질이어서 내구성과 내화성이 좋아 조경공사 시 가장 보편적으로 많이 사용하는 석재이다.
- 외관이 아름답고 조직에 방향성이 없으며 균열이 적어서 큰 석재를 얻을 수 있다.
- 자연석(호박돌, 자연잡석, 자갈 등)은 경관석, 디딤돌 등으로 이용된다.
- 가공석은 건축재, 바닥포장, 계단, 조각물, 경계석, 석탑, 석등, 묘석 등에 이용된다.

㉡ 퇴적암 : 응회암, 사암, 점판암, 혈암, 석회암 등

㉢ 변성암 : 편마암, 대리석, 사문암, 결정편암 등

③ 석질재료의 가공

혹두기	쇠망치로 석재 표면의 큰 돌출 부분만 떼어 내는 정도의 거친 면을 마무리하는 작업이다.
정다듬	혹두기한 면을 정으로 비교적 고르고 곱게 다듬는 작업으로 거친다듬, 중다듬, 고운다듬으로 구분된다.
도드락다듬	정다듬한 표면을 도드락망치를 이용하여 1~3회 정도 두드려 곱게 다듬는 작업이다.
잔다듬	외날망치나 양날망치로 정다듬 면 또는 도드락다듬 면을 일정 방향, 주로 평행하게 나란히 찍어 평탄하게 마무리하는 작업이며, 다듬횟수는 1~5회 정도이다.
물갈기	• 필요에 따라 잔다듬 면을 연마기나 숫돌로 매끈하게 갈아 내는 방법으로 화강암, 대리석 등을 최종적으로 마무리하는 작업이다. • 물을 사용하므로 물갈기라 하며, 광내기까지 한 것을 정갈기라 한다.

핵심이론 04 점토질재료

① 점토질재료의 특성
  ㉠ 점토는 여러 가지 암석이 풍화되어 분해된 물질로 만든 것이다.
  ㉡ 공정순서 : 예비처리 → 원료조합 → 반죽 → 숙성 → 성형 → 시유(施釉) → 소성

② 점토제품의 종류와 특성
  ㉠ 벽돌
    • 담장, 화단의 경계석, 원로의 포장, 테라스 바닥 및 퍼걸러와 같은 시설물의 축조용으로 사용되는 벽돌은 정교하면서도 따뜻한 느낌을 준다.
    • 벽돌의 종류 : 표준형 벽돌, 보통벽돌(붉은벽돌), 이형벽돌
  ㉡ 도관과 토관
    • 도관(Earthenware Pipe) : 표면이 매끄럽고 단단하며, 흡수성과 투수성이 없어 배수관, 상하수도관, 전선 및 케이블관으로 사용된다.
    • 토관(Earthen Pipe) : 표면이 거칠고 투수율이 커서 환기관으로 사용된다.
  ㉢ 타일
    • 양질의 점토에 장석, 규석, 석회석 등의 가루를 배합하여 성형한 후 유약을 입혀 건조시킨 다음 1,100~1,400℃ 정도로 소성한 제품이다.
    • 방화성·내마멸성이 우수하다.
    • 건축 및 조경장식의 마무리재로 많이 사용된다.
    • 테라코타
      - 입체타일로 석재보다 색이 자유롭다.
      - 일반 석재보다 가볍고, 압축강도는 화강암의 1/2정도이다.
  ㉣ 도자기제품
    • 특징
      - 돌을 빻아 빚은 후 1,000℃ 이상의 고온에서 구운 것을 말한다.
      - 내수성이 뛰어나고, 마찰과 충격에 강하여 흠집이 잘 생기지 않는다.
      - 주로 그릇이나 타일로 만들어 사용하지만 야외탁자, 스툴(원형의자) 등에도 쓰인다.

10년간 자주 출제된 문제

4-1. 조경용으로 벽돌, 도관, 타일, 기와 등을 만드는 재료로 가장 적당한 것은?
① 금속
② 플라스틱
③ 점토
④ 시멘트

정답 4-1 ③

| 10년간 자주 출제된 문제 |

4-2. 흡수성과 투수성이 거의 없으므로 배수관, 상·하수도관, 전선 및 케이블관 등에 쓰이는 점토 제품은?

① 벽돌
② 도관
③ 플라스틱
④ 타일

• 종류
- 토기(土器) : 진흙을 반죽하여 유약을 바르지 않은 채 700~1,000℃ 정도에서 구운 그릇이다.
- 도기(陶器) : 도토(진흙)를 반죽하여 1,000℃ 전후에서 구운 그릇이다.
- 자기(磁器) : 자토(고령토)와 돌가루를 섞어 반죽하고 유약을 발라 1,200~1,400℃에서 고온소성한 그릇이다.

【해설】

4-2
도관은 점토 또는 내화점토를 주 원료로 하여 내외면에 유약을 칠하여 구운 것으로 흡수성과 투수성이 거의 없다.

정답 4-2 ②

핵심이론 05 시멘트

① 시멘트의 특성
  ㉠ 석회암과 점토(질흙), 광석찌꺼기 등을 혼합하여 구운 다음 가루로 만든 일종의 결합제이다.
  ㉡ 포틀랜드 시멘트, 혼합시멘트, 특수 시멘트로 분류한다.
  ㉢ 우리나라에서 생산되는 시멘트의 90%는 보통 포틀랜드 시멘트이다.
  ㉣ 일반적으로 포틀랜드 시멘트는 수경성이고 강도가 크며, 비중은 대체로 3.05~3.15이고, 무게는 1,500kg/m³정도이다.
  ㉤ 시멘트는 그 응결시간의 길고 짧음에 따라 급결 시멘트와 완결 시멘트로 구분하며, 시멘트를 제조할 때 탄산칼슘($CaCO_3$)이나 탄산나트륨(Na_2CO_3)을 넣으면 급결성이 되고, 석고를 넣으면 완결성이 된다.

② 시멘트 강도에 영향을 미치는 요인

증가	저하
• 분말도와 수화도가 높으면 강도가 증가한다. • 양생온도 30°C까지는 온도가 높을수록 강도가 커지며, 재령(28일)이 경과함에 따라 강도가 증가한다.	• 표준밀도가 높으면 강도가 저하된다. • 제조 직후 강도가 가장 크고, 시간이 지날수록 점차 저하된다.

③ 용어 정리
  ㉠ 수화(Hydration) : 시멘트에 물을 가하여 비빈 풀과 같은 상태인데, 시간이 경과함에 따라 수경성 화합물이 화학반응을 일으켜서 차츰 유동성을 잃고 고화되는 과정이다.
  ㉡ 응결(Setting) : 수화작용에 의해 고결된 상태이다.
  ㉢ 경화(Hardening) : 응결을 끝마친 시멘트 고결체의 조직이 더욱 치밀해지고 강도가 커지는 과정이다.
  ㉣ 수축(Shrinking) : 경화한 시멘트풀을 건조시키면 체적이 감소하는데 이러한 과정을 수축이라고 하며, 수축에는 경화에 동반한 수축, 건조에 의한 수축, 탄산화에 의한 수축 등이 있다.
  ㉤ 풍화(Aeration) : 저장 중에 공기의 수분을 흡수하여 가벼운 수화작용을 일으키고, 그 결과 생긴 수산화칼슘이 공기 중의 탄산가스와 결합하여 탄산칼슘을 만드는 작용으로, 강도의 발현성을 저하시킨다.
  ㉥ 시멘트는 수화 → 응결 → 경화 → 수축의 단계를 거친다.

10년간 자주 출제된 문제

5-1. 일반적인 시멘트의 설명으로 옳은 것은?
① 일반적으로 시멘트라고 불리는 것은 보통 포틀랜드 시멘트를 말한다.
② 포틀랜드 시멘트의 비중은 4.05 이상이다.
③ 28일 강도를 조기강도라 한다.
④ 시멘트의 수화반응 또는 발열반응에서의 발생열을 응고열이라 한다.

5-2. 다음 중 시멘트의 응결시간에 가장 영향이 적은 것은?
① 수량(水量)   ② 온도
③ 분말도   ④ 골재의 입도

5-3. 시멘트의 성질 및 특성에 대한 설명으로 틀린 것은?
① 분말도는 일반적으로 비표면적으로 표시한다.
② 강도시험은 시멘트 페이스트 강도시험으로 측정한다.
③ 응결이란 시멘트풀이 유동성과 점성을 상실하고 고화하는 현상을 말한다.
④ 풍화란 시멘트가 공기 중의 수분 및 이산화탄소와 반응하여 가벼운 수화반응을 일으키는 것을 말한다.

|해설|
5-1
② 포틀랜드 시멘트의 비중은 3.05 이상이다.
③ 28일 강도를 후기강도라 한다.
④ 시멘트의 수화반응 또는 발열반응에서의 발생열을 수화열이라 한다.

5-2
시멘트는 분말도가 클수록, 온도가 높을수록, 단위수량이 적을수록 응결시간이 단축된다.

5-3
② 강도시험은 휨시험과 압축시험으로 측정하며, 주로 재령 28일 압축강도를 기준으로 3일, 7일, 28일 시험을 행한다.

정답 5-1 ① 5-2 ④ 5-2 ②

10년간 자주 출제된 문제

6-1. 시멘트 중 간단한 구조물에 가장 많이 사용되는 것은?
① 보통 포틀랜드 시멘트
② 중용열 포틀랜드 시멘트
③ 조강 포틀랜드 시멘트
④ 고로 시멘트

6-2. 용광로에서 나오는 광석 찌꺼기를 석고와 함께 시멘트에 섞은 것으로서 하수도 공사에 쓰이는 것은?
① 실리카 시멘트
② 고로 시멘트
③ 중용열 포틀랜드 시멘트
④ 조강 포틀랜드 시멘트

[해설]

6-1
보통 포틀랜드 시멘트 : 건축구조물, 콘크리트 제품 등 여러 방면에 이용되고 있으며 가격이 저렴하여 가장 널리 사용된다.

6-2
고로 시멘트 : 용광로에서 선철을 제조할 때 나온 광석 찌꺼기를 석고와 함께 시멘트에 섞은 것으로서 수화열이 낮고, 내구성이 높으며, 화학적 저항성이 큰 한편, 투수가 적은 특징을 가졌다.

정답 6-1 ① 6-2 ②

핵심이론 06 시멘트의 종류

① 포틀랜드 시멘트
  ㉠ 보통 포틀랜드 시멘트
    • 겨울철 또는 수중공사 등 짧은 시일 내에 마무리해야 하는 공사에 사용하기 편리하다.
    • 가격이 저렴하며 일반 조경공사 현장에서 가장 많이 쓰인다.
    • 단단한 구조물에 가장 많이 쓰인다.
    • 일반적으로 시멘트라고 불리는 것은 보통 포틀랜드 시멘트를 의미한다.
  ㉡ 조강 포틀랜드 시멘트
    • 조기에 고강도를 나타내는 시멘트로 긴급공사에 적합하다.
    • 높은 강도가 요구되는 공사, 급한 공사, 추운 때의 공사, 물 속이나 바다의 공사에 적합하다.
  ㉢ 백색 포틀랜드 시멘트 : 산화철, 산화마그네슘이 적은 백색점토와 석회석을 원료로 하고 소성연료는 중유를 사용하여 만들어지는 시멘트이다.

② 혼합시멘트(고로슬래그 시멘트)
  ㉠ 용광로에서 나온 광석 찌꺼기를 석고와 시멘트에 섞은 것으로 하수도 공사에 쓰인다.
  ㉡ 내열성이 크고 수밀성이 양호하다.
  ㉢ 해수에 대한 저항성이 크다(화학적 저항성이 크다).
  ㉣ 수화열이 적어 매스콘크리트에 적합하다.
  ㉤ 투수성이 적고 내구성이 높다.

③ 특수 시멘트(알루미나 시멘트)
  ㉠ 알루민산석회를 주광물로 한 시멘트로 조기강도(24시간 보통 포틀랜드 시멘트의 28일 강도)가 매우 커서 긴급공사에 많이 사용된다.
  ㉡ 산, 염류, 해수 등의 화학적 작용에 대한 저항성이 크다.
  ㉢ 내화성이 우수하다.
  ㉣ 한중 콘크리트에 적합하다.
  ㉤ 해안공사, 동절기 공사에 적합하다.

핵심이론 07 시멘트의 배합 및 보관

① 시멘트의 배합비율
  ㉠ 시멘트와 모래의 비는 1 : 3으로 하고, 중요한 곳은 1 : 2로 한다.
  ㉡ 미장용 마감바르기 및 쌓기줄눈에는 시멘트와 모르타르의 비를 1 : 3으로 한다.
  ㉢ 콘크리트블록을 만들 경우 시멘트와 골재의 비는 1 : 5나 1 : 7로 한다.

② 시멘트 창고의 기준과 보관방법
  ㉠ 창고의 바닥높이는 지면에서 30cm 이상으로 한다.
  ㉡ 지붕은 비가 새지 않는 구조로 하고, 벽이나 천장은 기밀하게 한다.
  ㉢ 창고 주위는 배수도랑을 두고 우수의 침입을 방지한다.
  ㉣ 출입구 채광창 이외의 환기창은 두지 않는다.
  ㉤ 반입구와 반출구를 따로 두어 먼저 쌓는 것부터 사용하도록 한다.
  ㉥ 시멘트쌓기의 높이는 13포(1.5m) 이내로 하고, 장기간 쌓아 두는 것은 7포 이내로 한다.
  ㉦ 저장 중에 약간이라도 굳은 시멘트는 공사에 사용하지 않아야 한다.
  ㉧ 3개월 이상 장기간 저장한 시멘트는 사용하기에 앞서 재시험을 실시하여 그 품질을 확인하여야 한다.
  ㉨ 시멘트의 온도가 너무 높을 때는 그 온도를 낮추어서 사용하여야 하고, 일반적으로 50℃ 정도 이하의 시멘트를 사용하는 것이 좋다.

③ 시멘트벽돌과 포장용 벽돌의 규격(단위 : mm)

시멘트벽돌	포장용 벽돌
• A형(기존형) : 210×100×60 • B형(표준형) : 190×90×57	• 가로×세로 300×300 • 보도용(두께 60), 차도용(두께 80), 보차도용(두께 70~80) • S자형, U자형, W자형으로 구분한다.

10년간 자주 출제된 문제

7-1. 시멘트의 저장법으로 가장 옳은 것은?
① 방습 창고에 통풍이 잘 되도록 한다.
② 땅바닥에서 10cm 이상 떨어진 마루에서 쌓는다.
③ 13포대 이상 쌓지 않는다.
④ 5개월 이상 저장하지 않는다.

7-2. 우리나라에서 사용하고 있는 표준형 벽돌 규격은?
① 200×100×50mm
② 150×100×50mm
③ 210×90×50mm
④ 190×90×57mm

해설

7-2
• A형(기존형) : 210×100×60mm
• B형(표준형) : 190×90×57mm

정답 7-1 ③ 7-2 ④

10년간 자주 출제된 문제

8-1. 다음 중 콘크리트의 장점이 아닌 것은?
① 재료의 획득 및 운반이 용이하다.
② 인장강도와 휨강도가 크다.
③ 압축강도가 크다.
④ 내구성, 내화성, 내수성이 크다.

8-2. 콘크리트의 용적배합 시 1:2:4에서 2는 어느 재료의 배합비를 표시한 것인가?
① 물
② 모래
③ 자갈
④ 시멘트

〔해설〕

8-1
② 무게가 무겁고 인장강도 및 휨강도가 작다.

정답 8-1 ② 8-2 ②

핵심이론 08 콘크리트(Concrete)

① 콘크리트의 특성
  ㉠ 콘크리트는 시멘트와 모래·자갈 또는 부순 돌 등을 골고루 섞은 것을 물로 개어 굳힌 인조석을 말한다.
  ㉡ 만드는 방법이 간단하고, 형상을 임의로 변형시킬 수 있으며, 내구성과 내수성이 커 그 용도가 매우 넓다.
  ㉢ 시멘트와 물을 혼합한 것을 시멘트풀이라 하고, 시멘트, 잔골재, 물을 비벼 혼합한 것을 모르타르(Mortar)라고 한다.
  ㉣ 배합비[시멘트 : 잔골재(모래) : 굵은골재]
    • 보통콘크리트 : 1 : 3 : 6
    • 철근콘크리트 : 1 : 2 : 4

② 콘크리트의 장단점

장점	단점
• 모양을 임의로 만들 수 있으며, 재료의 채취와 운반이 용이하다. • 유지관리비가 적게 든다. • 철근을 피복하여 녹을 방지하고, 철근과의 부착력을 높인다.	• 균열이 생기 쉽고, 개조 및 파괴가 어렵다. • 무겁고, 인장강도 및 휨강도가 작다. • 품질 유지 및 시공관리가 어렵다.

③ 콘크리트 제품의 종류와 특성
  ㉠ 인조목(콘크리트 의목) : 콘크리트를 사용하여 인공적으로 나무의 형태와 질감(나뭇결)을 만든 것으로, 실제 나무재료보다 목면·목피의 색상이나 무늬를 더욱 다양하고 아름답게 만들 수 있다. 견고하고 튼튼해서 여러 가지 자연현상에 노출되어도 마모되거나 부패하지 않아 유지관리의 수고를 덜 수 있을 뿐만 아니라, 벌목으로 인한 자연훼손을 줄이고 고가인 목재를 대체할 수 있어 가격 절감에도 도움이 된다.
  ㉡ 경계블록 : 단위길이는 1m이고, A형·B형·C형의 3종류가 있다.
  ㉢ 보도블록 : 무근콘크리트판으로 300×300×60mm의 정방형과 장방형, 6각형 등이 있다.
  ㉣ 강력압축 보도블록 : 고압·고열 처리하여 내구성이 크고 압축강도가 높아 차량통행이 가능하다.
  ㉤ 인조석 보도블록 : 천연석을 분쇄하여 시멘트와 색소를 혼합한 것으로, 부드러운 질감을 가지고 있고 크기와 색상이 다양하다.
  ㉥ 측구용 블록 : L형과 U형이 있고, 배수를 위해 길 가장자리에 설치한다.

핵심이론 09 혼화재료

① 콘크리트의 성질을 개선하거나 공사비를 절약할 목적으로 사용한다.
② 혼화재료의 종류
　㉠ AE제 : 워커빌리티(Workability)를 개선하고 동결융해에 대한 저항성이 증가하는 장점이 있지만, 압축강도와 철근과의 부착강도가 감소하는 단점이 있다.
　㉡ 감수제
　　• 동일 워커빌리티 및 강도의 콘크리트를 얻기 위하여 필요한 단위 시멘트량을 감소시킨다.
　　• 내약품성이 커진다.
　　• 수밀성이 향상되고 투수성이 감소된다.
　　• 내구성 및 워커빌리티를 향상시킨다.
　㉢ 급결제
　　• 시멘트의 응결을 빠르게 하기 위해 사용한다.
　　• 그라우트에 의한 지수공법 및 뿜어붙이기 콘크리트에 사용한다.
　　• 사용 시 조기강도는 커지고 장기강도는 떨어진다.
　㉣ 지연제
　　• 수화작용을 지연시켜 응결시간을 늘린다.
　　• 운반 거리가 먼 레미콘이나 무더운 여름철 콘크리트의 시공에 사용된다.
　㉤ 방수제
　　• 발수성(물이 잘 스며들지 않는 성질) : 지방산 비누, 명반, 수지 등
　　• 콘크리트 속의 공극을 충전 : 소석회, 점토, 규산백토, 돌가루 등
　　• 콘크리트가 물에 직접적으로 접촉하는 것을 방지 : 아스팔트, 타르, 파라핀 유제 등
　㉥ 플라이애시(Fly Ash)
　　• 석탄 화력발전소에서 석탄 연소 후 남은 미세한 재 입자를 말한다.
　　• 콘크리트에 혼합 시 워커빌리티를 개선하고, 수화열이 감소하며, 내구성·수밀성·저항성이 증가하지만 조기강도가 저하된다.
　　• 고분말일수록 포졸란 반응을 크게 활성화시켜 콘크리트의 내구성을 높이지만, 중성화를 촉진하는 단점이 있다.

10년간 자주 출제된 문제

9-1. 운반 거리가 먼 레미콘이나 무더운 여름철 콘크리트의 시공에 사용하는 혼화제는 어느 것인가?
① 지연제
② 감수제
③ 방수제
④ 경화촉진제

|해설|
9-1
지연제
혼화제의 일종으로 시멘트의 응결시간을 늦추기 위하여 사용하는 재료이며, 지연형 감수제 및 무기질의 규불화물 등이 있다. 지연제를 사용하면 서중 콘크리트의 시공이나 레디믹스트 콘크리트의 장시간 운반이 용이하여 콜드조인트를 방지할 수 있다.

정답 9-1 ①

10년간 자주 출제된 문제

9-2. 콘크리트의 혼화재료 중 혼화재에 해당하는 것은?
① AE제(공기 연행제)
② 분산제(감수제)
③ 응결촉진제
④ 슬래그

- 장기강도는 보통 시멘트를 능가하며 건조수축도는 보통 포틀랜드 시멘트에 비해 적다.
- 수화열이 보통 포틀랜드보다 적어 매스콘크리트용으로 적합하다.
- 모르타르 및 콘크리트 등의 화학저항성이 강하고 수밀성이 우수하다.
- 비중은 보통 포틀랜드 시멘트보다 작다.
- 입자가 구형이고 표면조직이 매끄러워 단위수량을 감소시킨다.
- 이산화규소의 함유율이 가장 많은 비결정질 재료이다.
- 플라이애시를 혼화재로 사용할 경우 미연소 탄소 함유량이 많으면 연행공기량이 감소한다.

③ 혼화제와 혼화재
  ㉠ 혼화제
   - 시멘트 중량의 5% 이상 사용되어 콘크리트의 기본적인 물성에 영향을 준다.
   - 종류 : AE제, 감수제, 급결제, 지연제, 방수제
  ㉡ 혼화재
   - 시멘트 중량의 5% 이하로 소량 사용되며, 주로 콘크리트의 작업성, 강도, 내구성 등을 개선하는 데 사용된다.
   - 종류 : 포졸란, 고로슬래그, 플라이애시, 팽창재, 착색재

【해설】

9-2

혼화재(混和材) : 포졸란, 고로슬래그, 플라이애시, 팽창재, 착색재(着色材)

정답 9-2 ④

핵심이론 10 미장재료, 도장재료

① 미장재료
  ㉠ 건축물에 있어서의 내외벽, 바닥, 천정 등의 구체부위를 대상으로 미화, 보호, 보온, 방음, 방습, 내화를 위해 적절한 두께로 발라 마감하는 재료를 말한다.
  ㉡ 미장재료의 특성
   • 넓은 면적을 이음매 없이 마무리할 수 있으며 주로 습식재료이다.
   • 경화 후 마감층의 성능을 결함 없이 발휘하기 위하여 복합재료로 주로 사용된다.
   • 구조재의 부족한 요소를 감추고 외벽을 아름답게 나타내 준다.
  ㉢ 미장재료의 장단점

장점	단점
• 이음매 없이 바탕을 처리할 수 있다. • 다양한 형태로 성형할 수 있고, 가소성이 크다. • 마무리 방법이 다양하며, 여러 형태로 디자인할 수 있다. • 타 재료와 혼합하여 방수, 차음, 내화, 단열의 효과를 얻을 수 있다.	• 물을 사용하므로 재료의 혼합에 있어 경화시간이 길다. • 배합 시 시간경과에 따른 강도 저하의 판단이 어렵다. • 배합시간이 있으므로 균일하지 못해 바탕마감 표면의 강도가 일정하지 않다.

  ㉣ 미장재료의 종류

모르타르	• 일반적으로 시멘트와 모래를 섞어서 물로 반죽한 것을 의미하지만, 첨가한 고착제에 따라 다양한 종류로 구분된다. • 보통 벽돌, 블록, 석재를 접합하거나 벽, 바닥, 천장 등을 마감하는 데 쓰인다. • 비교적 값이 싼 재료로 시공도 간단하여 건설공사 전반에 광범위하게 사용된다.
회반죽	• 소석회에 모래, 여물이나 해초풀을 넣어 반죽한 풀 형태의 미장재로, 벽이나 천장 등을 미장하는 데 사용한다. • 값이 싸고, 작업이 용이하며, 바르고 나면 흰색의 매끄러운 표면을 얻을 수 있다.
벽토(壁土)	• 진흙에 고운 모래, 짚여물, 착색안료와 물을 혼합하여 반죽한 것이다. • 목조 외벽에 바름으로써 자연스러운 분위기를 살릴 수 있다. • 전통성을 강조하는 고유 토담집의 흙벽, 울타리, 담 등에 사용한다

② 도장재료
  ㉠ 바탕재료의 부식을 방지하고, 미적 효과를 증대시키기 위한 목적으로 사용한다.
  ㉡ 구조재의 내식성, 방부성, 내마멸성, 방수성, 강도 등이 높아진다.
  ㉢ 물체의 보호, 전도성 조절 등의 역할을 한다.
  ㉣ 도장재료의 종류 : 수성페인트, 유성페인트(에나멜페인트, 래커페인트), 바니시(니스), 퍼티(Putty), 합성수지도료

10년간 자주 출제된 문제

해초풀 물이나 기타 전·접착제를 사용하는 미장재료는?
① 벽토
② 회반죽
③ 시멘트 모르타르
④ 아스팔트

[해설]

회반죽(Plaster) : 석고 또는 석회, 물, 모래 등의 성분으로 경화하는 성질을 응용하여 벽·천장 등을 도장하는 데 사용하는 풀 모양의 건축재

정답 ②

핵심이론 11 기타 재료

① 플라스틱 재료
  ㉠ 가벼우면서도 강도와 탄력성이 크다.
  ㉡ 소성·가공성이 좋아 복잡한 모양으로 성형이 가능하다.
  ㉢ 내산성·내알칼리성이 크고, 녹슬지 않는다.
  ㉣ 착색이 자유롭고, 광택이 좋으며, 접착력이 크다.
  ㉤ 절연성이 있어 전기가 통하지 않고, 열에 매우 취약하다.
  ㉥ 플라스틱재료의 종류 : 열가소성 수지(폴리에틸렌수지, 폴리프로필렌수지 등), 열경화성 수지(페놀수지, 멜라민수지 등), 유리섬유 강화플라스틱(FRP)
    ※ FRP : 벤치, 미끄럼대의 미끄럼판, 인공폭포, 인공암, 화분대, 수목보호판 등에 사용된다.

② 섬유질재료
  ㉠ 볏짚 : 줄기를 감싸 해충의 잠복소를 만드는 데 쓰인다.
  ㉡ 새끼 : 볏짚, 풀 등 수목 주위의 토양을 덮음으로써 수분의 증발 억제, 잡초의 발생 방지, 가뭄해 방지, 겨울철 지온 보호, 동해 방지 등의 역할을 하고, 옮겨 심는 나무의 뿌리분이 상하지 않도록 감아 주거나, 줄기감기를 하는 데 사용한다.
  ㉢ 녹화마대
    • 천연 식물섬유재로 환경친화적이고, 가격이 저렴하다.
    • 수목 굴취 시 뿌리분을 감는 데 사용하며, 포트(Pot) 역할을 하여 잔뿌리 형성에 도움이 된다.
    • 통기성, 흡수성, 보온성, 부식성이 우수하다.
    • 사용이 간편하고 미관이 수려하여 미적 효과가 증대된다.
    • 수분 증산, 동해 방지, 수목 활착에 도움이 된다.
  ㉣ 코이어메시 : 도로 절·성토면의 녹화공사, 해안매립 및 호안공사, 하천제방 및 급류 부위의 법면보호공사 등에 사용되는 코코넛 열매를 원료로 한 천연섬유 재료이다.

10년간 자주 출제된 문제

11-1. 다음 중 인공폭포, 인공암 등을 만드는 데 사용되는 플라스틱제품은?
① ILP
② FRP
③ MDF
④ OSB

11-2. 수목 이식 후에 수간보호용 자재로 부피가 가장 작고 운반이 용이하며 도시 미관 조성에 가장 적합한 재료는?
① 짚
② 새끼
③ 거적
④ 녹화마대

해설

11-1
FRP(Fiber Reinforced Plastic, 유리섬유강화플라스틱)가 인공폭포 및 인공바위의 소재로 많이 이용됐는데, 이 제품은 가볍고 녹슬지 않는다는 장점이 있으나, 가연성이라 실내설치가 불가능하고 질감 및 외형이 너무도 인공적이라는 단점이 있다.

11-2
녹화마대 : 나무에 붕대를 감은 듯한 마대로 수목 굴취 시 뿌리분을 감는 데 사용하며, 포트(Pot) 역할을 하여 잔뿌리 형성에 도움을 주는 환경친화적인 재료이다.

정답 11-1 ② 11-2 ④

제5절 조경시설공사

핵심이론 01 콘크리트공사(1)

① 콘크리트의 개요
  ㉠ 시멘트풀 : 시멘트 + 물
  ㉡ 모르타르 : 시멘트 + 모래(잔골재) + 물
  ㉢ 콘크리트 : 시멘트 + 모래 + 자갈 + 물
  ㉣ 레미콘 제작 : 물 → 모래 → 시멘트 → 자갈 → 반죽

② 콘크리트의 성질(굳지 않은 콘크리트의 성질)
  ㉠ 반죽질기(Consistency) : 물의 양이 많고 적음에 따라 반죽이 얼마나 묽거나 되게 되었는지를 나타내는 성질로 굳지 않은 콘크리트의 유동성을 나타낸다.
  ㉡ 워커빌리티(Workability) : 콘크리트를 혼합한 후 운반, 다짐, 채우기까지 시공과정에서 작업의 좋고 나쁨(시공연도), 즉 콘크리트의 시공성을 의미한다.
  ㉢ 성형성(Plasticity) : 굳지 않은 콘크리트가 거푸집 등의 형상에 순응하여 잘 채워지고, 재료 분리가 일어나지 않는 성질을 말한다.
  ㉣ 블리딩(Bleeding) : 굳지 않은 모르타르나 콘크리트에서 물이 분리되어 위로 올라오는 현상을 말한다.
  ㉤ 레이턴스(Laitance) : 콘크리트 타설 후 블리딩 현상으로 인해 떠오른 물이 증발하고 표면에 남은 미세한 시멘트 입자와 불순물이 혼합된 얇은 층으로 표면강도와 내구성을 저하시킨다.

③ 슬럼프
  ㉠ 콘크리트 공사 시 슬럼프 시험은 반죽질기를 측정하는 방법이다.
  ㉡ 콘크리트 타설 시 시공성을 측정하는 가장 일반적인 방법이다.
  ㉢ 슬럼프값의 단위는 cm이며 콘크리트 치기 작업의 난이도를 판단할 수 있다.
  ㉣ 콘크리트 슬럼프값 측정 순서 : 시료 채취 → 콘에 채우기 → 다지기 → 상단 고르기 → 콘 벗기기 → 슬럼프값 측정

10년간 자주 출제된 문제

1-1. 굳지 않은 모르타르나 콘크리트에서 물이 분리되어 위로 올라오는 현상은?
① 워커빌리티(Workability)
② 블리딩(Bleeding)
③ 피니셔빌리티(Finishability)
④ 레이턴스(Laitance)

1-2. 콘크리트 공사 시의 슬럼프 시험은 무엇을 측정하기 위한 것인가?
① 반죽질기(Consistency)
② 피니셔빌리티(Finishability)
③ 성형성(Plasticity)
④ 블리딩(Bleeding)

해설

1-1
블리딩(Bleeding)
굳지 않은 모르타르나 콘크리트에서 물이 분리되어 위로 올라오는 현상으로 이때 올라온 물이 시멘트 등 기타의 미립자를 표면으로 운반하여 레이턴스를 만든다.

1-2
반죽질기(Consistency)
물의 양이 많고 적음에 따라 반죽이 얼마나 묽거나 되게 되었는지를 나타내는 성질로 굳지 않은 콘크리트의 유동성을 나타낸다.

정답 1-1 ② **1-2** ①

10년간 자주 출제된 문제

2-1. 콘크리트의 배합 방법 중에서 1 : 2 : 4, 1 : 3 : 6과 같은 형태의 배합 방법으로 가장 적합한 것은?

① 용적배합
② 중량배합
③ 복식배합
④ 표준계량배합

[해설]

2-1

용적배합

콘크리트 1m³ 제작에 필요한 시멘트, 모래, 자갈을 부피로 계량하여 1 : 2 : 4 또는 1 : 3 : 6과 같은 비율로 표시하는 방법을 말한다.

정답 2-1 ①

핵심이론 02 콘크리트공사(2)

① **콘크리트 배합**

㉠ 배합의 종류

- 용적배합 : 콘크리트 1m³ 제작에 필요한 시멘트, 모래, 자갈을 부피로 계량하여 1 : 2 : 4 또는 1 : 3 : 6과 같은 비율로 표시하는 방법을 말한다.
- 현장배합 : 시방서에 따른 배합의 콘크리트가 되도록 표면수량, 유효흡수량, 잔골재, 굵은골재 등의 혼합률을 고려하여 시방배합에 맞도록 조정된 배합이다.
- 중량배합 : 콘크리트 1m³을 만드는 데 필요한 각 재료의 양을 중량(kg)으로 표시하는 배합 방식이다.
- 시방배합 : 시방서 또는 현장 기술자가 지시한 배합을 말한다.
- 부배합 : 표준 배합보다 단위 시멘트 용량이 많은 것을 말한다.

㉡ 물-시멘트비

$$\text{물-시멘트비(W/C)} = \frac{\text{물 무게}}{\text{시멘트 무게}} \times 100$$

- 일반적으로 물-시멘트비는 40~70%이다.
- 수밀을 요하는 콘크리트는 55% 이하이다.
- 정밀도를 지정하지 않은 보통의 경우는 70% 이하이다.

② **콘크리트 양생**

㉠ 양생 : 콘크리트를 친 후 응결과 경화가 완전히 이루어지도록 보호하는 것이다.

㉡ 콘크리트의 양생을 돕기 위하여 추운 지방이나 겨울에 시멘트에 염화칼슘을 섞는다.

※ 콘크리트의 시공단계 순서 : 제조 → 운반 → 부어넣기 → 다짐 → 표면마무리 → 양생

㉢ 양생 방법(보양)

- 습윤보양(습윤양생)
  - 콘크리트 타설 후 경화 과정에서 적절한 습도를 유지하여 균열을 방지하고 강도를 높이는 작업이다.
  - 보통 포틀랜드 시멘트를 사용한 일반 콘크리트에서 습윤양생은 최소 5일간 습윤상태를 유지한다.

- 조강 포틀랜드 시멘트를 사용한 일반 콘크리트에서 습윤양생은 최소 3일간 유지한다(가마니 등으로 덮어 습윤상태를 유지한다).
- 증기보양 : 거푸집을 빨리 제거하고 단시일에 소요강도를 내기 위하여 고온, 증기로 보양하는 것으로 한중 콘크리트에도 유리한 보양법이다.
- 피막보양 : 콘크리트 타설 후 수분 증발을 막아 콘크리트의 강도를 유지하고 균열을 방지하는 양생 방법이다.
- 전기보양 : 저압교류를 통하여 콘크리트의 전기저항에 의하여 생기는 열을 이용하여 양생하는 방법이다.

③ **콘크리트 다지기** : 콘크리트공사 중 콘크리트 표면에 곰보가 생기거나 콘크리트 내부에 공극이 발생되지 않도록 하는 작업이다.

④ **콘크리트 치기** : 콘크리트 혼합물을 필요한 곳에 넣고 다지는 일을 말한다.

10년간 자주 출제된 문제

2-2. 다음 중 거푸집을 빨리 제거하고 단시일에 소요강도를 내기 위하여 고온, 증기로 보양하는 것으로 한중 콘크리트에도 유리한 보양법은?

① 습윤보양 ② 증기보양
③ 전기보양 ④ 피막보양

정답 2-2 ②

10년간 자주 출제된 문제

3-1. 거푸집에 미치는 콘크리트의 측압에 관한 설명으로 틀린 것은?
① 시공연도가 좋을수록 측압은 크다.
② 수평부재가 수직부재보다 측압이 작다.
③ 경화속도가 빠를수록 측압이 크다.
④ 붓기 속도가 빠를수록 측압이 크다.

3-2. 콘크리트 거푸집공사에서 격리재(Separater)를 사용하는 목적으로 적합한 것은?
① 거푸집이 벌어지지 않게 하기 위하여
② 거푸집 상호 간의 간격을 정확히 유지하기 위하여
③ 철근의 간격을 정확하게 유지하기 위하여
④ 거푸집 조립을 쉽게 하기 위하여

|해설|

3-1
경화속도가 빠를수록 측압이 작다.

3-2
격리재는 거푸집 상호 간 간격을 유지하여 측벽두께를 유지하기 위하여 설치한다.

정답 3-1 ③ 3-2 ②

핵심이론 03 콘크리트공사(3)

① **콘크리트의 측압** : 콘크리트를 타설할 때 거푸집 측면에 가해지는 수평 방향의 압력을 말하며 콘크리트 타설 전에 검토해야 할 매우 중요한 시공요인이다.
  ㉠ 콘크리트의 타설 높이가 높으면 측압은 커진다.
  ㉡ 콘크리트의 타설 속도가 빠르면 측압은 커진다.
  ㉢ 콘크리트의 슬럼프가 커질수록 측압은 커진다.
  ㉣ 콘크리트의 온도가 높을수록 측압은 작아진다.
  ㉤ 시공연도가 좋을수록 측압은 크다.
  ㉥ 수평부재가 수직부재보다 측압이 작다.
  ㉦ 경화속도가 빠를수록 측압이 작다.
  ㉧ 붓기 속도가 빠를수록 측압이 크다.
  ㉨ 수평부재가 수직부재보다 측압이 작다.

② **거푸집**
  ㉠ 거푸집 공사 : 콘크리트 구조물을 소정의 형태와 치수로 만들기 위해 일시적으로 설치하는 가설 구조물을 만드는 공사를 말한다.
  ㉡ 거푸집으로는 일반적으로 내수성 합판을 사용한다.
  ㉢ 거푸집이나 철근을 묶는 데는 철선을 이용한다.
  ㉣ 목재를 연결하여 움직임이나 변형 등을 방지하고 거푸집의 변형을 방지하는 데 리벳을 이용한다.
    ※ 듀벨(Dowel) : 거푸집 패널 간의 간격을 유지하고, 콘크리트 타설 시 거푸집이 벌어지지 않도록 고정하는 역할을 한다.
  ㉤ 격리재(Separater) : 콘크리트공사 중 거푸집 상호 간 간격을 정확히 유지하기 위해 사용한다.
  ㉥ 박리제(Release Agent)
    • 콘크리트가 굳은 후 거푸집판을 콘크리트 면에서 잘 떨어지게 하기 위해 거푸집판에 박리제 처리를 한다.
    • 거푸집판의 콘크리트 접촉면에는 중유, 식물성 기름, 폐유 등을 바른다.
  ㉦ 보, 아치 등은 거푸집을 가장 늦게 떼어 낸다.

핵심이론 04 토공사(정지)

① 흙깎기(절토)
  ㉠ 흙깎기는 용도에 따라 전체 부지 조성을 위한 부지 정지의 일환으로서의 흙깎기, 연못 등을 조성하기 위한 흙깎기, 각종 시설물의 기초를 다지기 위한 흙깎기 등으로 구분할 수 있다.
  ㉡ 흙깎기를 할 때는 안식각보다 약간 작게 하여 비탈면의 안정을 유지해야 한다. 보통 토질에서는 흙깎기 비탈면 경사를 1 : 1 정도로 한다.

② 흙쌓기(성토)
  ㉠ 토공사 작업 시 일정한 장소에 흙을 쌓는 일을 말한다.
  ㉡ 흙쌓기 작업 시 가라앉을 것을 예측하여 계획된 높이보다 더 쌓는 흙을 여성토(더돋기)라 하고, 일반적으로 계획높이의 10~15% 미만으로 쌓아 올린다.

③ 마운딩(Mounding)
  ㉠ 경관에 변화를 주거나, 방음·방풍·방설 등을 위한 목적으로 작은 동산을 만드는 작업을 말하며, 가산 조성 또는 조산, 축산작업이라고도 한다.
  ㉡ 마운딩의 기능
    • 흙쌓기에 의해 지면 형상을 변화시켜 수목의 생장에 필요한 유효토심을 확보한다.
    • 배수 방향을 조절하고, 자연스러운 경관을 조성하며, 토지 이용상 공간을 분할한다.

④ 기계장비의 활용(작업종별 적정 기계)
  ㉠ 굴착 : 파워셔블, 백호, 클램셸, 트랙터셔블, 불도저, 리퍼 등
  ㉡ 적재 : 파워셔블, 백호, 클램셸, 트랙터셔블 등
  ㉢ 운반 : 불도저, 덤프트럭, 벨트컨베이어, 케이블크레인 등
  ㉣ 다짐 : 로드롤러, 타이어롤러, 탬핑롤러, 진동롤러, 진동콤팩터, 레버 등

10년간 자주 출제된 문제

4-1. 다음 중 더돋기의 정의로 가장 알맞은 것은?
① 가라앉을 것을 예측하여 흙을 계획높이 보다 더 쌓는 것
② 중앙분리대에서 흙을 볼록하게 쌓아 올리는 것
③ 옹벽 앞에 계단처럼 콘크리트를 쳐서 옹벽을 보강하는 것
④ 계단의 맨 윗부분에 설치하는 시설물

4-2. 흙을 굴착하는 데 사용하는 것으로 기계가 서 있는 위치보다 높은 곳의 굴삭을 하는데 효과적인 토공 기계는?
① 모터그레이더
② 파워셔블
③ 드래그라인
④ 클램셸

해설

4-2
파워셔블은 기계를 장치한 위치보다 높은 데를 굴삭하는 데 적합하고, 비교적 단단한 토질을 굴삭할 수 있으며, 파기와 싣기 모두 가능하다.

정답 4-1 ① 4-2 ②

핵심이론 05 휴게시설과 편의시설

① 의자(벤치)

- ㉠ 체류시간을 고려하여 설계하며, 긴 휴식에 이용되는 의자는 앉음판의 높이가 낮고 등받이를 길게 설계한다.
- ㉡ 등받이 각도는 수평면을 기준으로 95~110°를 기준으로 하고, 휴식시간이 길어질수록 등받이 각도를 크게 한다.
- ㉢ 의자는 피부에 닿는 면의 재질을 가급적 목재로 하며, 역광장 주변에는 누움방지용을 배치할 수 있도록 설계한다.
- ㉣ 앉음판의 폭은 38~45cm, 높이는 34~46cm를 기준으로 하되 물이 고이지 않도록 설계하고, 어린이를 위한 의자는 높이를 낮게 할 수 있다.
- ㉤ 팔걸이의 높이는 앉음판으로부터 18~25cm를 기준으로 하고 폭은 3cm 이상으로 하며 부착각도는 수평면을 기준으로 등받이 쪽으로 10~20° 낮게 설계한다.
- ㉥ 의자의 길이는 1인당 최소 45cm를 기준으로 하되, 팔걸이 부분의 폭은 제외한다.
- ㉦ 지면으로부터 등받이 끝까지 전체높이는 75~85cm를 기준으로 한다.
- ㉧ 등의자는 긴 휴식이 필요한 곳에 평의자는 짧은 휴식이 필요한 곳에 설치하며, 공공공간에는 되도록 고정식으로 하고, 정원 등 관리가 쉬운 곳에는 이동식을 배치할 수 있다.
- ㉨ 의자의 배치는 일렬형·병렬형·ㄱ형·ㄷ형·원형·사각형·U자형 및 자연형 배치를 적용할 수 있다. 또한, 주변시설과의 관계를 고려하여 연계형으로 배치할 수 있다.
- ㉩ 휴지통과의 이격거리는 0.9m, 음수전과는 1.5m 이상의 공간을 확보한다.
- ㉪ 장애인의 이용을 위한 의자를 배치할 때에는 측면에 120×120cm, 전면에 180×180cm의 휠체어 공간을 확보한다.

10년간 자주 출제된 문제

5-1. 조경설계기준상 휴게시설의 의자에 관한 설명으로 틀린 것은?

① 체류시간을 고려하여 설계하며, 긴 휴식에 이용되는 의자는 앉음판의 높이가 낮고 등받이를 길게 설계 한다.
② 등받이 각도는 수평면을 기준으로 85~95°를 기준으로 한다.
③ 앉음판의 높이는 34~46cm를 기준으로 하되 어린이를 위한 의자는 낮게 할 수 있다.
④ 의자의 길이는 1인당 최소 45cm를 기준으로 하되, 팔걸이 부분의 폭은 제외한다.

5-2. 어른과 어린이 겸용 벤치 설치 시 앉음면(좌면, 坐面)의 적당한 높이는?

① 25~30cm
② 35~40cm
③ 45~50cm
④ 55~60cm

해설

5-1
② 등받이의 각도는 95~110°를 기준으로 한다.

5-2
앉음판의 높이는 34~46cm를 기준으로 하되 어린이를 위한 의자는 낮게 할 수 있다.

정답 5-1 ② 5-2 ②

② 퍼걸러(Pergola, 그늘시렁)
　㉠ 퍼걸러의 높이는 팔 뻗은 높이나 신장 등 인간척도와 사용재료, 주변 경관, 태양의 고도 및 방위각 및 다른 시설과의 관계를 고려하여 결정하되, 높이는 220~260cm를 기준으로 하며 그늘시렁의 면적이 넓거나 조형상의 이유로 높이를 키울 경우에는 300cm까지 가능하다.
　㉡ 규격은 공간규모와 이용자의 시각적 반응을 고려하여 결정하되 균형감과 안정감이 있도록 하며, 일반적으로 높이보다 길이가 길도록 한다.
　㉢ 휴게기능을 보완하기 위하여 의자를 설치할 수 있으며, 의자는 하지의 12~14시를 기준으로 사람의 앉은 목높이 이상(88~105cm) 광선이 비추지 않도록 배치한다.
　㉣ 조형성이 뛰어난 그늘시렁은 시각적으로 넓게 조망할 수 있는 곳이나 통경선(vista)이 끝나는 곳에 초점요소로서 배치할 수 있다.
　㉤ 여름에는 그늘을 제공하고 겨울에는 햇빛이 잘 들도록 대지의 조건·방위·태양의 고도를 고려하여 배치한다.
　㉥ 비교적 긴 휴식에 이용되므로 휴지통·음수대 등의 관리시설을 배치한다.

③ 음수대
　㉠ 성인, 어린이, 장애인 등 이용자의 신체 특성을 고려하여 적정 높이로 설계하되, 하나의 설계대상 공간에는 최소한 모든 이용자가 이용 가능하도록 설계한다.
　㉡ 겨울철의 동파를 막기 위한 보온용 설비와 퇴수용 설비를 반영한다.
　㉢ 배수구는 청소가 쉬운 구조와 형태로 설계한다.
　㉣ 지수전, 제수밸브와 같은 필요 시설을 적정 위치에 제 기능을 충족시키도록 설계한다.
　㉤ 관광지·공원·휴게공간·체육시설과 같은 공간에는 설계대상 공간의 성격과 이용 특성을 고려하여 필요한 곳에 음수대를 배치한다.
　㉥ 녹지에 접한 포장 부위에 배치한다.

10년간 자주 출제된 문제

5-3. 다음 중 음수대에 관한 설명으로 옳지 않은 것은?
① 표면재료는 청결성, 내구성, 보수성을 고려한다.
② 양지 바른 곳에 설치하고, 가급적 습한 곳은 피한다.
③ 유지관리상 배수는 수직 배수관을 많이 사용하는 것이 좋다.
④ 음수전의 높이는 성인, 어린이, 장애인 등 이용자의 신체특성을 고려하여 적정높이로 한다.

정답 5-3 ③

10년간 자주 출제된 문제

6-1. 콘크리트 소재의 미끄럼대를 시공할 경우 일반적으로 지표면과 미끄럼판의 활강 부분이 이루는 각도로 가장 적합한 것은?

① 35° ② 45°
③ 55° ④ 70°

|해설|

6-1
미끄럼판의 기울기는 30~35°로 재질을 고려하여 설계한다.

정답 6-1 ①

핵심이론 06 놀이시설

① 모래밭
  ㉠ 유아들의 소꿉놀이를 위하여 모래밭의 크기는 최소 30m²를 확보한다.
  ㉡ 모래막이의 마감면은 모래면보다 5cm 이상 높게 하고, 폭은 12~20cm를 표준으로 하며, 모래밭 쪽의 모서리는 둥글게 마감한다.
  ㉢ 모래밭의 바닥은 빗물의 배수를 위하여 맹암거·잡석깔기 등을 적절하게 설계한다.
  ㉣ 모래깊이는 놀이의 안전을 고려하여 30cm 이상으로 설계한다.
  ㉤ 흔들놀이시설 등 작은 규모의 놀이시설이나 놀이벽·놀이조각을 배치하고, 큰 규모의 놀이시설은 배치하지 않도록 한다.

② 미끄럼틀
  ㉠ 미끄럼판
    • 미끄럼틀을 북향 또는 동향으로 배치한다.
    • 미끄럼판의 기울기는 30~35°(평균40° 미만)로 재질을 고려하여 설계하고, 1인용 미끄럼판의 폭은 40~50cm를 기준으로 한다.
    • 미끄럼판과 상계판의 연결부는 틈이 생기지 않도록 밀착 또는 연속되어야 한다.
    • 미끄럼판의 폭과 같은 크기로 출입구를 설계한다.
  ㉡ 착지판
    • 미끄럼판의 높이가 90cm 이상이면 미끄럼판의 아래끝부분에 감속용 착지판을 설계한다.
    • 착지판의 길이는 50cm 이상으로 하고, 물이 고이지 않도록 수평면에서 바깥쪽으로 기울기를 미끄럼틀의 형태에 따라 10° 또는 5° 이하를 이룰 수 있도록 설계한다.
    • 미끄럼판 출구에서 직립자세로 전환하기 쉽도록 착지판에서 놀이터 바닥의 답면까지의 높이는 20cm이하로 설계한다.
    • 급속한 감속으로 몸이 넘어가지 않도록 착지판과 미끄럼판의 연결부는 곡면으로 설계한다.
    • 미끄럼판의 높이가 1.2m 이상이면 미끄럼판의 양옆으로 높이 15cm 이상의 날개벽을 전구간에 걸쳐 연속으로 설치하고, 미끄럼판과 상계판 사이에 균형 유지를 위한 안전손잡이를 설치하되 높이 15cm를 기준으로 한다.

ⓒ 미끄럼판의 끝에서 계단까지는 최단거리로 움직일 수 있도록 하고, 이 동선에는 다른 시설물이 설치되지 않도록 빈 공간으로 설계한다.
ⓔ 미끄럼틀 위에서의 조망 등으로 인근 세대의 사생활이 침해되지 않도록 설치한다.

③ 그네
  ㉠ 2인용의 높이 2.3~2.5m, 길이 3.0~3.5m, 폭 4.5~5.0m를 표준규격으로 한다.
  ㉡ 지지용 수직 및 수평 구조물은 어린이가 오르기 어려운 구조로 설계한다.
  ㉢ 수평파이프와 그넷줄을 연결하는 베어링은 좌우로 흔들리지 않고 회전 때문에 풀리지 않도록 풀림방지너트로 설계하며, 마모 시 교체가 쉬운 기성제품 구동구로 설계한다.
  ㉣ 그넷줄이 강선일 경우에 표면을 폴리우레탄 등의 부드러운 재료로 피복하는 등 보호막이 있는 형태로 설계한다.
  ㉤ 안장
    • 안장과 모래밭의 높이는 35~45cm가 되도록 하며, 이용자의 나이를 고려하여 결정한다.
    • 유아용 그네의 안장과 모래밭의 높이는 25cm 이내가 되도록 하고 신체를 고정할 수 있는 안전형 안장이어야 하며 그넷줄의 길이도 150cm 이내로 설계한다.
  ㉥ 보호책
    • 그네와 통과 동선 사이에 보호책과 같은 보호시설을 설계한다.
    • 그네의 회전반경을 고려하여 그네 길이보다 최소 1m 이상 멀리 배치한다.
    • 보호책의 높이는 60cm를 기준으로 한다.
  ㉦ 그네는 놀이터의 규모나 성격에 어울리는 형상을 배치한다.
  ㉧ 안장은 햇빛을 마주하지 않도록 북향 또는 동향으로 배치한다.
  ㉨ 안장의 요동운동을 고려하여 주변시설과 적정거리를 이격시킨다.
  ㉩ 놀이터 중앙이나 출입구 주변을 피하여 구석이나 외곽에 배치한다.
  ㉪ 집단적인 놀이가 활발한 자리 또는 통행량이 많은 곳에 배치하지 않는다.
  ㉫ 맹암거 등의 배수시설을 안장의 아래 부위에 배치한다.

10년간 자주 출제된 문제

6-2. 어린이 놀이시설 설치에 대한 설명으로 옳지 않은 것은?
① 시소는 출입구에 가까운 곳, 휴게소 근처에 배치하도록 한다.
② 미끄럼대의 미끄럼판의 각도는 일반적으로 30~40° 정도의 범위로 한다.
③ 그네는 통행이 많은 곳을 피하여 동서방향으로 설치한다.
④ 모래터는 하루 4~5시간의 햇볕이 쬐고 통풍이 잘 되는 곳에 위치한다.

|해설|
6-2
③ 그네는 햇빛을 마주하지 않도록 북향 또는 동향으로 배치한다.

정답 6-2 ③

핵심이론 07 수경시설

① 못(연못)
  ㉠ 배치
   - 설계 대상 공간 배수시설을 겸하도록 지형이 낮은 곳에 배치한다.
   - 주변의 하천이나 계곡의 물, 지표면의 빗물 등 자연 급수와 지하수, 상수, 정화된 물(중수) 등 인공 급수를 여건에 맞게 반영한다.
  ㉡ 구조 및 설비
   - 물의 공급과 배수를 위한 유입구와 배수구를 설계하고, 쓰레기 거름용 철망을 적용한다.
   - 콘크리트 등의 인공적인 못의 경우에는 바닥에 배수시설을 설계하고, 수위 조절을 위한 월류(Over Flow)를 반영한다.
   - 물고기를 키울 경우에는 겨울철의 동면에 쓰일 물고기집을 고려하거나, 수위를 동결심도 이상으로 설계한다.
   - 겨울철 설비의 동파를 막기 위한 퇴수 밸브 등을 반영한다.

② 분수
  ㉠ 배치
   - 설계 대상 공간의 어귀나 중심 광장, 주요 조형 요소, 결절점의 시각적 초점 등 경관 효과가 큰 곳에 배치한다.
   - 주변 빗물이나 오염수가 유입되지 않는 곳에 배치한다.
  ㉡ 구조 및 설비
   - 주변의 지형적 특성이나 공간의 크기에 어울리는 형태로 하고, 물이 없을 때의 경관을 고려한다.
   - 분수의 수조 너비는 분수 높이의 2배, 바람의 영향을 크게 받는 지역은 분수 높이의 4배를 기준으로 한다.
   - 빗물이나 오염수가 유입되지 않도록 수조에 턱을 주거나 경사를 조절한다.
   - 바닥 분수의 상부인 바닥은 미끄러짐이 없도록 마감한다.
   - 친수형 수경 시설의 경우 인체에 직접 접촉되므로 정수 시설에 특히 유의하고, 수질 기준에 적합하도록 한다.

10년간 자주 출제된 문제

7-1. 물에 대한 내용이 잘못된 것은?

① 물은 호수, 연못, 풀 등의 정적으로 이용된다.
② 물은 분수, 폭포, 벽천, 계단폭포 등 동적으로 이용된다.
③ 조경에서 물의 이용은 동서양 모두 즐겨 이용했다.
④ 수직의 벽에 설치된 수구로부터 물이 흐르도록 한 구조를 가진 벽천은 다른 수경에 비해 대규모 지역에 어울리는 방법이다.

해설

7-1
④ 대규모 지역보다는 설계 대상 공간의 어귀나 중심 광장, 주요 조형 요소, 결절점의 시각적 초점 등으로 경관 효과가 큰 곳에 배치한다.

정답 7-1 ④

③ 폭포 및 벽천
  ㉠ 배치
   - 폭포 및 벽천은 설계 대상 공간 지형의 높이 차를 이용하여 물이 중력 방향으로 떨어지는 특성을 활용할 수 있는 등 자연 자원의 이용에 효과적인 곳에 배치한다.
   - 설계 대상 공간의 어귀나 중심 광장, 주요 조형 요소, 결절점의 시각적 초점 등으로 경관 효과가 큰 곳에 배치한다.
   - 설치 장소에 따라 동결 수경 연출이 가능하므로 검토하여 반영하되, 시설물의 파괴 예방 등 유지 관리가 쉬운 곳에 배치한다.
  ㉡ 구조 및 설비
   - 자연 지형의 특성과 어울리는 형태로 설계한다.
   - 상부 수조의 넓이와 연출 높이에 비례하여 하부 수조의 크기와 깊이를 산정한다.
   - 상부 수조나 하부 수조에 노즐 및 조명을 설치하여 연출을 다양화할 수 있다.
   - 폭포의 규모와 효율성을 감안하여 별도의 저수조 및 기계실을 설치한다.

10년간 자주 출제된 문제

7-2. 다음 중 관리해야 할 수경시설에 해당되지 않는 것은?
① 폭포   ② 분수
③ 연못   ④ 데크(Deck)

|해설|

7-2
데크는 건축 구조물의 일종으로 건물의 외부, 옥상, 테라스 등에 까는 목재를 말한다.

정답 7-2 ④

10년간 자주 출제된 문제

8-1. 다음 중 수로의 사면보호, 연못바닥, 벽면 장식 등에 주로 사용되는 자연석은?
① 산석
② 호박돌
③ 잡석
④ 하천석

8-2. 가공하지 않은 천연석으로 지름이 0~20cm 정도의 계란형의 돌은?
① 모암
② 원석
③ 조약돌
④ 호박돌

해설

8-1
호박돌은 주로 장식용으로 사용하지만, 포장용이나 기초용으로도 쓰인다.

정답 8-1 ② 8-2 ③

핵심이론 08 조경석의 종류

① 산지에 따른 석재 구분
　㉠ 자연석 : 산지에 따라 산석, 수석, 해석으로 구분한다.
　　• 산석(山石) : 비바람에 마모되고 돌에 이끼가 끼어 있다. 석가산을 만들고자 할 때 적당한 돌이다.
　　• 강석(江石) : 물의 흐름에 의하여 표면이 마모되어 그 생김새가 다양하다.
　㉡ 가공석 : 산지에 따라 포천석, 온양석, 상주석 등이 있으며, 현재 조경 재료로 사용되는 대부분의 가공석은 중국산이다.

② 공사용 석재의 구분
　㉠ 모암 : 석산에 자연 상태로 있는 암을 말한다.
　㉡ 건설 공사용 석재 : 석재의 품질은 그 용도에 적합한 강도를 갖고 균열이나 결점이 없고 질이 좋은 치밀한 것이며 풍화나 동결의 해를 받지 않는 것이라야 한다.
　㉢ 다듬돌 : 일정한 규격으로 다듬어진 것으로서 건축이나 포장 등에 쓰이는 돌이다.
　㉣ 견치돌 : 형상은 재두각추체(裁頭角錐體)에 가깝고 전면은 거의 평면을 이루며 대략 정사각형으로서 뒷길이, 접촉면의 폭, 뒷면 등이 규격화된 돌이다.
　㉤ 호박돌 : 호박형의 천연석으로 가공하지 않은 지름 18cm 이상의 크기의 돌이다.
　㉥ 조약돌 : 가공하지 않은 천연석으로서 지름 10~20cm 정도의 계란형의 돌이다.

핵심이론 09 자연석 쌓기

① 자연석 무너짐 쌓기 : 암석이 자연적으로 무너져 내려 안정되게 쌓여 있는 것을 그대로 묘사하는 가장 일반적인 쌓기 방법이다. 자연석은 주로 강석이나 산석을 사용한다.
  ㉠ 기초 부분은 터파기한 후 잘 다지거나 콘크리트 기초를 한다.
  ㉡ 제일 윗부분에 놓이는 돌은 돌의 윗부분이 수평이 되도록 놓는다.
  ㉢ 기초석을 놓고 중간석과 상석을 쌓아 나가며 크고 작은 돌이 잘 어울리도록 배치한다.
  ㉣ 안전을 고려하여 상부에 놓는 돌은 하부보다 작은 돌을 쓴다.
  ㉤ 돌이 서로 맞닿는 면은 작은 돌을 끼워 넣지 않고, 잘 맞물리는 돌을 골라 쓴다.
  ㉥ 뒷부분에는 굄돌과 뒤채움돌을 써서 구조적으로 안정되도록 한다.
  ㉦ 필요에 따라 중간에 뒷길이가 60~90cm 정도인 돌을 맞물려 쌓아 붕괴를 방지한다.
  ㉧ 돌과 돌 사이의 빈 공간에 양질의 흙을 채워 넣고, 회양목, 철쭉 등의 관목류나 초화류 등으로 돌틈식재를 한다.

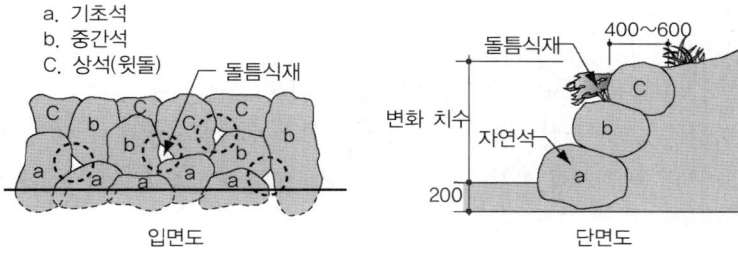

[자연석 무너짐 쌓기]

② 호박돌 쌓기
  ㉠ 호박돌은 깨지지 않고 표면이 깨끗하며 크기가 비슷한 것으로 선택하여 사용한다.
  ㉡ 호박돌은 크기가 작아 안전성이 부족하므로 찰쌓기를 하는데, 이때 뒷길이가 긴 것을 쓰고 굄돌을 잘 해야 한다.
  ㉢ 호박돌 쌓기는 불규칙하게 쌓는 것보다 규칙적인 모양을 갖도록 쌓는 것이 보기에 좋고 안전성이 있으며, 돌을 서로 엇갈나게 놓아 十자 줄눈이 생기지 않도록 한다.
  ㉣ 쌓기 중에 모르타르가 돌의 표면에 붙지 않도록 하며, 돌틈 사이에서 흘러나온 모르타르는 굳기 전에 깨끗이 제거한다.

10년간 자주 출제된 문제

9-1. 자연석 무너짐 쌓기의 설명으로 틀리는 것은?
① 기초가 될 밑돌은 약간 큰 돌을 땅속에 20~30cm정도 깊이로 묻히게 한다.
② 제일 윗부분에 놓이는 돌은 돌의 윗부분이 모두 고저차가 크게 나도록 놓는다.
③ 돌과 돌이 맞물리는 곳에는 작은 돌을 끼워 넣지 않는다.
④ 돌을 쌓고 난 후 돌과 돌사이에 키가 작은 관목을 심는다.

9-2. 다음 그림과 같은 돌쌓기에 가장 적합한 재료는?

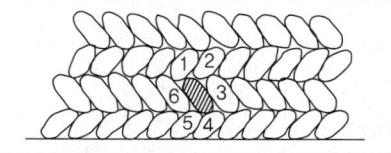

① 견치돌
② 마름돌
③ 잡석
④ 호박돌

|해설|

9-1
② 제일 윗부분에 놓이는 돌은 돌의 윗부분이 수평이 되도록 놓는다.

정답 9-1 ② 9-2 ④

10년간 자주 출제된 문제

원로의 디딤돌 놓기에 관한 설명으로 틀린 것은?

① 디딤돌은 보행을 위하여 공원이나 정원에서 잔디밭, 자갈 위에 설치하는 것이다.
② 디딤돌은 주로 화강암을 넓적하고 편평하게 기계로 깎아 다듬어 놓은 돌만을 이용한다.
③ 징검돌은 상하면이 평평하고 지름 또한 한 면의 길이가 30~60cm, 높이가 30cm 이상인 크기의 강석을 주로 사용한다.
④ 디딤돌의 배치간격 및 형식 등은 설계도면에 따르되 윗면은 수평으로 놓고 지면과의 높이는 5cm 내외로 한다.

[해설]
② 디딤돌은 보통 한 면이 넓적하고 평평한 자연석을 많이 쓰나, 가공한 화강암 판석이나 점판암 판석 또는 통나무 등을 쓰는 경우도 있다.

정답 ②

핵심이론 10 자연석 놓기

① 경관석 놓기
  ㉠ 경관석이란 시각의 초점이 되거나 중요하게 강조하고 싶은 장소에, 보기 좋은 자연석을 한 개 또는 여러 개 배치하여 감상 효과를 높이는 데 쓰는 돌을 말한다.
  ㉡ 경관석은 크기, 중량감, 외형, 색상, 질감 등이 배치 장소와 어우러지는 것을 선택해야 한다.
  ㉢ 경관석을 단독으로 놓을 때는 위치, 높이, 길이, 기울기 등을 고려하여 그 경관석의 아름다움이 감상자에게 충분히 느껴지도록 하는 것이 중요하다.
  ㉣ 경관석을 여러 개 짝지어 놓을 때는 중심이 되는 큰 주석과 보조 역할을 하는 작은 부석을 잘 조화시켜야 하는데, 수량은 일반적으로 홀수로 하고, 돌 사이의 거리나 크기 등을 조정하여 힘이 분산되지 않고 짜임새가 있도록 한다.
  ㉤ 경관석을 놓은 후에는 주변에 적당한 관목류, 초화류 등을 심어 경관석이 한층 돋보이도록 한다.

② 디딤돌 놓기
  ㉠ 디딤돌이란 동선을 아름답게 표현하고, 지피식물을 보호하며, 무엇보다 보행자의 편의를 돕기 위해 놓는 돌을 말한다.
  ㉡ 디딤돌은 보통 한 면이 넓적하고 평평한 자연석을 많이 쓰나, 가공한 화강암 판석이나 점판암 판석 또는 통나무 등을 쓰는 경우도 있다.
  ㉢ 디딤돌의 크기는 30cm 정도가 적당하지만, 동선의 시작과 끝이나 길이 갈라지는 부분에는 보다 큰 것을 사용한다.
  ㉣ 디딤돌은 크고 작은 것을 섞어 직선보다는 어긋나게 놓는 것이 좋으며, 간격은 보폭을 고려하여 빠른 동선이 필요한 곳은 보폭과 비슷하게, 느린 동선이 필요한 곳은 간격을 줄여 배치한다.
  ㉤ 디딤돌의 긴지름은 보행자의 진행 방향과 수직을 이루도록 하고, 방향성을 주는 것이 좋으며, 지표보다 3~5cm 정도 높게 한다.
  ㉥ 디딤돌은 크기에 따라 지하 부분을 적당히 파고 잘 다진 후 윗면이 수평이 되도록 놓아야 하며, 불안정한 경우에는 굄돌을 고이거나 모르타르, 콘크리트 등을 사용해 안정되게 한다.

핵심이론 11 마름돌 쌓기

① 메쌓기
  ㉠ 모르타르나 콘크리트를 사용하지 않고, 뒤틈 사이에 굄돌을 고인 후 뒤채움 골재로 채우며 쌓는 방법이다.
  ㉡ 배수가 잘 되어 토압을 증대시키지 않는 장점이 있으나, 견고하지 못하므로 높이에 제한을 받게 된다.
  ㉢ 전면 기울기는 1 : 0.3 이상을 표준으로 한다.

② 찰쌓기
  ㉠ 줄눈에는 모르타르를 사용하고 뒤채움에는 콘크리트를 사용하는 방법으로, 뒤채움을 할 때는 조약돌을 쓰는 경우도 있다.
  ㉡ 뒷면의 배수를 위하여 배수관을 설치해 주어야 하며, 배수구의 배치는 별도의 지시가 없는 한 $3m^2$당 1개의 비율로 한다.
  ㉢ 찰쌓기는 견고하다는 장점이 있으나, 배수가 불량하면 토압이 증가하여 붕괴할 우려가 있다.
  ㉣ 전면 기울기는 1 : 0.2 이상을 표준으로 한다.
  ㉤ 시공 방법
    • 쌓기 전 돌에 붙은 오물이나 먼지 등을 씻어 내고 물을 충분히 흡수시켜 모르타르의 부착력을 높인다.
    • 줄눈은 통줄눈이 되지 않도록 하고, 줄눈 너비는 9~12mm 정도로 한다.
    • 모르타르의 배합비는 1 : 2~1 : 3 정도로 하되, 특히 중요한 곳은 1 : 1로 한다.
    • 모르타르 경화 전 너무 높이 쌓아 올리면 하중으로 인하여 모르타르가 밀려 내려올 염려가 있으므로 하루 1.2m 이상은 쌓지 않아야 한다.
    • 안전도를 높이기 위해 큰 돌일수록 아래쪽에 놓고, 뒤채움을 꼼꼼히 한다.
    • 작업 종료 후 남은 부분은 계단식으로 처리한다.

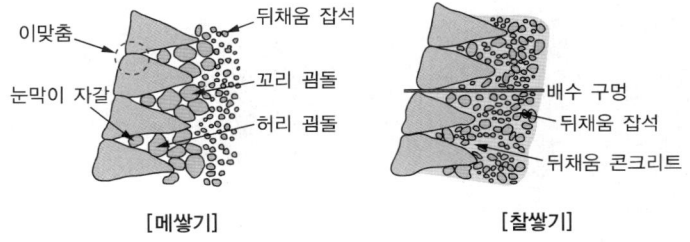

[메쌓기] [찰쌓기]

10년간 자주 출제된 문제

11-1. 설계도면에서 특별히 정한 바가 없는 경우에 옹벽 찰쌓기 시 배수구는 $3m^2$당 몇 개가 적당한가?

① 1개 ② 2개
③ 3개 ④ 4개

해설

11-1
배수구의 배치는 별도의 지시가 없는 한 $3m^2$당 1개의 비율로 한다.

정답 11-1 ①

10년간 자주 출제된 문제

11-2. 벽돌 쌓기에 사용되는 모르타르의 배합비 중 가장 부적합한 것은?

① 1 : 1   ② 1 : 2
③ 1 : 3   ④ 1 : 4

③ 켜쌓기
 ㉠ 각 층을 직선으로 쌓는 방법으로, 골쌓기보다 약하기 때문에 높이 쌓기에는 곤란하며 돌의 크기도 균일해야 한다.
 ㉡ 켜쌓기는 시각적으로 좋아 조경공간에 주로 쓰인다.
④ 골쌓기
 ㉠ 줄눈을 파상으로 골을 지어 가며 쌓는 방법이다.
 ㉡ 하천공사 등에 견치돌을 쌓을 때 많이 이용하고 있으며, 견고하기 때문에 일부분이 무너져도 전체에 파급되지 않는 장점이 있다.

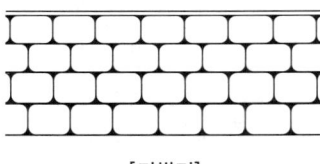
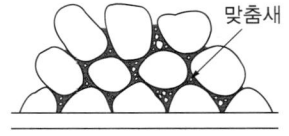

[켜쌓기]　　　　　[골쌓기]

해설

11-2
모르타르 배합비(시멘트 : 모래)
- 조적용 모르타르 = 1 : 3
- 아치쌓기용 모르타르 = 1 : 2
- 치장줄눈용 모르타르 = 1 : 1

정답 11-2 ④

핵심이론 12 벽돌 쌓기

① 줄눈
  ㉠ 통줄눈 : 가로 줄눈과 세로 줄눈이 교차하는 十자 형태로, 하중이 분포되지 않아 붕괴 위험이 크다.
  ㉡ 막힌줄눈 : 통줄눈과는 다르게 위아래 세로 줄눈이 서로 어긋난 형태로, 하중이 고르게 분포되어 안전하며, 가장 일반적인 줄눈이다.
  ㉢ 치장줄눈 : 줄눈을 여러 형태로 아름답게 처리하여 벽돌을 쌓은 면 전체가 미관상 보기 좋도록 할 수 있다.

② 벽돌의 두께 : 벽돌을 쌓는 두께는 벽돌의 길이를 기준으로 하여 0.5B 쌓기(반 장), 1.0B 쌓기(한 장), 1.5B 쌓기(한 장 반) 등으로 나타낸다.

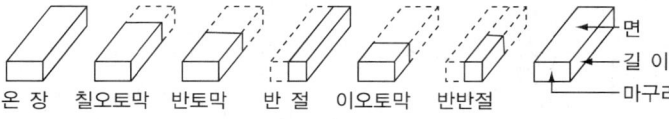

[벽돌의 형상에 따른 명칭]

③ 벽돌 쌓기의 종류 및 방법
  ㉠ 길이쌓기 : 벽면에 벽돌의 길이만 나타나게 쌓는 방법이다. 0.5B 쌓기에 쓰이며 끝 부분에는 반토막 벽돌이 들어간다.
  ㉡ 마구리쌓기 : 벽면에 벽돌의 마구리만 나타나도록 쌓는 방법으로, 1.0B 이상 쌓기에 쓰이며 끝 부분에는 반절짜리 벽돌이 들어간다.
  ㉢ 영국식 쌓기 : 길이 쌓기 켜와 마구리쌓기 켜를 반복하여 쌓고, 모서리의 벽 끝에는 이오토막을 쓰는 방법으로, 매우 견고하다.
  ㉣ 프랑스식 쌓기 : 켜마다 길이와 마구리가 번갈아 나오는 방법으로, 영국식 쌓기보다 아름다우나 견고성은 떨어진다.
  ㉤ 미국식 쌓기 : 5켜까지 길이 쌓기로 하고, 그 위 1켜는 마구리쌓기로 하는 방법이다.
  ㉥ 네덜란드식 쌓기 : 영국식 쌓기와 같으나, 시공이 편리하고 쌓을 때 모서리 끝에 칠오토막을 써서 안정감을 준다. 우리나라에서는 대부분 이 방식을 쓰고 있다.

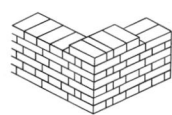 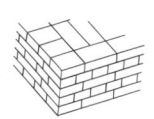 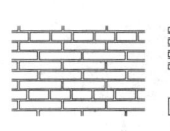 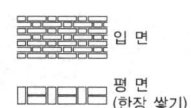

[영국식 쌓기] [네덜란드식 쌓기] [미국식 쌓기]

10년간 자주 출제된 문제

벽돌쌓기 방법 중 가장 견고하고 튼튼한 것은?
① 영국식 쌓기
② 미국식 쌓기
③ 네덜란드식 쌓기
④ 프랑스식 쌓기

[해설]
영국식 쌓기는 길이 쌓기 켜와 마구리 쌓기 켜를 반복하여 쌓고, 모서리의 벽 끝에는 이오토막을 쓰는 방법으로, 매우 견고하다.

정답 ①

핵심이론 13 옹벽 쌓기

① 옹벽이란 토공사로 인해 생긴 급격한 경사면이 토압에 의해 붕괴되는 것을 막기 위한 구조물로 재료나 구조, 설치 높이에 따라 여러 종류로 구분된다.

② 옹벽의 종류
   ㉠ 중력식 옹벽 : 옹벽 자체의 자중으로 토압에 저항하고, 주로 무근콘크리트로 만들며, 일반적으로 3~4m 높이의 경사면에 설치한다.
   ㉡ 반중력식 옹벽 : 중력식 옹벽과 캔틸레버 옹벽의 중간 형태로, 중력식 옹벽에 사용되는 콘크리트량을 절약하기 위해 소량의 철근을 넣어 만들며, 6m 정도 높이의 경사면에 설치한다.
   ㉢ 캔틸레버 옹벽 : 형태를 본 따 이름을 지은 L형 옹벽과 역T형 옹벽이 있으며, 벽체와 밑판으로 구성된 가장 일반적인 형태의 철근콘크리트 옹벽이다. 캔틸레버를 이용해 옹벽의 재료를 절약하는 방식으로, 자중이 적어 배면의 뒷채움을 충분히 보강해 주어야 한다. 3~8m 높이의 다양한 경사면에 설치한다.
   ㉣ 부벽식 옹벽 : 캔틸레버 옹벽에 부벽을 설치하여 보강한 옹벽으로, 주로 8m 높이의 경사면에 설치하고, 부벽을 설치한 위치에 따라 앞부벽식 옹벽과 뒷부벽식 옹벽으로 구분한다.

③ 옹벽의 공사 : 옹벽공사 시 뒷면에 물이 고이지 않도록 $3m^2$ 마다 배수구 1개씩 설치하는 것이 좋다.

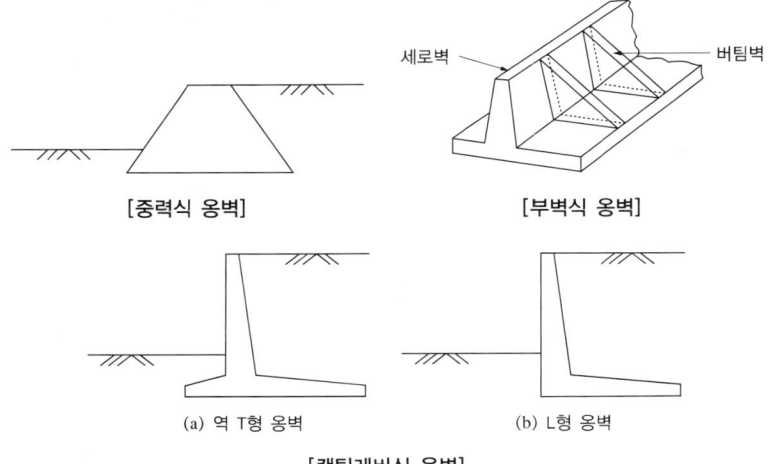

[중력식 옹벽]   [부벽식 옹벽]

(a) 역 T형 옹벽   (b) L형 옹벽

[캔틸레버식 옹벽]

10년간 자주 출제된 문제

13-1. 벽 뒤로부터의 토양에 의한 붕괴를 막기 위한 공사는?

① 옹벽쌓기
② 기슭막이
③ 견치석쌓기
④ 호안공

13-2. 일반적으로 상단이 좁고 하단이 넓은 형태의 옹벽으로, 3m 내외의 낮은 옹벽에 많이 쓰이는 것은?

① 중력식 옹벽
② 캔틸레버 옹벽
③ 부축벽 옹벽
④ 석축 옹벽

해설

13-2
중력식 옹벽 : 일반적으로 3~4m 높이의 경사면에 설치한다.

정답 13-1 ① 13-2 ①

CHAPTER 03 조경관리

제1절 병해충 방제

핵심이론 01 주요 수목병해와 방제

① 잎마름병
- ㉠ 피해 : 주목, 소나무, 곰솔, 잣나무 등에 발생하며, 곰솔과 소나무는 주로 1~2년생 묘목에 많이 발생한다. 병원균이 잎을 침해하고, 병든 잎이 갈색으로 변하여 일찍 떨어지므로 생장이 뚜렷하게 떨어진다.
- ㉡ 병징 : 봄철에 띠 모양의 황색 반점들이 침엽의 윗부분에 형성되고, 갈색으로 변하면서 반점들이 합쳐진다.
- ㉢ 방제 : 병든 묘목은 발생 초기에 태운다. 5월 하순부터 8월까지 2주 간격으로 구리제를 살포하면 방제 효과가 크다.

② 잣나무 털녹병
- ㉠ 피해 : 주로 15년생 이하의 잣나무에서 발생하며, 나무 줄기의 형성층을 파괴하여 병든 부위가 부풀면서 윗부분이 말라 죽는다.
- ㉡ 병징 : 병원균이 잎의 기공으로 침입하여 줄기로 전파하며, 잎에는 황색의 미세한 반점을 형성한다. 균사가 침입한 줄기에는 수피가 황색으로 변하고, 2년 후에는 적갈색으로 변하며 부푼다. 8월 이후에는 점질상 물방울이 나타나며, 이듬해 봄에 수피를 파괴한다.
- ㉢ 방제 : 중간기주인 송이풀과 까치밥나무류를 제거하고, 잣나무 높이의 1/3까지 가지치기를 하며, 잣나무 묘포에 8월 하순부터 10일 간격으로 구리제를 2~3회 살포한다.

③ 녹병
- ㉠ 피해 : 장미과 중에서 특히 배나무, 사과나무에 피해를 주어 과일의 질과 생산량을 저하시키며 적성병을 일으키는 포자를 형성한다.
- ㉡ 병징 : 봄에 향나무의 잎과 줄기에 갈색의 돌기가 형성되며, 비가 와서 수분이 많아지면 황색의 한천 모양으로 부푼다. 이때 동포자는 발아하여 장미과 식물로 옮겨 간다. 6~7월에 장미과 식물의 잎과 열매 등에 노란색 작은 반점이 나타나고, 그 중앙에 흑색 점이 생긴다.

10년간 자주 출제된 문제

1-1. 잣나무 털녹병의 중간기주에 해당하는 것은?
① 등골나무
② 향나무
③ 오리나무
④ 까치밥나무

|해설|
1-1
녹병균의 중간기주
- 배나무 붉은별무늬병 : 향나무
- 사과나무 붉은별무늬병 : 향나무
- 소나무 혹병 : 졸참나무, 신갈나무
- 잣나무 털녹병 : 송이풀, 까치밥나무
- 포플러 잎녹병 : 낙엽송

정답 1-1 ④

10년간 자주 출제된 문제

1-2. 장미, 단풍나무, 배롱나무, 벚나무 등에 많이 발생하며 석회유황합제 살포로 방제할 수 있는 병해는?
① 흰가루병
② 녹병
③ 빗자루병
④ 그을음병

1-3. 진딧물이나 깍지벌레의 분비물에 곰팡이가 감염되어 발생하는 병은?
① 흰가루병
② 녹병
③ 잿빛곰팡이병
④ 그을음병

해설

1-2
흰가루병의 방제 : 새눈이 나오기 전에는 석회황합제를 1~2회 살포하며, 여름에는 만코지수화제, 지오판수화제, 베노밀수화제 등을 2주 간격으로 살포한다.

1-3
그을음병 : 깍지벌레, 진딧물 등의 배설물에서 발생하며, 생육이 불량한 나무의 잎, 가지, 줄기에 그을음이 퍼져 식물의 광합성을 방해한다.

정답 1-2 ① 1-3 ④

ⓒ 방제 : 향나무 부근에 장미과 나무를 심지 않도록 하며, 향나무에 만코지 수화제, 폴리옥신 수화제 4-4식 보르도액 등을 살포하고, 중간기주에는 4월 중순부터 6월까지 티디폰 수화제, 훼나리 수화제, 마이탄 수화제 등을 10일 간격으로 살포한다.

④ 흰가루병

ⓐ 피해 : 밤나무, 참나무류, 느티나무, 감나무, 배롱나무, 단풍나무, 개암나무, 붉나무, 오리나무, 장미 등에 발생하며, 주로 늦가을에 심하게 발생한다. 어린눈이나 새순이 침해를 받으면 위축되어 기형이 되고, 나무의 생육이 위축된다.

ⓑ 병징 : 장마철 이후부터 잎 표면과 뒷면에 흰색의 반점이 생기며, 점차 확대되어 가을이 되면 잎을 하얗게 덮는다. 그 후 갈색을 띤 작은 알갱이가 흰 분말 사이에 형성된다.

ⓒ 방제 : 병든 낙엽을 모아 태우거나 땅속에 묻어 전염원을 차단한다. 봄에 새눈이 나오기 전 석회황합제를 1~2회 살포하며, 여름에는 만코지 수화제, 지오판 수화제, 베노밀 수화제 등을 2주 간격으로 살포한다.

⑤ 그을음병

ⓐ 피해 : 소나무류, 주목, 대나무, 배롱나무, 감나무, 쥐똥나무, 감귤 등에 피해를 주며, 나무가 말라 죽는 일은 없으나 동화작용 부족으로 수세가 쇠약해지며, 미관이 손상되어 관상 가치가 떨어진다. 진딧물이나 깍지벌레의 분비물에 곰팡이가 감염되어 발생한다.

ⓑ 병징 : 가지, 줄기, 과일 등에 그을음을 발라 놓은 것처럼 보인다.

ⓒ 방제 : 휴면기에 기계유 유제를 살포하고, 발생기에는 메티온 유제를 살포하여 깍지벌레를 구제한다. 질소질 비료의 과다도 발병 원인의 하나이므로 질소질 비료의 과용을 삼간다. 직접 방제에는 만코지 수화제, 티오판 수화제를 살포한다.

⑥ 기타 병해와 방제

ⓐ 갈색무늬병
- 개나리, 라일락, 굴거리, 무궁화, 식나무, 오리나무, 피라칸타, 황매화 등에 피해를 준다.
- 오리나무 갈색무늬병균은 종자의 표면에 부착해서 전반된다.
- 보르도액, 만코지 수화제, 마네브 수화제, 동수화제 500~600배액을 살포한다.

ⓒ 빗자루병
- 벚나무, 오동나무, 대추나무 등에 감염된다.
- 가지의 일부에 잔가지가 많이 생겨 빗자루 모양으로 변형된다.
- 7~9월에 파라티온 수화제, 메타 유제 1,000배액을 2주 간격으로 살포한다.

핵심이론 02 주요 해충의 방제

① 잎을 갉아먹는 해충
  ㉠ 솔나방
  - 피해 : 소나무의 대표적인 해충이다. 애벌레 한 마리가 한 세대 동안 갉아먹는 솔잎의 길이는 수컷이 약 50m, 암컷이 약 78m 정도이다. 심하게 피해를 받으면 소나무가 고사하기도 한다.
  - 생활사 : 식엽성 해충으로 분류되며 1년에 1회로 성충은 7~8월에 발생한다. 유충이 잎을 가해하며, 솔잎에 약 500개의 알을 낳는다.
  - 방제 : 월동한 애벌레 가해시기는 4월 중순부터 6월 중순이나, 어린 애벌레 시기인 9월 상순부터 10월 하순에 살충제를 살포하고, 가해하는 애벌레나 고치를 직접 잡아 죽인다. 7월 하순부터 8월 중순까지는 피해수목 주위에 등불을 밝혀 유살시키며, 10월 중에는 잠복소를 설치하고 유인하여 태워 죽인다.
  ㉡ 미국흰불나방
  - 피해 : 포플러류, 버즘나무, 벚나무, 플라타너스 등 160여 종의 활엽수를 가해한다.
  - 방제 : 애벌레 가해기에 살충제 디프를 수관에 살포하며, 카바릴 수화제(세빈)의 효과가 가장 좋다.

② 즙액을 빨아먹는 해충
  ㉠ 진딧물류
  - 피해 : 진딧물 종류에 따라 활엽수 및 침엽수의 대부분 수종에 기생하는 해충으로 월동한 알에서 부화한 애벌레(약충)가 나무의 줄기 및 가지에 부착하여 즙액을 빨아먹으므로 잎이 말리고 수세가 약해진다. 2차적인 피해로 각종 바이러스병을 유발시킨다.
  - 방제 : 발생 초기에 마라톤 유제, 메타시스톡스 유제를 수관에 살포하고 무당벌레류, 꽃등애류, 풀잠자리류, 기생벌 등 천적을 보호한다. 메타 유제(메타시스톡스), 디디브이피제(DDVP), 포스팜제(다이메크론)는 진딧물 구제에 좋은 약제이다.

10년간 자주 출제된 문제

2-1. 미국흰불나방에 대한 설명으로 틀린 것은?
① 성충으로 월동한다.
② 1화기보다 2화기에 피해가 더 심하다.
③ 성충의 활동시기에 피해지역 또는 그 주변에 유아등이나 흡입포충기를 설치하여 유인 포살한다.
④ 알 기간에 알덩어리가 붙어있는 잎을 채취하여 소각하며, 잎을 가해하고 있는 군서유충을 소살한다.

|해설|

2-1
① 연 2회 발생하고 수피 사이, 판자 틈, 지피물 밑, 잡초의 뿌리 근처 등에 고치를 만들어 그 속에서 번데기로 월동하며, 1화기 성충이 5월 중순~6월 상순에 나타나 600~700개의 알을 잎 뒷면에 무더기로 낳는다.

정답 2-1 ①

10년간 자주 출제된 문제

2-2. 한 가지 약제를 연용하여 살포 시 방제효과가 떨어지는 대표적인 해충은?
① 깍지벌레
② 진딧물
③ 잎벌
④ 응애

2-3. 흡즙성 해충으로 버즘나무, 철쭉류, 배나무 등에서 많은 피해를 주는 해충은?
① 오리나무잎벌레
② 솔노랑잎벌
③ 방패벌레
④ 도토리거위벌레

2-4. 솔잎혹파리에는 먹좀벌을 방사시키면 방제효과가 있다. 이러한 방제법에 해당하는 것은?
① 기계적 방제법
② 생물적 방제법
③ 물리적 방제법
④ 화학적 방제법

|해설|

2-2
응애(Mite)의 피해 및 방제법
- 응애는 바늘과 같이 끝이 뾰족한 입틀로 잎의 즙액을 빨아먹어 잎에 황색의 반점을 만든다.
- 살비제를 살포하여 구제한다.
- 같은 농약의 연용을 피하는 것이 좋다.
- 발생지역에 4월 중순부터 1주일 간격으로 3회 정도 살포한다.

정답 2-2 ④ 2-3 ③ 2-4 ②

ⓒ 응애류
- 피해 : 진딧물과 같이 대부분의 수종을 가해한다. 바늘과 같이 끝이 뾰족한 입틀로 잎의 즙액을 빨아 덕어 잎에 황색의 반점을 만들고, 이 반점이 많아지면 잎 전체가 황갈색으로 변한다. 활엽수와 침엽수 모두에게 피해를 준다.
- 방제 : 응애 발생기인 4월 중하순에 약 1주일 간격으로 수관에 살비제를 2~3회 살포한다. 같은 농약의 연용을 피하는 것이 좋다.

ⓒ 깍지벌레류
- 피해 : 잎이나 가지에 붙어 즙액을 빨아먹어 잎이 황색으로 변한다. 특히 감나무, 벚나무, 사철나무, 동백나무, 호랑가시나무, 치자나무 등에 잘 발생한다. 번식력이 강하여 다수가 기생한 나무는 점차 쇠약해져서 심하면 고사한다. 2차적으로 그을음병을 유발시켜 간접적 피해도 준다.
- 생활사 : 1년에 1~3회 발생하며, 암컷은 불완전변태를 하고, 수컷은 완전변태를 한다. 부화 약충은 잎, 줄기에 붙어 즙액을 빨아먹는다. 즙액을 빨아먹기 시작하면서 밀랍을 분비하여 깍지를 만든다.
- 방제 : 5월 중하순에 1주일 간격으로 수프라사이드 유제를 2~3회 살포하고 무당벌레, 풀잠자리 등의 천적을 보호한다. 기계유유제, 메티다티온 유제(수프라사이드)를 살포한다.

③ 가해 습성에 따른 해충의 분류
  ⊙ 식엽성 해충 : 회양목명나방, 풍뎅이, 잎벌, 집시나방, 느티나무벼룩바구미 등
  ⓒ 흡즙성 해충 : 응애, 진딧물, 깍지벌레, 방패벌레 등
  ⓒ 천공성 해충 : 소나무좀, 노랑무늬송바구미, 하늘소, 박쥐나방 등
  ⓔ 충영형성 해충 : 솔잎혹파리, 밤나무혹벌, 혹응애, 혹진딧물 등
  ⓜ 종실 해충 : 밤바구미, 복숭아명나방 등

④ 해충 방제 방법의 분류
  ⊙ 물리적 방제 : 예초기 등 기계적 방법
  ⓒ 화학적 방제 : 약제 살포
  ⓒ 재배적 방제 : 유인식물 식재
  ⓔ 생물학적 방제 : 천적 보호

핵심이론 03 농약의 종류

① 농약의 종류

　㉠ 살충제
　　• 해충을 방제할 목적으로 쓰이는 약제로서, 살충작용에 따라 독제·접촉제·침투성 살충제·훈증제·유인제·기피제·불임제 등이 있다.
　　• 살충 성분에 따라 식물성 살충제와 광물성 살충제가 있다.
　　　- 식물성 살충제에는 제충국제, 황산니코틴, 데리스제가 있으며, 잎말이나방, 진딧물, 응애 방제에 효과가 있다.
　　　- 광물성 살충제인 기계유 유제는 해충의 몸체 또는 알에 피막을 형성하여 질식시킨다.
　㉡ 살균제 : 병원균을 죽이는 목적으로 쓰이는 농약으로, 사용 방법에 따라 식물체에 직접 살포하는 살포용 살균제, 종자 살균제, 토양 살균제 등으로 분류한다.
　㉢ 살비제 : 응애만을 죽이는 농약이다.
　㉣ 살선충제 : 식물체 내에 기생한 선충을 죽이는 유기인제와 토양 중의 선충을 죽이는 토양 훈증제가 있다.
　㉤ 제초제 : 잡초를 죽이기 위하여 쓰이는 농약으로, 선택성 제초제와 비선택성 제초제가 있다.

② 농약의 포장지 색깔

　㉠ 살균제 : 분홍색
　㉡ 살충제 : 초록색
　　※ 살균·살충제 : 위쪽 - 분홍색, 아래쪽 - 초록색
　㉢ 생장조절제 : 파란색
　㉣ 제초제 : 노란색
　㉤ 비선택성 제초제 : 빨간색

10년간 자주 출제된 문제

3-1. 다음 중 천적 등 방제대상이 아닌 곤충류에 가장 피해를 주기 쉬운 농약은?
① 훈증제
② 전착제
③ 침투성 살충제
④ 지속성 접촉제

3-2. 농약의 사용목적에 따른 분류 중 응애류에만 효과가 있는 것은?
① 살충제　　　② 살균제
③ 살비제　　　④ 살초제

3-3. 병해충 방제를 목적으로 쓰이는 농약의 포장지 표기 형식 중 색깔이 분홍색을 나타내는 것은 어떤 종류의 농약을 가리키는가?
① 살충제　　　② 살균제
③ 제초제　　　④ 살비제

[해설]

3-1
접촉제
• 지속성 접촉제 : 유기염소계 및 일부 유기인계 살충제는 화학적으로 안정하여 쉽게 분해되지 않아 잔류기간이 길어서 천적이나 곤충류에 피해를 주는 등 환경오염의 원인이 된다.
• 비지속성 접촉제 : 피레스로이드계, 니코틴계 및 일부 유기인계 살충제는 속효성이고 잔류성이 짧아 환경오염의 피해가 적다.

3-2
① 해충을 방제할 목적으로 쓰이는 약제
② 병원균을 죽이는 목적으로 쓰이는 약제
④ 잡초를 제거하는 데 쓰이는 약제

정답 3-1 ④　3-2 ③　3-3 ②

10년간 자주 출제된 문제

농약 취급 시 주의할 사항으로 부적합한 것은?

① 농약을 살포할 때는 방독면과 방호용 옷을 착용하여야 한다.
② 쓰고 남은 농약은 변질 될 수 있으므로 즉시 주변에 버리거나 다른 용기에 담아둔다.
③ 피로하거나 건강이 나쁠 때는 작업하지 않는다.
④ 작업 중에 식사 또는 흡연을 금한다.

|해설|
쓰고 남은 농약은 수질이나 생태계를 오염시킬 수 있으므로 주변에 버리지 않는다.

정답 ②

핵심이론 04 농약의 사용법

① **농약 살포 시 유의사항**
  ㉠ 살균제를 살포할 경우 보호 살균제는 병원균이 침입하기 이전에, 직접 살균제는 발병 초기에 살포하는 것이 효과적이다.
  ㉡ 살충제를 살포할 경우 독제는 유충이 발생된 초기에 살포하고 접촉제는 유충이 전부 나타난 다음 몸체에 직접 살포하는 것이 효과적이다.
  ㉢ 바람을 등지고 뿌린다.
  ㉣ 정오부터 2시경 까지는 뿌리지 않는 것이 좋다.
  ㉤ 농약을 살포할 때는 방독면과 방호용 옷, 마스크, 안경, 장갑을 착용한다.
  ㉥ 쓰고 남은 농약은 쓰고 남은 농약은 수질이나 생태계를 오염시킬 수 있으므로 주변에 버리지 않는다.
  ㉦ 농약은 다른 용기에 옮겨 보관하지 않는다.
  ㉧ 유제는 유기용제의 혼합으로 화재의 위험성이 있다.

② **농약 혼용 시 주의사항**
  ㉠ 혼용 시 침전물이 생기면 사용하지 않아야 한다.
  ㉡ 농약의 혼용은 반드시 농약 혼용가부표를 참고한다.
  ㉢ 농약을 혼용하여 조제한 약제는 될 수 있으면 즉시 살포하여야 한다.
  ㉣ 농약 혼용 시 장점 : 독성 경감, 약효 상승, 약효지속기간 연장

제2절 일반 정지·전정관리

핵심이론 01 전정관리

① 전정 : 목적에 알맞은 수형으로 만들기 위해 나무의 일부분을 잘라 주는 것을 말한다.
② 전정의 목적
  ㉠ 미관(나무의 모양 감상)
    - 수목 본래의 수형이나 자연미를 유지할 필요가 있는 나무는 불필요한 줄기나 가지만을 제거하여 원래의 자연 수형이 유지되도록 전정한다.
    - 형상수(Topiary, 토피어리)나 산울타리 등과 같이 강한 전정에 의해 인공적으로 만든 수형은 직선 또는 곡선의 아름다움을 나타내기 위하여 불필요한 줄기나 가지, 잎을 전정한다.
    - 수목의 식재 장소나 식재 목적에 적합하도록 모양, 높이, 폭 등을 조절하여 전정한다.
  ㉡ 실용성
    - 차폐, 방음, 방풍, 산울타리 등의 용도로 식재한 수목은 불필요한 가지를 잘라 가지와 잎이 밀생하도록 하여 본래의 목적을 이루도록 한다.
    - 가로수, 독립수 등은 태풍에 의해 가지가 부러지거나 쓰러지는 것을 막기 위하여 불필요한 가지나 잎을 제거한다.
    - 식재한 수목이 교통 표지판이나 간판, 송전선, 인접 건물 등에 방해가 될 때는 줄기나 가지를 적당히 잘라 준다.
  ㉢ 생리적인 면
    - 나무의 생육이나 결실을 좋게 하기 위하여 전정한다.
    - 이식한 나무는 흡수하는 수분량과 증산량의 균형을 이루기 위하여 가지와 잎의 모양을 고려하여 전정한다.
    - 꽃나무나 과수는 개화·결실을 촉진시키고, 병해충을 방제하며, 수광과 통풍을 좋게 하고자 밀생한 가지를 정리한다. 특히, 과수는 꽃눈 형성을 조절하여 해거리 현상을 막아 준다.
      ※ 해거리 현상 : 열매가 많이 열리는 해와 적게 열리는 해가 교대로 일어나는 현상
    - 늙거나 쇠약한 나무의 수세를 회복시키기 위하여 새 가지로 갱신할 필요가 있을 때 전정을 한다.

10년간 자주 출제된 문제

1-1. 다음 중 형상수(Topiary)를 만들기에 가장 적합한 나무는?
① 주목
② 단풍나무
③ 능수 벚나무
④ 전나무

1-2. 전정(剪定)을 함으로써 얻어지는 결과라고 볼 수 없는 것은?
① 수세의 조절
② 개화 결실의 조정
③ 일광, 통풍의 양호
④ 지상부의 약화

|해설|
1-1
작은 잎을 가진 상록수가 토피어리에 가장 적당하며 잠아를 많이 가지고 있어서 전정 후에 옆가지가 많이 발생하는 수종에 어울리는 방법이다. 회양목이나 향나무, 주목, 호랑가시나무 같은 상록수와 쥐똥나무가 가장 적당하다.

1-2
정지·전정의 효과
- 생장 촉진 및 억제로 발육을 조절한다.
- 수관을 균형 있게 발육시킴으로써 수종 고유의 관상미 미적 가치를 높인다.
- 화목류에 있어 분화기 이전에 분화에 필요한 조건을 만들어 개화·결실을 촉진시켜 준다.
- 난잡한 수형을 정비하고 나무의 크기를 조절할 수 있다.
- 통풍·통광을 증대하여 병충해 발생의 원인을 제거할 수 있으며, 허약한 가지의 발육을 촉진시킨다.
- 나무의 내부까지 햇빛을 고루 들게 하여 꽃눈형성을 돕는다.
- 보호관리를 편하게 한다.

정답 1-1 ① 1-2 ④

10년간 자주 출제된 문제

2-1. 소나무류의 순지르기는 어떤 목적을 위한 가지 다듬기인가?
① 생장조장을 돕는 가지 다듬기
② 생장을 억제하는 가지 다듬기
③ 세력을 갱신하는 가지 다듬기
④ 생리조절을 위한 가지 다듬기

2-2. 다음 중 한 가지에 많은 봉우리가 생긴 경우 솎아 낸다든지, 열매를 따버리는 등의 작업 목적으로 가장 적당한 것은?
① 생장조장을 돕는 가지 다듬기
② 세력을 갱신하는 가지 다듬기
③ 착화 및 착과 촉진을 위한 가지 다듬기
④ 생장을 억제하는 가지 다듬기

|해설|

2-1
생장을 억제하기 위한 전정 : 회양목, 옥향, 산울타리 다듬기, 소나무의 새순치기, 상록활엽수의 잎사귀 따기, 녹음수와 가로수 전정 등이 있다.

2-2
개화 · 결실을 돕기 위한 전정 : 감나무와 각종 과수나무, 장미의 여름전정 등이 있다.

정답 2-1 ② 2-2 ③

핵심이론 02 전정의 종류

① 생장을 돕기 위한 전정
  ㉠ 묘목의 키가 빨리 자라도록 하기 위해 곁가지를 적당히 자르거나, 과일나무나 오동나무 등 세력이 약한 묘목 밑동을 베어 강한 곁가지를 발생시켜 새로 기르기 위한 전정이다.
  ㉡ 뿌리목에서 나오는 많은 곁움을 그대로 두면 나무의 세력이 약해지므로 제거해야 본줄기가 건강하게 자란다.
  ㉢ 병해충의 피해를 입은 가지, 말라 죽은 가지, 부러진 가지 등을 잘라 내는 것도 이에 속한다.

② 생장을 억제하기 위한 전정
  ㉠ 좁은 정원에서 녹음수가 필요 이상으로 자라지 않도록 줄기나 가지를 자르거나, 향나무, 회양목 등 산울타리처럼 일정한 모양으로 유지시키기 위한 전정이다.
  ㉡ 소나무의 순지르기, 활엽수의 잎따기도 이에 속한다.

③ 개화 · 결실을 돕기 위한 전정
  ㉠ 과일나무의 개화와 결실 촉진 : 감나무와 같은 과일나무는 그냥 놓아두면 해거리 현상이 심하지만, 매년 알맞게 전정을 해 주면 열매가 해마다 고르게 잘 맺는다.
  ㉡ 꽃나무류의 개화 촉진 : 한 가지에 너무 많은 꽃봉오리가 있을 때 솎아주어 다음 꽃이 빨리 피게 할 수 있다.

④ 생리를 조절하기 위한 전정
  ㉠ 나무를 이식할 때 지하부와 지상부의 생리적 균형을 조절하기 위해 가지와 잎을 알맞게 잘라 준다. 이때 수목의 맹아력을 고려해야 한다.
  ㉡ 느티나무, 버즘나무 등과 같이 맹아력이 강한 나무는 큰 가지를 잘라도 새 가지가 잘 생기지만, 소나무와 같이 맹아력이 약한 나무는 주의해야 한다.

⑤ 세력을 갱신하기 위한 전정
  ㉠ 당년에 자라난 가지에서 꽃눈을 맺어 그 해에 개화하는 나무는 이른 봄에 전정하여 지난해에 자란 충실한 가지로부터 세력이 좋은 신초지를 키워내도록 한다.
  ㉡ 늙은 과일나무, 장미, 배롱나무, 팔손이나무 등의 밑동을 자르면 새로운 줄기가 나와 새로운 형태의 나무를 만들 수 있다.

핵심이론 03 전정도구

① 톱 : 큰 가지 또는 썩거나 병충해를 입은 노목을 갱신하기 위해 제거할 때 사용한다.
  ㉠ 대지용 : 길이 36~45cm, 날의 폭 6cm
  ㉡ 소지용 : 길이 25~30cm, 날의 폭 4~5cm
  ㉢ 고지톱 : 지름 2~10cm, 톱을 대나무에 묶어서 자른다.
  ㉣ 엔진톱 : 썩거나 병충해를 입은 10cm 이상 가지는 엔진톱을 이용한다.
② 전지가위
  ㉠ 조경 수목, 분재 전정, 지름 3cm 정도의 가지에는 길이가 18~20cm 정도가 편리하다.
  ㉡ 지름 1cm 이하인 가지는 전정가위 날 사이에 넣어 단번에 자른다.
  ㉢ 날을 비틀거나 비집어 흔들지 않는다.
  ㉣ 1cm 이상(두꺼운 가지) : 날을 크게 벌려 받쳐주는 날 쪽으로 수직으로 돌리면서, 앞으로 끌어당기면서 자른다.
③ 적심가위, 순치기 가위 : 연하고 부드러운 가지나 끝순, 햇순, 수관 내의 가늘고 약한 가지를 자를 때 사용한다.
④ 적과가위, 적화가위 : 꽃눈, 열매를 솎을 때, 과일의 수확에 사용한다.
⑤ 고지가위 : 높은 곳의 가지나 열매를 채취하기 위해(갈고리 전정가위) 사용한다.
⑥ 긴 자루 전정가위 : 자르기 힘든 지름 3cm 이상의 굵은 가지를 자를 때 사용한다.
⑦ 산울타리 전정가위 : 전장(50~100cm), 날의 길이(15~20cm)가 적당하며, 수관을 둥글게 하려면 날의 방향을 하향으로 전정한다.
⑧ 혹가위 및 보조용 칼 : 자른 부위를 병충해와 썩음으로부터 방지하거나 상처 부위를 빨리 아물게 하기 위해 그 부분을 도려내서 접을 붙일 때 사용한다.

10년간 자주 출제된 문제

전정도구 중 주로 연하고 부드러운 가지나 수관 내부의 가늘고 약한 가지를 자를 때와 꽃꽂이를 할 때 흔히 사용하는 것은?
① 대형전정가위
② 적심가위 또는 순치기가위
③ 적화, 적과가위
④ 조형 전정가위

[해설]
② 적심가위 또는 순치기가위 : 연한 가지나 끝순, 햇순을 자를 때 사용

정답 ②

10년간 자주 출제된 문제

4-1. 일반적인 전정시기와 횟수에 관한 설명으로 틀린 것은?
① 침엽수는 10~11월경이나 2~3월에 한 번 실시한다.
② 상록활엽수는 5~6월과 9~10월경 두 번 실시한다.
③ 낙엽수는 일반적으로 11~3월 및 7~8월경에 각각 한 번씩 두 번 전정한다.
④ 관목류는 일반적으로 계절이 변할 때마다 전정하는 것이 좋다.

4-2. 다음 중 봄에 꽃이 피는 진달래 등의 꽃나무류를 전정하는 시기로 가장 적당한 것은?
① 꽃이 진 직후
② 여름에 도장지가 무성할 때
③ 늦가을
④ 장마 이후

해설

4-1
④ 관목류의 전정을 할 때는 수목 특성에 따라 다듬기, 솎아내기 등을 실시한다.

4-2
꽃나무류는 꽃이 진 후 바로 하되, 화아분화 시기와 분화한 후 꽃피는 습성에 따라 전정시기가 다르게 된다.

정답 4-1 ④   4-2 ①

핵심이론 04 전정시기

① 시기별 전정
  ㉠ 봄전정 : 참나무류와 상록활엽수류는 묵은 잎이 떨어지고, 새잎이 나올 때가 전정의 적기이다.
  ㉡ 여름전정
    • 통풍과 일조가 잘되게 하고, 도장지는 제거해야 한다.
    • 제1신장기를 마치고 가지와 잎이 무성하게 자라면 통풍이나 채광이 나쁘게 되기 때문에 도장지나 너무 혼잡하게 된 가지를 잘라 주어 광, 통풍을 좋게 하기 위한 전정이다.

    오답 노트
    하계전정(6~8월)은 수목의 생장이 왕성한 때이므로 강전정을 해도 나무가 상하지 않아서 좋다. (×)
    → 하계전정(6~8월)은 강전정을 피하는 것이 좋다.

  ㉢ 가을전정 : 가을에 강전정을 하면 수세가 저하되어 역효과가 난다.
  ㉣ 겨울전정
    • 12~3월에 실시하며, 제거 대상가지를 발견하기 쉽고 작업도 용이하다.
    • 휴면 중이기 때문에 굵은 가지를 잘라 내어도 전정의 영향을 거의 받지 않는다.
    • 상록수는 내한성이 약해서 동계전정을 지양한다.
② 수목 유형에 따른 전정 시기
  ㉠ 화목류 : 개화가 끝난 직후
  ㉡ 유실수 : 싹트기 전 이른 봄
  ㉢ 상록활엽수 : 어느 때나 가능(6~7월에 유의)
  ㉣ 상록침엽수 : 5월 초순~중순
  ㉤ 낙엽활엽수 : 6월 이전 또는 낙엽 후

핵심이론 05 전정의 순서와 요령

① 전정순서
  ㉠ 나무 전체를 충분히 관찰하고 만들고자 하는 수형을 결정한 다음, 수형이나 목적에 맞지 않는 큰 가지부터 전정한다.
  ㉡ 가지를 자를 때는 수관의 위에서부터 아래로, 수관의 밖에서부터 안으로 자르고, 굵은 가지를 자른 후에 잔가지를 다듬는다.

② 잘라 주어야 할 가지
  ㉠ 웃자란 가지(도장지) : 수형이나 통풍, 수광에 나쁜 영향을 준다.
  ㉡ 말라 죽은 가지 : 병해충의 잠복 장소를 제공하므로 모두 잘라 준다. 굵은 가지일 경우 자른 면에서부터 썩어들어가는 일이 있으므로 자른 면에 방부제를 발라 주는 것이 좋다.
  ㉢ 병해충의 피해를 입은 가지 : 잘라 태워 버리는 것이 우선이지만, 나무의 생김새로 보아 잘라서는 안 될 가지는 가급적 회복시키도록 한다.
  ㉣ 밑에서 움돋은 가지와 줄기에서 돋은 가지 : 방치하면 나무의 생김새가 흐트러지고 나무가 쇠약해진다.
  ㉤ 아래로 향한 가지 : 수형을 나쁘게 하고 가지를 혼잡하게 한다.
  ㉥ 안으로 향한 가지 : 수형과 통풍을 나쁘게 한다.
  ㉦ 얽힌 가지와 교차한 가지 : 부자연스러운 느낌을 준다.
  ㉧ 그 밖의 가지
    • 같은 부위에 같은 방향으로 평행하게 나 있는 가지는 둘 중 하나를 잘라 버린다.
    • 나무 맨 위의 새 가지가 둘 이상이 나온 경우 하나만 남기고 나머지는 잘라 버린다.
    • 건실하게 자라고 있는 가지라도 나무의 모양을 고르게 하는 데 도움이 되지 않는 가지는 잘라 버린다.

10년간 자주 출제된 문제

5-1. 다음 중 수목에서 잘라야 할 가지가 아닌 것은?
① 수관 안으로 향한 가지
② 한 부위에서 평행하게 나오는 가지
③ 아래로 향한 가지
④ 수목의 주지

정답 5-1 ④

10년간 자주 출제된 문제

5-2. 수목의 일반적인 전정방법으로 옳지 않은 것은?

① 수형이나 목적에 맞지 않는 가지부터 자른다.
② 가지를 자를 때는 위쪽에서 아래쪽으로 자른다.
③ 가지를 자를 때 수관 밖에서부터 안쪽으로 자른다.
④ 가는 가지를 먼저 자르고, 그 다음 굵은 가지를 자른다.

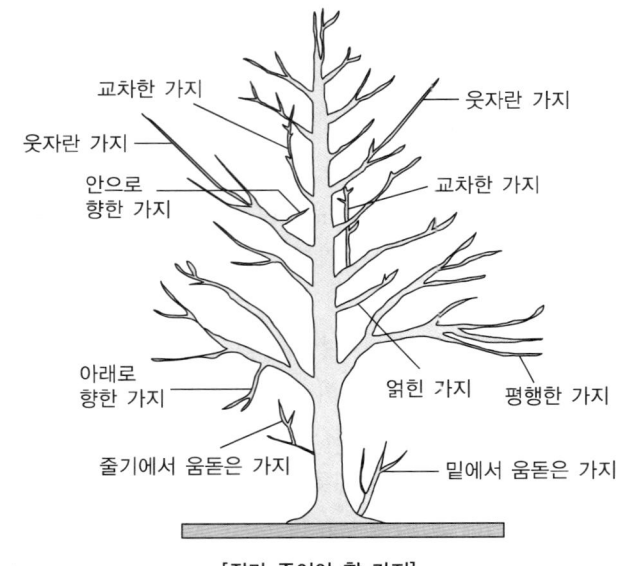

[잘라 주어야 할 가지]

③ 전정의 요령
  ㉠ 우선 나무의 정상부로부터 주지의 전정을 실시한다.
  ㉡ 전정작업을 하기 전 나무의 수형을 살펴 이루어질 가지의 배치를 염두에 둔다.
  ㉢ 주지의 전정은 주간에 대해서 사방으로 고르게 굵은 가지를 배치하는 동시에 상하로도 적당한 간격으로 자리잡도록 한다.
  ㉣ 상부는 강하게, 하부는 약하게 한다.
  ㉤ 수양버들처럼 아래로 늘어지는 나무는 윗쪽의 눈을 남겨 둔다.
  ㉥ 특별한 경우를 제외하고는 줄기 끝에서 여러 개의 가지가 발생치 않도록 해야 한다.
  ㉦ 도장지는 한번에 잘라내지 않는다.

해설

5-2
④ 굵은 가지에서 가는 가지 순으로 전정한다.

정답 5-2 ④

핵심이론 06 전정방법

① 굵은 가지 자르기
  ㉠ 줄기에서 10~15cm 떨어진 곳에 밑에서 위쪽으로 굵기의 1/3 정도 깊이까지 톱질을 하여 톱자국을 낸다.
  ㉡ 톱질한 곳에서 가지 끝 쪽으로 약간 떨어진 곳을 위에서 아래쪽으로 톱질을 하면 스스로의 무게에 의해 떨어져 나가며 가지는 쪼개지지 않는다.
  ㉢ 이후 남은 가지의 밑동을 손칼로 깨끗이 다듬는다.
  ㉣ 톱을 돌려 아래쪽에 만들어 놓은 상처보다 약간 높은 곳을 위로부터 내리 자른다.
  ㉤ 톱으로 자른 자리의 거친 면은 손칼로 깨끗이 다듬는다.

② 소나무류 순지르기(적심)
  ㉠ 소나무류는 가지 끝에 여러 개의 눈이 있어, 봄에 그대로 두면 중심의 눈이 길게 자라고 나머지 눈은 사방으로 뻗어 마치 바퀴살과 같은 모양을 이루어 운치가 사라진다.
  ㉡ 원하는 모양을 만들기 위해서는 5~6월에 새순이 5~10cm 길이로 자랐을 때 1~2개의 순을 남기고 중심순을 포함한 나머지는 다 따 버리는 것이 좋다.
  ㉢ 남긴 순의 자라는 힘이 지나치다고 생각될 때는 1/3~1/2 정도만 남겨 두고 끝부분을 따 준다.
  ㉣ 생장을 억제하기 위한 전정이다.

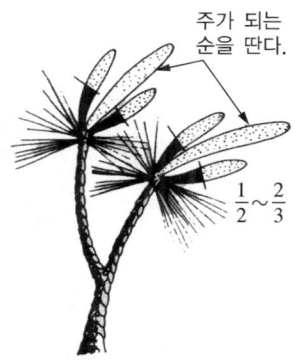

[소나무 순지르기 방법]

➕ **오답 노트**

소나무 순지르기 시 중심 순만 남기고 모두 자른다. (×)
→ 1~2개의 순을 남기고 중심순을 포함한 나머지는 다 따 버리는 것이 좋다.

10년간 자주 출제된 문제

6-1. 굵은 가지를 전정하였을 때 전정부위에 반드시 도포제를 발라주어야 하는 수종은?
① 잣나무
② 메타세쿼이아
③ 소나무
④ 벚나무

|해설|

6-1
벚나무, 자목련 등은 굵은 가지를 전정했을 때 그 부분이 썩어 들어가서 나무 전체가 죽는 특성이 있어 폭 2.5cm 이상의 굵은 가지를 전정할 경우 반드시 도포제(톱신페이스트 등)를 발라줘야 한다.

정답 6-1 ④

10년간 자주 출제된 문제

6-2. 소나무류는 생장조절 및 수형을 바로잡기 위하여 순따기를 실시하는데 대략 어느 시기에 실시하는가?

① 3~4월
② 5~6월
③ 7~8월
④ 9~10월

③ 화목류 정지전정

㉠ 화목류의 전정 시기
- 꽃을 가장 많이 볼 수 있도록 전정의 시기를 적절히 선택하여야 한다.
- 일반적으로 꽃이 진 직후에 전정을 하면 화아의 수에 영향을 주지 않을 수 있다.

㉡ 화목류 마디 전정하기
- 화목류 마디 전정은 수목의 생장 속도를 억제하고 수형의 균형을 잡아 주기 위하여 필요하다.
- 마디 전정은 가지를 중간에 잘라 남은 부분에서 새로운 가지를 원하는 방향으로 자라게 하기도 한다.
- 이 작업을 통해 화목의 개화량을 적절하게 유지하고 유실수의 과육 크기와 적절한 수량을 조절할 수 있다.
- 시기는 낙엽활엽수의 경우 가을철 낙엽 직후부터 싹이 트기 전 봄철까지이며, 상록활엽수와 침엽수는 4월부터 장마 전까지 실시한다.

해설

6-2
5~6월에 2~3개의 순을 남기고 중심순을 포함한 나머지는 따버린다.

정답 6-2 ②

제3절 관수 및 기타 조경관리

핵심이론 01 관수

① 관수방법
  ㉠ 지표 관개법 : 수동식 방법으로, 식물의 주변에 지형과 경사를 고려해 도랑 등의 수로나 웅덩이를 이용하여 관수하는 손쉽고 간단한 방법이다. 균일한 관수가 어려우며, 물의 낭비가 많아 용수의 이용이 비효율적이다.
  ㉡ 살수 관개법 : 자동식 방법으로, 고정된 스프링클러를 통해 일정 수량의 압력수를 대기 중에 살수함으로써 자연 강우와 같은 효과를 내는 방법이다. 설치비가 많이 들지만 관수 효과가 높다.
    • 고정식 : 회전 장치가 없으며, 낮은 수압으로 작동하므로 반지름 6m 미만 정도의 소규모 지역에 사용 가능하다.
    • 회전식 : 수압에 의해서 회전 장치가 돌면서 살수하며, 회전 각도는 360°까지 임의로 조절이 가능하다.
  ㉢ 낙수(점적)식 관개법 : 자동식 방법으로, 수목 뿌리 부분의 지표나 지하에 설치한 특수한 구조의 점적기에 연결된 호스를 통해 한 방울씩 서서히 관수하는 방법이다.
  ㉣ 팝업 살수기 : 지하부에 위치하고 있던 회전 장치가 수압에 의해 지상부로 10cm 정도 상승하여 작동하며, 물 공급이 중단되면 다시 원위치로 돌아간다. 평소에는 시각적으로 보이지 않으며, 잔디깎기에도 방해를 주지 않는 장점이 있다.

② 관수의 효과
  ㉠ 토양 중의 양분을 용해하고 흡수하여 신진대사를 원활하게 한다.
  ㉡ 증산작용으로 인한 잎의 온도 상승을 막고 식물체 온도를 유지한다.
  ㉢ 지표와 공중의 습도가 높아져 증산량이 감소한다.
  ㉣ 토양의 건조를 막고 생육 환경을 형성하여 나무의 생장을 촉진시킨다.

10년간 자주 출제된 문제

1-1. 잔디밭에 물을 공급하는 관수에 대한 설명으로 틀린 것은?
① 식물에 물을 공급하는 방법은 지표 관개법과 살수 관개법으로 나눌 수 있다.
② 살수 관개법은 설치비가 많이 들지만, 관수 효과가 높다.
③ 수압에 의해 작동하는 회전식은 360°까지 임의 조절이 가능하다.
④ 회전장치가 수압에 의해 지면보다 10cm 상승 또는 하강하는 팝업(Pop-up)살수기는 평소 시각적으로 불량하다.

1-2. 관수의 효과가 아닌 것은?
① 토양 중의 양분을 용해하고 흡수하여 신진대사를 원활하게 한다.
② 증산작용으로 인한 잎의 온도 상승을 막고 식물체 온도를 유지한다.
③ 지표와 공중의 습도가 높아져 증산량이 증대된다.
④ 토양의 건조를 막고 생육 환경을 형성하여 나무의 생장을 촉진시킨다.

|해설|
1-1
④ 평소에는 시각적으로 보이지 않아 시각적으로 불량하지 않다.

1-2
③ 지표와 공중의 습도가 높아져 증산량이 감소한다.

정답 1-1 ④ 1-2 ③

10년간 자주 출제된 문제

2-1. 멀칭재료는 유기질, 광물질 및 합성재료로 분류할 수 있다. 유기질멀칭재료에 해당하지 않는 것은?
① 볏짚
② 마사
③ 우드칩
④ 톱밥

2-2. 다음 중 멀칭의 기대효과가 아닌 것은?
① 표토의 유실을 방지
② 토양의 입단화를 촉진
③ 잡초의 발생을 최소화
④ 유익한 토양미생물의 생장을 억제

핵심이론 02 멀칭(Mulching)

① 멀칭 : 뿌리분 부위에 자갈, 분쇄목, 짚, 비닐 등을 5~10cm 두께로 덮어 주는 작업을 말한다.

② 멀칭재료의 종류
  ㉠ 유기질재료 : 쌀겨, 옥수수 속, 땅콩껍질, 볏짚, 잔디 깎은 풀, 솔잎, 솔방울, 톱밥, 나무껍질(수피), 우드 칩, 펄프, 이탄 이끼 등
  ㉡ 광물질재료 : 왕모래, 마사, 돌조각, 자갈, 조약돌 등
  ㉢ 합성재료 : 토목 섬유, 폴리프로필렌 부직포, 폴리에틸렌 필름(비닐), 폴리에스터 직물 등

③ 멀칭재료의 특성
  ㉠ 바크(나무껍질) : 나무줄기의 코르크 형성층보다 바깥 조직을 말하며, 소나무 껍질을 찌거나 소독 처리하여 토양 환경에 유해한 성분이 없는 제품을 사용한다.
  ㉡ 우드칩 : 소나무, 잣나무 등 국내산 자연목을 이용하여 생산된 것으로 입자가 얇지 않으며 고르고 깨끗하여야 한다. 미관효과가 우수하고, 잡초를 억제하며 토양을 개량하는 효과가 있다.
  ㉢ 돌조각, 자갈, 조약돌 등 : 다양한 색과 형태로 식물의 특징을 강조할 수 있어 정원의 경관 조성용으로 좋다.

④ 멀칭의 기대 효과
  ㉠ 표토의 유실을 방지한다.
  ㉡ 토양의 입단화를 촉진한다.
  ㉢ 잡초의 발생을 최소화시킨다.

해설

2-1
② 광물질재료이다.

2-2
멀칭의 효과
- 멀칭은 잡초의 발생을 최소화하고, 토양으로부터의 수분 증발을 감소시키며, 토양의 공극률을 높인다.
- 토양의 비옥도를 높이고, 미생물의 생장을 촉진시켜 산성화된 토양을 중성화시키며, 겨울철 수목의 동결을 방지한다.

정답 2-1 ② 2-2 ④

핵심이론 03 월동관리

① 수목의 저온피해

　㉠ 동해(凍害)
　　• 큰나무보다는 어린나무에서 많이 발생한다.
　　• 건조한 토양보다 과습한 토양에서 더 많이 발생한다.
　　• 늦은 가을과 이른 봄에 많이 발생한다.
　　• 바람이 없고 맑은 밤의 새벽에 잘 발생한다.
　　• 북쪽 경사면보다는 일교차가 심한 남쪽 경사면에서 더 많이 발생한다.
　　• 난지산(暖地産) 수종, 생육지에서 멀리 떨어져 이식된 수종일수록 동해에 약하다.
　　• 침엽수류와 낙엽활엽수류는 상록활엽수류보다 내동성이 크다.

　㉡ 서리해(상해)
　　• 첫서리는 늦가을 목질화가 채 이루어지지 않은 연약한 가지에 피해를 주고, 늦서리는 이른 봄 자라기 시작한 새순과 잎에 손상을 준다.
　　• 분지를 이루고 있는 우묵한 지형에 상해가 심하다.
　　• 성목보다 유령목에 피해를 받기 쉽다.
　　• 건조한 토양보다 과습한 토양에서 피해가 많다.
　　• 서리에 의한 피해는 일반적으로 침엽수가 낙엽수보다 강하다.
　　• 서리의 종류
　　　- 만상(晚霜, Spring Frost) : 봄에 식물의 발육이 시작된 후 기온이 갑작스럽게 0℃ 이하로 떨어지면서 수목에 피해를 주는 현상을 말한다.
　　　- 조상(早霜, Autumn Frost) : 초가을 계절에 맞지 않은 추운 날씨가 계속되어 수목에 피해를 주는 현상을 말한다.

　㉢ 상열(霜裂, Frost Cracks)
　　• 추위에 의하여 나무의 줄기 또는 수피가 수선 방향으로 갈라지는 현상을 말한다.
　　• 상열의 피해가 많이 나타나는 수종 : 수피가 얇은 단풍나무, 배롱나무, 일본목련, 벚나무, 밤나무 등
　　• 피해 부위 : 지상으로부터 0.5~1m 정도 높이의 수간에서 피해가 많이 발생한다.

10년간 자주 출제된 문제

3-1. 다음 중 상열(霜裂)의 피해가 가장 적게 나타나는 수종은?

① 소나무
② 단풍나무
③ 일본목련
④ 배롱나무

정답 3-1 ①

10년간 자주 출제된 문제

3-2. 다음 중 수목을 식재할 경우 수간감기를 하는 이유로 틀린 것은?
① 수간으로부터 수분증산 억제
② 잡초 발생 방지
③ 병해충 방지
④ 상해 방지

3-3. 모과, 감나무, 배롱나무 등의 수목에 사용하는 월동방법으로 가장 적당한 것은?
① 흙묻기
② 짚싸기
③ 연기 씌우기
④ 시비 조절하기

※ 피소 : 더운 여름 오후에 햇빛이 강하면 수간의 남서쪽 수피가 열에 의해서 피해(터지거나 갈라짐)를 받을 수 있는 현상
- 남서쪽 수피가 햇볕을 직접 받지 않도록 해주거나 수간의 짚싸기 또는 석회수 칠하기 등으로 예방한다.

② 월동 대책
  ㉠ 겨울철 관수와 배수 : 토양이 동결되기 전에 충분히 관수하여 겨울철 수분 부족을 대비하고, 배수가 잘 되그 통기성이 좋은 토양에서는 토양 동결이 적게 일어나서 겨울철 저온에 견디는 능력이 향상되므로 배수를 철저히 한다.
  ㉡ 비료와 멀칭의 효과를 줄 수 있는 유기물 멀칭 : 수목 뿌리 주변 지표면에 볏짚, 왕겨, 나뭇잎, 우드 칩, 바크 등의 유기물로 멀칭하면 토양이 깊게 동결하지 않아서 수분 부족으로 인한 동계 건조를 방지할 수 있다.
  ㉢ 수간 보호 조치 : 지면에 접한 부위와 수간을 볏짚이나 새끼 끈, 녹화마대 등으로 감싸 준다.
  ㉣ 증산 억제제 살포
  ㉤ 방풍림, 방풍벽 설치

[해설]

3-2
수간감기의 목적 : 동해나 병충해 방지(이식나무는 저항력이 없다), 강한 태양 광선으로부터 피해를 방지, 수분증발 방지, 소나무 좀의 피해 방지(수피감기의 이유 1순위)

3-3
짚싸기 : 배롱나무, 장미 등과 같은 내한성이 약한 나무의 지상부를 보호하기 위하여 쓰이는 월동방법

정답 3-2 ② 3-3 ②

제4절 조경시설관리

핵심이론 01 조경관리계획

① 조경관리의 의의 : 조경관리는 조경이 이루어진 공간의 모든 시설과 식물이 설계자의 설계의도에 따라 운영되고, 이용하는 사람들이 요구하는 기능을 항상 유지하면서 충분히 발휘될 수 있도록 관리하는 것을 말한다.

② 조경관리의 목적
  ㉠ 조경공간의 질적인 수준을 향상시키고 유지하기 위한 것이다.
  ㉡ 이용자의 안전하고 쾌적한 이용과 최소한의 경비와 인원으로 효율적인 운영 및 관리를 하기 위한 것이다.

③ 조경관리의 범위
  ㉠ 일반 주택정원부터 대규모 국립자연공원까지 조경공간에 형성되는 모든 조경시설물과 자연물이 대상이 된다.
  ㉡ 개인정원, 학교정원, 자연공원, 도시공원, 공공건물뿐만 아니라 도로, 철도, 공업단지의 시설 내 조경공간도 대상이 될 수 있다.

> **오답 노트**
> 화훼단지는 조경관리의 대상공간에 포함되지 않는다.

④ 조경관리의 내용
  ㉠ 운영관리
    - 이용가능한 구성요소를 더 효과적이고 안전하게, 더 많은 사람들이 이용하기 위한 관리이다.
    - 관리대상의 기능을 어떻게 하면 효율적이며 적절하게 발휘하게 하는가를 목표로 하는 관리이다.
    - 예산, 조직, 재산, 재무제도 등의 업무기능을 수행한다.
  ㉡ 유지관리
    - 조경 식물과 시설물을 이용하기에 적합한 상태로 유지할 수 있도록 점검, 보수하여 공공을 위한 서비스를 제공하는 것이다.
    - 설치목적에 부합하도록 관리하는 것이다.
    - 휴양시설, 놀이시설, 운동시설, 편익시설, 조명시설 등의 업무기능을 수행한다.

10년간 자주 출제된 문제

1-1. 일반적인 조경관리에 해당되지 않는 것은?
① 운영관리
② 유지관리
③ 이용관리
④ 생산관리

1-2. 연간 유지관리에 포함시키는 것은?
① 공원지역 내의 손질계획
② 건물의 갱신계획
③ 수목의 전정 잔디관리계획
④ 도로포장계획

|해설|

1-1
조경관리의 구분
① 운영관리 : 예산, 조직, 재산, 재무제도 등의 관리
② 유지관리 : 잔디, 초화류, 식재수목, 각종 시설물 및 건축물 등의 관리
③ 이용관리 : 주민참여 유도, 안전관리, 홍보, 이용지도, 행사프로그램 주도 등의 관리

1-2
③ 유지관리사항, ①·②·④ 운영관리사항

정답 1-1 ④ 1-2 ③

ⓒ 이용관리
- 조경식물 및 시설물의 보전이라는 차원에서 이용자의 행위를 규제하여 적정한 이용이 되도록 지도·감독한다.
- 이용자에게 서비스를 제공하여 편리한 이용이 되도록 한다.

핵심이론 02 연간관리계획

① 작업계획의 수립
  ㉠ 작업의 중요도에 따라 우선순위를 정하고, 그에 따른 예산을 계획단계에서 세운다.
  ㉡ 작업 내용에 따라 직접 인부를 고용하여 일을 추진하거나 용역회사에 의뢰해야 하는데, 경비의 절감과 일의 성과가 나타날 수 있는 방향으로 선택한다.
  ㉢ 정기적 관찰, 점검, 청소와 연간계획을 실시하면서 생기는 변화에 단기적 유지관리계획을 세우고, 시설물, 나무 등에는 2~30년간의 중·장기계획 수립이 필요하다.
  - 단기계획 : 2~3년 간격, 페인트칠, 보수계획
  - 장기계획 : 15~30년, 시설구조물 등
  - 연간계획 : 식물관리(병충해 방제, 전정 등)

② 작업의 종류
  ㉠ 정기작업 : 청소, 점검, 수목의 전정, 병충해 방제, 페인트칠, 거름주기 등
  ㉡ 부정기작업 : 죽은 나무 제거 및 보식, 시설물의 보수 등
  ㉢ 임시작업 : 태풍, 홍수 등 기상 재해로 인한 피해 시의 보수 등

③ 조경관리방법
  ㉠ 직영방식 : 관리주체가 직접 운영·관리하는 방식이다.
  ㉡ 도급방식 : 관리전문용역회사나 단체에 의뢰하는 방식이다.

구분	직영방식	도급방식
장점	• 관리책임이나 책임소재가 명확함 • 긴급한 대응이 가능 • 관리실태를 정확히 파악 • 임기응변의 조치가 가능 • 양질의 서비스 제공 가능 • 애착심을 가지므로 관리효율의 향상을 꾀함	• 규모가 큰 시설의 관리에 적합 • 전문가를 합리적으로 이용함 • 관리의 단순화 • 전문적 지식, 기술, 자격에 의한 양질의 서비스 제공 가능 • 관리비가 싸고 장기적으로 안정될 수 있음

10년간 자주 출제된 문제

2-1. 조경시설물관리를 위한 연간 작업계획표를 작성하려 할 때 작업내용에 포함되지 않는 것은?

① 하자공사
② 안전점검
③ 전면도장
④ 수관손질

해설

2-1
시설물 연간 작업계획표
- 정기적 관리작업
  - 점검 : 순회점검, 안전점검
  - 계획수선 : 전면도장, 도로의 보수
  - 청소
- 비정기적 관리작업
  - 일반수선 : 부분수선 교체
  - 개량 : 개량·신설
  - 재해대책 : 방제공사, 재해복구공사
  - 하자대책 : 하자조사, 하자공사

정답 2-1 ④

구분	직영방식	도급방식
단점	• 업무가 타성화되기 쉬움 • 직원의 배치전환이 어려움 • 필요 이상의 인건비 지출 • 인사가 정체됨	• 책임의 소재나 권한의 범위가 불명확함 • 전문업자를 충분하게 활용치 못할 수가 있음
대상 업무	• 재빠른 대응이 필요한 업무 • 연속해서 행할 수 없는 업무 • 진척상황이 명확치 않고 검사가 어려운 업무 • 금액이 적고 간편한 업무 • 일상적인 유지관리업무	• 장기에 걸쳐 단순작업을 행하는 업무 • 전문지식, 기능 자격을 요하는 업무 • 규모가 크고 노력, 재료 등을 포함하는 업무 • 관리주체가 보유한 설비로는 불가능한 업무 • 직영의 관리인원으로는 부족한 업무

10년간 자주 출제된 문제

2-2. 다음 도시공원 시설 중 유희시설에 해당되는 것은?(단, 도시공원 및 녹지 등에 관한 법률 시행규칙을 적용한다)

① 야영장
② 잔디밭
③ 도서관
④ 낚시터

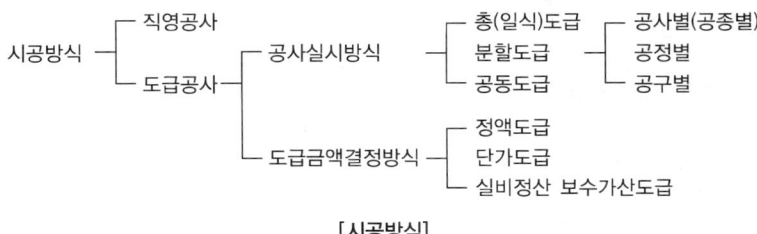

[시공방식]

④ 작업시기 및 내용
　㉠ 조경식물은 계절에 따라 작업내용이 달라지고, 일정한 시기에 작업을 하여야 하기 때문에, 이를 고려하여 계획을 세워야 한다.
　㉡ 낙엽수와 상록수의 전정시기가 다르고, 제초, 병해충 방제, 거름주기, 월동관리 등은 일정한 시기에 실시해야 한다.
　㉢ 잔디의 경우는 깎기, 제초, 거름주기, 뗏밥넣기, 보식, 병해충 방제 등이 작업계획에 들어가야 하며, 초화류는 사계절 감상할 수 있는 화단이 조성되도록 계획을 세워야 한다.

⑤ 시설물의 종류
　㉠ 휴게시설 : 의자, 그늘시렁, 그늘막, 원두막, 야외탁자, 평상, 정자 등
　㉡ 놀이시설 : 모래밭, 미끄럼대, 그네, 정글짐, 회전시설, 조합놀이시설 등
　㉢ 운동시설 : 육상경기장, 축구장, 테니스장, 배구장, 농구장, 야구장, 수영장 등
　㉣ 수경시설 : 폭포, 벽천, 낙수천, 실개울, 연못, 분수 등
　㉤ 관리시설 : 관리사무소, 공중화장실, 전망대, 상점, 쓰레기통, 울타리, 안전난간, 음수대, 식수대, 시계탑 등

[해설]

2-2
공원시설의 종류 - 유희시설(도시공원 및 녹지 등에 관한 법률 시행규칙 [별표 1])
시소・정글짐・사다리・순환회전차・궤도・모험놀이장, 유원시설(관광진흥법에 따른 유기시설 또는 유기기구), 발물놀이터, 뱃놀이터 및 낚시터 그 밖에 이와 유사한 시설로서 도시민의 여가선용을 위한 놀이시설

정답 2-2 ④

10년간 자주 출제된 문제

3-1. 철재(鐵材)로 만든 놀이시설에 녹이 슬어 다시 페인트칠을 하려 한다. 그 작업 순서로 옳은 것은?

① 녹닦기(샌드페이퍼 등) → 연단(광명단) 칠하기 → 에나멜페인트 칠하기
② 에나멜페인트 칠하기 → 녹닦기(샌드페이퍼 등) → 연단(광명단) 칠하기
③ 에나멜페인트 칠하기 → 녹닦기(샌드페이퍼 등) → 바니쉬 칠하기
④ 에나멜페인트 칠하기 → 바니쉬 칠하기 → 녹닦이(샌드페이퍼 등)

｜해설｜

3-1
도장이 벗겨진 곳은 녹막이 칠(광명단, 도료 등)을 두 번 한 다음 유성 페인트를 칠해 주고, 파손이 심한 부분은 교체해 준다.

정답 3-1 ①

핵심이론 03 놀이시설

① 목재 놀이시설의 관리

㉠ 관리 일반
- 목재 시설은 감촉이 좋고 외관이 아름다워 사용률이 높지만, 철재보다 부패하기 쉽고 잘 갈라지며, 거스러미가 일어나 정기적으로 보수하고 도료를 칠해 주어야 한다.
- 쬠 부분이나 땅에 묻힌 부분과 2년이 경과한 것은 부식되기 쉬우므로 정기적인 보수를 하고, 방부 처리하거나 모르타르를 칠해 준다.

㉡ 방충제와 방균제
- 방충제 : 유기염소계통, 유기인계통, 붕소계통, 불소계통 등
- 방균제
  - 수용성 방부제 : CCA방부제, 황산구리용액, 염화아연용액, 염화제2수은용액, 플루오린화나트륨용액 등
  - 유용성 방부제 : 펜타클로로페놀(PCP), 유기주석 화합물, 나프텐산 금속염 등
  - 유상 방부제 : 크레오소트유, 콜타르, 목타르 등

㉢ 손상의 종류에 다른 보수방법
- 인위적인 힘에 의한 파손 : 파손 부분은 교체한다.
- 온도와 습도에 의한 파손 : 파손 부분을 제거한 후 나무못을 박거나 퍼티를 채운다.
- 충류·균류에 의한 피해
  - 부패된 부분을 제거한 후 나무못을 박거나 퍼티를 채운다.
  - 충류에 의한 피해인 경우 방충제를 살포하고, 균류에 의한 피해인 경우 방균제를 살포한다.
  - 피해 부분이 심한 경우에는 교체한다.

㉣ 보수 및 교체
- 부패된 경우 : 부패된 부분을 제거한 후 나무못을 박거나 퍼티를 채워 건조시킨다.
- 갈라졌을 경우 : 목재의 이물질을 제거하고 갈라진 사이에 퍼티를 채워 건조시킨 후 샌드페이퍼로 문지르고 마무리한다.
- 교체 : 교체 시에는 충분히 건조된 재료를 사용하며 매끈하게 대패질한 후 주위 재료와 동일하게 마감 처리한다.

② 철재 놀이시설의 관리
  ㉠ 도장이 벗겨진 곳은 녹막이 칠(광명단, 도료 등)을 두 번 한 다음 유성 페인트를 칠해 주고, 파손이 심한 부분은 교체해 준다.
    ※ 순서 : 녹닦기(샌드페이퍼 등) → 연단(광명단) 칠하기 → 에나멜페인트 칠하기
  ㉡ 볼트나 너트가 풀어졌을 때는 충분히 죄어 주고, 심하게 훼손되었을 때는 용접 또는 교환해 준다.
  ㉢ 오래 된 부품은 심한 충격이나 압력에 의하여 갈라지기 쉬우므로 교체한다.
③ 합성수지 놀이시설의 관리
  ㉠ 주로 이용하는 재료는 FRP이며 시설물의 몸체, 미끄럼판, 계단, 벽막이, 벤치, 안내판 등에 이용한다.
  ㉡ 합성수지재는 겨울철 저온일 때 충격에 의한 파손을 주의해야 한다.
④ 콘크리트 놀이시설의 관리
  ㉠ 자체가 무겁기 때문에 가라앉거나 기울어지고, 균열이 발생할 때는 위험한 상태가 되기 전에 보수를 하여야 한다.
  ㉡ 도장은 일정 시간이 지나면 벗겨지므로 3년에 1회 정도 다시 해 주어야 한다.
  ㉢ 콘크리트의 극히 경미한 균열이 있어 큰 손상으로 발전할 위험이 있는 곳은 Seal로 표면을 잘 봉하여 물의 침입을 방지한다.
    ※ 표면 실링(Sealling)은 0.2mm 이하의 균열부에 적용한다.
  ㉣ 콘크리트가 부식되고 페인트가 퇴색된 곳은 솔로 문질러 페인트를 벗겨 낸 다음, 수성 페인트를 칠한다.
  ㉤ 파손된 부분은 처음의 콘크리트 배합비율과 같게 하여 보수하고, 3주 이상 건조시킨 후 수성 페인트를 칠한다.
⑤ 모래밭의 관리
  ㉠ 모래가 바람에 날리지 않도록 입자의 크기가 1~3mm 정도 되는 굵은 것을 사용하는 것이 좋다.
  ㉡ 이물질인 유리조각, 나뭇조각, 쇳조각, 못, 돌 등이 없도록 해야 한다.
  ㉢ 모래밭 안에 설치된 기구들의 기초가 노출되지 않도록 주의하여야 한다.
  ㉣ 미끄럼대나 그네 밑에 모래가 부족하여 어린이들이 다치는 일이 없도록 해야 한다.

10년간 자주 출제된 문제

3-2. 테니스장에 소금을 뿌리는 이유는?
① 배수를 위하여
② 흙의 뭉침 방지
③ 답압을 위하여
④ 표층의 분리 방지

|해설|

3-2
④ 테니스장의 표층 건조 시 소금 속에 포함된 습기가 갈라짐을 방지하고, 물의 어는점을 낮춰 늦가을과 겨울에 땅이 어는 것을 막아 주며, 습기를 머금은 소금이 먼지가 날리는 것을 억제한다.

정답 3-2 ④

10년간 자주 출제된 문제

조경공간에서의 휴지통에 대한 설명 중 틀린 것은?

① 통풍이 좋고 건조하기 쉬운 구조로 한다.
② 내화성이 있는 구조로 한다.
③ 쓰레기를 수거하기 쉽도록 한다.
④ 지저분하므로 눈에 잘 띄지 않는 장소에 설치한다.

[해설]
④ 공공장소나 도로와 인접한 곳에 대용량을 설치한다.

정답 ④

핵심이론 04 편의시설

① 벤치 및 야외탁자의 관리
  ㉠ 이용자 수가 많은 경우에는 증설한다.
  ㉡ 노인, 주부 등이 오랜 시간 머무는 곳의 시설은 가능한 목재로 설치하고, 그늘이나 습기가 많은 곳의 시설은 콘크리트재나 석재로 설치한다.
  ㉢ 바닥에 물이 고일 경우에는 배수시설을 설치한 후 흙으로 덮어 충분히 다지거나 지면을 포장한다.
  ㉣ 여름철에 그늘이 지지 않는 곳이나 겨울철에 햇빛이 들지 않는 곳은 녹음수를 식재하거나 옮긴다.
  ㉤ 이용자의 사용빈도가 높은 곳의 접합 부분은 충분히 조여 놓거나 풀리지 않게 용접을 한다.
  ㉥ 기초의 노출 부분은 흙으로 덮어 다지고, 담뱃불이나 화재 등으로 그을린 부분은 보수를 하고 재도장한다.
  ㉦ 벤치나 야외탁자 등의 주변은 쓰레기나 담배꽁초가 많이 발생하므로 설치 개수나 장소를 재검토하고 청결한 환경을 유지한다.

② 휴지통의 관리
  ㉠ 휴지통은 벽면, 가로등, 기둥 등에 고정한다.
  ㉡ 공공장소나 도로와 인접한 곳에는 대용량을 설치한다.
  ㉢ 수거빈도는 일주일에 2~3회, 주말이나 휴일은 하루에 2~3회 수거한다.
  ㉣ 일시에 다량으로 발생하면 드럼통을 이용하여 소각하거나, 봉지를 그대로 수거한다.

③ 음수대의 관리
  ㉠ 배수구가 모래, 낙엽, 오물 등에 의해 막히지 않게 정기적으로 제거한다.
  ㉡ 배수관이 파손되면 배수구로 오물이 들어가 막힐 수 있으므로 항상 완전한 상태를 유지하도록 한다.
  ㉢ 겨울철 빙점 이하로 온도가 내려가면 지하부의 배관체계로부터 물을 빼고 동파 방지에 유의한다.
  ㉣ 음수대의 받침은 물때, 손때, 먼지 등이 묻어 불결해지기 쉬우므로 정기적으로 청소하고 파손 시에는 즉시 보수한다.

핵심이론 05 수경시설

① 수질관리
  ㉠ 물은 고여 있으면 미생물의 활동으로 더러워지므로 물속의 유기물은 제거하고, 일정한 간격으로 물을 교체해 주어야 한다.
  ㉡ 맑은 물을 계속 공급하면 스스로의 정화작용을 통하여 물이 맑아지고, 물속의 산소량도 증가한다.
  ㉢ 물속의 산소량을 증가시키기 위해서는 분수나 폭포를 설치하거나, 물이 유입되는 곳에 여과장치 또는 정화조를 설치한다.
  ㉣ 연못 같은 수경시설의 급수구는 수면보다 높게, 월류구는 수면과 같게 해 주고, 입구에 이물질이 막히지 않게 하여 항상 물이 조금씩 흐르게 해 준다.
  ㉤ 수경시설에 수중동물이나 수초를 기르면 관상가치를 높일 수 있으며 물의 혼탁 여부도 예측할 수 있다.
  ㉥ 급수구와 배수구의 막힘 여부는 수시로 점검하고, 겨울 전에 물을 빼 연못에 가라앉았던 이물질을 제거하고 청소한다.

② 급수관리
  ㉠ 수경시설의 급수방법에는 상수도관에 직접 연결하여 급수하는 방법과 높은 곳에 물탱크를 설치하여 중력에 의해 급수하는 방법이 있다.
  ㉡ 급수관의 관리
    • 급수관은 지하에 깊게 매설하여 통행하는 차량이나 작업 중에 파손되지 않게 한다.
    • 겨울철 급수관의 동파 방지를 위해 정기적으로 관리하고, 관을 얕게 매설한 경우에는 보온재를 사용하며, 규격에 맞는 것을 사용한다.
    • 녹이 스는 부분은 녹막이 칠을 정기적으로 해 주고, 녹이 부식되어 녹물이 나오는 경우에는 교환해 준다.
    • 땅속으로 물이 새는 경우에는 누수 탐지기를 이용하여 위치를 확인하고 보수해 준다.
  ㉢ 급수탱크의 관리
    • 철제 물탱크는 정기적으로 청소해 주고, 녹을 제거해야 하며, 녹막이 칠을 해 깨끗한 물이 유지되도록 한다.

10년간 자주 출제된 문제

수경시설(연못)의 유지관리에 관한 내용으로 옳지 않은 것은?
① 겨울철에는 물을 2/3 정도만 채워둔다.
② 녹이 잘 스는 부분은 녹막이 칠을 수시로 해준다.
③ 수중식물 및 어류의 상태를 수시로 점검한다.
④ 물이 새는 곳이 있는지의 여부를 수시로 점검하여 조치한다.

【해설】
① 겨울 전에 물을 빼 연못에 가라앉았던 이물질을 제거하고 청소한다.

정답 ①

- 겨울철에는 급수탱크가 얼지 않도록 보온재를 덮어 주거나 그 밖의 보온장치를 해 준다.

ㄹ 펌프의 관리
- 급수관과 급수관 사이에 물이 샐 경우에는 패킹을 살펴본다.
- 펌프에서 소리가 나거나 열이 나는 경우에는 각 부위의 볼트를 죄어 주고 윤활유를 보충해 준다.

③ 배수관리

ㄱ 연못, 분수, 벽천 등의 수경시설은 많은 물을 필요로 하기 때문에 순환시켜 사용하고 있다.

ㄴ 배수관이나 침전소에 가라앉은 흙, 모래, 낙엽 등의 이물질을 자주 제거하여 막히지 않도록 한다.

④ 수조관리

ㄱ 못, 폭포, 실개울 등의 청소주기는 정화시설이 있는 경우 연 4회, 정화시설이 없는 경우 월 1회로 한다.

ㄴ 친수형 수공간일 경우 현장 상황에 따라 월 1회 이상 청소 및 물 교환을 한다.

⑤ 합류식 하수도와 분류식 하수도의 비교

구분	합류식 하수도 오수를 수거하는 관로와 우수를 수거하는 관로가 같은 관	분류식 하수도 오수관과 우수관이 따로 분리된 하수도
장점	• 관을 하나만 묻으면 되므로 비용이 저렴하고 시공이 용이하다. • 침수 다발지역에 유리하다.	• 관로 청소가 용이하고 관거 내 오물 퇴적이 적다 • 오수만을 처리하여 처리 비용이 적다. • 오수를 하천에 직접 방류하지 않는다.
단점	• 우천 시 다량의 토사가 유입된다. • 맑은 날씨에 수위가 낮고 유속이 낮아 고형물이 퇴적되기 쉽다. • 정화조나 오수처리시설을 둬야 하며 매년 1회 이상 청소해야 한다.	• 강우 초기 도로와 공기 중의 오염물질이 하천에 방류된다. • 관을 따로따로 매설해야 하므로 비용이 들고 시공이 곤란하다.

교육은 우리 자신의 무지를 점차 발견해 가는 과정이다.

– 윌 듀란트 –

합격의 공식 *시대에듀* www.sdedu.co.kr

PART 02

과년도 + 최근 기출복원문제

2014~2016년	과년도 기출문제
2017~2024년	과년도 기출복원문제
2025년	최근 기출복원문제

2014년 제1회 과년도 기출문제

01 앙드레 르 노트르(Andre Le Notre)가 유명하게 된 것은 어떤 정원을 만든 후부터인가?

① 베르사유(Versailles)
② 센트럴파크(Central Park)
③ 토스카나장(Villa Toscana)
④ 알람브라(Alhambra)

해설
① 르 노트르에 의해 세계 최대 규모의 정형식 정원이 꾸며졌다. 베르사유궁은 르 노트르와 루이 14세의 이름과 가장 밀접한 연관이 있으며, 루이 14세 스스로 그렇게 불리기를 바랐던 위대한 태양왕의 실제적 상징으로 널리 알려져 있다.
② 영국 최초의 공공공원인 버컨헤드파크의 영향을 받은 최초의 공원이다.
③ 고대 로마시대의 별장(빌라)이다.
④ 스페인에 현존하는 이슬람 정원의 형태로 유명한 곳이며, 4개의 중정(알베르카 중정, 사자 중정, 린다라하 중정, 레하 중정)이 남아있다.

02 경관구성의 기법 중 [보기]가 설명하는 수목 배치 기법은?

| 보기 |
| 한 그루의 나무를 다른 나무와 연결시키지 않고 독립하여 심는 경우를 말하며 멀리서도 눈에 잘 띄기 때문에 랜드마크의 역할도 한다. |

① 점식
② 열식
③ 군식
④ 부등변삼각형 식재

해설
② 정형식 조경양식에서 필수이며, 일렬 선형으로 식재하는 것
③ 관목이나 초본류를 모아 심는 것
④ 자연식 조경에 쓰임

03 계획 구역 내에 거주하고 있는 사람과 이용자를 이해하는 데 목적이 있는 분석방법은?

① 자연환경분석
② 인문환경분석
③ 시각환경분석
④ 청각환경분석

해설
조경계획의 과정에서 기초자료의 분석은 주로 자연환경과 인문·사회환경의 분석으로 구분할 수 있다. 자연환경은 대기(기상과 기후분석), 물(수문과 수계분석), 토양(토질)환경, 동물(출현종, 서식지, 이동로 등), 식물(식생상, 식생종 등)을 조사 분석하고, 인문환경이란 자연환경에 대비되는 개념으로 인구, 토지이용, 교통조사, 시설물조사, 인간행태유형 등을 토대로 분석하는 환경이다.

04 다음 중 일본 정원과 관련이 가장 적은 것은?

① 축소 지향적
② 인공적 기교
③ 통경선의 강조
④ 추상적 구성

해설
③ 통경선의 강조는 프랑스 정원양식과 관계가 있다.
일본 조경의 특징
- 일본 정원에서 중점을 두고 있는 것 : 조화
- 정신세계의 상징화, 인공적인 기교, 추상적 구성, 관상적인 가치에 가장 치중한 정원이다.

정답 1① 2① 3② 4③

05 도시공원 및 녹지 등에 관한 법률에서 어린이공원의 설계기준으로 틀린 것은?

① 유치거리는 250m 이하, 1개소의 면적은 1,500m² 이상의 규모로 한다.
② 휴양시설 중 경로당을 설치하여 어린이와의 유대감을 형성할 수 있다.
③ 유희시설에 설치되는 시설물에는 정글짐, 미끄럼틀, 시소 등이 있다.
④ 공원시설 부지면적은 전체면적의 60% 이하로 하여야 한다.

해설
공원시설의 설치·관리기준(도시공원 및 녹지 등에 관한 법률 시행규칙 제9조 제1항 제3호)
어린이공원에 설치할 수 있는 공원시설은 조경시설, 휴양시설(경로당 및 노인복지관은 제외), 유희시설, 운동시설, 교양시설 중 도서관(높이 1층, 면적 33m² 이하만 해당), 편익시설 중 화장실·음수장·공중전화실로 하며, 어린이의 이용을 고려할 것. 다만, 휴양시설 중 경로당과 교양시설 중 어린이집으로서 2005년 12월 30일 당시 설치 중이었거나 설치가 완료된 경로당 또는 어린이집은 증축·재축·개축 및 대수선을 할 수 있다.

06 토양의 단면 중 낙엽이 대부분 분해되지 않고 원형 그대로 쌓여 있는 층은?

① L층   ② F층
③ H층   ④ C층

해설
토양의 단면

A₀층 (유기물층)	L층	낙엽이 대부분 분해되지 않고 원형 그대로 쌓여 있음
	F층	낙엽이 소동물 혹은 미생물에 의해 분해되지만 다소 원형유지, 식물의 조직을 육안식별 가능
	H층	육안으로 낙엽의 기원을 전혀 알 수 없는 유기물, 흑갈색, 토양상태
A층(표층)		식물에 필요한 양분이 풍부하고 기후, 식생, 생물 등의 영향을 가장 강하게 받는 층
B층(집적층)		표층에 비해 부식 함량이 적고 모래의 풍화가 충분히 진행된 갈색의 토양
C층(모재층)		토양모질물로 토양화가 거의 진행되지 않는 층, 거친 모래로 구성
D층(기암층)		주로 바위로 구성된 층

07 다음 중 색의 대비에 관한 설명이 틀린 것은?

① 보색인 색을 인접시키면 본래의 색보다 채도가 낮아져 탁해 보인다.
② 명도단계를 연속시켜 나열하면 각각 인접한 색끼리 두드러져 보인다.
③ 명도가 다른 두 색을 인접시키면 명도가 낮은 색은 더욱 어두워 보인다.
④ 채도가 다른 두 색을 인접시키면 채도가 높은 색은 더욱 선명해 보인다.

해설
보색대비
보색이 되는 색들끼리 나타나는 대비효과로, 두 색은 서로의 영향을 받아 본래의 색보다 채도가 높아지고 선명해 진다.

08 조경프로젝트의 수행단계 중 주로 공학적인 지식을 바탕으로 다른 분야와는 달리 생물을 다룬다는 특수한 기술이 필요한 단계로 가장 적합한 것은?

① 조경계획
③ 조경관리
② 조경설계
④ 조경시공

해설
조경프로젝트의 수행단계
• 조경계획 : 자료의 수집, 분석, 종합에 초점을 맞추는 수행단계
• 조경설계 : 자료를 활용하여 3차원적 공간을 창조해 나가는 수행단계
• 조경시공 : 공학적 지식과 생물을 다루는 특별한 기술이 필요한 수행단계
• 조경관리 : 식생과 시설물의 이용에 관한 전체적인 것을 다루는 수행단계

09 다음 중 일반적으로 옥상정원 설계 시 일반 조경설계보다 중요하게 고려할 항목으로 관련이 가장 적은 것은?

① 토양층 깊이
② 방수 문제
③ 지주목의 종류
④ 하중 문제

해설
옥상조경 시공 시 유의할 점
- 하중, 옥상바닥 보호와 배수 문제
- 바람, 한발, 강우, 햇볕 등 자연재해로의 안전성 고려
- 토양층의 깊이와 구성 성분, 시비 및 식생의 유지
- 수종의 적절한 선택

10 로마의 조경에 대한 설명으로 알맞은 것은?

① 집의 첫 번째 중정(Atrium)은 5점형 식재를 하였다.
② 주택정원은 그리스와 달리 외향적인 구성이었다.
③ 집의 두 번째 중정(Peristylium)은 가족을 위한 사적공간이다.
④ 겨울기후가 온화하고 여름이 해안기후로 시원하여 노단형의 별장(Villa)이 발달하였다.

해설
②·③ 고대 로마정원은 3개의 중정으로 구성되어 있었는데, 이 중 사적공간 제2중정에는 페리스틸리움이 있고, 후원 지스터스가 있다. 사적인 기능을 가진 중정이 있으므로 모든 중정이 외향적이지는 않다.
① 주로 5점형 식재법에 의하여 행하여진 중정은 두 번째 중정인 페리스틸리움이다.
④ 이탈리아의 구릉과 경사지가 많은 지형적 제약 때문에 경사지를 계단형으로 만드는 노단건축식 정원양식이 발생하였다.

11 수목의 표시를 할 때 주로 사용되는 제도용구는?

① 삼각자
② 템플릿
③ 삼각축척
④ 곡선자

해설
② 셀룰로이드나 아크릴 등 얇은 판에 크기가 다른 원, 사각, 타원 또는 각종 기호 등을 뚫어 놓은 것으로 수목을 표현 할 때에는 원형 템플릿 사용빈도가 가장 높다.
① 제도용 삼각자는 45°의 사선과 30°, 60°의 사선을 그을 수 있는 두 종류가 한 세트로 되어 있고 여러 가지 크기가 있는데, 제도에서는 보통 300mm 정도의 것을 많이 사용한다.
③ 단면이 삼각형으로 되어 있으며, 각변에 1/100, 1/200, 1/300, 1/400, 1/500, 1/600의 축척 눈금이 새겨져 있다. 길이는 300mm를 주로 사용하며, 실물의 크기를 도면 내에 축소하여 그릴 때 사용한다.
④ 납과 합성수지를 이용하여 유연성 있게 만든 것으로 자유롭게 곡선을 그릴 때 사용한다.

12 귤준망의 「작정기」에 수록된 내용이 아닌 것은?

① 서원조 정원 건축과의 관계
③ 지형의 취급방법
② 원지를 만드는 법
④ 입석의 의장법

해설
작정기
귤준망이 직접 여러 정원을 감상한 후 정원에 관한 이야기를 모아 엮은 책이다. 내용은 침전조계 통의 정원의 형태와 의장에 관한 것으로서 정원 전체의 땅가름, 연못, 섬, 입석, 작천 등 정원에 관한 모든 내용을 기록하고 있다.

13 식재설계에서의 인출선과 선의 종류가 동일한 것은?

① 단면선
② 숨은선
③ 경계선
④ 치수선

해설
굵기에 따른 선의 종류
- 굵은 선(0.6~0.8mm) : 도면의 윤곽선, 건물의 외곽선, 단면선 등
- 중간 선(0.2~0.6mm) : 작은 규모의 단면선, 물체의 외곽선, 경계선, 파선 등
- 가는 선(0.2mm) : 문자 보조선, 질감, 치수선, 지시선, 해칭선, 인출선 등

14 다음 중 이탈리아 정원의 장식과 관련된 설명으로 가장 거리가 먼 것은?

① 기둥, 복도, 열주, 퍼걸러, 조각상, 장식분이 장식된다.
② 계단폭포, 물무대, 정원극장, 동굴 등이 장식된다.
③ 바닥은 포장되며 곳곳에 광장이 마련되어 화단으로 장식된다.
④ 원예적으로 개량된 관목성의 꽃나무나 알뿌리 식물 등이 다량으로 식재된다.

해설
④ 네덜란드 정원의 특징이다.
이탈리아 정원의 장식
- 경사진 지형을 깎아 벽과 테라스를 쌓아 계단을 만들고 물, 기타 조경요소를 도입하여 자연경관을 부각시킨 정원양식이다.
- 정원의 크기와 식물을 특히 강조하여 대량의 식물을 사용하였다.
- 퍼걸러(Pergola, 덩굴시렁), 총림(인공숲), Maze(미원, 미로화단, 미로정원, 잔디화단), 토피어리(Topiary) 등이 있으며, 녹음수와 과실수가 주류를 이루었다.

15 시공 후 전체적인 모습을 알아보기 쉽도록 그린 그림과 같은 형태의 도면은?

① 평면도　　② 입면도
③ 조감도　　④ 상세도

해설
③ 설계 대상지 전체를 내려다 볼 수 있을 정도의 높은 곳에서 보이는 모습을 투시도 작도법으로 그린 것이다.
① 조경설계의 가장 기본적인 도면으로 물체를 위에서 바라본 것을 가정하고 작도하는 설계도이다.
② 평면도와 같은 축척을 이용하여 작성하며 정면도, 배면도, 측면도 등으로 세분된다.
④ 평면도나 단면도에 잘 나타나지 않는 세부사항을 표현한 도면이다.

16 다음 중 난지형 잔디에 해당되는 것은?

① 레드톱　　② 버뮤다그래스
③ 켄터키 블루그래스　　④ 톨페스큐

해설
- 난지형 잔디 : 한국잔디(들잔디, 금잔디, 갯잔디, 빌로드잔디), 버뮤다그래스 등
- 한지형 잔디 : 벤트그래스, 켄터키 블루그래스, 이탈리안 라이그래스 등

17 겨울 화단에 식재하여 활용하기 가장 적합한 식물은?

① 팬지　　② 마리골드
③ 달리아　　④ 꽃양배추

해설
① 봄화단에 적합하다.
② · ③ 가을화단에 적합하다.

계절에 따른 식재

계절별	구분	종류
봄화단	한해	팬지, 데이지, 프리뮬러, 금잔화, 알리섬
	다년생	꽃단지, 은방울꽃, 며느리밥풀꽃, 붓꽃
	구근	튤립, 크로커스, 수선화, 히아신스
여름화단	한해	피튜니아, 색비름, 천일홍, 맨드라미
	다년생	붓꽃, 옥잠화, 작약
	구근	글라디올러스, 칸나
가을화단	한해	마리골드, 맨드라미, 피튜니아, 코스모스, 샐비어
	다년생	국화, 루드베키아, 숙근플록스
	구근	달리아
겨울화단	-	꽃양배추

18 다음 노박덩굴과(Celastraceae) 식물 중 상록계열에 해당하는 것은?

① 노박덩굴　　② 화살나무
③ 참빗살나무　　④ 사철나무

해설
① 낙엽활엽덩굴성
② 낙엽활엽관목
③ 낙엽활엽소교목

정답 14 ④　15 ③　16 ②　17 ④　18 ④

19 다음 도료 중 건조가 가장 빠른 것은?

① 오일페인트　② 바니시
③ 래커　　　　④ 레이크

해설
래커
• 자연건조방법에 의해 상온에서 경화된다.
• 도막의 건조시간이 빨라 백화를 일으키기 쉽다.
• 도막은 단단하고 불점착성이다.
• 셀룰로스도료라고도 한다.
• 내마모·내수성·내유성 등이 우수하다.

20 지력이 낮은 척박지에서 지력을 높이기 위한 수단으로 식재 가능한 콩과(科) 수종은?

① 소나무　　② 녹나무
③ 갈참나무　④ 자귀나무

해설
척박지에 견디는 수종 : 소나무, 오리나무, 버드나무, 자작나무, 등나무, 아까시, 자귀나무, 보리수나무, 다릅나무 등이 있다. 자귀나무는 쌍떡잎식물 장미목 콩과의 낙엽활엽소교목이다.

21 다음 중 고광나무(*Philadelphus schrenkii*)의 꽃 색깔은?

① 적색　② 황색
③ 백색　④ 자주색

해설
고광나무(*Philadelphus schrenkii*)
키는 2~4m이고, 잎은 마주나기하며 길이 7~13cm, 폭 4~7cm로 표면은 녹색이고 털이 거의 없으며, 뒷면은 연녹색으로 잔털이 있고 달걀 모양을 하고 있다. 가지는 2개로 갈라지고 작은 가지는 갈색으로 털이 있으며 2년생 가지는 회색이고 껍질이 벗겨진다. 꽃은 정상부 혹은 잎이 붙은 곳에서 긴 꽃대에 여러개의 꽃들이 백색으로 달리고 향이 있다.

22 대취(Thatch)란 지표면과 잔디(녹색식물체) 사이에 형성되는 것으로 이미 죽었거나 살아있는 뿌리, 줄기 그리고 가지 등이 서로 섞여 있는 유기층을 말한다. 다음 중 대취의 특징으로 옳지 않은 것은?

① 한겨울에 스캘핑이 생기게 한다.
② 대취층에 병원균이나 해충이 기거하면서 피해를 준다.
③ 탄력성이 있어서 그 위에서 운동할 때 안전성을 제공한다.
④ 소수성(Hydrophobic)인 대취의 성질로 인하여 토양으로 수분이 전달되지 않아서 국부적으로 마른지역을 형성하며 그 위의 잔디가 말라 죽게 한다.

해설
대취(Thatch)의 영향
• 대취는 공기와 비료의 효율적인 이동을 방해하고 잔디의 생육을 약화시킨다.
• 병원균 및 해충의 서식지로 병 발생의 원인이 될 수 있다.
• 리그닌 함량이 높기 때문에 물을 배척하는 소수성의 특성이 있어 잔디밭에 부분적으로 건조 피해를 일으키기도 한다.
• 잔디밭에 살포되는 살충제나 살균제의 약효를 저하시킨다.
• 잔디의 뿌리, 지하경의 성장이 대취층에서 이루어져 토양에 의한 보호력 상실로 고온장해, 동해, 건조해에 대한 내성이 약화된다.
• 대취의 축적이 많을수록 잔디의 스캘핑현상이 잘 일어난다.
• 지렁이의 발생이 증가한다.

23 화성암의 심성암에 속하며 흰색 또는 담회색인 석재는?

① 화강암
② 안산암
③ 점판암
④ 대리석

해설
심성암은 화성암의 종류 중 하나로, 용암이나 지하 깊은 곳에서 만들어진 암석이며 화강암, 반려암, 섬록암이 있다.
② 어두운 색을 띄는 화성암에 속한다.
③·④ 변성암에 속한다.

24 다음 중 가을에 꽃향기를 풍기는 수종은?

① 매화나무
③ 모과나무
② 수수꽃다리
④ 목서류

해설
꽃 향기를 풍기는 나무 : 매화나무(3월), 수수꽃다리(4~5월), 장미(5~10월), 일본목련(6월), 함박꽃나무(6월), 인동덩굴(7월), 목서류(10월) 등

25 다음 중 정원수목으로 적합하지 않은 것은?

① 잎이 아름다운 것
② 값이 비싸고 희귀한 것
③ 이식과 재배가 쉬운 것
④ 꽃과 열매가 아름다운 것

해설
② 값이 비싸고 희귀한 것은 정원수목으로 쓰이는 것이 아니다.

26 주철강의 특성 중 틀린 것은?

① 선철이 주재료이다.
② 내식성이 뛰어나다.
③ 탄소 함유량은 1.7~6.6%이다.
④ 단단하여 복잡한 형태의 주조가 어렵다.

해설
1.7% 이상의 탄소를 함유하는 철은 약 1,150℃에서 녹으므로 주물을 만드는 데 사용할 수 있으나, 이 중에서 3.0~3.6%의 탄소량에 해당하는 것을 일반적으로 주철이라고 한다. 주철은 전성, 연성이 작고 가공이 안된다.

27 다음 중 자작나무과(科)의 물오리나무 잎으로 가장 적합한 것은?

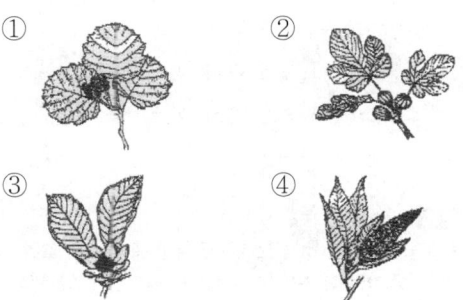

해설
물오리나무 잎은 어긋나기로 타원상 달걀꼴이고, 가장자리가 5~8개로 얕게 갈라지며 겹톱니가 있다. 표면은 짙은 녹색으로 맥 위에 잔털이 있고, 뒷면은 회백색이다.

28 다음 중 옥상정원을 만들 때 배합하는 경량재로 사용하기 가장 어려운 것은?

① 사질양토
② 버미큘라이트
③ 펄라이트
④ 피트

해설
① 사질양토는 진흙이 비교적 적게 섞인 부드러운 흙이다.
경량재 : 버미큘라이트, 펄라이트, 피트모스, 화산재 등

29 골재의 함수상태에 대한 설명 중 옳지 않은 것은?

① 절대건조상태는 105±5℃ 정도의 온도에서 24시간 이상 골재를 건조시켜 표면 및 골재알 내부의 빈틈에 포함되어 있는 물이 제거된 상태이다.
② 공기 중 건조상태는 실내에 방치한 경우 골재입자의 표면과 내부의 일부가 건조된 상태이다.
③ 표면건조포화상태는 골재입자의 표면에 물은 없으나 내부의 빈틈에 물이 꽉 차 있는 상태이다.
④ 습윤상태는 골재입자의 표면에 물이 부착되어 있으나 골재입자 내부에는 물이 없는 상태이다.

해설
④ 습윤상태는 골재의 내부는 이미 포화상태이고, 표면에도 수분이 있는 상태이다.

정답 24 ④ 25 ② 26 ④ 27 ① 28 ① 29 ④

30 섬유포화점은 목재 중에 있는 수분이 어떤 상태로 존재하고 있는 것을 말하는가?

① 결합수만이 포화되어 있을 때
② 자유수만이 포화되어 있을 때
③ 유리수만이 포화되어 있을 때
④ 자유수와 결합수가 포화되어 있을 때

해설
목재가 건조하면 1차적으로 자유수가 증발한 후 결합수가 남고, 계속 건조하면 결합수가 최종적으로 증발한다. 이때 양자의 한계점을 섬유포화점(Fiber Saturation Point)이라 한다.

31 실리카질 물질(SiO_2)을 주성분으로 하며 그 자체는 수경성(Hydraulicity)이 없으나 시멘트의 수화에 의해 생기는 수산화칼슘[$Ca(OH)_2$]과 상온에서 서서히 반응하여 불용성의 화합물을 만드는 광물질 미분말의 재료는?

① 실리카흄
② 고로슬래그
③ 플라이애시
④ 포졸란

해설
① 실리콘 제조 시 발생하는 초미립자의 규소 부산물을 전기집진장치에 의해서 얻어지는 혼화재로 초고강도 콘크리트 제조에 사용된다.
② 용광로에서 철광석으로부터 선철을 만들 때 생기는 슬래그로서 철 이외의 불순물이 모인 것이다.
③ 미분탄을 연소하는 보일러의 연도 가스로부터 집진기로 채취한 석탄재를 말하며 시멘트의 절약과 콘크리트의 성질개선을 목적으로 쓰인다.

32 다음 중 물푸레나무과에 해당되지 않는 것은?

① 미선나무
② 광나무
③ 이팝나무
④ 식나무

해설
④ 식나무는 층층나무과에 속한다.

33 석재의 가공방법 중 혹두기작업의 바로 다음 후속작업으로 작업면을 비교적 고르고 곱게 처리할 수 있는 작업은?

① 물갈기
② 잔다듬
③ 정다듬
④ 도드락다듬

해설
③ 혹두기한 면을 정으로 비교적 고르고 곱게 다듬는 작업으로 거친다듬, 중다듬, 고운다듬으로 구분된다.
① 필요에 따라 잔다듬면을 연마기나 숫돌로 매끈하게 갈아 내는 방법이다.
② 외날망치나 양날망치로 정다듬 면 또는 도드락다듬면을 일정 방향, 주로 평행하게 나란히 찍어 평탄하게 마무리하는 작업이다.
④ 정다듬한 표면을 도드락망치를 이용하여 1~3회 정도 두드려 곱게 다듬는 작업이다.
※ 석재가공순서 : 혹두기 → 정다듬 → 도드락다듬 → 잔다듬 → 물갈기

34 조경 수목 중 아황산가스에 대해 강한 수종은?

① 양버즘나무
② 삼나무
③ 전나무
④ 단풍나무

해설
아황산가스에 강한 수종 : 플라타너스(양버즘나무), 사철나무, 은행나무, 편백, 화백, 가시나무, 백합나무, 칠엽수 등

정답 30 ① 31 ④ 32 ④ 33 ③ 34 ①

35 수목은 생육조건에 따라 양수와 음수로 구분하는데, 다음 중 성격이 다른 하나는?

① 무궁화 ② 박태기나무
③ 독일가문비나무 ④ 산수유

해설
③ 음수, ①·②·④ 양수
음수 : 주목, 전나무, 비자나무, 독일가문비나무, 가시나무, 녹나무, 후박나무, 동백나무, 호랑가시나무, 팔손이나무, 회양목 등

36 임목(林木) 생장에 가장 좋은 토양구조는?

① 판상구조(Platy)
② 괴상구조(Blocky)
③ 입상구조(Granular)
④ 견파상구조(Nutty)

해설
③ 서로 연하여 겹치거나 쌓여서 입단(粒團) 사이의 공극에 물이 저장되어 생물생육에 적합한 조건이다.
① 수직배수가 잘 안된다.
② 각괴와 원괴로 나누어지며, 심토에서 많이 발견된다.
④ 밤, 호두와 같은 단단한 과실 형상으로 조직은 치밀하고 단단하다.

37 다음 중 방위각 150°를 방위로 표시하면 어느 것인가?

① N 30°E ② S 30°E
③ S 30°W ④ N 30°W

해설
S (180° − 방위각)E = S (180° − 150°)E = S 30°E
방위각과 방위

방위각	방위
0~90°	N (방위각)E
90~180°	S (180° − 방위각)E
180~270°	S (방위각 − 180°)W
270~360°	N (360° − 방위각)W

38 이식한 수목의 줄기와 가지에 새끼로 수피감기하는 이유로 가장 거리가 먼 것은?

① 경관을 향상시킨다.
② 수피로부터 수분 증산을 억제한다.
③ 병해충의 침입을 막아준다.
④ 강한 태양광선으로부터 피해를 막아준다.

해설
• 수피감기 : 잎으로만 수분이 증산하는 것이 아니라 수피에서도 수분이 증발되므로 이를 방지한다.
• 수피감기의 목적 : 수분 증발 억제, 병해충의 침입 방지, 강한 일사와 건조로부터의 피해 방지

39 다음 중 비탈면을 보호하는 방법으로 짧은 시간과 급경사지역에 사용하는 시공방법은?

① 콘크리트 격자틀공법
② 자연석쌓기법
③ 떼심기법
④ 종자뿜어붙이기법

해설
종자뿜어붙이기법
초본류나 목본류의 종자와 비료 접착제 등을 섞어 기계로 비탈면에 분사 파종하는 방법이다. 급경사지에도 시공이 가능하고, 단시간 내에 넓은 지역을 처리할 수 있어 시공 능률과 경제성이 매우 높아 성토·절토 비탈면에 모두 사용한다.

40 농약을 유효 주성분의 조성에 따라 분류한 것은?

① 입제 ② 훈증제
③ 유기인계 ④ 식물생장조정제

해설
농약의 분류
• 사용목적 및 작용 특성에 따른 분류 : 살균제, 살충제, 살비제, 살선충제, 제초제, 식물 생장조정제, 혼합제, 보조제 등
• 주성분의 조성에 따른 분류 : 유기인계, 카바메이트계, 유기염소계, 유황계, 동계, 유기비소계, 항생물질계, 피레스로이드계, 페녹시계, 트리아진계, 요소계, 기타 농약
• 형태에 다른 분류 : 유제, 수화제 및 수용제, 분제, 입제, 액제, 액상수호제, 미립제, DL분제, 훈증제, 정제, 기타

정답 35 ③ 36 ③ 37 ② 38 ① 39 ④ 40 ③

41 소나무류 가해 해충이 아닌 것은?

① 알락하늘소　② 솔잎혹파리
③ 솔수염하늘소　④ 솔나방

해설
① 알락하늘소는 단풍나무, 버즘나무, 버드나무류를 가해하는 해충으로, 피해작물은 감귤, 사과이다.

42 고속도로의 시선유도식재는 주로 어떤 목적을 갖고 있는가?

① 위치를 알려준다.
② 침식을 방지한다.
③ 속력을 줄이게 한다.
④ 전방의 도로 형태를 알려준다.

해설
시선유도식재
곡선반경이 극히 작은 종단철형(從斷凸形)의 노선이나 평면선형(平面線形)에서 한쪽으로 회전하는 곡선구간 등에 교통안전을 위하여 열식으로 식재하는 도로기능식재이다.

43 다음 중 여성토의 정의로 가장 알맞은 것은?

① 가라앉을 것을 예측하여 흙을 계획높이보다 더 쌓는 것
② 중앙분리대에서 흙을 볼록하게 쌓아 올리는 것
③ 옹벽 앞에 계단처럼 콘크리트를 쳐서 옹벽을 보강하는 것
④ 잔디밭에서 잔디에 주기적으로 뿌려 뿌리가 노출되지 않도록 준비하는 토양

해설
더돋기(여성토) : 토적의 축소에 대하여 충분한 높이와 용적을 갖기 위하여 미리 흙을 더 쌓는 작업을 말한다.

44 다음 중 등고선의 성질에 관한 설명으로 옳지 않은 것은?

① 등고선상에 있는 모든 점은 높이가 다르다.
② 등경사지는 등고선 간격이 같다.
③ 급경사지는 등고선의 간격이 좁고, 완경사지는 등고선 간격이 넓다.
④ 등고선은 도면의 안이나 밖에서 폐합되며 도중에 없어지지 않는다.

해설
등고선
높낮이가 있는 지표상에서 같은 높이인 곳을 연결한 선을 말하며, 동일한 등고선상에 있는 모든 점의 표고값은 동일하다.

45 토양침식에 대한 설명으로 옳지 않은 것은?

① 토양의 침식량은 유거수량이 많을수록 적어진다.
② 토양유실량은 강우량보다 최대강우강도와 관계가 있다.
③ 경사도가 크면 유속이 빨라져 무거운 입자도 침식된다.
④ 식물의 생장은 투수성을 좋게 하여 토양 유실량을 감소시킨다.

해설
유거수량이란 지표면을 따라 흐르는 물의 양을 말한다. 토양의 침식량은 유거수량이 많을수록 많아지고, 경사도가 클수록 유속이 빨라지며 침식량이 많아진다.

46 지형을 표시하는 데 가장 기본이 되는 등고선의 종류는?

① 조곡선　　② 주곡선
③ 간곡선　　④ 계곡선

해설
① 등고선에 있어서 간곡선의 간격을 1/2로 다시 구분한 선이다.
③ 주곡선 간격의 2분의 1인 등고선이다.
④ 등고선을 읽기 쉽게 일정한 수의 등고선(주곡선)에 1개씩 굵게 나타낸 선이다.

47 다음 중 소나무의 순자르기 방법으로 가장 거리가 먼 것은?

① 수세가 좋거나 어린나무는 다소 빨리 실시하고, 노목이나 약해 보이는 나무는 5~7일 늦게 한다.
② 손으로 순을 따 주는 것이 좋다.
③ 5~6월경에 새순이 5~10cm 자랐을 때 실시한다.
④ 자라는 힘이 지나치다고 생각 될 때에는 1/3~1/2 정도 남겨두고 끝부분을 따버린다.

해설
① 노목이나 약해 보이는 나무는 다소 빨리 하고, 수세가 좋거나 어린나무는 5~7일 정도 늦게 한다.

48 시멘트의 응결을 빠르게 하기 위하여 사용하는 혼화제는?

① 지연제　　② 발포제
③ 급결제　　④ 기포제

해설
급결제는 겨울철이나 물속 공사, 콘크리트 뿜어붙이기 등에 필요한 조기강도의 발생 촉진을 위하여 첨가하는 혼화재료이다.

49 난지형 한국잔디의 발아적온으로 맞는 것은?

① 15~20℃
② 20~23℃
③ 25~30℃
④ 30~33℃

해설
일반적으로 한지형 잔디종자의 발아적온은 20~30℃이고, 난지형 잔디종자의 발아적온은 30~35℃이다. 한지형은 가을과 봄에 파종하고 난지형은 여름에 파종한다.

50 용적 배합비 1 : 2 : 4 콘크리트 $1m^3$ 제작에 모래가 $0.45m^3$ 필요하다. 자갈은 몇 m^3 필요한가?

① $0.45m^3$　　② $0.5m^3$
③ $0.90m^3$　　④ $0.15m^3$

해설
용적 배합비는 시멘트 : 모래 : 자갈의 순서로 표시하므로 자갈은 모래의 2배이다. 모래 $0.45m^3$의 2배는 자갈 $0.9m^3$이다.

51 축척이 1/5,000의 지도상에서 구한 수평면적이 $5cm^2$라면 지상에서의 실제면적은 얼마인가?

① $1,250m^2$
② $12,500m^2$
③ $2,500m^2$
④ $25,000m^2$

해설
실제면적 = 도상면적 × 축척^2
　　　　 = $0.0005 × (5,000)^2$
　　　　 = $12,500m^2$
($\because 10,000cm^2 = 1m^2$)

정답　46 ②　47 ①　48 ③　49 ④　50 ③　51 ②

52 다음 중 잡초의 특성으로 옳지 않은 것은?

① 재생 능력이 강하고 번식 능력이 크다.
② 종자의 휴면성이 강하고 수명이 길다.
③ 생육 환경에 대하여 적응성이 작다.
④ 땅을 가리지 않고 흡비력이 강하다.

해설
③ 생육 환경에 대하여 적응성이 큰 특성을 갖고 있다.

53 겨울철에 제설을 위하여 사용되는 해빙염(Deicing Salt)에 관한 설명으로 옳지 않은 것은?

① 염화칼슘이나 염화나트륨이 주로 사용된다.
② 장기적으로는 수목의 쇠락(Decline)으로 이어진다.
③ 흔히 수목의 잎에는 괴사성 반점(점무늬)이 나타난다.
④ 일반적으로 상록수가 낙엽수보다 더 큰 피해를 입는다.

해설
도로에 해빙염을 뿌리면 토양에 축적되어 가로수는 뿌리를 통한 양분과 수분을 원활히 흡수할 수가 없어 가지가 말라죽는 피해(고사)를 입게 된다. 염화칼슘과 같은 해빙염을 사용할 때는 수목이 식재된 토양 위에 비닐을 덮어 주어 수목 피해를 방지하고 눈이 온 뒤에는 수목을 깨끗한 물로 씻어 준다.

54 소나무류의 잎솎기는 어느 때 하는 것이 가장 좋은가?

① 12월경
② 2월경
③ 5월경
④ 8월경

해설
소나무의 잎솎기는 8월경에 하는 것이 좋고, 순지르기는 4~5월경에 하는 것이 좋다.

55 다음 중 천적 등 방제대상이 아닌 곤충류에 가장 피해를 주기 쉬운 농약은?

① 훈증제
② 전착제
③ 침투성 살충제
④ 지속성 접촉제

해설
접촉제
- 지속성 접촉제 : 유기염소계 및 일부 유기인계 살충제는 화학적으로 안정하여 쉽게 분해되지 않아 잔류기간이 길어서 천적이나 곤충류에 피해를 주는 등 환경오염의 원인이 된다.
- 비지속성 접촉제 : 피레스로이드계, 니코틴계 및 일부 유기인계 살충제는 속효성이고 잔류성이 짧아 환경오염의 피해가 적다.

56 토양수분 중 식물이 이용하는 형태로 가장 알맞은 것은?

① 결합수
② 자유수
③ 중력수
④ 모세관수

해설
토양수분의 형태
- 결합수 : 점토광물에 결합되어 있어 분리시킬 수 없어 식물이 이용할 수 없는 수분
- 흡습수 : 토양입자 표면에 피막상으로 흡착되어 식물이 거의 이용할 수 없는 수분
- 모관수 : 토양공극에서 표면장력으로 유지되며, 모세관현상에 의해 공극을 따라 상승하여 식물이 주로 이용하는 수분
- 중력수 : 비모관공극에서 중력에 의하여 흘러내려 식물이 이용 가능한 수분
- 지하수 : 지하에 정지하여 모관수의 근원이 되는 수분

정답 52 ③ 53 ③ 54 ④ 55 ④ 56 ④

57 다음 중 ( ) 안에 알맞은 것은?

> 공사 목적물을 완성하기까지 필요로 하는 여러 가지 작업의 순서와 단계를 ( )(이)라고 한다. 가장 효과적으로 공사 목적물을 만들 수 있으며 시간을 단축시키고 비용을 절감할 수 있는 방법을 정할 수 있다.

① 공종 ② 검토
③ 시공 ④ 공정

해설
① 공사의 종류를 말한다.
② 어떤 사실이나 내용을 분석하여 따지는 것이다.
③ 공사를 시행하는 것을 말한다.

58 다음 선의 종류와 선긋기의 내용이 잘못 짝지어진 것은?

① 가는 실선 – 수목인출선
② 파선 – 단면
③ 1점쇄선 – 경계선
④ 2점쇄선 – 중심선

해설
④ 2점쇄선 : 가상선, 경계선
선의 용도에 의한 분류

명칭		굵기(mm)	용도에 의한 명칭
실선		전선 0.3~0.8	• 외형선 : 물체의 보이는 부분을 나타내는 선 • 단면선 : 절단면의 윤곽선
		가는 선 0.2 이하	치수선, 치수보조선, 지시선, 해칭선 : 설명, 보조, 지시 및 단면의 표시
파선		반선 전선의 1/2	숨은선 : 물체의 보이지 않는 부분의 모양 표시
1점쇄선		가는 선 0.2 이하	중심선 : 물체의 중심축, 대칭축 표시
		반선 전선의 1/2	경계선, 절단선 : 물체의 절단한 위치 및 경계 표시
2점쇄선		반선 전선의 1/2	가상, 경계선 : 물체가 있을 것으로 생각되는 부분 표시

59 전정도구 중 주로 연하고 부드러운 가지나 수관 내부의 가늘고 약한 가지를 자를 때와 꽃꽂이를 할 때 흔히 사용하는 것은?

① 대형전정가위
② 적심가위 또는 순치기가위
③ 적화, 적과가위
④ 조형 전정가위

해설
② 연한 가지나 끝순, 햇순을 자를 때 사용한다.
① 전정가위르는 자르기 힘든 굵은 가지를 자를 때 쓰는 가위이다.
③ 꽃눈이나 결실된 열매를 속을 때 또는 과일의 수확시기에 주로 사용한다.
④ 회양목이나 사철나무 등의 생울타리의 수관을 빨리 다듬기 위하여 만들어진 가위이다.

60 콘크리트용 골재로서 요구되는 성질로 틀린 것은?

① 단단하고 치밀할 것
② 필요한 무게를 가질 것
③ 알의 모양은 둥글거나 입방체에 가까울 것
④ 골재의 낱알 크기가 균등하게 분포할 것

해설
콘크리트용 골재의 필요 성질
• 깨끗하고 유해물을 포함하지 말 것
• 물리적 내구성이 클 것
• 화학적 안정성이 클 것
• 밀도가 클 것(견고하고 강할 것)
• 부착력이 클 것(입방체나 공모양으로 표면이 매끄럽지 않은 것)
• 적당한 입도일 것(공극 감소)
• 소요의 중량을 가질 것
• 내마모성일 것
• 내화성일 것

정답 57 ④ 58 ④ 59 ② 60 ④

2014년 제2회 과년도 기출문제

01 그림과 같이 AOB 직각을 3등분 할 때 다음 중 선의 길이가 같지 않은 것은?

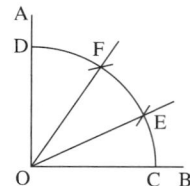

① CF
② EF
③ OD
④ OC

해설
직각만 유일하게 3등분 할 수 있다. 정삼각형은 세 변의 길이가 같고 세 각의 크기가 같다.

02 다음 중 묘원의 정원에 해당하는 것은?

① 타지마할
② 알람브라
③ 공중정원
④ 보르비콩트

해설
① 타지마할은 무덤, 사원, 정원, 출입문, 연못 등을 포함한 종합건축물이다.
② 스페인에 현존하는 이슬람 정원의 형태로 유명한 곳이며, 4개의 중정(알베르카 중정, 사자 중정, 린다라하 중정, 레하 중정)이 남아있다.
③ 신바빌로니아의 네부카드네자르 2세가 왕비 아미티스를 위해 조성한 정원으로 세계 7대 불가사의 중 하나이다.
④ 앙드레 르 노트르가 설계한 프랑스 정원으로, 최초의 평면기하학식 정원이다.

03 다음 중 위요된 경관(Enclosed Landscape)의 특징 설명으로 옳은 것은?

① 시선의 주의력을 끌 수 있어 소규모의 지형도 경관으로서 의의를 갖게 해준다.
② 보는 사람으로 하여금 위압감을 느끼게 하며 경관의 지표가 된다.
③ 확 트인 느낌을 주어 안정감을 준다.
④ 주의력이 없으면 등한시하기 쉬운 것이다.

해설
위요경관(Enclosed Landscape)
주위 경관요소들에 의하여 울타리처럼 둘러싸인 경관이다.
예 숲속의 호수, 초원 등

04 실물을 도면에 나타낼 때의 비율을 무엇이라 하는가?

① 범례
② 표제란
③ 평면도
④ 축척

해설
① 그래프와 디자인 요소들에 대한 간단한 설명을 표시하는 부분을 말한다.
② 공사명, 도면명, 범례, 축척, 설계자명, 도면번호, 설계일시 등의 사항을 기록한다.
③ 물체를 위에서 바라본 것을 가정하고 수평면상에 투영하여 작도한 것이다.

1 ② 2 ① 3 ① 4 ④ **정답**

05 고려시대 조경수법은 대비를 중요시하는 양상을 보인다. 어느시대의 수법을 받아 들였는가?

① 신라시대 수법
② 일본 임천식 수법
③ 중국 당시대 수법
④ 중국 송시대 수법

해설
고려시대는 중국 송시대의 수법을 모방한 화원과 석가산, 많은 누각 등으로 정원을 꾸몄다.

06 다음 설명의 A, B에 적합한 용어는?

인간의 눈은 원추세포를 통해 (A)을(를) 지각하고, 간상세포를 통해 (B)을(를) 지각한다.

① A : 색채, B : 명암
② A : 밝기, B : 채도
③ A : 명암, B : 색채
④ A : 밝기, B : 색조

해설
원추세포와 간상세포의 차이점

특징	원추세포	간상세포
형태	굵고 짧음	가늘고 김
적합 자극	강한 빛(0.1lux 이상)	약한 빛(0.1lux 이하)
기능	형태와 색깔	형태와 명암
분포	망막의 중심(황반)	망막 주변
수	700만 개(한쪽 눈)	1억 3천만 개(한쪽 눈)
색소	이오돕신(요돕신)	로돕신(시홍)
이상증세	색맹	야맹증

07 다음 설명의 ( ) 안에 들어갈 각각의 용어는?

• 면적이 커지면 명도와 채도가 (㉠).
• 큰 면적의 색을 고를 때의 견본색은 원하는 색보다 (㉡) 색을 골라야 한다.

① ㉠ 높아진다, ㉡ 밝고 선명한
② ㉠ 높아진다, ㉡ 어둡고 탁한
③ ㉠ 낮아진다, ㉡ 밝고 선명한
④ ㉠ 낮아진다, ㉡ 어둡고 탁한

해설
면적대비 : 면적이 크고 작음에 따라 색이 다르게 보이는 현상
• 면적이 커지면 명도 및 채도가 증대되어 그 색은 실제보다 더 밝고 선명하게 보이고, 반대로 면적이 작아지면 명도와 채도가 감소되어 보인다.
• 작은 견본으로는 정확한 색상 선택이 어려우므로 벽면과 같이 큰 면적의 색을 고를 때는 원하는 색상보다 약간 어둡고 탁한 색을 골라야 한다.

08 주로 장독대, 쓰레기통, 빨래건조대 등을 설치하는 주택정원의 적합 공간은?

① 안뜰
② 앞뜰
③ 작업뜰
④ 뒤뜰

해설
③ 주방, 세탁실, 다용도실 등과 연결되어 장독대, 건조장, 쓰레기장 등으로 사용되므로 전정이나 주정과는 시각적으로 차단되면서 동선의 연결이 필요하다.
① 거실과 인접한 공간으로 주택 내에서 가장 중요한 공간이다. 가족의 휴식이 이루어지는 장소로써 테라스, 연못, 화단, 산책길, 수영장 등 가장 특색있게 꾸며야 한다.
② 대문과 현관 사이에 끼어있는 공간으로 대문, 진입로, 주차장, 차고 등으로 구성되며 수목이나 초화류, 분수 등으로 과장되게 처리하지 말고 단순하고 경쾌하게 치장하는 것이 좋다.
④ 침실에 인접한 공간으로써 정숙한 분위기를 갖는 공간이다. 외국의 경우 일광욕실 등 흔히 폐쇄된 외딴 장소로 이용하는 경우도 있다.

정답 5 ④ 6 ① 7 ② 8 ③

09 그림과 같은 축도기호가 나타내고 있는 것으로 옳은 것은?

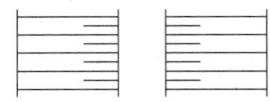

① 등고선　② 성토
③ 절토　④ 과수원

해설

성토	절토

10 1857년 미국 뉴욕에 중앙공원(Central Park)을 설계한 사람은?

① 하워드　② 르코르뷔지에
③ 옴스테드　④ 브라운

해설
③ 프레데릭 로 옴스테드(Frederick Law Olmsted)와 칼버트 보우(Calvert Vaux)가 센트럴파크를 설계했다. 현대 조경의 아버지라 불리며, 조경가(Landscape Architect)라는 용어를 정식으로 사용하였다.
① 산업혁명 이후 도시의 팽창과 인구집중 등의 도시문제를 해결하기 위해 전원도시계획을 제창하였다.
② 파리에서 활동한 프랑스의 건축가이다.
④ 스토우정원 등 많은 영국 정원을 수정하였다.

11 어떤 두 색이 맞붙어 있을 때 그 경계 언저리에 대비가 더 강하게 일어나는 현상은?

① 연변대비　② 면적대비
③ 보색대비　④ 한난대비

해설
① 나란히 단계적으로 균일하게 채색되어 있는 색의 경계부분에서 일어나는 대비현상
② 같은 색이라도 면적의 크고 적음에 따라 색의 명도 채도가 다르게 보이는 현상
③ 보색 관계에 있는 두 색을 같이 놓을 때, 서로의 영향으로 더 뚜렷하게 보이는 현상
④ 색의 차갑고 따뜻함에 따라 색이 다르게 보이는 현상

12 넓은 의미로의 조경을 가장 잘 설명한 것은?

① 기술자를 정원사라 부른다.
② 궁전 또는 대규모 저택을 중심으로 한다.
③ 식재를 중심으로 한 정원을 만드는 일에 중점을 둔다.
④ 정원을 포함한 광범위한 옥외공간 건설에 적극 참여한다.

해설
조경의 의미
• 좁은 의미의 조경 : 집 주변의 정원을 만드는 일에 중점을 두는 것으로, 식재 중심의 전통적인 조경기술
• 넓은 의미의 조경 : 집 주변의 정원뿐만 아니라, 모든 옥외공간을 포함하는 환경을 조성하고 보존하는 종합과학예술

13 먼셀 표색계의 10색상환에서 서로 마주보고 있는 색상의 짝이 잘못 연결된 것은?

① 빨강(R) – 청록(BG)
② 노랑(Y) – 남색(PB)
③ 초록(G) – 자주(RP)
④ 주황(YR) – 보라(P)

해설
보색
• 색상환에서 반대편의 색
• 노란색↔남색, 녹색↔자주색, 파란색↔주황색, 보라색↔연두색

14 다음의 입체도에서 화살표 방향을 정면으로 할 때 평면도를 바르게 표현한 것은?

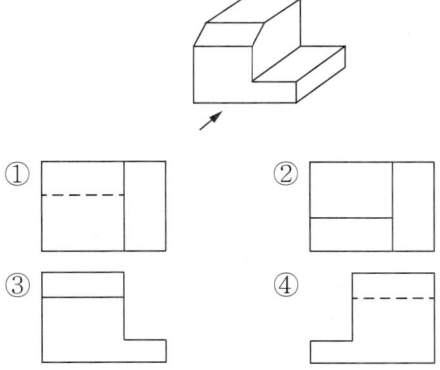

해설
평면도는 물체를 위에서 수직방향으로 내려다 본 것을 그린 것이다.

15 조경미의 원리 중 대비가 불러오는 심리적 자극으로 가장 거리가 먼 것은?

① 반대　② 대립
③ 변화　④ 안정

해설
대비(Contrast)
• 어떤 구성을 하는 재료가 색채나 크기, 길이, 너비 등의 성질이 전혀 다르거나 또는 분량을 달리하는 둘 이상의 것이 공간적으로 또는 시간적으로 접근하여 나타날 때 일어나는 현상이다.
• 대소, 장단, 명암, 강약, 강연, 원근, 한난 등과 같이 정반대의 분량이나 성질의 것을 늘어놓으면 자기와는 가장 다른 성질을 서로 상대에게 주는 관계가 생긴다.
• 대비는 반대, 대립, 변화 등의 심리적 자극과 흥분을 촉진시키며 이에 다이내믹한 흥미를 불러일으키는 기본이 된다.

16 가로수가 갖추어야 할 조건이 아닌 것은?

① 공해에 강한 수목
② 답압에 강한 수목
③ 지하고가 낮은 수목
④ 이식에 잘 적응하는 수목

해설
③ 지하고가 높은 수목이어야 한다.

17 플라스틱의 장점에 해당하지 않는 것은?

① 가공이 우수하다.
② 경량 및 착색이 용이하다.
③ 내수 및 내식성이 강하다.
④ 전기 절연성이 없다.

해설
④ 전기와 열의 절연성이 있다.
플라스틱의 특성
• 가벼우면서도 강도와 탄력성이 크다.
• 소성·가공성이 좋아 복잡한 모양으로 성형이 가능하다.
• 내산성·내알칼리성이 크고, 녹슬지 않는다.
• 착색이 자유롭고, 광택이 좋으며, 접착력이 크다.
• 절연성이 있어 전기가 통하지 않고, 열에 매우 취약하다.
• 내열성·내후성·내광성이 부족하며, 변색하는 등의 결점이 있다.

18 열경화성 수지의 설명으로 틀린 것은?

① 축합반응을 하여 고분자로 된 것이다.
② 다시 가열하는 것이 불가능하다.
③ 성형품은 용제에 녹지 않는다.
④ 플루오린수지와 폴리에틸렌수지 등으로 수장재로 이용된다.

해설
열경화성 수지와 열가소성 수지의 종류
• 열경화성 수지 : 페놀수지, 멜라민수지, 요소수지, 폴리에스테르수지, 에폭시수지, 푸란수지, 우레탄수지, 실리콘수지, 알키드수지
• 열가소성 수지 : 염화비닐수지, 폴리비닐수지, 폴리아미드수지, 플루오린수지, 폴리에틸렌수지, 초산비닐수지, 메탈아크릴수지, 폴리카보네이트수지, 폴리스티렌수지

정답　14 ②　15 ④　16 ③　17 ④　18 ④

19 시멘트의 종류 중 혼합시멘트에 속하는 것은?

① 팽창 시멘트
② 알루미나 시멘트
③ 고로슬래그 시멘트
④ 조강 포틀랜드 시멘트

해설
혼합시멘트 : 슬래그 시멘트(고로 시멘트), 플라이애시 시멘트, 포졸란 시멘트(실리카 시멘트)

20 이팝나무와 조팝나무에 대한 설명으로 옳지 않은 것은?

① 이팝나무의 열매는 타원형의 핵과이다.
② 환경이 같다면 이팝나무가 조팝나무보다 꽃이 먼저 핀다.
③ 과명은 이팝나무는 물푸레나무과(科)이고, 조팝나무는 장미과(科)이다.
④ 성상은 이팝나무는 낙엽활엽교목이고, 조팝나무는 낙엽활엽관목이다.

해설
② 조팝나무가 4~5월에 개화하므로 5월경에 개화를 하는 이팝나무에 비하여 약간 이르게 피는 셈이다.

21 목재의 방부제(Preservate)는 유성, 수용성, 유용성으로 크게 나눌 수 있다. 유용성으로 방부력이 대단히 우수하고 열이나 약제에도 안정적이며 거의 무색제품으로 사용되는 약제는?

① PCP
② 염화아연
③ 황산구리
④ 크레오소트

해설
PCP(Pentachlorophenol, 펜타클로로페놀)
유용성 방부제로 무색이며 침투성이 양호하다. 방부력이 매우 좋지만 유해성 때문에 현재는 사용이 제한되거나 금지된 경우가 많다.

22 다음 중 콘크리트의 워커빌리티 증진에 도움이 되지 않는 것은?

① AE제
② 감수제
③ 포졸란
④ 응결경화촉진제

해설
④ 응결경화촉진제(급결제)는 시멘트의 응고를 빨리 하기 위하여 시멘트에 첨가하는 약제이다.
① 워커빌리티를 개선하고 동결융해에 대한 저항성이 증가하는 장점이 있지만, 압축강도와 철근과의 부착강도가 감소하는 단점이 있다.
② 소정의 컨시스턴시를 얻기 위해 필요한 단위중량을 감소시켜 워커빌리티를 증대시킨다.
③ 화산회 등의 광물질 분말로 된 콘크리트 혼화제의 일종으로 그 자체는 수경성이 없으나 물의 존재로 쉽게 석회와 화합하여 경화하는 성질의 것을 총칭해서 말한다.

23 다음 중 목재의 장점이 아닌 것은?

① 가격이 비교적 저렴하다.
② 온도에 대한 팽창, 수축이 비교적 작다.
③ 생산량이 많으며 입수가 용이하다.
④ 크기에 제한을 받는다.

해설
④ 목재는 크기에 제한을 받는다는 단점이 있지만 현장에서 자르고 크기를 맞추기가 쉽다.

목재의 장단점

장점	• 색깔 및 무늬 등 외관이 아름답다. • 재질이 부드럽고, 촉감이 좋다. • 무게가 가벼워서 운반하거나 다루기가 쉽다. • 중량에 비하여 강도가 크다. • 열, 소리, 전기 등의 전도성이 낮다. • 생산량이 많고, 가격이 비교적 저렴하며, 입수가 용이하다.
단점	• 자연소재이므로 내화성이 없고, 부패하기 쉽다. • 함수량의 증감에 따라 팽창·수축하여 변형되기 쉽다. • 부위에 따라 재질이 고르지 못하다. • 구부러지고 옹이가 있다. • 강도가 균일하지 못하고, 크기에 제한을 받는다.

24 다음 중 산성토양에서 잘 견디는 수종은?

① 해송
② 단풍나무
③ 물푸레나무
④ 조팝나무

해설
산성토양에 잘 견디는 수종 : 소나무, 잣나무, 해송, 전나무, 상수리나무, 밤나무, 낙엽송, 편백, 아까시나무, 일본잎갈나무 등

25 잔디밭을 조성함으로써 발생되는 기능과 효과가 아닌 것은?

① 아름다운 지표면 구성
② 쾌적한 휴식 공간 제공
③ 흙이 바람에 날리는 것 방지
④ 빗방울에 의한 토양 유실 촉진

해설
잔디밭 기능
• 환경적 기능 : 공기정화, 열섬현상 경감, 우수저장, 방음
• 생태적 기능 : 생태계 회복, 바이오매스 생산, 토양침식 방지
• 사회적 기능 : 부상 감소, 스포츠 및 레크리에이션 공간, 경관향상, 커뮤니티 형성, 고용창출

26 목재의 열기건조에 대한 설명으로 틀린 것은?

① 낮은 함수율까지 건조할 수 있다.
② 자본의 회전기간을 단축시킬 수 있다.
③ 기후와 장소 등의 제약없이 건조할 수 있다.
④ 작업이 비교적 간단하며, 특수한 기술을 요구하지 않는다.

해설
④ 열기건조는 건조이론에 대한 이해와 함께 경험이 매우 중요하다.

27 단위용적중량이 1,700kgf/m³, 비중이 2.6인 골재의 공극률은 약 얼마인가?

① 34.6%
② 52.94%
③ 3.42%
④ 5.53%

해설
골재의 공극률(%) = $\left(1 - \dfrac{겉보기\ 단위용적중량}{진비중}\right) \times 100$
= $\left(1 - \dfrac{1.7}{2.6}\right) \times 100 ≒ 34.6\%$

28 산수유(*Cornus officinalis*)에 대한 설명으로 옳지 않은 것은?

① 우리나라 자생수종이다.
② 열매는 핵과로 타원형이며 길이는 1.5~2.0cm이다.
③ 잎은 대생, 장타원형, 길이는 4~10cm, 뒷면에 갈색털이 있다.
④ 잎보다 먼저 피는 황색의 꽃이 아름답고 가을에 붉게 익는 열매는 식용과 관상용으로 이용 가능하다.

해설
산수유
• 원산지 : 우리나라 남부, 중부지방 등지에서 흔히 관상용으로 심고 약용 식물로 재배하는 산수유과이다.
• 잎 : 잎은 대생으로 장타원형이며 길이는 4~10cm, 폭은 2~6cm 정도이다. 잎 표면에는 광택이 나고 잎의 뒷면은 맥 사이에 갈색의 털이 밀생해 있다.
• 꽃 : 잎이 나오기 전 3월경에 노란색으로 개화하는데 산형화서로 20~30개의 작은 꽃이 맺혀있다.
• 열매 : 열매는 핵과로 타원형이며 길이는 1.5~2.0cm 정도로 광택이 나는데 빨간 핵과로 익기 시작하여 10월경에 성숙한다.
• 가지, 줄기 : 수피는 잘 벗겨지고 회갈색이며, 소지는 자갈색이다.
• 성상 : 낙엽활엽소교목으로 심근성이고, 토심이 깊고 비옥한 곳에서 좋은 생육을 보인다.

정답 24 ① 25 ④ 26 ④ 27 ① 28 정답없음

29 재료가 외력을 받았을 때 작은 변형만 나타내도 파괴되는 현상을 무엇이라 하는가?

① 강성(剛性)
② 인성(靭性)
③ 전성(展性)
④ 취성(脆性)

해설
① 재료가 외력을 받아도 변형되지 않고 파괴되지도 않는 성질
② 재료가 외력을 받으면 크게 변형되지만 파괴되지는 않는 성질
③ 재료에 외력을 가하면 파괴되지 않고 얇게 펴지며 영구변형되는 성질

30 다음 중 백목련에 대한 설명으로 옳지 않은 것은?

① 낙엽활엽교목으로 수형은 평정형이다.
② 열매는 황색으로 여름에 익는다.
③ 향기가 있고 꽃은 백색이다.
④ 잎이 나기 전에 꽃이 핀다.

해설
② 열매는 갈색이고, 9월에 성숙한다.

31 석재의 형성원인에 따른 분류 중 퇴적암에 속하지 않는 것은?

① 사암
② 점판암
③ 응회암
④ 안산암

해설
암석의 분류
• 화성암 : 화강암, 안산암, 현무암, 섬록암
• 퇴적암 : 응회암, 사암, 점판암, 혈암, 석회암
• 변성암 : 편마암, 대리석, 사문암, 결절편암

32 세라믹 포장의 특성이 아닌 것은?

① 융점이 높다.
② 상온에서의 변화가 적다.
③ 압축에 강하다.
④ 경도가 낮다.

해설
④ 높은 내화성, 내충격성으로 열처리된 세라믹은 균열이나 충격에 아주 강하다.

33 다음 설명에 해당되는 잔디는?

• 한지형 잔디이다.
• 불완전 포복형이지만, 포복력이 강한 포복경을 지표면으로 강하게 뻗는다.
• 잎의 폭이 2~3mm로 질감이 매우 곱고 품질이 좋아서 골프장 그린에 많이 이용한다.
• 짧은 예취에 견디는 힘이 가장 강하나, 병충해에 가장 약하여 방제에 힘써야 한다.

① 버뮤다그래스
② 켄터키 블루그래스
③ 벤트그래스
④ 라이그래스

해설
③ 골프장 그린에는 벤트그래스(한지형 잔디)를 심는다.
① 내한성이 약하고 남해안 지역에 자생하는 잔디이다.
② 미국이나 유럽에서 정원과 공원의 잔디밭에 가장 많이 쓰는 잔디이다.
④ 주로 경사지의 토양침식 방지용으로 사용된다.

34 다음 중 벌개미취의 꽃색으로 가장 적합한 것은?

① 황색
② 연자주색
③ 검정색
④ 황녹색

해설
벌개미취
꽃은 6~10월에 피고, 지름 4~5cm로 연한 자주색이다.

35 수목 뿌리의 역할이 아닌 것은?

① 저장근 : 양분을 저장하여 비대해진 뿌리
② 부착근 : 줄기에서 새근이 나와 다른 물체에 부착하는 뿌리
③ 기생근 : 다른 물체에 기생하기 위한 뿌리
④ 호흡근 : 식물체를 지지하는 기근

해설
특수한 형태와 기능에 따른 뿌리의 구분
- 저장근 : 많은 양분을 저장한다.
- 부착근 : 줄기에서 부정근을 내어 나무와 바위에 부착한다.
- 기생근 : 기주식물의 조직 속에 침입하여 물과 양분을 흡수한다.
- 호흡근 : 뿌리의 일부가 공기 중에 노출되어 공기를 흡수한다.
- 기근 : 뿌리가 공기 중에 노출되어 식물체를 고착시키고, 수분을 흡수 및 저장한다.
- 지주근 : 줄기의 아래쪽 마디에서 많은 부정근을 내어 식물체를 지탱시킨다.

36 생물분류학적으로 거미강에 속하며 덥고, 건조한 환경을 좋아하고 뾰족한 입으로 즙을 빨아먹는 해충은?

① 진딧물   ② 나무좀
③ 응애   ④ 가루이

해설
응애는 진드기류와 유사한 거미강 무척추동물로 뾰족한 침을 이용해 식물 조직에서 수분을 빨아먹는다.

37 다음 노목의 세력회복을 위한 뿌리 자르기의 시기와 방법 설명 중 괄호에 들어갈 가장 적합한 것은?

- 뿌리 자르기의 가장 좋은 시기는 (㉠)이다.
- 뿌리 자르기 방법은 나무의 근원지름의 (㉡)배되는 길이로 원을 그려 그 위치에서 (㉢)의 깊이로 파내려간다.
- 뿌리 자르는 각도는 (㉣)가 적합하다.

① ㉠ 월동 전, ㉡ 5~6, ㉢ 45~50cm, ㉣ 위에서 30°
② ㉠ 땅이 풀린 직후부터 4월 상순, ㉡ 1~2, ㉢ 10~20cm, ㉣ 위에서 45°
③ ㉠ 월동 전, ㉡ 1~2, ㉢ 직각 또는 아래쪽으로 30°, ㉣ 직각 또는 아래쪽으로 30°
④ ㉠ 땅이 풀린 직후부터 4월 상순, ㉡ 5~6, ㉢ 45~50cm, ㉣ 직각 또는 아래쪽으로 45°

해설
뿌리 자르기
- 뿌리의 노화를 방지하고 수목의 웃자람을 억제하며 아랫가지의 발육을 좋게 하고 꽃눈의 수를 늘리는 효과가 있다.
- 3월부터 7월까지, 9월의 두 시기에 걸쳐서 실시할 수 있으나 가장 좋은 시기는 땅이 풀린 직후부터 4월 상순까지의 사이다.

38 수량에 의해 변화하는 콘크리트 유동성의 정도, 혼화물의 묽기 정도를 나타내며 콘크리트의 변형 능력을 총칭하는 것은?

① 반죽질기   ② 워커빌리티
③ 압송성   ④ 다짐성

해설
② 콘크리트 칠 때 적당한 유동성과 점성이 있어 시공부분에 잘 채워지고 분리를 일으키지 않는 정도(시공연도)
③ 펌프시공 콘크리트의 경우 펌프에 콘크리트가 밀려가는지의 난이 정도
④ 다짐의 용이성

정답 35 ④ 36 ③ 37 ④ 38 ①

39 우리나라에서 발생하는 주요 소나무류에 잎녹병을 발생시키는 병원균의 기주로 맞지 않는 것은?

① 소나무
② 해송
③ 스트로브잣나무
④ 송이풀

해설
④ 송이풀은 잣나무털녹병의 기주식물이다.
소나무류 잎녹병 기주식물 : 소나무, 황벽나무, 잣나무, 스트로브잣나무, 해송

40 다음 중 한 가지에 많은 봉우리가 생긴 경우 솎아낸다든지, 열매를 따버리는 등의 작업을 하는 목적으로 가장 적당한 것은?

① 생장조장을 돕는 가지 다듬기
② 세력을 갱신하는 가지 다듬기
③ 착화 및 착과 촉진을 위한 가지 다듬기
④ 생장을 억제하는 가지 다듬기

해설
전정의 종류
- 생장을 돕기 위한 전정 : 묘목이 빨리 자라도록 곁가지를 자르거나 병충해 피해지, 고사지, 꺾어진 가지 등을 제거하여 생장을 돕는 전정법이다.
- 갱신을 위한 전정 : 늙은 과일나무, 장미, 배롱나무, 팔손이 등의 밑동을 자르면 새로운 줄기가 나와 새로운 형태의 나무를 만들 수 있다.
- 개화·결실을 많게 하기 위한 전정 : 감나무와 각종 과수나무, 장미의 여름 전정 등이 있다.
- 생장을 억제하기 위한 전정 : 회양목, 옥향, 산울타리 다듬기, 소나무의 새순치기, 상록활엽수의 잎사귀 따기, 녹음수와 가로수 전정 등의 작업이 있다.
- 생리 조절을 위한 전정 : 이식 시 지하부와 지상부의 생리적 균형 유지를 위해 실시하며 수목의 맹아력을 고려해야 한다.

41 조경수목의 단근작업에 대한 설명으로 틀린 것은?

① 뿌리 기능이 쇠약해진 나무의 세력을 회복하기 위한 작업이다.
② 잔뿌리의 발달을 촉진시키고, 뿌리의 노화를 방지한다.
③ 굵은 뿌리는 모두 잘라야 아래가지의 발육이 좋아진다.
④ 땅이 풀린 직후부터 4월 상순까지가 가장 좋은 작업시기이다.

해설
③ 모두 잘라야 하는 것이 아니라 4~5개의 굵은 뿌리를 남기고 단근한다.

42 실내조경 식물의 잎이나 줄기에 백색 점무늬가 생기고 점차 퍼져서 흰 곰팡이 모양이 되는 원인으로 옳은 것은?

① 탄저병   ② 무름병
③ 흰가루병   ④ 모자이크병

해설
흰가루병
- 수목에 치명적인 병은 아니지만 발생하면 생육이 위축되고 외관을 나쁘게 한다.
- 장미, 단풍나무, 배롱나무, 벚나무 등에 많이 발생한다.
- 병든 낙엽을 모아 태우거나 땅속에 묻음으로써 전염원을 차단하는 것이 필수적이다.
- 통기불량, 일조부족, 질소과다 등이 발병유인이다.

43 표준품셈에서 조경용 초화류 및 잔디의 할증률은 몇 %인가?

① 1%   ② 3%
③ 5%   ④ 10%

해설
조경용 수목, 조경용 잔디의 할증률은 10%이다.

44 다음 중 이식하기 어려운 수종이 아닌 것은?

① 소나무
② 자작나무
③ 섬잣나무
④ 은행나무

해설
④ 은행나무는 뿌리를 내리는 힘이 좋아 큰 나무를 다른 장소로 이식해도 비교적 잘 생장한다.
이식이 어려운 수종 : 소나무, 전나무, 오동나무, 오엽송, 녹, 왜금송, 목련, 태산목, 탱자, 생강, 서향, 칠엽수, 진달래, 목부용, 주목, 가시나무, 굴거리나무, 느티나무, 백합나무, 감나무, 자작나무, 섬잣나무, 맹종죽 등

45 잔디의 뗏밥넣기에 관한 설명으로 가장 부적합한 것은?

① 뗏밥은 가는 모래 2, 밭흙 1, 유기물 약간을 섞어 사용한다.
② 뗏밥에 이용하는 흙은 일반적으로 열처리하거나 증기 소독 등 소독을 하기도 한다.
③ 뗏밥은 한지형 잔디의 경우 봄, 가을에 주고 난지형 잔디의 경우 생육이 왕성한 6~8월에 주는 것이 좋다.
④ 뗏밥의 두께는 30mm 정도로 주고, 다시 줄 때에는 일주일이 지난 후에 잎이 덮일 때까지 주어야 좋다.

해설
④ 뗏밥의 두께는 2~4mm 정도로 주고, 다시 줄 때에는 15일이 지난 후에 주어야 하며, 봄철에 두껍게 한 번에 주는 경우에는 5~10mm 정도로 시행한다.

46 조경관리에서 주민참가의 단계는 시민권력의 단계, 형식참가의 단계, 비참가의 단계 등으로 구분되는데 그 중 시민권력의 단계에 해당되지 않는 것은?

① 자치관리(Citizen Control)
② 유화(Placation)
③ 권한위양(Delegated Power)
④ 파트너십(Partnership)

해설
주민참가의 단계(아른슈타인, Arnstein)
비참가의 단계(조작, 치료) → 형식참가의 단계(정보제공, 상담, 유화) → 시민권력의 단계(파트너십, 권한위양, 자치관리)

47 다음 중 조경수목의 꽃눈분화, 결실 등과 가장 관련이 깊은 것은?

① 질소와 탄소비율
② 탄소와 칼륨비율
③ 질소와 인산비율
④ 인산과 칼륨비율

해설
탄소성분의 비율이 높으면 꽃눈형성이 많이 되고 질소성분의 비율이 높으면 영양생장 즉 포기번식이 왕성하게 일어난다.
※ C/N율 : 식물의 체내에 광합성에 의하여 만들어진 탄소(C)와 뿌리 등에서 흡수한 질소(N)와의 비율

48 다음 설계도면의 종류에 대한 설명으로 옳지 않은 것은?

① 입면도는 구조물의 외형을 보여주는 것이다.
② 평면도는 물체를 위에서 수직방향으로 내려다 본 것을 그린 것이다.
③ 단면도는 구조물의 내부나 내부공간의 구성을 보여주기 위한 것이다.
④ 조감도는 관찰자의 눈높이에서 본 것을 가정하여 그린 것이다.

해설
조감도 : 높은 곳에서 지상을 내려다 본 것처럼 지표를 공중에서 비스듬히 내려다보았을 때의 모양을 그린 그림

49 평판을 정치(세우기)하는 데 오차에 가장 큰 영향을 주는 항목은?

① 수평맞추기(정준)
② 중심맞추기(구심)
③ 방향맞추기(표정)
④ 모두 같다.

해설
방향맞추기 오차는 평판측량에서 평판을 정치하는 데 생기는 오차 중 측량결과에 가장 큰 영향을 주므로 특히 주의해야 한다.
※ 평판측량 시 표정(標定)조건
• 정치 : 수평을 맞춤
• 정위 : 방위를 맞춤
• 치심 : 수직을 맞춤

50 다음 중 잔디의 종류 중 한국잔디(Korean Lawngrass or Zoysiagrass)의 특징 설명으로 옳지 않은 것은?

① 우리나라의 자생종이다.
② 난지형 잔디에 속한다.
③ 뗏장에 의해서만 번식 가능하다.
④ 손상 시 회복속도가 느리고 겨울 동안 황색상태로 남아있는 단점이 있다.

해설
③ 발아가 잘 되지 않아서 주로 영양번식에 의존한다.

51 다음 중 차폐식재에 적용 가능한 수종의 특징으로 옳지 않은 것은?

① 지하고가 낮고 지엽이 치밀한 수종
② 전정에 강하고 유지 관리가 용이한 수종
③ 아랫가지가 말라죽지 않는 상록수
④ 높은 식별성 및 상징적 의미가 있는 수종

해설
④ 경관식재에 적용 가능한 수종이다.

52 농약살포가 어려운 지역과 솔잎혹파리 방제에 사용되는 농약 사용법은?

① 도포법
② 수간주사법
③ 입제살포법
④ 관주법

해설
① 나무줄기에 환상으로 약액을 처리하여 이동하는 해충을 잡는 방법과 가지를 절단했을 때 상처부위를 병균이 침입하지 못하도록 약제를 처리하는 방법이다.
③ 손에 고무장갑을 끼고 직접 뿌릴 수 있어 다른 약제에 비해 살포가 간편하다.
④ 토양 내에서 서식하고 있는 병해충을 방제하기 위하여 땅속에 약액을 주입하는 방법이다.

53 900m²의 잔디광장을 평떼로 조성하려고 할 때 필요한 잔디량은 약 얼마인가?(단, 잔디 1매의 규격은 30×30×3cm이다)

① 약 1,000매
② 약 5,000매
③ 약 10,000매
④ 약 20,000매

해설
뗏장의 양 = $\dfrac{\text{전체면적}}{\text{뗏장 1장의 면적}}$

= $\dfrac{900m^2}{0.09m^2}$ = 10,000매

54 다음 [보기]와 같은 특징을 갖는 암거배치 방법은?

보기
• 중앙에 큰 맹암거를 중심으로 작은 맹암거를 좌우에 어긋나게 설치하는 방법 • 경기장 같은 평탄한 지형에 적합하며, 전 지역의 배수가 균일하게 요구되는 지역에 설치 • 주관을 경사지에 배치하고 양측에 설치

① 빗살형 ② 부채살형
③ 어골형 ④ 자연형

해설
심토층 배수설계
• 어골형 : 경기장과 같은 평탄한 지역에 적합
• 빗살형 : 비교적 좁은 면적의 전 지역에 균일하게 배수할 때 이용
• 자연형 : 전면 배수가 요구되지 않는 지역
• 차단법 : 경사면 위나 자체의 유수를 막기 위해 사용

55 한 가지 약제를 연용하여 살포 시 방제효과가 떨어지는 대표적인 해충은?

① 깍지벌레
② 진딧물
③ 잎벌
④ 응애

해설
응애(Mite)의 피해 및 구제법
• 응애는 진딧물과 같이 대부분의 수종에 피해를 준다.
• 바늘과 같이 끝이 뾰족한 입틀로 잎의 즙액을 빨아먹어 입에 황색의 반점을 만든다.
• 살비제를 살포하여 구제한다.
• 같은 농약의 연용을 피하는 것이 좋다.
• 발생지역에 4월 중순부터 1주일 간격으로 3회 정도 살포한다.

56 다음 중 메쌓기에 대한 설명으로 가장 부적합한 것은?

① 모르타르를 사용하지 않고 쌓는다.
② 뒷채움에는 자갈을 사용한다.
③ 쌓는 높이의 제한을 받는다.
④ $2m^2$ 마다 지름 9cm 정도의 배수공을 설치한다.

해설
메쌓기는 모르타르나 콘크리트를 사용하지 않고 돌만을 쌓은 것이다.

57 시설물 관리를 위한 페인트칠하기의 방법으로 가장 거리가 먼 것은?

① 목재의 바탕칠을 할 때에는 먼저 표면상태 및 건조상태를 확인해야 한다.
② 철재의 바탕칠을 할 때에는 별도의 작업없이 불순물을 제거한 후 바로 수성페인트를 칠한다.
③ 목재의 갈라진 구멍, 홈, 틈은 퍼티로 땜질하여 24시간 후 초벌칠을 한다.
④ 콘크리트, 모르타르면의 틈은 석고로 땜질하고 유성 또는 수성페인트를 칠한다.

해설
② 철재의 바탕칠을 할 때에는 먼저 용제를 사용하여 표면의 기름때를 제거한 후에 초벌칠(방청페인트)을 하고 그 위에 다시 페인트를 칠한다.

정답 54 ③ 55 ④ 56 ④ 57 ②

58 옹벽 중 캔틸레버(Cantilever)를 이용하여 재료를 절약한 것으로 자체 무게와 뒤채움한 토사의 무게를 지지하여 안전도를 높인 옹벽으로 주로 5m 내외의 높지 않은 곳에 설치하는 것은?

① 중력식 옹벽
② 반중력식 옹벽
③ 부벽식 옹벽
④ L자형 옹벽

해설
옹벽의 종류 – 일반적인 옹벽
- 중력식 옹벽 : 무근콘크리트, 석축 등으로 만듦
- 반중력식 옹벽 : 약간의 철근으로 옹벽 단면을 줄임
- 캔틸레버식 옹벽 : 전면벽과 저판으로 구성
- 부벽식 옹벽 : 부벽을 설치하여 전단력과 모멘트를 감소시킴

59 형상수(Topiary)를 만들 때 유의사항이 아닌 것은?

① 망설임 없이 강전정을 통해 한 번에 수형을 만든다.
② 형상수를 만들 수 있는 대상수종은 맹아력이 좋은 것을 선택한다.
③ 전정시기는 상처를 아물게 하는 유합조직이 잘 생기는 3월 중에 실시한다.
④ 수형을 잡는 방법은 통대나무에 가지를 고정시켜 유인하는 방법, 규준틀을 만들어 가지를 유인하는 방법, 가지에 전정만을 하는 방법 등이 있다.

해설
① 강전정으로 형태를 단번에 만들지 말고, 연차적으로 원하는 수형을 만들어 간다.

60 다음 중 루비깍지벌레의 구제에 가장 효과적인 농약은?

① 페니트로티온 수화제
② 다이아지논 분제
③ 포스파미돈 액제
④ 옥시테트라사이클린 수화제

해설
③ 침투성 살충제로 식물체에 의해서 흡수 이행되며, 과수의 진딧물, 솔잎혹파리, 루비깍지벌레 등의 방제에 사용된다.
① 나방류 방제용 약제
② 벼룩잎벌레, 배추흰나비 살충제
④ 대추나무 빗자루병 방제

2014년 제4회 과년도 기출문제

01 창경궁에 있는 통명전 지당의 설명으로 틀린 것은?

① 장방형으로 장대석으로 쌓은 석지이다.
② 무지개형 곡선 형태의 석교가 있다.
③ 괴석 2개와 앙련(仰蓮) 받침대석이 있다.
④ 물은 직선의 석구를 통해 지당에 유입된다.

[해설]
③ 통명전 지당 속에는 괴석을 심은 석분 3개와 기물을 받쳤던 앙련 받침대석 1개가 배치되어 있다.

02 도면작업에서 원의 반지름을 표시할 때 숫자 앞에 사용하는 기호는?

① ϕ ② D
③ R   ④ △

[해설]
도면의 표현기호
L : 길이   H : 높이
THK : 두께   A : 면적
R : 반지름   V : 용적
D, ϕ : 지름   W : 폭

03 짐을 운반하여야 한다. 다음 중 같은 크기의 짐을 어느 색으로 포장했을 때 가장 덜 무겁게 느껴지는가?

① 다갈색   ② 크림색
③ 군청색   ④ 쥐색

[해설]
② 중량감은 고명도일수록 가볍게 느껴지고, 저명도일수록 무겁게 느껴진다.

04 이탈리아 조경양식에 대한 설명으로 틀린 것은?

① 별장이 구릉지에 위치하는 경우가 많아 정원의 주류는 노단식
② 노단과 노단은 계단과 경사로에 의해 연결
③ 축선을 강조하기 위해 원로의 교점이나 원점에 분수 등을 설치
④ 대표적인 정원으로는 베르사유궁원

[해설]
④ 베르사유궁원은 대표적인 프랑스의 조경양식이다. 이탈리아 조경양식의 대표적인 정원으로는 데스테장, 랑테장, 파르네제장이 있다.

05 다음 중 9세기 무렵에 일본 정원에 나타난 조경양식은?

① 평정고산수양식
② 침전조양식
③ 다정양식
④ 회유임천양식

[해설]
② 일본 헤이안시대 9세기 무렵에 등장한 정원양식으로, 주 건물을 침전으로 꾸미고 그 앞에 연못 등의 정원을 조성하였다.
① 15세기 후반
③ 16세기
④ 12~14세기

[정답] 1 ③ 2 ③ 3 ② 4 ④ 5 ②

06 조선시대 궁궐의 침전 후정에서 볼 수 있는 대표적인 것은?

① 자수화단(花壇)
② 비폭(飛瀑)
③ 경사지를 이용해서 만든 계단식의 노단
④ 정자수

해설
③ 조선시대 궁궐의 침전(寢殿) 후정(后庭)에는 지형에 따라서 계단형의 노단식 정원을 조성하였다.

07 조선시대 선비들이 즐겨 심고 가꾸었던 사절우(四節友)에 해당하는 식물이 아닌 것은?

① 난초
② 대나무
③ 국화
④ 매화나무

해설
- 사군자(四君子) : 매화나무, 난초, 국화, 대나무
- 사절우(四節友) : 매화나무, 소나무, 국화, 대나무

08 수도원정원에서 원로의 교차점인 중정 중앙에 큰 나무 한 그루를 심는 것을 뜻하는 것은?

① 파라다이소(Paradiso)
② 바그(Bagh)
③ 트렐리스(Trellis)
④ 페리스틸리움(Peristylium)

해설
① 원로의 교차점인 주정 중앙에 거목을 식재하거나 세정용·음료용 물받이 수반, 분수, 샘 등을 설치해 놓은 것
② 무굴인도에서 발견된 바그는 건물과 정원을 하나의 복합체로 생각한 정원양식으로, 동시대 이탈리아의 빌라(Villa)와 같은 개념
③ 격자 울타리란 뜻을 가진 다이아몬드나 격자 모양으로 뚫려 있는 벽면
④ 고대 로마 주택정원의 제2중정으로, 가족용 사적 공간

09 위험을 알리는 표시에 가장 적합한 배색은?

① 흰색 – 노랑
② 노랑 – 검정
③ 빨강 – 파랑
④ 파랑 – 검정

해설
명시성
두 가지 이상의 색·선·모양을 대비시켰을 때 금방 눈에 뜨이는 성질을 말하며, 노랑과 검정은 명시성이 강해 교통표지판 등에 주로 쓰인다.

10 다음 조경의 효과로 가장 부적합한 것은?

① 공기의 정화
② 대기오염의 감소
③ 소음 차단
④ 수질오염의 증가

해설
④ 조경을 통해 수질오염을 감소시킬 수 있다.
- 조경의 기상학적 조절 : 태양복사열, 바람, 강수 및 온도 조절, 산소 공급
- 조경의 공학적 기능 : 토양침식, 소음, 섬광, 반사 및 통행 조절, 대기 정화

11 물체의 앞이나 뒤에 화면을 놓은 것으로 생각하고, 시점에서 물체를 본 시선과 그 화면이 만나는 각 점을 연결하여 물체를 그리는 투상법은?

① 사투상법　　② 투시도법
③ 정투상법　　④ 표고투상법

해설
① 경사투상법이라고도 하며, 기준선 위에 물체의 정면을 실물로 그리고 각 꼭지점에서 기준선과 일정한 각도를 이루는 사선을 나란히 그어 물체의 안쪽 길이를 나타내 물체를 표현하는 방법
③ 물체의 각 면을 투상면에 나란하게 놓고 직각방향에서 본 물체의 모양을 표현하는 방법
④ 지형의 높고 낮음을 표시하는 것과 같이 기준면 위에 수직투상한 물체의 모양을 표현하는 방법

12 '물체의 실제 치수'에 대한 '도면에 표시한 대상물'의 비를 의미하는 용어는?

① 척도　　② 도면
③ 표제란　④ 연각선

해설
② 토지·구조물, 기타 사물의 형태·치수·내부구조 기타 내용을 일정한 공학적인 표현방법에 의하여 나타낸 그림이다.
③ 도면의 일부에 위치하여 도면 번호, 도명 등을 기록하는 난이다.

13 이격비의 「낙양원명기」에서 원(園)을 가리키는 일반적인 호칭으로 사용되지 않은 것은?

① 원지　　② 원정
③ 별서　　④ 택원

해설
③ 「낙양원명기」에서의 원(園)은 정원을 말하는데 별서는 자연과의 관계를 즐기기 위해 조성해 놓은 공간을 말하므로 '원(園)'과는 관계가 없다. 정원이 아닌 조선시대에는 화계를 중심으로 하는 우리나라 고유의 정원양식인 후원과 자연친화적인 별서정원이 발달하였다.
① 정원 안에 있는 연못을 말한다.
② 집 안에 있는 뜰이나 꽃밭을 말한다.
④ 일반적인 정원을 뜻한다.

14 수집한 자료들을 종합한 후에 이를 바탕으로 개략적인 계획안을 결정하는 단계는?

① 목표설정　② 기본구상
③ 기본설계　④ 실시설계

해설
② 제반자료의 분석종합을 기초로 하고, 프로그램에서 제시된 계획방향에 의거하여 계획안의 개념을 정립하는 단계이다. 조경계획 및 설계에 있어서 몇 가지의 대안을 만들어 각 대안의 장단점을 비교한 후에 최종안으로 결정하는 단계이다.
① 계획의 목적과 방침 및 설계방법 등을 검토하는 것으로, 계획의 전체 성격에 영향을 미친다.
③ 조경계획 및 설계과정에 있어서 각 공간의 규모, 사용재료, 마감방법을 제시해주는 단계이다.
④ 시방서 및 공사비 내역서 등을 포함 하고 있는 설계이다.

15 스페인 정원의 특징과 관계가 먼 것은?

① 건물로서 완전히 둘러싸인 가운데 뜰 형태의 정원
② 정원의 중심부는 분수가 설치된 작은 연못 설치
③ 웅대한 스케일의 파티오 구조의 정원
④ 난대, 열대 수목이나 꽃나무를 화분에 심어 중요한 자리에 배치

해설
스페인 정원의 특징
• 스페인 남부 안달루시아(Andalusia) 지방에서 발달했다.
• 건물로 완전히 둘러싸인 중정(파티오) 형태의 정원이다.
• 기하학적인 터 가르기를 한다.
• 바닥에는 색채타일을 이용하였다.
• 이슬람 문화의 영향으로 대리석과 물을 이용한 정원 발달하였다.
• 정원의 중심부는 분수가 설치된 작은 연못을 설치하였다.
• 난대, 열대 수목이나 꽃나무를 화분에 심어 중요한 자리에 배치하였다.

정답　11 ②　12 ①　13 ③　14 ②　15 ③

16 다음 중 녹나무과(科)로 봄에 가장 먼저 개화하는 수종은?

① 치자나무
② 호랑가시나무
③ 생강나무
④ 무궁화

해설
③ 녹나무과, 3월, 노란색 꽃
① 꼭두서니과, 6월~7월, 백색 꽃
② 감탕나무과, 4월~5월, 백색 꽃
④ 아욱과, 7월~10월, 분홍색 또는 붉은색 꽃

17 다음 중 조경수목의 계절적 현상 설명으로 옳지 않은 것은?

① 싹틈 : 눈은 일반적으로 지난해 여름에 형성되어 겨울을 나고, 봄에 기온이 올라감에 따라 싹이 튼다.
② 개화 : 능소화, 무궁화, 배롱나무 등의 개화는 그 전년에 자란 가지에서 꽃눈이 분화하여 그해에 개화한다.
③ 결실 : 결실량이 지나치게 많을 때는 다음 해의 개화, 결실이 부실해지므로 꽃이 진 후 열매를 적당히 솎아 준다.
④ 단풍 : 기온이 낮아짐에 따라 잎 속에서 생리적인 현상이 일어나 푸른 잎이 다홍색, 황색 또는 갈색으로 변하는 현상이다.

해설
② 초여름부터 가을에 걸쳐 꽃이 피는 나무는 그 해 자란 가지에 꽃눈이 분화하여 그 해 안에 꽃을 피우는 데 능소화, 무궁화, 배롱나무, 장미, 찔레나무 등이 이에 속한다.

18 콘크리트용 혼화재료로 사용되는 고로슬래그 미분말에 대한 설명으로 틀린 것은?

① 고로슬래그 미분말을 사용한 콘크리트는 보통 콘크리트보다 콘크리트 내부의 세공경이 작아져 수밀성이 향상된다.
② 고로슬래그 미분말은 플라이애시나 실리카흄에 비해 포틀랜드 시멘트와의 비중 차가 작아 혼화재로 사용할 경우 혼합 및 분산성이 우수하다.
③ 고로슬래그 미분말을 혼화재로 사용한 콘크리트는 염화물이온 침투를 억제하여 철근부식 억제효과가 있다.
④ 고로슬래그 미분말의 혼합률을 시멘트 중량에 대하여 70% 혼합한 경우 중성화 속도가 보통 콘크리트의 2배 정도 감소된다.

해설
④ 고로슬래그 미분말을 사용한 콘크리트는 시멘트의 수화반응 시 발생하는 수산화칼슘이 고로슬래그의 성분과 반응하여 콘크리트의 알칼리성을 저하시키기 때문에 보통 콘크리트에 비해 중성화가 빠르게 진행된다.

19 다음 재료 중 연성(延性, Ductility)이 가장 큰 것은?

① 금
② 철
③ 납
④ 구리

해설
연성이 큰 순서 : 금(Au) > 은(Ag) > 백금(Pt) > 철(Fe) > 구리(Cu) > 알루미늄(Al) > 주석(Sn) > 납(Pb)

20 콘크리트의 응결경화 조절의 목적으로 사용되는 혼화제에 대한 설명 중 틀린 것은?

① 콘크리트용 응결경화 조정제는 시멘트의 응결경화속도를 촉진시키거나 지연시킬 목적으로 사용되는 혼화제이다.
② 촉진제는 그라우트에 의한 지수공법 및 뿜어붙이기 콘크리트에 사용된다.
③ 지연제는 조기 경화현상을 보이는 서중콘크리트나 수송거리가 먼 레디믹스트 콘크리트에 사용된다.
④ 급결제를 사용한 콘크리트의 조기강도 증진은 매우 크나 장기강도는 일반적으로 떨어진다.

해설
② 그라우트에 의한 지수공법 및 뿜어붙이기 콘크리트에 사용되는 것은 급결제이다.

혼화재와 혼화제
- 혼화재 : 시멘트의 성질을 개량할 목적으로 사용하는 재료로서, 시멘트량의 5% 이상을 첨가하므로 그 부피가 배합계산에 포함되는 것
  예) 고로슬래그, 천연포졸란, 플라이애시 등
- 혼화제 : 혼화재와 같이 시멘트의 성질 개량을 목적으로 사용하지만, 시멘트량의 1% 이하만 첨가하므로 그 부피가 배합계산에 포함되지 않는 것
  예) AE제, 감수제, 급결제, 지연제, 방수제 등

21 크기가 지름 20~30cm 정도의 것이 크고 작은 알로 고루고루 섞여져 있으며 형상이 고르지 못한 큰 돌이라 설명하기도 하며, 큰 돌을 깨서 만드는 경우도 있어 주로 기초용으로 사용하는 석재의 분류명은?

① 산석　　② 야면석
③ 잡석　　④ 판석

해설
잡석(雜石)
지름 20~30cm 정도의 돌로 큰 돌을 깨어 만드는 일이 많다. 주로 기초용이나 뒤채움용으로 많이 사용한다.

22 다음 (　) 안에 들어갈 용어로 맞게 연결된 것은?

> 외력을 받아 변형을 일으킬 때 이에 저항하는 성질로서 외력에 대해 변형을 적게 일으키는 재료는 (㉠)가(이) 큰 재료이다. 이것은 탄성계수와 관계가 있으나 (㉡)와(과)는 직접적인 관계가 없다.

① ㉠ 강도(Strength), ㉡ 강성(Stiffness)
② ㉠ 강성(Stiffness), ㉡ 강도(Strength)
③ ㉠ 인성(Toughness), ㉡ 강성(Stiffness)
④ ㉠ 인성(Toughness), ㉡ 강도(Strength)

해설
- 인성 : 재료가 외력을 받으면 크게 변형되지만 파괴되지는 않는 성질
- 강성 : 재료가 외력을 받아도 변형되지 않고 파괴되지도 않는 성질

23 조경용 포장재료는 보행자가 안전하고, 쾌적하게 보행할 수 있는 재료가 선정되어야 한다. 다음 선정 기준 중 옳지 않은 것은?

① 내구성이 있고, 시공·관리비가 저렴한 재료
② 재료의 질감·색채가 아름다운 것
③ 재료의 표면 청소가 간단하고, 건조가 빠른 재료
④ 재료의 표면이 태양 광선의 반사가 많고, 보행 시 자연스런 매끄러운 소재

해설
보행로 바닥포장 재료의 선정기준
- 시공이 용이하고 견고할 것
- 자연배수와 세척 및 보수가 용이할 것
- 질감이 부드럽고 잘 미끄러지지 않는 재료일 것
- 포장의 색채와 형태, 평면 또는 경사면에서의 적합성, 내구성, 내마모성, 내열성, 투수성 등을 고려할 것
- 가능한 면 현장의 특수한 요구조건에 부합하는 향토적인 재료일 것

정답　20 ②　21 ③　22 ②　23 ④

24 다음 설명에 가장 적합한 수종은?

- 교목으로 꽃이 화려하다.
- 전정을 싫어하고 대기오염에 약하며, 토질을 가리는 결점이 있다.
- 매우 다방면으로 이용되며, 열식 또는 군식으로 많이 식재된다.

① 왕벚나무
② 수양버들
③ 전나무
④ 벽오동

해설
② 낙엽활엽교목으로 내한성과 공해에 대한 저항성이 크다.
③ 상록침엽교목으로 추위에 강하여 노지월동이 가능하고, 서늘하고 다습한 고산지대에서 잘 자란다.
④ 낙엽활엽교목으로 내한성이 약해 1년생 지상부는 종종 동해를 입지만 연수가 경과하면 추위에 강해지고, 대기오염에 강해 도심지 식재가 가능하다.

25 다음 설명하는 열경화성 수지는?

- 강도가 우수하며, 베이클라이트를 만든다.
- 내산성, 전기 절연성, 내약품성, 내수성이 좋다.
- 내알칼리성이 약한 결점이 있다.
- 내수합판 접착제 용도로 사용된다.

① 요소계 수지
② 메타아크릴수지
③ 염화비닐계 수지
④ 페놀계 수지

해설
④ 페놀수지 접착제는 페놀과 폼알데하이드를 주재로 하는 합성수지로, 페놀수지로 만든 액상 접착제는 무색투명하고, 내수성·내약품성·내열성이 가장 우수하며, 이종재 간의 접착에 사용된다.

26 다음 중 곰솔(해송)에 대한 설명으로 옳지 않은 것은?

① 동아(冬芽)는 붉은색이다.
② 수피는 흑갈색이다.
③ 해안지역의 평지에 많이 분포한다.
④ 줄기는 한해에 가지를 내는 층이 하나여서 나무의 나이를 짐작할 수 있다.

해설
① 동아가 붉은색인 소나무와 달리 곰솔의 동아는 회백색이다.

27 목재를 연결하여 움직임이나 변형 등을 방지하고, 거푸집의 변형을 방지하는 철물로 사용하기 가장 부적합한 것은?

① 볼트, 너트
② 못
③ 꺾쇠
④ 리벳

해설
④ 리벳은 철재끼리 접합시킬 때 사용하며, 보통 연성이 큰 리벳용 압연강재를 사용한다.

28 다음 중 합판에 관한 설명으로 틀린 것은?

① 합판을 베니어판이라 하고, 베니어란 원래 목재를 얇게 한 것을 말하며, 이것을 단판이라고도 한다.
② 슬라이스드 베니어(Sliced Veneer)는 끌로서 각목을 얇게 절단한 것으로 아름다운 결을 장식용으로 이용하기에 좋은 특징이 있다.
③ 합판의 종류에는 섬유판, 조각판, 적층판 및 강화 적층재 등이 있다.
④ 합판의 특징은 동일한 원재로부터 많은 정목판과 나무결 무늬판이 제조되며, 팽창 수축 등에 의한 결점이 없고 방향에 따른 강도 차이가 없다.

[해설]
③ 합판의 종류에는 용도에 따라 내수합판, 방화합판, 방충합판, 방부합판 등이 있다.
합판의 특징
• 목재를 얇은 판으로 깎은 단판에 접착제를 바른 다음, 나무의 결이 엇갈리게 여러 겹으로 붙여서 만든 판상의 가공재이다.
• 제품이 규격화되어 있어 능률적으로 사용 가능하다.
• 나뭇결이 아름답고, 균일한 크기로 제작이 가능하다.
• 수축·팽창 등에 의한 변형이 거의 없다.
• 고른 강도를 유지하며, 넓은 면적을 이용할 수 있다.
• 내구성과 내습성이 크다.

29 한국의 전통조경 소재 중 하나로 자연의 모습이나 형상석으로 궁궐 후원 점경물로 석분에 꽃을 심듯이 꽂거나 화계 등에 많이 도입되었던 경관석은?

① 각석
② 괴석
③ 비석
④ 수수분

[해설]
② 후원에는 키 작은 꽃나무를 심거나 괴석·세심석 또는 장식을 겸한 굴뚝 등을 세워 아름답게 꾸몄다.

30 자동차 배기가스에 강한 수목으로만 짝지어진 것은?

① 화백, 향나무
② 삼나무, 금목서
③ 자귀나무, 수수꽃다리
④ 산수국, 자목련

[해설]
배기가스에 강한 수종 : 화백, 향나무, 느티나무, 팽나무, 이팝나무, 물푸레나무, 개잎갈나무, 금송, 광나무, 은목서, 호랑가시나무, 고로쇠나무, 벚나무류, 목련 등

31 질량 113kg의 목재를 절대건조시켜서 100kg으로 되었다면 전건량기준 함수율은?

① 0.13%
② 0.30%
③ 3.00%
④ 13.00%

[해설]
목재의 함수율(%) = $\dfrac{건조\ 전\ 중량 - 건조중량}{건조중량} \times 100$

$= \dfrac{113-100}{100} \times 100$

$= 13\%$

32 다음 중 은행나무의 설명으로 틀린 것은?

① 분류상 낙엽활엽수이다.
② 나무껍질은 회백색, 아래로 깊이 갈라진다.
③ 양수로 적윤지토양에 생육이 적당하다.
④ 암수딴그루이고 5월초에 잎과 꽃이 함께 개화한다.

[해설]
① 은행나무는 낙엽침엽교목이다.

33 다음 중 플라스틱 제품의 특징으로 옳은 것은?

① 불에 강하다.
② 비교적 저온에서 가공성이 나쁘다.
③ 흡수성이 크고, 투수성이 불량하다.
④ 내후성 및 내광성이 부족하다.

해설
플라스틱제품의 특성
- 가벼우면서도 강도와 탄력성이 크다.
- 소성·가공성이 좋아 복잡한 모양으로 성형이 가능하다.
- 내산성·내알칼리성이 크고, 녹슬지 않는다.
- 착색이 자유롭고, 광택이 좋으며, 접착력이 크다.
- 절연성이 있어 전기가 통하지 않고, 열에 매우 취약하다.
- 내열성·내후성·내광성이 부족하며, 변색하는 등의 결점이 있다.

34 장미과(科) 식물이 아닌 것은?

① 피라칸타
② 해당화
③ 아까시나무
④ 왕벚나무

해설
③ 아까시나무는 콩과(科)이다.

35 골재의 표면수는 없고, 골재 내부에 빈틈이 없도록 물로 차 있는 상태는?

① 절대건조상태
② 기건상태
③ 습윤상태
④ 표면건조포화상태

해설
① 105±5℃ 정도의 온도에서 24시간 이상 골재를 건조시켜 표면 및 골재 내부에 포함되어 있는 수분이 완전히 제거된 상태
② 골재를 공기 중에 오래 건조하여 골재 내 온습도와 대기의 온습도가 평형을 이룬 상태
③ 골재 내부는 이미 포화상태이고, 표면에도 수분이 드러난 상태

36 수목 식재 시 수목을 구덩이에 앉히고 난 후 흙을 넣는데 수식(물죔)과 토식(흙죔)이 있다. 다음 중 토식을 실시하기에 적합하지 않은 수종은?

① 목련
② 전나무
③ 서향
④ 해송

해설
- 수식(물죔) : 뿌리분의 1/3~1/2까지 흙을 넣고 물을 부어 반죽한 후 나머지 흙을 채워서 심는 방법으로, 대부분의 수목에 적용한다.
- 토식(흙죔) : 마른 흙으로 채워서 심은 후 물집을 만들어 물을 주는 방법으로, 주로 소나무에 적용한다.

37 식물의 아래 잎에서 황화현상이 일어나고 심하면 잎 전면에 나타나며, 잎이 작지만 잎수가 감소하며 초본류의 초장이 작아지고 조기낙엽이 비료결핍의 원인이라면 어느 비료 요소와 관련된 설명인가?

① P
② N
③ Mg
④ K

해설
비료의 역할
- 질소(N) : 광합성작용을 촉진하여 수목의 잎이나 줄기 등의 생장에 도움을 주는데, 부족하면 생장이 위축되고 성숙이 빨라진다.
- 인(P) : 세포분열을 촉진하거나 꽃·열매·뿌리의 발육에 관여하는데, 부족하면 성숙이 빨라져 수확량이 감소한다.
- 칼륨(K) : 꽃과 열매의 향기나 색깔을 조절하는데, 부족하면 황화현상이 나타나고 잎이 고사한다.
- 칼슘(Ca) : 단백질을 합성하고 식물체 유기산을 중화하는데, 부족하면 생장점이 파괴되어 갈변한다.
- 마그네슘(Mg) : 엽록소의 구성성분이며 각종 효소를 활성화하는데, 부족하면 잎이 얇아지고 황백화현상이 나타난다.

38 뿌리분의 크기를 구하는 식으로 가장 적합한 것은? (단, N은 근원직경, n은 흉고직경, d는 상수이다)

① $24 + (N-3) \times d$
② $24 + (N+3)/d$
③ $24 - (n-3) + d$
④ $24 - (n-3) - d$

39 제초제 1,000ppm은 몇 %인가?

① 0.01% ② 0.1%
③ 1% ④ 10%

해설
$1\% : 10,000\text{ppm} = x\% : 1,000\text{ppm}$
∴ $x = 0.1\%$ (∵ 1% = 10,000ppm)

40 수목 외과수술의 시공순서로 옳은 것은?

┌──────────────────────┐
│ ㉠ 동공 가장자리의 형성층 노출 │
│ ㉡ 부패부 제거 │
│ ㉢ 표면경화처리 │
│ ㉣ 동공충전 │
│ ㉤ 방수처리 │
│ ㉥ 인공수피처리 │
│ ㉦ 소독 및 방부처리 │
└──────────────────────┘

① ㉠ - ㉥ - ㉡ - ㉢ - ㉣ - ㉤ - ㉦
② ㉡ - ㉦ - ㉠ - ㉥ - ㉤ - ㉢ - ㉣
③ ㉠ - ㉡ - ㉢ - ㉣ - ㉤ - ㉥ - ㉦
④ ㉡ - ㉠ - ㉦ - ㉣ - ㉤ - ㉢ - ㉥

해설
외과수술의 순서
부패부 제거 → 동공 가장자리의 형성층 노출 → 살균·방부처리 → 동공충전 → 방수처리 → 표면경화처리 → 인공수피처리

41 저온의 해를 받은 수목의 관리방법으로 적당하지 않은 것은?

① 멀칭
② 바람막이 설치
③ 강전정과 과다한 시비
④ Wilt-pruf(시들음 방지제) 살포

해설
③ 저온해를 입은 수목은 강전정을 하지 않고, 시비를 자제한다.

42 더운 여름 오후에 햇빛이 강하면 수간의 남서쪽 수피가 열에 의해서 피해(터지거나 갈라짐)를 받을 수 있는 현상을 무엇이라 하는가?

① 피소 ② 상렬
③ 조상 ④ 만상

해설
① 피소현상이란 외부와 내부적인 환경으로 인해 수목의 노출된 수피 밑 사부조직이 타는 현상이다. 지하부에서 흡수하는 수분과 양분의 양보다 지상부에서 필요로 하는 양이 더 많을 때 일어나며, 수목을 이식할 때나 뿌리돌림을 했을 때, 고목이나 노목이 강한 서향볕에 장시간 노출 될 때, 수피가 얇거나 매끄러운 수목을 이식했을 때 일어날 수 있다. 대책으로는 수분과 양분의 적절한 공급과 멀칭, 수피 피복작업 등이 있다.
② 추위에 의하여 나무의 줄기 또는 수피가 수선방향으로 갈라지는 현상이다.
③ 초가을에 계절에 맞지 않게 추운 날씨가 계속되어 수목에 피해를 주는 현상이다.
④ 봄에 식물의 발육이 시작된 후 기온이 갑작스럽게 0℃ 이하로 떨어지면서 수목에 피해를 주는 현상이다.

43 다음 중 재료의 할증률이 다른 것은?

① 목재(각재) ② 시멘트벽돌
③ 원형철근 ④ 합판(일반용)

해설
④ 3%, ①·②·③ 5%
※ 수장용 합판의 할증률은 5%이다.

정답 38 ① 39 ② 40 ④ 41 ③ 42 ① 43 ④

44 소형고압블록 포장의 시공방법에 대한 설명으로 옳은 것은?

① 차도용은 보도용에 비해 얇은 두께 6cm의 블록을 사용한다.
② 지반이 약하거나 이용도가 높은 곳은 지반 위에 잡석으로만 보강한다.
③ 블록 깔기가 끝나면 반드시 진동기를 사용해 바닥을 고르게 마감한다.
④ 블록의 최종 높이는 경계석보다 조금 높아야 한다.

해설
③ 블록이 단단하게 수평으로 결속되도록 기계식 평면 진동다짐기로 포장면을 다지고 고른다.
① 차도용은 보도용에 비해 얇은 두께 8cm의 블록을 사용한다.
소형고압블록
• 고압으로 성형된 소형의 콘크리트블록
• 형상과 치수에 따라 I형, O형, U형, B형 등으로 구분
• 구조적으로 견고, 질감과 색채 다양, 다양한 포장 패턴을 구성할 수 있지만 시간이 경과 함에 따라 퇴색
• 포장의 해체 및 재포장 용이, 유지관리비 저렴

45 식물이 필요로 하는 양분요소 중 미량원소로 옳은 것은?

① O ② K
③ Fe ④ S

해설
식물 생육에 필요한 원소
• 다량원소 : C, H, O, N, P, K, Ca, Mg, S
• 미량원소 : Fe, B, Mn, Cu, Zn, Mo, Cl

46 2개 이상의 기둥을 합쳐서 1개의 기초로 받치는 것은?

① 줄기초 ② 독립기초
③ 복합기초 ④ 연속기초

해설
③ 하나의 기초판 위에 2개 이상의 기둥을 받치는 것으로, 보통 기둥간격이 좁은 경우에 쓰인다.
② 독립된 기초판 위에 단일기둥을 받치는 것으로, 기둥간격이 넓고 지반의 지지력이 비교적 강한 경우에 쓰인다.
④ 줄기초라고도 하며, 기다란 기초판 위에 담장이나 여러 개의 기둥을 일렬로 받치는 기초를 말한다.

47 다음 중 평판측량에 사용되는 기구가 아닌 것은?

① 평판 ② 삼각대
③ 레벨 ④ 엘리데이드

해설
③ 레벨은 수준측량에 사용되는 기구이다.

48 진딧물이나 깍지벌레의 분비물에 곰팡이가 감염되어 발생하는 병은?

① 흰가루병 ② 녹병
③ 잿빛곰팡이병 ④ 그을음병

해설
④ 깍지벌레, 진딧물 등의 배설물에서 발생하며, 생육이 불량한 나무의 잎, 가지, 줄기에 그을음이 퍼져 식물의 광합성을 방해한다.
① 장마철 이후부터 잎 표면과 뒷면에 흰색의 반점이 생기며, 점차 확대되어 가을이 되면 잎을 하얗게 덮는다. 그 후 갈색을 띤 작은 알갱이가 흰 분말 사이에 형성된다.
② 봄에 향나무의 잎과 줄기에 갈색의 돌기가 형성되며, 비가 와서 수분이 많아지면 황색의 한천 모양으로 부푼다.
③ 잎가장자리부터 갈색으로 변하고, 병반 주변에는 물결 모양의 주름이 생긴다. 병반에는 작고 검은 점이 나타나고, 다습하면 솜털 같은 회색 곰팡이(분생자병 또는 분생포자)가 생긴다.

44 ③ 45 ③ 46 ③ 47 ③ 48 ④

49 콘크리트 혼화제 중 내구성 및 워커빌리티(Workability)를 향상시키는 것은?

① 감수제　　② 경화촉진제
③ 지연제　　④ 방수제

해설
① 콘크리트 혼화제 중 AE제, 감수제, AE감수제, 고성능 감수제, 고성능 AE감수제는 콘크리트의 워커빌리티를 개선하는 효과가 있다.
② 시멘트의 응결을 촉진하여 콘크리트의 조기 강도를 증대하기 위하여 콘크리트에 첨가하는 물질이다.
③ 레미콘의 원거리 이동 시나 응결 지연이 필요할 때, 또는 슬럼프 저하를 적게 하거나 연속해서 다량의 콘크리트를 타설할 때 수화작용을 지연시켜 응결시간을 늘린다.
④ 종이, 헝겊, 가죽 따위에 발라서 물이 스며들지 못하게 하는 약제이다.

50 해충의 방제방법 중 기계적 방제에 해당되지 않는 것은?

① 포살법　　② 진동법
③ 경운법　　④ 온도처리법

해설
④ 물리적 방제법
①·②·③ 기계적 방제법
기계적 방제법
- 포살법 : 해충을 손이나 도구를 이용하여 잡아 죽이는 방법
- 유살법 : 유아등이나 미끼 등으로 해충을 유인하여 잡아 죽이는 방법
- 소살법 : 해충 군서 시 경유 등을 사용하여 불로 태워 죽이는 방법
- 진동법 : 손이나 막대기 등으로 나무를 흔들어 떨어진 곤충을 잡아 죽이는 방법으로, 살충제가 들어 있는 수집용기에 채집하거나 손으로 직접 제거한다.
- 경운법 : 땅을 갈아엎어 땅속에 숨은 해충의 유충이나 애벌레, 성충 등을 표층으로 노출시켜 서식환경을 파괴하는 방법

51 철재 시설물의 손상 부분을 점검하는 항목으로 가장 부적합한 것은?

① 용접 등의 접합부분
② 충격에 비틀린 곳
③ 부식된 곳
④ 침하된 것

해설
④ 침하된 것은 콘크리트 시설물의 점검항목으로 적합하다.

52 기초 토공사비 산출을 위한 공정이 아닌 것은?

① 터파기　　② 되메우기
③ 정원석놓기　　④ 잔토처리

해설
③ 정원석놓기는 조경공사 표준품셈에 속한다.

53 공정관리기법 중 횡선식 공정표(Bar Chart)의 장점에 해당하는 것은?

① 신뢰도가 높으며 전자계산기의 이용이 가능하다.
② 각 공종별의 착수 및 종료일이 명시되어 있어 판단이 용이하다.
③ 바나나 모양의 곡선으로 작성하기 쉽다.
④ 상호관계가 명확하며, 주 공정선의 일에는 현장 인원의 중점배치가 가능하다.

해설
횡선식 공정표 : 부분공정과 소요기일을 각 축으로 하여 표를 작성하고, 공사의 진척상황을 막대로 기입하는 공정표로, 간트 공정표와 막대 공정표로 구분되는데, 막대 공정표가 많이 쓰인다.
- 장점 : 전체공정과 부분공정의 공정시기가 일목요연, 부분공정별 착수일 및 종료일이 명시되어 있어 판단 용이, 횡선길이에 따라 진척도를 개괄적으로 판단 가능
- 단점 : 작업의 선후관계 불명확, 공기에 영향을 주는 작업의 발견이 난해, 문제점의 사전예측 곤란, 통제기능 미약, 최적안 선택기능 없음, 일정 변화에 손쉽게 대처하기 곤란

[정답] 49 ① 50 ④ 51 ④ 52 ③ 53 ②

54 다음 중 시방서에 포함되어야 할 내용으로 가장 부적합한 것은?

① 재료의 종류 및 품질
② 시공방법의 정도
③ 재료 및 시공에 대한 검사
④ 계약서를 포함한 계약 내역서

해설
시방서
건물을 설계할 때 도면상에 나타낼 수 없는 세부사항을 명시한 문서를 말한다. 공사에 필요한 재료의 종류와 품질, 사용처, 시공방법, 납기, 준공 기일 등 설계 도면에 나타내기 어려운 사항을 명확하게 기록하며 도면과 함께 설계의 중요한 부분을 구성하고 있다.

55 토량의 변화에서 체적비(변화율)는 L과 C로 나타낸다. 다음 설명 중 옳지 않은 것은?

① L값은 경암보다 모래가 더 크다.
② C는 다져진 상태의 토량과 자연상태의 토량의 비율이다.
③ 성토, 절토 및 사토량의 산정은 자연상태의 양을 기준으로 한다.
④ L은 흐트러진 상태의 토량과 자연상태의 토량의 비율이다.

해설
① L값은 모래(1.10~1.20)보다 경암(1.70~2.00)이 더 크다.

56 콘크리트 1m³에 소요되는 재료의 양을 L로 계량하여 1:2:4 또는 1:3:6 등의 배합 비율로 표시하는 배합을 무엇이라 하는가?

① 표준계량배합
② 용적배합
③ 중량배합
④ 시험중량배합

해설
용적배합
• 콘크리트 1m³ 제작에 필요한 시멘트, 모래, 자갈을 부피로 계량하여 1:2:4 또는 1:3:6과 같은 비율로 나타낸다.
• 중량배합보다 정확하지 못하나 시공상 간편하여 많이 쓰인다.
※ 중량배합
 • 콘크리트 1m³ 제작에 필요한 각 재료를 무게(kg)로 표시하는 방법이다.
 • 측정상 오차가 거의 없어 주로 쓰이며 공장 생산이나 대규모 공사에 많이 사용된다.

57 조경식재 공사에서 뿌리돌림의 목적으로 가장 부적합한 것은?

① 뿌리분을 크게 만들려고
② 이식 후 활착을 돕기 위해
③ 잔뿌리의 신생과 신장도모
④ 뿌리 일부를 절단 또는 각피하여 잔뿌리 발생 촉진

해설
뿌리돌림 작업의 목적: 이식력이 약한 나무를 대상으로 굴취 전에 미리 잔뿌리를 발달시켜 이식력을 높이거나, 노목이나 쇠약목의 세력 회복을 위한 목적으로도 가능하다.

54 ④ 55 ① 56 ② 57 ①

58 조경공사의 시공자 선정방법 중 일반 공개경쟁입찰방식에 관한 설명으로 옳은 것은?

① 예정가격을 비공개로 하고 견적서를 제출하여 경쟁입찰에 단독으로 참가하는 방식
② 계약의 목적, 성질 등에 따라 참가자의 자격을 제한하는 방식
③ 신문, 게시 등의 방법을 통하여 다수의 희망자가 경쟁에 참가하여 가장 유리한 조건을 제시한 자를 선정하는 방식
④ 공사 설계서와 시공도서를 작성하여 입찰서와 함께 제출하여 입찰하는 방식

해설
① 수의계약이다.
② 제한경쟁입찰이다.
④ 일괄입찰이다.

59 농약의 사용목적에 따른 분류 중 응애류에만 효과가 있는 것은?

① 살충제
② 살균제
③ 살비제
④ 살초제

해설
③ 응애만 죽이는 농약
① 해충을 방제할 목적으로 쓰이는 약제
② 병원균을 죽이는 목적으로 쓰이는 약제
④ 잡초를 제거하는 데 쓰이는 약제

60 '느티나무 10주에 600,000원, 조경공 1인과 보통공 2인이 하루에 식재한다'라고 가정할 때 느티나무 1주를 식재할 때 소용되는 비용은?(단, 조경공 노임은 60,000원/일, 보통공 노임은 40,000원/일이다)

① 68,000원
② 70,000원
③ 72,000원
④ 74,000원

해설
• 느티나무 1주 = 600,000원 ÷ 10 = 60,000원
• 느티나무 1주 식재 시 인부 노임
  = (60,000원 + 2인 × 40,000원) ÷ 10 = 14,000원
∴ 느티나무 1주 식재 시 소요비용 = 60,000원 + 14,000원
  = 74,000원

2014년 제5회 과년도 기출문제

01 다음 중 직선과 관련된 설명으로 옳은 것은?

① 절도가 없어 보인다.
② 표현 의도가 분산되어 보인다.
③ 베르사유궁원은 직선이 지나치게 강해서 압박감이 발생한다.
④ 직선 가운데에 중개물(仲介物)이 있으면 없는 때보다도 짧게 보인다.

해설
베르사유궁원은 정원의 강한 중심축을 기준으로, 거대하지만 한정되고 제한된 영역에서 명료한 선을 따라 기하학적으로 정리된 정원이다.
직선의 특징
• 직선은 강직, 명확, 단순, 남성적이고 단호해 보인다.
• 직선이 명확하면 피로감이 생긴다.
• 직선은 중심적이기 때문에 환경에 융화되기 쉽다.
• 직선은 균형의 성질을 가지고 있다.

02 다음 중 경주 월지(안압지, 雁鴨池)에 있는 섬의 모양으로 가장 적당한 것은?

① 육각형
② 사각형
③ 한반도형
④ 거북이형

해설
④ 안압지의 물길이 시작되는 입수구는 물을 끌어들이는 장치로, 북동쪽에 있는 하천에서 물을 끌어와 이 장치를 거쳐 안압지로 들어간다. 입수구 근처의 거북이형 인공섬은 입수구를 통해 들어온 물의 흐름을 느리게 만들어서 연못의 침식을 막아 주고, 물이 자연스럽게 순환하게 하는 역할을 한다.

03 영국의 풍경식 정원은 자연과의 비율이 어떤 비율로 조성되었는가?

① 1 : 1
② 1 : 5
③ 2 : 1
④ 1 : 100

해설
자연과의 비율
• 영국의 자연풍경식 정원 = 1 : 1
• 일본의 정원 = 1 : 10 또는 1 : 100

04 낮에 태양광 아래에서 본 물체의 색이 밤에 실내 형광등 아래에서 보니 달라보였다. 이러한 현상을 무엇이라 하는가?

① 메타메리즘
② 메타볼리즘
③ 프리즘
④ 착시

해설
① 분광반사율이 다른 두 가지 물체가 특정 광원 아래서 같은 색으로 보이는 것을 메타메리즘(Metamerism) 또는 조건등색이라 한다.
② 생물학적 용어로 신진대사를 의미하며, 일본 건축에 사용되었다.
③ 광선을 굴절·분산시킬 때 쓰는 유리나 수정 따위로 된 다면체의 광학 부품이다.
④ 착각 중 시각에서 일어나는 것을 착시라고 하며, 선이나 모양이 달리 보이고 원근감이 생기기도 한다.

1 ③ 2 ④ 3 ① 4 ① **정답**

05 다음 중 색의 잔상(殘像, Afterimage)과 관련한 설명으로 틀린 것은?

① 잔상은 원래 자극의 세기, 관찰시간과 크기에 비례한다.
② 주위 색의 영향을 받아 주위 색에 근접하게 변화하는 것이다.
③ 주어진 자극이 제거된 후에도 원래의 자극과 색, 밝기가 같은 상이 보인다.
④ 주어진 자극이 제거된 후에도 원래의 자극과 색, 밝기가 반대인 상이 보인다.

해설
② 색의 동화에 대한 내용으로, 주변의 색으로 인해 본래의 색이 다르게 보이거나 주변의 색과 같게 보이는 현상을 말한다.

06 다음 중국식 정원의 설명으로 가장 거리가 먼 것은?

① 차경수법을 도입하였다.
② 사실주의보다는 상징적 축조가 주를 이루는 사의주의에 입각하였다.
③ 다정(茶庭)이 정원구성 요소에서 중요하게 작용하였다.
④ 대비에 중점을 두고 있으며, 이것이 중국정원의 특색을 이루고 있다.

해설
③ 다정은 다실에 이르는 길을 중심으로 하여 좁은 공간에 조성한 정원양식으로, 일본의 모모야마시대에 등장하였다.

07 구조물 재료의 단면 도시기호 중 강(鋼)을 나타낸 것으로 가장 적합한 것은?

① 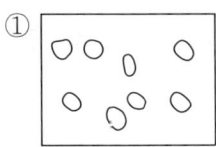 ②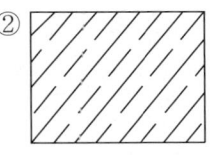

③ 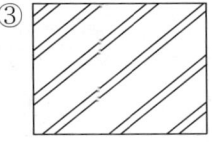 ④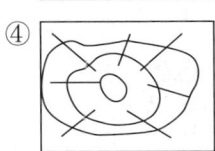

해설
① 콘크리트
② 석재
④ 목재(심재)

08 다음 중 '사자의 중정(Court of Lion)'은 어느 곳에 속하고 있는가?

① 헤네랄리페
② 알카자르
③ 알람브라
④ 타지마할

해설
사자의 중정
알람브라궁전의 주랑식 중정으로, 열두 마리의 사자가 수반과 분수를 받치고 있으며, 분수로부터 뻗어 나온 네 개의 수로가 중정을 사분하는 형태를 가진 화려한 중정이다.
※ 스페인 알람브라성에 있는 4개의 중정
 • 알베르카 중정 : 궁전의 주정으로 공적 기능을 가지고 있으며, 정확한 비례와 화려함, 장엄미가 뛰어나다.
 • 사자의 중정 : 주랑식 중정으로 가장 화려하다. 열두 마리의 사자가 수반과 분수를 받치고 있으며, 분수로부터 네 개의 수로가 뻗어 중정을 사분하고 있다.
 • 린다라하 중정 : 중정 가운데에 분수를 시설하여 여성적인 분위기를 연출하였고 가장자리를 회양목으로 식재하여 여러 모양의 화단을 만들었다.
 • 레하 중정 : 바닥은 둥근 색자갈로 무늬를 주고 중앙에는 분수를 세워 환상적이면서도 엄숙한 분위기를 연출한다.

09 실제 길이 3m는 축척 1/30 도면에서 얼마로 나타나는가?

① 1cm
② 10cm
③ 3cm
④ 30cm

해설
도상 길이 = 실제 거리 × 축척
= 300cm × $\frac{1}{30}$ = 10cm

10 고려시대 궁궐의 정원을 맡아 관리하던 해당 부서는?

① 내원서
② 정원서
③ 상림원
④ 동산바치

해설
정원 관리서의 변천 : 궁원(고구려) → 내원서(고려) → 상림원(조선 세종) → 장원서(조선 세조)
• 고려시대의 정원관리기관 : 사선서, 내원서
• 조선시대의 정원관리기관 : 상림원, 장원서

11 컴퓨터를 사용하여 조경제도작업을 할 때의 작업 특징으로 가장 거리가 먼 것은?

① 도덕성
② 응용성
③ 정확성
④ 신속성

12 도시공원의 설치 및 규모의 기준상 어린이공원의 최대 유치거리는?

① 100m
② 250m
③ 500m
④ 1,000m

해설
도시공원 및 녹지 등에 관한 법률 시행규칙상 도시공원의 설치 및 규모의 기준에서 어린이공원의 유치거리는 250m로 규정하고 있다. 이는 어린이들이 쉽게 접근할 수 있는 거리에 위치하도록 하기 위함이다.

13 채도대비에 의해 주황색 글씨를 보다 선명하게 보이도록 하려면 바탕색으로 어떤 색이 가장 적합한가?

① 빨간색
② 노란색
③ 파란색
④ 회색

해설
채도대비
채도 차가 큰 두 색을 인접하여 배치하면 채도가 높은 색은 더욱 선명하게 보이고, 채도가 낮은 색은 더욱 탁해 보인다.

14 다음 중 단순미(單純美)와 가장 관련이 없는 것은?

① 잔디밭
② 독립수
③ 형상수(Topiary)
④ 자연석 무너짐쌓기

> **해설**
> ④ 자연석 무너짐쌓기는 암석이 자연적으로 무너져 내려 안정되게 쌓여 있는 것을 그대로 묘사하는 가장 일반적인 방법이다.
> 단순미 : 특징 있는 개체의 단순한 자태를 균형과 조화 속에 나타내는 아름다움을 말한다.

15 다음 관용색명 중 색상의 속성이 다른 것은?

① 이끼색
② 라벤더색
③ 솔잎색
④ 풀색

> **해설**
> ② 보라색계통, ①·③·④ 녹색계통
> **관용색명**
> 사물의 이름을 빗대어서 붙인 색깔의 이름으로, 동식물이나 광물, 음식, 지명(地名), 인명(人名) 등에서 유래한 이름이 많다.
> ※ 이끼색, 솔잎색, 어린풀색은 표준에서 제외된 관용색명이다.

16 건설재료용으로 사용되는 목재를 건조시키는 목적 및 건조방법에 관한 설명 중 틀린 것은?

① 중량경감 및 강도, 내구성을 증진시킨다.
② 균류에 의한 부식 및 벌레의 피해를 예방한다.
③ 자연건조법에 해당하는 공기건조법은 실외에 목재를 쌓아두고 기건상태가 될 때까지 건조시키는 방법이다.
④ 밀폐된 실내에 가열한 공기를 보내서 건조를 촉진시키는 방법은 인공건조법 중에서 증기건조법이다.

> **해설**
> **증기법**
> 밀폐된 공간에서 수증기의 힘으로 목재의 수액을 빼내 건조시키는 방법으로, 찌는 방법보다 시간은 적게 들지만 시설비가 많이 든다.

17 다음 중 멜루스(*Malus*)속에 해당되는 식물은?

① 아그배나무
② 복사나무
③ 팥배나무
④ 쉬땅나무

> **해설**
> 아그배나무는 장미과 멜루스속에 속하며, 과실이 작고 먹을 수 있다. 쌍떡잎식물 낙엽소교목이며 산지와 냇가에서 자란다. 가지가 많이 갈라지고 어린 가지에 털이 나고, 잎은 어긋나고 타원형이거나 달걀 모양이며 가장자리에 날카로운 톱니가 있다.

18 다음 중 양수에 해당하는 낙엽관목 수종은?

① 독일가문비
② 무궁화
③ 녹나무
④ 주목

> **해설**
> ①·④ 상록침엽교목
> ③ 상록활엽교목
> • 음수 : 주목, 전나무, 비자나무, 독일가문비나무, 가시나무, 녹나무, 후박나무, 동백나무, 호랑가시나무, 팔손이나무, 회양목, 목란 등
> • 양수 : 소나무, 곰솔, 측백나무, 일본잎갈나무(낙엽송), 향나무, 은행나무, 철쭉류, 삼나무, 느티나무, 포플러류, 가죽(가중)나무, 무궁화, 백목련, 모과나무, 두릅나무, 산수유, 자작나무, 석류나무 등

정답 14 ④ 15 ② 16 ④ 17 ① 18 ②

19 다음 중 목재의 방화제(防火劑)로 사용될 수 없는 것은?

① 염화암모늄
② 황산암모늄
③ 제2인산암모늄
④ 질산암모늄

해설
목재의 방화제로 사용되는 암모늄염 : 제2인산암모늄, 제1인산암모늄, 브롬화암모늄, 붕산암모늄, 염화암모늄, 설파민암모늄, 황산암모늄 등

20 소가 누워있는 것과 같은 돌로, 횡석보다 안정감을 주는 자연석의 형태는?

① 와석　② 평석
③ 입석　④ 환석

해설
② 윗부분이 평평한 돌
③ 세워 쓰는 돌
④ 둥근 모양의 돌

21 다음 인동과(科) 수종에 대한 설명으로 맞는 것은?

① 백당나무는 열매가 적색이다.
② 아왜나무는 상록활엽관목이다.
③ 분꽃나무는 꽃향기가 없다.
④ 인동덩굴의 열매는 둥글고 6~8월에 붉게 성숙한다.

해설
② 아왜나무는 상록활엽교목이다.
③ 분꽃나무는 꽃향기가 좋다.
④ 인동덩굴의 열매는 둥글고 9~10월에 검게 성숙한다.

22 조경에 이용될 수 있는 상록활엽관목류의 수목으로만 짝지어진 것은?

① 아왜나무, 가시나무
② 광나무, 꽝꽝나무
③ 백당나무, 병꽃나무
④ 황매화, 후피향나무

해설
① 상록활엽교목
③ 낙엽활엽관목
④ 낙엽활엽관목, 상록활엽교목

23 콘크리트의 표준 배합비가 1 : 3 : 6일 때, 이 배합비의 순서에 맞는 각각의 재료를 바르게 나열한 것은?

① 모래 : 자갈 : 시멘트
② 자갈 : 시멘트 : 모래
③ 자갈 : 모래 : 시멘트
④ 시멘트 : 모래 : 자갈

해설
콘크리트의 용적배합 시 1 : 3 : 6이 나타내는 것은 시멘트 : 모래 : 자갈이다.

24 다음 중 가시가 없는 수종은?

① 산초나무
② 음나무
③ 금목서
④ 찔레꽃

해설
③ 금목서는 가지에 가시와 털이 없다.

25 종류로는 수용형, 용제형, 분말형 등이 있으며 목재, 금속, 플라스틱 및 이들 이종재(異種材)간의 접착에 사용되는 합성수지접착제는?

① 페놀수지 접착제
② 카세인 접착제
③ 요소수지 접착제
④ 폴리에스테르수지 접착제

> **해설**
> ① 페놀과 폼알데하이드를 주재로 하는 합성수지로, 페놀수지로 만든 액상 접착제는 무색투명하고, 내수성·내약품성·내열성이 가장 우수하며, 이종재 간의 접착에 사용된다.
> ② 유즙(乳汁)과 석회, 기타 화학 성분을 저온에서 혼합하여 응고된 것을 건조시켜 만든 접착제이다.
> ③ 목재 접합용의 합성수지계 접착제이다.
> ④ 각종 구조물의 내마모성, 미끄럼 방지층의 시공, 앵커볼트의 정착이나 콘크리트의 수선 접착용으로 쓰인다.

26 다음 중 콘크리트 내구성에 영향을 주는 아래 화학반응식의 현상은?

$$Ca(OH)_2 + CO_2 \rightarrow CaCO_3 + H_2O \uparrow$$

① 콘크리트 염해
② 동결융해현상
③ 콘크리트 중성화
④ 알칼리 골재반응

> **해설**
> 공기 중의 탄산가스(CO_2) 또는 산성비가 콘크리트 중의 수산화칼슘($Ca(OH)_2$)과 화학반응하여 서서히 탄산칼슘($CaCO_3$)이 되면서 콘크리트의 알칼리성을 상실한다. 이와 같은 현상을 콘크리트 중성화라고 한다.

27 구상나무(*Abies koreana* Wilson)와 관련된 설명으로 틀린 것은?

① 한국이 원산지이다.
② 측백나무과(科)에 해당한다.
③ 원추형의 상록침엽교목이다.
④ 열매는 구과로 원통형이며 길이 4~7cm, 지름 2~3cm의 자갈색이다.

> **해설**
> ② 소나무과(科)에 해당한다.

28 마로니에와 칠엽수에 대한 설명으로 옳지 않은 것은?

① 마로니에와 칠엽수는 원산지가 같다.
② 마로니에와 칠엽수의 잎은 장상복엽이다.
③ 마로니에는 칠엽수와는 달리 열매 표면에 가시가 있다
④ 마로니에와 칠엽수 모두 열매 속에는 밤톨 같은 씨가 들어 있다.

> **해설**
> ① 마로니에는 유럽 남동부, 칠엽수는 일본이 원산지이다.

29 자연토양을 사용한 인공지반에 식재된 대관목의 생육에 필요한 최소 식재토심은?(단, 배수구배는 1.5~2.0%임)

① 15cm
② 30cm
③ 45cm
④ 70cm

> **해설**
> 식물 생육에 필요한 최소 토양 깊이
>
> | 구분 | 생존 최소 토심 | 생육 최소 토심 |
> | --- | --- | --- |
> | 잔디, 초본 | 15cm | 30cm |
> | 소관목 | 30cm | 45cm |
> | 대관목 | 45cm | 60cm |
> | 천근성 교목 | 60cm | 90cm |
> | 심근성 교목 | 90cm | 150cm |

[정답] 25 ① 26 ③ 27 ② 28 ① 29 ③

30 다음 중 조경공간의 포장용으로 주로 쓰이는 가공석은?

① 견치돌(간지석) ② 각석
③ 판석 ④ 강석(하천석)

> **해설**
> ③ 두께 15cm 미만이고, 폭이 두께의 3배 이상인 판 모양의 석재로 디딤돌, 원로 포장용, 계단 설치용 등으로 사용된다.
> ① 돌을 뜰 때 앞면, 길이, 뒷면, 접촉부 등의 치수를 지정하여 마름모꼴이나 사각형 뿔 모양으로 깨낸 석재로, 면에서 직각으로 잰 길이가 최소변의 1.5배 이상이고, 접촉부의 너비는 1/10 이상이다. 주로 흙막이용 돌쌓기에 사용된다.
> ② 폭이 두께의 3배 미만이고, 폭보다 길이가 긴 직육면체의 석재로 쌓기용, 기초용, 경계석 등으로 사용된다.
> ④ 50~100cm 정도의 돌로 주로 경관석이나 석가산용 등으로 사용된다.

31 주로 감람석, 섬록암 등의 심성암이 변질된 것으로 암녹색 바탕에 흑백색의 아름다운 무늬가 있으며, 경질이나 풍화성이 있어 외장재보다는 내장 마감용 석재로 이용되는 것은?

① 사문암 ② 안산암
③ 점판암 ④ 화강암

> **해설**
> 석재의 용도
> • 마감용
> – 외장재 : 화강암, 안산암, 점판암
> – 내장재 : 대리암, 사문암
> • 구조용 : 화강암, 안산암, 사암

32 다음 중 시멘트의 응결시간에 가장 영향이 적은 것은?

① 수량(水量) ② 온도
③ 분말도 ④ 골재의 입도

> **해설**
> ④ 시멘트는 분말도가 클수록, 온도가 높을수록, 단위수량이 적을수록 응결시간이 단축되며, 골재의 입도는 응결시간보다는 콘크리트의 워커빌리티에 미치는 영향이 더 크다.
> ※ 워커빌리티에 영향을 미치는 요인 : 시멘트의 성질(종류·분말도·풍화도), 단위시멘트량, 단위수량, 물-시멘트비, 골재의 입형·입도, 잔골재율, 공기량, 혼화재료, 비빔시간, 온도 등

33 콘크리트 다지기에 대한 설명으로 틀린 것은?

① 진동다지기를 할 때는 내부진동기를 하층의 콘크리트 속으로 작업이 용이하도록 사선으로 0.5m 정도 찔러 넣는다.
② 내부진동기의 1개소당 진동시간은 다짐할 때 시멘트 페이스트가 표면 상부로 약간 부상하기까지 한다.
③ 거푸집판에 접하는 콘크리트는 되도록 평탄한 표면이 얻어지도록 타설하고 다져야 한다.
④ 콘크리트 다지기에는 내부진동기의 사용을 원칙으로 하나, 얇은 벽 등 내부진동기의 사용이 곤란한 장소에서는 거푸집 진동기를 사용해도 좋다.

> **해설**
> ① 진동다지기를 할 때는 내부진동기를 하층 콘크리트 속으로 0.1m 정도 연직으로 찔러 넣는다.

34 다음 중 목재에 유성페인트 칠을 할 때 가장 관련이 없는 재료는?

① 건성유
② 건조제
③ 방청제
④ 희석제

> **해설**
> ③ 방청제는 금속이 부식하기 쉬운 상태일 때 첨가하여 녹을 방지하기 위해 사용하는 물질이다.
> 유성페인트
> • 기름페인트, 안료, 건성유, 건조제, 희석재를 혼합한 산화 건조형 도료로 오일페인트라 한다.
> • 에나멜페인트와 래커페인트가 많이 쓰인다.

35 다음 조경식물 중 생장속도가 가장 느린 것은?

① 배롱나무 ② 쉬나무
③ 눈주목 ④ 층층나무

해설
③ 일본 원산으로 주목보다 생장속도가 느리고, 너비가 높이의 2배 정도로 퍼져 자란다.
① 배롱나무의 새순은 세력이 좋아 도장하려는 경향이 있으므로, 일찍 아래로 구부려 생장을 억제한다.
② 수형이 아름답고, 대기오염에 강하며, 생장속도가 빠른 속성수이다.
④ 그늘진 곳에서도 잘 자라고, 생장속도가 빠르며, 병충해 · 공해 · 추위에 강하다.

36 가지가 굵어 이미 찢어진 경우에 도복 등의 위험을 방지하고자 하는 방법으로 가장 알맞은 것은?

① 지주 설치 ② 쇠조임(당김줄 설치)
③ 외과수술 ④ 가지치기

해설
쇠조임
지주를 설치하기 힘든 경우 피해를 입은 수간과 가지 사이 또는 가지와 가지 사이에 쇠막대를 고정하여 약한 곳을 보완하거나 찢어진 곳을 봉합하고, 태풍이나 강우 등의 피해로부터 수형을 보존하기 위해 실시하는데, 경우에 따라서는 당김줄과 함께 설치하기도 한다.

37 다음 중 흙깎기의 순서 중 가장 먼저 실시하는 곳은?

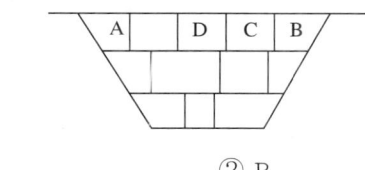

① A ② B
③ C ④ D

해설
흙깎기는 가운데부터 점점 바깥부분쪽으로 파내려가는 순서로 실시한다.

38 수목의 뿌리분 굴취와 관련된 설명으로 틀린 것은?

① 분의 크기는 뿌리목 줄기지름의 3~4배를 기준으로 한다.
② 수목 주위를 파 내려가는 방향은 지면과 직각이 되도록 한다.
③ 분의 주위를 1/2 정도 파 내려갔을 무렵부터 뿌리 감기를 시작한다.
④ 분감기 전 직근을 잘라야 용이하게 작업할 수 있다.

해설
④ 직근은 자르지 않고 분을 감기 전에는 잔뿌리를 잘라서 잔뿌리 발생을 촉진한다.

39 우리나라에서 1929년 서울의 비원(秘苑)과 전남 목포지방에서 처음 발견된 해충으로 솔잎 기부에 충영을 형성하고 그 안에서 흡즙해 소나무에 피해를 주는 해충은?

① 솔껍질깍지벌레
② 솔잎혹파리
③ 솔나방
④ 솔잎벌

해설
솔잎혹파리
유충이 솔잎 기부에 벌레혹을 형성하고, 그 속에서 수액을 빨아먹어 솔잎이 건전한 잎보다 짧아지며, 가을에 갈색으로 변색되어 말라 죽는다.

정답 35 ③ 36 ② 37 ④ 38 ④ 39 ②

40 다음 중 비료의 3요소에 해당하지 않는 것은?

① N ② K
③ P ④ Mg

해설
비료의 구성
- 비료의 3요소 : 질소(N), 인(P), 칼륨(K)
- 비료의 4요소 : 질소, 인, 칼륨, 칼슘(Ca)
- 비료의 5요소 : 질소, 인산, 칼륨, 칼슘, 마그네슘(Mg)

41 합성수지 놀이시설물의 관리요령으로 가장 적합한 것은?

① 자체가 무거워 균열 발생 전에 보수한다.
② 정기적인 보수와 도료 등을 칠해 주어야 한다.
③ 회전하는 축에는 정기적으로 그리스를 주입한다.
④ 겨울철 저온기 때 충격에 의한 파손을 주의한다.

해설
④ 합성수지 놀이시설물은 겨울철 저온기 때 충격에 의해 쉽게 파손이 되므로 주의해야한다.

42 다음 중 지피식물 선택조건으로 부적합한 것은?

① 치밀하게 피복되는 것이 좋다.
② 키가 낮고 다년생이며 부드러워야 한다.
③ 병충해에 강하며 관리가 용이하여야 한다.
④ 특수 환경에 잘 적응하며 희소성이 있어야 한다.

해설
지피식물의 조건
- 지표면을 치밀하게 피복하고, 부드러워야 한다.
- 식물체의 키가 낮고, 다년생이어야 한다.
- 번식력이 왕성하고, 생장이 비교적 빨라야 한다.
- 성질이 강하고, 환경조건에 적응을 잘해야 한다.
- 병해충에 대한 저항성과 내답압성을 갖추어야 한다.
- 식물적 특성을 고루 갖추고, 관리가 용이해야 한다.

43 다음 그림과 같은 삼각형의 면적은?

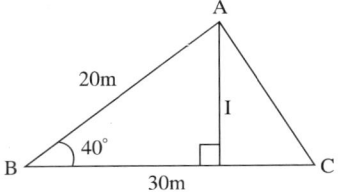

① 115m²
② 193m²
③ 230m²
④ 386m²

해설
$S = \dfrac{1}{2} \times 20 \times 30 \times \sin 40°$
$= 300 \times \sin 40°$
$≒ 192.836 m^2$

44 디딤돌놓기 공사에 대한 설명으로 틀린 것은?

① 정원의 잔디, 나지 위에 놓아 보행자의 편의를 돕는다.
② 넓적하고 평평한 자연석, 환석, 통나무 등이 활용된다.
③ 시작과 끝 부분, 갈라지는 부분은 50cm 정도의 돌을 사용한다.
④ 같은 크기의 돌을 직선으로 배치하여 기능성을 강조한다.

해설
④ 디딤돌은 크고 작은 것을 섞어 직선보다는 어긋나게 놓는 것이 좋다.

디딤돌놓기
- 디딤돌이란 동선을 아름답게 표현하고, 지피식물을 보호하며, 무엇보다 보행자의 편의를 돕기 위해 놓는 돌을 말한다.
- 디딤돌은 보통 한 면이 넓적하고 평평한 자연석을 많이 쓰나, 가공한 화강암 판석이나 점판암 판석 또는 통나무 등을 쓰는 경우도 있다.
- 디딤돌의 긴지름은 보행자의 진행방향과 수직을 이루도록 하고, 방향성을 주는 것이 좋으며, 지표보다 3~5cm 정도 높게 한다.

40 ④ 41 ④ 42 ④ 43 ② 44 ④

45 다음 중 토양 통기성에 대한 설명으로 틀린 것은?

① 기체는 농도가 낮은 곳에서 높은 곳으로 확산작용에 의해 이동한다.
② 토양 속에는 대기와 마찬가지로 질소, 산소, 이산화탄소 등의 기체가 존재한다.
③ 토양생물의 호흡과 분해로 인해 토양공기 중에는 대기에 비하여 산소가 적고 이산화탄소가 많다.
④ 건조한 토양에서는 이산화탄소와 산소의 이동이나 교환이 쉽다.

해설
① 기체는 확산작용에 의해 농도가 높은 곳에서 낮은 곳으로 이동한다.

46 다음 중 조경시공에 활용되는 석재의 특징으로 부적합한 것은?

① 내화성이 뛰어나고 압축강도가 크다.
② 내수성·내구성·내화학성이 풍부하다.
③ 색조와 광택이 있어 외관이 미려·장중하다.
④ 천연물이기 때문에 재료가 균일하고, 갈라지는 방향성이 없다.

해설
④ 천연물이기 때문에 재료가 불균일하고 갈라지는 방향성이 있다.

47 목재를 방부제 속에 일정기간 담가두는 방법으로 크레오소트(Creosote)를 많이 사용하는 방부법은?

① 표면탄화법 ② 직접유살법
③ 상압주입법 ④ 약제도포법

해설
상압주입법 : 침지법과 유사하나, 가열한 약액에 방부할 목재를 일정 시간 담가 둔 후 다시 상온의 약액에 담가 침지시키는 방법
※ 크레오소트 : 방부효과가 크고, 철재류의 부식이 작으며, 침투성이 양호하다.

48 과다사용 시 병에 대한 저항력을 감소시키므로 특히 토양의 비배관리에 주의해야 하는 무기성분은?

① 질소
② 규산
③ 칼륨
④ 인산

해설
질소비료를 과다사용하면 작물체가 연약해지고, 병충해나 냉해에 대한 저항력이 약화된다.

49 토양수분 중 식물이 생육에 주로 이용하는 유효수분은?

① 결합수
② 흡습수
③ 모세관수
④ 중력수

해설
토양수분의 형태
- 결합수 : 점토광물에 결합되어 분리시킬 수 없어 식물이 이용할 수 없는 수분
- 흡습수 : 토양입자 표면에 피막상으로 흡착되어 식물이 거의 이용할 수 없는 수분
- 모관수 : 토양공극에서 표면장력으로 유지되며, 모세관현상에 의해 공극을 따라 상승하여 식물이 주로 이용하는 수분
- 중력수 : 비모관공극에서 중력에 의하여 흘러내려 식물이 이용 가능한 수분
- 지하수 : 지하에 정지하여 모관수의 근원이 되는 수분

50 다음 그림은 수목의 번식방법 중 어떠한 접목법에 해당하는가?

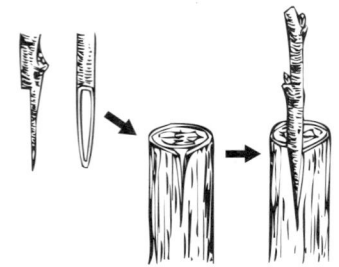

① 깎기접   ② 안장접
③ 쪼개접   ④ 박피접

해설
④ 수피를 박리시켜 깎기접 때와 같이 박피된 대목의 형성층에 접수를 맞춰 붙인다.
① 눈 2~3개가 붙은 접수의 가지를 1/5~1/2 정도 수직으로 깎아낸 후 대목의 형성층에 맞춰 끼운다.
② 대목이나 접수를 서로 반대되게 V자 모양으로 깎아 형성층을 맞춘다.
③ 대목의 중앙을 쪼갠 후 양쪽으로 한 개씩 2개의 접수를 밀어 넣는다.

51 인공식재 기반 조성에 대한 설명으로 틀린 것은?

① 토양, 방수 및 배수시설 등에 유의한다.
② 식재층과 배수층 사이는 부직포를 깐다.
③ 심근성 교목의 생존 최소 깊이는 40cm로 한다.
④ 건축물 위의 인공식재 기반은 방수 처리한다.

해설
③ 심근성 교목의 생존 최소 깊이는 90cm이다.
식물 생육에 필요한 최소 토양 깊이

구분	생존 최소 토심	생육 최소 토심
잔디, 초본	15cm	30cm
소관목	30cm	45cm
대관목	45cm	60cm
천근성 교목	60cm	90cm
심근성 교목	90cm	150cm

52 개화·결실을 목적으로 실시하는 정지·전정의 방법으로 틀린 것은?

① 약지는 길게, 강지는 짧게 전정하여야 한다.
② 묵은 가지나 병충해 가지는 수액유동 후에 전정한다.
③ 작은 가지나 내측으로 뻗은 가지는 제거한다.
④ 개화결실을 촉진하기 위하여 가지를 유인하거나 단근작업을 실시한다.

해설
① 약지는 짧게, 강지는 길게 전정하되 수세를 보아 가면서 적당한 길이로 전정한다.
② 묵은 가지나 병충해 가지는 수액유동 전에 전정한다.

53 도시공원의 식물관리비 계산 시 산출근거와 관련이 없는 것은?

① 식물의 수량
② 식물의 품종
③ 작업률
④ 작업횟수

해설
도시공원의 식물관리비
= 식물의 수량 × 작업률 × 작업횟수 × 작업단가

54 안전관리 사고의 유형은 설치, 관리, 이용자·보호자·주최자 등의 부주의, 자연재해 등에 의한 사고로 분류된다. 다음 중 관리하자에 의한 사고의 종류에 해당하지 않는 것은?

① 위험물 방치에 의한 것
② 시설의 노후 및 파손에 의한 것
③ 시설의 구조 자체의 결함에 의한 것
④ 위험장소에 대한 안전대책 미비에 의한 것

해설
③은 설치하자에 의한 사고이므로 관리하자에 해당하지 않는다.

55 다음 중 방제 대상별 농약 포장지 색깔이 옳은 것은?

① 살충제 - 노란색 ② 살균제 - 초록색
③ 제초제 - 분홍색 ④ 생장조절제 - 청색

해설
농약 포장지 색깔
• 살균제 : 분홍색
• 살충제 : 초록색
  ※ 살균·살충제 : 위쪽 - 분홍색, 아래쪽 - 초록색
• 제초제 : 노란색
• 비선택성 제초제 : 빨간색
• 생장조절제 : 파란색

56 다음 중 콘크리트의 파손 유형이 아닌 것은?

① 균열(Crack)   ② 융기(Blow-up)
③ 단차(Faulting) ④ 양생(Curing)

해설
④ 콘크리트를 친 후 응결(Setting)과 경화(Hardening)가 완전히 이루어지도록 보호하는 것을 말하며, 좋은 양생을 위해서는 적당한 수분 공급과 함께 일정한 온도와 절대안정상태를 유지해야 하고, 양생이 좋을수록 콘크리트의 변형, 파괴, 오손 등을 방지할 수 있다.
① 모르타르, 콘크리트, 나무 등의 표면이 갈라져서 발생한 금이다.
② 연적인 원인에 의해 어떤 지역의 땅덩어리가 주변에 대하여 상대적으로 상승하는 것을 말한다.
③ 지름이 다른 2~4개의 도르래를 하나로 연결한 것을 말한다.

57 수간과 줄기 표면의 상처에 침투성 약액을 발라 조직 내로 약효성분이 흡수되게 하는 농약사용법은?

① 도포법 ② 관주법
③ 도말법 ④ 분무법

해설
② 땅속에서 서식하고 있는 병해충을 방제하기 위하여 땅속에 약액을 주입하는 방법
③ 종자 소독을 위해 분제나 수화제를 건조한 종자에 입혀 살균·살충하는 방법
④ 분무기를 이용하여 다량의 액제를 살포하는 방법

58 참나무 시들음병에 관한 설명으로 틀린 것은?

① 피해목은 벌채 및 훈증 처리한다.
② 솔수염하늘소가 매개충이다.
③ 곰팡이가 도관을 막아 수분과 양분을 차단한다.
④ 우리나라에서는 2004년 경기도 성남시에서 처음 발견되었다.

해설
② 광릉긴나무좀이 매개충이다.

59 적심(摘心, Candle Pinching)에 대한 설명으로 틀린 것은?

① 고정생장하는 수목에 실시한다.
② 참나무과(科) 수종에서 주로 실시한다.
③ 수관이 치밀하게 되도록 교정하는 작업이다.
④ 촛대처럼 자란 새순을 가위로 잘라주거나 손끝으로 끊어준다.

해설
적심(摘心)
새순이 목질화되어 굳어지기 전에 새순을 따는 작업으로, 많이 자라는 가지의 신장을 억제할 수 있다. 일반적으로 소나무류(적송, 해송, 섬잣나무)에 실시한다.

60 이종기생균이 그 생활사를 완성하기 위하여 기주를 바꾸는 것을 무엇이라고 하는가?

① 기주교대
② 중간기주
③ 이종기생
④ 공생교환

해설
② 서로 다른 기주식물 중 경제적 가치가 적은 것
③ 전혀 다른 두 종류의 기주식물을 옮겨 가며 생활하는 것
④ 둘 또는 그 이상의 종이 어떤 형태로든지 서로 이익을 교환하며 생활하는 것

정답 55 ④ 56 ④ 57 ① 58 ② 59 ② 60 ①

2015년 제1회 과년도 기출문제

01 다음 중 19세기 서양의 조경에 대한 설명으로 틀린 것은?

① 1899년 미국 조경가협회(ASLA)가 창립되었다.
② 19세기 말 조경은 토목공학기술에 영향을 받았다.
③ 19세기 말 조경은 전위적인 예술에 영향을 받았다.
④ 19세기 초에 도시문제와 환경문제에 관한 법률이 제정되었다.

해설
④ 1851년 뉴욕시에서 최초로 공원법이 통과되었다.
미국조경가협회(ASLA)
- 1909년 : 조경은 인간의 이용과 즐거움을 위하여 토지를 다루는 기술이다.
- 1975년 : 실용성과 즐거움, 자원의 보전과 효율적 관리, 문화적 지식의 응용을 통하여 설계, 계획하고 토지를 관리하며, 자연 및 인공 요소를 구성하는 기술이다.

02 다음 이슬람 정원 중 알람브라궁전에 없는 것은?

① 알베르카 중정
② 사자 중정
③ 사이프러스 중정
④ 헤네랄리페 중정

해설
알람브라(Alhambra)궁전
스페인에 현존하는 이슬람 정원 형태로 유명한 곳이며, 4개의 중정(알베르카, 사자, 린다라하, 레하)이 남아있다.
※ 헤네랄리페(Generalife) 이궁 : 수로가 있는 중정으로, 연꽃 모양의 수반과 회양목으로 구성하여 3면은 건물이고, 한쪽은 아케이드로 둘러싸여 있다.

03 브라운파의 정원을 비판하였으며 큐가든에 중국식 건물, 탑을 도입한 사람은?

① Richard Steele
② Joseph Addison
③ Alexander Pope
④ William Chambers

해설
④ 윌리엄 챔버는 최초로 영국의 자연풍경식 정원에 중국식 탑을 도입한 조경가이다.
① 리처드 스틸은 영국의 수필가·극작가이다.
② 조셉 에디슨은 저서 「상상력의 기쁨」에서 프랑스식 정원은 영국의 지역적·풍토적 전통에 어울리지 않는다고 주장했다.
③ 알렉산더 포프는 영국의 시인이다.

04 고대 그리스에서 청년들이 체육훈련을 하는 자리로 만들어졌던 것은?

① 페리스틸리움
② 지스터스
③ 짐나지움
④ 보스코

해설
짐나지움(Gymnasium)
고대 그리스에서는 남자가 16세가 되면 짐나지움에서 체육을 연마하였다. 초기에는 경기자들이 운동을 하고 난 후 목욕을 할 수 있도록 물에 가까운 곳에 위치했으며, 점차 체육훈련뿐만 아니라 지적 활동을 목적으로 하는 장소로 변하였다.
※ 로마시대 주택정원의 구성요소 : 아트리움, 페리스틸리움, 지스터스

정답 1 ④ 2 ④ 3 ④ 4 ③

05 조경계획 과정에서 자연환경분석의 요인이 아닌 것은?

① 기후 ② 지형
③ 식물 ④ 역사성

해설
환경분석대상
• 자연환경분석 : 지형, 토양, 수문, 식생, 야생동물, 기후, 경관 등
• 인문환경분석 : 인구, 토지이용, 교통, 시설물, 역사적 유물, 인간 행태, 공간의 수요량 등

06 제도에서 사용되는 물체의 중심선, 절단선, 경계선 등을 표시하는 데 가장 적합한 선은?

① 실선 ② 파선
③ 1점쇄선 ④ 2점쇄선

해설
선의 용도에 의한 분류

명칭	굵기(mm)	용도에 의한 명칭
실선	전선 0.3~0.8	• 외형선 : 물체의 보이는 부분을 나타내는 선 • 단면선 : 절단면의 윤곽선
	가는 선 0.2 이하	치수선, 치수보조선, 지시선, 해칭선 : 설명, 보조, 지시 및 단면의 표시
파선	반선 전선의 1/2	숨은선 : 물체의 보이지 않는 부분의 모양 표시
1점쇄선	가는 선 0.2 이하	중심선 : 물체의 중심축, 대칭축 표시
	반선 전선의 1/2	경계선, 절단선 : 물체의 절단한 위치 및 경계 표시
2점쇄선	반선 전선의 1/2	가상선, 경계선 : 물체가 있을 것으로 생각되는 부분 표시

07 조선시대 중엽 이후 풍수설에 따라 주택조경에서 새로이 중요한 부분으로 강조된 것은?

① 앞뜰(前庭) ② 가운데뜰(中庭)
③ 뒤뜰(後庭) ④ 안뜰(主庭)

해설
③ 조선시대 중엽 이후 풍수지리설에 따른 지형적인 제약으로 인해 안채의 뒤쪽에 정원을 조성하는 후원이 발달하였다.

08 다음 중 정신집중을 요구하는 사무공간에 어울리는 색은?

① 빨강 ② 노랑
③ 난색 ④ 한색

해설
온도감에 따른 색의 분류
• 한색 : 차가운 느낌을 주는 파란색 계통의 색으로 수축성과 후퇴성을 가지며 심리적으로 긴장감을 느끼게 한다.
• 난색 : 따뜻한 느낌을 주는 주황색 계통의 색으로 팽창성과 진출성을 가지며, 심리적으로 느슨함을 느끼게 한다.
• 중성색 : 녹색이나 보라색 계통의 색으로, 한색과 난색의 중간적인 성격을 가진다.

09 조경계획 및 설계에 있어서 몇 가지의 대안을 만들어 각 대안의 장단점을 비교한 후에 최종안으로 결정하는 단계는?

① 기본구상 ② 기본계획
③ 기본설계 ④ 실시설계

해설
① 종합한 자료들을 바탕으로 조경계획에 필요한 기본적인 아이디어를 도출하는 단계로, 최종 대안을 선택할 때는 각 대안의 장단점을 비교분석하여 가장 적절한 안을 선택한다.
② 계획설계라고도 하며, 계획의 기술적이고 총괄적인 판단에 도움을 주기 위한 것으로, 기본구상, 조건정리, 토지이용 및 공공시설 기본계획, 사업비 약산 등이 포함된다.
③ 사업계획 및 기본방침, 대략의 공정, 시공법, 공사비 등 기본적인 내용을 작성하는 것으로, 기초설계를 토대로 공사 시행 시 발생할 수 있는 문제점과 타 공사와의 연관성, 예산 확보 등을 검토하고 확인할 수 있다.
④ 기본설계를 바탕으로 구체적인 도면 작성, 공사비 및 수량 산출, 공정계획을 수립하며, 실시설계 때 작성한 도면과 공사비 내역은 공사입찰의 기준이 되고, 이 도면대로 공사를 시행하게 되므로 도면 작성 시 명료하고 기계적인표현력이 요구된다.

정답 5 ④ 6 ③ 7 ③ 8 ④ 9 ①

10 다음 중 스페인의 파티오(Patio)에서 가장 중요한 구성요소는?

① 물
② 원색의 꽃
③ 색채타일
④ 짙은 녹음

해설
파티오에는 거울과 같은 반영미(反映美)를 꾀하거나 청각적인 효과를 도모하기 위해 물을 사용하였고, 소량의 물로 최대의 효과를 노렸다.

11 보르비콩트(Vaux-le-Vicomte)정원과 가장 관련 있는 양식은?

① 노단식
② 평면기하학식
③ 절충식
④ 자연풍경식

해설
보르비콩트정원은 앙드레 르 노트르가 이탈리아에서 수학한 뒤 귀국하여 만든 최초의 평면기하학식 정원이다.

12 다음 중 면적대비의 특징 설명으로 틀린 것은?

① 면적의 크기에 따라 명도와 채도가 다르게 보인다.
② 면적의 크고 작음에 따라 색이 다르게 보이는 현상이다.
③ 면적이 작은 색은 실제보다 명도와 채도가 낮아져 보인다.
④ 동일한 색이라도 면적이 커지면 어둡고 칙칙해 보인다.

해설
④ 면적이 커지면 명도와 채도가 높아진 것처럼 느껴져 색이 밝고 선명해 보이지만, 면적이 작아지면 색이 어둡고 탁해 보인다.

13 정토사상과 신선사상을 바탕으로 불교 선사상의 직접적 영향을 받아 극도의 상징성(자연석이나 모래 등으로 산수자연을 상징)으로 조성된 14~15세기 일본의 정원양식은?

① 중정식 정원
② 고산수식 정원
③ 전원풍경식 정원
④ 다정식 정원

해설
② 일본 무로마치시대에 등장한 고산수식 정원은 물을 전혀 사용하지 않고 바위, 왕모래, 나무만을 사용한 축산고산수식에서 나무조차 사용하지 않는 평정고산수식으로 발달하였다.

14세기 (무로마치 시대)	• 고산수 수법이 가장 크게 발달했던 시기이다. 고산수식 정원은 축소 지향적인 일본의 민족성과 극도의 상징성으로 조성된 정원양식이다. • 축산고산수식 정원 : 바위를 중심으로 왕모래와 다듬은 수목(식물)을 사용해 꾸민 추상적인 정원이다(대덕사 대선원). • 왕모래는 냇물, 바위는 폭포, 나무는 다듬어 산봉우리를 상징한다.
15세기 후반 (무로마치 시대)	평정고산수식 정원 : 수목(식물)도 사용하지 않고 바위와 왕모래만으로 꾸민 정원이다(용안사 방장정원).

14 다음 중 추위에 견디는 힘과 짧은 예취에 견디는 힘이 강하며, 골프장의 그린을 조성하기에 가장 적합한 잔디의 종류는?

① 들잔디
② 벤트그래스
③ 버뮤다그래스
④ 라이그래스

해설
② 골프장 그린에는 주로 벤트그래스를 식재한다.
① 한국 잔디 중 가장 많이 이용하는 잔디로 성질이 강하고 답압에 잘 견딘다.
③ 내한성이 약하고 남해안 지역에 자생하는 잔디이다.
④ 주로 경사지의 토양침식 방지용으로 사용된다.

15 조경설계기준상의 조경시설로서 음수대의 배치, 구조 및 규격에 대한 설명이 틀린 것은?

① 설치위치는 가능하면 포장지역보다는 녹지에 배치하여 자연스럽게 지반면보다 낮게 설치한다.
② 관광지·공원 등에는 설계 대상공간의 성격과 이용특성 등을 고려하여 필요한 곳에 음수대를 배치한다.
③ 지수전과 제수밸브 등 필요시설을 적정 위치에 제 기능을 충족시키도록 설계한다.
④ 겨울철의 동파를 막기 위한 보온용 설비와 퇴수용 설비를 반영한다.

[해설]
① 녹지에 접한 포장 부위에 배치한다.

16 다음 중 아스팔트의 일반적인 특성 설명으로 옳지 않은 것은?

① 비교적 경제적이다.
② 점성과 감온성을 가지고 있다.
③ 물에 용해되고 투수성이 좋아 포장재로 적합하지 않다.
④ 점착성이 크고 부착성이 좋기 때문에 결합재료, 접착재료로 사용한다.

[해설]
③ 아스팔트의 가장 중요한 성질 중 하나는 투수성과 흡수성이 낮다는 것이다. 아스팔트는 현재 가장 이상적인 도로 포장재로서 대부분의 유기용제에 녹고, 물에 용해되지 않으며, 자동차 타이어와의 마찰계수가 적당하다.

17 타일의 동해를 방지하기 위한 방법으로 옳지 않은 것은?

① 붙임용 모르타르의 배합비를 좋게 한다.
② 타일은 소성온도가 높은 것을 사용한다.
③ 줄눈 누름을 충분히 하여 빗물의 침투를 방지한다.
④ 타일은 흡수성이 높은 것일수록 잘 밀착되므로 방지효과가 있다.

[해설]
④ 자기질과 같은 흡수율이 낮은 타일은 안심하고 사용할 수 있으나, 도기질과 같은 흡수율이 높은 타일은 동해를 입기 쉬우므로 물과의 접촉이 많은 곳이나 외부에서의 사용은 피한다.

18 회양목의 설명으로 틀린 것은?

① 낙엽활엽관목이다.
② 잎은 두껍고 타원형이다.
③ 3~4월경에 꽃이 연한 황색으로 핀다.
④ 열매는 삭과로 달걀형이며, 털이 없으며 갈색으로 6~10월경에 성숙한다.

[해설]
① 상록활엽관목이다.

19 다음 중 아황산가스에 견디는 힘이 가장 약한 수종은?

① 삼나무　　② 편백
③ 플라타너스　　④ 사철나무

[해설]
• 아황산가스에 약한 수종 : 독일가문비나무, 삼나무, 소나무, 전나무, 히말라야시다, 느티나무, 감나무, 벚나무, 단풍나무, 매화나무, 오엽송, 반송, 낙엽송, 고로쇠나무 등
• 아황산가스에 강한 수종 : 은행나무, 편백, 화백, 향나무, 비자나무, 태산목, 아왜나무, 가시나무, 녹나무, 사철나무, 벽오동, 능수버들, 플라타너스(양버즘나무), 쥐똥나무, 돈나무, 호랑가시나무, 갈참나무, 무궁화, 칠엽수, 종려나무, 층층나무, 백합나무 등

20 다음 중 조경수목의 생장속도가 느린 것은?

① 모과나무
② 메타세쿼이아
③ 백합나무
④ 개나리

> **해설**
> ① 모과나무는 생장속도가 매우 느리지만, 목질이 매우 단단한 나무이다.

21 목재가공 작업과정 중 소지조정, 눈막이(눈메꿈), 샌딩실러 등은 무엇을 하기 위한 것인가?

① 도장
② 연마
③ 접착
④ 오버레이

> **해설**
> 목재도장의 공정과정 : 소지공정 → 표백 → 착색 → 눈메꿈도장 → 하도도장 → 중도도장 → 상도도장
> • 소지조정 : 도료의 부착성 및 녹막이효과를 양호하게 하기 위하여 기계적 또는 화학적으로 피도장물표면을 처리하여, 도장에 적합한 상태로 만드는 것이다.
> • 눈막이(눈메꿈) : 환공재의 큰 관공을 메우는 물질이다.
> • 샌딩실러 : 라커 마감을 위해 사용되는 도료이다.

22 다음 중 미선나무에 대한 설명으로 옳은 것은?

① 열매는 부채 모양이다.
② 꽃색은 노란색으로 향기가 있다.
③ 상록활엽교목으로 산야에서 흔히 볼 수 있다.
④ 원산지는 중국이며 세계적으로 여러 종이 존재한다.

> **해설**
> ② 꽃색은 백색 또는 분홍색으로 향기가 있다.
> ③ 낙엽활엽관목이며, 우리나라 특산으로 충북 진천군과 괴산군에 자생한다.
> ④ 물푸레나무과로, 원산지는 한국이며 세계적으로 1속 1종뿐이다.

23 조경재료는 식물재료와 인공재료로 구분된다. 다음 중 식물재료의 특징으로 옳지 않은 것은?

① 생장과 번식을 계속하는 연속성이 있다.
② 생물로서 생명활동을 하는 자연성을 지니고 있다.
③ 계절적으로 다양하게 변화함으로써 주변과의 조화성을 가진다.
④ 기후 변화와 더불어 생태계에 영향을 주지 못한다.

> **해설**
> 생물재료의 특성
> • 자연성 : 생물로서 호흡하고 성장하는 생명활동을 한다.
> • 연속성 : 생장과 번식을 통해 계속해서 개체를 유지한다.
> • 조화성 : 계절에 따라 변화하여 주변과 조화를 이룬다.
> • 비규격성(개성미) : 생물로서의 소재 특이성을 지닌다.
> ※ 무생물재료의 특성 : 균일성, 불변성, 가공성

24 친환경적 생태하천에 호안을 복구하고자 할 때 생물의 종다양성과 자연성 향상을 위해 이용되는 소재로 가장 부적합한 것은?

① 섶단
② 소형고압블록
③ 돌망태
④ 야자롤

> **해설**
> 소형고압블록은 콘크리트 재질로 만든 소형의 인공블록이다. 주로 배수구 정비, 인도, 경사면 보호, 농수로 정비 등에 사용된다.

20 ① 21 ① 22 ① 23 ④ 24 ② 정답

25 토피어리(Topiary)란?

① 분수의 일종
② 형상수(形狀樹)
③ 조각된 정원석
④ 휴게용 그늘막

해설
토피어리(Topiary, 형상수)
자연 그대로의 식물을 여러 가지 모양으로 자르고 다듬어 보기 좋게 만드는 기술 또는 작품을 말한다.

26 시멘트의 성질 및 특성에 대한 설명으로 틀린 것은?

① 분말도는 일반적으로 비표면적으로 표시한다.
② 강도시험은 시멘트 페이스트 강도시험으로 측정한다.
③ 응결이란 시멘트풀이 유동성과 점성을 상실하고 고화하는 현상을 말한다.
④ 풍화란 시멘트가 공기 중의 수분 및 이산화탄소와 반응하여 가벼운 수화반응을 일으키는 것을 말한다.

해설
② 강도시험은 휨시험과 압축시험으로 측정하며, 주로 재령 28일 압축강도를 기준으로 3일, 7일, 28일 시험을 행한다.

27 100cm × 100cm × 5cm 크기의 화강석 판석의 중량은?(단, 화강석의 비중 기준은 2.56ton/m³이다)

① 128kg
② 12.8kg
③ 195kg
④ 19.5kg

해설
(1m × 1m × 0.05m) × 2.56ton/m³ = 0.128ton
∴ 0.128ton = 128kg(∵ 1ton = 1,000kg)

28 가죽나무(가중나무)와 물푸레나무에 대한 설명으로 옳은 것은?

① 가중나무와 물푸레나무 모두 물푸레나무과(科)이다.
② 잎 특성은 가중나무는 복엽이고, 물푸레나무는 단엽이다.
③ 열매 특성은 가중나무와 물푸레나무 모두 날개 모양의 시과이다.
④ 꽃 특성은 가중나무와 물푸레나무 모두 한 꽃에 암술과 수술이 함께 있는 양성화이다.

해설
가죽나무와 물푸레나무

구분	가죽나무	물푸레나무
과(科)	소태나무과	물푸레나무과
잎	호생, 기수1회 우상복엽	대생, 기수1회 우상복엽
꽃	자웅이가화	자웅이주, 양성화

29 암석은 그 성인(成因)에 따라 대별되는데 편마암, 대리석 등은 어느 암으로 분류되는가?

① 수성암
② 화성암
③ 변성암
④ 석회질암

해설
암석의 분류
• 화성암 : 화강암, 안산암, 현무암, 섬록암 등
• 퇴적암 : 응회암, 사암, 점판암, 혈암, 석회암 등
• 변성암 : 편마암, 대리암, 사문암, 결정편암 등

정답 25 ② 26 ② 27 ① 28 ③ 29 ③

30 소철과 은행나무의 공통점으로 옳은 것은?

① 속씨식물
② 자웅이주
③ 낙엽침엽교목
④ 우리나라 자생식물

해설
소철과 은행나무

구분	소철	은행나무
번식방법	겉씨식물	겉씨식물
성상	상록침엽관목·소교목	낙엽침엽교목
원산지	동아시아, 일본, 중국, 대만	중국 동부

31 가연성 도료의 보관 및 장소에 대한 설명 중 틀린 것은?

① 직사광선을 피하고 환기를 억제한다.
② 소방 및 위험물 취급 관련 규정에 따른다.
③ 건물 내 일부에 수용할 때는 방화구조적인 방을 선택한다.
④ 주위 건물에서 격리된 독립된 건물에 보관하는 것이 좋다.

해설
① 직사광선을 피하고 환기가 잘되어야 한다.

32 화성암은 산성암, 중성암, 염기성암으로 분류가 되는데, 이때 분류기준이 되는 것은?

① 규산의 함유량
② 석영의 함유량
③ 장석의 함유량
④ 각섬석의 함유량

해설
① 화성암은 암석을 이루는 성분 중 이산화규소의 비율과 밀도를 기준으로 초염기성암, 염기성암, 중성암, 산성암 네 가지로 구분한다.

33 다음 수목들은 어떤 산림대에 해당되는가?

> 잣나무, 전나무, 주목, 가문비나무, 분비나무, 잎갈나무, 종비나무

① 난대림
② 온대 중부림
③ 온대 북부림
④ 한대림

해설
우리나라 산림대별 특징 수종

산림대		특징 수종
난대		녹나무, 동백나무, 사철나무, 가시나무류, 멀구슬나무, 아왜나무 등
온대	남부	대나무류, 해송, 서어나무, 팽나무, 굴피나무, 사철나무, 단풍나무 등
	중부	신갈나무, 졸참나무, 전나무, 향나무, 밤나무, 때죽나무, 소나무 등
	북부	박달나무, 자작나무, 사시나무, 전나무, 떡갈나무, 잣나무, 거제수나무 등
한대		잣나무, 전나무, 주목, 분비나무, 가문비나무, 잎갈나무, 종비나무 등

34 백색 계통의 꽃을 감상할 수 있는 수종은?

① 개나리
② 이팝나무
③ 산수유
④ 맥문동

해설
백색 계통 꽃이 피는 수종 : 쥐똥나무, 이팝나무, 층층나무, 조팝나무 등

35 목재 방부제로서의 크레오소트유(Creosote油)에 관한 설명으로 틀린 것은?

① 휘발성이다.
② 살균력이 강하다.
③ 페인트 도장이 곤란하다.
④ 물에 용해되지 않는다.

해설
크레오소트유
- 비중 1.02~1.05, 비점 194~400℃, 인화점 74℃, 발화점 336℃
- 황색 또는 암녹색의 액체로, 독특한 냄새가 난다.
- 물에 녹지 않고 알코올, 벤젠, 에테르, 톨루엔 등에 녹는다.
- 타르산이 함유되어 있어 금속에 대한 부식성이 있으며, 살균성이 있다.
- 주성분은 나프탈렌과 안트라센이며 목재 방부제, 살충제, 방수용 도료, 농약, 의약품 등에 사용된다.

36 다음 중 순공사원가에 속하지 않는 것은?

① 재료비   ② 경비
③ 노무비   ④ 일반관리비

해설
순공사원가 = 노무비 + 재료비 + 경비

37 시공관리의 3대 목적이 아닌 것은?

① 원가관리
② 노무관리
③ 공정관리
④ 품질관리

해설
시공관리
시공계획에 따라 공사가 원활히 진행되도록 공사를 관리하는 모든 노력을 말하며, 이를 위해서는 시공관리의 목표가 되는 품질관리, 원가관리, 공정관리뿐만 아니라 안전관리 및 자원관리 역시 계획성을 가지고 효율적으로 수행하여야 한다.

38 다음 중 굵은 가지 절단 시 제거하지 말아야 하는 부위는?

① 목질부   ② 지피융기선
③ 지륭   ④ 피목

해설
③ 지륭은 가지의 하중을 지탱하기 위해 줄기와 접한 가지의 기부를 둘러싸면서 부풀어 오른 부분으로, 목질부를 보호하기 위해 화학적 보호층을 가지고 있기 때문에 굵은 가지치기를 할 때 제거하지 않도록 주의해야 한다.
① 나무의 구조 중에서 물과 양분을 이동시켜 주는 통로 역할을 하며, 단단한 기둥 역할을 함으로써 나무를 지탱해 주는 부분이다.
② 나무의 두 가지가 서로 맞닿아서 생긴 주름살 모양의 선이다.
④ 나무의 줄기나 뿌리에 코르크 조직이 만들어진 후 기공 대신 공기의 통로가 되는 조직이다.

39 다음 중 L형 측구의 팽창줄눈 설치 시 지수판의 간격은?

① 20m 이내   ② 25m 이내
③ 30m 이내   ④ 35m 이내

해설
L형 측구 팽창줄눈에는 지수판을 설치하고 간격은 20m 이내로 한다.

40 농약은 라벨과 뚜껑의 색으로 구분하여 표기하고 있는데, 다음 중 연결이 바른 것은?

① 제초제 – 노란색
② 살균제 – 녹색
③ 살충제 – 파란색
④ 성장조절제 – 흰색

해설
농약 포장지 색깔
- 살균제 : 분홍색
- 살충제 : 초록색
  ※ 살균·살충제 : 위쪽 – 분홍색, 아래쪽 – 초록색
- 제초제 : 노란색
- 비선택성 제초제 : 빨간색
- 생장조절제 : 파란색

[정답] 35 ① 36 ④ 37 ② 38 ③ 39 ① 40 ①

41 다음 중 토사붕괴의 예방대책으로 틀린 것은?

① 지하수위를 높인다.
② 적절한 경사면의 기울기를 계획한다.
③ 활동할 가능성이 있는 토석은 제거하여야 한다.
④ 말뚝(강관, H형강, 철근콘크리트)을 타입하여 지반을 강화시킨다.

[해설]
토사붕괴의 예방대책
• 지반 굴착면의 기울기 준수
• 굴착 전 철저한 사전 지반조사
• 빗물 등의 침투 방지조치
※ 지하수위가 상승하게 되면 토양입자의 전단저항이 감소하고 수압까지 작용하게 되며, 토압이 크게 증가하면 흙막이 벽의 변형붕괴가 발생된다.

42 근원직경이 18cm인 나무의 뿌리분을 만들려고 한다. 다음 식을 이용하여 소나무 뿌리분의 지름을 계산하면 얼마인가?(단, 공식 24+(N-3)×d, d는 상록수 4, 활엽수 5이다)

① 80cm
② 82cm
③ 84cm
④ 86cm

[해설]
소나무 뿌리분의 지름 = 24 + (N - 3) × d
= 24 + (18 - 3) × 4
= 84cm

43 다음 그림과 같이 수준측량을 하여 각 측점의 높이를 측정하였다. 절토량 및 성토량이 균형을 이루는 계획고는?

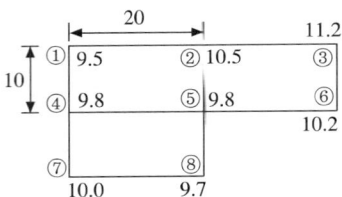

① 9.59m
② 9.95m
③ 10.05m
④ 10.50m

[해설]
점고법
$$V = \frac{A}{4}(\Sigma h_1 + 2\Sigma h_2 + 3\Sigma h_3 + 4\Sigma h_4)$$
여기서, A : 수평단면적
h_1, h_2, h_3, h_4 : 각 점의 수직고
$A = 20m \times 10m = 200m^2$
$\Sigma h_1 = 9.5 + 11.2 + 10.2 + 9.7 + 10.0 = 50.6$
$\Sigma h_2 = 10.5 + 9.8 = 20.3$
$\Sigma h_3 = 9.8$
$V = \frac{200}{4}(50.6 + 2 \times 20.3 + 3 \times 9.8) = 6,030m^3$
$\therefore h = \frac{6,030m^3}{200m^2 \times 3} = 10.05m$

44 일반적인 공사의 수량 산출방법으로 가장 적합한 것은?

① 중복이 되지 않게 세분화한다.
② 수직방향에서 수평방향으로 한다.
③ 외부에서 내부로 한다.
④ 작은 곳에서 큰 곳으로 한다.

[해설]
수량 산출방법
• 중복이 되지 않게 세분화
• 수평방향에서 수직방향으로
• 시공순서대로
• 내부에서 외부로
• 단위에서 전체로
• 큰 곳에서 작은 곳으로

45 목재 시설물에 대한 특징 및 관리 등의 설명으로 틀린 것은?

① 감촉이 좋고 외관이 아름답다.
② 철재보다 부패하기 쉽고 잘 갈라진다.
③ 정기적인 보수와 칠을 해주어야 한다.
④ 저온 때 충격에 의한 파손이 우려된다.

해설
석재, 콘크리트재, 플라스틱재 등은 온도에 민감하나, 목재는 온도에 의한 변화가 크지 않다.

46 병의 발생에 필요한 3가지 요인을 정량화하여 삼각형의 각 변으로 표시하고, 이들 상호관계에 의한 삼각형의 면적을 발병량으로 나타내는 것을 병삼각형이라 한다. 여기에 포함되지 않는 것은?

① 병원체   ② 환경
③ 기주   ④ 저항성

해설
병 삼각형의 세 가지 요인 : 병원체, 환경, 기주

47 살비제(Acaricide)란 어떤 약제를 말하는가?

① 선충을 방제하기 위하여 사용하는 약제
② 나방류를 방제하기 위하여 사용하는 약제
③ 응애류를 방제하기 위하여 사용하는 약제
④ 병균이 식물체에 침투하는 것을 방지하는 약제

해설
① 살선충제, ② 살충제, ④ 보호살균제

48 식물의 주요한 표징 중 병원체의 영양기관에 의한 것이 아닌 것은?

① 균사   ② 균핵
③ 포자   ④ 자좌

해설
표징(Sign)
• 병원체 영양기관 : 균사체, 균사속, 균사막, 근사균사속, 균핵, 자좌, 흡기 등
• 병원체 생식기관 : 분생포자, 분생자경, 포자층, 분생자경속, 포자낭, 병자각, 자낭각, 자낭반, 포자 누출 등

49 다음 중 한국잔디류에 가장 많이 발생하는 병은?

① 녹병   ② 탄저병
③ 설부병   ④ 브라운패치

해설
① 한국잔디에 가장 많이 발병하고, 잎에 적갈색 반점과 가루가 나타난다. 5~6월 또는 9~10월 정도의 기온에서 습윤 시 다발하고 영양불량, 시비의 불균형, 과도한 답압 및 배수불량 등의 원인으로도 발생하기 쉽다.
② 5~6월경 잎맥, 잎자루, 어린 줄기에 담갈색 또는 회갈색의 둥근 점무늬가 형성된다.
③ 보리, 밀 등의 월동 작물이 눈 속에 오랫동안 묻혀 있을 때 호흡장해, 광차단 등으로 줄기나 뿌리가 썩는 병이다.
④ 브라운패치(갈색잎마름병)는 예고가 낮은 벤트그래스 그린의 경우 개우 습할 때에는 패치의 가장자리에 암회색의 경계부위가 나타나 스모크링(Smoke Ring)과 같은 형태로 나타난다. 건조할 때에는 패치의 전체가 갈색으로 변해 고사한다. 예고가 높은 티잉그라운드, 페어웨이의 경우 이슬이 마르지 않은 아침에 퍼치의 가장자리에서 회갈색의 기중균사를 형성한다.

50 20L들이 분무기 한통에 1,000배액의 농약 용액을 만들고자 할 때 필요한 농약의 약량은?

① 1cmL   ② 20mL
③ 30mL   ④ 50mL

해설
살포액의 희석

필요 약량 $= \dfrac{\text{총소요량}}{\text{희석배수}} = \dfrac{20}{1,000} = 0.02L = 20mL$

51 일반적인 식물 간 양료 요구도(비옥도)가 높은 것부터 차례로 나열된 것은?

① 활엽수 > 유실수 > 소나무류 > 침엽수
② 유실수 > 침엽수 > 활엽수 > 소나무류
③ 유실수 > 활엽수 > 침엽수 > 소나무류
④ 소나무류 > 침엽수 > 유실수 > 활엽수

해설
식물 간 양료 요구도는 농작물 > 유실수 > 활엽수 > 침엽수 > 소나무류 순이다.

52 석재판(板石) 붙이기 시공법이 아닌 것은?

① 습식공법
② 건식공법
③ FRP공법
④ GPC공법

해설
석재의 외벽 붙임공법 : 습식공법, 건식공법, 선부착 PC공법(GPC)

53 수목의 필수원소 중 다량원소에 해당하지 않는 것은?

① H
② K
③ Cl
④ C

해설
식물 생육에 필요한 원소
• 다량원소 : C, H, O, N, P, K, Ca, Mg, S
• 미량원소 : Fe, B, Mn, Cu, Zn, Mo, Cl

54 우리나라에서 발생하는 수목의 녹병 중 기주교대를 하지 않는 것은?

① 소나무 잎녹병
② 후박나무 녹병
③ 버드나무 잎녹병
④ 오리나무 잎녹병

해설
후박나무 녹병
*Monosporodium machili*이라고 하는 담자균류에 속하는 곰팡이의 일종에 의해 발생한다. 이 녹병균은 중간기주 없이 후박나무에서 정자(精子)와 겨울포자만을 형성해서 생활환(生活環)을 이어가는 동종기생균으로, 병환부에 형성된 겨울포자에 의해 후박나무에서 후박나무로 전염이 반복된다.
※ 이종기생균 : 기주교대, 즉 생활환을 이어가기 위해 전혀 다른 두 종류의 기주식물을 옮겨 가며 생활하는 병원체

55 축척 $\dfrac{1}{1,200}$의 도면을 $\dfrac{1}{600}$로 변경하고자 할 때 도면의 증가면적은?

① 2배　　② 3배
③ 4배　　④ 6배

해설
(축척비)^{2}은 면적비이므로 $\left(\dfrac{1,200}{600}\right)^2$ = 4배이다.
※ 축척이 감소하면 길이는 두 배로, 면적은 네 배로 증가하며, 축척이 증가하면 그 반대이다.

56 다음 중 생울타리 수종으로 가장 적합한 것은?

① 쥐똥나무　　② 이팝나무
③ 은행나무　　④ 굴거리나무

해설
① 쥐똥나무는 맹아력이 강해 생울타리용으로 적합하다.
생울타리용 수종 : 측백나무, 화백, 편백, 사철나무, 개나리, 명자나무, 피라칸타, 무궁화, 회양목, 탱자나무, 꽝꽝나무, 향나무, 호랑가시나무, 쥐똥나무 등이 있다.

정답 51 ③　52 ③　53 ③　54 ②　55 ③　56 ①

57 다음 중 시비시기와 관련된 설명 중 틀린 것은?

① 온대지방에서는 수종에 관계없이 가장 왕성한 생장을 하는 시기가 봄이며, 이 시기에 맞게 비료를 주는 것이 가장 바람직하다.
② 시비효과가 봄에 나타나게 하려면 겨울눈이 트기 4~6주 전인 늦은 겨울이나 이른 봄에 토양에 시비한다.
③ 질소비료를 제외한 다른 대량원소는 연중 필요할 때 시비하면 되고, 미량원소를 토양에 시비할 때는 가을에 실시한다.
④ 우리나라의 경우 고정생장을 하는 소나무, 전나무, 가문비나무 등은 9~10월보다는 2월에 시비가 적절하다.

해설
④ 소나무나 전나무, 가문비나무, 참나무 등의 경우 고정생장을 하므로 2월보다는 9~10월에 시비하는 것이 적절하다.

58 조경관리 방식 중 직영방식의 장점에 해당하지 않는 것은?

① 긴급한 대응이 가능하다.
② 관리 실태를 정확히 파악할 수 있다.
③ 애착심을 가지므로 관리효율의 향상을 꾀한다.
④ 규모가 큰 시설 등의 관리를 효율적으로 할 수 있다.

해설
직영방식과 도급방식의 장점

직영 방식	• 관리책임이나 책임소재가 명확함 • 긴급한 대응이 가능 • 관리실태를 정확히 파악 • 임기응변의 조치가 가능 • 양질의 서비스제공 가능 • 애착심을 가지므로 관리효율의 향상을 꾀함
도급 방식	• 규모가 큰 시설의 관리에 적합 • 전문가를 합리적으로 이용함 • 관리의 단순화 • 전문적 지식, 기술, 자격에 의한 양질의 서비스를 제공할 수 있음 • 관리비가 싸고 장기적으로 안정될 수 있음

59 소나무좀의 생활사를 기술한 것 중 옳은 것은?

① 유충은 2회 탈피하며, 유충기간은 약 20일이다.
② 1년에 1~3회 발생하며, 암컷은 불완전변태를 한다.
③ 부화약충은 잎, 줄기에 붙어 즙액을 빨아먹는다.
④ 부화한 애벌레가 쇠약목에 침입하여 갱도를 만든다.

해설
소나무좀의 생활사
• 연 1회 발생하지만 봄과 여름 두 번 가해한다.
• 소나무좀의 성충은 지제부의 수피 틈에서 월동을 하다가 3~4월경에 월동처에서 나와 쇠약목이나 벌채목의 수피 밑에 침입하여 갱도를 뚫고, 갱도 양측에 약 60여개의 알을 낳는다.
• 알기간은 12~20일이고, 부화한 유충은 갱도와 직각방향으로 파먹어 들어간다.
• 유충기간은 약 20일이고 2회 탈피하며, 유충은 5월 하순경에 갱도 끝에 용실을 만들어 번데기가 되는데, 번데기기간은 16~20일이다.
• 성충은 6월 초 수피에 구멍을 뚫고 나와 기주식물로 이동하여 새순을 가해하다가 늦가을에 기주식물 지제부의 수피 틈에서 월동한다.

60 소나무류의 순지르기에 대한 설명으로 옳은 것은?

① 10~12월에 실시한다.
② 남길 순도 1/3~1/2 정도로 자른다.
③ 새순이 15cm 이상 길이로 자랐을 때에 실시한다.
④ 나무의 세력이 약하거나 크게 기르고자 할 때는 순지르기를 강하게 실시한다.

해설
① 매년 5~6월경에 실시한다.
③ 새순이 5~10cm 길이로 자랐을 때 실시한다.

정답 57 ④ 58 ④ 59 ① 60 ②

2015년 제2회 과년도 기출문제

01 다음 그림의 가로 장치물 중 볼라드로 가장 적합한 것은?

①   ②

③   ④

해설
볼라드(Bollard)
차량과 보행인들의 통행을 조절하거나 차량공간과 보행공간을 분리시키기 위하여 설치하는 시설로, 30~70cm 정도 높이의 기둥모양 가로장치물이다.

02 다음 중 (　) 안에 해당하지 않는 것은?

> 우리나라 전통조경 공간인 연못에는 (　), (　), (　)의 삼신산을 상징하는 세 섬을 꾸며 신선사상을 표현했다.

① 영주
② 방지
③ 봉래
④ 방장

해설
삼신산이란 봉래산, 방장산, 영주산을 말한다.

03 다음 중 (　) 안에 들어갈 각각의 내용으로 옳은 것은?

> 인간이 볼 수 있는 (　)의 파장은 약 (　~　)nm이다.

① 적외선, 560~960
② 가시광선, 560~960
③ 가시광선, 380~780
④ 적외선, 380~780

해설
인간이 볼 수 있는 가시광선의 파장은 약 380~780mm이다.

04 물체를 투상면에 대하여 한쪽으로 경사지게 투상하여 입체적으로 나타낸 것으로, 다음 그림과 같은 것은?

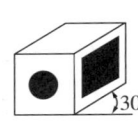 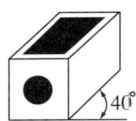 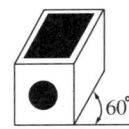

① 사투상도
② 투시투상도
③ 등각투상도
④ 부등각투상도

해설
① 경사투상도라고도 하며, 기준선 위에 물체의 정면을 실물로 그리고 각 꼭지점에서 기준선과 일정한 각도를 이루는 사선을 나란히 그어 물체의 안쪽 길이를 나타내 물체를 표현하는 방법이다.
② 물체의 각 모서리에서 연장된 선이 하나의 소점에 모이도록 그려 원근감을 통해 물체를 사실적으로 표현하는 방법이다.
③ 각이 서로 120°를 이루는 3개의 축을 기본으로 하여 물체의 높이, 너비, 안쪽 길이를 나타내 물체를 표현하는 방법이다.
④ 상하좌우의 각도가 각기 다른 축측투상도로, 세 개의 모서리 중 두 모서리는 같은 척도로 그리고 나머지 모서리는 현척으로 그리거나 축소하여 그려 물체를 표현하는 방법이다.

1 ③ 2 ② 3 ③ 4 ① **정답**

05 다음은 어떤 색에 대한 설명인가?

> 신비로움, 환상, 성스러움 등을 상징하며 여성스러움을 강조하는 역할을 하기도 하지만, 반면 비애감과 고독감을 느끼게 하기도 한다.

① 빨강
② 주황
③ 파랑
④ 보라

해설
보라색은 신비로움, 환상, 성스러움 등을 상징하기도 하지만 신비, 위엄, 신성, 장엄 등을 상징하기도 한다.

06 상점의 간판에 세 가지의 조명을 동시에 비추어 백색광을 만들려고 한다. 이때 필요한 3가지 기본 색광은?

① 노랑(Y), 초록(G), 파랑(B)
② 빨강(R), 노랑(Y), 파랑(B)
③ 빨강(R), 노랑(Y), 초록(G)
④ 빨강(R), 초록(G), 파랑(B)

해설
빛의 3원색
빨강, 초록, 파랑을 빛의 3원색이라 하며, 3원색을 동시에 혼합하면 흰색이 된다. 이처럼 빛에 의한 색채의 혼합원리를 가법혼색(가산혼합)이라 하며, 이때 원래의 색보다 명도가 증가한다.

07 사적지 유형 중 제사, 신앙에 관한 유적에 해당되는 것은?

① 도요지
② 성곽
③ 고궁
④ 사당

해설
① 토목에 관한 유적
②·③ 정치·국방에 관한 유적

08 회색의 시멘트 블록들 가운데에 놓인 붉은 벽돌은 실제의 색보다 더 선명해 보인다. 이러한 현상을 무엇이라고 하는가?

① 색상대비
② 명도대비
③ 채도대비
④ 보색대비

해설
채도대비
색상, 명도와 함께 색의 주요 속성이며, 색이 선명할수록 채도가 높고, 무채색(흰색, 회색, 검정색)일수록 채도가 낮다. 채도 차가 큰 두 색을 인접하여 배치하면 채도가 높은 색은 더욱 선명하게 보이고, 채도가 낮은 색은 더욱 탁해 보이는데, 이를 채도대비라고 한다.

09 도시공원 및 녹지 등에 관한 법률에 의한 도시공원의 구분에 해당되지 않는 것은?

① 역사공원
② 체육공원
③ 도시농업공원
④ 국립공원

해설
도시공원의 세분 및 규모(도시공원 및 녹지 등에 관한 법률 제15조 제1호)
1. 국가도시공원
2. 생활권공원 : 소공원, 어린이공원, 근린공원
3. 주제공원 : 역사공원, 문화공원, 수변공원, 묘지공원, 체육공원, 도시농업공원, 방재공원, 그 밖에 특별시·광역시·특별자치시·도·특별자치도 또는 지방자치법에 따른 서울특별시·광역시 및 특별자치시를 제외한 인구 50만 이상 대도시의 조례로 정하는 공원

10 다음 중 주택정원의 작업뜰에 위치할 수 있는 시설물로 가장 부적합한 것은?

① 장독대
② 빨래 건조장
③ 퍼걸러
④ 채소밭

해설
퍼걸러는 지붕 없이 골조만 갖추고 있는 시설물로, 덩굴류의 식물 등을 이용해 여름에는 그늘을 조성하고, 겨울에는 채광이 가능하도록 설치한다.

정답 5 ④ 6 ④ 7 ④ 8 ③ 9 ④ 10 ③

11 다음 중 통경선(Vistas)의 설명으로 가장 적합한 것은?

① 주로 자연식 정원에서 많이 쓰인다.
② 정원에 변화를 많이 주기 위한 수법이다.
③ 정원에서 바라볼 수 있는 정원 밖의 풍경이 중요한 구실을 한다.
④ 시점(視點)으로부터 부지의 끝부분까지 시선을 집중하도록 한 것이다.

> **해설**
> **통경선**
> 비스타라고도 하며, 좌우로의 시선을 제한하여 전방의 일정 지점으로 시선을 집중시키는 경관이다. 통경선의 강조는 프랑스 정원 양식과 관계가 있다.

12 우리나라 조경의 특징으로 가장 적합한 설명은?

① 경관의 조화를 중요시하면서도 경관의 대비에 중점
② 급격한 지형변화를 이용하여 돌, 나무 등의 섬세한 사용을 통한 정신세계의 상징화
③ 풍수지리설에 영향을 받으며, 계절의 변화를 느낄 수 있음
④ 바닥포장과 괴석을 주로 사용하여 계속적인 변화와 시각적 흥미를 제공

> **해설**
> ①·②·④ 중국정원에 대한 특징이다.
> **우리나라 조경의 특징**
> • 신선사상에 근거를 두고 음양오행설이 가미 되었다.
> • 동양정원에서 연못을 파고 그 가운데 섬을 만드는 수법에 가장 큰 영향을 준 것 역시 신선사상이다.
> • 연못은 땅(음)을 상징하고 있으며 둥근섬은 하늘(양)을 상징하고 있다.

13 정원의 구성요소 중 점적인 요소로 구별되는 것은?

① 원로   ② 생울타리
③ 냇물   ④ 휴지통

> **해설**
> **정원의 구성요소**
> • 점적 요소 : 벤치, 휴지통, 음수대, 조각품, 독립수, 분수 등
> • 선적 요소 : 원로, 계단, 캐스케이드, 생울타리, 냇물 등
> • 면적 요소 : 잔디밭, 화단, 연못, 테라스, 플랜터, 데크 등

14 다음 중 교통표지판의 색상을 결정할 때 가장 중요하게 고려하여야 할 것은?

① 심미성   ② 명시성
③ 경제성   ④ 양질성

> **해설**
> ② 두 가지 이상의 색·선·모양을 대비시켰을 때 금방 눈에 뜨이는 성질을 말하며, 명도나 채도의 차이가 클수록 명시성은 강해진다. 특히, 노랑과 검정은 명시성이 강해 교통표지판 등에 주로 쓰인다.
> ① 색상이나 디자인, 외관의 미적 기능을 말한다.
> ③ 재물, 자원, 노력, 시간 따위가 적게 들면서도 이득이 되는 성질을 말한다.
> ④ 좋은 바탕이나 품질을 말한다.
> ※ 디자인의 3요소 : 기능성, 양질성, 심미성

15 중세 클로이스터가든에 나타나는 사분원(四分園)의 기원이 된 회교 정원양식은?

① 차하르 바그   ② 페리스타일 가든
③ 아라베스크   ④ 행잉가든

> **해설**
> ① 이슬람의 차하르 바그(Chahar-Bagh)는 4개의 정원이라는 뜻으로, 수로를 이용하여 정원을 같은 면적으로 4등분한 정원양식을 말한다.
> ② 고대 로마의 정원이다.
> ③ 이슬람 사원의 벽면이나 공예품 등에서 찾아볼 수 있는 무늬이다.
> ④ 공중정원은 신바빌로니아의 네부카드네자르 2세가 왕비 아미티스를 위해 조성한 정원으로 세계 7대 불가사의 중 하나이다.

16 다음 중 가로수로 식재하며, 주로 봄에 꽃을 감상할 목적으로 식재하는 수종은?

① 팽나무 ② 마가목
③ 협죽도 ④ 벚나무

해설
- 가로수용 수목 : 벚나무, 은행나무, 느티나무, 가죽나무, 회화나무, 은단풍, 칠엽수, 메타세쿼이아, 플라타너스 등
- 봄꽃을 관상하는 나무 : 진달래, 벚나무, 철쭉, 동백나무, 목련, 조팝나무, 산사나무, 매화나무, 개나리, 산수유, 등나무, 수수꽃다리, 모란, 박태기나무 등

17 어떤 목재의 함수율이 50%일 때 목재중량이 3,000g이라면 절건중량은 얼마인가?

① 1,000g ② 2,000g
③ 4,000g ④ 5,000g

해설

함수율 = $\dfrac{\text{목재의 함수중량} - \text{목재의 절건중량}}{\text{목재의 절건중량}}$

$50\% = \dfrac{3,000 - x}{x} \times 100$

∴ $x = 2,000g$

18 압력탱크 속에서 고압으로 방부제를 주입시키는 방법으로 목재의 방부 처리방법 중 가장 효과적인 것은?

① 표면탄화법 ② 침지법
③ 가압주입법 ④ 도포법

해설
방부제 처리방법
- 주입법 : 감압 또는 가압 등의 기계적 압력차에 의해 목재 중에 크레오소트나 PCP를 침투시키는 처리방법으로 가장 효과적인 방법이다.
- 침지법 : 상온에서 방부액이나 물에 목재를 담가 산소 공급을 차단하는 방법이다.
- 표면탄화법 : 목재 표면을 3~4mm 정도 태워 수분을 제거하는 방법으로 흡수성이 증가하는 단점이 있다.
- 도포법(도장법) : 방수용 도장제(페인트, 니스, 오일스테인 등), 방부제, 아스팔트, 콜타르 등을 칠하는 방법이다.

19 피라칸타와 해당화의 공통점으로 옳지 않은 것은?

① 과명은 장미과이다.
② 열매는 붉은 색으로 성숙한다.
③ 성상은 상록활엽관목이다.
④ 줄기나 가지에 가시가 있다.

해설
③ 피라칸타는 상록활엽관목이고, 해당화는 낙엽활엽관목이다.

20 다음 석재의 역학적 성질 설명 중 옳지 않은 것은?

① 공극률이 가장 큰 것은 대리석이다.
② 현무암의 탄성계수는 후크(Hooke)의 법칙을 따른다.
③ 석재의 강도는 압축강도가 특히 크며, 인장강도는 매우 작다.
④ 석재 중 풍화에 가장 큰 저항성을 가지는 것은 화강암이다.

해설
① 대리석은 높은 압력에 의해 형성되었기 때문에 공극률이 작은 편이다.

석재의 장단점

장점	• 외관이 매우 아름답다. • 내구성과 강도가 크다. • 변형되지 않으며, 가공성이 있다. • 가공 정도에 따라 다양한 외양을 가질 수 있다. • 산지에 따라 다양한 색조와 질감을 갖는다. • 압축강도와 내화학성이 크고, 마모성은 작다.
단점	• 무거워서 다루기 불편하다. • 타 재료에 비해 가공하기가 어렵다. • 경제적 부담이 크다. • 압축강도에 비해 휨강도나 인장강도가 작다. • 화열을 받을 경우 균열 또는 파괴되기가 쉽다.

정답 16 ④ 17 ② 18 ③ 19 ③ 20 ①

21 금속을 활용한 제품으로서 철금속제품에 해당하지 않는 것은?

① 철근, 강판
② 형강, 강관
③ 볼트, 너트
④ 도관, 가도관

해설
도관, 가도관은 비철금속제품으로 비금속 재료로 만든 전선 보호용 관이다.

22 석재의 분류는 화성암, 퇴적암, 변성암으로 분류할 수 있다. 다음 중 퇴적암에 해당되지 않는 것은?

① 사암
② 혈암
③ 석회암
④ 안산암

해설
암석의 분류
- 화성암 : 화강암, 안산암, 현무암, 섬록암 등
- 퇴적암 : 응회암, 사암, 점판암, 혈암, 석회암 등
- 변성암 : 편마암, 대리암, 사문암, 결절편암 등

23 소나무꽃의 특성에 대한 설명으로 옳은 것은?

① 단성화, 자웅동주
② 단성화, 자웅이주
③ 양성화, 자웅동주
④ 양성화, 자웅이주

해설
소나무꽃의 특성
암꽃과 수꽃이 따로 존재하는 단성화(斷性花)이며, 한 나무에서 암꽃과 수꽃이 같이 피어나는 일가화(一家花), 즉 자웅동주이다. 소나무꽃은 암수 모두 새로 나온 가지 끝에서 개화하고, 암꽃은 자라서 솔방울이 된다.
- 단성화 : 암술과 수술이 따로 있는 것을 말한다.
- 양성화 : 암술과 수술이 한 꽃 안에 같이 있는 것을 말한다.
- 자웅동주 : 한 개체에 암꽃과 수꽃이 모두 피는 것을 말한다.
- 자웅이주 : 버드나무와 같이 암꽃과 수꽃이 아예 다른 개체에서 피는 것을 말한다.

24 콘크리트의 연행공기량과 관련된 설명으로 틀린 것은?

① 사용 시멘트의 비표면적이 작으면 연행공기량은 증가한다.
② 콘크리트의 온도가 높으면 공기량은 감소한다.
③ 단위잔골재량이 많으면, 연행공기량은 감소한다.
④ 플라이애시를 혼화재로 사용할 경우 미연소 탄소 함유량이 많으면 연행공기량이 감소한다.

해설
단위잔골재량이 많으면 공극이 증가되어 공기량이 증가한다. 또한 잔골재의 입도도 공기량에 영향을 미치는데, 일반적으로 0.15~0.3mm 정도 크기의 잔골재가 많을수록 공기량은 증가한다.

25 낙엽활엽소교목으로 양수이며, 잎이 나오기 전 3월경 노란색으로 개화하고, 빨간 열매를 맺어 아름다운 수종은?

① 개나리
② 생강나무
③ 산수유
④ 풍년화

해설
① 낙엽활엽관목, 노란색 꽃, 갈색 열매
② 낙엽활엽관목, 노란색 꽃, 검은색 열매
④ 낙엽활엽관목·소교목, 노란~붉은색 꽃, 갈색 열매

26 다음 지피식물의 기능과 효과에 관한 설명 중 옳지 않은 것은?

① 토양 유실 방지
② 녹음 및 그늘 제공
③ 운동 및 휴식공간 제공
④ 경관의 분위기를 자연스럽게 유도

해설
② 지피식물은 지면을 낮게 덮으면서 자라는 키가 작은 식물이기 때문에 그늘을 제공할 수 없다.
지피식물의 기능 : 미적 효과, 운동 및 휴식공간 제공, 강우로 인한 진땅 방지, 토양유실 방지, 흙먼지 방지, 동결 방지

27 암석에서 떼어 낸 석재를 가공할 때 잔다듬질용으로 사용하는 도드락망치는?

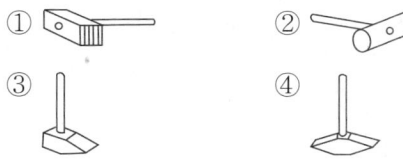

해설
① 도드락망치, ② 쇠메, ③ 외날망치, ④ 양날망치

28 다음 중 강음수에 해당되는 식물종은?
① 팔손이 ② 두릅나무
③ 회나무 ④ 노간주나무

해설
① 강음수
②·④ 양수
③ 음수

29 다음 중 비료목(肥料木)에 해당되는 식물이 아닌 것은?
① 다릅나무
② 곰솔
③ 싸리나무
④ 보리수나무

해설
비료목
질소고정능력을 갖춘 뿌리혹박테리아나 방선균류와 공생하는 식물로, 식재 시 토양환경을 개선하고 미생물의 활동을 증진시켜 다른 식물의 생장에 도움을 준다고 하여 비료목이라는 이름이 붙었다.
• 콩과 : 아까시나무, 자귀, 다릅, 싸리, 박태기나무, 등나무, 칡 등
• 자작나무과 : 사방오리나무, 산오리나무, 오리나무 등
• 보리수나무과 : 보리수나무, 보리장나무 등
• 소철과 : 소철

30 통기성, 흡수성, 보온성, 부식성이 우수하여 줄기감기용, 수목 굴취 시 뿌리감기용, 겨울철 수목 보호를 위해 사용되는 마(麻)소재의 친환경적 조경자재는?
① 녹화마대 ② 볏짚
③ 새끼줄   ④ 우드칩

해설
녹화마대는 천연 식물 섬유제인 굵고 거친 삼실로 짠 커다란 자루로 통기성, 흡수성, 보온성, 부식성이 우수하다.

31 다음 중 수목의 형태상 분류가 다른 것은?
① 떡갈나무
② 박태기나무
③ 회화나무
④ 느티나무

해설
② 낙엽활엽관목이다.
①·②·③ 낙엽활엽교목이다.

32 다음 시멘트의 성분 중 화합물상에서 발열량이 가장 많은 성분은?
① C_3A ② C_3S
③ C_4AF ④ C_2S

해설
시멘트의 성분 및 함유량에 따른 발열량(수화열)
• C_3S(규산3석회) : 함유량 50%, 수화열 136cal/g
• C_2S(규산2석회) : 함유량 15~25%, 수화열 62cal/g
• C_3A(알민산3석회) : 함유량 5~15%, 수화열 200cal/g
• C_4AF(알민산철4석회) : 함유량 5~15%, 수화열 30cal/g

정답 27 ① 28 ① 29 ② 30 ① 31 ② 32 ①

33 다음 중 목재의 함수율이 크고 작음에 가장 영향이 큰 강도는?

① 인장강도
② 휨강도
③ 전단강도
④ 압축강도

해설
함수율 1% 증감에 따른 강도의 변화율은 압축강도 6%, 휨강도 4%, 전단강도 3%이다.

34 목련과(*Magnoliaceae*) 중 상록성 수종에 해당하는 것은?

① 태산목
② 함박꽃나무
③ 자목련
④ 일본목련

해설
태산목의 원산지는 미국이며, 녹음수나 독립수로 활용되는 상록성 수종이다.

35 다음 중 환경적 문제를 해결하기 위하여 친환경적 재료로 개발한 것은?

① 시멘트
② 절연재
③ 잔디블록
④ 유리블록

해설
잔디블록은 잔디가 자라날 수 있도록, 잔디를 식생시킬 용도를 목적으로 만들어진 보도블록이다.

36 수준측량의 용어 설명 중 높이를 알고 있는 기지점에 세운 표척눈금의 읽은 값을 무엇이라 하는가?

① 후시
② 전시
③ 전환점
④ 중간점

해설
① 후시 : 표고를 이미 알고 있는 점, 즉 기지점에 세운 표척의 읽음 값
② 전시 : 표고를 구하려는 점, 즉 미지점에 세운 표척의 읽음 값

37 다음 [보기]의 뿌리돌림 설명 중 ( ) 안에 가장 적합한 숫자는?

┌ 보기 ┐
• 뿌리돌림은 이식하기 (㉠)년 전에 실시하되 최소 (㉡)개월 전 초봄이나 늦가을에 실시한다.
• 노목이나 보호수와 같이 중요한 나무는 (㉢)회 나누어 연차적으로 실시한다.

① ㉠ 1~2, ㉡ 12, ㉢ 2~4
② ㉠ 1~2, ㉡ 6, ㉢ 2~4
③ ㉠ 3~4, ㉡ 12, ㉢ 1~2
④ ㉠ 3~4, ㉡ 24, ㉢ 1~2

해설
• 뿌리돌림은 이식하기 1~2년 전에 실시하되 최소 6개월 전 초봄이나 늦가을에 실시한다.
• 노목이나 보호수와 같이 중요한 나무는 2~4회 나누어 연차적으로 실시한다.
• 봄에 뿌리돌림을 한 낙엽수는 당해 가을이나 이듬해 봄(3월 중순~4월 상순)에, 상록수는 이듬해 봄이나 장마기에 이식할 수 있다.

38 조경공사용 기계의 종류와 용도(굴삭, 배토정지, 상차, 운반, 다짐)의 연결이 옳지 않은 것은?

① 굴삭용 – 무한궤도식 로더
② 운반용 – 덤프트럭
③ 다짐용 – 탬퍼
④ 배토정지용 – 모터그레이더

해설
① 무한궤도식 로더는 상차용 기계이다.
작업종류에 따른 건설기계
- 굴착 : 셔블계 굴착기(파워셔블, 백호, 클램셸), 트랙터셔블, 불도저, 리퍼 등
- 적재 : 셔블계 굴착기(파워셔블, 백호, 클램셸), 트랙터셔블 등
- 운반 : 불도저, 덤프트럭, 벨트 컨베이어, 케이블 크레인 등
- 다짐 : 로드 롤러, 타이어 롤러, 탬핑 롤러, 진동 롤러, 진동 콤팩터, 래머 등
- 배토정지 : 모터그레이더, 골재 살포기, 굴삭기

39 다음 중 유충과 성충이 동시에 나뭇잎에 피해를 주는 해충이 아닌 것은?

① 느티나무벼룩바구미
② 버들꼬마잎벌레
③ 주둥무늬차색풍뎅이
④ 큰28점박이무당벌레

해설
주둥무늬차색풍뎅이의 성충은 주로 활엽수류의 잎을, 유충은 식물의 뿌리를 갉아먹어 피해를 준다.

40 자연석(경관석) 놓기에 대한 설명으로 틀린 것은?

① 경관석의 크기와 외형을 고려한다.
② 경관석 배치의 기본형은 부등변삼각형이다.
③ 경관석의 구성은 2, 4, 8 등 짝수로 조합한다.
④ 돌 사이의 거리나 크기를 조정하여 배치한다.

해설
③ 경관석을 여러 개 짝지어 놓을 때는 중심이 되는 큰 주석과 보조역할을 하는 작은 부석을 잘 조화시켜야 하는데, 수량은 일반적으로 홀수로 하고, 돌 사이의 거리나 크기 등을 조정하여 힘이 분산되지 않고 짜임새가 있도록 한다.
경관석 놓기
- 경관석은 크기, 중량감, 외형, 색상, 질감 등이 배치 장소와 어우러지는 것을 선택해야 한다.
- 경관석을 단독으로 놓을 때는 위치, 높이, 길이, 기울기 등을 고려하여 그 경관석의 아름다움이 감상자에게 충분히 느껴지도록 하는 것이 중요하다.
- 경관석을 여러 개 짝지어 놓을 때는 중심이 되는 큰 주석과 보조역할을 하는 작은 부석을 잘 조화시켜야 하는데, 수량은 일반적으로 홀수로 하고, 돌 사이의 거리나 크기 등을 조정하여 힘이 분산되지 않고 짜임새가 있도록 한다.
- 경관석을 놓은 후에는 주변에 적당한 관목류, 초화류 등을 심어 경관석이 한층 돋보이도록 한다.

41 동일한 규격의 수목을 연속적으로 모아 심었거나 줄지어 심었을 때 적합한 지주 설치법은?

① 단각지주   ② 이각지주
③ 삼각지주   ④ 연결형지주

해설
① 수고 1.2m 이하의 관목과 카이즈카향나무, 수양버들, 위성류, 수양벚나무 등의 어린 수종 등에 사용한다.
② 수고 1.2~2.0m의 소형 가로수에 사용하며 좁은 장소에 깊게 넣는다.
③ 일반적으로 가장 많이 사용하며, 가로수와 같이 보행량이 많은 곳에 주로 설치한다.

42. 다음 중 조경석 가로쌓기 작업 시 설계도면 및 공사시방서에 명시가 없을 경우 메쌓기의 높이가 몇 m 이하로 하여야 하는가?

① 1.5
② 1.8
③ 2.0
④ 2.5

해설
설계도면 및 공사시방서에 명시가 되어 있지 않은 경우에 메쌓기의 높이는 1.5m 이하로 한다.

43. 측량 시에 사용하는 측정기구와 그 설명이 틀린 것은?

① 야장 : 측량한 결과를 기입하는 수첩
② 측량 핀 : 테이프의 길이마다 그 측점을 땅 위에 표시하기 위하여 사용되는 핀
③ 폴(Pole) : 일정한 지점이 멀리서도 잘 보이도록 곧은 장대에 빨간색과 흰색을 교대로 칠하여 만든 기구
④ 보수계(Pedometer) : 어느 지점이나 범위를 표시하기 위하여 땅에 꽂아 두는 나무 표지

해설
보수계(步數計, Pedometer)
사람의 운동을 감지하여 걸음 수를 측정하는 장치로, 사람마다 다른 보폭을 일정한 길이단위로 환산하여 표시한다. 측량 시에는 측량기구를 설치할 수 없는 장소나 먼 거리를 측정할 때 사용된다.

44. 농약의 물리적 성질 중 살포하여 부착한 약제가 이슬이나 빗물에 씻겨 내리지 않고 식물체 표면에 묻어 있는 성질을 무엇이라 하는가?

① 고착성(Tenacity)
② 부착성(Adhesiveness)
③ 침투성(Penetrating)
④ 현수성(Suspensibility)

해설
② 약제가 식물체나 충체에 붙는 성질
③ 약제가 식물체나 충체에 스며드는 성질
④ 수화제 현탁액의 고체 미립자가 균일하게 분산하여 부유하는 성질

45. 공원의 주민참가 3단계 발전과정이 옳은 것은?

① 비참가→시민권력의 단계→형식적 참가
② 형식적 참가→비참가→시민권력의 단계
③ 비참가→형식적 참가→시민권력의 단계
④ 시민권력의 단계→비참가→형식적 참가

해설
안시타인이 제시한 주민참가의 단계
- 비참가의 단계 : 조작, 치료
- 형식적 참가의 단계 : 정보 제공, 상담, 회유
- 시민권력의 단계 : 협력관계, 권한위양, 자치관리

46. 관리업무의 수행 중 도급방식의 대상으로 옳은 것은?

① 긴급한 대응이 필요한 업무
② 금액이 적고 간편한 업무
③ 연속해서 행할 수 없는 업무
④ 규모가 크고, 노력, 재료 등을 포함하는 업무

해설
직영방식과 도급방식의 대상업무

직영방식	• 재빠른 대응이 필요한 업무 • 연속해서 행할 수 없는 업무 • 진척상황이 명확치 않고 검사가 어려운 업무 • 금액이 적고 간편한 업무 • 일상적인 유지관리업무
도급방식	• 장기에 걸쳐 단순작업을 행하는 업무 • 전문지식, 기능 자격을 요하는 업무 • 규모가 크고 노력, 재료 등을 포함하는 업무 • 관리주체가 보유한 설비로는 불가능한 업무 • 직영의 관리인원으로는 부족한 업무

47 다음 [보기]의 식물들이 모두 사용되는 정원식재 작업에서 가장 먼저 식재를 진행해야 할 수종은?

┌ 보기 ┐
소나무, 수수꽃다리, 영산홍, 잔디

① 잔디　　　　② 영산홍
③ 수수꽃다리　④ 소나무

해설
지형에 따라 다르지만 일반적으로 관목인 소나무를 먼저 식재한다.

48 물 200L를 가지고 제초제 1,000배액을 만들 경우 필요한 약량은 몇 mL인가?

① 10　　　② 100
③ 200　　④ 500

해설
살포액의 희석
필요 약량 = 물의 양 ÷ 희석배수
　　　　 = 200L ÷ 1,000
　　　　 = 0.2L = 200mL (∵ 1L = 1,000mL)

49 골프코스에서 홀(Hole)의 출발지점을 무엇이라 하는가?

① 그린　　② 티
③ 러프　　④ 페어웨이

해설
① 도착점
③ 페어웨이 주변의 깎지 않은 초지로 이루어진 구역
④ 티와 그린 사이에 짧게 깎은 잔디로 이루어진 구역

50 목적에 알맞은 수형으로 만들기 위해 나무의 일부분을 잘라 주는 관리방법을 무엇이라 하는가?

① 관수　　② 멀칭
③ 시비　　④ 전정

해설
전정의 종류
• 생장을 돕기 위한 전정
• 생장을 억제하기 위한 전정
• 개화·결실을 돕기 위한 전정
• 생리를 조절하기 위한 전정
• 세력을 갱신하기 위한 전정

51 경관에 변화를 주거나 방음, 방풍 등을 위한 목적으로 작은 동산을 만드는 공사의 종류는?

① 부지정지 공사　② 흙깎기 공사
③ 멀칭 공사　　　④ 마운딩 공사

해설
마운딩은 미관상, 경기상 필요한 곳에 흙을 쌓아 작은 언덕을 만드는 것을 말한다.

52 40%(비중=1)의 어떤 유제가 있다. 이 유제를 1,000배로 희석하여 10a당 9L를 살포하고자 할 때, 유제의 소요량은 몇 mL인가?

① 7　　② 8
③ 9　　④ 10

해설
살포액의 희석
• 사용 농도 = 원액 농도 ÷ 희석배수
　　　　　 = 40% ÷ 1,000
　　　　　 = 0.04%
• ha당 필요 약량 = $\frac{사용\ 농도 \times 살포량}{원액\ 농도}$
　　　　　　　 = $\frac{0.04\% \times 9L}{40\%}$ = 0.009L
∴ 유제의 소요량 = 9mL (∵ 1L = 1,000mL)

53 다음 중 생리적 산성비료는?

① 요소
② 용성인비
③ 석회질소
④ 황산암모늄

해설
비료의 생리적 반응
- 생리적 산성비료 : 황산암모늄, 황산칼륨, 염화칼륨 등
- 생리적 중성비료 : 질산암모늄, 요소, 과인산석회, 중과인석회, 석회질소 등
- 생리적 염기성비료 : 퇴구비, 용성인비, 재, 칠레초석 등

54 잣나무 털녹병의 중간기주에 해당하는 것은?

① 등골나무
② 향나무
③ 오리나무
④ 까치밥나무

해설
녹병균의 중간기주
- 배나무 붉은별무늬병 : 향나무
- 사과나무 붉은별무늬병 : 향나무
- 소나무 혹병 : 졸참나무, 신갈나무
- 잣나무 털녹병 : 송이풀, 까치밥나무
- 포플러 잎녹병 : 낙엽송

55 서중 콘크리트는 1일 평균기온이 얼마를 초과하는 것이 예상되는 경우 시공하여야 하는가?

① 25℃
② 20℃
③ 15℃
④ 10℃

해설
1일 평균기온이 25℃이거나 최고기온이 30℃를 초과하는 경우에는 서중 콘크리트를 사용하고, 반대로 1일 평균기온이 4℃ 이하인 경우에는 한중 콘크리트를 사용한다.

56 농약 혼용 시 주의하여야 할 사항으로 틀린 것은?

① 혼용 시 침전물이 생기면 사용하지 않아야 한다.
② 가능한 한 고농도로 살포하여 인건비를 절약한다.
③ 농약의 혼용은 반드시 농약 혼용가부표를 참고한다.
④ 농약을 혼용하여 조제한 약제는 될 수 있으면 즉시 살포하여야 한다.

해설
② 농약 혼용 시에는 표준희석배수를 반드시 지켜 고농도로 살포하지 않도록 한다.
농약 혼용 시 주의사항
- 혼용 시 침전물이 생기면 사용하지 않아야한다.
- 농약의 혼용은 반드시 농약 혼용가부표를 참고한다.
- 농약을 혼용하여 조제한 약제는 가급적 즉시 살포하여야 한다.
- 농약 혼용 시 장점 : 독성 경감, 약효 상승, 약효지속기간 연장

57 건설공사의 감리 구분에 해당하지 않는 것은?

① 설계감리
② 시공감리
③ 입찰감리
④ 책임감리

해설
건설공사의 감리 : 설계감리, 검측감리, 시공감리, 책임감리

58 흡즙성 해충으로 버즘나무, 철쭉류, 배나무 등에서 많은 피해를 주는 해충은?

① 오리나무잎벌레
② 솔노랑잎벌
③ 방패벌레
④ 도토리거위벌레

해설
가해 습성에 따른 해충의 분류
- 식엽성 해충 : 회양목명나방, 풍뎅이, 잎벌, 집시나방, 느티나무벼룩바구미 등
- 흡즙성 해충 : 응애, 진딧물, 깍지벌레, 방패벌레 등
- 천공성 해충 : 소나무좀, 노랑무늬송바구미, 하늘소, 박쥐나방 등
- 충영형성 해충 : 솔잎혹파리, 밤나무혹벌, 혹응애, 혹진딧물 등
- 종실 해충 : 밤바구미, 복숭아명나방 등

59 석재 가공방법 중 화강암 표면의 기계로 켠 자국을 없애 주고 자연스러운 느낌을 주므로 가장 널리 쓰이는 마감방법은?

① 버너마감
② 잔다듬
③ 정다듬
④ 도드락다듬

해설
② 외날망치나 양날망치로 정다듬 면 또는 도드락다듬면을 일정 방향, 주로 평행하게 나란히 찍어 평탄하게 마무리하는 작업이다.
③ 혹두기한 면을 정으로 비교적 고르고 곱게 다듬는 작업으로 거친다듬, 중다듬, 고운다듬으로 구분된다.
④ 정다듬한 표면을 도드락망치를 이용하여 1~3회 정도 두드려 곱게 다듬는 작업이다.

60 다음 중 지형을 표시하는 데 가장 기본이 되는 등고선은?

① 간곡선
② 주곡선
③ 조곡선
④ 계곡선

해설
등고선의 종류
- 계곡선 : 고도 0m에서부터 다섯 번째 선마다 굵게 표시한 등고선
- 주곡선 : 계곡선과 계곡선 사이의 4개의 선으로 가장 기본이 되는 등고선
- 간곡선 : 주곡선 간격으로는 나타낼 수 없는 경사가 완만한 지형을 표현하기 위해 주곡선 간격의 1/2지점에 긋는 긴 점선
- 조곡선 : 간곡선 간격으로도 나타낼 수 없는 선상지나 평탄지를 표현하기 위해 주곡선과 간곡선 간격의 1/2지점에 긋는 짧은 점선

정답 58 ③ 59 ① 60 ②

2015년 제4회 과년도 기출문제

01 다음 중 색의 3속성이 아닌 것은?
① 색상
② 명도
③ 채도
④ 대비

해설
색의 3속성(3요소)
- 색상 : 빨강, 파랑, 노랑 등 색의 종류
- 명도 : 색의 밝고 어두운 정도
- 채도 : 색의 선명함 또는 탁함의 정도

02 다음 중 기본계획에 해당되지 않는 것은?
① 땅가름
② 주요시설배치
③ 식재계획
④ 실시설계

해설
실시설계는 기본계획 이후에 진행되는 구체적인 설계 단계로, 기본계획에 포함되지 않는다. 기본계획은 큰 틀에서 공간과 시설 배치 등을 다루고, 실시설계는 이를 세부적으로 설계하는 과정이다.

03 다음 중 서원조경에 대한 설명으로 틀린 것은?
① 도산서당의 정우당, 남계서원의 지당에 연꽃이 식재된 것은 주렴계의 애련설의 영향이다.
② 서원의 진입공간에는 홍살문이 세워지고, 하마비와 하마석이 놓여진다.
③ 서원에 식재되는 수목들은 관상을 목적으로 식재되었다.
④ 서원에 식재되는 대표적인 수목은 은행나무로 행단과 관련이 있다.

해설
③ 서원에 식재되는 수목은 관상의 목적보다는 서원이라는 공간적 성격에 적합한 일부 수목만을 식재하였다. 예를 들어 공자가 제자를 가르쳤다는 행단과 관련된 은행나무는 대표적인 서원조경의 식재수목이며, 느티나무나 향나무 등도 즐겨 심었다.

04 일본의 정원양식 중 다음 설명에 해당하는 것은?

- 15세기 후반에 바다의 경치를 나타내기 위해 사용하였다.
- 정원의 소재로 왕모래와 몇 개의 바위만으로 정원을 꾸미고, 식물은 일체 쓰지 않았다.

① 다정양식
② 축산고산수양식
③ 평정고산수양식
④ 침전조양식

해설
고산수식 정원은 물을 전혀 사용하지 않고 바위, 왕모래, 나무만을 사용한 축산고산수식에서 나무조차 사용하지 않는 평정고산수식으로 발달하였다.
고산수식 정원
- 축산고산수식 정원 : 바위(섬·반도·폭포)를 중심으로 왕모래(물)와 다듬은 수목(산)을 사용해 꾸민 추상적인 정원
- 평정고산수식 정원 : 수목도 사용하지 않고 바위와 왕모래만으로 꾸민 정원

05 다음 중 쌍탑형 가람배치를 가지고 있는 사찰은?
① 경주 분황사
② 부여 정림사
③ 경주 감은사
④ 익산 미륵사

해설
• 경주 분황사 : 1탑3금당식 가람배치
• 부여 정림사 : 1탑1금당식 가람배치
• 익산 미륵사 : 3탑3금당식 가람배치
※ 가람배치(伽藍配置)란 사찰 건축의 형식화된 틀, 혹은 정형화된 공간배치를 의미한다.

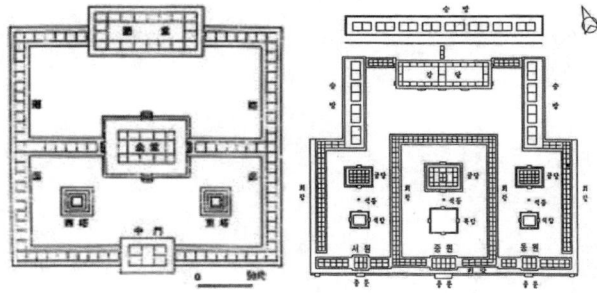

[감은사의 쌍탑형 가람배치]   [백제 미륵사의 3탑 3금당 가람배치]

06 다음 중 프랑스 베르사유궁원의 수경시설과 관련이 없는 것은?
① 아폴로 분수
② 물극장
③ 라토나 분수
④ 양어장

해설
베르사유(Versailles)궁원
• 르 노트르에 의해 조성된 세계 최대 규모의 정형식 정원이다.
• 궁원의 모든 구성이 중심축선과 명확한 균형을 이루며, 건물 또는 연못 중심으로 태양광선이 펼쳐지는 듯한 방사상의 축선을 복합적으로 전개하였다.
• 주축을 따라 저습지의 배수를 위한 수로를 설치하고 부축들은 주축과 직교하면서 좌우균형을 이루고 있다.

07 다음 설계도면의 종류 중 2차원의 평면을 나타내지 않는 것은?
① 평면도   ② 단면도
③ 상세도   ④ 투시도

해설
④ 설계안이 완성되었을 경우를 가정하여 설계내용을 실제 눈에 보이는 대로 입체적인 그림으로 나타낸 것이다.
① 물체를 수직방향으로 내려다본 것을 가정하고 작도한 것으로, 모든 설계에 있어 가장 기본이 되는 도면이다.
② 구조물을 수직으로 자른 단면을 보여 주는 도면으로 구조물의 내부구조 및 공간구성을 표현하며, 평면도에 단면 부위를 반드시 표시한다.
③ 일반 평면도나 단면도에서 잘 나타나지 않는 세부사항을 시공이 가능하도록 표현한 도면이다.

08 중국 옹정제가 제위 전 하사받은 별장으로 영국에 중국식 정원을 조성하게 된 계기가 된 곳은?
① 원명원   ② 기창원
③ 이화원   ④ 외팔묘

해설
원명원
1709년 강희제(康熙帝)가 네 번째 아들 윤진에게 하사한 별장이었으나, 윤진이 옹정제(雍正帝)로 즉위하자 1725년 황궁의 정원으로 조성하였다.

09 자유, 우아, 섬세, 간접적, 여성적인 느낌을 갖는 선은?
① 직선   ② 절선
③ 곡선   ④ 점선

해설
• 곡선 : 구릉지, 하천, 소로를 따라 굽이굽이 뻗어 가는 곡선은 부드럽고 여성적이며 우아한 느낌을 준다.
• 직선 : 우뚝 솟아오른 험준한 산봉우리와 절벽의 윤곽선을 표현할 때 사용하며, 직선으로 굳건하고 남성적인 느낌을 준다.

정답 5 ③ 6 ④ 7 ④ 8 ① 9 ③

10 다음 중 휴게시설물로 분류할 수 없는 것은?

① 퍼걸러(그늘시렁) ② 평상
③ 도섭지(발물놀이터) ④ 야외탁자

해설
도섭지
발물놀이터라고도 하며, 여름철 어린이들의 물놀이를 위해 만든 얕은 연못이나 수로 형태의 수경시설물이다.

11 파란색 조명에 빨간색 조명과 초록색 조명을 동시에 켰더니 하얀색으로 보였다. 이처럼 빛에 의한 색채의 혼합원리는?

① 가법혼색 ② 병치혼색
③ 회전혼색 ④ 감법혼색

해설
① 빨강, 초록, 파랑을 빛의 3원색이라 하며, 3원색을 동시에 혼합하면 흰색이 된다. 이처럼 빛에 의한 색채의 혼합원리를 가법혼색(가산혼합)이라 하며, 이때 원래의 색보다 명도가 증가한다.
② 가법혼색의 일종으로 많은 색의 점들을 조밀하게 병치하여 서로 혼합되게 보이는 방법이다.
③ 회전혼색은 하나의 면에 두 가지 이상의 색을 붙인 후 빠른 속도로 회전하면 그 색들이 혼합되어 보이는 현상을 말한다.
④ 혼합한 색이 원래의 색보다 어두워 보이는 혼색으로, 물감을 섞거나 필터를 겹쳐서 사용하는 경우 순색의 강도가 약해져 어두워지는 것을 말한다.

12 이집트 하(下)대의 상징식물로 여겨졌으며, 연못에 식재되었고, 식물의 꽃은 즐거움과 승리를 의미하며 신과 사자에게 바쳐졌었다. 이집트 건축의 주두(柱頭) 장식에도 사용되었던 이 식물은?

① 자스민 ② 무화과
③ 파피루스 ④ 아네모네

해설
파피루스
이집트 하(下)대의 상징식물로 주로 연못에 식재되었고, 식물의 꽃은 즐거움과 승리를 의미하여 신과 사자에게 바쳐졌으며, 이집트 건축의 주두(柱頭) 장식에도 사용되었다.
※ 이집트 상(上)대의 상징식물은 연꽃이다.

13 조경 분야의 기능별 대상 구분 중 위락·관광시설로 가장 적합한 것은?

① 오피스빌딩정원
② 어린이공원
③ 골프장
④ 군립공원

해설
③ 위락·관광시설, ① 정원, ②·④ 공원
위락·관광시설 : 골프장, 야영장, 경마장, 스키장, 해수욕장, 낚시터, 관광농원, 유원지, 휴양지, 삼림욕장 등

14 벽돌로 만들어진 건축물에 태양광선이 비추어지는 부분과 그늘진 부분에서 나타나는 배색은?

① 톤 인 톤(Tone in Tone) 배색
② 톤 온 톤(Tone on Tone) 배색
③ 까마이외(Cama eu) 배색
④ 트리콜로르(Tricolore) 배색

해설
② 동일한 색상의 톤을 조절하여 배치하는 방법으로, 그러데이션 배색이라고도 한다.
① 서로 다른 색상들을 동일한 톤으로 배치하는 방법을 말한다.
③ 동일한 색상에 아주 미세한 톤의 차이를 주어 배치하는 방법을 말한다.
④ 색상이나 톤이 명확하게 대조되는 3가지 색상을 배치하는 방법으로, 프랑스 국기가 대표적이다.

15 골프장에서 티와 그린 사이의 공간으로 잔디를 짧게 깎는 지역은?

① 해저드 ② 페어웨이
③ 홀 커터 ④ 벙커

해설
② 티와 그린 사이에 짧게 깎은 잔디로 이루어진 구역
① 장애구역
③ 홀컵을 뚫는 기구
④ 해저드 중에 하나로, 모래가 가득 찬 요지(凹地)

16 골재의 함수상태에 관한 설명 중 틀린 것은?

① 골재를 110℃ 정도의 온도에서 24시간 이상 건조시킨 상태를 절대건조상태 또는 노건조상태(Oven Dry Condition)라 한다.
② 골재를 실내에 방치할 경우, 골재입자의 표면과 내부의 일부가 건조된 상태를 공기 중 건조상태라 한다.
③ 골재입자의 표면에 물은 없으나 내부의 공극에는 물이 꽉 차있는 상태를 표면건조포화상태라 한다.
④ 절대건조상태에서 표면건조상태가 될 때까지 흡수되는 수량을 표면수량(Surface Moisture)이라 한다.

해설
골재의 함수상태
- 절건상태(Oven-dry Condition) : 105±5℃ 정도의 온도에서 24시간 이상 골재를 건조시켜 표면 및 골재 내부에 포함되어 있는 수분이 완전히 제거된 상태
- 기건상태(Air-dry Condition) : 골재를 공기 중에 오래 건조하여 골재 내 온습도와 대기의 온습도가 평형을 이룬 상태
- 표건상태(Saturated Surface-dry Condition) : 골재 내부는 포화상태이고, 골재 표면은 건조한 상태
- 습윤상태(Damp or Wet Condition) : 골재 내부는 이미 포화상태이고, 표면에도 수분이 드러난 상태

17 다음 중 가로수용으로 가장 적합한 수종은?

① 회화나무 ② 돈나무
③ 호랑가시나무 ④ 풀명자

해설
가로수용 수목 : 벚나무, 은행나무, 느티나무, 가죽나무, 회화나무, 은단풍, 칠엽수, 메타세쿼이아, 플라타너스 등

18 진비중이 1.5, 전건비중이 0.54인 목재의 공극율은?

① 66% ② 64%
③ 62% ④ 60%

해설
공극률 = [1 − (가비중 / 진비중)] × 100
= [1 − (0.54 / 1.5)] × 100
= 64%

19 나무의 높이나 나무 고유의 모양에 따른 분류가 아닌 것은?

① 교목
② 활엽수
③ 상록수
④ 덩굴성 수목(만경목)

해설
식물의 형태로 본 분류
- 나무 고유의 모양 : 교목, 관목, 덩굴성 수목(만경목)
- 잎의 모양 : 침엽수, 활엽수
- 잎의 생태 : 상록수, 낙엽수

정답 15 ② 16 ④ 17 ① 18 ② 19 ③

20 다음 중 산울타리 수종으로 적합하지 않은 것은?

① 편백
② 무궁화
③ 단풍나무
④ 쥐똥나무

해설
③ 단풍나무는 주로 경관장식용으로 쓰인다.
산울타리용 수목 : 측백나무, 화백, 편백, 사철나무, 개나리, 명자나무, 피라칸타, 무궁화, 회양목, 탱자나무, 꽝꽝나무, 향나무, 호랑가시나무, 쥐똥나무 등

21 다음 중 모감주나무(*Koelreuteria paniculata* Laxmann)에 대한 설명으로 맞는 것은?

① 뿌리는 천근성으로 내공해성이 약하다.
② 열매는 삭과로 3개의 황색 종자가 들어 있다.
③ 잎은 호생하고 기수1회 우상복엽이다.
④ 남부지역에서만 식재 가능하고 성상은 상록활엽교목이다.

해설
① 내한성과 내공해성이 강하고, 특히 내염성이 대단히 강해 바닷가의 방풍식재나 공원의 군락식재에 적합하다.
② 열매는 삭과로 3개의 흑색 종자가 들어 있다.
④ 낙엽활엽소교목이다.

22 복수초(*Adonis amurensis* Regel & Radde)에 대한 설명으로 틀린 것은?

① 여러해살이풀이다.
② 꽃색은 황색이다.
③ 실생개체의 경우 1년 후 개화한다.
④ 우리나라에는 1속 1종이 난다.

해설
③ 복수초 실생개체의 경우 파종하여 발아한 후 3년 이상 경과해야 개화할 수 있다.

23 다음 중 지피(地被)용으로 사용하기 가장 적합한 식물은?

① 맥문동
② 등나무
③ 으름덩굴
④ 멀꿀

해설
지피식물의 분류

분류	주요 식물
한국잔디류	들잔디, 금잔디, 빌로드 잔디 등
서양잔디류	켄터키 블루그래스, 버뮤다그래스, 페스큐, 벤트그래스 등
소관목류	눈향나무, 회양목, 둥근향나무, 철쭉, 눈주목 등
초본류	맥문동, 비비추, 꽃잔디, 원추리, 클로버, 질경이 등
덩굴성 식물류	송악, 헤데라, 돌나물, 칡, 등나무, 담쟁이덩굴, 인동덩굴 등
기타	조릿대류, 고사리류, 선태류 등

24 다음 중 열가소성 수지에 해당되는 것은?

① 페놀수지
② 멜라민수지
③ 폴리에틸렌수지
④ 요소수지

해설
합성수지의 분류
• 열가소성 수지 : 성형 후 열이나 용제를 가하면 소성변형하고, 냉각하면 고결하는 고체상의 고분자 물질로 구성된 수지
  예 폴리에틸렌수지, 폴리프로필렌수지, 폴리스타이렌수지, 폴리염화비닐수지, 아크릴수지, 불소수지, 폴리아미드수지(나일론, 아라미드), 폴리에스테르수지, 아세탈수지 등
• 열경화성 수지 : 성형 후 열이나 용제를 가해도 형태가 변하지 않는, 비교적 저분자 물질로 구성된 수지
  예 페놀수지, 멜라민수지, 불포화폴리에스테르수지, 에폭시수지, 우레아(요소)수지, 실리콘수지, 푸란수지 등

25 다음 중 약한 나무를 보호하기 위하여 줄기를 싸주거나 지표면을 덮어주는 데 사용되기에 가장 적합한 것은?

① 볏짚
② 새끼줄
③ 밧줄
④ 바크(Bark)

해설
멀칭
식재면의 식물 건조를 막고, 밟히지 않게 하며, 지표면의 침식 방지나 잡초의 번식 억제를 위해 짚·수피조각·톱밥·마른 풀·주트(Jute)·플라스틱 필름 등을 까는 것을 말한다.

26 목질재료의 단점에 해당되는 것은?

① 함수율에 따라 변형이 잘 된다.
② 무게가 가벼워서 다루기 쉽다.
③ 재질이 부드럽고 촉감이 좋다.
④ 비중이 적은데 비해 압축, 인장강도가 높다.

해설
목재의 장단점

장점	• 색깔 및 무늬 등 외관이 아름답다. • 재질이 부드럽고, 촉감이 좋다. • 무게가 가벼워서 운반하거나 다루기 쉽다. • 중량에 비하여 강도가 크다. • 열, 소리, 전기 등의 전도성이 낮다. • 생산량이 많고, 가격이 비교적 저렴하며, 입수가 용이하다.
단점	• 자연소재이므로 내화성이 없고, 부패하기 쉽다. • 함수량의 증감에 따라 팽창·수축하여 변형되기 쉽다. • 부위에 따라 재질이 고르지 못하다. • 구부러지고 옹이가 있다. • 강도가 균일하지 못하고, 크기에 제한을 받는다.

27 다음 중 열매가 붉은색으로만 짝지어진 것은?

① 쥐똥나무, 팥배나무
② 주목, 칠엽수
③ 피라칸타, 낙상홍
④ 매실나무, 무화과나무

해설
① 쥐똥나무 열매 : 흑색
② 칠엽수 열매 : 황색
④ 매실나무 열매 : 녹색

28 다음 중 지피식물의 특성에 해당되지 않는 것은?

① 지표면을 치밀하게 피복해야 함
② 키가 높고, 일년생이며 거칠어야 함
③ 환경조건에 대한 적응성이 넓어야 함
④ 번식력이 왕성하고 생장이 비교적 빨라야 함

해설
지피식물의 조건
• 지표면을 치밀하게 피복하고, 부드러워야 한다.
• 식물체의 키가 낮고, 다년생이어야 한다.
• 번식력이 왕성하고, 생장이 비교적 빨라야 한다.
• 성질이 강하고, 환경조건에 적응을 잘해야 한다.
• 병해충에 대한 저항성과 내답압성을 갖추어야 한다.
• 식물적 특성을 고루 갖추고, 관리가 용이해야 한다.

29 다음 [보기]의 설명에 해당하는 수종은?

보기
• '설송(雪松)'이라 불리기도 한다.
• 천근성 수종으로 바람에 약하며, 수관폭이 넓고 속성수로 크게 자라기 때문에 적지 선정이 중요하다.
• 줄기는 아래로 처지며, 수피는 회갈색으로 얇게 갈라져 벗겨진다.
• 잎은 짧은 가지에 30개가 총생, 3~4cm로 끝이 뾰족하며, 바늘처럼 찌른다.

① 잣나무
② 솔송나무
③ 개잎갈나무
④ 구상나무

해설
개잎갈나무
히말라야시다·히말라야삼나무·설송(雪松)이라고도 하며, 높이는 30~50m, 지름은 약 3m 정도이다. 잎갈나무와 비슷하게 생겼으나 상록성이므로 개잎갈나무라고 부르는데, 가지가 수평으로 퍼지고 작은 가지에 털이 나며 밑으로 처진다. 잎은 짙은 녹색이고 끝이 뾰족하며 단면은 삼각형으로, 짧은 가지에 돌려난 것처럼 보이고 길이는 3~4cm 정도이다. 히말라야산맥 원산으로, 주로 관상용·공원수·가로수로 심으며 건축재·가구재로도 쓰인다.

30 다음 중 목재 접착 시 압착의 방법이 아닌 것은?

① 도포법
② 냉압법
③ 열압법
④ 냉압 후 열압법

해설
도포법
목재의 방부제 처리방법 중 하나로, 건조재의 표면에 방부제를 바르거나 뿌려서 목재부후균의 침입을 방지하는 가장 간단한 처리방법이지만 효과는 상당히 크다.

31 목재가 함유하는 수분을 존재상태에 따라 구분한 것 중 맞는 것은?

① 모관수 및 흡착수
② 결합수 및 화학수
③ 결합수 및 응집수
④ 결합수 및 자유수

해설
목재가 함유하는 수분은 세포벽 사이를 자유롭게 돌아다니는 자유수와 세포벽 안에 갇혀 있는 결합수로 구분한다.

32 다음 설명의 (　) 안에 가장 적합한 것은?

> 조경공사 표준시방서의 기준 상 수목은 수관부 가지의 약 (　) 이상이 고사하는 경우에 고사목으로 판정하고 지피·초본류는 해당 공사의 목적에 부합되는가를 기준으로 감독자의 육안검사 결과에 따라 고사여부를 판정한다.

① $\frac{1}{2}$
② $\frac{1}{3}$
③ $\frac{2}{3}$
④ $\frac{3}{4}$

해설
표준시방서의 고사목은 가지의 약 $\frac{2}{3}$ 이상을 기준으로 판정한다.

33 벤치 좌면의 재료 가운데 이용자가 4계절 가장 편하게 사용할 수 있는 재료는?

① 플라스틱
② 목재
③ 석재
④ 철재

해설
플라스틱 벤치는 깨지기 쉽고 보수가 불가능하며, 석재나 철재 벤치는 계절에 따른 온도 변화가 심하기 때문에 사계절 편하게 사용하기에는 목재가 가장 적합하다.

34 다음 중 한지형(寒地形) 잔디에 속하지 않는 것은?

① 벤트그래스
② 버뮤다그래스
③ 라이그래스
④ 켄터키 블루그래스

해설
• 한지형 잔디 : 벤트그래스, 켄터키 블루그래스, 이탈리안 라이그래스 등
• 난지형 잔디 : 한국잔디(들잔디, 금잔디, 갯잔디, 빌로드잔디), 버뮤다그래스 등

35 다음 중 화성암에 해당하는 것은?

① 화강암
② 응회암
③ 편마암
④ 대리석

해설
암석의 분류
• 화성암 : 화강암, 안산암, 현무암, 섬록암 등
• 퇴적암 : 응회암, 사암, 점판암, 혈암, 석회암 등
• 변성암 : 편마암, 대리암, 사문암, 결정편암 등

정답 30 ① 31 ④ 32 ③ 33 ② 34 ② 35 ①

36 다음 중 시설물의 사용연수로 가장 부적합한 것은?

① 철재 시소 : 10년
② 목재 벤치 : 7년
③ 철재 퍼걸러 : 40년
④ 원로의 모래자갈 포장 : 10년

해설
③ 철재 퍼걸러의 사용연수는 20년이다.

37 다음 중 금속재의 부식환경에 대한 설명이 아닌 것은?

① 온도가 높을수록 녹의 양은 증가한다.
② 습도가 높을수록 부식속도가 빨리 진행된다.
③ 도장이나 수선시기는 여름보다 겨울이 좋다.
④ 내륙이나 전원지역보다 자외선이 많은 일반 도심지가 부식속도가 느리게 진행된다.

해설
④ 자외선은 유기도막의 열화를 일으키므로 금속재의 부식속도를 증가시킨다.

38 다음 중 같은 밀도(密度)에서 토양공극의 크기 (Size)가 가장 큰 것은?

① 식토   ② 사토
③ 점토   ④ 식양토

해설
토양공극이란 토양입자 사이의 틈을 말하며, 토양입자의 크기가 크고 고를수록 커지므로 모래 함량이 많은 사토의 토양공극이 가장 크다.
※ 토양공극의 크기는 모래의 함량이 많을수록 증가하지만, 총공극량은 점토의 함량이 많을수록 증가한다.

39 다음 중 경사도에 관한 설명으로 틀린 것은?

① 45° 경사는 1 : 1이다.
② 25% 경사는 1 : 4이다.
③ 1 : 2는 수평거리 1, 수직거리 2를 나타낸다.
④ 경사면은 토양의 안식각을 고려하여 안전한 경사면을 조성한다.

해설
경사도의 표현
• 할 : (수직높이 ÷ 수평거리) × 10
• 백분율(%) : (수직높이 ÷ 수평거리) × 100
• 각도(°) : $\tan^{-1}$(수직높이 ÷ 수평거리)
• 비례식 : 수직높이 : 수평거리

40 표준시방서의 기재사항으로 맞는 것은?

① 경관석의 크기와 외형을 고려한다.
② 경관석 배치의 기본형은 부등변삼각형이다.
③ 경관석의 구성은 2, 4, 8 등 짝수로 조합한다.
④ 돌 사이의 거리나 크기를 조정하여 배치한다.

해설
시방서
건물을 설계할 때 도면상에 나타낼 수 없는 세부사항을 명시한 문서를 말한다. 공사에 필요한 재료의 종류와 품질, 사용처, 시공 방법, 납기, 준공 기일 등 설계 도면에 나타내기 어려운 사항을 명확하게 기록하며 도면과 함께 설계의 중요한 부분을 구성하고 있다.

정답 36 ③ 37 ④ 38 ② 39 ③ 40 ④

41 다음과 같은 피해 특징을 보이는 대기오염물질은?

- 침엽수는 물에 젖은 듯한 모양, 적갈색으로 변색
- 활엽수 잎의 끝부분과 엽맥 사이의 조직 괴사, 물에 젖은 듯한 모양(엽육조직 피해)

① 오존
② 아황산가스
③ PAN
④ 중금속

해설
① 활엽수의 잎 표면에 주근깨 같은 반점이 형성되고, 반점이 합쳐져서 표면이 백색화된다. 침엽수는 잎 끝이 고사하고, 황화현상의 반점이 형성된다.
③ 활엽수 잎 뒷면에 광택이 나면서 후에 청동색으로 변색되며, 고농도에서는 잎 표면도 피해를 입는다.
④ 활엽수 잎 끝과 가장자리가 고사하고, 조기낙엽과 잎의 왜성화가 나타난다. 침엽수는 잎의 신장을 억제하고, 유엽 끝에 황화현상이 나타나며 잎의 기부까지 고사가 확대된다.

42 표준품셈에서 수목을 인력시공 식재 후 지주목을 세우지 않을 경우 인력품의 몇 %를 감하는가?

① 5%
② 10%
③ 15%
④ 20%

해설
표준품셈은 건설 및 조경 작업에서 작업량을 산정하기 위한 기준으로, 작업의 종류와 방법에 따라 인력이나 장비 사용량을 표준화한 것이다. 수목 식재 시, 지주목을 세우지 않는 경우는 작업량이 줄어들기 때문에 인력품을 일정 비율로 감산하게 된다.

43 다음 중 멀칭의 기대효과가 아닌 것은?

① 표토의 유실을 방지
② 토양의 입단화를 촉진
③ 잡초의 발생을 최소화
④ 유익한 토양미생물의 생장을 억제

해설
멀칭의 효과
- 멀칭은 잡초의 발생을 최소화하고, 토양으로부터의 수분 증발을 감소시키며, 토양의 공극률을 높인다.
- 토양의 비옥도를 높이고, 미생물의 생장을 촉진시켜 산성화된 토양을 중성화시키며, 겨울철 수목의 동결을 방지한다.

44 다음 중 등고선의 성질에 대한 설명으로 맞는 것은?

① 지표의 경사가 급할수록 등고선 간격이 넓어진다.
② 같은 등고선 위의 모든 점은 높이가 서로 다르다.
③ 등고선은 지표의 최대 경사선의 방향과 직교하지 않는다.
④ 높이가 다른 두 등고선은 동굴이나 절벽의 지형이 아닌 곳에서는 교차하지 않는다.

해설
등고선의 성질
- 등고선상의 모든 점은 같은 높이이다.
- 등고선은 도면 안팎에서 반드시 만나며, 사라지지 않는다.
- 등고선이 도면 안에서 만나는 지점은 산꼭대기나 요지(凹地)이다.
- 높이가 다른 등고선은 절벽이나 동굴을 제외하고는 교차하거나 만나지 않는다.
- 급경사지는 간격이 좁고, 완경사지는 간격이 넓다.
- 경사가 같으면 간격도 같다.

45 습기가 많은 물가나 습원에서 생육하는 식물을 수생식물이라 하는데 다음 중 이에 해당하지 않는 것은?

① 부처손, 구절초
② 갈대, 물억새
③ 부들, 생이가래
④ 고랭이, 미나리

해설
- 부처손 : 건조한 바위면에서 자라는데, 담근체(擔根體)와 뿌리가 엉켜 줄기처럼 만들어진 끝에서 가지가 사방으로 퍼져 높이 20cm 정도 자란다.
- 구절초 : 높은 지대의 능선 부위에서 군락을 형성하여 자라며, 들에서도 흔히 볼 수 있다. 배수가 잘 되는 곳에서 잘 자라며, 충분한 광선을 요하지만 열악한 환경에도 잘 적응하며, 건조에는 다소 강한 편이고 과습하면 피해를 볼 수 있다.

정답 41 ② 42 ② 43 ④ 44 ④ 45 ①

46 인공지반에 식재된 식물과 생육에 필요한 식재 최소 토심으로 가장 적합한 것은?(단, 배수구배는 1.5~2.0%, 인공토양 사용 시로 한다)

① 잔디, 초본류 : 15cm
② 소관목 : 20cm
③ 대관목 : 45cm
④ 심근성 교목 : 90cm

해설
식물 생육에 필요한 최소 토양깊이

구분	생존 최소 토심
잔디, 초본	인공토 10, 자연토 15
소관목	인공토 20, 자연토 30
대관목	인공토 30, 자연토 45
천근성교목	인공토 40, 자연토 60
심근성교목	인공토 60, 자연토 90

47 가로 2m × 세로 50m의 공간에 H0.4 × W0.5 규격의 영산홍으로 생울타리를 만들려고 하면, 사용되는 수목의 수량은 약 얼마인가?

① 50주   ② 100주
③ 200주   ④ 400주

해설
식재면적이 100m²이고, 한 주의 식재면적은 수관폭(W)을 기준으로 0.5m × 0.5m = 0.25m²/주이므로 100m² 식재 시 필요 주수는 100m² ÷ 0.25m²/주 = 400주이다.

48 식물병에 대한 코흐의 원칙의 설명으로 틀린 것은?

① 병든 생물체에 병원체로 의심되는 특정 미생물이 존재해야 한다.
② 그 미생물은 기주생물로부터 분리되고 배지에서 순수배양되어야 한다.
③ 순수배양한 미생물을 동일 기주에 접종하였을 때 동일한 병이 발생되어야 한다.
④ 병든 생물체로부터 접종할 때 사용하였던 미생물과 동일한 특성의 미생물이 재분리 되지만 배양은 되지 않아야 한다.

해설
코흐의 원칙
어떤 미생물이 병원임을 증명하기 위해서는 다음의 조건을 충족해야 한다.
• 미생물이 언제나 병환부에 존재하여야 한다.
• 미생물은 분리되어 배지 위에서 순수배양되어야 한다.
• 순수배양한 미생물을 접종하여 동일한 병이 발생되어야 한다.
• 발병된 피해부에서 접종에 사용한 미생물과 동일한 성질을 가진 미생물이 재분리되어야 한다.

49 다음 중 철쭉류와 같은 화관목의 전정시기로 가장 적합한 것은?

① 개화 1주 전
② 개화 2주 전
③ 개화가 끝난 직후
④ 휴면기

해설
진달래, 목련, 철쭉 등의 화목류는 개화가 끝나고 꽃이 진 후 바로 전정하되, 화아분화시기와 분화 후 꽃 피는 습성에 따라 전정시기를 달리한다.

정답 46 ② 47 ④ 48 ④ 49 ③

50 미국흰불나방에 대한 설명으로 틀린 것은?

① 성충으로 월동한다.
② 1화기보다 2화기에 피해가 더 심하다.
③ 성충의 활동시기에 피해지역 또는 그 주변에 유아 등이나 흡입포충기를 설치하여 유인 포살한다.
④ 알 기간에 알덩어리가 붙어 있는 잎을 채취하여 소각하며, 잎을 가해하고 있는 군서유충을 소살한다.

해설
미국흰불나방
연 2회 발생하고 수피 사이, 판자 틈, 지피물 밑, 잡초의 뿌리 근처 등에 고치를 만들어 그 속에서 번데기로 월동하며, 1화기 성충이 5월 중순~6월 상순에 나타나 600~700개의 알을 잎 뒷면에 무더기로 낳는다.

51 다음 중 제초제 사용의 주의사항으로 틀린 것은?

① 비나 눈이 올 때는 사용하지 않는다.
② 될 수 있는 대로 다른 농약과 섞어서 사용한다.
③ 적용 대상에 표시되지 않은 식물에는 사용하지 않는다.
④ 살포할 때는 보안경과 마스크를 착용하며, 피부가 노출되지 않도록 한다.

해설
② 농약을 될 수 있는 대로 섞으면 안되며 주의사항을 숙지하고 혼용해야 한다.
제초제 사용 시 주의사항
• 혼용 시 침전물이 생기면 사용하지 않아야 한다.
• 농약의 혼용은 반드시 농약 혼용가부표를 참고한다.
• 농약을 혼용하여 조제한 약제는 될 수 있으면 즉시 살포하여야 한다.
• 농약 혼용 시 장점 : 독성 경감, 약효 상승, 약효지속기간 연장

52 다음 중 시멘트와 그 특성이 바르게 연결된 것은?

① 조강 포틀랜드 시멘트 : 조기강도를 요하는 긴급공사에 적합하다.
② 백색 포틀랜드 시멘트 : 시멘트 생산량의 90% 이상을 선점하고 있다.
③ 고로슬래그 시멘트 : 건조수축이 크며, 보통 시멘트보다 수밀성이 우수하다.
④ 실리카 시멘트 : 화학적 저항성이 크고 발열량이 적다.

해설
① 보통 포틀랜드 시멘트 원료와 거의 같으나 급경성(急硬性)을 갖게 한 고급 시멘트로서 단기에 높은 강도를 내고, 수밀성이 좋으며, 저온에서도 강도발현이 우수해 겨울철, 수중, 해중 공사 등에 적합하다. 수화열의 축적으로 콘크리트에 균열이 가기 쉬운 것이 단점이다.
② 산화철(Fe_2O_3)의 함량(0.3%)이 보통 시멘트(3.0%)보다 적어 건축물 도장, 타일 및 인조대리석 가공, 조각품이나 표식 등에 주로 쓰인다.
③ 보통 포틀랜드 시멘트에 비하여 분말도가 높고 응결 및 강도발현이 약간 느리지만, 화학적 저항성이 크고 발열량이 적어 해수나 기름의 작용을 받는 구조물이나 공장폐수・오수의 배수로 구축 등에 쓰인다.
④ 동결융해작용에 대한 저항성은 작지만 화학적 저항성은 커서 해수나 공장폐수, 하수 등을 취급하는 구조물이나 광산과 같은 특수목적 구조물에 사용된다.

53 일반적인 토양의 표토에 대한 설명으로 가장 부적합한 것은?

① 우수(雨水)의 배수능력이 없다.
② 토양오염의 정화가 진행된다.
③ 토양미생물이나 식물의 뿌리 등이 활발히 활동하고 있다.
④ 오랜 기간의 자연작용에 따라 만들어진 중요한 자산이다.

해설
① 토양의 표토는 우수의 배수능력이 있어, 표토관리 중 하나인 청경법으로 제초제 사용 시 약제 살포 후 2시간 이내에 비가 내리면 약제가 빗물과 함께 배수되어 약효가 떨어진다.

54 잔디재배 관리방법 중 칼로 토양을 베어 주는 작업으로, 잔디의 포복경 및 지하경도 잘라 주는 효과가 있으며 레노베이어, 론에어 등의 장비가 사용되는 작업은?

① 스파이킹　　② 롤링
③ 버티컬 모잉　④ 슬라이싱

해설
슬라이싱
칼로 토양을 베어 주는 작업으로 잔디의 포복경과 지하경을 잘라 주는 효과가 있으며, 통기작업과 유사하나 그 정도가 약하여 피해가 적다.

55 벽돌(190×90×57)을 이용하여 경계부의 담장을 쌓으려고 한다. 시공면적 10m²에 1.5B(한장 반) 두께로 시공할 때 약 몇 장의 벽돌이 필요한가?(단, 줄눈은 10mm이고, 할증률은 무시한다)

① 약 750장　　② 약 1,490장
③ 약 2,240장　④ 약 2,980장

해설

구분	0.5B	1.0B	1.5B	2.0B
기존형(210×100×60)	65장	130장	195장	260장
표준형(190×90×57)	75장	149장	224장	298장

표준형(190×90×57)이므로 1.5B는 224장이다.
따라서 10m²에 1.5B 두께로 시공할 때 벽돌의 필요 수량은 10×224 = 2,240장이다.

56 평판측량의 3요소가 아닌 것은?

① 수평 맞추기[정준]
② 중심 맞추기[구심]
③ 방향 맞추기[표정]
④ 수직 맞추기[수준]

해설
평판측량의 3대 요소
• 정준(정치) : 평판을 수평으로 맞추는 작업
• 구심(치심) : 지상의 측점과 도상의 측점을 일치시키는 작업
• 표정(정위) : 평판을 일정한 방향으로 고정시키는 작업으로, 평판측량의 오차에 가장 큰 영향을 미친다.

57 페니트로티온 45% 유제 원액 100cc를 0.05%로 희석 살포액을 만들려고 할 때 필요한 물의 양은 얼마인가?(단, 유제의 비중은 1.0이다)

① 69,900cc
② 79,900cc
③ 89,900cc
④ 99,900cc

해설
살포액의 희석

필요 수량 = 약량 × $\left(\dfrac{원액\ 농도}{희석\ 농도} - 1\right)$ × 원액 비중

= 100cc × $\left(\dfrac{45\%}{0.05\%} - 1\right)$ × 1.0

= 89,900cc

정답　54 ④　55 ③　56 ④　57 ③

58 대추나무에 발생하는 전신병으로 마름무늬매미충에 의해 전염되는 병은?

① 갈반병
② 잎마름병
③ 혹병
④ 빗자루병

해설
빗자루병
- 벚나무, 오동나무, 대추나무 등에 감염된다.
- 가지의 일부에 잔가지가 많이 생겨 빗자루 모양으로 변형된다.
- 7~9월에 파라티온수화제, 메타유제 1,000배액을 2주 간격으로 살포한다.
※ 곤충에 의한 전반 : 참나무 시들음병(광릉긴나무좀), 오동나무 빗자루병(담배장님노린재), 대추나무 빗자루병·뽕나무 오갈병(마름무늬매미충)

59 다음 복합비료 중 주성분 함량이 가장 많은 비료는?

① 21-21-17
② 11-21-11
③ 18-18-18
④ 0-40-10

해설
① 질소 21%, 인 21%, 칼륨 17%
※ 복합비료의 성분은 질소-인-칼륨 순으로 표시한다.

60 해충의 방제방법 중 기계적 방제방법에 해당하지 않는 것은?

① 경운법
② 유살법
③ 소살법
④ 방사선이용법

해설
④ 물리적 방제법
①·②·③ 기계적 방제법
기계적 방제법
- 포살법 : 해충을 손이나 도구를 이용하여 잡아 죽이는 방법
- 유살법 : 유아등이나 미끼 등으로 해충을 유인하여 잡아 죽이는 방법
- 소살법 : 해충 군서 시 경유 등을 사용하여 불로 태워 죽이는 방법
- 진동법 : 손이나 막대기 등으로 나무를 흔들어 떨어진 곤충을 잡아 죽이는 방법으로, 살충제가 들어 있는 수집용기에 채집하거나 손으로 직접 제거한다.
- 경운법 : 땅을 갈아엎어 땅속에 숨은 해충의 유충이나 애벌레, 성충 등을 표층으로 노출시켜 서식환경을 파괴하는 방법

2015년 제5회 과년도 기출문제

01 다음 [보기]에서 설명하는 것은?

┌ 보기 ┐
- 유사한 것들이 반복되면서 자연적인 순서와 질서를 갖게 되는 것
- 특정한 형이 점차 커지거나 반대로 서서히 작아지는 형식이 되는 것

① 점이(漸移)
② 운율(韻律)
③ 추이(推移)
④ 비례(比例)

해설
② 각 요소들이 강약·장단·고저의 주기성이나 규칙성을 가지면서 전체적으로 연속적인 운동감을 가지는 것을 의미한다.
③ 일이나 형편이 시간의 경과에 따라 변하여 나가거나 그런 경향을 의미한다.
④ 표현된 물상의 각 부분 상호 간 또는 전체와 부분 간이 양적으로 일정한 관계가 되거나 그런 관계를 의미한다.

02 다음 중 전라남도 담양지역의 정자원림이 아닌 것은?

① 소쇄원 원림
② 명옥헌 원림
③ 식영정 원림
④ 임대정 원림

해설
임대정 원림은 전라남도 화순에 있다.

03 화단 50m의 길이에 1열로 생울타리(H1.2×W0.4)를 만들려면 해당 규격의 수목이 최소한 얼마가 필요한가?

① 42주
② 125주
③ 200주
④ 600주

해설
식재길이가 50m이고 한 주의 식재길이, 즉 수관폭(W)은 0.4m/주이므로 50m 식재 시 필요 주수는 50m ÷ 0.4m/주 = 125주이다.

04 다음 제시된 색 중 같은 면적에 적용했을 경우 가장 좁아 보이는 색은?

① 옅은 하늘색
② 선명한 분홍색
③ 밝은 노란 회색
④ 진한 파랑

해설
면적대비 : 면적이 크고 작음에 따라 색이 다르게 보이는 현상
- 면적이 커지면 명도와 채도가 높아진 것처럼 느껴져 색은 밝고 선경해 보이지만, 반대로 면적이 작아지면 색은 어둡고탁해 보인다.
- 작은 견본으로는 정확한 색상 선택이 어려우므로 벽면과 같이 큰 면적의 색을 고를 때는 원하는 색상보다 약간 어둡고탁한 색을 고르는 것이 좋다.

정답 1 ① 2 ④ 3 ② 4 ④

05 도면의 작도방법으로 옳지 않은 것은?

① 도면은 될 수 있는 한 간단히 하고, 중복을 피한다.
② 도면은 그 길이방향을 위아래방향으로 놓은 위치를 정위치로 한다.
③ 사용 척도는 대상물의 크기, 도형의 복잡성 등을 고려, 그림이 명료성을 갖도록 선정한다.
④ 표제란을 보는 방향은 통상적으로 도면의 방향과 일치하도록 하는 것이 좋다.

해설
② 도면은 그 길이방향을 좌우방향에 놓는 위치를 정위치로 한다.

06 중국 조경의 시대별 연결이 옳은 것은?

① 명 - 이화원(頤和園)
② 전 - 화림원(華林園)
③ 송 - 만세산(萬歲山)
④ 명 - 태액지(太液池)

해설
③ 만세산원은 송시대 휘종 때 항주의 봉황산을 닮은 가산을 쌓아 올리고 대석가산을 조성했다.
① 청시대 : 이화원
② 삼국시대 : 화림원
④ 한시대 : 태액지

07 다음 중 배치도에 표시하지 않아도 되는 사항은?

① 축척
② 건물의 위치
③ 대지경계선
④ 수목줄기의 형태

해설
배치도의 표시
• 도면 상부가 북측이 되도록 하며, 진북방향, 축척, 도면명 등을 정확히 표기한다.
• 건축선 및 기타 법령에 의한 후퇴선, 공개공지 등을 표시하고, 건물의 저촉 여부를 확인한다.
• 지하층, 저층부, 고층부, 옥탑부를 서로 다른 해치(Hatch)를 이용하여 구분·표현하고, 상부의 줄눈이나 냉각탑 등은 표현하지 않는다.
• 건물의 외곽선은 굵은 실선, 도로경계선 및 인접대지경계선은 이점쇄선, 지하외벽선은 점선으로 표현한다.
• 도로의 위치와 폭, 대지경계선, 기준선의 높이(레벨), 위치(좌표), 기준점 등을 정확히 표시한다.

08 다음 중 식별성이 높은 지형이나 시설을 지칭하는 것은?

① 비스타(Vista)
② 캐스케이드(Cascade)
③ 랜드마크(Landmark)
④ 슈퍼그래픽(Super Graphic)

해설
① 통경선이라고도 하며, 좌우로의 시선을 제한하여 전방의 일정 지점으로 시선을 집중시키는 경관이다.
② 고저차가 있는 지형에서 단을 지어 흐르는 인공적인 계단폭포 혹은 고저 양면에 있는 정원이나 샘을 상호 연결하는 일종의 수로이다.
④ 1960년대 이후 나타난 환경디자인의 한 유형으로, 대형 건물에 새로운 미적 감각을 부여하기 위해 건물의 벽체 전체를 하나의 디자인공간으로 변화시켜 장식한다. 일반적으로 아파트, 공장, 학교 등의 외벽을 장식해 도시경관을 증진시킨다.

09 다음 [보기]의 설명은 어느 시대의 정원에 관한 것인가?

> **보기**
> - 석가산과 원정, 화원 등이 특징이다.
> - 대표적 유적으로 동지(東池), 만월대, 수창궁원, 청평사 문수원 정원 등이 있다.
> - 휴식과 조망을 위한 정자를 설치하기 시작하였다.
> - 송나라의 영향으로 화려한 관상위주의 이국적 정원을 만들었다.

① 조선
② 백제
③ 고려
④ 통일신라

해설
고려시대에는 궁궐정원을 맡아보던 관서인 내원서도 있었다.

10 이탈리아의 바로크 정원양식의 특징이라 볼 수 없는 것은?

① 미원(Maze)
② 토피어리
③ 다양한 물의 기교
④ 타일포장

해설
바로크 양식의 특징
- 정원의 크기를 강조하고, 식물을 대량으로 사용하였다.
- 대규모의 토피어리, 미원, 총림 등을 조성하였다.
- 비밀분천, 경악분천, 물 극장, 물 풍금 등의 다양한 수경시설을 도입하였다.
- 기념적인 조각물들을 군집시켜 물로 둘러쌌다.
- 다양한 색채를 대량으로 사용하였다.

11 해가 지면서 주위가 어둑해질 무렵 낮에 화사하게 보이던 빨간 꽃이 거무스름해져 보이고, 청록색 물체가 밝게 보인다. 이러한 원리를 무엇이라고 하는가?

① 명순응
② 면적효과
③ 색의 항상성
④ 푸르키니에 현상

해설
푸르키니에 현상
- 밝기의 변화에 따라 물체색의 명도가 변해 보이는 현상이다.
- 밝은 곳에서 빨갛게 보이는 물체는 어두운 곳에서 검게 보이고, 밝은 곳에서 파랗게 보이는 물체는 어두운 곳에서 밝은 회색으로 보인다.
- 밝기가 변화하여 어두워지면 파장이 긴 빨간색이 제일 먼저 보이지 않고, 파장이 짧은 파란색은 마지막까지 보이며, 밝아지면 반대로 파란색이 제일 먼저 보인다.

12 다음 중 어린이들의 물놀이를 위해서 만든 얕은 물놀이터는?

① 도섭지
② 포석지
③ 폭포지
④ 천수지

해설
도섭지
발물놀이라고도 하며, 여름철 어린이들의 물놀이를 위해 만든 얕은 연못이나 수로 형태의 수경시설물이다.

13 먼셀 표색계의 색채 표기법으로 옳은 것은?

① 2040-Y70R
② 5R 4/14
③ 2:R-4.5-9s
④ 221c

해설
먼셀 표색계의 색채 표기법
먼셀은 색상을 휴(Hue), 명도를 밸류(Value), 채도를 크로마(Chroma)라고 규정하고, 각각의 머리글자를 따 H, V, C로 표시하였으며, 'HV/C'로 표기하였다. 예를 들어 빨강은 '5R 4/14'로 표기되는데 5는 기본색의 대표숫자, R은 색상, 4는 명도, 14는 채도를 의미하며 표기를 읽을 때는 '5R 4의 14'로 읽는다.

정답 9 ③ 10 ④ 11 ④ 12 ① 13 ②

14 조선시대 창덕궁의 후원(비원, 秘苑)을 가리키던 용어로 가장 거리가 먼 것은?

① 북원(北苑)
② 후원(後園)
③ 금원(禁苑)
④ 유원(留園)

해설
창덕궁 후원의 명칭 변화
후원(後園, 태종실록) → 후원(後苑, 세종실록, 동국여지승람, 애연정기) → 북원(北苑, 세종실록) → 금원(禁苑, 영조실록) → 비원(秘苑, 순종실록)

15 서양의 대표적인 조경양식이 바르게 연결된 것은?

① 이탈리아 – 평면기하학식
② 영국 – 자연풍경식
③ 프랑스 – 노단건축식
④ 독일 – 중정식

해설
① 이탈리아 : 노단건축식
③ 프랑스 : 평면기하학식
④ 독일 : 자연풍경식

16 방사(防砂), 방진(防塵)용 수목의 대표적인 특징 설명으로 가장 적합한 것은?

① 잎이 두껍고 함수량이 많으며 넓은 잎을 가진 치밀한 상록수여야 한다.
② 지엽이 밀생한 상록수이며 맹아력이 강하고 관리가 용이한 수목이어야 한다.
③ 사람의 머리가 닿지 않을 정도의 지하고를 유지하고 겨울에는 낙엽이 되는 수목이어야 한다.
④ 빠른 생장력과 뿌리뻗음이 깊고, 지상부가 무성하면서 지엽이 바람에 상하지 않는 수목이어야 한다.

해설
방사(防砂)·방진(防塵)용 수목의 조건
• 생장이 빠른 수목이어야 한다.
• 발근력이 왕성하여야 한다.
• 뿌리뻗음이 깊고 넓게 퍼져야 한다.
• 지상부가 무성하여야 한다.
• 가지와 잎이 바람에 상하지 않아야 한다.
※ 방사·방진용 수목 : 눈향나무, 사철나무, 쥐똥나무, 동백나무, 보리장나무, 찔레나무, 해당화, 오리나무, 굴거리나무, 족제비싸리, 싸리나무류 등

17 다음 그림과 같은 형태를 보이는 수목은?

① 일본목련　② 복자기
③ 팔손이　④ 물푸레나무

해설
복자기
높이 20m 내외로 자라며, 수피는 회백색 또는 회갈색으로 세로로 얇게 벗겨져 너덜너덜해진다. 마주 달리는 잎은 3출엽이고, 측면부의 작은 잎은 넓은 피침형으로 가장자리 끝부분에 2~4개의 큰 톱니가 있다. 가운데 끝의 작은 잎은 표면과 가장자리에 털이 있고 뒷면에 뚜렷한 엽맥이 있다.

18 목재의 역학적 성질에 대한 설명으로 틀린 것은?

① 옹이로 인하여 인장강도는 감소한다.
② 비중이 증가하면 탄성은 감소한다.
③ 섬유포화점 이하에서는 함수율이 감소하면 강도가 증대된다.
④ 일반적으로 응력의 방향이 섬유방향에 평행한 경우 강도(전단강도 제외)가 최대가 된다.

해설
목재의 비중과 강도의 관계
비중이 증가할수록 외력에 대한 저항이 증대되므로 목재의 강도는 비중에 대해 직선적, 포물선적 또는 지수적으로 증가하며, 비중과 각종 응력한도 또는 탄성과의 사이에는 밀접한 관계가 있으므로 일반적으로 목재의 비중이 클수록 탄성계수 또한 커진다.

19 다음 그림은 어떤 돌쌓기방법인가?

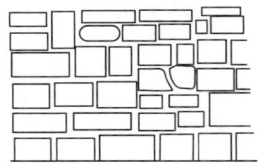

① 층지어쌓기
② 허튼층쌓기
③ 귀갑무늬쌓기
④ 마름돌 바른층쌓기

해설
허튼층쌓기
불규칙한 돌을 사용하여 가로 줄눈과 세로 줄눈이 일정하지 않게 흐르도록 쌓는 돌쌓기방법이다.

20 그림은 벽돌을 토막 또는 잘라서 시공에 사용할 때 벽돌의 형상이다. 다음 중 반토막 벽돌에 해당하는 것은?

① 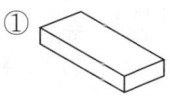   ②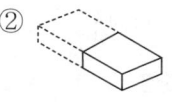
③ 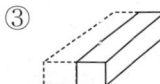   ④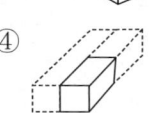

해설
① 온장벽돌, ③ 반절벽돌, ④ 반반절벽돌

21 목재의 치수 표시방법으로 맞지 않는 것은?

① 제재치수
② 제재정치수
③ 중간치수
④ 마무리치수

해설
목재의 치수 표시방법
• 제재치수 : 제재 시 톱날의 중심 간 거리로 표시하는 목재의 치수
• 제재정치수 : 제재하여 나온 목재 자체의 정미치수
• 마무리치수 : 제재목을 치수에 맞추어 깎고 다듬어 대패질로 마무리한 치수

22 다음 중 주택정원에 식재하여 여름에 꽃을 관상할 수 있는 수종은?

① 식나무   ② 능소화
③ 진달래   ④ 수수꽃다리

해설
능소화
금등화(金藤花)라고도 하며 중국이 원산지이다. 옛날에는 능소화를 윗반집 마당에만 심을 수 있었다는 이야기가 있어 양반꽃이라고 부르기도 하고, 꽃은 7~8월에 피며, 주로 관상용으로 식재한다.
① 잎을 관상하는 수종
③·④ 봄꽃을 관상하는 수종

23 다음 중 9월 중순~10월 중순에 성숙된 열매색이 흑색인 것은?

① 마가목 ② 살구나무
③ 남천   ④ 생강나무

해설
①·③ 적색, ② 황색

24 시멘트의 저장과 관련된 설명 중 ( ) 안에 해당하지 않는 것은?

- 시멘트는 ( )적인 구조로 된 사일로 또는 창고에 품종별로 구분하여 저장하여야 한다.
- 저장 중에 약간이라도 굳은 시멘트는 공사에 사용하지 않아야 하고, ( )개월 이상 장기간 저장한 시멘트는 사용하기에 앞서 재시험을 실시하여 그 품질을 확인한다.
- 포대 시멘트를 쌓아서 저장하면 그 질량으로 인해 하부 시멘트가 고결할 염려가 있으므로 시멘트를 쌓아 올리는 높이는 ( )포대 이하로 하는 것이 바람직하다.
- 시멘트의 온도는 일반적으로 ( ) 정도 이하를 사용하는 것이 좋다.

① 13
② 6
③ 방습
④ 50℃

해설
- 시멘트는 방습적인 구조로 된 사일로 또는 창고에 품종별로 구분하여 저장하여야 한다.
- 3개월 이상 장기간 저장한 시멘트는 사용하기에 앞서 재시험을 실시하여 그 품질을 확인한다.
- 시멘트를 쌓아 올리는 높이는 13포대 이하로 하는 것이 바람직하다.
- 시멘트의 온도는 일반적으로 50℃ 정도 이하를 사용하는 것이 좋다.

25 구조용 경량콘크리트에 사용되는 경량골재는 크게 인공, 천연 및 부산 경량골재로 구분할 수 있다. 다음 중 인공 경량골재에 해당되지 않는 것은?

① 화산재
② 팽창혈암
③ 팽창점토
④ 소성플라이애시

해설
인공 경량골재
팽창점토, 팽창혈암, 플라이애시 등을 1,050~1,200℃로 소성하여 만든 골재로, 표면은 치밀한 유리질로 이루어져 있고, 내부에는 다수의 공극을 가지고 있어 비중이 1.2~1.8 정도인 인공골재를 말한다.

26 다음 중 시멘트가 풍화작용과 탄산화작용을 받은 정도를 나타내는 척도로 고온으로 가열하여 시멘트 중량의 감소율을 나타내는 것은?

① 경화   ② 위응결
③ 강열감량 ④ 수화반응

해설
강열감량(Ignition Loss)
시멘트 시료를 약 1,000℃의 온도에서 가열했을 때 줄어든 질량을 의미한다. 시멘트가 풍화되면 공기 중의 H_2O와 CO_2를 흡수해 강열감량이 증가한다.

27 재료가 외력을 받았을 때 작은 변형만 나타내도 파괴되는 현상을 무엇이라 하는가?

① 취성 ② 강성
③ 인성 ④ 전성

해설
② 재료가 외력을 받아도 변형되지 않고 파괴되지도 않는 성질
③ 재료가 외력을 받으면 크게 변형되지만 파괴되지는 않는 성질
④ 재료에 외력을 가하면 파괴되지 않고 얇게 펴지며 영구변형되는 성질

정답 23 ④ 24 ② 25 ① 26 ③ 27 ①

28 안료를 가하지 않아 목재의 무늬를 아름답게 낼 수 있는 것은?

① 유성페인트
② 에나멜페인트
③ 클리어래커
④ 수성페인트

해설
클리어래커
니트로셀룰로오스, 수지, 가소제를 휘발성 용제로 녹인 래커의 일종으로 속건성, 내후성, 내유성 및 내산성·내알칼리성이 우수하며, 안료를 가하지 않아 재료의 무늬를 아름답게 낼 수 있다.

29 다음의 설명에 해당하는 장비는?

- 2개의 눈금자가 있는데 왼쪽 눈금은 수평거리가 20m, 오른쪽 눈금은 15m일 때 사용한다.
- 측정방법은 우선 나뭇가지의 거리를 측정하고 시공을 통하여 수목의 선단부의 측고기와 눈금이 일치하는 값을 읽는다. 이때 왼쪽 눈금은 수평거리에 대한 %값으로 계산하고, 오른쪽 눈금은 각도 값으로 계산하여 수고를 측정한다.
- 수고측정뿐만 아니라 지형경사도 측정에도 사용한다.

① 윤척
② 측고봉
③ 하가측고기
④ 순토측고기

해설
① 캘리퍼스(Callipers)라고도 하며, 임목의 지름을 측정하는 장비이다.
② 수고를 직접 측정하는 장비로, 조립식 장대에 눈금이 새겨져 있다.
③ 삼각법에 의하여 수고를 측정하는 장비이다.

30 조경에 활용되는 석질재료의 특성으로 옳은 것은?

① 열전도율이 높다.
② 가격이 싸다.
③ 가공하기 쉽다.
④ 내구성이 크다.

해설
석재의 장단점

장점	• 외관이 매우 아름답다. • 내구성과 강도가 크다. • 변형되지 않으며, 가공성이 있다. • 가공 정도에 따라 다양한 외양을 가질 수 있다. • 산지에 따라 다양한 색조와 질감을 갖는다. • 압축강도와 내화학성이 크고, 마모성은 작다.
단점	• 무거워서 다루기 불편하다. • 타 재료에 비해 가공하기가 어렵다. • 경제적 부담이 크다. • 압축강도에 비해 휨강도나 인장강도가 작다. • 화열을 받을 경우 균열 또는 파괴되기가 쉽다.

31 용기에 채운 골재 절대용적의 그 용기용적에 대한 백분율로 단위질량을 밀도로 나눈 값의 백분율이 의미하는 것은?

① 골재의 실적률
② 골재의 입도
③ 골재의 조립률
④ 골재의 유효흡수율

해설
골재의 실적률
골재의 단위용적 중 실적용적을 백분율로 나타낸 값

정답 28 ③ 29 ④ 30 ④ 31 ①

32 다음 [보기]의 조건을 활용한 골재의 공극률 계산식은?

> **보기**
> - D : 진비중
> - W : 겉보기 단위용적중량
> - W_1 : 110℃로 건조하여 냉각시킨 중량
> - W_2 : 수중에서 충분히 흡수된 대로 수중에서 측정한 것
> - W_3 : 흡수된 시험편의 외부를 잘 닦아내고 측정한 것

① $\dfrac{W_1}{W_3 - W_2}$

② $\dfrac{W_3 - W_1}{W_2} \times 100$

③ $\left(1 - \dfrac{D}{W_2 - W_1}\right) \times 100$

④ $\left(1 - \dfrac{W}{D}\right) \times 100$

해설
골재의 공극률(%) = $\left(1 - \dfrac{겉보기\ 단위용적중량}{진비중}\right) \times 100$

33 유동화제에 의한 유동화 콘크리트의 슬럼프 증가량의 표준값으로 적당한 것은?

① 2~5cm ② 5~8cm
③ 8~11cm ④ 11~14cm

해설
슬럼프의 증가량은 10cm 이하를 원칙으로 하고, 5~8cm를 표준으로 한다.

34 겨울철에도 노지에서 월동할 수 있는 상록다년생 식물은?

① 옥잠화 ② 샐비어
③ 꽃잔디 ④ 맥문동

해설
맥문동
산과 들의 그늘진 곳에서 자라는 상록다년생으로, 관상용으로 화단에 많이 심으며, 그늘에서 잘 자라고, 추운 겨울 눈 속에서도 푸른 잎을 자랑한다.

35 다른 지방에서 자생하는 식물을 도입한 것을 무엇이라 하는가?

① 재배식물 ② 귀화식물
③ 외국식물 ④ 외래식물

해설
① 이용할 목적을 가지고 인위적으로 재배하는 식물
② 본래 생육하지 않은 지역에 자연적·인위적 원인에 의하여 2차적으로 도래·침입한 후 야생화가 되어 기존식물과 어느 정도 안정된 상태를 이루는 식물
③ 국내가 아닌 국외에서 자생하는 식물

36 수목을 이식할 때 고려사항으로 가장 부적합한 것은?

① 지상부의 지엽을 전정해 준다.
② 뿌리분의 손상이 없도록 주의하여 이식한다.
③ 굵은 뿌리의 자른 부위는 방부 처리하여 부패를 방지한다.
④ 운반이 용이하게 뿌리분은 기준보다 가능한 한 작게 하여 무게를 줄인다.

해설
④ 수목을 이식할 때 뿌리분의 크기는 일반적으로 근원직경의 4~6배로 하는데, 보통 4배 정도를 기준으로 한다.

정답 32 ④ 33 ② 34 ④ 35 ④ 36 ④

37 콘크리트 시공연도와 직접 관계가 없는 것은?

① 물-시멘트비
② 재료의 분리
③ 골재의 조립도
④ 물의 정도 함유량

해설
워커빌리티에 영향을 미치는 요인 : 시멘트의 성질(종류·분말도·풍화도), 단위시멘트량, 단위수량, 물-시멘트비, 골재의 입형·입도, 잔골재율, 공기량, 혼화재료, 비빔시간, 온도 등

38 다음 중 과일나무가 늙어서 꽃맺음이 나빠지는 경우에 실시하는 전정은 어느 것인가?

① 생리를 조절하는 전정
② 생장을 돕기 위한 전정
③ 생장을 억제하는 전정
④ 세력을 갱신하는 전정

해설
세력을 갱신하는 전정
- 맹아력이 강한 나무가 늙어서 생기를 잃거나 꽃맺음이 나빠지는 겨울에 줄기나 가지를 잘라 내어 새 줄기나 가지로 갱신하는 것을 말한다.
- 늙은 과일나무, 장미, 배롱나무, 팔손이나무 등의 밑동을 자르면 새로운 줄기가 나와 새로운 형태의 나무를 만들 수 있다.

39 콘크리트 배합의 종류로 틀린 것은?

① 시방배합　② 현장배합
③ 시공배합　④ 질량배합

해설
콘크리트 배합의 종류
- 시방배합 : 시방서에서 규정하는 배합
- 현장배합 : 현장상태를 고려하여 시방배합을 적합하게 보정한 배합
- 중량배합 : 콘크리트 $1m^3$ 제작에 필요한 각 재료를 무게(kg)로 표시하는 방법
- 용적배합 : 콘크리트 $1m^3$ 제작에 필요한 시멘트, 모래, 자갈을 부피로 계량하여 1:2:4 또는 1:3:6과 같은 비율로 표시하는 방법

40 소나무 순자르기에 대한 설명으로 틀린 것은?

① 매년 5~6월경에 실시한다.
② 중심 순만 남기고 모두 자른다.
③ 새순이 5~10cm 길이로 자랐을 때 실시한다.
④ 남기는 순도 힘이 지나칠 경우 1/2~1/3 정도로 자른다.

해설
② 여러 개의 새순을 1~2개만 남기고 나머지 순은 밑부분까지 제거한다.

41 코흐의 4원칙에 대한 설명 중 잘못된 것은?

① 미생물은 반드시 환부에 존재해야 한다.
② 미생물은 분리되어 배지상에서 순수배양 되어야 한다.
③ 순수배양한 미생물은 접종하여 동일한 병이 발생되어야 한다.
④ 발병한 피해부에서 접종에 사용한 미생물과 동일한 성질을 가진 미생물이 반드시 재분리될 필요는 없다.

해설
코흐의 원칙
어떤 미생물이 병원임을 증명하기 위해서는 다음의 조건을 충족해야 한다.
- 미생물이 언제나 병환부에 존재하여야 한다.
- 미생물은 분리되어 배지 위에서 순수배양되어야 한다.
- 순수배양한 미생물을 접종하여 동일한 병이 발생되어야 한다.
- 발병된 피해부에서 접종에 사용한 미생물과 동일한 성질을 가진 미생물이 재분리되어야 한다.

정답　37 ②　38 ④　39 ③　40 ②　41 ④

42 토양에 따른 경도와 식물생육의 관계를 나타낼 때 나지화가 시작되는 값(kgf/cm²)은?(단, 지표면의 경도는 Yamanaka 경도계로 측정한 것으로 한다)

① 9.4 이상
② 5.8 이상
③ 13.0 이상
④ 3.6 이상

43 파이토플라스마에 의한 수목병이 아닌 것은?

① 벚나무 빗자루병
② 붉나무 빗자루병
③ 오동나무 빗자루병
④ 대추나무 빗자루병

해설
벚나무 빗자루병은 병원성 곰팡이에 의해 발병한다.

44 대목을 대립종자의 유경이나 유근을 사용하여 접목하는 방법으로 접목한 뒤에는 관계습도를 높게 유지하며, 정식 후 근두암종병의 발병률이 높은 단점을 갖는 접목법은?

① 아접법
② 유대접
③ 호접법
④ 교접법

해설
① 모수의 가지에서 눈 부분을 잘라 내어 대목의 박피한 곳에 붙여 활착시킨다.
③ 접수의 가지를 자르지 않는 방법으로, 접목에 필요한 나무 두 그루를 나란히 심고 접수의 가지와 대목에 칼집을 내어 맞대어 붙인다.
④ 다리접이라고도 하며, 나무의 줄기가 상처를 받아 수분과 양분의 운반에 지장을 받았을 때 같은 식물의 가지를 상처 부위를 건너질러 위아래로 연결시킨다.

45 공사의 설계 및 시공을 의뢰하는 사람을 뜻하는 용어는?

① 설계자
② 시공자
③ 발주자
④ 감독자

해설
③ 공사의 설계와 시공을 의뢰하는 사람을 말하며, 주로 사업주나 고객에 해당한다.
① 건축이나 조경의 설계를 담당하는 전문가를 말한다.
② 공사 현장에서 실제로 작업을 진행하는 업체나 인력을 말한다.
④ 현장 공사를 관리하고 감독하는 역할을 하는 사람이다.

46 어른과 어린이 겸용벤치 설치 시 앉음면(좌면, 座面)의 적당한 높이는?

① 25~30cm
② 35~40cm
③ 45~50cm
④ 55~30cm

해설
앉음판의 높이는 34~46cm, 폭은 38~45cm를 기준으로 물이 고이지 않도록 설계하고, 어린이를 위한 의자는 낮게 하는 것이 좋다.

47 건설재료의 할증률이 틀린 것은?

① 붉은 벽돌 : 3%
② 이형철근 : 5%
③ 조경용 수목 : 10%
④ 석재판붙임용재(정형돌) : 10%

해설
철근의 할증률

종류	할증률(%)
원형철근	5
이형철근	3
이형철근(교량·지하철 및 이와 유사한 복잡한 구조물의 주 철근)	6~7

정답 42 ② 43 ① 44 ② 45 ③ 46 ② 47 ②

48 식재작업의 준비단계에 포함되지 않는 것은?

① 수목 및 양생제 반입 여부를 재확인한다.
② 공정표 및 시공도면, 시방서 등을 검토한다.
③ 빠른 식재를 위한 식재지역의 사전조사는 생략한다.
④ 수목의 배식, 규격, 지하 매설물 등을 고려하여 식재 위치를 결정한다.

[해설]
③ 식재작업 전에 식재지역을 사전조사하여 시공 가능 여부를 재확인하여야 한다.

49 콘크리트 포장에 관한 설명 중 옳지 않은 것은?

① 보조기층을 튼튼히 해서 부동침하를 막아야 한다.
② 두께는 10cm 이상으로 하고, 철근이나 용접 철망을 넣어 보강한다.
③ 물-시멘트의 비율은 60% 이내, 슬럼프의 최댓값은 5cm 이상으로 한다.
④ 온도 변화에 따른 수축·팽창에 의한 파손 방지를 위해 신축줄눈과 수축줄눈을 설치한다.

[해설]
③ 일반적으로 물-시멘트비는 60~70% 정도로 한다.

50 현대적인 공사관리에 관한 설명 중 가장 적합한 것은?

① 품질과 공기는 정비례한다.
② 공기를 서두르면 원가가 싸게 된다.
③ 경제속도에 맞는 품질이 확보되어야 한다.
④ 원가가 싸게 되도록 하는 것이 공사관리의 목적이다.

[해설]
① 품질과 공기는 반비례한다.
② 공기를 서두르면 원가는 증가한다.
③ 시공관리란 시공계획에 따라 공사가 원활히 진행되도록 공사를 관리하여 제한된 공사기간 내에 계약된 공사를 차질 없이 경제적으로 시행하는 것을 목적으로 한다.

51 다음 중 관리해야 할 수경시설물에 해당되지 않는 것은?

① 폭포   ② 분수
③ 연못   ④ 데크(Deck)

[해설]
④ 데크란 선박의 갑판 또는 테라스의 바닥이나 평지붕 등의 평평한 부분을 말한다.

52 아황산가스에 민감하지 않은 수종은?

① 소나무   ② 겹벚나무
③ 단풍나무   ④ 화백

[해설]
아황산가스에 강한 수종 : 플라타너스(양버즘나무), 사철나무, 은행나무, 편백, 화백, 가시나무, 백합나무, 칠엽수 등

53 다음 입찰계약 순서 중 옳은 것은?

① 입찰공고 → 낙찰 → 계약 → 개찰 → 입찰 → 현장설명
② 입찰공고 → 현장설명 → 입찰 → 계약 → 낙찰 → 개찰
③ 입찰공고 → 현장설명 → 입찰 → 개찰 → 낙찰 → 계약
④ 입찰공고 → 계약 → 낙찰 → 개찰 → 입찰 → 현장설명

해설
- 입찰공고 : 입찰의 시작 단계로 발주자가 입찰을 공개적으로 알린다.
- 현장설명 : 필수 단계는 아니지만 일반적인 절차이다. 공사에 대한 이해를 돕기 위해 입찰 참가자에게 현장을 설명한다.
- 입찰 : 입찰 참가자가 가격 등을 제안한다.
- 개찰 : 제출된 입찰서를 개봉하여 내용을 확인한다.
- 낙찰 : 입찰 조건에 가장 적합한 업체를 낙찰자로 선정한다.
- 계약 : 낙찰자와 최종적으로 계약을 체결한다.

54 조경 목재시설물의 유지관리를 위한 대책 중 적절하지 않은 것은?

① 통풍을 좋게 한다.
② 빗물 등의 고임을 방지한다.
③ 건조되기 쉬운 간단한 구조로 한다.
④ 적당한 20~40℃ 온도와 80% 이상의 습도를 유지시킨다.

해설
④ 높은 온습도는 목재부후균의 활동을 활발히 하고, 목재의 부패를 촉진시키므로 적절한 온습도를 유지하는 것이 좋다.

55 토양 및 수목에 양분을 처리하는 방법의 특징 설명이 틀린 것은?

① 액비관주는 양분흡수가 빠르다.
② 수간주입은 나무에 손상이 생긴다.
③ 엽면시비는 뿌리 발육 불량지역에 효과적이다.
④ 천공시비는 비료 과다투입에 따른 염류장해 발생 가능성이 없다.

해설
④ 천공시비도 비료를 과다하게 투입하면 염류장해가 발생할 가능성이 있다.
※ 천공 거름주기 : 수관선상에 깊이 20cm 정도의 구멍을 군데군데 뚫고 거름을 주는 방법으로, 주로 비탈면에 물거름을 줄 때 적용하고, 물거름이 아닌 것은 거름을 넣고 가볍게 덮어 준다.

56 비탈면의 녹화와 조경에 사용되는 식물의 요건으로 가장 부적합한 것은?

① 적응력이 큰 식물
② 생장이 빠른 식물
③ 시비 요구도가 큰 식물
④ 파종과 식재시기의 폭이 넓은 식물

해설
③ 비탈면의 녹화는 관리가 어려운 경우가 많기 때문에, 시비(거름) 요구도가 큰 식물은 부적합하다.

정답 53 ③ 54 ④ 55 ④ 56 ③

57 다음 중 원가계산에 의한 공사비의 구성에서 경비에 해당하지 않는 항목은?

① 안전관리비
② 운반비
③ 가설비
④ 노무비

해설
경비 : 공사의 시공을 위하여 소요되는 공사원가 중 재료비와 노무비를 제외한 비용
예) 전력비, 수도광열비, 운반비, 기계경비, 특허권사용료, 기술료, 연구개발비, 품질관리비, 보험료, 보관비, 외주가공비, 산업안전보건관리비, 폐기물처리비, 도서인쇄비, 안전관리비 등

58 잔디깎기의 목적으로 옳지 않은 것은?

① 잡초 방제
② 이용 편리 도모
③ 병충해 방지
④ 잔디의 분얼 억제

해설
잔디깎기의 목적은 이용 편리, 잡초 방제, 잔디분얼 촉진, 통풍 양호, 병충해 예방 등을 위함이다.

59 다음 중 측량의 3대 요소가 아닌 것은?

① 각측량
② 거리측량
③ 세부측량
④ 고저측량

해설
측량 : 여러 가지 방법과 기술로 거리, 방향, 높이를 측정하여 필요한 위치를 결정하고, 통일된 좌표로 표현하는 기술이다.

60 경사도(勾配, Slope)가 15%인 도로면상의 경사거리 135m에 대한 수평거리는?

① 130.0m   ② 132.0m
③ 133.5m   ④ 136.5m

해설
수평거리를 x, 수직거리를 y라고 하면
경사도 15% = $\frac{y}{x} \times 100$
$15x = 100y$
∴ $y = 0.15x$
피타고라스정리를 이용하면
$x^2 + y^2 = 135^2$
$x^2 + (0.15x)^2 = 135^2$
$x^2 + 0.0225x^2 = 135^2$
$1.0225x^2 = 135^2$
$x^2 = 17823.96$
∴ $x = 133.5m$

정답 57 ④ 58 ④ 59 ③ 60 ③

2016년 제1회 과년도 기출문제

01 고대 로마의 대표적인 별장이 아닌 것은?

① 빌라 투스카니
② 빌라 감베라이아
③ 빌라 라우렌티아나
④ 빌라 하드리아누스

해설
② 빌라 감베라이아는 후기 르네상스시대의 별장이다.
로마 정원의 별장(빌라, Villa)
- 빌라 라우렌티아나 : 전원풍과 도시풍의 혼합형 별장
- 빌라 투스카니 : 필리니 소유의 작은 도시풍 별장
- 빌라 하드리아누스 : 하드리아누스 황제의 대별장

02 중세 유럽의 조경 형태로 볼 수 없는 것은?

① 과수원
② 약초원
③ 공중정원
④ 회랑식 정원

해설
공중정원(Tel-Amran-Ibn-Ali, 추장 알리의 언덕)
- 기원전 600년 무렵 신바빌로니아의 네부카드네자르 2세가 왕비 아미티스를 위해 조성한 정원으로 세계 7대 불가사의의 하나이다.
- 성벽의 높은 노단 위에 수목과 덩굴식물을 식재하여 만든 최초의 옥상정원이다.
- 지구라트형의 피라미드가 계단층을 이루고 각 노단의 외부를 화랑으로 둘렀다.
- 화랑 주변에 크고 작은 방과 욕실을 배치했다.
- 각 노단마다 꽃과 나무를 식재하고, 강물을 끌어다 저수지에 저장·관수하였다.

03 프랑스 평면기하학식 정원을 확립하는 데 가장 큰 기여를 한 사람은?

① 르 노트르
② 메이너
③ 브릿지맨
④ 비니올라

해설
① 평면기하학식 정원은 앙드레 르 노트르가 창안한 프랑스 고유의 정원양식이다.

04 미국 식민지 개척을 통한 유럽 각국의 다양한 사유지 중심의 정원양식이 공공적인 성격으로 전환되는 계기에 영향을 끼친 것은?

① 스토우정원
② 보르비콩트정원
③ 스투어헤드정원
④ 버컨헤드공원

해설
④ 조셉 팩스턴이 설계하고 시민의 힘으로 설립된 최초의 공원으로, 미국 식민지 개척을 통한 유럽 각국의 다양한 사유지 중심의 정원양식이 공공적인 성격으로 전환되는 계기에 영향을 끼친 공원이며, 미국의 센트럴파크의 공원가념 형성에 큰 영향을 주었다.
① 찰스 브릿지맨과 윌리엄 켄트가 설계한 후 브라운이 개조한 것으로 하하기법을 도입하였다.
② 앙드레 르 노트르가 설계한 프랑스 정원으로, 최초의 평면기하학식 정원이다.
③ 헨리 호어가 건물을 설계하고, 윌리엄 켄트와 찰스 브릿지맨이 정원을 설계하였다. 현재 자연풍경식 정원의 원형이 가장 잘 남아있는 정원이다.

정답 1 ② 2 ③ 3 ① 4 ④

05 다음 중 중국 정원의 양식에 가장 많은 영향을 끼친 사상은?

① 선사상
② 신선사상
③ 풍수지리사상
④ 음양오행사상

해설
② 중국 북부지방은 신선사상이, 남부지방은 노장사상이 발달하여 중국의 정원양식에 많은 영향을 끼쳤다.

06 다음 후원양식에 대한 설명 중 틀린 것은?

① 한국의 독특한 정원양식 중 하나이다.
② 괴석이나 세심석 또는 장식을 겸한 굴뚝을 세워 장식하였다.
③ 건물 뒤 경사지를 계단모양으로 만들어 장대석을 앉혀 평지를 만들었다.
④ 경주 동궁과 월지, 교태전 후원의 아미산원, 남원시 광한루 등에서 찾아 볼 수 있다.

해설
④ 경주 동궁과 월지는 신라시대의 정원(연못)이고, 광한루는 조선시대의 정원(누각)이다.

07 다음 중 서양식 전각과 서양식 정원이 조성되어 있는 우리나라의 궁궐은?

① 경복궁   ② 창덕궁
③ 덕수궁   ④ 경희궁

해설
석조전(石造殿)
덕수궁 내 위치한 석조전은 고종황제의 집무실 겸 접견실로 사용하고자 지은 대한제국 황궁의 정전으로, 1900년에 착공하여 1910년에 완공되었으며, 영국인 하딩과 로벨 등이 설계에 참여한 우리나라 최초의 서양식 건물이다. 또한 석조전 앞뜰에 분수와 연못을 중심으로 조성된 좌우대칭적인 기하학식 정원인 침상원(침상경원)은 우리나라 최초의 유럽식(프랑스) 정원이다.

08 일본 고산수식 정원의 요소와 상징적인 의미가 바르게 연결된 것은?

① 나무 – 폭포
② 연못 – 바다
③ 왕모래 – 물
④ 바위 – 산봉우리

해설
고산수식 정원
• 축산고산수식 정원 : 바위(섬·반도·폭포)를 중심으로 왕모래(물)와 다듬은 수목(산)을 사용해 꾸민 추상적인 정원
• 평정고산수식 정원 : 수목도 사용하지 않고 바위와 왕모래만으로 꾸민 정원

09 형태와 선이 자유로우며, 자연재료를 사용하여 자연을 모방하거나 축소하여 자연에 가까운 형태로 표현한 정원양식은?

① 건축식
② 풍경식
③ 정형식
④ 규칙식

해설
정원양식의 분류
• 정형식 정원 : 서아시아와 유럽지역에서 발달한 양식으로, 건물에서 뻗어 나가는 강한 축을 중심으로 좌우대칭형으로 구성되며, 수목의 전정은 기하학적 형태이다.
• 자연식 정원 : 동아시아에서 주로 발달한 양식으로, 유럽에서는 18세기경부터 영국에서 발달하여 유럽대륙에 영향을 주었고, 자연을 모방하거나 축소하여 자연적 형태로 정원을 조성하였으며 연못이나 호수 중심으로 정원을 조성하여 주변을 돌 수 있는 산책로를 만들어 다양한 경관을 즐길 수 있도록 하였다.
• 절충식 정원 : 한 정원에 정형식과 자연식의 형태적 특징을 동시에 지니고 있는 양식으로, 실용성을 중시한 정형적인 구성 내에 자연적인 요소를 도입하여 실용성과 자연성을 절충하였다.

정답 5 ② 6 ④ 7 ③ 8 ③ 9 ②

10 다음 설명의 ( ) 안에 들어갈 시설물은?

> 시설지역 내부의 포장지역에도 ( )을/를 이용하여 낙엽성 교목을 식재하면 여름에도 그늘을 만들 수 있다.

① 볼라드(Bollard) ② 펜스(Fence)
③ 벤치(Bench) ④ 수목보호대(Grating)

해설
④ 도로와 보도를 경계하고, 도시미관을 미려하게 유지하며, 보도에 식재되어 있는 수목을 보호하기 위해 설치한다.
① 차량과 보행인들의 동행을 조절하거나 차량공간과 보행공간을 분리시키기 위하여 설치하는 시설로, 30~70cm 정도 높이의 기둥 모양 가로장치물
② 울타리라는 뜻으로, 구역을 나누기는 하나 안팎을 훤히 들여다 볼 수 있으며, 공간을 배타적으로 구별하지 않는다.
③ 많은 사람들이 모여 있는 장소나 오고 가는 곳에 편하게 앉아서 쉴 수 있도록 하는 편의를 제공하기 위한 의자를 말한다.

11 현대 도시환경에서 조경 분야의 역할과 관계가 먼 것은?

① 자연환경의 보호 유지
② 자연 훼손지역의 복구
③ 기존 대도시의 광역화 유도
④ 토지의 경제적이고 기능적인 이용계획

해설
③ 조경은 인공화·획일화로 인하여 자연과의 불균형, 지역성의 상실, 휴먼스케일의 파괴가 일어나고 있는 현대 도시사회에서 인간에게 바람직한 환경디자인을 실현시키는 데 그 의의가 있다.

12 주택정원의 시설구분 중 휴게시설에 해당되는 것은?

① 벽천, 폭포
② 미끄럼틀, 조각물
③ 정원등, 잔디등
④ 퍼걸러, 야외탁자

해설
① 수경시설물
② 유희시설물, 환경조형시설물
③ 조명시설물

13 기존의 레크리에이션 기회에 참여 또는 소비하고 있는 수요(需要)를 무엇이라 하는가?

① 표출수요
② 잠재수요
③ 유효수요
④ 유도수요

해설
② 사람들에게 내재되어 있는 수요로 적당한 시설, 접근수단, 정보가 제공되면 참여가 기대되는 수요
③ 재화에 대한 욕구가 실제로 그 재화를 구입할 만큼 구매력의 뒷받침이 있을 경우의 수요
④ 광고, 선전, 교육 등을 통해 이용을 유도시킬 수 있는 수요

14 조경계획·설계에서 기초적인 자료의 수집과 정리 및 여러 가지 조건의 분석과 통합을 실시하는 단계를 무엇이라고 하는가?

① 목표설정
② 현황분석 및 종합
③ 기본계획
④ 실시설계

해설
현황자료분석 및 종합
목표를 설정한 후 주어진 목표를 달성하기 위해 관련된 현황자료를 수집하고 분석하는 과정으로, 분석방법에는 자연환경분석과 인문환경분석이 있다.
※ 조경계획의 과정 : 목표설정 → 현황자료분석(자연환경분석, 인문환경분석) 및 종합 → 기본구상 → 기본계획(토지이용계획, 교통동선계획, 시설물 배치계획, 식재계획, 하부구조계획, 집행계획) → 기본설계 → 실시설계 → 시공 및 감리 → 유지관리

정답 10 ④ 11 ③ 12 ④ 13 ① 14 ②

15 좌우로 시선이 제한되어 일정한 지점으로 시선이 모이도록 구성하는 경관요소는?

① 전망
② 통경선(Vista)
③ 랜드마크
④ 질감

해설
통경선
비스타라고도 하며, 좌우로의 시선을 제한하여 전방의 일정 지점으로 시선을 집중시키는 경관이다.

16 모든 설계에서 가장 기본적인 도면은?

① 입면도
② 단면도
③ 평면도
④ 상세도

해설
평면도
• 물체를 수직방향으로 내려다본 것을 가정하고 작도한 것으로, 모든 설계에 있어 가장 기본이 되는 도면이며 평면을 보고 입체감을 느낄 수 있어야 한다.
• 동선의 패턴, 토지이용의 구분, 주요 식재를 표시한다.
• 식재평면도, 구조물평면도 및 대지 전체의 구성을 보여 주는 배치도 등이 있다.

17 조경시공재료의 기호 중 벽돌에 해당하는 것은?

① 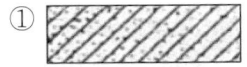   ②
③    ④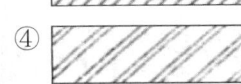

해설
② 벽돌, ① 석재, ④ 철재

18 다음 채도대비에 관한 설명 중 틀린 것은?

① 무채색끼리는 채도대비가 일어나지 않는다.
② 채도대비는 명도대비와 같은 방식으로 일어난다.
③ 고채도의 색은 무채색과 함께 배색하면 더 선명해 보인다.
④ 중간색을 그 색과 색상은 동일하고 명도가 밝은 색과 함께 사용하면 훨씬 선명해 보인다.

해설
④ 중간색을 그 색과 색상은 동일하고 명도가 밝은 색과 함께 사용하면 원래의 색보다 훨씬 탁해 보인다.
채도대비
색상, 명도와 함께 색의 주요 속성이며, 색이 선명할수록 채도가 높고, 무채색(흰색, 회색, 검정색)일수록 채도가 낮다. 채도 차가 큰 두 색을 인접하여 배치하면 채도가 높은 색은 더욱 선명하게 보이고, 채도가 낮은 색은 더욱 탁해 보이는데, 이를 채도대비라고 한다.

19 다음 중 곡선의 느낌으로 가장 부적합한 것은?

① 온건하다.   ② 부드럽다.
③ 모호하다.   ④ 단호하다.

해설
곡선은 우연, 활동, 부드러움, 여성적이고 모호해 보이고, 직선은 강직, 명확, 단순, 남성적이고 단호해 보인다.

20 조경 실시설계 단계 중 용어의 설명이 틀린 것은?

① 시공에 관하여 도면에 표시하기 어려운 사항을 글로 작성한 것을 시방서라고 한다.
② 공사비를 체계적으로 정확한 근거에 의하여 산출한 서류를 내역서라고 한다.
③ 일반관리비는 단위작업당 소요인원을 구하여 일당 또는 월급여로 곱하여 얻어진다.
④ 공사에 소요되는 자재의 수량, 품 또는 기계사용량 등을 산출하여 공사에 소요되는 비용을 계산한 것을 적산이라고 한다.

해설
③ 일반관리비는 기업의 유지를 위한 관리활동 부분에서 발생하는 제비용을 말한다.

정답 15 ② 16 ③ 17 ② 18 ④ 19 ④ 20 ③

21. 알루미나 시멘트의 최대 특징으로 옳은 것은?

① 값이 싸다.
② 조기강도가 크다.
③ 원료가 풍부하다.
④ 타 시멘트와 혼합이 용이하다.

해설
특수 시멘트(알루미나 시멘트, Alumina Cement)
회갈색 또는 회흑색을 나타내고 비중은 보통 포틀랜드 시멘트보다 가벼우며, 석고를 가하지 않는다. 조기강도가 크며, 화학적 저항성이 크고, 내화성도 우수하여 내화용 콘크리트에 적합하다.

22. 레미콘 규격이 25-210-12로 표시되어 있다면 a-b-c 순서대로 의미가 맞는 것은?

① a : 슬럼프, b : 골재 최대 치수, c : 시멘트의 양
② a : 물-시멘트비, b : 압축강도, c : 골재 최대 치수
③ a : 골재 최대 치수, b : 압축강도, c : 슬럼프
④ a : 물-시멘트비, b : 시멘트의 양, c : 골재 최대 치수

해설
레미콘의 규격은 골재 최대 치수(mm)-압축강도(kg/cm^2)-슬럼프(cm) 순으로 표시한다.

23. 무근콘크리트와 비교한 철근콘크리트의 특성으로 옳은 것은?

① 공사기간이 짧다.
② 유지관리비가 적게 소요된다.
③ 철근 사용의 주목적은 압축강도 보완이다.
④ 가설공사인 거푸집 공사가 필요 없고 시공이 간단하다.

해설
① 공사기간이 길다.
③ 인장응력은 철근이 부담하고, 압축응력은 콘크리트가 부담한다.
④ 거푸집 비용이 많이 들고, 강도 계산이 복잡하며, 균일한 시공이 곤란하다.

24. 다음 중 목재의 장점에 해당하지 않는 것은?

① 가볍다.
② 무늬가 아름답다.
③ 열전도율이 낮다.
④ 습기를 흡수하면 변형이 잘 된다.

해설
목재의 장단점

장점	• 색깔 및 무늬 등 외관이 아름답다. • 재질이 부드럽고, 촉감이 좋다. • 무게가 가벼워서 운반하거나 다루기 쉽다. • 중량에 비하여 강도가 크다. • 열, 소리, 전기 등의 전도성이 낮다. • 생산량이 많고, 가격이 비교적 저렴하며, 입수가 용이하다.
단점	• 자연소재이므로 내화성이 없고, 부패하기 쉽다. • 함수량의 증감에 따라 팽창·수축하여 변형되기 쉽다. • 부위에 따라 재질이 고르지 못하다. • 구부러지고 옹이가 있다. • 강도가 균일하지 못하고, 크기에 제한을 받는다.

25. 다음 금속재료에 대한 설명이 틀린 것은?

① 저탄소강은 탄소함유량이 0.3% 이하이다.
② 강판, 형강, 봉강 등은 압연식 제조법에 의해 제조된다.
③ 구리에 아연 40%를 첨가하여 제조한 합금을 청동이라고 한다.
④ 강의 제조방법에는 평로법, 전로법, 전기로법, 도가니법 등이 있다.

해설
③ 구리에 아연을 첨가하여 제조한 합금은 황동이라 하고, 청동은 구리에 주석을 첨가하여 제조한 합금이다.

26 견치석에 관한 설명 중 옳지 않은 것은?

① 형상은 재두각추체(裁頭角錐體)에 가깝다.
② 접촉면의 길이는 앞면 4변의 제일 짧은 길이의 3배 이상이어야 한다.
③ 접촉면의 폭은 전면 1변의 길이의 1/10 이상이어야 한다.
④ 견치석은 흙막이용 석축이나 비탈면의 돌붙임에 쓰인다.

해설
견치석
돌을 뜰 때 앞면, 길이, 뒷면, 접촉부 등의 치수를 지정하여 마름모꼴이나 사각형 뿔 모양으로 깨낸 석재로, 면에서 직각으로 잰 길이가 최소변의 1.5배 이상이고, 접촉부의 너비는 1/10 이상이다. 주로 흙막이용 돌쌓기에 사용된다.

27 석재의 성인(成因)에 의한 분류 중 변성암에 해당되는 것은?

① 대리석 ② 섬록암
③ 현무암 ④ 화강암

해설
암석의 분류
• 화성암 : 화강암, 안산암, 현무암, 섬록암 등
• 퇴적암 : 응회암, 사암, 점판암, 혈암, 석회암 등
• 변성암 : 편마암, 대리암, 사문암, 결절편암 등

28 인공폭포, 수목보호판을 만드는 데 가장 많이 이용되는 제품은?

① 유리블록제품
② 식생호안블록
③ 콘크리트격자블록
④ 유리섬유 강화플라스틱

해설
유리섬유 강화플라스틱(FRP ; Fiberglass Reinforced Plastic)
최근 가장 많이 쓰이는 플라스틱재료로, 강도가 약한 플라스틱에 강화제인 유리섬유를 넣어 성질을 개량한 플라스틱이며 벤치, 미끄럼대의 미끄럼판, 인공폭포, 인공암, 화분대, 수목보호판 등에 사용된다.

29 다음 설명에 적합한 열가소성 수지는?

• 강도, 전기절연성, 내약품성이 양호하고 가소재에 의하여 유연고무와 같은 품질이 되며 고온, 저온에 약하다.
• 바닥용 타일, 시트, 조인트재료, 파이프, 접착제, 도료 등이 주용도이다.

① 페놀수지
② 염화비닐수지
③ 멜라민수지
④ 에폭시수지

해설
① 페놀과 폼알데하이드를 주재로 하는 합성수지로, 페놀수지로 만든 액상 접착제는 무색투명하고, 내수성·내약품성·내열성이 가장 우수하며, 이종재 간의 접착에 사용된다.
③ 경도가 크고 내열성·내수성이 강하며 마감재, 가구재, 전기부품 등에 사용된다.
④ 금속과의 접착성이 크고, 내약품성이 양호하며, 내열성이 우수하다.

30 다음 조경시설 소재 중 도로 절·성토면의 녹화공사, 해안매립 및 호안공사, 하천제방 및 급류부위의 법면보호공사 등에 사용되는 코코넛 열매를 원료로 한 천연섬유 재료는?

① 코이어메시
② 우드칩
③ 테라소브
④ 그린블록

해설
② 목재펄프의 원료
③ 강력흡수제로, 비가 올 때 빠르게 수분을 흡수하여 간직하고 있다가 수분이 부족할 때 뿌리에 수분을 공급하여 식물의 잔뿌리를 발달시키는 데 도움을 준다.
④ 차량 및 보행자의 하중을 지지하여 잔디를 보호하며, 개방식 열주구조로 포복형 잔디 생육에도 유리하다.

정답 26 ② 27 ① 28 ④ 29 ② 30 ①

31 서향(*Daphne odora* Thunb.)에 대한 설명으로 맞지 않는 것은?

① 꽃은 청색 계열이다.
② 성상은 상록활엽관목이다.
③ 뿌리는 천근성이고, 내염성이 강하다.
④ 잎은 어긋나기하며 타원형이고, 가장자리가 밋밋하다.

해설
① 꽃은 백색 또는 홍자색이다.

32 다음 중 조경수의 이식에 대한 적응이 가장 어려운 수종은?

① 편백 ② 미루나무
③ 수양버들 ④ 일본잎갈나무

해설
• 이식이 쉬운 수종 : 편백, 측백나무, 낙우송, 메타세쿼이아, 향나무, 꽝꽝나무, 사철나무, 쥐똥나무, 철쭉류, 벽오동, 미루나무, 은행나무, 플라타너스, 수양버들, 은백양, 무궁화, 명자나무, 등나무 등
• 이식이 어려운 수종 : 소나무, 전나무, 주목, 백송, 독일가문비나무, 섬잣나무, 가시나무, 굴거리나무, 호랑가시나무, 굴참나무, 떡갈나무, 느티나무, 목련, 백합나무, 칠엽수, 감나무, 자작나무, 맹종죽, 일본잎갈나무 등

33 팥배나무(*Sorbus alnifolia* K.Koch)의 설명으로 틀린 것은?

① 꽃은 노란색이다.
② 생장속도는 비교적 빠르다.
③ 열매는 조류 유인식물로 좋다.
④ 잎의 가장자리에 이중거치가 있다.

해설
① 꽃은 흰색이다.

34 다음 중 수관의 형태가 원추형인 수종은?

① 전나무
② 실편백
③ 녹나무
④ 산수유

해설
② 수양형, ③ 구형, ④ 배상형

수형과 수종

원추형	낙우송, 삼나무, 전나무, 메타세쿼이아, 독일가문비나무, 주목 등
우산형	편백, 화백, 반송, 층층나무, 왕벚나무, 매화나무, 복숭아나무, 네군도단풍 등
구형	졸참나무, 가시나무, 녹나무, 수수꽃다리, 플라타너스, 화살나무, 회화나무 등
난형	백합나무, 측백나무, 동백나무, 태산목, 계수나무, 목련, 버즘나무 등
원주형	포플러류, 무궁화, 부용 등
배상형	느티나무, 가중나무, 단풍나무, 배롱나무, 산수유, 자귀나무, 석류나무 등
능수형	능수버들, 용버들, 수양벚나무, 실화백 등
만경형	능소화, 담쟁이덩굴, 등나무, 으름덩굴, 인동덩굴, 송악, 줄사철나무 등
포복형	눈향나무, 눈잣나무 등

35 골담초(*Caragana sinica* Rehder)에 대한 설명으로 틀린 것은?

① 콩과(科) 식물이다.
② 꽃은 5월에 피고 단생한다.
③ 생장이 느리고 덩이뿌리로 위로 자란다.
④ 비옥한 사질양토에서 잘 자라나 토박지에서도 잘 자란다.

해설
③ 잔뿌리가 길게 자라며, 위를 향한 가지는 사방으로 늘어져 자란다.

36 방풍림(Wind Shelter) 조성에 알맞은 수종은?

① 팽나무, 녹나무, 느티나무
② 곰솔, 대나무류, 자작나무
③ 신갈나무, 졸참나무, 향나무
④ 박달나무, 가문비나무, 아까시나무

해설
방풍식재용 수목 : 곰솔, 삼나무, 편백, 전나무, 가시나무, 녹나무, 구실잣밤나무, 후박나무, 아왜나무, 동백나무, 은행나무, 느티나무, 팽나무 등이 있다.

37 *Syringa oblata* var. *dilatata*는 어떤 식물인가?

① 라일락
② 목서
③ 수수꽃다리
④ 쥐똥나무

해설
① *Syringa vulgaris* L.
② *Osmanthus fragrans* Lour.
④ *Ligustrum obtusifolium* Siebold & Zucc.

38 다음 중 인동덩굴(*Lonicera japonica* Thunb.)에 대한 설명으로 옳지 않은 것은?

① 반상록활엽 덩굴성
② 원산지는 한국, 중국, 일본
③ 꽃은 1~2개씩 엽액에 달리며 포는 난형으로 길이는 1~2cm
④ 줄기가 왼쪽으로 감아 올라가며, 소지는 회색으로 가시가 있고 속이 빔

해설
④ 줄기가 오른쪽으로 감아 올라가며, 일년생 가지는 적갈색으로 속은 비어 있고 황갈색 털이 밀생한다.

39 조경수목은 식재기의 위치나 환경조건 등에 따라 적절히 선정하여야 한다. 다음 중 수목의 구비조건으로 가장 거리가 먼 것은?

① 병충해에 대한 저항성이 강해야 한다.
② 다듬기작업 등 유지관리가 용이해야 한다.
③ 이식이 용이하며, 이식 후에도 잘 자라야 한다.
④ 번식이 힘들고 다량으로 구입이 어려워야 희소성 때문에 가치가 있다.

해설
조경수목의 구비조건
- 관상가치와 실용적 가치가 높아야 한다.
- 이식이 용이하고, 이식 후에도 잘 자라야 한다.
- 불리한 환경에서도 견딜 수 있는 적응성이 커야 한다.
- 병해충에 대한 저항성이 강해야 한다.
- 번식이 잘되고, 손쉽게 다량으로 구입할 수 있어야 한다.
- 다듬기작업 등의 유지관리가 용이해야 한다.
- 사용목적에 적합해야 하고, 주변 경관과의 조화가 잘 이루어져야 한다.

40 미선나무(*Abeliophyllum distichum* Nakai)의 설명으로 틀린 것은?

① 1속1종
② 낙엽활엽관목
③ 잎은 어긋나기
④ 물푸레나무과(科)

해설
③ 잎은 마주나기이다.
- 마주나기잎 : 줄기의 마디에 두 개의 잎이 마주 보고 나는 잎을 말한다.
- 어긋나기잎 : 줄기에 잎이 한 장씩 어긋나게 붙어 나는 잎을 말한다.

정답 36 ① 37 ③ 38 ④ 39 ④ 40 ③

41 잔디공사 중 떼심기 작업의 주의사항이 아닌 것은?

① 뗏장의 이음새에는 흙을 충분히 채워준다.
② 관수를 충분히 하여 흙과 밀착되도록 한다.
③ 경사면의 시공은 위쪽에서 아래쪽으로 작업한다.
④ 뗏장을 붙인 다음에 롤러 등의 장비로 전압을 실시한다.

해설
③ 경사면 시공 시 뗏장 1매당 2개의 떼꽂이를 박아 고정시키고, 아래쪽에서 위쪽으로 식재한다.

42 다음 중 철쭉, 개나리 등 화목류의 전정시기로 가장 알맞은 것은?

① 가을 낙엽 후 실시한다.
② 꽃이 진 후에 실시한다.
③ 이른 봄 해동 후 바로 실시한다.
④ 시기와 상관없이 실시할 수 있다.

해설
② 진달래, 목련, 철쭉 등의 화목류는 개화가 끝나고 꽃이 진 후 바로 전정하되, 화아분화시기와 분화 후 꽃 피는 습성에 따라 전정시기를 달리한다.

43 천적을 이용해 해충을 방제하는 방법은?

① 생물적 방제
② 화학적 방제
③ 물리적 방제
④ 임업적 방제

해설
② 농약 등을 사용하는 방제법
③ 피해수목이나 해충에 직접적인 물리력을 가하는 방제법
④ 조경수를 식재할 때 수종의 구성·밀도 등을 조절하여 해충에 의한 피해를 줄이는 방제법

44 양버즘나무(플라타너스)에 발생된 흰불나방을 구제하고자 할 때 가장 효과가 좋은 약제는?

① 디플루벤주론 수화제
② 결정석회황합제
③ 포스파미돈 액제
④ 티오파네이트메틸 수화제

해설
미국흰불나방의 방제약제 : 디플루벤주론 수화제, 비티쿠르스타키 수화제, 카바릴 수화제

45 비탈면의 잔디를 기계로 깎으려면 비탈면의 경사가 어느 정도보다 완만하여야 하는가?

① 1 : 1보다 완만해야 한다.
② 1 : 2보다 완만해야 한다.
③ 1 : 3보다 완만해야 한다.
④ 경사에 상관없다.

해설
비탈면에 교목을 식재하려면 1 : 3보다 완만해야 하고, 관목을 식재하려면 1 : 2보다 완만해야 한다. 비탈면의 잔디를 기계로 깎으려면 비탈면의 경사가 1 : 3보다 완만한 것이 좋다.

46 수목 식재 후 물집을 만드는데, 물집의 크기로 가장 적당한 것은?

① 근원지름(직경)의 1배
② 근원지름(직경)의 2배
③ 근원지름(직경)의 3~4배
④ 근원지름(직경)의 5~6배

해설
물집(물받이)
주간을 따라 근원직경의 5~6배의 원형으로 높이 10~20cm의 턱을 만들어 설치한다.

정답 41 ③ 42 ② 43 ① 44 ① 45 ③ 46 ④

47 조경수목에 공급하는 속효성 비료에 대한 설명으로 틀린 것은?

① 대부분의 화학비료가 해당된다.
② 늦가을에서 이른 봄 사이에 준다.
③ 시비 후 5~7일 정도면 바로 비효가 나타난다.
④ 강우가 많은 지역과 잦은 시기에는 유실 정도가 빠르다.

해설
② 속효성 비료의 시비는 7월 말 이내에 끝낸다.

49 곰팡이가 식물에 침입하는 방법은 직접 침입, 자연개구로 침입, 상처 침입으로 구분할 수 있다. 다음 중 직접 침입이 아닌 것은?

① 피목 침입
② 흡기르 침입
③ 세포 간 균사로 침입
④ 흡기를 가진 세포 간 균사로 침입

해설
병원체의 침입경로
- 각피를 통한 침입 : 잎·줄기 등의 표면에 있는 각피나 뿌리의 표피를 병원체가 자기 힘으로 뚫고 침입하는 것
- 자연개구부를 통한 침입 : 기공, 수공, 피목, 밀선(꿀샘) 등과 같은 식물체에 존재하는 미세한 구멍을 통해 침입하는 것
- 상처를 통한 침입 : 여러 가지 원인에 의해서 만들어진 상처의 괴사조직을 통해 병원체가 침입하는 것

48 다음 설명에 해당하는 것은?

- 나무의 가지에 기생하면 그 부위가 국부적으로 이상 비대한다.
- 기생 당한 부위의 윗부분은 위축되면서 말라 죽는다.
- 참나무류에 가장 큰 피해를 주며, 팽나무, 물오리나무, 자작나무, 밤나무 등의 활엽수에도 많이 기생한다.

① 새삼   ② 선충
③ 겨우살이   ④ 바이러스

해설
③ 겨우살이는 기생식물로 둥지같이 둥글게 자라며, 줄기지름이 1m에 달하는 것도 있다.

50 농약제제의 분류 중 분제(粉劑, Dusts)에 대한 설명으로 틀린 것은?

① 잔효성이 유제에 비해 짧다.
② 작물에 대한 고착성이 우수하다.
③ 유효성분 농도가 1~5% 정도인 것이 많다.
④ 유효성분을 고체증량제와 소량의 보조제를 혼합 분쇄한 미분말을 말한다.

해설
② 분말 상태의 고운 가루로 된 분제는 수화제, 유제 등에 비해 고착성이 불량하다. 분제는 매우 미세한 가루로 공중에 비산하기 쉬우므로 약간의 기류 이동에도 약해가 발생하기 쉽고 손실량도 많다.

정답 47 ② 48 ③ 49 ① 50 ②

51 다음 설명에 해당하는 공법은?

> (1) 면상의 매트에 종자를 붙여 비탈면에 포설, 부착하여 일시적인 조기녹화를 도모하도록 시공한다.
> (2) 비탈면을 평편하게 끝손질한 후 떼꽃이 등을 꽂아 주어 떠오르거나 바람에 날리지 않도록 밀착한다.
> (3) 비탈면 상부 0.2m 이상을 흙으로 덮고 단부(端部)를 흙속에 묻어 넣어 비탈면 어깨로부터 물의 침투를 방지한다.
> (4) 긴 매트류로 시공할 때는 비탈면의 위에서 아래로 길게 세로로 깔고 흙쌓기 비탈면을 다지고 붙일 때는 수평으로 깔며 양단을 0.05m 이상 중첩한다.

① 식생대공
② 식생자루공
③ 식생매트공
④ 종자분사파종공

해설
①·② 종자를 자루에 담아 비탈면에 판 수평구 속으로 넣어 붙여 일시적으로 녹화하는 공법이다.
④ 종자, 비료, 파이버(Fiber), 침식방지제 등을 물과 교반하여 종자살포기로 살포하는 공법이다.

52 다음 중 콘크리트의 공사에 있어서 거푸집에 작용하는 콘크리트 측압의 증가요인이 아닌 것은?

① 타설속도가 빠를수록
② 슬럼프가 클수록
③ 다짐이 많을수록
④ 빈배합일 경우

해설
빈배합은 콘크리트의 굵은 골재 비율이 높은 상태로, 물과 시멘트의 비율이 적은 경우를 말한다. 유동성이 떨어지기 때문에 콘크리트가 거푸집에 가하는 압력은 줄어든다.

53 건설공사 표준품셈에서 사용되는 기본(표준형) 벽돌의 표준치수(mm)로 옳은 것은?

① 180×80×57
② 190×90×57
③ 210×90×60
④ 210×100×60

해설
시멘트벽돌 규격
• 기존형 : 210×100×60
• 표준형 : 190×90×57

54 다음 중 현장답사 등과 같이 높은 정확도를 요하지 않는 경우에 간단히 거리를 측정하는 약측정방법에 해당하지 않는 것은?

① 목측
② 보측
③ 시각법
④ 줄자 측정

해설
약측법이란 기구를 사용하지 않고 개략적인 거리를 측정을 하는 것을 말하고, 체인, 테이프, 줄자, 측량기 등의 기구를 이용해 정확한 거리를 측정하는 것은 실측법이라고 한다.
※ 약측법 : 목측, 보측, 음측, 시각법 등
① 계기로 관측하지 않고 관측자가 직접 눈으로 보고 관측하는 것을 말한다.
② 사람의 걸음수를 기준으로 하여 거리를 측정하는 방법이다.
③ 팔을 펴서 높이를 아는 물체를 자로 시준했을 때 팔길이와 아는 물체의 높이의 기하학적 특성으로 거리를 관측하는 방법을 말한다.

55 다음 [보기]가 설명하는 특징의 건설장비는?

─┤보기├─
- 기동성이 뛰어나고, 대형목의 이식과 자연석의 운반, 놓기, 쌓기 등에 가장 많이 사용된다.
- 기계가 서 있는 지반보다 낮은 곳의 굴착에 좋다.
- 파는 힘이 강력하고 비교적 경질지반도 적용한다.
- Drag Shovel이라고도 한다.

① 로더(Loader)
② 백호(Back Hoe)
③ 불도저(Bull Dozer)
④ 덤프트럭(Dump Truck)

해설
① 상차용 기계
③ 배토정지용 기계
④ 운반용 기계

56 토공사에서 터파기할 양이 100m³, 되메우기량이 70m³일 때 실질적인 잔토처리량(m³)은?(단, L = 1.1, C = 0.8이다)

① 24   ② 30
③ 33   ④ 39

해설
되메우기 후 잔토처리량 = (터파기량 − 되메우기량) × L
= (100−70) × 1.1
= 33m³

57 수준측량에서 표고(標高, Elevation)라 함은 일반적으로 어느 면(面)으로부터의 연직거리를 말하는가?

① 해면(海面)   ② 기준면(基準面)
③ 수평면(水平面)   ④ 지평면(地平面)

해설
② 지반면의 높이를 비교할 때 기준이 되는 면을 말한다.

58 다음 설명의 ( ) 안에 적합한 것은?

( )란 지질 지표면을 이루는 흙으로, 유기물과 토양미생물이 풍부한 유기물층과 용탈층 등을 포함한 표층 토양을 말한다.

① 표토   ② 조류(Algae)
③ 풍적토   ④ 충적토

해설
② 물속에서 생육하며 광합성에 의해 독립영양생활을 하는 체제가 간단한 식물
③ 암석의 가루 따위가 바람에 의해 옮겨져 퇴적된 토양
④ 흙이나 모래가 물에 의해 흘러 범람원이나 삼각주 따위의 낮은 지역에 퇴적된 토양

59 토양환경을 개선하기 위해 유공관을 지면과 수직으로 뿌리 주변에 세워 토양 내 공기를 공급하여 뿌리호흡을 유도하는데, 유공관의 깊이는 수종, 규격, 식재지역의 토양상태에 따라 다르게 할 수 있으나, 평균깊이는 몇 m 이내로 하는 것이 바람직한가?

① 1m   ② 1.5m
③ 2m   ④ 3m

해설
유공관의 설치깊이는 평균 1m 이내로 하는 것이 바람직하다.

60 조경시설물 유지관리 연간 작업계획에 포함되지 않는 작업내용은?

① 수선, 교체
② 개량, 신설
③ 복구, 방제
④ 제초, 전정

해설
④ 제초나 전정은 식물관리 작업계획에 포함되는 사항이다.

정답 55 ② 56 ③ 57 ② 58 ① 59 ① 60 ④

2016년 제2회 과년도 기출문제

01 다음 고서에서 조경식물에 대한 기록이 다루어지지 않은 것은?

① 고려사
② 악학궤범
③ 양화소록
④ 동국이상국집

해설
② 1493년에 왕명에 따라 제작된 악전(樂典)으로, 가사가 한글로 실려 있고 궁중음악은 물론 당악이나 향악에 관한 이론 및 제도, 법식 등을 그림과 함께 설명하고 있다.
① 고려시대의 대표적 정원 중 하나인 동지에 관한 기록은 5대 경종부터 31대 공민왕까지의 고려사에 기록되어 있다.
③ 양화소록은 강희안이 지은 조선시대 원예서로, 꽃과 나무의 재배와 이용에 관하여 서술한 농업서이다.
④ 고려의 문신 이규보(1168~1241)의 시문집이다.

02 스페인 정원에 관한 설명으로 틀린 것은?

① 규모가 웅장하다.
② 기하학적인 터 가르기를 한다.
③ 바닥에는 색채타일을 이용하였다.
④ 안달루시아(Andalusia) 지방에서 발달했다.

해설
① 건물로 둘러싸인 중정 형태의 특성상 규모가 웅장한 모습을 보이진 않는다.
스페인 정원의 특징
• 스페인 남부 안달루시아(Andalusia) 지방에서 발달했다.
• 건물로 완전히 둘러싸인 중정(파티오) 형태의 정원이다.
• 기하학적인 터 가르기를 한다.
• 바닥에는 색채타일을 이용하였다.
• 이슬람 문화의 영향으로 대리석과 물을 이용한 정원 발달하였다.
• 정원의 중심부는 분수가 설치된 작은 연못을 설치하였다.
• 난대, 열대 수목이나 꽃나무를 화분에 심어 중요한 자리에 배치하였다.

03 경복궁 내 자경전의 꽃담 벽화문양에 표현되지 않은 식물은?

① 매화
② 석류
③ 산수유
④ 국화

해설
경복궁 내 자경전의 꽃담 벽화문양에는 매화, 복숭아, 모란, 석류, 국화, 진달래, 대나무 등이 표현되어 있다.

04 형태는 직선 또는 규칙적인 곡선에 의해 구성되고 축을 형성하며, 연못이나 화단 등의 각 부분에도 대칭형이 되는 조경양식은?

① 자연식
② 풍경식
③ 정형식
④ 절충식

해설
정형식 정원
• 평면기하학식 : 대칭적 구성으로 평야지에서 발달
　예 프랑스의 베르사유궁원
• 노단건축식 : 계단식 구성으로 경사지에서 발달
　예 바빌로니아의 공중정원, 이탈리아의 빌라정원 등
• 중정식 : 건물로 둘러싸인 내부에 소규모 분수나 연못 등을 조성
　예 중세의 수도원 정원, 스페인의 알람브라 등

1 ② 2 ① 3 ③ 4 ③ 정답

05 우리나라 부유층의 민가정원에서 유교의 영향으로 부녀자들을 위해 특별히 조성된 부분은?

① 전정　　② 중정
③ 후정　　④ 주정

해설
③ 후정은 남성 중심의 유교사상으로 인해 전정을 사용하지 못했던 부녀자들을 위하여 안채 뒤쪽에 만들어진 정원으로, 당시 부유층의 주택에만 조성된 독특한 공간이다.

06 다음 중 정원에 사용되었던 하하(Ha-ha)기법을 가장 잘 설명한 것은?

① 정원과 외부 사이 수로를 파 경계하는 기법
② 정원과 외부 사이 언덕으로 경계하는 기법
③ 정원과 외부 사이 교목으로 경계하는 기법
④ 정원과 외부 사이 산울타리를 설치하여 경계하는 기법

해설
하하(Ha-ha)기법의 도입
담장 대신 정원 부지의 경계선에 해당하는 곳에 깊은 도랑을 파서 외부로부터의 침입을 막고, 가축을 보호하며, 목장이나 삼림, 경지 등을 정원풍경 속에 끌어들이자는 의도에서 만들어졌다.

07 다음 중 고대 이집트의 대표적인 정원수는?

- 강한 직사광선으로 인하여 녹음수로 많이 사용
- 신성 시하여 사자(死者)를 이 나무 그늘 아래 쉬게 하는 풍습이 있었음

① 파피루스　　② 버드나무
③ 장미　　④ 시카모어

해설
시카모어
고대 이집트의 대표적인 정원수로, 녹음수로 많이 사용되었고, 신성 시하여 사자(死者)를 이 나무 그늘 아래 쉬게 하는 풍습이 있었다.

08 다음 중 고산식수법의 설명으로 알맞은 것은?

① 가난함이나 부족함 속에서도 아름다움을 찾아내어 검소하고 한적한 삶을 표현
② 이끼 낀 정원석에서 고담하고 한아를 느낄 수 있도록 표현
③ 정원의 못을 복잡하게 표현하기 위해 호안을 곡절시켜 심(心)자와 같은 형태의 못을 조성
④ 물이 있어야 할 곳에 물을 사용하지 않고 돌과 모래를 사용해 물을 상징적으로 표현

해설
고산수식 정원은 물을 전혀 사용하지 않고 바위, 왕모래, 나무만을 사용한 축산고산수식에서 나무조차 사용하지 않는 평정고산수식으로 발달하였다.

09 다음 중 독일의 풍경식 정원과 가장 관계가 깊은 것은?

① 한정된 공간에서 다양한 변화를 추구
② 동양의 사의주의 자연풍경식을 수용
③ 외국에서 도입한 원예식물의 수용
④ 식물생태학, 식물지리학 등의 과학이론의 적용

해설
독일 정원의 특징
- 식물생태학과 식물지리학 등의 과학적 지식을 이용한 자연경관의 재생이 목적이었다.
- 그 지방의 향토수종을 배식하여 자연스러운 경관을 형성하였으며, 실용적인 형태의 정원이 발달하였다.

정답　5 ③　6 ①　7 ④　8 ④　9 ④

10 도시 내부와 외부의 관련이 매우 좋으며, 재난 시 시민들의 빠른 대피에 큰 효과를 발휘하는 녹지 형태는?

① 분산식
② 방사식
③ 환상식
④ 평행식

해설
그린벨트 녹지계통의 형식
- 방사식 : 도시 중심에서 외부로 내뻗는 형태로 배치
- 분산식 : 여기저기에 여러 형태로 배치
- 환상식 : 도시를 중심으로 한 둥근 띠 모양의 형태로 도시 확대를 방지하는 데 효과적
- 방사분산식 : 분산식 녹지대를 방사 형태로 질서 있게 배치
- 방사환상식 : 방사식과 환상식을 결합한 형태로 가장 이상적인 도시녹지 형태
- 위성식 : 주로 대도시에만 적용되는 형태로 녹지대 안에 시가지 조성
- 평행식 : 도시 형태가 띠 모양일 때 도시를 따라 평행하게 배치

11 조경계획 및 설계과정에 있어서 각 공간의 규모, 사용재료, 마감방법을 제시해 주는 단계는?

① 기본구상
② 기본계획
③ 기본설계
④ 실시설계

해설
기본설계
사업계획 및 기본방침, 대략의 공정, 시공법, 공사비 등 기본적인 내용을 작성하는 것으로, 기초설계를 토대로공사 시행 시 발생할 수 있는 문제점과 타 공사와의 연관성, 예산 확보 등을 검토하고 확인할 수 있다.

12 다음 [보기]의 행위 시 도시공원 및 녹지 등에 관한 법률상의 벌칙 기준은?

┌ 보기 ┐
- 규정을 위반하여 도시공원에 입장하는 사람으로부터 입장료를 징수한 자
- 허가를 받지 아니하거나 허가받은 내용을 위반하여 도시공원 또는 녹지에서 시설·건축물 또는 공작물을 설치한 자

① 2년 이하의 징역 또는 3,000만원 이하의 벌금
② 1년 이하의 징역 또는 1,000만원 이하의 벌금
③ 1년 이하의 징역 또는 500만원 이하의 벌금
④ 1년 이하의 징역 또는 3,000만원 이하의 벌금

해설
벌칙(도시공원 및 녹지 등에 관한 법률 제53조)
다음의 어느 하나에 해당하는 자는 1년 이하의 징역 또는 1천만원 이하의 벌금에 처한다.
1. 위탁 또는 인가를 받지 아니하고 도시공원 또는 공원시설을 설치하거나 관리한 자
2. 허가를 받지 아니하거나 허가받은 내용을 위반하여 도시공원 또는 녹지에서 시설·건축물 또는 공작물을 설치한 자
3. 거짓이나 그 밖의 부정한 방법으로 허가를 받은 자
4. 도시공원에 입장하는 사람으로부터 입장료를 징수한 자

13 주택정원 거실 앞쪽에 위치한 뜰로 옥외생활을 즐길 수 있는 공간은?

① 안뜰　　② 앞뜰
③ 뒤뜰　　④ 작업뜰

해설
주택정원의 공간
- 앞뜰 : 가족이나 손님이 출입하는 곳으로 대문에서 현관 사이의 공공공간을 말하며, 주 동선이 되는 원로를 설치한다.
- 안뜰 : 응접실이나 거실 쪽에 면한 뜰로 옥외생활을 즐길 수 있는 곳이며, 인상적인 공간을 조성하여 조망과 정적·동적 이용 및 기능, 식사 등 다목적으로 이용한다.
- 뒤뜰 : 사생활이 보장되도록 구성하고, 놀이터나 운동공간으로 이용한다.
- 작업뜰 : 되도록 주택정원 내 다른 공간과 시각적으로 차폐시키는 것이 좋고, 불결해지기 쉬운 건물의 뒤쪽에 자리 잡는 경우가 많으므로 통풍과 채광, 배수가 잘되도록 한다.

14 다음 중 사적인 정원이 공적인 공원으로 역할전환의 계기가 된 사례는?

① 데스테장
② 베르사유궁
③ 켄싱턴가든
④ 센트럴파크

해설
④ 프레드릭 로 옴스테드(Frederick Law Olmsted)와 캘버트 보(Calvert Vaux)가 설계한 공원으로, 미국 식민지시대의 사유지 중심의 정원에서 공공적인 성격을 지닌 공원으로 전환되는 전기를 마련하였다.

15 색채와 자연환경에 대한 설명으로 옳지 않은 것은?

① 풍토색은 기후와 토지의 색, 즉 지역의 태양빛, 흙의 색 등을 의미한다.
② 지역색은 그 지역의 특성을 전달하는 색채와 그 지역의 역사, 풍속, 지형, 기후 등의 지방색과 합쳐서 표현된다.
③ 지역색은 환경색채계획 등 새로운 분야에서 사용되기 시작한 용어이다.
④ 풍토색은 지역의 건축물, 도로환경, 옥외광고물 등의 특징을 갖고 있다.

해설
풍토색
지방의 토지, 자연, 인간과 어울려 형성된 지방의 풍토를 두드러지게 드러내는 특색으로, 지역 내 생활이나 문화, 산업에 영향을 끼친다.

16 대형건물의 외벽도색을 위한 색채계획을 할 때 사용하는 컬러샘플(Color Sample)은 실제의 색보다 명도나 채도를 낮추어 사용하는 것이 좋다. 이는 색채의 어떤 현상 때문인가?

① 착시효과
② 동화현상
③ 대비효과
④ 면적효과

해설
면적대비 · 면적이 크고 작음에 따라 색이 다르게 보이는 현상
• 면적이 커지면 명도와 채도가 높아진 것처럼 느껴져 색은 밝고 선명해 보이지만, 반대로 면적이 작아지면 색은 어둡고탁해 보인다.
• 작은 견본으로는 정확한 색상 선택이 어려우므로 벽면과 같이 큰 면적의 색을 고를 때는 원하는 색상보다 약간 어둡고탁한 색을 고르는 것이 좋다.

17 먼셀 색체계의 기본색인 5가지 주요 색상으로 바르게 짝지어진 것은?

① 빨강, 노랑, 초록, 파랑, 주황
② 빨강, 노랑, 초록, 파랑, 보라
③ 빨강, 노랑, 초록, 파랑, 청록
④ 빨강, 노랑, 초록, 남색, 주황

해설
먼셀 색체계의 5가지 기본색상 : R(Red, 빨강), Y(Yellow, 노랑), G(Green, 초록), B(Blue, 파랑), P(Purple, 보라)

18 표제란에 대한 설명으로 옳은 것은?

① 도면명은 표제란에 기입하지 않는다.
② 도면 제작에 필요한 지침을 기록한다.
③ 도면번호, 도명, 작성자명, 작성일자 등에 관한 사항을 기입한다.
④ 용지의 긴 쪽 길이를 가로 방향으로 설정할 때 표제란은 왼쪽 아래 구석에 위치한다.

해설
③ 공사명, 도면명, 도면번호, 축척, 설계일시, 설계자명을 기입한다.

정답 14 ④ 15 ④ 16 ④ 17 ② 18 ③

19 오른손잡이의 선긋기 연습에서 고려해야 할 사항이 아닌 것은?

① 수평선 긋기 방향은 왼쪽에서 오른쪽으로 긋는다.
② 수직선 긋기 방향은 위쪽에서 아래쪽으로 내려 긋는다.
③ 선은 처음부터 끝나는 부분까지 일정한 힘으로 한 번에 긋는다.
④ 선의 연결과 교차부분이 정확하게 되도록 한다.

해설
제도용구를 이용한 선 그리기
- 선을 처음 긋기 시작할 때는 긋고자 하는 선의 길이를 생각하고 긋는다.
- 선은 일관성과 통일성을 유지하며, 같은 목적으로 사용되는 선의 굵기와 진하기는 같아야 한다.
- 선을 긋는 방향은 왼쪽에서 오른쪽으로, 아래쪽에서 위쪽으로 한다.
- 선의 연결 부분과 교차 부분을 정확하게 작도한다.

20 건설재료의 골재의 단면표시 중 잡석을 나타낸 것은?

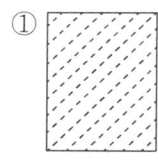 ①   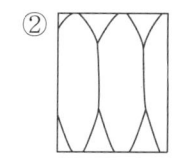 ②

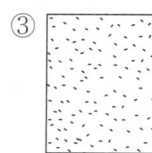 ③   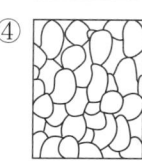 ④

해설
① 강철, ③ 모래, ④ 자갈

21 굵은골재의 절대건조상태의 질량이 1,000g, 표면건조포화상태의 질량이 1,100g, 수중질량이 650g일 때 흡수율은 몇 %인가?(단, 시험온도에서의 물의 밀도는 1g/cm³이다)

① 10.0% ② 28.6%
③ 31.4% ④ 35.0%

해설
흡수율(%)
$$= \frac{\text{표면건조포화상태의 질량} - \text{절대건조상태의 질량}}{\text{절대건조상태의 질량}} \times 100$$
$$= \frac{1,100 - 1,000}{1,000} \times 100$$
$$= 10$$

22 새끼(볏짚제품)의 용도 설명으로 가장 부적합한 것은?

① 더위에 약한 수목을 보호하기 위해서 줄기에 감는다.
② 옮겨 심는 수목의 뿌리분이 상하지 않도록 감아준다.
③ 강한 햇볕에 줄기가 타는 것을 방지하기 위하여 감아준다.
④ 천공성 해충의 침입을 방지하기 위하여 감아준다.

해설
새끼의 용도
- 볏짚, 풀 등 수목 주위의 토양을 덮음으로써 수분의 증발 억제, 잡초의 발생 방지, 가뭄해 방지, 겨울철 지온 보호, 동해 방지 등을 한다.
- 옮겨 심는 나무의 뿌리분이 상하지 않도록 감아 주거나, 줄기감기를 하는 데 사용한다.

23 내부진동기를 사용하여 콘크리트 다지기를 실시할 때 내부진동기를 찔러 넣는 간격은 얼마 이하를 표준으로 하는 것이 좋은가?

① 30cm
② 50cm
③ 80cm
④ 100cm

해설
콘크리트 내부진동기의 사용
- 타설한 콘크리트에 균일한 진동을 주기 위해 진동기의 찔러 넣는 간격 및 한 장소당 진동시간을 미리 규정하여 작업자에게 철저하게 주지시켜야 한다.
- 내부진동기는 될 수 있는 대로 연직으로, 일정한 간격으로 찔러 넣고 그 간격은 일반적으로 50cm 이하로 하며, 진동을 가하는 시간은 콘크리트의 윗면에 페이스트가 떠오를 때까지 하는데, 보통 5~15초 정도로 한다.

24 아스팔트의 물리적 성질과 관련된 설명으로 옳지 않은 것은?

① 아스팔트의 연성을 나타내는 수치를 신도라 한다.
② 침입도는 아스팔트의 컨시스턴시를 침의 관입저항으로 평가하는 방법이다.
③ 아스팔트에는 명확한 융점이 있으며, 온도가 상승하는 데 따라 연화하여 액상이 된다.
④ 아스팔트는 온도에 따른 컨시스턴시의 변화가 매우 크며, 이 변화의 정도를 감온성이라 한다.

해설
③ 아스팔트에는 명확한 융점이 존재하지 않으며, 온도가 상승함에 따라 액화하여 액상이 된다.

25 다음 [보기]가 설명하는 건설용 재료는?

| 보기 |
- 갈라진 목재 틈을 메우는 정형 실링재이다.
- 탄성복원력이 적거나 거의 없다.
- 일정 압력을 받는 섀시의 접합부 쿠션 겸 실링재로 사용되었다.
- 페인트칠 작업 시 때움 재료로서 적당하다.

① 프라이머 ② 코킹
③ 퍼티 ④ 석고

해설
① 아스팔트 방수재료로 이용
② 틈새를 충전하는 충전재료로 이용
④ 방수제로 이용

26 조경공사의 돌쌓기용 암석을 운반하기에 가장 적합한 재료는?

① 철근 ② 쇠파이프
③ 철망 ④ 와이어로프

해설
와이어로프
철선을 여러 겹 꼬아 만든 밧줄로, 높은 강도와 유연성을 가지고 있어 토목, 건축, 기계 등에 많이 쓰이며, 항만 및 육상 운송시스템인 크레인, 엘리베이터 등 리프트를 사용하는 많은 장치들에 사용된다.

27 건설용 재료의 특징 설명으로 틀린 것은?

① 미장재료 : 구조재의 부족한 요소를 감추고 외벽을 아름답게 나타내 주는 것
② 플라스틱 : 합성수지에 가소제, 채움제, 안정제, 착색제 등을 넣어서 성형한 고분자 물질
③ 역청재료 : 최근에 환경 조형물이나 안내판 등에 널리 이용되고, 입체적인 벽면구성이나 특수지역의 바닥 포장재로 사용
④ 도장재료 : 구조재의 내식성, 방부성, 내마멸성, 방수성, 방습성 및 강도 등이 높아지고 광택 등 미관을 높여 주는 효과를 얻음

해설
역청재료
일반적으로 이황화탄소에 용해되는 탄화수소의 혼합물로서 고체 또는 반고체 물질이며, 이 역청을 주성분으로 하는 것을 역청재료라 한다. 역청재료의 종류에는 천연 아스팔트, 석유 아스팔트, 타르, 피치 등이 있고, 도로의 포장재료, 방수재료, 호안재료, 토질안정재료, 도료, 줄눈재료, 절연재료, 주입재료 등으로 사용한다.

28 다음 중 목재의 방부 또는 방충을 목적으로 하는 방법으로 가장 부적합한 것은?

① 표면탄화법
② 약제도포법
③ 상압주입법
④ 마모저항법

해설
① 목재 표면을 일정 깊이로 태워 탄화시키는 방법으로, 흡수성이 증가하는 단점이 있다.
② 건조재의 표면에 방부제를 바르거나 뿌려서 목재부후균의 침입을 방지하는 가장 간단한 처리방법이지만 효과는 상당히 크다.
③ 침지법과 유사하나, 가열한 약액에 방부할 목재를 일정 시간 담가 둔 후 다시 상온의 약액에 담가 침지시키는 방법이다.

29 쇠망치 및 날메로 요철을 대강 따내고, 거친 면을 그대로 두어 부풀린 느낌으로 마무리 하는 것으로 중량감, 자연미를 주는 석재 가공법은?

① 혹두기   ② 정다듬
③ 도드락다듬   ④ 잔다듬

해설
② 혹두기한 면을 정으로 비교적 고르고 곱게 다듬는 작업으로 거친다듬, 중다듬, 고운다듬으로 구분된다.
③ 정다듬한 표면을 도드락망치를 이용하여 1~3회 정도 두드려 곱게 다듬는 작업이다.
④ 외날망치나 양날망치로 정다듬면 또는 도드락다듬면을 일정 방향, 주로 평행하게 나란히 찍어 평탄하게 마무리하는 작업이며, 다듬횟수는 1~5회 정도이다.

30 시멘트의 강열감량(Ignition Loss)에 대한 설명으로 틀린 것은?

① 시멘트 중에 함유된 H_2O와 CO_2의 양이다.
② 클링커와 혼합하는 석고의 결정수량과 거의 같은 양이다.
③ 시멘트에 약 1,000℃의 강한 열을 가했을 때의 시멘트 감량이다.
④ 시멘트가 풍화하면 강열감량이 적어지므로 풍화의 정도를 파악하는 데 사용된다.

해설
강열감량은 시멘트 시료를 약 1,000℃의 온도에서 가열했을 때 줄어든 질량을 의미한다. 시멘트가 풍화되면 공기 중의 H_2O와 CO_2를 흡수해 강열감량이 증가한다.

31 형상수(Topiary)를 만들기에 가장 적합한 수종은?

① 주목   ② 단풍나무
③ 개벚나무   ④ 전나무

해설
① 주목은 맹아력이 강하여 전정에 잘 견디므로 산울타리나 형상수로 많이 쓰인다.

32 다음 중 내염성이 가장 큰 수종은?

① 사철나무 ② 목련
③ 낙엽송 ④ 일본목련

해설
- 내염성이 큰 수종(임해공업지역에서 잘 자라는 수종) : 해송, 눈향나무, 해당화, 비자나무, 사철나무, 동백나무, 유카, 찔레나무, 회양목 등
- 내염성이 작은 수종 : 독일가문비나무, 일본잎갈나무(낙엽송), 소나무, 목련, 단풍나무, 오리나무, 개나리, 왕벚나무, 양버들, 피나무, 죽도화 등

33 다음 중 아황산가스에 강한 수종이 아닌 것은?

① 고로쇠나무 ② 가시나무
③ 백합나무 ④ 칠엽수

해설
아황산가스에 강한 수종 : 플라타너스(양버즘나무), 사철나무, 은행나무, 편백, 화백, 가시나무, 백합나무, 칠엽수 등

34 화단에 심겨지는 초화류가 갖추어야 할 조건으로 가장 부적합한 것은?

① 가지 수는 적고 큰 꽃이 피어야 한다.
② 바람, 건조 및 병·해충에 강해야 한다.
③ 꽃의 색채가 선명하고 개화기간이 길어야 한다.
④ 성질이 강건하고 재배와 이식이 비교적 용이해야 한다.

해설
화단용 초화류의 조건
- 모양이 아름답고, 가급적 키가 작아야 한다.
- 가지가 많이 갈라져서 꽃이 많이 달려야 한다.
- 꽃의 색깔이 선명하고, 개화기간이 길어야 한다.
- 바람, 건조, 병해충에 견디는 힘이 강해야 한다.
- 성질이 강하고, 나쁜 환경에서도 잘 자라야 한다.

35 단풍나무과(科)에 해당되지 않는 수종은?

① 고로쇠나무
② 복자기
③ 소사나무
④ 신나무

해설
③ 소사나무는 자작나무과(科)이다.

36 수종과 그 줄기 색의 연결이 틀린 것은?

① 벽오동은 녹색 계통이다.
② 곰솔은 흑갈색 계통이다.
③ 소나무는 적갈색 계통이다.
④ 흰말채나무는 흰색 계통이다.

해설
④ 흰말채나무의 수피는 여름에 녹색이나 가을, 겨울철에는 붉은색이다.
줄기(수피)의 색채
- 백색계 줄기 : 자작나무, 백송, 플라타너스(양버즘나무), 동백나무 등
- 청록색계 줄기 : 황매화, 벽오동, 식나무 등
- 갈색계 줄기 : 배롱나무, 철쭉, 동백나무, 편백 등
- 얼룩무늬 줄기 : 모과나무, 배롱나무, 노각나무
- 흑갈색 줄기 : 곰솔
- 회갈색 줄기 : 개잎갈나무

정답 32 ① 33 ① 34 ① 35 ③ 36 ④

37 다음 중 양수에 해당하는 수종은?

① 일본잎갈나무 ② 조록싸리
③ 식나무   ④ 사철나무

해설
- 양수 : 소나무, 곰솔, 측백나무, 낙엽송(일본잎갈나무), 향나무, 은행나무, 철쭉류, 삼나무, 느티나무, 포플러류, 가죽나무, 무궁화, 백목련, 모과나무, 두릅나무, 산수유 등
- 음수 : 주목, 전나무, 비자나무, 식나무, 독일가문비나무, 사철나무, 가시나무, 녹나무, 후박나무, 동백나무, 호랑가시나무, 팔손이나무, 회양목, 목란, 조록싸리 등

38 무너짐쌓기를 한 후 돌과 돌 사이에 식재하는 식물 재료로 가장 적합한 것은?

① 장미   ② 회양목
③ 화살나무   ④ 꽝꽝나무

해설
돌틈식재
돌틈에 비옥한 토양을 채워 관목류, 화훼류, 야생초 등을 식재하면 토사유출을 방지하고 석정의 느낌을 부드럽게 완화시킬 수 있는데, 주로 사용하는 관목류는 반송, 회양목, 철쭉 등이다.

39 귀룽나무(*Prunus padus* L.)에 대한 특성으로 맞지 않는 것은?

① 원산지는 한국, 일본이다.
② 꽃과 열매는 백색 계열이다.
③ Rosaceae과(科) 식물로 분류된다.
④ 생장속도가 빠르고 내공해성이 강하다.

해설
② 귀룽나무의 꽃은 백색 계열이고, 열매는 붉은색으로 열려 검은색으로 여문다.

40 능소화(*Campsis grandifolia* K. Schum.)의 설명으로 틀린 것은?

① 낙엽활엽덩굴성이다.
② 잎은 어긋나며, 뒷면에 털이 있다.
③ 나팔모양의 꽃은 주홍색으로 화려하다.
④ 동양적인 정원이나 사찰 등의 관상용으로 좋다.

해설
② 잎은 마주나며, 가장자리에 털이 있다.

41 해충의 체(體) 표면에 직접 살포하거나 살포된 물체에 해충이 접촉되어 약제가 체내에 침입하여 독(毒) 작용을 일으키는 약제는?

① 유인제
② 접촉살충제
③ 소화중독제
④ 화학불임제

해설
① 곤충을 유인하는 작용이 있는 물질로 곤충이 분비하는 페로몬 등을 이용한 약제
③ 해충의 입을 통해 소화관에 들어가 중독작용을 일으켜 치사시키는 약제
④ 해충의 암컷 또는 수컷이 불임이 되게 하여 번식을 막는 목적으로 쓰이는 약제

42 수목을 장거리 운반할 때 주의해야 할 사항이 아닌 것은?

① 병충해 방제
② 수피 손상 방지
③ 분 깨짐 방지
④ 바람 피해 방지

해설
수목의 운반 도중 가지나 잎 또는 뿌리분이 손상되지 않도록 조치를 취해야 한다.

43 도시공원 녹지 중 수림지 관리에서 그 필요성이 가장 떨어지는 것은?

① 시비(施肥) ② 하예(下刈)
③ 제벌(除伐) ④ 병충해 방제

해설
② 임목 주변의 잡초를 제거해 주고, 덩굴 등을 잘라 내어 나무가 잘 자라도록 해 주는 작업

44 다음 설명에 해당하는 파종공법은?

- 종자, 비료, 파이버(Fiber), 침식방지제 등을 물과 교반하여 종자살포기로 살포한다.
- 비탈기울기가 급하고 토양조건이 열악한 급경사지에 기계와 기구를 사용해서 종자를 파종한다.
- 한랭도가 적고 토양조건이 어느 정도 양호한 비탈면에 한하여 적용한다.

① 식생매트공
② 볏짚거적덮기공
③ 종자분사파종공
④ 지하경뿜어붙이기공

해설
① 면상의 매트에 종자를 붙여 비탈면에 포설·부착하여 일시적인 조기녹화를 도모하는 공법
② 절·성토면을 정리한 후 종자를 뿌리고 보온과 발아 촉진을 위해 볏집거적으로 덮어 주는 공법
④ 기계시공법 중 하나로, 펌프를 이용하여 지하경을 뿜어붙이는 공법

45 장미 검은무늬병은 주로 식물체 어느 부위에 발생하는가?

① 꽃 ② 잎
③ 뿌리 ④ 식물 전체

해설
장미 검은무늬병은 잎에 검은 반점이 생기고 점차 황변, 낙엽으로 이어지는 곰팡이병이다.

46 25% A유제 100mL를 0.05%의 살포액으로 만드는 데 소요되는 물의 양(L)으로 가장 가까운 것은? (단, 비중은 1.0이다)

① 5 ② 25
③ 50 ④ 100

해설
살포액의 희석

필요 수량 = 약량 × $\dfrac{\text{원액 농도}}{\text{희석 농도}}$

$= 100 \times \dfrac{25}{0.05} = 50{,}000\text{mL}$

∴ 필요 수량 = 50L
(∵ 1L = 1,000mL)

47 봄에 향나무의 잎과 줄기에 갈색의 돌기가 형성되고 비가 오면 한천모양이나 젤리모양으로 부풀어 오르는 병은?

① 향나무 가지마름병
② 향나무 그을음병
③ 향나무 붉은별무늬병
④ 향나무 녹병

해설
향나무 녹병
2~3월경 잎, 가지 및 줄기에 암갈색 돌기 형태의 겨울포자퇴가 형성되며, 4월에 비가 오면 겨울포자퇴가 부풀어서 오렌지색 젤리모양의 담자포자를 형성하고, 담자포자는 장미과 수목으로 옮겨간 후 녹병정자에 의한 중복감염이 이루어진다. 6~7월에 장미과 식물에서 만들어진 녹포자가 다시 향나무의 잎과 줄기 속으로 침입해 균사로 월동한다.

48 수목의 이식 전 세근을 발달시키기 위해 실시하는 작업을 무엇이라 하는가?

① 가식
② 뿌리돌림
③ 뿌리분 포장
④ 뿌리외과수술

해설
뿌리돌림의 목적
이식력이 약한 나무를 대상으로 굴취 전에 미리 잔뿌리를 발달시켜 이식력을 높이거나, 노목이나 쇠약목의 세력 회복을 위한 목적으로도 사용한다.

49 잔디의 병해 중 녹병의 방제약으로 옳은 것은?

① 만코제브(수)
② 테부코나졸(유)
③ 에마멕틴벤조에이트(유)
④ 글루포시네이트암모늄(액)

해설
녹병의 방제약 : 헥사코나졸 액상수화제, 트리플루미졸 수화제, 트리포린 유제, 트리아디메폰 수화제, 트리아디메놀 수화제, 테부코나졸 유제, 크레속심메틸 액상수화제, 이미벤코나졸 입상수화제, 이미벤코나졸 수화제 등

50 진딧물의 방제를 위하여 보호하여야 하는 천적으로 볼 수 없는 것은?

① 무당벌레류
② 꽃등에류
③ 솔잎벌류
④ 풀잠자리류

해설
진딧물의 천적 : 무당벌레, 풀잠자리, 콜레마니 진디벌, 진디혹파리, 꽃등에 등

51 작업현장에서 작업물의 운반작업 시 주의사항으로 옳지 않은 것은?

① 어깨높이보다 높은 위치에서 하물을 들고 운반하여서는 안 된다.
② 운반시의 시선은 진행방향을 향하고 뒷걸음 운반을 하여서는 안 된다.
③ 무거운 물건을 운반할 때 무게 중심이 높은 하물은 인력으로 운반하지 않는다.
④ 단독으로 긴 물건을 어깨에 메고 운반할 때는 뒤쪽을 위로 올린 상태로 운반한다.

해설
④ 단독으로 긴 물건을 어깨에 메고 운반할 때는, 앞부분 끝을 근로자 신장보다 약간 높게 하여 모서리나 곡선 등에 충돌하지 않도록 주의하여야 한다.

52 지형도상에서 2점 간의 수평거리가 200m이고, 높이 차가 5m라 하면 경사도는 얼마인가?

① 2.5%
② 5.0%
③ 10.0%
④ 50.0%

해설
경사도(%) = (수직높이 ÷ 수평거리) × 100
= (5 ÷ 200) × 100
= 2.5%

경사도의 표현
• 할 : (수직높이 ÷ 수평거리) × 10
• 백분율(%) : (수직높이 ÷ 수평거리) × 100
• 각도(°) : $\tan^{-1}$(수직높이 ÷ 수평거리)
• 비례식 : 수직높이 : 수평거리

53 다음 중 건설공사에서 마지막으로 행하는 작업은?

① 터닦기
② 식재공사
③ 콘크리트공사
④ 급배수 및 호안공

해설
건설공사의 시공순서 : 터파기 → 토사기초 → 뒤채움 및 다짐 → 포장 → 시설물공 → 식재공

54 예불기(예취기) 작업 시 작업자 상호 간의 최소 안전거리는 몇 m 이상이 적합한가?

① 4m
② 6m
③ 8m
④ 10m

해설
예취기 작업 시 안전수칙
• 작업 중 예취기날이 돌 또는 굵은 나무 등에 부딪치지 않도록 주의하고, 부딪힌 경우에는 엔진을 정지시키고 톱날의 이상 유무를 확인한다.
• 예취기를 들고 작업장 이동 시 안전거리를 유지한다.
• 발 끝에 예취기날이 접촉되지 않게 주의하고, 작업자 간 안전거리는 10m 이상 유지한다.
• 예취기날이 넝쿨에 휘감기지 않도록 주의하고, 넝쿨 윗부분을 1차로 작업한 후 아랫부분을 작업한다.
• 작업방향은 예취기날의 회전방향이 좌측이므로 우측에서 좌측으로 실시한다.
• 경사방향으로 작업을 진행하고, 급경사지에서는 작업을 금지한다.

55 옥상녹화 방수소재에 요구되는 성능 중 가장 거리가 먼 것은?

① 식물의 뿌리에 견디는 내근성
② 시비, 방제 등에 대비한 내약품성
③ 박테리아에 의한 부식에 견디는 성능
④ 색상이 미려하고 미관상 보기 좋은 것

해설
옥상녹화 방수소재의 조건
• 식물의 뿌리에 견디는 내근성
• 시비, 방제 등에 대비한 내약품성
• 박테리아에 의한 부식에 견디는 내식성
• 수분에 의해 용해되지 않는 내수성
• 상부자중 및 시공하중에 견디는 내압성
• 이음부, 모서리부 등의 접착성
• 보수가 용이한 공법으로 시공

56 옹벽 자체의 자중으로 토압에 저항하는 옹벽의 종류는?

① L형 옹벽
② 역T형 옹벽
③ 중력식 옹벽
④ 반중력식 옹벽

해설
①·② 형태를 본 따 이름을 지은 L형 옹벽과 역T형 옹벽이 있으며, 벽체와 밑판으로 구성된 가장 일반적인 형태의 철근콘크리트 옹벽이다. 캔틸레버를 이용해 옹벽의 재료를 절약하는 방식으로, 자중이 적어 배면의 뒷채움을 충분히 보강해 주어야 한다. 3~8m 높이의 다양한 경사면에 설치한다.
④ 중력식 옹벽과 캔틸레버 옹벽의 중간 형태로, 중력식 옹벽에 사용되는 콘크리트량을 절약하기 위해 소량의 철근을 넣어 만들며, 6m 정도 높이의 경사면에 설치한다.

정답 53 ② 54 ④ 55 ④ 56 ③

57 철근의 피복두께를 유지하는 목적으로 틀린 것은?

① 철근량 절감
② 내구성능 유지
③ 내화성능 유지
④ 소요의 구조내력 확보

> [해설]
> 철근의 피복두께를 유지하는 목적은 내구성·내화성, 부착력 및 골재의 유동성을 확보하고, 철근의 부식을 방지하기 위함이다.

58 내구성과 내마멸성이 좋으나, 일단 파손된 곳은 보수가 어려우므로 시공 때 각별한 주의가 필요하다. 다음 그림과 같은 원로 포장방법은?

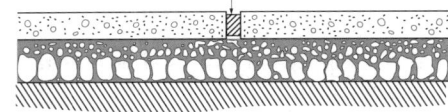

① 마사토 포장
② 콘크리트 포장
③ 판석 포장
④ 벽돌 포장

> [해설]
> 콘크리트 포장
> 콘크리트로 노면을 덮는 도로 포장을 말하며 표층에 해당하는 콘크리트 슬래브와 중간층, 보조기층으로 구성되어 있다. 수명은 30~40년으로 아스팔트 포장(10~20년)에 비해 내구성이 좋고 시공이 간편하며 유지관리가 쉬우나, 공사비가 비싸다.

59 경사진 지형에서 흙이 무너지는 것을 방지하기 위하여 토양의 안식각을 유지하며 크고 작은 돌을 자연스러운 상태가 되도록 쌓아 올리는 방법은?

① 평석쌓기
② 견치석쌓기
③ 디딤돌쌓기
④ 자연석 무너짐쌓기

> [해설]
> ① 넓고 평평한 돌을 켜켜이 쌓는 것
> ② 보통 모서리를 45° 돌려 쌓은 마름모쌓기
> ③ 보행자의 편의를 위해 원로의 동선에 디딤돌을 놓는 것

60 인간이나 기계가 공사 목적물을 만들기 위하여 단위물량당 소요로 하는 노력과 물질을 수량으로 표현한 것을 무엇이라 하는가?

① 할증
② 품셈
③ 견적
④ 내역

> [해설]
> ① 일정한 값에 대한 일정 비율을 가산하는 것
> ③ 장래에 있을 거래가격을 사전에 계산하여 산출하는 것
> ④ 물품이나 금액 따위의 분명하고 자세한 내용
> 품셈
> 사람이 인력 또는 기계로 어떠한 물체를 만드는 데에 대한 단위당 소요로 하는 노력과 능률 및 재료를 수량으로 표시한 것 즉, 단위당 시공능력과 소요수량을 표시한 것을 말한다.

2016년 제4회 과년도 기출문제

01 조선시대 궁궐이나 상류주택 정원에서 가장 독특하게 발달한 공간은?

① 전정
② 후정
③ 주정
④ 중정

해설
② 후정은 남성 중심의 유교사상으로 인해 전정을 사용하지 못했던 부녀자들을 위해 안채 뒤쪽에 만들어진 정원으로, 당시부유층의 주택에만 조성된 독특한 공간이다.

02 영국 튜더왕조에서 유행했던 화단으로 낮게 깎은 회양목 등으로 화단을 여러 가지 기하학적 문양으로 구획 짓는 것은?

① 기식화단
② 매듭화단
③ 카펫화단
④ 경재화단

해설
① 작은 면적의 잔디밭 가운데나 원로 주위에 만들어지는 화단으로, 가운데는 키가 큰 화초를 심고 가장자리로 갈수록 키가 작은 화초를 심어 입체적으로 바라볼 수 있는 화단을 말한다.
③ 모던화단이나 양탄자화단이라고도 하며, 키가 작은 초화류를 이용하여 양탄자에 새겨진 무늬처럼 기하학적으로 도안해서 만든 화단을 말한다.
④ 건물, 담장, 울타리를 배경으로 그 앞쪽에다 장방형으로 길게 만들어진 화단을 말한다.

03 중정(Patio)식 정원의 가장 대표적인 특징은?

① 토피어리
② 색채타일
③ 동물 조각품
④ 수렵장

해설
중정식 정원의 특징
연못이나 분수를 중심으로 사방에 좁고 작은 수로나 내를 연결하였고, 주변에는 원시적 색채를 가진 타일이나 벽돌, 블록 등을 강한 대비를 두어 정교하게 포장하였으며, 화목류를 식재하거나 화분에 담아 장식하였다.

04 16세기 무굴제국의 인도 정원과 가장 관련이 깊은 것은?

① 타지마할
② 퐁텐블로
③ 클로이스터
④ 알람브라궁원

해설
② 프랑스 일드프랑스 주에 있는 도시이다. 퐁텐블로 숲은 중세시대부터 왕족과 귀족들의 사냥터로 사랑받은 곳이다.
③ 중서 서구에서 발달한 중랑식 중정이다.
④ 스페인에 현존하는 이슬람 정원의 형태로 유명한 곳이며, 4개의 중정(알베르카 중정, 사자 중정, 린다라하 중정, 레하 중정)이 남아있다.

타지마할(Taj Mahal)
• 무굴인도의 샤한 왕이 왕비 뭄타즈마할을 기념하기 위해 세운 묘소로, 아그라의 자무나강 서편에 위치한다.
• 중앙에는 수로에 의해 4등분된 정원이 있어 물의 반사성을 이용하였고, 그 뒤로 흰 대리석으로 꾸며진 대분천지가 있다.
• 높은 울담으로 둘러싸여 있고, 능묘 앞에는 긴 반사연못을 설치하여 건축물을 더욱 돋보이게 하였다.

정답 1② 2② 3② 4①

05 이탈리아의 노단건축식 정원, 프랑스의 평면기하학식 정원 등은 자연환경 요인 중 어떤 요인의 영향을 가장 크게 받아 발생한 것인가?

① 기후
② 지형
③ 식물
④ 토지

해설
이탈리아는 구릉과 경사지가 많은 지형적 제약을 극복하기 위해 계단형의 노단건축식 정원양식이 발생하였다.
예 카레기의 메디치장(Villa Medici di Careggi), 데스테장(Villa d'Este), 랑테장(Villa Lante) 등

06 중국 청나라시대 대표적인 정원이 아닌 것은?

① 원명원 이궁
② 이화원 이궁
③ 졸정원
④ 승덕피서산장

해설
중국 4대 정원 중 하나인 졸정원은 소주 동북쪽에 위치해 있고, 명나라의 정덕(鄭德) 4년(1509년)에 지어졌다.

07 정원요소로 징검돌, 물통, 세수통, 석등 등의 배치를 중시하던 일본의 정원양식은?

① 다정원
② 침전조정원
③ 축산고산수정원
④ 평정고산수정원

해설
다정원
- 다실과 다실에 이르는 길을 중심으로 좁은 공간에 꾸며지는 일종의 자연식 정원으로 대자연의 운치를 연상시킨다.
- 띔돌이나 포석수법을 구사하여 풍우에 씻긴 산길을 나타내고, 수통이나 돌로 만든 물그릇으로 샘을 상징하였다.
- 오래된 석탑이나 석등을 놓아 수림 속에 쇠퇴해버린 고찰의 분위기를 재현시켰다.
- 마른 소나무잎을 깔아 지피를 나타내는 등 제한된 공간 속에 깊은 산골의 정서를 표현하였다.
- 소나무나 삼나무 등을 심고, 담쟁이넝쿨을 올려 가을 단풍이나 낙엽으로 산거(山居)의 분위기를 나타냈다.

08 다음 중 창경궁(昌慶宮)과 관련이 있는 건물은?

① 만춘전
② 낙선재
③ 함화당
④ 사정전

해설
② 과거 창경궁과 창덕궁은 경계 없이 하나의 궁궐로 사용하였고, 두 궁을 합쳐 동궐이라 불렀는데, 낙선재 후원은 창덕궁에 속한 건물로 단청을 하지 않았으며, 5단의 계단식 화계가 있어 키 작은 식물을 식재하였다.
① · ③ · ④ 경복궁과 관련이 있다.

09 메소포타미아의 대표적인 정원은?

① 베다사원
② 베르사유궁원
③ 바빌론의 공중정원
④ 타지마할사원

해설
공중정원(Tel-Amran-Ibn-Ali, 추장 알리의 언덕)
- 기원전 600년 무렵 신바빌로니아의 네부카드네자르 2세가 왕비 아미티스를 위해 조성한 정원으로 세계 7대 불가사의의 하나이다.
- 성벽의 높은 노단 위에 수목과 덩굴식물을 식재하여 만든 최초의 옥상정원이다.
- 지구라트형의 피라미드가 계단층을 이루고 각 노단의 외부를 화랑으로 둘렀다.
- 화랑 주변에 크고 작은 방과 욕실을 배치했다.
- 각 노단마다 꽃과 나무를 식재하고, 강물을 끌어다 저수지에 저장·관수하였다.

10 경관요소 중 높은 지각강도(A)와 낮은 지각강도(B)의 연결이 옳지 않은 것은?

① A : 수평선, B : 사선
② A : 따뜻한 색채, B : 차가운 색채
③ A : 동적인 상태, B : 고정된 상태
④ A : 거친 질감, B : 섬세하고 부드러운 질감

해설
① 사선은 높은 지각강도에 속한다.
※ 높은 지각강도 : 대각선, 큰 형태, 명확한 형태, 흰색, 날카로운 모양, 극단적인 대비, 인접되어 있는 상태

11 국토교통부장관이 규정에 의하여 공원녹지기본계획을 수립 시 종합적으로 고려해야 하는 사항으로 가장 거리가 먼 것은?

① 장래 이용자의 특성 등 여건의 변화에 탄력적으로 대응할 수 있도록 할 것
② 공원녹지의 보전·확충·관리·이용을 위한 장기 발전방향을 제시하여 도시민들의 쾌적한 삶의 기반이 형성되도록 할 것
③ 광역도시계획, 도시·군기본계획 등 상위계획의 내용과 부합되어야 하고, 도시·군기본계획의 부문별 계획과 조화되도록 할 것
④ 체계적·독립적으로 자연환경의 유지·관리와 여가활동의 장은 분리 형성하여 인간으로부터 자연의 피해를 최소화 할 수 있도록 최소한의 제한적 연결망을 구축할 수 있도록 할 것

해설
④ 체계적·지속적으로 자연환경을 유지·관리하여 여가활동의 장이 형성되고, 인간과 자연이 공생할 수 있는 연결망을 구축할 수 있도록 할 것

12 다음 중 좁은 의미의 조경 또는 조원으로 가장 적합한 설명은?

① 복잡 다양한 근대에 이르러 적용되었다.
② 기술자를 조경가라 부르기 시작하였다.
③ 정원을 포함한 광범위한 옥외공간 전반이 주대상이다.
④ 식재를 중심으로 한 전통적인 조경기술로 정원을 만드는 일만을 말한다.

해설
조경의 의미
• 좁은 의미의 조경 : 집 주변의 정원을 만드는 일에 중점을 두는 것으로, 식재 중심의 전통적인 조경기술
• 넓은 의미의 조경 : 집 주변의 정원뿐만 아니라, 모든 옥외공간을 포함하는 환경을 조성하고 보존하는 종합과학예술

13 수목 또는 경사면 등의 주위 경관요소들에 의하여 자연스럽게 둘러싸여 있는 경관을 무엇이라 하는가?

① 파노라마경관 ② 지형경관
③ 위요경관   ④ 관개경관

해설
① 시야를 가리지 않고 멀리 퍼져 보이는 경관이다.
   예 넓은 초원, 수평선 등
② 지형의 특징이 명확히 드러나 관찰자가 강한 인상을 받게 되는 경관이다.
   예 거대한 계곡, 높은 산봉우리 등
④ 수림의 가지와 잎들이 천장을 이루고 나무줄기가 기둥처럼 늘어서 있는 경관이다.
   예 숲속의 오솔길이나 밀림 속의 도로, 노폭이 좁은 곳의 가로수 등

14 조경양식에 대한 설명으로 틀린 것은?

① 조경양식에는 정형식, 자연식, 절충식 등이 있다.
② 정형식 조경은 영국에서 처음 시작된 양식으로 비스타 축을 이용한 중앙광로가 있다.
③ 자연식 조경은 동아시아에서 발달한 양식이며 자연상태 그대로를 정원으로 조성한다.
④ 절충식 조경은 한 장소에 정형식과 자연식을 동시에 지니고 있는 조경양식이다.

해설
② 정형식 정원은 서아시아와 유럽지역에서 발달한 양식으로, 건물에서 뻗어 나가는 강한 축을 중심으로 좌우대칭형으로 구성되며, 수목의 전정은 기하학적 형태이다.

정답 11 ④ 12 ④ 13 ③ 14 ②

15 도시기본구상도의 표시기준 중 노란색은 어느 용지를 나타내는 것인가?

① 주거용지 ② 관리용지
③ 보존용지 ④ 상업용지

[해설]
도시계획지역의 구분과 표현색
- 주거지역 : 노란색
- 녹지지역 : 초록색
- 상업지역 : 빨간색
- 공업지역 : 보라색
- 미지정 : 무색

16 다음 그림과 같은 정투상도(제3각법)의 입체로 맞는 것은?

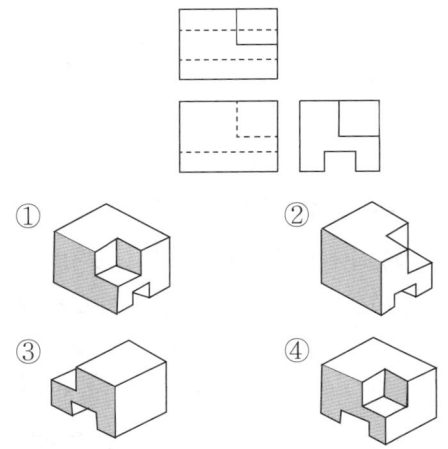

[해설]
제3각법
투영도법에서 물체를 제3각에서 투영하는 방법이며 평면도가 위쪽, 정면도가 아래쪽에 그려진다.
※ 제1각법 : 투영도법에서 물체를 제1각에서 투영하는 방법이며 정면도가 위쪽, 평면도가 아래쪽에 그려져 제3각법과는 반대이다.

17 가법혼색에 관한 설명으로 틀린 것은?

① 2차색은 1차색에 비하여 명도가 높아진다.
② 빨강 광원에 녹색 광원을 흰 스크린에 비추면 노란색이 된다.
③ 가법혼색의 삼원색을 동시에 비추면 검정이 된다.
④ 파랑에 녹색 광원을 비추면 사이안(Cyan)이 된다.

[해설]
③ 가법혼색의 삼원색을 동시에 비추면 하양이 된다.

18 다음 중 직선의 느낌으로 가장 부적합한 것은?

① 여성적이다.
② 굳건하다.
③ 딱딱하다.
④ 긴장감이 있다.

[해설]
직선은 강직, 명확, 단순, 남성적이고 단호해 보이며, 곡선은 유연, 활동, 부드러움, 여성적이고 모호해 보인다.

19 건설재료 단면의 경계표시 기호 중 지반면(흙)을 나타낸 것은?

20 [보기]의 ( ) 안에 적합한 쥐똥나무 등을 이용한 생울타리용 관목의 식재간격은?

> [보기]
> 조경설계기준상의 생울타리용 관목의 식재간격은 (~)m, 2~3줄을 표준으로 하되, 수목 종류와 식재장소에 따라 식재간격이나 줄 숫자를 적정하게 조정해서 시행해야 한다.

① 0.14~0.20
② 0.25~0.75
③ 0.8~1.2
④ 1.2~1.5

21 일반적인 합성수지(Plastics)의 장점으로 틀린 것은?

① 열전도율이 높다.
② 성형가공이 쉽다.
③ 마모가 적고 탄력성이 크다.
④ 우수한 가공성으로 성형이 쉽다.

[해설]
① 열전도율이 낮다.
합성수지도료의 장단점

장점	• 일반적으로 투광성이 양호하여 이용가치가 크다. • 가공이 용이하며, 강도가 큰 데 비해 비중이 작다. • 건축물의 경량화에 적합하다. • 페인트나 바니시보다 방화성이 우수하고, 건조시간이 빠르다. • 내산성·내알칼리성이 있어 콘크리트나 석고면에 사용 가능하다.
단점	• 열에 의한 변형과 신축성이 크다. • 경도 및 내마모성이 약하고 내화성, 내열성, 내인화성이 없다.

22 [보기]에 해당하는 도장공사의 재료는?

> [보기]
> • 초화면(硝化綿)과 같은 용제에 용해시킨 섬유계 유도체를 주성분으로 하고 여기에 합성수지, 가소제와 안료를 첨가한 도료이다.
> • 건조가 빠르고 도막이 견고하며 광택이 좋고 연마가 용이하며, 불점착성·내마멸성·내수성·내유성·내후성 등이 강한 고급 도료이다.
> • 결점으로는 도막이 얇고 부착력이 약하다.

① 유성페인트
② 수성페인트
③ 래커
④ 니스

[해설]
래커페인트
• 에나멜과 마찬가지로 시너를 희석제로 사용하며, 주로 표면을 보호하거나 부패를 막아 주는 마감용 코팅제로 사용한다.
• 다양한 색과 함께 투명색도 있어 나무 표면에 사용하면 나무의 무늬와 질감을 그대로 표현할 수 있다.
• 다른 페인트를 녹일 만큼 독하기 때문에 덧칠할 시에는 기존의 페인트를 제거하는 것이 좋다.

23 변성암의 종류에 해당하는 것은?

① 사문암
② 섬록암
③ 안산암
④ 화강암

[해설]
암석의 분류
• 화성암 : 화강암, 안산암, 현무암, 섬록암 등
• 수성암 : 응회암, 사암, 혈암, 점판암, 석회암 등
• 변성암 : 편마암, 대리암, 편암, 사문암 등

[정답] 20 ② 21 ① 22 ③ 23 ①

24 일반적으로 목재의 비중과 가장 관련이 있으며, 목재성분 중 수분을 공기 중에서 제거한 상태의 비중을 말하는 것은?

① 생목비중
② 기건비중
③ 함수비중
④ 절대건조비중

해설
함수율에 따라 차이가 나는 비중에는 생목비중, 기건비중, 절대건조비중이 있으나 단순히 비중이라 하면 기건비중을 말한다.

25 조경에서 사용되는 건설재료 중 콘크리트의 특징으로 옳은 것은?

① 압축강도가 크다.
② 인장강도와 휨강도가 크다.
③ 자체 무게가 적어 모양변경이 쉽다.
④ 시공과정에서 품질의 양부를 조사하기 쉽다.

해설
② 압축강도에 비해 인장강도와 휨강도가 작다.

26 시멘트 제조 시 응결시간을 조절하기 위해 첨가하는 것은?

① 광재
② 점토
③ 석고
④ 철분

해설
시멘트 제조 시 응결시간을 조절하기 위해 적정량의 석고를 첨가한다.

27 타일붙임재료의 설명으로 틀린 것은?

① 접착력과 내구성이 강하고 경제적이며, 작업성이 있어야 한다.
② 종류는 무기질 시멘트 모르타르와 유기질 고무계 또는 에폭시계 등이 있다.
③ 경량으로 투수율과 흡수율이 크고, 형상·색조의 자유로움 등이 우수하나 내화성이 약하다.
④ 접착력이 일정기준 이상 확보되어야만 타일의 탈락현상과 동해에 의한 내구성의 저하를 방지할 수 있다.

해설
타일은 패턴, 채색을 가미한 장식적 기능 이외에 내구성이 크고, 비흡수성·경량성·내화성이 뛰어나며, 대량생산이 용이하고, 시공이 간편하여 내·외장재로 널리 사용된다.

28 미장공사 시 미장재료로 활용될 수 없는 것은?

① 견치석
② 석회
③ 점토
④ 시멘트

해설
견치석은 주로 흙막이용 돌쌓기에 사용된다.

29 알루미늄의 일반적인 성질로 틀린 것은?

① 열의 전도율이 높다.
② 비중은 약 2.7 정도이다.
③ 전성과 연성이 풍부하다.
④ 산과 알칼리에 특히 강하다.

해설
④ 산과 알칼리에 약하다.
알루미늄의 특징
• 비중이 비교적 작고, 강도도 낮다.
• 연질이며, 전성 및 연성이 우수하다.
• 열전도율이 높고, 산·알칼리에 약하다.
• 지붕재, 섀시, 경량구조재, 피복재, 설비, 기구재, 벽재, 울타리 등을 만들 때 이용된다.

30 콘크리트 혼화재의 역할 및 연결이 옳지 않은 것은?

① 단위수량, 단위시멘트량의 감소 : AE감수제
② 작업성능이나 동결융해 저항성능의 향상 : AE제
③ 강력한 감수효과와 강도의 대폭 증가 : 고성능 감수제
④ 염화물에 의한 강재의 부식을 억제 : 기포제

해설
④ 염화물에 의한 강재의 부식을 억제 : 방청제
※ 기포를 발생시켜 충전성 향상 및 경량화 : 기포제, 발포제

31 공원식재 시공 시 식재할 지피식물의 조건으로 가장 거리가 먼 것은?

① 관리가 용이하고, 병충해에 잘 견뎌야 한다.
② 번식력이 왕성하고, 생장이 비교적 빨라야 한다.
③ 성질이 강하고, 환경조건에 대한 적응성이 넓어야 한다.
④ 토양까지의 강수전단을 위해 지표면을 듬성듬성 피복하여야 한다.

해설
④ 지표면을 치밀하게 피복하여야 한다.

32 줄기가 아래로 늘어지는 생김새의 수간을 가진 나무의 모양을 무엇이라 하는가?

① 쌍간   ② 다간
③ 직간   ④ 현애

해설
④ 고산지대의 높은 벼랑에 늘어져 생장하고 있는 형태를 묘사한 것으로, 묘목 때부터 밑 부분의 가지에 곡을 주어 아래로 늘어지게 만든 수형이다.
① 같은 뿌리 밑부터 두 갈래로 균형감 있고 안정적으로 갈라져 자라는 수형으로, 두 가지 중 한 가지는 크고 굵어야 하며, 같은 방향으로 윗가지도 같이 자라게 한다.
② 한 뿌리에서 3개 이상의 줄기가 나와 자라난 형태의 수형으로, 줄기 수는 반드시 홀수여야 하며, 줄기가 10개를 넘으면 줄기 수에 상관없고, 굵은 줄기를 주간으로 전체 수형이 삼각형을 이루듯 심는다.
③ 하나의 곧은 줄기가 위로 솟은 나무로, 하부에서 상부로 올라가면서 자연스럽게 가늘어지고, 가지도 순서 있게 좌우전후로 엇갈려 뻗은 모양의 수형이다.

33 다음 중 광선(光線)과의 관계상 음수(陰樹)로 분류하기 가장 적합한 것은?

① 박달나무
② 눈주목
③ 감나무
④ 배롱나무

해설
눈주목은 음수로 분류되어 적은 빛에서도 잘 자라며, 그늘진 환경에서 생존이 가능하다.

34 가죽나무가 해당되는 과(科)는?

① 운향과
② 멀구슬나무과
③ 소태나무과
④ 콩과

정답 30 ④ 31 ④ 32 ④ 33 ② 34 ③

35 고로쇠나무와 복자기에 대한 설명으로 옳지 않은 것은?

① 복자기의 잎은 복엽이다.
② 두 수종의 열매는 모두 시과이다.
③ 두 수종은 모두 단풍색이 붉은색이다.
④ 두 수종은 모두 과명이 단풍나무과이다.

해설
③ 고로쇠나무의 단풍은 황색이고, 복자기의 단풍은 붉은색이다.

36 수피에 아름다운 얼룩무늬가 관상요소인 수종이 아닌 것은?

① 노각나무
② 모과나무
③ 배롱나무
④ 자귀나무

해설
④ 자귀나무의 수피는 회갈색으로, 살이 쪄서 피부가 터진 것과 같은 무늬이다.

37 열매를 관상목적으로 하는 조경수목 중 열매 색이 적색(홍색) 계열이 아닌 것은?(단, 열매색의 분류 : 황색, 적색, 흑색)

① 주목
② 화살나무
③ 산딸나무
④ 굴거리나무

해설
④ 굴거리나무의 열매는 흑색이다.

38 흰말채나무의 특징 설명으로 틀린 것은?

① 노란색의 열매가 특징적이다.
② 층층나무과로 낙엽활엽관목이다.
③ 수피가 여름에는 녹색이나 가을, 겨울철의 붉은 줄기가 아름답다.
④ 잎은 대생하며 타원형 또는 난상타원형이고, 표면에 작은 털이 있으며 뒷면은 흰색의 특징을 갖는다.

해설
① 흰말채나무의 열매는 흰색이다.

39 수목식재에 가장 적합한 토양의 구성비는?(단, 구성은 토양 : 수분 : 공기의 순서임)

① 50% : 25% : 25%
② 50% : 10% : 40%
③ 40% : 40% : 20%
④ 30% : 40% : 30%

해설
사질양토는 토심이 깊고 배수와 보수력이 좋아 재배에 적합한 토양으로, 구성비는 토양 50%, 수분 25%, 공기 25%이다.

40 차량의 통행이 잦은 지역의 가로수로 가장 부적합한 수목은?

① 은행나무
② 층층나무
③ 양버즘나무
④ 단풍나무

해설
④ 단풍나무는 주로 경관장식용 수목으로 쓰인다.

41 지주목 설치에 대한 설명으로 틀린 것은?
① 수피와 지주가 닿는 부분은 보호조치를 취한다.
② 지주목을 설치할 때는 풍향과 지형 등을 고려한다.
③ 대형목이나 경관상 중요한 곳에는 당김줄형을 설치한다.
④ 지주는 뿌리 속에 박아 넣어 견고히 고정되도록 한다.

[해설]
④ 지주는 아래를 뾰족하게 깎아서 땅속으로 30~50cm 정도의 깊이로 박는다.

42 조경공사의 유형 중 환경생태복원 녹화공사에 속하지 않는 것은?
① 분수공사
② 비탈면 녹화공사
③ 옥상 및 벽체 녹화공사
④ 자연하천 및 저수지공사

[해설]
① 분수공사는 수경시설공사에 속한다.

43 수목의 가식장소로 적합한 곳은?
① 배수가 잘 되는 곳
② 차량출입이 어려운 한적한 곳
③ 햇빛이 잘 안 들고 점질 토양인 곳
④ 거센 바람이 불거나 흙 입자가 날려 잎을 덮어 보온이 가능한 곳

[해설]
가식장소는 햇빛이 잘 들고, 사질양토로서 배수가 양호한 곳이어야 하며, 가급적 배수시설을 설치한다.

44 수목의 잎 조직 중 가스 교환을 주로 하는 곳은?
① 책상조직
② 엽록체
③ 표피
④ 기공

[해설]
기공
대기와 직접 가스를 교환하는 조직으로, 광합성을 위한 이산화탄소 흡수와 산소 방출 그리고 증산작용을 수행한다.

45 곤충이 빛에 반응하여 일정한 방향으로 이동하려는 행동습성은?
① 주광성(Phototaxis)
② 주촉성(Thigmotaxis)
③ 주화성(Chemotaxis)
④ 주지성(Geotaxis)

[해설]
② 곤충이 고형물에 접촉하려고 하는 성질
③ 곤충의 매질 속에 존재하는 화학물질의 농도 차가 자극이 되어 특정 행동을 하는 성질
④ 생물이 중력에 의해 특정 행동을 하는 성질

46 대추나무 빗자루병에 대한 설명으로 틀린 것은?
① 마름무늬매미충에 의하여 매개전염된다.
② 각종 상처, 기공 등의 자연개구를 통하여 침입한다.
③ 잔가지와 황록색의 아주 작은 잎이 밀생하고, 꽃봉오리가 잎으로 변화된다.
④ 전염된 나무는 옥시테트라사이클린 항생제를 수간주입한다.

[해설]
② 대추나무 빗자루병은 마이코플라스마(파이토플라스마)에 의해 발병한다.

정답 41 ④ 42 ① 43 ① 44 ④ 45 ① 46 ②

47 멀칭재료는 유기질, 광물질 및 합성재료로 분류할 수 있다. 유기질멀칭재료에 해당하지 않는 것은?

① 볏짚
② 마사
③ 우드칩
④ 톱밥

해설
② 마사는 광물질멀칭재료에 해당한다.
멀칭재료의 종류
- 유기질재료 : 쌀겨, 옥수수속, 땅콩껍질, 볏짚, 잔디깎기한 풀, 솔잎, 솔방울, 톱밥, 나무껍질(수피), 우드칩, 펄프, 이탄이끼 등
- 광물질재료 : 왕모래, 마사, 돌조각, 자갈, 조약돌 등
- 합성재료 : 토목섬유, 폴리프로필렌 부직포, 폴리에틸렌 필름(비닐) 등

48 1차 전염원이 아닌 것은?

① 균핵
② 분생포자
③ 난포자
④ 균사속

해설
- 자낭균은 자낭포자(1차 전염원)로 이루어지는 유성생식(완전세대)과 분생포자(2차 전염원)로 이루어지는 무성생식(불완전세대)으로 세대를 이어간다.
- 월동하면서 휴면상태로 생존하였다가 봄이나 가을에 감염을 일으키는 전염원을 1차 전염원이라 하고, 이들에 의한 감염을 1차 감염이라고 한다.
- 1차 감염으로부터 형성되는 전염원을 2차 전염원이라 하고, 이들에 의한 감염을 2차 감염이라고 한다.

49 살충제에 해당되는 것은?

① 베노밀 수화제
② 페니트로티온 유제
③ 글리포세이트암모늄 액제
④ 아시벤졸라-에스-메틸·만코제브 수화제

해설
①·④ 살균제, ③ 제초제

50 여름용(남방계) 잔디라고 불리며, 따뜻하고 건조하거나 습윤한 지대에서 주로 재배되는데 하루 평균 기온이 10℃ 이상이 되는 4월 초순부터 생육이 시작되어 6~8월의 25~35℃ 사이에서 가장 생육이 왕성한 것은?

① 켄터키 블루그래스
② 버뮤다그래스
③ 라이그래스
④ 벤트그래스

해설
잔디의 종류
- 난지형 잔디 : 한국잔디(들잔디, 금잔디, 갯잔디, 빌로드잔디), 버뮤다그래스 등
- 한지형 잔디 : 벤트그래스, 켄터키 블루그래스, 이탈리안 라이그래스 등

51 다음 설명에 적합한 조경공사용 기계는?

- 운동장이나 광장과 같이 넓은 더지나 노면을 판판하게 고르거나 필요한 흙쌓기 높이를 조절하는 데 사용
- 길이 2~3m, 너비 30~50cm의 배토판으로 지면을 긁어 가면서 작업
- 배토판은 상하좌우로 조절할 수 있으며, 각도를 자유롭게 조절할 수 있기 때문에 지면을 고르는 작업 이외에 언덕깎기, 눈치기, 도랑파기 작업 등도 가능

① 모터그레이더
② 차륜식 로더
③ 트럭크레인
④ 진동컴팩터

해설
모터그레이더는 주로 넓은 면적의 땅을 고르는 정지작업 등에 사용되는 토공기계이다.

52 콘크리트용 혼화재료에 관한 설명으로 옳지 않은 것은?

① 포졸란은 시공연도를 좋게 하고 블리딩과 재료분리현상을 저감시킨다.
② 플라이애시와 실리카흄은 고강도 콘크리트 제조용으로 많이 사용한다.
③ 알루미늄 분말과 아연 분말은 방동제로 많이 사용되는 혼화제이다.
④ 염화칼슘과 규산소다 등은 응결과 경화를 촉진하는 혼화제로 사용된다.

해설
③ 알루미늄 분말과 아연 분말은 발포제로 많이 사용되는 혼화제이다.

53 콘크리트의 시공순서가 바르게 연결된 것은?

① 운반 → 제조 → 부어넣기 → 다짐 → 표면마무리 → 양생
② 운반 → 제조 → 부어넣기 → 양생 → 표면마무리 → 다짐
③ 제조 → 운반 → 부어넣기 → 다짐 → 양생 → 표면마무리
④ 제조 → 운반 → 부어넣기 → 다짐 → 표면마무리 → 양생

54 다음 중 경관석 놓기에 관한 설명으로 가장 부적합한 것은?

① 돌과 돌 사이는 움직이지 않도록 시멘트로 굳힌다.
② 돌 주위에는 회양목, 철쭉 등을 돌에 가까이 붙여 식재한다.
③ 시선이 집중하기 쉬운 곳, 시선을 유도해야 할 곳에 앉혀 놓는다.
④ 3, 5, 7 등의 홀수로 만들며, 돌 사이의 거리나 크기 등을 조정배치한다.

해설
① 경관석을 놓을 때는 시멘트를 사용하지 않고, 경관석 높이의 1/3 이상이 묻히도록 하며, 돌틈 사이로 관목류, 초화류 등을 심을 때는 배수조건도 고려한다.

경관석 놓기
• 경관석은 크기, 중량감, 외형, 색상, 질감 등이 배치 장소와 어우러지는 것을 선택해야 한다.
• 경관석을 단독으로 놓을 때는 위치, 높이, 길이, 기울기 등을 고려하여 그 경관석의 아름다움이 감상자에게 충분히 느껴지도록 하는 것이 중요하다.
• 경관석을 여러 개 짝지어 놓을 때는 중심이 되는 큰 주석과 보조 역할을 하는 작은 부석을 잘 조화시켜야 하는데, 수량은 일반적으로 홀수로 하고, 돌 사이의 거리나 크기 등을 조정하여 힘이 분산되지 않고 짜임새가 있도록 한다.
• 경관석을 놓은 후에는 주변에 적당한 관목류, 초화류 등을 심어 경관석이 한층 돋보이도록 한다.

55 축척 1/1,000 도면의 단위면적이 10m² 인 것을 이용하여, 축척 1/500 도면의 단위면적으로 환산하면 얼마인가?

① 20m² ② 40m²
③ 80m² ④ 120m²

해설
(축척비)² 은 면적비이므로 $\left(\dfrac{1,000}{500}\right)^2 = 4$배이다.
∴ 40m²
※ 축척이 감소하면 길이는 두 배로, 면적은 네 배로 증가하며, 축척이 증가하면 그 반대이다.

정답 52 ③ 53 ④ 54 ① 55 ②

56 토공사(정지)작업 시 일정한 장소에 흙을 쌓아 일정한 높이를 만드는 일을 무엇이라 하는가?

① 객토 ② 절토
③ 성토 ④ 경토

해설
① 성질이 다른 토양을 표토에 가하여 토지의 생산성을 높이는 방법
② 토목공사에서 시설물을 세우기 위해 지형을 깎아내리거나 흙을 파내는 작업
④ 경작하기에 적당한 땅

57 옥상녹화용 방수층 및 방근층 시공 시 바탕체의 거동에 의한 방수층의 파손 요인에 대한 해결방법으로 부적합한 것은?

① 거동 흡수 절연층의 구성
② 방수층 위에 플라스틱계 배수판 설치
③ 합성고분자계, 금속계 또는 복합계 재료 사용
④ 콘크리트 등 바탕체가 온도 및 진동에 의한 거동 시 방수층 파손이 없을 것

해설
② 방수층 위에 플라스틱계 배수판을 설치하는 것은 체류수의 원활한 흐름을 유도하기 위함이다.

58 지표면이 높은 곳의 꼭대기 점을 연결한 선으로, 빗물이 이것을 경계로 좌우로 흐르게 되는 선을 무엇이라 하는가?

① 능선
② 계곡선
③ 경사변환점
④ 방향변환점

해설
② 고도 0m에서부터 다섯 번째 선마다 굵게 표시한 등고선
③ 하곡 종단면이나 산지 사면의 경사가 급히 변하는 지점

59 수변의 디딤돌(징검돌) 놓기에 대한 설명으로 틀린 것은?

① 보행에 적합하도록 지면과 수평으로 배치한다.
② 징검돌의 상단은 수면보다 15cm 정도 높게 배치한다.
③ 디딤돌 및 징검돌의 장측은 진행방향에 직각이 되도록 배치한다.
④ 물 순환 및 생태적 환경을 조성하기 위하여 투수지역에서는 가벼운 디딤돌을 주로 활용한다.

해설
④ 물 순환 및 생태적 환경을 조성하기 위하여 투수지역에서는 무거운 디딤돌을 주로 활용한다.

60 수경시설(연못)의 유지관리에 관한 내용으로 옳지 않은 것은?

① 겨울철에는 물을 2/3 정도만 채워둔다.
② 녹이 잘 스는 부분은 녹막이 칠을 수시로 해준다.
③ 수중식물 및 어류의 상태를 수시로 점검한다.
④ 물이 새는 곳이 있는지의 여부를 수시로 점검하여 조치한다.

해설
① 급수구와 배수구의 막힘 여부는 수시로 점검하고, 겨울 전에 물을 빼 연못에 가라앉았던 이물질을 제거하고 청소한다.
수질관리
• 물은 고여 있으면 미생물의 활동으로 더러워지므로 물속의 유기물은 제거하고, 일정한 간격으로 물을 교체해 주어야 한다.
• 맑은 물을 계속 공급하면 스스로의 정화작용을 통하여 물이 맑아지고, 물속의 산소량도 증가한다.
• 물속의 산소량을 증가시키기 위해서는 분수나 폭포를 설치하거나, 물이 유입되는 곳에 여과장치 또는 정화조를 설치한다.
• 연못 같은 수경시설의 급수구는 수면보다 높게, 월류구는 수면과 같게 해 주고, 입구에 이물질이 막히지 않게 하여 항상 물이 조금씩 흐르게 해 준다.
• 수경시설에 수중동물이나 수초를 기르면 관상가치를 높일 수 있으며 물의 혼탁 여부도 예측할 수 있다.
• 급수구와 배수구의 막힘 여부는 수시로 점검하고, 겨울 전에 물을 빼 연못에 가라앉았던 이물질을 지거하고 청소한다.

정답 56 ③ 57 ② 58 ① 59 ④ 60 ①

2017년 제1회 과년도 기출복원문제

※ 2017년부터는 CBT(컴퓨터 기반 시험)로 진행되어 수험자의 기억에 의해 문제를 복원하였습니다. 실제 시행문제와 일부 상이할 수 있음을 알려드립니다.

01 일본에서 고산수(枯山水) 수법이 가장 크게 발달했던 시기는?

① 가마쿠라시대
② 무로마치시대
③ 모모야마시대
④ 에도시대

[해설]
무로마치시대(14세기~15세기 후반)에 발달한 고산수 수법은 정토사상과 신선사상을 바탕으로 불교 선사상의 직접적인 영향을 받아 극도의 상징성(자연석이나 모래 등으로 산수자연을 상징)으로 조성되었다.

02 국립공원의 발달에 기여한 최초의 미국 국립공원은?

① 옐로스톤
② 요세미티
③ 센트럴파크
④ 보스톤공원

[해설]
센트럴파크가 미국 도시공원의 효시가 되었고, 국립공원운동에 영향을 주어 1872년 옐로스톤공원(Yellow Stone Park)이 최초의 국립공원으로 지정되었다.

03 중세 수도원의 전형적인 정원으로 예배실을 비롯한 교단의 공공건물에 의해 둘러싸인 네모난 공지를 가리키는 것은?

① 아트리움(Atrium)
② 페리스틸리움(Peristylium)
③ 클라우스트룸(Claustrum)
④ 파티오(Patio)

[해설]
① 고대 로마 주택정원의 제1중정으로, 손님 접대나 사무용 공적 공간이다.
② 고대 로마 주택정원의 제2중정으로, 가족용 사적 공간이다.
④ 중정(中庭)이라고도 하며, 주거에 접해 있고 건물에 부분적으로 둘러싸인 안뜰로 로마의 아트리움을 발전시킨 스페인의 대표적인 정원양식이다.

04 다음 정원시설 중 우리나라 전통조경시설이 아닌 것은?

① 취병(생울타리)
② 화계
③ 벽천
④ 소지

[해설]
③ 벽천은 독일의 조경시설이다.
우리나라 전통조경의 특징
• 신선사상에 근거를 두고 음양오행설이 가미 되었다.
• 동양 정원에서 연못을 파고 그 가운데 섬을 만드는 수법에 가장 큰 영향을 준 것 역시 신선사상이다.
• 연못은 땅(음)을 상징하고 있으며 둥근섬은 하늘(양)을 상징하고 있다.

정답 1 ② 2 ① 3 ③ 4 ③

05 일본의 독특한 정원양식으로 여행 취미의 결과 얻어진 풍경의 수목이나 명승고적, 폭포, 호수, 명산 계곡 등을 그대로 정원에 축소시켜 감상하는 것은?

① 축경원
② 평정고산수식 정원
③ 회유임천식 정원
④ 다정

해설
19세기 에도시대 후기의 축경식 정원이다.

06 다음 중 중국 정원의 특징으로 알맞은 것은?

① 태호석
② 다정
③ 조화
④ 축경

해설
① 중국 송시대에 태호석을 사용한 석가산수법이 유행하였다.

07 조선시대의 정원 중 연결이 올바른 것은?

① 양산보 – 다산초당
② 윤선도 – 부용동 정원
③ 정약용 – 운조루 정원
④ 이유주 – 소쇄원

해설
①·④ 소쇄원은 양산보가 조성하였다.
③ 정약용은 다산초당과 관련 있다.

08 골프장 코스 중 출발지점을 말하는 것은?

① 티(Tee)
② 그린(Green)
③ 페어웨이(Fairway)
④ 해저드(Hazard)

해설
홀의 구성
• 티(Tee) : 출발점
• 그린(Green) : 종점
• 페어웨이(Fairway) : 티와 그린 사이에 짧게 깎은 잔디 지역
• 러프(Rough) : 페어웨이 주변의 깎지 않은 초지로 이루어진 지역
• 해저드(Hazard) : 장애 지역

09 명암순응(明暗順應)에 대한 설명으로 틀린 것은?

① 눈이 빛의 밝기에 순응해서 물체를 본다는 것을 명암순응이라 한다.
② 맑은 날 색을 본 것과 흐린 날 색을 본 것이 같이 느껴지는 것이 명순응이다.
③ 터널에 들어갈 때와 나갈 때의 밝기가 급격히 변하지 않도록 명암순응식재를 한다.
④ 명순응에 비해 암순응은 장시간을 필요로 한다.

해설
• 명순응 : 어두운 곳에서 밝은 곳으로 옮기면 처음에는 눈이 부시나 차차 적응하여 정상 상태로 돌아가는 현상이다.
• 암순응 : 밝은 곳에서 어두운 곳으로 들어가면 처음에는 보이지 않던 것이 시간이 지남에 따라 차차 보이기 시작하는 현상이다.

10 다음 중 차경(借景)을 설명한 것으로 옳은 것은?

① 멀리 바라보이는 자연의 풍경을 경관구성 재료의 일부로 도입해 이용한 수법
② 경관을 가로막는 것
③ 일정한 흐름에서 어느 특정선을 강조하는 것
④ 좌우대칭이 되는 중심선

해설
차경(借景)이란 경치를 빌려 온다는 뜻으로, 멀리 바라보이는 자연 풍경을 경관 구성재료의 일부분으로 이용하는 수법이다.

11 도시공원 및 녹지 등에 관한 법률 시행규칙상 도시공원 중 설치규모가 가장 큰 곳은?

① 광역권 근린공원
② 체육공원
③ 묘지공원
④ 도시지역권 근린공원

해설
도시공원의 설치 및 규모의 기준(도시공원 및 녹지 등에 관한 법률 시행규칙 [별표 3])

공원구분		유치거리	규모
생활권 공원	도시지역권 근린공원	제한 없음	100,000m² 이상
	광역권 근린공원	제한 없음	1,000,000m² 이상
주제 공원	묘지공원	제한 없음	100,000m² 이상
	체육공원	제한 없음	10,000m² 이상

12 어떤 두 색이 맞붙어 있을 때 그 경계 언저리에 대비가 더 강하게 일어나는 현상은?

① 연변대비 ② 면적대비
③ 보색대비 ④ 한난대비

해설
① 나란히 단계적으로 균일하게 채색되어 있는 색의 경계부분에서 일어나는 대비현상
② 같은 색이라도 면적의 크고 적음에 따라 색의 명도 채도가 다르게 보이는 현상
③ 보색 관계에 있는 두 색을 같이 놓을 때, 서로의 영향으로 더 뚜렷하게 보이는 현상
④ 색의 차갑고 따뜻함에 따라 색이 다르게 보이는 현상

13 독도는 광활한 바다에 우뚝 솟은 바위섬이다. 독도의 전망대에서 바라보는 경관의 유형으로 가장 적합한 것은?

① 파노라마경관 ② 지형경관
③ 위요경관   ④ 초점경관

해설
파노라마경관은 시야를 가리지 않고 멀리 퍼져 보이는 경관이다.

14 가을에 단풍이 노란색으로 물드는 수종은?

① 콩나무   ② 붉은고로쇠나무
③ 담쟁이덩굴   ④ 화살나무

해설
- 붉은색 단풍 : 단풍나무, 마가목, 감나무, 화살나무, 붉나무, 담쟁이덩굴, 옻나무, 산딸나무 등
- 노란색 단풍 : 은행나무, 일본잎갈나무, 메타세쿼이아, 느티나무, 백합나무, 갈참나무, 칠엽수, 벽오동, 배롱나무, 자작나무, 계수나무, 고로쇠나무 등

정답 10 ① 11 ① 12 ① 13 ① 14 ②

15 다음 수종 중 양수에 속하는 것은?

① 가중나무　　② 주목
③ 팔손이나무　④ 녹나무

해설
- 음수 : 주목, 전나무, 비자나무, 독일가문비나무, 가시나무, 녹나무, 후박나무, 동백나무, 호랑가시나무, 팔손이나무, 회양목, 목란 등
- 양수 : 소나무, 곰솔, 측백나무, 낙엽송, 향나무, 은행나무, 철쭉류, 삼나무, 느티나무, 포플러류, 가죽나무, 무궁화, 백목련, 모과나무, 두릅나무, 산수유 등

16 잔디밭, 일제림, 독립수 등의 경관에 나타나는 아름다움은?

① 조화미　② 단순미
③ 점층미　④ 대비미

해설
② 질서 유지가 주는 느낌으로, 아무 저항 없이 형태가 순조롭게 머릿속에 들어올 때 편안함이 느껴진다.
① 색채나 형태들이 유사한 시각적 요소들과 서로 잘 어울리는 것을 말한다.
③ 조화롭고 일정한 질서를 가진 흐름의 점진적 증감을 통해 유사와 반복이 복합되어 동적이고 극적인 분위기를 나타내는 것
④ 상이한 질감, 형태 또는 색채를 서로 대조시킴으로써 변화를 주는 동적 시각구성방법이다. 강한 대조효과를 통하여 특정 경관요소를 더욱 부각시키고 단조로움을 없애고자 할 때 이용된다.

17 다음 중 이식이 가장 어려운 수종은?

① 은행나무　② 일본목련
③ 팽나무　　④ 오동나무

해설
- 이식이 쉬운 수종 : 편백, 측백나무, 낙우송, 메타세쿼이아, 향나무, 꽝꽝나무, 사철나무, 쥐똥나무, 철쭉류, 벽오동, 미루나무, 은행나무, 플라타너스(양버즘나무), 수양버들, 은백양, 무궁화, 명자나무, 등나무 등
- 이식이 어려운 수종 : 소나무, 전나무, 주목, 백송, 독일가문비나무, 섬잣나무, 가시나무, 굴거리나무, 호랑가시나무, 굴참나무, 떡갈나무, 느티나무, 목련, 백합나무, 칠엽수, 감나무, 자작나무, 맹종죽, 일본잎갈나무(낙엽송) 등

18 조경계획의 과정을 기술한 것 중 가장 잘 표현한 것은?

① 자료분석 및 종합 – 목표설정 – 기본계획 – 실시설계 – 기본설계
② 목표설정 – 기본설계 – 자료분석 및 종합 – 기본계획 – 실시설계
③ 기본계획 – 목표설정 – 자료분석 및 종합 – 기본설계 – 실시설계
④ 목표설정 – 자료분석 및 종합 – 기본계획 – 기본설계 – 실시설계

해설
조경계획의 과정 : 목표설정 → 현황자료분석(자연환경분석, 인문환경분석) 및 종합 → 기본구상 → 기본계획(토지이용계획, 교통동선계획, 시설물 배치계획, 식재계획, 하부구조계획, 집행계획) → 기본설계 → 실시설계 → 시공 및 감리 → 유지관리

19 다음 중 계곡선에 대한 설명 중 맞는 것은?

① 주곡선 간격의 1/2 거리의 가는 파선으로 그어진 것이다.
② 주곡선의 다섯 줄마다 굵은선으로 그어진 것이다.
③ 간곡선 간격의 1/2 거리의 가는 점선으로 그어진 것이다.
④ 1/5000의 지형도 축척에서 등고선은 10m 간격으로 나타난다.

해설
등고선의 종류
- 주곡선 : 지형을 나타내는 데 기본이 되는 곡선(가는 실선)이다.
- 계곡선 : 표고를 읽기 쉽게 하기 위해 주곡선 5개마다 1개씩 굵은 실선으로 표시한 것이다.
- 간곡선 : 산정 경사가 고르지 못한 완만한 경사지, 그 외에 주곡선만으로는 지모의 상태를 상세하게 나타낼 수 없는 경우에 표시하며, 주곡선 간격의 1/2 간격에 가는 긴 파선으로 나타낸다.
- 조곡선 : 간곡선 간격의 1/2 거리로 간곡선만으로는 지형의 상태를 충분히 나타낼 수 없는 불규칙 지형에 가는 짧은 파선으로 표시한다.

정답　15 ①　16 ②　17 ②　18 ④　19 ②

20 조경제도에서 단면도를 그리기 위해 평면도에 절단 위치를 표시하고자 한다. 사용할 선의 종류는? (단, KS F 1501을 기준으로 한다.)

① 실선
② 파선
③ 2점쇄선
④ 1점쇄선

해설
- 1점쇄선 : 중심선(물체의 중심축, 대칭축 표시), 절단선과 경계선 (물체의 절단한 위치 및 경계 표시)
- 2점쇄선 : 가상선, 경계선(물체가 있을 것으로 생각되는 부분 표시)

21 다음 [보기]는 무엇에 대한 설명인가?

| 보기 |
- 일반 지도와 같은 지형정보와 함께 지하시설물 등 관련정보를 인공위성으로 수집, 컴퓨터로 작성해 검색, 분석할 수 있도록 한 복합적인 지리정보시스템이다.
- 구체적으로 기상항공 정보분석, 상·하수도망, 통신망, 전력망, 도시가스망, 도로 등 지상·지하 시설물 설치 및 관리, 공장부지, 농작물 재배지역, 산업단지선정 등에 이용된다.

① GPS
② GIS
③ PCS
④ Navigation

해설
GIS는 넓은 의미로 인간의 의사결정 능력의 지원을 위해 공간상 위치를 나타내는 도형자료(Graphic Data)와 이에 관련된 속성자료(Attribute Data)를 연결하여 처리하는 정보시스템으로서 다양한 형태의 지리정보를 효율적으로 수집, 저장, 갱신, 처리, 분석, 출력하기 위해 이용되는 하드웨어, 소프트웨어, 지리자료, 인적자원의 통합적 시스템이다.

22 자연석 중 전후좌우 사방 어디에서나 볼 수 있으며, 키가 높아야 효과적인 돌의 형태는?

① 입석
② 횡석
③ 평석
④ 와석

해설
자연석의 모양
- 입석 : 서워 쓰는 돌로 어디서나 관상할 수 있고, 키가 높아야 효과가 있다.
- 횡석 : 눕혀 쓰는 돌로 안정감이 있다.
- 평석 : 윗부분이 평평한 돌로 안정감을 주며, 주로 앞부분에 배석한다.
- 환석 : 둥근 모양의 돌
- 각석 : 각이 진 3각 또는 4각의 돌
- 사석 : 비스듬히 세워서 쓰는 돌로 해안절벽의 표현 등에 사용한다.
- 와석 : 소가 누운 형태로 횡석보다 더 안정감이 있다.
- 괴석 : 태호석, 제주도나 흑산도의 현무암 등

23 다음 중 석재의 비중을 구하는 식은?

- A : 건조무게(g)
- B : 공시체의 침수 후 표면 건조포화 상태의 공시체의 무게(g)
- C : 공시체의 수중무게(g)

① A/B + C
② A/B - C
③ C/A - B
④ B/A + C

24 다음 중 녹음용 수종에 관한 설명으로 가장 거리가 먼 것은?

① 여름철에 강한 햇빛을 차단하기 위해 식재되는 나무를 말한다.
② 잎이 크고 치밀하며 겨울에는 낙엽이 지는 나무가 녹음수로 적당하다.
③ 지하고가 낮은 교목으로 가로수로 쓰이는 나무가 많다.
④ 녹음용 수목으로는 느티나무, 회화나무, 칠엽수, 플라타너스 등이 있다.

해설
수관이 크고, 큰 잎이 치밀하고 무성하며, 지하고가 높은 교목이 적합하다.

25 일반적인 동선의 성격과 기능을 설명한 것으로 부적합한 것은?

① 동선은 다양한 공간 내에서 사람 또는 사람의 이동경로를 연결하게 해 주는 기능을 갖는다.
② 동선은 가급적 단순하고 명쾌해야 한다.
③ 성격이 다른 동선은 혼합하여도 무방하다.
④ 이용도가 높은 동선의 길이는 짧게 해야 한다.

해설
③ 성격이 다른 동선은 반드시 분리되어야 하고, 되도록이면 동선의 교차는 피한다.

26 통일성을 달성하기 위한 수법에 해당하는 것은?

① 균형
② 비례
③ 율동
④ 대비

해설
②·③·④는 다양성에 해당한다.

27 시멘트 공장에서 포틀랜드 시멘트를 제조할 때 석고를 첨가하는 주요 이유는?

① 시멘트의 강도 및 내구성 증진을 위하여
② 시멘트의 장기강도 발현성을 높이기 위하여
③ 시멘트의 급격한 응결을 조정하기 위하여
④ 시멘트의 건조수축을 작게 하기 위하여

해설
시멘트는 그 응결시간의 길고 짧음에 따라 급결 시멘트와 완결 시멘트로 구분하며, 시멘트를 제조할 때 탄산칼슘($CaCO_3$)이나 탄산나트륨(Na_2CO_3)을 넣으면 급결성이 되고, 석고를 넣으면 완결성이 된다.

28 천연석을 잘게 분쇄하여 색소와 시멘트를 혼합·연마한 것으로 부드러운 질감을 느끼게 하지만 미끄러운 결점이 있는 보차도용 콘크리트 제품은?

① 경계블록
② 보도블록
③ 인조석 보도블록
④ 강력압력 보도블록

해설
인조석 보도블록
연석을 분쇄하여 시멘트와 색소를 혼합한 것으로, 부드러운 질감을 가지고 있고, 크기와 색상이 다양하다.

29 뿌리돌림은 현재의 생장지에서 적당한 범위로 뿌리를 절단하는 것을 말하는데 이 뿌리돌림에 관한 설명으로 틀린 것은?

① 한 장소에서 오랫동안 자랄 때 뿌리는 줄기로부터 상당히 떨어진 곳까지 굵은 뿌리가 뻗어 나가며, 잔뿌리는 그 곳에 분포되어 있다.
② 제한된 뿌리분으로 캐서 이식할 경우 잔뿌리는 대부분 끊겨 나가고 굵은 뿌리만 남아 이식 시 활착이 어렵다.
③ 뿌리돌림을 하는 시기는 일 년 내내 가능하고, 봄철보다 여름철이 끝나는 시기가 가장 좋으며, 낙엽수는 가을철이 적당하다.
④ 봄에 뿌리돌림을 한 낙엽수는 당년 가을이나 이듬해 봄에, 상록수는 이듬해 봄이나 장마기에 이식할 수 있다.

해설
③ 뿌리돌림을 하는 시기는 봄의 해토 직후부터 생장이 가장 활발한 시기에 하는 것이 적합하며, 혹서기와 혹한기는 피하는 것이 좋다.

30 시방서의 설명으로 옳은 것은?

① 설계도면에 필요한 예산계획서이다.
② 공사계약서이다.
③ 평면도, 입면도, 투시도 등을 볼 수 있도록 그려 놓은 것이다.
④ 공사개요, 시공방법, 특수재료 및 공법에 관한 사항 등을 명기한 것이다.

해설
시방서
건물을 설계할 때 도면상에 나타낼 수 없는 세부사항을 명시한 문서를 말한다. 공사에 필요한 재료의 종류와 품질, 사용처, 시공방법, 납기, 준공 기일 등 설계 도면에 나타내기 어려운 사항을 명확하게 기록하며 도면과 함께 설계의 중요한 부분을 구성하고 있다.

31 식물의 생장에 꼭 필요한 원소 중 질소가 결핍되었을 때 생기는 현상은?

① 신장 성장이 불량하여 줄기나 가지가 가늘어지고, 묵은 잎부터 황변하여 떨어진다.
② 잎이 비틀어지며 변색하고, 결실이 좋지 못하며 뿌리의 생장이 저하된다.
③ 옥신의 부족으로 절간생장이 억제되고, 잎이 작아진다.
④ 뿌리나 눈의 생장점이 붉게 변하여 죽고, 건조나 추위의 해를 받기 쉽다.

해설
질소(N)
• 광합성을 촉진시켜 잎이나 줄기 등 수목의 생장에 도움을 준다.
• 부족하면 생장이 위축되고 줄기가 가늘어지며 성숙이 빨라진다.
• 질소가 많으면 줄기가 보통 이상으로 길고 연하게 자라며 성숙이 늦어진다.

32 길이쌓기 켜와 마구리쌓기 켜가 번갈아 반복되게 쌓는 방법으로 모서리나 벽이 끝나는 곳에는 반적이나 2·5토막이 쓰이는 벽돌쌓기 방법은?

① 영국식 쌓기　　② 프랑스식 쌓기
③ 네덜란드식 쌓기　④ 미국식 쌓기

해설
① 길이쌓기 켜와 마구리쌓기 켜를 반복하여 쌓고, 모서리의 벽 끝에는 이오토막을 쓰는 방법으로, 매우 견고하다.
② 켜마다 길이와 마구리가 번갈아 나오는 방법으로, 영국식 쌓기보다 아름다우나 견고성은 떨어진다.
③ 영국식 쌓기와 같으나, 시공이 편리하고 쌓을 때 모서리 끝에 칠오토막을 써서 안정감을 준다. 우리나라에서는 대부분 이 방식을 쓰고 있다.
④ 5켜까지 길이 쌓기로 하고, 그 위 1켜는 마구리쌓기로 하는 방법이다.

정답　29 ③　30 ④　31 ①　32 ①

33 일반 벽돌쌓기 시 사용되는 우리나라의 표준형 벽돌의 규격은?(단, 단위는 mm이다)

① 190×90×57 ② 200×90×57
③ 200×90×60 ④ 210×100×60

해설
시멘트벽돌 규격(단위 : mm)
- 기존형 : 210×100×60
- 표준형 : 190×90×57

34 흙쌓기 할 때에는 일정 높이마다 다짐을 실시하며, 성토해 나가야 하는데, 그렇지 않을 경우에는 나중에 압축과 침하에 의해 계획 높이보다 줄어들게 된다. 그러한 것을 방지하고자 하는 행위를 무엇이라 하는가?

① 정지(Grading)
② 취토(Borrow-pit)
③ 흙쌓기(Filling)
④ 더돋기(Extra Banking)

해설
더돋기 : 토적의 축소에 대하여 충분한 높이와 용적을 가지게 하기 위하여 미리 흙을 더 쌓는 작업

35 식물의 분류와 해당 식물들의 연결이 옳지 않은 것은?

① 한국잔디류 : 들잔디, 금잔디, 비로드잔디
② 소관목류 : 회양목, 이팝나무, 원추리
③ 초본류 : 맥문동, 비비추, 원추리
④ 덩굴성 식물류 : 송악, 칡, 등나무

해설
이팝나무는 낙엽성 교목이며 원추리는 초본류이다.

36 다음 [보기]는 수목 외과수술 방법의 순서이다. 작업순서를 바르게 나열한 것은?

┌ 보기 ┐
㉠ 동공충전
㉡ 부패부 제거
㉢ 살균살충처리
㉣ 매트처리
㉤ 방부·방수처리
㉥ 인공나무껍질처리

① ㉠ → ㉡ → ㉢ → ㉣ → ㉤ → ㉥
② ㉢ → ㉥ → ㉣ → ㉠ → ㉤ → ㉡
③ ㉡ → ㉢ → ㉤ → ㉠ → ㉣ → ㉥
④ ㉥ → ㉡ → ㉣ → ㉢ → ㉤ → ㉠

해설
수목 외과수술은 상처부위나 부패로 인한 공동이 더이상 부패되지 않도록 하며, 수간의 물리적 지지력을 높이고 자연스러운 외형을 갖게 하는 것이다.

37 보행자 2인이 나란히 통행하는 원로의 폭으로 가장 적합한 것은?

① 0.5~1.0m
② 1.5~2m
③ 3.0~3.5m
④ 4.0~4.5m

해설
원로 폭의 설계기준
- 보행자 1인이 통행 가능 : 0.8~1m
- 보행자 2인이 나란히 통행 가능 : 1.5~2m

38 설계도면에서 표제란에 위치한 막대축척이 1/200 이다. 도면에서 1cm는 실제 몇 m인가?

① 0.5m ② 1m
③ 2m   ④ 4m

해설
실제 거리 = 도상 길이 ÷ 축척
= 1cm ÷ (1/200) = 200cm = 2m

39 다음 뗏장을 입히는 방법 중 줄 붙이기 방법에 해당하는 것은?

① ② ③ ④

해설
줄떼 붙이기
줄 사이를 뗏장 너비 또는 그 반 너비로 떼어서 10~30cm의 간격을 두고 줄 모양으로 이어 심는다.

40 굳지 않은 모르타르나 콘크리트에서 물이 분리되어 위로 올라오는 현상은?

① 워커빌리티(Workability)
② 블리딩(Bleeding)
③ 피니셔빌리티(Finishability)
④ 레이턴스(Laitance)

해설
블리딩(Bleeding)
굳지 않은 모르타르나 콘크리트에서 물이 분리되어 위로 올라오는 현상으로 이때 올라온 물이 시멘트 등 기타의 미립자를 표면으로 운반하여 레이턴스를 만든다.

41 목재의 장점이라 할 수 있는 것은?

① 가공하기 쉽고 열전도율이 낮다.
② 부패성이 크다.
③ 부위에 따라 재질이 고르지 못하나 불에는 강하다.
④ 함수율에 따라 변형되기 쉽다.

해설
목재의 장단점

장점	• 색깔 및 무늬 등 외관이 아름답다. • 저질이 부드럽고, 촉감이 좋다. • 무게가 가벼워서 운반하거나 다루기가 쉽다. • 중량에 비하여 강도가 크다. • 열, 소리, 전기 등의 전도성이 낮다. • 생산량이 많고, 가격이 비교적 저렴하며, 입수가 용이하다.
단점	• 자연소재이므로 내화성이 없고, 부패하기 쉽다. • 함수량의 증감에 따라 팽창·수축하여 변형되기 쉽다. • 부위에 따라 재질이 고르지 못하다. • 구부러지고 옹이가 있다. • 강도가 균일하지 못하고, 크기에 제한을 받는다.

42 진비중이 2.6이고, 가비중이 1.2인 토양의 공극률은 얼마인가?

① 36.2%   ② 46.5%
③ 53.8%   ④ 66.4%

해설
토양의 공극률(%) = $\left(1 - \dfrac{가비중}{진비중}\right) \times 100 = \left(1 - \dfrac{1.2}{2.6}\right) \times 100$
= 53.8%

정답 38 ③ 39 ④ 40 ② 41 ① 42 ③

43 다음 중 수목의 굵은 가지치기 요령 중 가장 거리가 먼 것은?

① 잘라낼 부위는 가지의 밑둥으로부터 10~15cm 부위를 위에서부터 밑까지 내리 자른다.
② 잘라낼 부위는 아래쪽에 가지굵기의 1/3정도 깊이까지 톱자국을 먼저 만들어 놓는다.
③ 톱을 돌려 아래쪽에 만들어 놓은 상처보다 약간 높은 곳을 위로부터 내리 자른다.
④ 톱으로 자른 자리의 거친 면은 손칼로 깨끗이 다듬는다.

해설
굵은 가지 자르기
줄기에서 10~15cm 떨어진 곳에 밑에서 위쪽으로 굵기의 1/3 정도 깊이까지 톱질을 하여 톱자국을 낸 다음, 톱질한 곳에서 가지 끝쪽으로 약간 떨어진 곳에 위에서 아래쪽으로 톱질을 하면 스스로의 무게에 의해 떨어져 나가며 가지는 쪼개지지 않는다.

44 추위에 의하여 나무의 줄기 또는 수피가 수선 방향으로 갈라지는 현상을 무엇이라 하는가?

① 고사　　② 피소
③ 상렬　　④ 괴사

해설
상렬
• 추위에 의하여 나무의 줄기 또는 수피가 수선 방향으로 갈라지는 현상을 말한다.
• 상렬은 늦겨울이나 이른 봄 남서면의 얼었던 수피가 햇빛을 받아 조직이 연해진 다음, 밤중에 기온이 급속히 내려감으로써 수분이 세포를 파괴하여 껍질이 갈라져 생긴다.
• 상렬의 피해가 많이 나타나는 수종은 수피가 얇은 단풍나무, 배롱나무, 일본목련, 벚나무, 밤나무 등이며, 지상으로부터 0.5~1m 정도 높이의 수간에서 피해가 많이 발생한다.

45 솔잎혹파리에는 먹좀벌을 방사시키면 방제효과가 있다. 이러한 방제법에 해당하는 것은?

① 기계적 방제법
② 생물적 방제법
③ 물리적 방제법
④ 화학적 방제법

해설
② 해충의 천적을 이용하는 방제법
①·③ 피해수목이나 해충에 직접적인 물리력을 가하는 방제법
④ 농약 등을 사용하는 방제법

46 광질(光質)의 특성때문에 안개지역 조명, 도로 조명, 터널 조명 등에 적합한 전등은?

① 할로겐등　　② 형광등
③ 수은등　　　④ 나트륨등

해설
나트륨등의 특징
• 설치비는 비싸지만, 유지관리비가 싸고 수명이 비교적 길다.
• 빛의 조절이나 통제가 용이하고, 색채의 연출이 우수하다.
• 녹색과 푸른색을 제외한 색채의 연출이 불량하여 이를 보완하기 위해 인을 코팅한 전등을 사용한다.
• 변동하는 기온이나 조건하에서 발광 및 효율을 일정하게 유지하기 어렵다.

47 겨울 전정의 설명으로 틀린 것은?

① 12~3월에 실시한다.
② 상록수는 동계에 강전정하는 것이 가장 좋다.
③ 제거 대상 가지를 발견하기 쉽고 작업도 용이하다.
④ 휴면 중이기 때문에 굵은 가지를 잘라 내어도 전정의 영향을 거의 받지 않는다.

해설
② 상록수는 내한성이 약해서 동계 전정을 지양하는 것이 좋다.

48 어린이 놀이시설물 설치에 대한 설명으로 옳지 않은 것은?

① 시소는 출입구에 가까운 곳, 휴게소 근처에 배치하도록 한다.
② 미끄럼대의 미끄럼판 각도는 일반적으로 30~40° 정도의 범위로 한다.
③ 그네는 통행이 많은 곳을 피하여 동서방향으로 설치한다.
④ 모래터는 하루 4~5시간의 햇볕이 쬐고 통풍이 잘 되는 곳에 위치한다.

해설
③ 그네는 집단적인 놀이가 활발한 자리 또는 통행량이 많은 곳에 배치하지 않아야 하고, 안장은 햇빛을 마주하지 않도록 북향 또는 동향으로 배치한다.

49 잔디밭에 물을 공급하는 관수에 대한 설명으로 틀린 것은?

① 식물에 물을 공급하는 방법은 지표관개법과 살수관개법으로 나눌 수 있다.
② 살수관개법은 설치비가 많이 들지만, 관수 효과가 높다.
③ 수압에 의해 작동하는 회전식은 360°까지 임의 조절이 가능하다.
④ 회전장치가 수압에 의해 지면보다 10cm 상승 또는 하강하는 팝업(Pop-up)살수기는 평소 시각적으로 불량하다.

해설
④ 대부분의 살수 장치는 지상부에 항상 노출되어 있는 경우가 많지만, 팝업 살수기는 지하부에 위치하고 있던 회전 장치가 수압에 의해 지상부로 10cm 정도 상승하여 작동하며, 물 공급이 중단되면 다시 원위치로 돌아가므로 시각적으로 노출이 되지 않는다.

50 철근을 D13으로 표현했을 때, D는 무엇을 의미하는가?

① 둥근 철근의 지름
② 이형 철근의 지름
③ 둥근 철근의 길이
④ 이형 철근의 길이

해설
이형 철근은 부착력을 증대시키기 위하여 철근표면에 마디 모양의 돌기를 붙인 철근을 말하며 일반 이형 철근의 지름은 D로 나타낸다.
※ 둥근(원형) 철근은 돌기가 없는 원형 단면의 철근을 말한다.

51 일반적인 조경관리에 해당되지 않는 것은?

① 운영관리   ② 유지관리
③ 이용관리   ④ 생산관리

해설
조경관리의 구분
• 운영관리 : 예산, 조직, 재산, 재무제도 등의 관리
• 유지관리 : 잔디, 초화류, 식재수목, 각종 시설물 및 건축물 등의 관리
• 이용관리 : 주민참여 유도, 안전관리, 홍보, 이용지도, 행사프로그램 주도 등의 관리

52 개화결실을 목적으로 실시하는 정지, 전정방법 중 옳지 않은 것은?

① 약지(弱枝)는 길게, 강지(强枝)는 짧게 전정하여야 한다.
② 묵은 가지나 병충해 가지는 수액유동 전에 전정한다.
③ 작은 가지나 내측(內側)으로 뻗은 가지는 제거한다.
④ 개화 결실을 촉진하기 위하여 가지를 유인하거나 단근작업을 실시한다.

해설
① 약지는 짧게, 강지는 길게 전정하되 수세를 보아 가면서 적당한 길이로 전정한다.

53 다음 중 소나무류를 가해하는 해충이 아닌 것은?

① 솔나방
② 미국흰불나방
③ 소나무좀
④ 솔잎혹파리

해설
미국흰불나방은 포플러류, 버즘나무 등 160여 종의 활엽수를 가해하며, 먹이가 부족하면 초본류도 먹는다. 소나무류는 침엽수이므로 관련이 없다.

54 참나무 시들음병의 매개충은?

① 바구미
② 광릉긴나무좀
③ 솔수염하늘소
④ 오리나무잎벌레

해설
참나무 시들음병의 매개충은 광릉긴나무좀으로 졸참, 갈참, 상수리, 서어나무 등에 서식하며 수세가 약한 나무나 잘라놓은 나무의 목질부의 심재 속을 파먹어 들어가기 때문에 목재의 질이 약해진다.

55 다음 중 무거운 돌을 놓거나, 큰 나무를 옮길 때 신속하게 운반과 적재를 동시에 할 수 있어 편리한 장비는?

① 체인블록
② 모터그레이더
③ 트럭크레인
④ 콤바인

해설
① 무거운 물건을 들어 올리는 데 쓰이는 도르래형 장비
② 주로 넓은 면적의 땅을 고르는 정지작업 등에 사용되는 토공기계
④ 농경지를 주행하면서 수확물의 탈곡과 선별을 동시에 수행하는 수확기계

56 다음 중 잔디밭의 넓이가 165m²(약 50평) 이상으로 잔디의 품질이 아주 좋지 않아도 되는 골프장의 러프지역, 공원의 수목지역 등에 많이 사용하는 잔디 깎는 기계는?

① 핸드모어
② 그린모어
③ 로타리모어
④ 갱모어

해설
③ 로타리모어는 잔디의 품질이 아주 좋지 않아도 큰 지역을 효율적으로 깎을 수 있어 러프나 공원지역에 많이 사용된다.
① 소형이며, 작은 잔디밭에 적합하다.
② 골프장의 그린과 같이 잔디 품질이 중요한 곳에서 주로 사용된다.
④ 매우 넓은 잔디밭을 효율적으로 깎을 수 있는 장비로, 고품질 잔디 관리에 적합하다.

57 토공사용 기계에 대한 설명으로 부적당한 것은?

① 불도저는 일반적으로 60m 이하의 배토작업에 사용한다.
② 드래그라인은 기계 위치보다 낮은 연질 지반의 굴착에 유리하다.
③ 클램셸은 좁은 곳의 수직터파기에 쓰인다.
④ 파워셔블은 기계가 위치한 면보다 낮은 곳의 흙파기에 쓰인다.

해설
④ 파워셔블은 버킷이 위로 향하는 굴삭 장비로, 기계보다 높은 위치의 흙을 퍼올리는 데 사용된다.

정답 53 ② 54 ② 55 ③ 56 ③ 57 ④

58 흰가루병을 방제하기 위하여 사용하는 약품으로 부적당한 것은?

① 티오파네이트메틸 수화제(지오판엠)
② 결정석회황합제(유황합제)
③ 디비이디시(황산구리) 유제(산요루)
④ 데메톤-에스-메틸 유제(메타시스톡스)

해설
④ 메타시스톡스 유제는 진딧물류 방제에 좋은 약품이다.

59 다음 중 세균에 의한 수목병은?

① 밤나무 뿌리혹병
② 뽕나무 오갈병
③ 소나무 잎녹병
④ 포플러 모자이크병

해설
수목의 전염성병
- 바이러스 : 모자이크병
- 파이토플라스마 : 대추나무·오동나무 빗자루병, 뽕나무 오갈병
- 세균 : 뿌리혹병
- 진균 : 모잘록병, 벚나무 빗자루병, 흰가루병 등
- 기생성 종자식물 : 겨우살이, 새삼
- 곰팡이 : 삼나무 붉은마름병, 소나무 줄기녹병, 잣나무 잎떨림병

60 소나무류는 생장조절 및 수형을 바로잡기 위하여 순 따기를 실시하는데, 대략 어느 시기에 실시하는가?

① 3~4월
② 5~6월
③ 7~8월
④ 9~10월

해설
소나무의 순지르기(순따주기)
원하는 모양을 만들기 위해서는 5~6월에 새순이 5~10cm 길이로 자랐을 때 1~2개의 순을 남기고 중심순을 포함한 나머지는 다 따 버리는 것이 좋다.

정답 58 ④ 59 ① 60 ②

2017년 제2회 과년도 기출복원문제

01 회교문화의 영향을 입어 독특한 정원양식을 보이는 곳은?

① 이탈리아 정원
② 프랑스 정원
③ 영국 정원
④ 스페인 정원

해설
스페인 정원의 특징
- 스페인 남부 안달루시아(Andalusia) 지방에서 발달했다.
- 건물로 완전히 둘러싸인 중정(파티오) 형태의 정원이다.
- 기하학적인 터 가르기를 한다.
- 바닥에는 색채타일을 이용하였다.
- 이슬람 문화의 영향으로 대리석과 물을 이용한 정원 발달하였다.
- 정원의 중심부는 분수가 설치된 작은 연못을 설치하였다.
- 난대, 열대 수목이나 꽃나무를 화분에 심어 중요한 자리에 배치하였다.

02 조선시대의 궁궐정원인 경복궁에서 왕비를 위한 사적인 공간은?

① 교태전
② 경회루
③ 향원정
④ 자경전

해설
아미산원
왕과 왕비만이 즐길 수 있는 사적 정원이었던 경복궁 교태전 후정에 조성된 정원으로, 네 개의 단으로 이루어진 화계에 다양한 꽃과 나무를 식재하였다.

03 중국 송시대의 수법을 모방한 화원과 석가산 및 누각 등이 많이 나타난 시기는?

① 백제시대
② 신라시대
③ 고려시대
④ 조선시대

해설
고려시대는 중국 송나라의 문화적, 정치적 영향을 많이 받았던 시기로, 특히 정원 설계와 건축 양식에서 그 흔적이 뚜렷하다. 고려 시대에는 송나라의 정원 수법을 모방한 석가산(石假山)과 누각이 등장하면서, 송나라의 정원 양식이 적극적으로 도입되었다.

04 고대 그리스에서 아고라(Agora)는 무엇인가?

① 광장
② 성지
③ 유원지
④ 농경지

해설
아고라는 고대 그리스 폴리스의 중심에 있던 광장으로, 정치와 사상의 토론장이자 사람들이 물건을 사고파는 시장의 역할을 하였다.

05 이탈리아 정원양식의 특성과 가장 관계가 먼 것은?

① 테라스 정원
② 노단식 정원
③ 평면기하학식 정원
④ 축선상에 여러 개의 분수 설치

해설
③ 평면기하학식 정원은 앙드레 르 노트르가 창안한 프랑스 고유의 정원양식이다.

정답 1 ④ 2 ① 3 ③ 4 ① 5 ③

06 부귀나 영화를 등지고 자연과 벗하며 농경하고 살기위해 세운 주거를 별서(別墅)정원이라 한다. 우리나라의 현존하는 대표적인 것은?

① 윤선도의 부용동원림
② 강릉의 선교장
③ 이덕유의 평천산장
④ 구례의 운조루

해설
윤선도의 부용동 원림
낙서재와 곡수당, 동천석실, 세연정 등으로 구성되었고 원림마다 직선형 방지, 계화를 만들어 각종 화훼와 기암괴석을 배치하였다. 울타리가 없으며, 자연 자체에 최소한의 인위적 구성만을 가미했다.

07 일본의 모모야마(桃山)시대에 새롭게 만들어져 발달한정원 양식은?

① 회유임천식
② 축산고산수식
③ 홍교수법
④ 다정

해설
다정원
- 다실과 다실에 이르는 길을 중심으로 좁은 공간에 꾸며지는 일종의 자연식 정원으로 대자연의 운치를 연상시킨다.
- 뜀돌이나 포석수법을 구사하여 풍우에 씻긴 산길을 나타내고, 수통이나 돌로 만든 물그릇으로 샘을 상징하였다.
- 오래된 석탑이나 석등을 놓아 수림 속에 쇠퇴해버린 고찰의 분위기를 재현시켰다.
- 마른 소나무잎을 깔아 지피를 나타내는 등 제한된 공간 속에 깊은 산골의 정서를 표현하였다.
- 소나무나 삼나무 등을 심고, 담쟁이넝쿨을 올려 가을 단풍이나 낙엽으로 산거(山居)의 분위기를 나타냈다.

08 다음 중국식 정원의 설명으로 틀린 것은?

① 차경수법을 도입하였다.
② 사실주의보다는 상징적 축조가 주를 이루는 사의주의에 입각하였다.
③ 유럽의 정원과 같은 건축식 조경수법으로 발달하였다.
④ 대비에 중점을 두고 있으며, 이것이 중국정원의 특색을 이루고 있다.

해설
③ 못을 파서 섬을 쌓아 선산으로 꾸미는 등 인위적으로 산수를 조성하였다.

09 임해전이 주로 직선으로 된 연못의 서북쪽 남북축선상에 배치되어 있고, 연못 내 돌을 쌓아 무산 12봉을 본 따 석가산을 조성한 통일신라시대에 건립된 조경유적은?

① 안압지   ② 부용지
③ 포석정   ④ 향원지

해설
안압지라는 명칭은 동국여지승람에서 비롯되었으며 궁중에 못을 파고 산을 만들어 진금기수를 길렀다는 기록이 있다. 연못 안에는 삼신도(三神島)를 상징하는 대·중·소 3개 섬이 축조되어 있다. 못의 북단과 동안으로 무산 12봉을 상징하는 12개의 인공산이 있으며, 호안은 다듬은 돌로 마감하였다.

10 우리나라 최초의 대중적인 도시공원은?

① 남산공원
② 사직공원
③ 파고다공원
④ 장충공원

해설
파고다공원은 우리나라 최초의 근대식 대중공원으로 탑동공원이라고도 하며, 1897년 영국인 브라운이 고문으로 참여하였다.

11 다음 중 어린이공원의 설계 시 공간구성 설명으로 옳은 것은?

① 동적인 놀이공간에는 아늑하고 햇빛이 잘 드는 곳에 잔디밭, 모래밭을 배치하여 준다.
② 정적인 놀이공간에는 각종 놀이시설과 운동시설을 배치하여 준다.
③ 감독 및 휴게를 위한 공간은 놀이공간이 잘 보이는 곳으로 아늑한 곳으로 배치한다.
④ 공원 외곽은 보행자나 근처 주민이 들여다볼 수 없도록 밀식한다.

해설
④ 어린이공원은 안전성이 가장 중요하므로 주변으로부터 쉽게 관찰이 되도록 설치하여야 한다.

12 해가 지면서 주위가 어둑해질 무렵 낮에 화사하게 보이던 빨간 꽃이 거무스름해져 보이고, 청록색 물체가 밝게 보인다. 이러한 원리를 무엇이라고 하는가?

① 명순응
② 면적효과
③ 색의 항상성
④ 푸르키니에 현상

해설
푸르키니에 현상
• 밝기의 변화에 따라 물체색의 명도가 변해 보이는 현상이다.
• 밝은 곳에서 빨갛게 보이는 물체는 어두운 곳에서 검게 보이고, 밝은 곳에서 파랗게 보이는 물체는 어두운 곳에서 밝은 회색으로 보인다.
• 밝기가 변화하여 어두워지면 파장이 긴 빨간색이 제일 먼저 보이지 않고, 파장이 짧은 파란색은 마지막까지 보이며, 밝아지면 반대로 파란색이 제일 먼저 보인다.

13 다음 중 단풍나무과 수종이 아닌 것은?

① 고로쇠나무
② 신갈나무
③ 신나무
④ 복자기

해설
② 신갈나무는 참나무과이다.
단풍나무과에 속하는 수종: 단풍나무, 고로쇠나무, 중국단풍, 신나무, 네군도단풍, 복자기, 은단풍 등

14 골프장의 각 코스를 설계할 때 어느 방향으로 길게 배치하는 것이 가장 이상적인가?

① 동서방향
② 남북방향
③ 동남방향
④ 북서방향

해설
시설물의 배치
• 야외 극장 무대 : 북·북동방향
• 정구장 장축 : 남북방향
• 야구장 홈플레이트 : 서남방향
• 골프장 페어웨이 : 남북방향
• 다이빙풀 다이빙 : 남북방향

15 다음 중 토양 pF에 대한 설명으로 맞는 것은?

① 토양수가 입자에 흡착되어 있는 강도를 흡착력에 상당하는 수주의 높이로 나타낸 것
② 토양의 산도를 표시한다.
③ 토양의 단면 중 하나에 해당한다.
④ 지표의 암석이 풍화작용을 받아 잘게 부서져 식물이 살아가는 데 필요한 양분과 물을 포함할 수 있는 알갱이로 변한 것

정답 11 ③ 12 ④ 13 ② 14 ② 15 ①

16 다음 중 덩굴류로 알맞은 것은?

① 송악, 담쟁이
② 비비추, 수국
③ 인동, 맥문동
④ 국화, 능소화

해설
덩굴성 식물 : 능소화, 칡, 등나무, 덩굴장미, 담쟁이덩굴, 인동덩굴, 송악 등

17 다음 중 일시적 경관이 아닌 것은?

① 기상변화에 따른 변화
② 물 위에 투영된 영상(影像)
③ 동물의 출현
④ 가을의 단풍

해설
일시경관은 대기권의 상황 변화에 따라 모습이 달라지는 경관이다.
예 수면에 투영된 영상, 동물의 일시적 출현, 안개 등

18 다음 중 팥배나무의 특징이 아닌 것은?

① 장미과(Rosaceae)이다.
② 상록활엽교목이다.
③ 꽃은 5월에 흰색으로 핀다.
④ 열매가 팥알같이 생겼다고 하여 팥배나무라 한다.

해설
팥배나무
낙엽교목으로 높이 15m 내외이고, 작은가지에 피목이 뚜렷하며, 수피는 회색빛을 띤 갈색이다. 잎은 어긋나고 달걀 모양에서 타원형이며 잎자루가 있고, 가장자리에 불규칙한 겹톱니가 있다. 잎 표면은 녹색, 뒷면은 연한 녹색이다.

19 다음 중 좌우로 시선이 제한되어 전방의 일정 지점으로 시선이 모이도록 구성된 경관을 의미하는 것은?

① 질감(Texture)
② 랜드마크(Landmark)
③ 통경선(Vista)
④ 결절점(Nodes)

해설
통경선
비스타라고도 하며, 좌우로의 시선을 제한하여 전방의 일정 지점으로 시선을 집중시키는 경관이다.

20 다음 중 색의 3요소가 아닌 것은?

① 색상
② 명도
③ 채도
④ 소리

해설
색의 3속성(3요소)
• 색상 : 빨강, 파랑, 노랑 등 색의 종류
• 명도 : 색의 밝고 어두운 정도
• 채도 : 색의 선명함 또는 탁함의 정도

21 차폐용 수목의 구비조건이 아닌 것은?

① 맹아력이 커야 한다.
② 가지와 잎이 치밀해야 한다.
③ 수관이 크고, 지하고가 높아야 한다.
④ 아랫가지가 오랫동안 말라죽지 않아야 한다.

해설
③ 차폐용 수목은 수관이 크고, 지하고가 낮아야 하며, 지엽은 치밀해야 한다.

22 가격이 싸므로 가장 일반적으로 널리 사용되는 시멘트는?

① 보통 포틀랜드 시멘트
② 중용열 포틀랜드 시멘트
③ 조강 포틀랜드 시멘트
④ 플라이애시 시멘트

해설
우리나라에서 생산되는 시멘트의 90%는 보통 포틀랜드 시멘트이다. 주성분은 실리카(SiO_2), 알루미나(Al_2O_3), 석회(CaO)이며, 건축구조물이나 콘크리트제품 등 여러 방면에 이용되고 있다.

23 석재의 특성 중 장점에 해당되지 않는 것은?

① 불연성이며, 압축강도가 크고 내구성·내화학성이 풍부하며 마모성이 적다.
② 종류가 다양하고 같은 종류의 석재라도 산지나 조직에 따라 여러 외관과 색조가 나타난다.
③ 외관이 장중하고 치밀하여 가공 시 아름다운 광택을 낸다.
④ 화열에 닿으면 화강암 등은 균열이 생기고, 석회암이나 대리석과 같이 분해가 일어나기도 한다.

해설
④ 석재는 화열을 받을 경우 균열 또는 파괴되기가 쉬운 단점이 있다.

24 다음 중 열경화성(축합형) 수지인 것은?

① 폴리에틸렌수지
② 폴리염화비닐수지
③ 아크릴수지
④ 멜라민수지

해설
열경화성 수지 : 성형 후 열이나 용제를 가해도 형태가 변하지 않는, 비교적 저분자 물질로 구성된 수지
예 페놀수지, 멜라민수지, 불포화폴리에스테르수지, 에폭시수지, 우레아(요소)수지, 실리콘수지, 푸란수지 등

25 굵은 골재의 최대치수, 잔골재율, 잔골재의 입도, 반죽질기 등에 따르는 마무리하기 쉬운 정도를 말하는 굳지 않은 콘크리트의 성질은?

① Workability
② Plasticity
③ Consistency
④ Finishability

해설
① 시공성 : 콘크리트를 혼합한 후 운반, 타설, 다지기 및 마무리할 때까지 굳지 않은 콘크리트의 성질로, 콘크리트 시공 시 작업 난이도 및 재료분리에 저항하는 정도를 나타낸다.
② 성형성 : 거푸집 등의 형상에 순응하여 채우기 쉽고, 분리가 일어나지 않는 굳지 않은 콘크리트의 성질
③ 반죽질기 : 주로 수량의 다소에 따라서 반죽이 되고 진 정도를 나타내는 굳지 않은 콘크리트의 성질

26 다음 설명의 A, B에 적합한 용어는?

> 인간의 눈은 원추세포를 통해 (A)을(를) 지각하고, 간상세포를 통해 (B)을(를) 지각한다.

① A : 색채, B : 명암
② A : 밝기, B : 채도
③ A : 명암, B : 색채
④ A : 밝기, B : 색조

해설
원추세포와 간상세포의 차이점

특징	원추세포	간상세포
형태	굵고 짧음	가늘고 김
적합 자극	강한 빛(0.1lux 이상)	약한 빛(0.1lux 이하)
기능	형태와 색깔	형태와 명암
분포	망막의 중심(황반)	망막 주변
수	700만 개(한쪽 눈)	1억 3천만 개(한쪽 눈)
색소	이오돕신(요돕신)	로돕신(시홍)
이상증세	색맹	야맹증

정답 22 ① 23 ④ 24 ④ 25 ④ 26 ①

27 디딤돌을 놓을 때 답면(踏面)은 지표(地標)보다 어느 정도 높게 앉혀야 하는가?

① 3~6cm
② 7~10cm
③ 15~20cm
④ 25~30cm

[해설]
조경설계기준상 디딤돌(징검돌)은 크기가 30cm 내외인 경우에는 디딤돌의 상면이 지표면보다 3cm 정도 높게 설계하고 50~60cm인 경우에는 지표면보다 6cm 정도 높게 설계한다.

28 개화기가 가장 빠른 것끼리 나열된 것은?

① 개나리, 목련, 아카시아
② 진달래, 목련, 수수꽃다리
③ 미선나무, 배롱나무, 쥐똥나무
④ 풍년화, 생강나무, 산수유

[해설]
④ 풍년화 : 2월, 생강나무, 산수유 : 3월
① 개나리 : 3월, 목련 : 4~5월, 아카시아 : 5월
② 진달래 : 3월, 목련 : 4~5월, 수수꽃다리 : 4월
③ 미선나무 : 3월, 배롱나무 : 7~8월, 쥐똥나무 : 6월

29 벤치 좌면 재료 가운데 이용자가 4계절 가장 편하게 사용할 수 있는 재료는?

① 플라스틱   ② 목재
③ 석재   ④ 철재

[해설]
② 플라스틱 벤치는 깨지기 쉽고 보수가 불가능하며, 석재나 철재 벤치는 계절에 따른 온도 변화가 심하기 때문에 사계절 편하게 사용하기에는 목재가 가장 적합하다.

30 다음 중 등고선의 성질에 대한 설명으로 맞는 것은?

① 지표의 경사가 급할수록 등고선 간격이 넓어진다.
② 같은 등고선 위의 모든 점은 높이가 서로 다르다.
③ 등고선은 지표의 최대 경사선의 방향과 직교하지 않는다.
④ 높이가 다른 두 등고선은 동굴이나 절벽의 지형이 아닌 곳에서는 교차하지 않는다.

[해설]
④ 높이가 다른 등고선은 절벽이나 동굴을 제외하고는 교차하거나 만나지 않는다.

31 터닦기 할 때 성토(흙쌓기) 시 침하에 대비하여 계획된 높이보다 몇 % 정도 더돋기를 하는가?

① 3~5%
② 10~15%
③ 20~25%
④ 30~35%

[해설]
가라앉을 것을 예측하여 계획된 높이보다 더 쌓는 흙을 여성토(더돋기)라 하고, 일반적으로 계획높이의 10~15% 미만으로 쌓아 올린다.

32 일반적으로 수목의 뿌리돌림 시, 분의 크기는 근원직경의 몇 배 정도가 알맞은가?

① 2배   ② 4배
③ 8배   ④ 12배

[해설]
뿌리분의 크기는 굴취 시와 마찬가지로 근원직경의 4~6배로 하는데, 보통 4배 정도를 기준으로 한다.

[정답] 27 ① 28 ④ 29 ② 30 ④ 31 ② 32 ②

33 영국 튜더 왕조에서 유행했던 화단으로 낮게 깎은 회양목 등으로 화단을 여러 가지 기하학적 문양으로 구획하는 것은?

① 기식화단
② 매듭화단
③ 카펫화단
④ 경재화단

해설
① 중앙에는 키 큰 직립성의 초화를 심고 주변부로 갈수록 키 작은 종류를 심어 사방에서 관상할 수 있게 만든 화단으로 잔디밭 중앙, 광장의 중앙, 축의 교차점에 위치한다.
③ 넓은 뜰이나 공원 등에 키가 작은 꽃을 촘촘하게 심어 마치 양탄자처럼 꽃색이 조화된 기하학적 무늬를 만드는 화단이다.
④ 전면 한쪽에서만 관상하는데 앞쪽은 키 작은 것, 뒤쪽은 키 큰 것을 배치하여 입체적으로 구성한 것으로 건물, 도로, 산울타리, 담장을 배경으로 폭이 좁고 길게 만든다.

34 우리나라 골프장 그린에 가장 많이 이용되는 잔디는?

① 블루그래스
② 벤트그래스
③ 라이그래스
④ 버뮤다그래스

해설
벤트그래스(Bentgrass)
• 대표적인 한지형 잔디로, 고온에서 생육이 불량하고 병충해가 발생하기 쉽다.
• 양지성이라 그늘에서 잘 자라지 않고, 답압에 약하지만 회복력이 강해 피해는 크지 않다.
• 질감이 좋고 생장이 균일하여 주로 골프장 그린에 사용된다.

35 인간이나 기계가 공사 목적물을 만들기 위하여 단위 물량당 소요로 하는 노력과 품질을 수량으로 표현한 것을 무엇이라 하는가?

① 할증　　② 품셈
③ 견적　　④ 내역

해설
① 일정한 값에 대한 일정 비율을 가산하는 것
③ 장래에 있을 거래가격을 사전에 계산하여 산출하는 것
④ 물품이나 금액 따위의 분명하고 자세한 내용
품셈
사람이 인력 또는 기계로 어떠한 물체를 만드는 데에 대한 단위당 소요로 하는 노력과 능률 및 재료를 수량으로 표시한 것 즉, 단위당 시공능력과 소요수량을 표시한 것을 말한다.

36 표준형 벽돌을 사용하여 1.5B로 시공한 담장의 총 두께는?(단, 줄눈의 두께는 10mm이다)

① 170mm　　② 270mm
③ 290mm　　④ 330mm

해설
1.5B 쌓기는 벽돌 한 장은 길이로, 다른 한 장은 마구리로 나란히 쌓아 그 사이에 줄눈이 하나 들어가는 구조이다. 따라서 담장의 두께는 길이 + 줄눈의 두께 + 마구리이고, 표준형 벽돌의 크기는 190mm × 90mm × 57mm이므로 담장의 총 두께는 190 + 10 + 90 = 290mm이다.

37 평판측량의 3요소에 해당하지 않은 것은?

① 정준　　② 구심
③ 수준　　④ 표정

해설
평판의 설치 방법은 정준, 구심, 표정의 3가지 요소를 따른다.
• 정준 : 평판을 수평으로 한다.
• 구심 : 도상의 측점과 지상의 측점이 일치하여야 한다.
• 표정 : 평판

38 다음 중 설계도면을 작성할 때 치수선, 치수보조선에 이용되는 선의 종류는?

① 1점쇄선
② 2점쇄선
③ 파선
④ 실선

해설
- 가는 실선 : 치수선, 치수보조선, 인출선, 각도 설명 등을 나타내는 지시선 및 해칭선으로 사용한다.
- 굵은 실선 : 물체의 보이는 부분을 나타내는 선으로서, 단면선과 외형선으로 구별하여 사용하기도 한다.

39 목재의 방부제로 사용하는 CCA의 성분이 바르게 짝지어진 것은?

① 크롬 – 구리 – 비소
② 크롬 – 구리 – 아연
③ 철 – 구리 – 아연
④ 탄소 – 구리 – 비소

해설
CCA
크롬(Chrome)과 구리(Copper), 비소(Arsenic) 화합물로 수용성 방부제이며, 중금속 위해성으로 인해 2007년부터 생산 및 사용이 금지되었다.

40 난지형 잔디에 뗏밥을 주는 가장 적당한 시기는?

① 3~4월
② 6~8월
③ 9~10월
④ 11~1월

해설
한지형 잔디는 봄과 가을에, 난지형 잔디는 생육이 왕성한 5~7월(6~8월)에 주는 것이 좋다. 뗏밥을 주면 노출된 지하줄기를 보호하고 지표면을 평탄하게 하며 잔디의 표층 상태를 좋게 한다. 또 부정근, 부정아를 발달시켜 잔디의 생육을 원활하게 한다.

41 건설재료의 할증률이 틀린 것은?

① 붉은 벽돌 : 3%
② 이형철근 : 5%
③ 조경용 수목 : 10%
④ 석재판붙임용재(정형돌) : 10%

해설
② 이형철근의 할증률은 3%이다.
할증률
- 붉은 벽돌 : 3%
- 경계블록 : 3%
- 이형철근 : 3%
- 일반용 합판 : 3%
- 목재 : 5%
- 시멘트 벽돌 : 5%
- 원형철근 : 5%
- 조경용 수목 : 10%
- 석재판붙임용재(정형돌) : 10%

42 다음과 같은 특징을 갖는 시멘트는?

- 조기강도가 크다(재령 1일에 보통 포틀랜드 시멘트의 재령 28일 강도와 비슷함).
- 산, 염류, 해수 등의 화학적 작용에 대한 저항성이 크다.
- 내화성이 우수하다.
- 한중 콘크리트에 적합하다.

① 알루미나 시멘트
② 실리카 시멘트
③ 포졸란 시멘트
④ 플라이애시 시멘트

해설
② 동결융해작용에 대한 저항성은 작지만 화학적 저항성은 커서 해수나 공장폐수, 하수 등을 취급하는 구조물이나 광산과 같은 특수목적 구조물에 사용된다.
③ 토목·건축 공사의 구조용 시멘트나 도장 모르타르용 등으로 사용된다.
④ 화력발전소의 미분탄 연소 시 발생하는 미립분인 플라이애시를 포틀랜드 시멘트 클링커와 함께 분쇄하여 혼합한 시멘트이다.

정답 38 ④ 39 ① 40 ② 41 ② 42 ①

43 조경수목에 사용되는 농약과 관련된 내용으로 부적합한 것은?

① 농약은 다른 용기에 옮겨 보관하지 않는다.
② 살포작업은 아침, 저녁 서늘한 때를 피하여 한낮 뜨거운 때 살포한다.
③ 살포작업 중에는 음식을 먹거나 담배를 피우면 안된다.
④ 농약 살포작업은 한 사람이 2시간 이상 계속하지 않는다.

> **해설**
> ② 살포작업은 비가 오지 않고 바람이 불지 않는 맑은 날, 한 낮의 뜨거운 때를 피해 아침이나 저녁 등 서늘하고 바람이 적을 때 실시한다.

44 다음 중 식재 시 수목의 규격 표기 방법이 다른 것은?

① 은행나무
② 메타세쿼이아
③ 잣나무
④ 벚나무

> **해설**
> 교목성 수목의 규격 표기방법
> • H×B : 은행나무, 버즘나무, 왕벚나무, 은단풍 등
> • H×R : 단풍나무, 감나무, 느티나무, 모과나무, 만경류 등
> • H×W : 잣나무, 전나무, 오엽송, 독일가문비, 금송 등
> • H×W×R : 소나무, 누운향 등

45 식물생육에 특히 많이 흡수 이용되는 비료의 3요소가 아닌 것은?

① N   ② P
③ Ca   ④ K

> **해설**
> ③ 칼슘(Ca)은 비료의 4요소에 해당한다.
> 비료의 3요소 : 질소(N), 인(P), 칼륨(K)

46 체계적인 품질관리를 추진하기 위한 데밍(Deming's Cycle)의 관리로 가장 적합한 것은?

① 계획(Plan) - 추진(Do) - 조치(Action) - 검토(Check)
② 계획(Plan) - 검토(Check) - 추진(Do) - 조치(Action)
③ 계획(Plan) - 조치(Action) - 검토(Check) - 추진(Do)
④ 계획(Plan) - 추진(Do) - 검토(Check) - 조치(Action)

> **해설**
> PDCA 사이클은 일반적으로 업무현장에서 Plan(계획), Do(실행, 추진), Check(평가, 검토), Action(개선,조치)을 반복함으로써, 생산 관리 및 품질 관리 등의 업무를 지속적으로 개선해 나가는 방법이다.

47 흙은 같은 양이라 하더라도 자연상태(N)와 흐트러진 상태(S), 인공적으로 다져진 상태(H)에 따라 각각 그 부피가 달라진다. 자연상태의 흙의 부피(N)를 1.0으로 할 경우 부피가 큰 순서로 적당한 것은?

① H > N > S
② N > H > S
③ S > N > H
④ S > H > N

> **해설**
> 자연상태의 토량을 기준으로 흙의 부피를 비교하면 흐트러진 상태의 토량 > 자연상태의 토량 > 다져진 상태의 토량 순이다.

48 수목의 굴취 방법에 대한 설명으로 틀린 것은?

① 옮겨 심을 나무는 그 나무의 뿌리가 퍼져 있는 위치의 흙을 붙여 뿌리분을 만드는 방법과 뿌리만을 캐내는 방법이 있다.
② 일반적으로 크기가 큰 수종, 상록수, 이식이 어려운 수종, 희귀한 수종 등은 뿌리분을 크게 만들어 옮긴다.
③ 일반적으로 뿌리분의 크기는 근원 반지름의 4~6배를 기준으로 하며, 보통분의 깊이는 근원 반지름의 3배이다.
④ 뿌리분의 모양은 심근성 수종은 조개분 모양, 천근성인 수종은 접시분 모양, 일반적인 수종은 보통분으로 한다.

해설
③ 뿌리분의 크기는 근원 반지름이 아닌 근원 지름의 4~6배로 하는데, 보통 4배 정도를 기준으로 한다. 뿌리분의 깊이 또한 근원 지름을 기준으로 접시분은 2배, 보통분은 3배, 조개분은 4배 정도로 한다.

49 나무줄기가 옆으로 비스듬히 기울어진 수형을 무엇이라고 하는가?

① 사간   ② 곡간
③ 직간   ④ 다간

해설
① 사간은 한쪽으로 가지가 치우쳐 굽어진 형태를 말하는 것으로 한쪽으로 비스듬히 누워서 식재한 부분에 여백이 있어 매우 시원한 감을 준다.
② 줄기에 곡선이 있고 가지도 줄기와 균형을 이루어 전후좌우로 엇갈려 구불구불하게 자라는 것이다.
③ 하나의 곧은 줄기가 위로 솟은 나무로 하부에서 상부로 올라감에 따라 자연스럽게 가늘어지고 가지도 순서있게 좌우전후로 엇갈려 뻗은 모양의 수형이다.
④ 한그루 수목 밑둥치에서 줄기가 여러개 나오는 것을 다간이라고 한다.

50 수간과 줄기 표면의 상처에 침투성 약액을 발라 조직 내로 약효성분이 흡수되게 하는 농약 사용법은?

① 도포법
② 관주법
③ 도말법
④ 분무법

해설
② 땅속에서 서식하고 있는 병해충을 방제하기 위하여 땅속에 약액을 주입하는 방법이다.
③ 종자 소독을 위해 분제나 수화제를 건조한 종자에 입혀 살균·살충하는 방법이다.
④ 분무기를 이용하여 다량의 액제를 살포하는 방법이다.

51 비탈면의 녹화와 조경에 사용되는 식물의 요건으로 가장 부적합한 것은?

① 적응력이 큰 식물
② 생장이 빠른 식물
③ 시비 요구도가 큰 식물
④ 파종과 식재시기의 폭이 넓은 식물

해설
③ 비탈면의 녹화는 관리가 어려운 경우가 많기 때문에, 시비(거름) 요구도가 큰 식물은 부적합하다.

정답 48 ③ 49 ① 50 ① 51 ③

52 새끼(볏짚제품)의 용도 설명으로 가장 부적합한 것은?

① 더위에 약한 수목을 보호하기 위해서 줄기에 감는다.
② 옮겨 심는 수목의 뿌리분이 상하지 않도록 감아준다.
③ 강한 햇볕에 줄기가 타는 것을 방지하기 위하여 감아준다.
④ 천공성 해충의 침입을 방지하기 위하여 감아준다.

해설
① 새끼(볏짚제품)는 더위에 약한 수목을 보호하기 위해 감는 것이 아니라 내한성이 약한 수종에게 감는 것이다.
※ 내한성이 약한 수종은 수간을 볏짚이나 새끼 끈으로 싸 주고, 상열을 막기 위하여 유지나 녹화 마대로 수간 전체를 감싼다.

53 진딧물, 깍지벌레와 관계가 가장 깊은 병은?

① 흰가루병
② 빗자루병
③ 줄기마름병
④ 그을음병

해설
• 그을음병의 병징 : 가지, 줄기, 과일 등에 그을음을 발라 놓은 것처럼 보이며, 깍지벌레, 진딧물 등 흡즙성 해충의 배설물에 2차적으로 기생하는 부생성 그을음병균에 의한 경우가 대부분이다.
• 그을음병의 방제 : 휴면기에 기계유 유제를 살포하고, 발생기에는 메티온 유제를 살포하여 깍지벌레를 구제한다.

54 조경수 전정의 방법이 옳지 않은 것은?

① 전체적인 수형의 구성을 미리 정한다.
② 충분한 햇빛을 받을 수 있도록 가지를 배치한다.
③ 병해충 피해를 받은 가지는 제거한다.
④ 아래에서 위로 올라 가면서 전정한다.

해설
④ 가지를 자를 때에는 수관의 위에서부터 아래로, 밖에서부터 안으로 자르고, 굵은 가지를 먼저 자른 후에 가는 가지를 다듬는다.

55 조경 목재 시설물의 유지관리를 위한 대책 중 적절하지 않는 것은?

① 통풍을 좋게 한다.
② 빗물 등의 고임을 방지한다.
③ 건조되기 쉬운 간단한 구조로 한다.
④ 적당한 20~40℃ 온도와 80% 이상의 습도를 유지시킨다.

해설
목재 시설은 감촉이 좋고 외관이 아름다워 사용률이 높지만, 철재보다 부패하기 쉽고 잘 갈라지며, 거스러미가 일어나 정기적으로 보수하고 도료를 칠해 주어야 한다.

56 다음 설명하는 해충은?

• 가해 수종으로는 향나무, 편백, 삼나무 등이 있다.
• 똥을 줄기 밖으로 배출하지 않기 때문에 발견하기 어렵다.
• 기생성 천적인 좀벌류, 맵시벌류, 기생파리류로 생물학적 방제를 한다.

① 박쥐나방
② 측백나무하늘소
③ 미끈이하늘소
④ 장수하늘소

57 참나무 시들음병에 대한 설명으로 옳지 않은 것은?

① 매개충은 광릉긴나무좀이다.
② 피해목은 초가을에 모든 잎이 낙엽이 된다.
③ 매개충의 암컷등판에는 곰팡이를 넣는 균낭이 있다.
④ 월동한 성충은 5월경에 침입공을 빠져나와 새로운 나무를 가해한다.

해설
② 시들음병은 잎이 갑자기 마른채로 붙어 있다. 자연적인 낙엽처럼 떨어지지 않는다.

58 농약의 사용 시 확인할 농약 방제 대상별 포장지의 색깔과 구분이 올바른 것은?

① 살균제 – 청색
② 제초제 – 분홍색
③ 살충제 – 초록색
④ 생장조절제 – 노란색

해설
농약제의 포장지 색깔
• 살균제 : 분홍색
• 살충제 : 초록색
  ※ 살균·살충제 : 위쪽 – 분홍색, 아래쪽 – 초록색
• 제초제 : 노란색
• 비선택성 제초제 : 빨간색
• 생장조절제 : 파란색

59 다음 수종 중 흰가루병이 가장 잘 걸리는 식물은?

① 대추나무
② 향나무
③ 동백나무
④ 장미

해설
흰가루병
밤나무, 참나무류, 느티나무, 감나무, 배롱나무, 단풍나무, 개암나무, 붉나무, 오리나무, 장미 등에 발생하며, 어린눈이나 새순이 침해를 받으면 위축되어 기형이 되고, 나무의 생육이 위축된다. 주로 늦가을에 심하게 발생한다.

60 우리나라 들잔디에 가장 많이 발생하는 병으로 엽맥에 불규칙한 적갈색의 반점이 보이기 시작할 때, 즉 5~6월, 9월 중순~10월 하순에 발견할 수 있는 것은?

① 붉은녹병
② 후자리움패치
③ 브라운패치
④ 스노우몰드

해설
녹병(Rust)
• 한국잔디에 가장 많이 발병하고, 잎에 적갈색 반점과 가루가 나타난다.
• 5~6월 또는 9~10월 정도의 기온에서 습윤 시 다발하고, 영양불량, 시비의 불균형, 과도한 답압 및 배수불량 등의 원인으로도 발생하기 쉽다.
• 예방 및 방제약으로는 다이젠 400~800배액이나, 디니코나졸 수화제 등이 있다.

정답 57 ② 58 ③ 59 ④ 60 ①

2018년 제 1 회 과년도 기출복원문제

01 중국 정원의 특색이라 할 수 있는 것은?

① 조화
② 대비
③ 반복
④ 대칭

[해설]
중국 정원은 자연풍경식이면서도 대비에 중점을 두고 있다.

02 다음 중 중정(Patio)식 정원에 가장 많이 쓰이는 것은?

① 폭포
② 색채타일
③ 울창한 수목
④ 가산(마운딩)

[해설]
스페인 정원의 특징
- 스페인 남부 안달루시아(Andalusia) 지방에서 발달했다.
- 건물로 완전히 둘러싸인 중정(파티오) 형태의 정원이다.
- 기하학적인 터 가르기를 한다.
- 바닥에는 색채타일을 이용하였다.
- 이슬람 문화의 영향으로 대리석과 물을 이용한 정원 발달하였다.
- 정원의 중심부는 분수가 설치된 작은 연못을 설치하였다.
- 난대, 열대 수목이나 꽃나무를 화분에 심어 중요한 자리에 배치하였다.

03 조선시대 정원과 관계가 없는 것은?

① 자연을 존중
② 자연을 인공적으로 처리
③ 신선사상
④ 계단식으로 처리한 후원 양식

[해설]
② 자연경관을 인공적으로 처리한 것은 일본의 임천식 정원과 관련이 있다.

04 고대 로마 정원은 3개의 중정으로 구성되어 있었는데, 이 중 사적(私的) 기능을 가진 제2중정에 속하는 것은?

① 아트리움(Atrium)
② 지스터스(Xystus)
③ 페리스틸리움(Peristylium)
④ 아고라(Agora)

[해설]
페리스틸리움(Peristylium, 제2중정)
주정의 역할을 하는 가족을 위한 사적 공간으로 주랑식 정원이고, 바닥은 포장하지 않은 채 탁자와 의자를 배치했으며, 화훼와 분수, 조각, 제단, 돌수반 등을 정형적으로 식재·배치했다.

정답 1② 2② 3② 4③

05 고려시대 궁궐의 정원을 맡아 관리하던 해당 부서는?

① 내원서
② 정원서
③ 상림원
④ 동산바치

해설
- 고려시대의 정원 관리기관 : 사선서, 내원서
- 조선시대의 정원 관리기관 : 상림원, 장원서

06 다음 중 스페인의 이궁으로 알맞은 것은?

① 포럼(Forum)
② 헤네랄리페(Generalife)
③ 보르비콩트(Vaux-le-Vicomte)
④ 스토우원(Stowe Garden)

해설
헤네랄리페(Generalife) 이궁
- 그라나다 왕의 피서를 위한 은둔처로서 경사지의 계단식 처리와 기하학적인 구성으로 되어 있다.
- 수로가 있는 중정으로, 연꽃 모양의 수반과 회양목으로 구성하여 3면은 건물이고, 한쪽은 아케이드로 둘러싸여 있다.
- 건물 입구까지 길 양쪽의 분수가 아치 모양을 이루고, 좌우에 꽃과 수목이 식재되었다.

07 창덕궁 후원에 나타나지 않은 것은?

① 부용지
② 향원지
③ 주합루
④ 옥류천

해설
향원지는 경복궁과 관련이 있으며 향원지 한 가운데에는 육각형의 정자 향원정(보물 제 1759호)이 있다.

08 계단폭포, 물 무대, 분수, 정원극장, 동굴 등의 조경 수법이 가장 많이 나타났던 정원은?

① 영국 정원
② 프랑스 정원
③ 스페인 정원
④ 이탈리아 정원

해설
이탈리아 정원의 특징
- 별장형식의 빌라가 유행하였고, 구릉과 경사지가 많은 지형적 제약을 극복하기 위해 계단형의 노단건축식 정원이 발달하였다.
- 높이가 다른 여러 개의 노단(테라스)을 조화시켜 높은 곳에서 낮은 곳을 내려다보는 인위적인 전망을 살리고자 하였다.
- 캐스케이드(계단폭포), 분수, 물 풍금 등의 다양한 수경시설이 사용되었다.

09 다음 중 사군자(四君子)에 해당되지 않는 것은?

① 매화
② 난초
③ 국화
④ 소나무

해설
소나무는 사군자에 해당하지 않으며 사절우에 해당한다.
- 사군자(四君子) : 매화나무, 난초, 국화, 대나무
- 사절우(四節友) : 매화나무, 소나무, 국화, 대나무

10 우리나라 최초의 국립공원은?

① 설악산
② 한라산
③ 지리산
④ 내장산

해설
한국 최초로 지정된 국립공원은 지리산이고, 세계 최초로 지정된 국립공원은 옐로스톤(Yellow Stone)이다.

11 오방색 중 황(黃)의 오행과 방위가 바르게 짝지어진 것은?

① 금(金) - 서쪽
② 목(木) - 동쪽
③ 토(土) - 중앙
④ 수(水) - 북쪽

해설
오방색은 음양오행의 오행을 색으로 나타낸 것이다.
- 황색(黃) : 중앙을 상징하며, 만물의 근원과 중심을 의미한다.
- 청색(靑) : 동쪽을 상징하며, 만물이 움트는 봄, 희망, 새로운 시작을 의미한다.
- 백색(白) : 서쪽을 상징하며, 결백, 진실, 순수, 가을을 의미한다.
- 적색(赤) : 남쪽을 상징하며, 정열, 생명력, 여름을 의미한다.
- 흑색(黑) : 북쪽을 상징하며, 지혜, 겨울, 죽음, 그리고 인간의 내면세계를 의미한다.

또한, 목(木)은 청(靑), 금(金)은 백(白), 화(火)는 적(赤), 수(水)는 흑(黑), 토(土)는 황(黃)에 대응된다.

12 여름에 꽃피는 알뿌리 화초인 것은?

① 히아신스
② 글라디올러스
③ 수선화
④ 백합

해설
알뿌리초화류(구근초화류)
- 봄심기 : 달리아, 칸나, 아마릴리스, 글라디올러스, 상사화, 투베로즈, 진저 등
- 가을심기 : 히아신스, 아네모네, 튤립, 수선화, 크로커스, 백합, 아이리스 등

13 다음 중 개화시기가 가장 빠른 것은?

① 황매화
② 배롱나무
③ 매자나무
④ 생강나무

해설
나무의 개화시기
- 2월 : 풍년화, 오리나무
- 3월 : 매화나무, 생강나무, 올벚나무, 개나리, 산수유, 동백나무
- 4월 : 자목련, 개나리, 겹벚나무, 꽃산딸나무, 꽃아그배나무, 목련, 백목련, 산벚나무, 아그배나무, 왕벚나무, 이팝나무, 갯버들, 명자나무, 미선나무, 박태기나무, 산수유, 산철쭉, 수수꽃다리, 조팝나무, 진달래, 철쭉, 황철쭉, 동백나무, 소귀나무, 월계수, 만병초, 호랑가시나무, 남천, 등나무, 으름덩굴
- 5월 : 귀룽나무, 때죽나무, 백합나무, 산딸나무, 오동나무, 일본목련, 쪽동백나무, 채진목, 가막살나무, 모란, 병꽃나무, 장미, 쥐똥나무, 다정큼나무, 돈나무, 인동덩굴
- 6월 : 모감주나무, 층층나무, 치자나무, 개쉬땅나무, 수국, 아왜나무, 태산목, 클레마티스
- 7월 : 노각나무, 배롱나무, 자귀나무, 무궁화, 부용, 협죽도, 능소화
- 8월 : 배롱나무, 자귀나무, 부용, 싸리나무
- 9월 : 배롱나무, 부용, 싸리나무
- 10월 : 장미, 은목서, 금목서
- 11월 : 팔손이나무

14 다음 중 수생식물의 생활사에 따른 분류에 해당하지 않는 것은?

① 정수식물
② 부유식물
③ 부엽식물
④ 습생식물

해설
수생식물의 생활사에 따라 정수식물, 부유식물, 부엽식물, 침수식물로 분류할 수 있다.

15 다음 중 대기오염에 강한 수목은?

① 은행나무
② 독일가문비
③ 소나무
④ 자작나무

해설
대기오염(아황산가스 등)에 강한 수종 : 플라타너스(양버즘나무), 사철나무, 은행나무, 편백, 화백, 가시나무, 백합나무, 칠엽수 등

16 조경수목의 선정 시 꽃의 향기가 주가 되는 나무가 아닌 것은?

① 함박꽃나무
② 서향
③ 자귀나무
④ 목서

해설
③ 자귀나무는 여름철 꽃을 관상하기 위한 나무이다.
꽃 향기를 풍기는 나무 : 매화나무(3월), 수수꽃다리(4~5월), 장미(5~10월), 일본목련(6월), 함박꽃나무(6월), 인동덩굴(7월), 목서류(10월) 등

17 다음 중 순공사원가에 해당되지 않는 것은?

① 재료비
② 노무비
③ 이윤
④ 경비

해설
이윤
순공사원가는 직접적으로 공사에 들어가는 비용을 의미하는데, 이윤은 공사 이익을 위해 포함되는 항목으로 순공사원가에는 포함되지 않는다.

18 다음 중 일위대가표 작성의 기초가 되는 것으로 가장 적당한 것은?

① 시방서
② 내역서
③ 견적서
④ 품셈

해설
품셈
사람이 인력 드는 기계로 어떠한 물체를 만드는 데에 대한 단위당 소요로 하는 노력과 능률 및 재료를 수량으로 표시한 것 즉, 단위당 시공능력과 소요수량을 표시한 것이 품셈이다.

19 정원의 구성요소 중 점적인 요소로 구별되는 것은?

① 원로
② 생울타리
③ 냇물
④ 음수대

해설
정원의 구성요소
• 점적 요소 : 벤치, 휴지통, 음수대, 조각품, 독립수, 분수 등
• 선적 요소 : 원로, 계단, 캐스케이드, 생울타리, 냇물 등
• 면적 요소 : 잔디밭, 화단, 연못, 테라스, 플랜터, 데크 등

정답 15 ① 16 ③ 17 ③ 18 ④ 19 ④

20 다음 중 호박돌 쌓기에 이용되는 쌓기법으로 가장 적합한 것은?

① +자 줄눈 쌓기
② 줄눈 어긋나게 쌓기
③ 이음매 경사지게 쌓기
④ 평석 쌓기

해설
호박돌 쌓기
- 호박돌은 깨지지 않고 표면이 깨끗하며 크기가 비슷한 것으로 선택하여 사용한다.
- 호박돌은 크기가 작아 안전성이 부족하므로 찰쌓기를 하는데, 이때 뒷길이가 긴 것을 쓰고 굄돌을 잘 해야 한다.
- 호박돌 쌓기는 불규칙하게 쌓는 것보다 규칙적인 모양을 갖도록 쌓는 것이 보기에 좋고 안전성이 있으며, 돌을 서로 어긋나게 놓아 十자 줄눈이 생기지 않도록 한다.
- 쌓기 중에 모르타르가 돌의 표면에 붙지 않도록 하며, 돌틈 사이에서 흘러나온 모르타르는 굳기 전에 깨끗이 제거한다.

21 콘크리트 블록 제품의 특징으로 적합하지 않은 것은?

① 모양을 임의로 만들 수 있다.
② 유지관리 비가 적게 든다.
③ 인장강도 및 휨강도가 큰 편이다.
④ 만드는 방법이 비교적 간단하다.

해설
③ 콘크리트는 인장강도 및 휨강도가 작은 편이다.
콘크리트의 장단점

장점	• 모양을 임의로 만들 수 있으며, 재료의 채취와 운반이 용이 • 유지관리비가 적게 듦 • 철근을 피복하여 녹을 방지하고, 철근과의 부착력을 높임
단점	• 균열이 생기기 쉽고, 개조 및 파괴가 어려움 • 무게가 무겁고 인장강도 및 휨강도가 작으며, 품질 유지 및 시공 관리가 어려움

22 명암순응(明暗順應)에 대한 설명으로 틀린 것은?

① 눈이 빛의 밝기에 순응해서 물체를 본다는 것을 명암순응이라 한다.
② 맑은 날 색을 본 것과 흐린 날 색을 본 것이 같이 느껴지는 것이 명순응이다.
③ 터널에 들어갈 때와 나갈 때의 밝기가 급격히 변하지 않도록 명암순응식재를 한다.
④ 명순응에 비해 암순응은 장시간을 필요로 한다.

해설
- 명순응 : 어두운 곳에서 밝은 곳으로 옮기면 처음에는 눈이 부시나 차차 적응하여 정상 상태로 돌아가는 현상이다.
- 암순응 : 밝은 곳에서 어두운 곳으로 들어가면 처음에는 보이지 않던 것이 시간이 지남에 따라 차차 보이기 시작하는 현상이다.

23 반죽질기의 정도에 따라 작업의 쉽고 어려운 정도, 재료의 분리에 저항하는 정도를 나타내는 콘크리트 성질에 관련된 용어는?

① 성형성(Plasticity)
② 마감성(Finishability)
③ 시공성(Workbility)
④ 레이턴스(Laitance)

해설
① 거푸집 등의 형상에 순응하여 채우기 쉽고, 분리가 일어나지 않는 굳지 않은 콘크리트의 성질
② 굵은골재의 최대 치수, 잔골재율, 잔골재의 입도, 반죽질기 등에 따른 마무리하기 쉬운 정도를 말하는 굳지 않은 콘크리트의 성질
④ 블리딩에 의하여 콘크리트 표면에 떠올라 침전한 미세한 물질

24 다음 중 거푸집에 미치는 콘크리트의 측압 설명으로 틀린 것은?

① 경화속도가 빠를수록 측압이 크다.
② 시공연도가 좋을수록 측압은 크다.
③ 붓기속도가 빠를수록 측압이 크다.
④ 수평부재가 수직부재보다 측압이 작다.

해설
거푸집에 작용하는 콘크리트 측압에 영향을 주는 요인

증가 요인	• 콘크리트 타설속도가 빠를수록 • 반죽이 묽은 콘크리트일수록 • 콘크리트 비중이 클수록 • 다짐이 많을수록 • 대기습도가 높을수록 • 거푸집 단면이 클수록 • 부배합일수록 • 수평부재보다는 수직부재일수록
감소 요인	• 응결시간이 빠를수록 • 철골 또는 철근의 양이 많을수록 • 온도가 높을수록(경화가 빠를수록)

25 용광로에서 선철을 제조할 때 나온 광석 찌꺼기를 석고와 함께 시멘트에 섞은 것으로서 수화열이 낮고, 내구성이 높으며, 화학적 저항성이 큰 한편, 투수가 적은 특징을 갖는 것은?

① 실리카 시멘트
② 고로 시멘트
③ 알루미나 시멘트
④ 조강 포틀랜드 시멘트

해설
고로 시멘트는 제철 과정에서 발생하는 부산물인 고로슬래그 미분말을 포틀랜드 시멘트와 혼합하여 제조한 시멘트이다. 초기 강도는 낮지만 장기강도가 우수하고 수화열이 낮아 콘크리트 균열 방지에 효과적이다.

26 일반도시에서 가장 많이 사용되고 있는 이상적인 녹지 계통은?

① 분산식
② 방사식
③ 환상식
④ 방사환상식

해설
그린벨트 녹지계통의 형식
• 방사식 : 도시 중심에서 외부로 내뻗는 형태로 배치
• 분산식 : 여기저기에 여러 형태로 배치
• 환상식 : 도시를 중심으로 한 둥근 띠 모양의 형태로 도시 확대를 방지하는 데 효과적
• 방사분산식 : 분산식 녹지대를 방사 형태로 질서 있게 배치
• 방사환상식 : 방사식과 환상식을 결합한 형태로 가장 이상적인 도시녹지 형태
• 위성식 : 주로 대도시에만 적용되는 형태로 녹지대 안에 시가지 조성
• 평행식 : 도시 형태가 띠 모양일 때 도시를 따라 평행하게 배치

27 시공 후 전체적인 모습을 알아보기 쉽도록 그린 것은?

① 평면도
② 입면도
③ 조감도
④ 상세도

해설
조감도
하늘에서 새가 내려다본 것처럼 설계 대상지의 완성 후 모습을 공중에서 비스듬히 내려다보았을 때의 모양을 그린 그림으로, 공간 전체를 사실적으로 표현함으로써 공간구성을 쉽게 알 수 있도록 표현한 것이다.

28 다음 중 배식설계에 있어서 정형식 배식설계로 가장 적당한 것은?

① 부등변삼각형 식재
② 대식
③ 임의(랜덤)식재
④ 배경식재

해설
• 정형식 배식 : 단식, 대식, 열식, 교호식재, 집단식재
• 자연식 배식 : 부등변삼각형 식재, 임의식재, 모아심기, 배경식재

29 도시공원법상 도시공원 설치 및 규모의 기준에 있어서 어린이공원 일 때 최소면적은 얼마인가?

① 500m²
② 1,000m²
③ 1,500m²
④ 2,000m²

해설
도시공원의 설치 및 규모의 기준-생활권 공원(도시공원 및 녹지 등에 관한 법률 시행규칙 [별표 3])

공원구분	설치기준	유치거리	규모
어린이공원	제한 없음	250m 이하	1,500m² 이상

30 다음 중 콘크리트 측압에 대한 설명으로 옳은 것은?

① 콘크리트가 기둥이나 벽의 거푸집에 미치는 압력
② 콘크리트의 유동성 정도를 나타내는 압력
③ 흙이나 콘크리트에 있어서 수분의 다소에 의한 연도(軟度)
④ 굳지 않은 모르타르나 콘크리트의 작업성 난이도

31 크롬산 아연을 안료로 하고, 알키드 수지를 전색료로 한 것으로서 알루미늄 녹막이 초벌칠에 적당한 도료는?

① 광명단
② 파커라이징(Parkerizing)
③ 그라파이트(Graphite)
④ 징크로메이트(Zincromate)

해설
징크로메이트 : 크롬산아연을 주성분으로 한 방청안료로 알루미늄 녹막이에 사용된다.

32 합판(合板)에 관한 설명으로 틀린 것은?

① 보통합판은 얇은 판을 2, 4, 6매 등의 짝수로 교차하도록 접착제로 접합한 것이다.
② 특수합판은 사용목적에 다라 여러 종류가 있으나 형식적으로는 보통 형식과 다르지 않다.
③ 합판은 함수율 변화에 의한 신축변형이 적고, 방향성이 없다.
④ 합판의 단판제법에는 로터리베니어, 소드베니어, 슬라이스드베니어 등이 있다.

해설
① 단판의 적층은 보통 3, 5, 7매로 구성하고 특수 용도로는 15부 합판, 24부 합판 등 단판의 적층에 따라 합판의 두께를 조절할 수 있다.

합판의 특징
• 합판은 목재를 얇은 판으로 깎은 단판에 접착제를 바른 다음, 나무의 결이 엇갈리게 여러 겹으로 붙여서 만든 판상의 가공재이다.
• 제품이 규격화되어 있어 능률적으로 사용 가능하다.
• 나뭇결이 아름답고, 균일한 크기로 제작이 가능하다.
• 수축·팽창 등에 의한 변형이 거의 없다.
• 고른 강도를 유지하며, 넓은 면즈을 이용할 수 있다.
• 내구성과 내습성이 크다.

33 조경공사에서 수목 및 잔디의 할증률은 몇 %인가?

① 1%   ② 5%
③ 10% ④ 20%

해설
할증률
• 붉은 벽돌 : 3%
• 경계블록 : 3%
• 이형철근 : 3%
• 일반용 합판 : 3%
• 목재 : 5%
• 시멘트 벽돌 : 5%
• 원형철근 : 5%
• 조경용 수목 : 10%(굴취 시 야생일 경우 20%까지 할증)
• 석재판붙임용재(정형돌) : 10%

정답 29 ③ 30 ① 31 ④ 32 ① 33 ③

34 생울타리처럼 수목이 대상으로 군식 되었을 때 거름 주는 방법으로 가장 적당한 것은?

① 전면거름주기
② 천공거름주기
③ 선상거름주기
④ 방사상 거름주기

해설
③ 나무 줄기 아래로 긴 선을 따라 거름을 주는 방법으로, 생울타리처럼 긴 형태로 군식된 수목에 적합하다.
① 넓은 지역에 균등하게 거름을 주는 방식이다.
② 나무의 뿌리 근처에 구멍을 내고 거름을 주는 방식으로, 생울타리에는 적합하지 않다.
④ 개별 나무의 중심에서 방사형으로 거름을 주는 방식으로, 군식에는 적합하지 않다.

35 물에 대한 설명이 틀린 것은?

① 호수, 연못, 풀 등은 정적으로 이용된다.
② 분수, 폭포, 벽천, 계단폭포 등은 동적으로 이용된다.
③ 조경에서 물의 이용은 동·서양 모두 즐겨 했다.
④ 벽천은 다른 수경에 비해 대규모 지역에 어울리는 방법이다.

해설
④ 벽천은 넓은 면적이 필요하지 않아서 작은 공원이나 소광장 등에 잘 어울린다.

36 뿌리돌림의 필요성을 설명한 것으로 거리가 먼 것은?

① 이식적기가 아닐 때 이식할 수 있도록 하기 위해
② 크고 중요한 나무를 이식하려 할 때
③ 개화결실을 촉진시킬 필요가 없을 때
④ 건전한 나무로 육성할 필요가 있을 때

해설
뿌리돌림의 목적 : 이식력이 약한 나무를 대상으로 굴취 전에 미리 잔뿌리를 발달시켜 이식력을 높이거나, 노목이나 쇠약목의 세력회복을 위한 목적으로도 사용한다.

37 다음 중 멀칭의 기대효과가 아닌 것은?

① 표토의 유실을 방지
② 토양의 입단화를 촉진
③ 잡초의 발생을 최소화
④ 유익한 토양미생물의 생장을 억제

해설
멀칭의 효과
• 멀칭은 잡초의 발생을 최소화하고, 토양으로부터의 수분 증발을 감소시키며, 토양의 공극률을 높인다.
• 토양의 비옥도를 높이고, 미생물의 생장을 촉진시켜 산성화된 토양을 중성화시키며, 겨울철 수목의 동결을 방지한다.

38 지형도에서 두 지점 사이의 고저차는 20m이고, 동일한 지형도에서 두 지점 사이의 수평거리는 100m일 때 경사도(%)는?

① 10%   ② 20%
③ 50%   ④ 80%

해설
경사도(%) = (수직높이 ÷ 수평거리) × 100
           = (20 ÷ 100) × 100
           = 20

정답 34 ③ 35 ④ 36 ③ 37 ④ 38 ②

39 다음 중 수목의 식재 후 관리사항으로 필요 없는 것은?

① 전정
② 뿌리돌림
③ 가지치기
④ 지주세우기

40 강(鋼)과 비교한 알루미늄의 특징에 대한 내용 중 옳지 않은 것은?

① 강도가 작다.
② 비중이 작다.
③ 열팽창율이 작다.
④ 전기 전도율이 높다.

[해설]
알루미늄은 온도 변화에 따라 쉽게 팽창하거나 수축하는 특성이 있어 강철보다 열팽창율이 크다.

41 일반적인 토양의 표토에 대한 설명으로 가장 부적합한 것은?

① 우수(雨水)의 배수능력이 없다.
② 토양오염의 정화가 진행된다.
③ 토양미생물이나 식물의 뿌리 등이 활발히 활동하고 있다.
④ 오랜 기간의 자연작용에 따라 만들어진 중요한 자산이다.

[해설]
토양의 표토는 우수의 배수능력이 있어, 표토관리 중 하나인 청경법으로 제초제 시용 시 약제 살포 후 2시간 이내에 비가 내리면 약제가 빗물과 함께 배수되어 약효가 떨어진다.

42 현대적인 공사관리에 관한 설명 중 가장 적합한 것은?

① 품질과 공기는 정비례한다.
② 공기를 서두르면 원가가 싸게 된다.
③ 경제속도에 맞는 품질이 확보되어야 한다.
④ 원가가 싸게 되도록 하는 것이 공사관리의 목적이다.

[해설]
① 품질과 공기는 반비례한다.
② 공기를 서두르면 원가는 증가한다.
④ 시공관리란 시공계획에 따라 공사가 원활히 진행되도록 공사를 관리하여 제한된 공사기간 내에 계약된 공사를 차질 없이 경제적으로 시행하는 것을 목적으로 한다.

43 소나무의 순지르기, 활엽수의 잎 따기 등에 해당하는 전정법은?

① 생장을 돕기 위한 전정
② 생장을 억제하기 위한 전정
③ 생리를 조절하는 전정
④ 세력을 갱신하는 전정

[해설]
생장을 억제하기 위한 전정
• 녹음수가 좁은 정원에서 필요 이상으로 자라지 않도록 줄기나 가지를 자르거나, 향나무, 회양목 등 산울타리처럼 나무를 일정한 모양으로 유지시키기 위한 전정이다.
• 소나무의 순지르기, 활엽수의 잎따기도 생장을 억제하는 전정의 한 방법이다.

정답 39 ② 40 ③ 41 ① 42 ③ 43 ②

44 다음 중 교목류의 높은 가지를 전정하거나 열매를 채취할 때 주로 사용할 수 있는 가위는?

① 대형 전정가위
② 조형 전정가위
③ 순치기 가위
④ 갈고리 전정가위

해설
고지가위(갈고리 전정가위) : 높은 곳의 가지나 열매를 채취하기 위해 사용한다.

45 수목을 전정한 뒤 수분 증발 및 병균 침입을 막기 위하여 상처 부위에 칠하는 도포제로 사용할 수 있는 것은?

① 유황
② 석회
③ 톱신페스트
④ 다이센 M

해설
방부제로는 살균제를 함께 섞어 만든 아스팔트 바니시 페인트나 톱신페스트(지오판 도포제) 등을 주로 이용한다.

46 조경프로젝트의 수행단계 중 식생의 이용 및 시설물의 효율적 이용, 유지, 보수 등 전체적인 것을 다루는 단계는?

① 조경관리
② 조경설계
③ 조경계획
④ 조경시공

해설
조경프로젝트의 수행단계
• 조경계획 : 자료의 수집, 분석, 종합에 초점을 맞추는 수행단계
• 조경설계 : 자료를 활용하여 3차원적 공간을 창조해 나가는 수행단계
• 조경시공 : 공학적 지식과 생물을 다루는 특별한 기술이 필요한 수행단계
• 조경관리 : 식생과 시설물의 이용에 관한 전체적인 것을 다루는 수행단계

47 식물의 아래 잎에서 황화현상이 일어나고 심하면 잎 전면에 나타나며, 잎이 작지만 잎수가 감소하며 초본류의 초장이 작아지고 조기 낙엽이 비료결핍의 원인이라면 어느 비료 요소와 관련된 설명인가?

① P
② N
③ Mg
④ K

해설
비료의 역할
• 질소(N) : 광합성작용을 촉진하여 수목의 잎이나 줄기 등의 생장에 도움을 주는데, 부족하면 생장이 위축되고 성숙이 빨라진다.
• 인(P) : 세포분열을 촉진하거나 꽃・열매・뿌리의 발육에 관여하는데, 부족하면 성숙이 빨라져 수확량이 감소한다.
• 칼륨(K) : 꽃과 열매의 향기나 색깔을 조절하는데, 부족하면 황화현상이 나타나고 잎이 고사한다.
• 칼슘(Ca) : 단백질을 합성하고 식물체 유기산을 중화하는데, 부족하면 생장점이 파괴되어 갈변한다.
• 마그네슘(Mg) : 엽록소의 구성성분이며 각종 효소를 활성화하는데, 부족하면 잎이 얇아지고 황백화현상이 나타난다.

48 AE 콘크리트의 성질 및 특징 설명으로 틀린 것은?

① 수밀성이 향상된다.
② 콘크리트 경화에 따른 발열이 커진다.
③ 입형이나 입도가 불량한 골재를 사용할 경우에 공기연행의 효과가 크다.
④ 일반적으로 빈배합의 콘크리트일수록 공기연행에 의한 워커빌리티의 개선효과가 크다.

해설
AE(Air-Entrained) 콘크리트
콘크리트를 비빌 때 AE제를 혼합하여 내부에 미세한 기포를 포함시킨 것으로 공기연행 콘크리트라고도 한다. 동일 조합・수량의 보통 콘크리트에 비해 워커빌리티가 좋고, 내구성이 크며, 발열・증발・수축균열이 적지만, 압축강도 및 철근과의 부착강도는 상당히 약하다.

정답 44 ④ 45 ③ 46 ① 47 ② 48 ②

49 설치비용은 비싸지만 열효율이 높고 투시성이 좋으며 관리비도 싸서 안개지역, 터널 등의 장소에 설치하기 적합한 조명등은?

① 할로겐등 ② 고압수은등
③ 나트륨등 ④ 형광등

해설
나트륨등
- 설치비는 비싸지만 유지관리비가 싸고, 수명이 비교적 길다.
- 빛의 조절이나 통제가 용이하고, 색채의 연출이 우수하다.
- 녹색과 푸른색을 제외한 색채의 연출이 불량하여 이를 보완하기 위해 인을 코팅한 전등을 사용한다.
- 변동하는 기온이나 조건하에서 발광 및 효율을 일정하게 유지하기 어렵다.

50 목재의 기건상태에서 건조 전의 무게가 250g이고, 절대건조 무게가 220g인 목재의 전건량 기준 함수율은?

① 12.6% ② 13.6%
③ 14.6% ④ 15.6%

해설
목재의 함수율(%) = $\dfrac{\text{건조 전 중량} - \text{건조중량}}{\text{건조중량}} \times 100$

= $\dfrac{250 - 220}{220} \times 100 = 13.6\%$

51 다음 중 관리하자에 의한 사고에 해당되지 않는 것은?

① 시설의 구조자체의 결함에 의한 것
② 시설의 노후·파손에 의한 것
③ 위험장소에 대한 안전대책 미비에 의한 것
④ 위험물 방치에 의한 것

해설
시설의 구조자체의 결함 설치하자에 의한 사고이므로 관리하자가 아니다.

52 일반적으로 빗자루병이 가장 발생하기 쉬운 수종은?

① 향나무 ② 동백나무
③ 대추나무 ④ 장미

해설
빗자루병의 피해수종: 전나무, 오동나무, 대추나무, 벚나무, 대나무, 살구나무 등이 있다.

53 조경수목에 사용되는 농약과 관련된 내용으로 부적합한 것은?

① 농약은 다른 용기에 옮겨 보관하지 않는다.
② 살포작업은 아침, 저녁 서늘한 때를 피하여 한낮 뜨거운 때 작업한다.
③ 살포작업 중에는 음식을 먹거나 담배를 피우면 안된다.
④ 농약 살포작업은 한 사람이 2시간 이상 계속하지 않는다.

해설
② 살포작업은 비가 오지 않고 바람이 불지 않는 맑은 날, 한 낮의 뜨거운 때를 피해 아침이나 저녁 등 서늘하고 바람이 적을 때 실시한다.

54 흙을 이용하여 2m 높이로 마운딩하려 할 때, 더돋기를 고려해 실제 쌓아야 하는 높이로 가장 적합한 것은?

① 2m ② 2m 20cm
③ 3m ④ 3m 30cm

해설
가라앉을 것을 예측하여 계획된 높이보다 더 쌓는 흙을 여성토(더돋기)라 하고, 일반적으로 계획높이의 10~15% 미만으로 쌓아 올린다.

정답 49 ③ 50 ② 51 ① 52 ③ 53 ② 54 ②

55 수간에 약액 주입 시 구멍 뚫는 각도로 가장 적절한 것은?

① 수평
② 0~10°
③ 20~30°
④ 50~60°

56 다음 중 파이토플라스마에 의한 수목병은?

① 뽕나무 오갈병
② 잣나무 털녹병
③ 밤나무 뿌리혹병
④ 낙엽송 끝마름병

> **해설**
> **파이토플라스마에 의한 수목병** : 대추나무 빗자루병, 오동나무 빗자루병, 뽕나무 오갈병

57 잔디의 잎에 갈색 병반이 동그랗게 생기고, 특히 6~9월경에 벤트그래스에 주로 나타나는 병해는?

① 녹병
② 황화병
③ 브라운패치
④ 설부병

> **해설**
> **브라운패치(Brown Patch, 갈색잎마름병)**
> 예고가 낮은 벤트그래스 그린의 경우 매우 습할 때에는 패치의 가장자리에 암회색의 경계부위가 나타나 스모크링(Smoke Ring)과 같은 형태로 나타난다. 건조할 때에는 패치의 전체가 갈색으로 변해 고사한다. 예고가 높은 티잉그라운드, 페어웨이의 경우 이슬이 마르지 않은 아침에 패치의 가장자리에서 회갈색의 기중균사를 형성한다.

58 다음 중 비탈면에 교목을 식재할 때 기울기는 어느 정도 보다 완만하여야 하는가?

① 1 : 1 정도
② 1 : 1.5 정도
③ 1 : 2 정도
④ 1 : 3 정도

> **해설**
> 비탈면에 교목을 식재하려면 1 : 3보다 완만해야 하고, 관목을 식재하려면 1 : 2보다 완만해야 한다.

59 배나무 붉은별무늬병의 겨울포자 세대의 중간기주 식물은?

① 잣나무
② 향나무
③ 배나무
④ 느티나무

> **해설**
> **녹병균의 중간기주**
> • 배나무 붉은별무늬병(적성병) : 향나무
> • 사과나무 붉은별무늬병 : 향나무
> • 소나무 혹병 : 졸참나무, 신갈나무
> • 잣나무 털녹병 : 송이풀, 까치밥나무
> • 포플러 잎녹병 : 일본잎갈나무(낙엽송)

60 다음 조경 식물의 주요 해충 중 흡즙성 해충은?

① 깍지벌레
② 독나방
③ 오리나무잎벌
④ 미끈이하늘소

> **해설**
> 깍지벌레류는 잎이나 가지에 붙어 즙액을 빨아먹어 잎이 황색으로 변한다.

2018년 제2회 과년도 기출복원문제

01 미국 식민지 개척을 통한 유럽 각국의 다양한 사유지 중심의 정원양식이 공공적인 성격으로 전환되는 계기에 영향을 끼친 것은?

① 스토우정원
② 보르비콩트정원
③ 스투어헤드정원
④ 버컨헤드공원

해설
④ 조셉 팩스턴이 설계하고 시민의 힘으로 설립된 최초의 공원으로, 미국 식민지 개척을 통한 유럽 각국의 다양한 사유지 중심의 정원양식이 공공적인 성격으로 전환되는 계기에 영향을 끼친 공원이며, 미국의 센트럴파크의 공원개념 형성에 큰 영향을 주었다.
① 찰스 브릿지맨과 윌리엄 켄트가 설계한 후 브라운이 개조한 것으로 하하기법을 도입하였다.
② 앙드레 르 노트르가 설계한 프랑스 정원으로, 최초의 평면기하학식 정원이다.
③ 헨리 호어가 건물을 설계하고, 윌리엄 켄트와 찰스 브릿지맨이 정원을 설계하였다. 현재 자연풍경식 정원의 원형이 가장 잘 남아있는 정원이다.

02 우리나라 전통조경의 설명으로 옳지 않은 것은?

① 신선 사상에 근거를 두고 여기에 음양오행설이 가미되었다.
② 연못의 모양은 조롱박형, 목숨수자형, 마음심자형 등 여러 가지가 있다.
③ 네모진 연못은 땅, 즉 음을 상징하고 있다.
④ 둥근 섬은 하늘, 즉 양을 상징하고 있다.

해설
② 정원 내 연못의 형태는 방지형이라고 불리는 사각형의 가장 단순한 형태였다.

03 이탈리아 정원의 구성요소와 가장 관계가 먼 것은?

① 테라스(Terrace)
② 중정(Patio)
③ 계단폭포(Cascade)
④ 화단(Parterre)

해설
중정(파티오)은 스페인 정원의 특징이다.
스페인 정원의 특징
• 스페인 남부 안달루시아(Andalusia) 지방에서 발달했다.
• 건물로 완전히 둘러싸인 중정(파티오) 형태의 정원이다.
• 기하학적인 터 가르기를 한다.
• 바닥에는 색채타일을 이용하였다.
• 이슬람 문화의 영향으로 대리석과 물을 이용한 정원 발달하였다.
• 정원의 중심부는 분수가 설치된 작은 연못을 설치하였다.
• 난대, 열대 수목이나 꽃나무를 화분에 심어 중요한 자리에 배치하였다.

04 일본의 정원양식이 아닌 것은?

① 다정식 정원
② 회화풍경식 정원
③ 고산수식 정원
④ 침전식 정원

해설
② 회화풍경식 정원은 영국의 정원양식이다.

05 일본 정원의 조경양식의 변화 순서중 맞는 것은?

① 침전식 → 축산임천식 → 회유임천식 → 축산고산수식 → 평정고산수식 → 다정양식 → 회유식 → 축경식
② 축산임천식 → 침전식 → 회유임천식 → 축산고산수식 → 평정고산수식 → 다정양식 → 축경식 → 회유식
③ 침전식 → 축산임천식 → 회유임천식 → 평정고산수식 → 축산고산수식 → 다정양식 → 회유식 → 축경식
④ 침전식 → 축산임천식 → 축산고산수식 → 평정고산수식 → 회유임천식 → 다정양식 → 회유식 → 축경식

해설
일본 정원양식의 발달

시기	특징
7세기 초	백제의 노자공이 수미산과 홍교를 조성
8~12세기(헤이안시대)	임천식 정원, 침전식 정원
12~14세기(가마쿠라시대)	회유임천식 정원
14세기(무로마치시대)	• 불교 선사상, 묵화의 영향 • 건물로부터 독립 • 회화적, 축산고산수 수법 발달
15세기 후반(무로마치시대)	평정고산수 수법이 발달
16세기(모모야마시대)	다정식 정원
17세기(에도시대 초기)	회유임천식+다정식 정원
19세기(에도시대 후기)	축경식 정원

06 서양의 각 시대별 조경양식에 관한 설명 중 옳은 것은?

① 서아시아의 조경은 수렵원 및 공중정원이 특징적이다.
② 이집트는 상업 및 집회를 위한 공공정원이 유행하였다.
③ 고대 그리스는 포럼과 같은 옥외 공간이 형성되었다.
④ 고대 로마의 주택정원에는 지스터스(Xystus)라는 가족을 위한 사적인 공간을 조성하였다.

해설
공중정원 : 신바빌로니아의 네부카드네자르 2세가 왕비 아미티스를 위해 조성한 정원으로 세계 7대 불가사의 중 하나이다.

07 양화소록에 대한 내용으로 틀린 것은?

① 저자는 강희맹이다.
② 조선시대 원예서이다.
③ 꽃과 나무의 재배와 이용에 관하여 서술한 농업서이다.
④ 양화서(養花書)의 기본이 되는 것으로서 '임원경제지' 등에 인용되었다.

해설
① 저자는 강희안이다.
양화소록
조선시대 전기 강희안이 지은 조경관련 대표 저술서로, 정원식물의 특성과 번식법, 괴석의 배치법, 꽃을 화분에 심는 법, 최화법(催花法), 꽃이 꺼리는 것, 꽃을 취하는 법과 기르는 법, 화분 놓는 법과 관리법 등의 내용이 수록되어 있다.

정답 5 ① 6 ① 7 ①

08 이탈리아의 조경양식이 크게 발달한 시기는 어느 시대부터 인가?

① 중세시대 ② 르네상스시대
③ 고대 이집트시대 ④ 세계 1차대전 이후

해설
이탈리아 르네상스시대에 봉건제도와 교회에 반하여 인간 개성을 발휘, 자연을 객관적으로 바라보고 자연의 아름다움을 향유하였고, 비로소 정원이 예술의 한 범주에 속하게 되었다.

09 다음 중 피서산장, 이화원, 원명원은 중국의 어느 시대 정원인가?

① 송 ② 명
③ 청 ④ 당

해설
- 열하 피서산장 : 만리장성 밖에 위치한 황제의 여름별장으로 남방의 명승과 건축물을 모방하였고, 주변에 많은 소나무를 식재하였다.
- 만수산 이궁(이화원) : 건축물과 자연이 강한 대비를 이루고 있는 청나라의 대표적 정원이다.
- 원명원 이궁 : 동양 최초의 서양식 정원으로 프랑스 르 노트르식 정원의 영향을 받았다.

10 조경의 목적을 달성하기 위해 식재되는 조경수목은 식재지의 위치나 환경 조건 등에 따라 적절히 선택되어지는데 다음 중 조경수목이 갖추어야 할 조건이 아닌 것은?

① 쉽게 옮겨 심을 수 있을 것
② 착근이 잘 되고 생장이 잘 되는 것
③ 그 땅의 토질에 잘 적응 할 수 있는 것
④ 희귀하여 가치가 있는 것

해설
④ 값이 비싸고 희귀한 것과는 관련이 없다.

11 다음 중 명도대비가 가장 큰 것은?

① 검정과 노랑
② 빨강과 파랑
③ 보라와 연두
④ 주황과 빨강

해설
명도는 색의 밝고 어두운 정도를 말하며, 명도가 다른 두 색이 근접하여 서로 영향을 주는 것으로 밝은 색은 더 밝게, 어두운 색은 더 어둡게 보이는 현상이다.

12 중국식 정원에 대한 기술 중 가장 옳은 것은?

① 풍경식으로 대비에 중점을 두었다.
② 풍경식으로 조화에 중점을 두었다.
③ 선사상과 묵화의 영향을 많이 입었다.
④ 건축식 조경수법을 강조한 풍경식이다.

해설
① 대비에 중점을 두고 있으며, 이것이 중국정원의 특색을 이루고 있다.

13 한국 조경사 중 백제시대의 조경에 해당하지 않는 것은?

① 임류각
② 궁남지
③ 석연지
④ 안학궁

해설
안학궁
- 장수왕 때 평양(대동강 상류 대성산)에 지은 궁으로 궁내에 자연 곡선 형태의 연못과 인공동산(축산)이 있었으며, 연못 안에는 몇 개(3~4개)의 섬이 있었다.
- 성벽으로 둘러싸여 있으며, 52개의 집자리가 발견되었고, 남궁, 북궁, 중궁 등으로 구분되어 있었다.

정답 8 ② 9 ③ 10 ④ 11 ① 12 ① 13 ④

14 다음 중 봄에 개화하는 정원수가 아닌 것은?

① 백목련
② 매화나무
③ 무궁화
④ 수수꽃다리

해설
③ 무궁화는 7월~8월(여름)에 개화한다.

15 아황산가스(SO_2)에 잘 견디는 낙엽교목은?

① 플라타너스
② 독일가문비
③ 소나무
④ 히말라야시다

해설
아황산가스에 강한 수종 : 플라타너스(양버즘나무), 사철나무, 은행나무, 편백, 화백, 가시나무, 백합나무, 칠엽수 등

16 다음 각종 벽돌쌓기 방식 중 가장 튼튼한 쌓기 방식은?

① 프랑스식 쌓기
② 영국식 쌓기
③ 마구리 쌓기
④ 미국식 쌓기

해설
② 길이쌓기 켜와 마구리쌓기 켜를 반복하여 쌓고, 모서리의 벽 끝에는 이오토막을 쓰는 방법으로, 매우 견고하다.
① 켜마다 길이와 마구리가 번갈아 나오는 방법으로, 영국식 쌓기보다 아름다우나 견고성은 떨어진다.
③ 벽면에 벽돌의 마구리만 나타나도록 쌓는 방법으로, 1.0B 이상 쌓기에 쓰이며 끝부분에는 반절짜리 벽돌이 들어간다.
④ 5켜까지 길이 쌓기로 하고, 그 위 1켜는 마구리쌓기로 하는 방법이다.

17 다음 중 골프 코스 중 티와 그린 사이에 짧게 깎은 페어웨이 및 러프 등에서 가장 이용이 많은 잔디로 적합한 것은?

① 들잔디
② 벤트그래스
③ 버뮤다그래스
④ 라이그래스

해설
들잔디 : 한국 잔디 중 가장 많이 이용하는 잔디로 성질이 강하고 답압에 잘 견딘다.

18 자연환경조사 단계 중 미기후와 관련된 조사항목으로 가장 영향이 적은 것은?

① 지하수 유입 및 유동의 정도
② 태양 복사열을 받는 정도
③ 공기 유통의 정도
④ 안개 및 서리 피해 유무

해설
미기후 : 건물이 위치하는 대지 및 주변의 기후로서 주변의 식재나 인공구조물과 같은 지표면 상태에 영향을 받는다.

19 눈으로 덮여 있는 설경과 동물의 일시적 출현은 다음 경관의 어떤 유형에 해당되는가?

① 전경관(Panoramic landscape)
② 지형경관(Feature landscape)
③ 관개경관(Canopied landscape)
④ 일시경관(Ephemeral landscape)

해설
일시경관은 대기권의 상황 변화에 따라 모습이 달라지는 경관이다.
예 수면에 투영된 영상, 동물의 일시적 출현, 안개 등

정답 14 ③ 15 ① 16 ② 17 ① 18 ① 19 ④

20 다음 중 감법혼색의 3원색이 아닌 것은?

① 초록(Green)
② 마젠타(Magenta)
③ 사이안(Cyan)
④ 노랑(Yellow)

해설
감법혼색은 색료의 혼합에 의하여 새로운 색을 얻는 것을 말하며 청록(Cyan), 마젠타(Magenta), 노랑(Yellow)을 혼합하는 것이다.

21 우리나라 들잔디(*Zoysia japonica*)의 특징으로 옳지 않은 것은?

① 여름에는 무성하지만 겨울에는 잎이 말라 죽어 푸른빛을 잃는다.
② 번식은 지하경(地下莖)에 의한 영양번식을 위주로 한다.
③ 척박한 토양에서 잘 자란다.
④ 더위 및 건조에 약한 편이다.

해설
들잔디는 한국 잔디 중 가장 많이 이용하는 잔디로 성질이 강하고 답압에 잘 견딘다. 들잔디가 속한 한국잔디류의 특징은 온지성잔디로, 여름에 잘 자라며 5~9월에 푸른 기간을 유지한다.

22 다음 중 조경계획의 수행과정 단계가 옳은 것은?

① 목표설정 – 자료분석 및 종합 – 기본계획 – 실시설계 – 기본설계
② 자료분석 및 종합 – 목표설정 – 기본계획 – 기본설계 – 실시설계
③ 목표설정 – 자료분석 및 종합 – 기본계획 – 기본설계 – 실시설계
④ 목표설정 – 자료분석 및 종합 – 기본설계 – 기본계획 – 실시설계

해설
조경계획의 과정 : 목표설정 → 현황자료분석(자연환경분석, 인문환경분석) 및 종합 → 기본구상 → 기본계획(토지이용계획, 교통동선계획, 시설물 배치계획, 식재계획, 하부구조계획, 집행계획) → 기본설계 → 실시설계 → 시공 및 감리 → 유지관리

23 다음 중 도시공원 및 녹지 등에 관한 법률 시행규칙에서 구분한 공원 가운데 그 규모가 가장 작은 것은?

① 묘지공원
② 체육공원
③ 광역권 근린공원
④ 어린이공원

해설
도시공원의 설치 및 규모의 기준(도시공원 및 녹지 등에 관한 법률 시행규칙 [별표 3])

공원구분		유치거리	규모
생활권 공원	어린이공원	250m 이하	1,500m² 이상
	광역권 근린공원	제한 없음	1,000,000m² 이상
주제 공원	묘지공원	제한 없음	100,000m² 이상
	체육공원	제한 없음	10,000m² 이상

정답 20 ① 21 ④ 22 ③ 23 ④

24 설계자의 의도를 계략적인 형태로 나타낸 일종의 시각언어로서 도면을 단순화시켜 상징적으로 표현한 그림을 의미하는 것은?

① 상세도
② 다이어그램
③ 조감도
④ 평면도

해설
다이어그램은 주제를 시각화하고 명확하게 하기 위해 인간 활동의 모든 측면에서 사용되는 개념, 아이디어, 구성, 관계, 통계 데이터 등을 단순하고 구조화된 시각적 표현이다.

25 다음 수목 중 붉은색 꽃이 피는 수목은?

① 산수유
② 이팝나무
③ 동백나무
④ 모감주나무

해설
①·④ 황색, ② 백색
꽃의 색채
- 흰색(백색) : 백목련, 조팝나무, 미선나무, 흰말채나무, 벚나무, 매화나무, 층층나무, 산딸나무, 돈나무, 팥배나무, 층층나무, 가막살나무, 쥐똥나무, 꽃사과, 백당나무, 야광나무, 아까시나무, 귀룽나무, 불두화, 꽃사과, 이팝나무
- 붉은색 : 동백나무, 배롱나무, 댕강나무, 명자나무, 박태기나무, 해당화, 모과나무, 모란
- 황색 : 산수유, 매자나무, 튤립나무, 개나리, 모감주나무, 생강나무, 풍년화
- 보라색 : 무궁화, 참오동나무, 등나무, 진달래, 수수꽃다리, 산철쭉, 비비추(연보라)

26 인출선에 대한 설명으로 옳지 않은 것은?

① 수목명, 본수, 규격 등을 기입하기 위하여 주로 이용되는 선이다.
② 도면의 내용물 자체에 설명을 기입할 수 없을 때 사용하는 선이다.
③ 인출선의 긋는 방향과 기울기는 서로 다르게 하는 것이 효과적이다.
④ 인출선은 가는 실선을 사용하며, 한 도면 내에서는 그 굵기와 질은 동일하게 유지한다.

해설
③ 긋는 방향과 기울기를 통일한다.

27 줄기가 아래로 늘어지는 생김새의 수간을 가진 나무의 모양을 무엇이라 하는가?

① 쌍간　　② 다간
③ 직간　　④ 현애

해설
④ 고산지대의 높은 벼랑에 늘어져 생장하고 있는 형태를 묘사한 것으로, 묘목 때부터 밑 부분의 가지에 곡을 주어 아래로 늘어지게 만든 수형이다.
① 같은 뿌리 밑부터 두 갈래로 균형감 있고 안정적으로 갈라져 자라는 수형으로, 두 가지 중 한 가지는 크고 굵어야 하며, 같은 방향으로 윗가지도 같이 자라게 한다.
② 한 뿌리에서 3개 이상의 줄기가 나와 자라난 형태의 수형으로, 줄기 수는 반드시 홀수여야 하며, 줄기가 10개를 넘으면 줄기 수에 상관없고, 굵은 줄기를 주간으로 전체 수형이 삼각형을 이루듯 심는다.
③ 하나의 곧은 줄기가 위로 솟은 나무로, 하부에서 상부로 올라가면서 자연스럽게 가늘어지고, 가지도 순서 있게 좌우전후로 엇갈려 뻗은 모양의 수형이다.

28 식재 설계도면상에서 특정 수목의 규격 표시를 H3.0× R10으로 표기하고 있을 때 그 중 'R'이 의미하는 것은?

① 흉고직경
② 근원직경
③ 반지름
④ 수관폭

해설
수목의 규격은 수고(H), 수관폭(W), 흉고직경(B), 근원직경(R) 등으로 나타낸다.

29 축척이 1/5,000의 지도상에서 구한 수평면적이 5cm²라면 지상에서의 실제 면적은 얼마인가?

① 1,250m²
② 12,500m²
③ 2,500m²
④ 25,000m²

해설
실제 면적 = 도상 면적 × 축척제곱
= 0.0005m² × (5,000)²m²
= 12,500m²
(∵ 10,000cm² = 1m²)

30 지주목 설치 요령 중 적합하지 않은 것은?

① 지주목을 묶어야 할 나무줄기 부위는 타이어 튜브나 마대 혹은 새끼 등의 완충재를 감는다.
② 지주목의 아래는 뾰족하게 깎아서 땅속으로 30~50cm 정도의 깊이로 박는다.
③ 지상부의 지주는 페인트 칠을 하는 것이 좋다.
④ 통행인이 많은 곳은 삼발이형, 적은 곳은 사각지주와 삼각지주가 많이 설치된다.

해설
④ 통행인이 많은 곳에 사각지주와 삼각지주가 설치된다.

31 뿌리돌림의 방법으로 옳은 것은?

① 노목은 피해를 줄이기 위해 한 번에 뿌리돌림 작업을 끝내는 것이 좋다.
② 뿌리돌림을 하는 분은 이식할 당시의 뿌리분 보다 약간 크게 한다.
③ 낙엽수의 경우 생장이 끝난 가을에 뿌리돌림을 하는 것이 좋다.
④ 뿌리돌림 시 남겨 둘 곧은 뿌리는 15~20cm의 폭으로 환상박피한다.

해설
큰 나무의 경우 수목을 지탱하기 위해 3~4방향으로 굵은 뿌리를 하나씩 남겨 두고 15cm 정도의 폭으로 환상박피한다.

32 다음 중 옥상정원을 만들 때 배합하는 경량재로 사용하기 가장 어려운 것은?

① 사질양토
② 버미큘라이트
③ 펄라이트
④ 피트

해설
① 사질양토는 진흙이 비교적 적게 섞인 부드러운 흙이다.
경량재 : 버미큘라이트, 펄라이트, 피트모스, 화산재 등

33 감상하기 편리하도록 땅을 1~2m 파내려가 그 바닥에 꾸민 화단은?

① 살피화단
② 모둠화단
③ 양탄자화단
④ 침상화단

해설
침상화단 : 지면보다 1m 정도 낮게 하여 기하학적인 땅가름을 하고 초화식재가 한눈에 내려다보이도록 한다.

28 ② 29 ② 30 ④ 31 ④ 32 ① 33 ④

34 일반적인 플라스틱 제품에 대한 설명이다. 잘못된 것은?

① 가볍고 견고하다.
② 내화성이 크다.
③ 투광성, 접착성, 절연성이 있다.
④ 산과 알칼리에 견디는 힘이 크다.

해설
② 플라스틱은 열에 취약하다.
플라스틱의 특성
- 가벼우면서도 강도와 탄력성이 크다.
- 소성·가공성이 좋아 복잡한 모양으로 성형이 가능하다.
- 내산성·내알칼리성이 크고, 녹슬지 않는다.
- 착색이 자유롭고, 광택이 좋으며, 접착력이 크다.
- 절연성이 있어 전기가 통하지 않고, 열에 매우 취약하다.
- 내열성·내후성·내광성이 부족하며, 변색하는 등의 결점이 있다.

35 다음 중 목재의 건조에 관한 설명으로 틀린 것은?

① 건조기간은 자연 건조 시는 인공건조에 비해 길고, 수종에 따라 차이가 있다.
② 인공건조 방법에는 증기건조, 공기가열건조, 고주파건조법 등이 있다.
③ 자연건조 시 두께 3cm의 침엽수는 약 2~6개월 정도 걸리고 활엽수는 그 보다 짧게 걸린다.
④ 목재의 두꺼운 판을 급속히 건조할 경우에는 고주파건조법이 효과적이다.

해설
자연건조 시 두께 3cm의 침엽수는 약 1~3개월 이상 걸리고, 활엽수는 침엽수의 2배 정도가 필요하나, 건조에 필요한 시간은 두께와 지름이 클수록 위의 값 이상으로 길게 할 필요가 있다.
목재의 건조방법
- 자연건조법 : 공기건조법, 침수법
- 인공건조법 : 자비법, 증기법, 열기법, 훈연법, 진공법, 고주파건조법

36 다음 석재의 가공방법 중 표면을 가장 매끈하게 가공할 수 있는 방법은?

① 혹두기   ② 정다듬
③ 잔다듬   ④ 도드락다듬

해설
① 표면의 큰 돌출부분만 떼어 내는 정도의 다듬기
② 정으로 비교적 고르고 곱게 다듬는 정도의 다듬기
④ 정다듬한 표면을 도드락망치를 이용하여 1~3회 정도 두드려 곱게 다듬는 작업
※ 석재의 가공순서 : 혹두기 → 정다듬 → 도드락다듬 → 잔다듬 → 물갈기

37 합판의 특징이 아닌 것은?

① 수축·팽창의 변형이 적다.
② 균일한 크기로 제작 가능하다.
③ 균일한 강도를 얻을 수 있다.
④ 내화성을 높일 수 있다.

해설
합판의 특징
- 목재를 얇은 판으로 깎은 단판에 접착제를 바른 다음, 나무의 결이 엇갈리게 여러 겹으로 붙여서 만든 판상의 가공재이다.
- 제품이 규격화되어 있어 능률적으로 사용 가능하다.
- 나뭇결이 아름답고, 균일한 크기로 제작이 가능하다.
- 수축·팽창 등에 의한 변형이 거의 없다.
- 고른 강도를 유지하며, 넓은 면적을 이용할 수 있다.
- 내구성과 내습성이 크다.

38 전정가위의 사용 설명이 잘못된 것은?

① 전정가위의 날을 가지 밑으로 가게 한다.
② 전정가위를 가지에 비스듬히 대고 자른다.
③ 잘려지는 부분을 잡고 밑으로 약간 눌러준다.
④ 가위를 위쪽에서 몸 앞쪽으로 돌리는 듯 자른다.

해설
전정가위 사용 시 받는 가윗날을 제거할 가지 밑에 대고 직각으로 자르는데, 이때 잘라야 할 가지를 손으로 약간 누르면서 전정가위를 위에서 아래로 수직으로 돌리면 가위도 상하지 않고 힘도 덜 든다.

39 레미콘 규격이 25-210-12로 표시되어 있다면 a-b-c 순서대로 의미가 맞는 것은?

① a 슬럼프, b 골재최대치수, c 시멘트의 양
② a 물-시멘트비, b 압축강도, c 골재최대치수
③ a 골재최대치수, b 압축강도, c 슬럼프
④ a 물-시멘트비, b 시멘트의 양, c 골재최대치수

해설
레미콘의 규격은 골재 최대 치수(mm)-압축강도(kg/cm²)-슬럼프(cm) 순으로 표시한다.

40 다음 콘크리트와 관련된 설명 중 옳은 것은?

① 콘크리트의 굵은 골재최대치수는 20mm이다.
② 물-결합재비는 원칙적으로 60% 이하이어야 한다.
③ 콘크리트는 원칙적으로 공기연행제를 사용하지 않는다.
④ 강도는 일반적으로 표준양생을 실시한 콘크리트 공시체의 재령 30일일 때 시험값을 기준으로 한다.

해설
물-시멘트비와 물-결합재비
• 물-결합재비는 소요의 강도, 내구성, 수밀성 및 균열 저항성 등을 고려하여 정하여야 한다.
• 압축강도와 물-결합재비와의 관계는 재령 28일 공시체 시험에 의하여 정하는 것을 원칙으로 한다.
• 콘크리트의 내구성을 기준으로 물-결합재비는 원칙적으로 60% 이하 이어야 한다.
• 콘크리트의 수밀성을 기준으로 물-결합재비를 정할 경우 그 값을 50% 이하로 한다.

41 골재의 함수상태에 대한 설명 중 옳지 않은 것은?

① 절대건조상태는 105±5℃ 정도의 온도에서 24시간 이상 골재를 건조시켜 표면 및 골재알 내부의 빈틈에 포함되어 있는 물이 제거된 상태이다.
② 공기 중 건조상태는 실내에 방치한 경우 골재입자의 표면과 내부의 일부가 건조된 상태이다.
③ 표면건조포화상태는 골재입자의 표면에 물은 없으나 내부의 빈틈에 물이 꽉 차 있는 상태이다.
④ 습윤상태는 골재입자의 표면에 물이 부착되어 있으나 골재입자 내부에는 물이 없는 상태이다.

해설
습윤상태는 골재의 내부는 이미 포화상태이고, 표면에도 수분이 있는 상태이다.

42 목재의 구조에 대한 설명으로 틀린 것은?

① 춘재는 빛깔이 엷고 재질이 연하다.
② 춘재와 추재의 부분을 합친 것이 나이테라 한다.
③ 목재의 수심에 가까이 위치하고 있는 진한색 부분을 변재라 한다.
④ 생장이 느린수목이나 추운지방에서 자란 수목은 나이테가 좁고 치밀하다.

해설
목재의 수심 가까이에 위치한 진한색 부분이 심재이고, 나무의 바깥쪽에 위치한 부분이 변재이다.

43 공사원가 비용 중 안전관리비는 어디에 속하는가?

① 간접재료비 ② 간접노무비
③ 경비 ④ 일반관리비

해설
경비 : 공사의 시공을 위하여 소요되는 공사원가 중 재료비와 노무비를 제외한 비용
예) 전력비, 수도광열비, 운반비, 기계경비, 특허권사용료, 기술료, 연구개발비, 품질관리비, 보험료, 보관비, 외주가공비, 산업안전보건관리비, 폐기물처리비, 도서인쇄비, 안전관리비 등

44 먼셀 색체계의 기본적인 5가지 주요 색상으로 바르게 짝지어진 것은?

① 빨강, 노랑, 초록, 파랑, 주황
② 빨강, 노랑, 초록, 파랑, 보라
③ 빨강, 노랑, 초록, 파랑, 청록
④ 빨강, 노랑, 초록, 남색, 주황

해설
먼셀 색체계
• 5가지 기본색상 : 빨강(R), 노랑(Y), 초록(G), 파랑(B), 보라(P)
• 중간색상 : 주황(YR), 연두(GY), 청록(BG), 남색(PB), 자주(RP)

45 전정시기에 따른 전정요령 중 설명이 틀린 것은?

① 진달래, 목련 등 꽃나무는 꽃이 충실하게 되도록 개화 직전에 전정해야 한다.
② 하계 전정 시는 통풍과 일조가 잘되게 하고, 도장지는 제거해야 한다.
③ 떡갈나무는 묵은 잎이 떨어지고, 새잎이 나올 때가 전정의 적기이다.
④ 가을에 강전정을 하면 수세가 저하되어 역효과가 난다.

해설
① 진달래, 목련, 철쭉 등의 화목류는 개화가 끝나고 꽃이 진 후 바로 전정하되, 화아 분화 시기와 분화 후 꽃 피는 습성에 따라 전정 시기를 달리한다.

46 정원수 전정의 목적에 합당하지 않는 것은?

① 지나치게 자라는 현상을 억제하여 나무의 자라는 힘을 고르게 한다.
② 움이 트는 것을 억제하여 나무를 속성으로 생김새를 만든다.
③ 강한 바람에 의해 나무가 쓰러지거나 가지가 손상되는 것을 막는다.
④ 채광, 통풍을 도움으로써 병, 벌레의 피해를 미연에 방지한다.

해설
불필요한 움이나 곁가지 등을 제거해 줌으로써 나무의 성장을 도울 수 있다.

47 다음 중 조경수목에 거름을 줄 때 방법과 설명으로 틀린 것은?

① 윤상거름주기 : 수관폭을 형성하는 가지 끝 아래의 수관선을 기준으로 환상으로 깊이 20~25cm, 너비 20~30cm로 둥글게 판다.
② 방사상거름주기 : 파는 도랑의 깊이는 바깥쪽일수록 깊이 넓게 파야하며, 선을 중심으로 하여 길이는 수관폭의 1/3 정도로 한다.
③ 선상거름주기 : 수관선상에 깊이 20cm 정도의 구멍을 군데군데 뚫고 거름을 주는 방법으로 액비를 비탈면에 줄 때 적용한다.
④ 전면거름주기 : 한 그루씩 거름을 줄 경우, 뿌리가 확장되어 있는 부분을 뿌리가 나오는 곳까지 전면으로 땅을 파고 주는 방법이다.

해설
③ 천공거름주기에 대한 설명이다. 선상거름주기는 산울타리처럼 수목이 띠 모양으로 군식되었을 때, 식재된 수목을 따라 밑동으로부터 일정한 간격을 두고 도랑처럼 길게 구덩이를 파서 거름을 주는 방법이다.

정답 43 ③ 44 ② 45 ① 46 ② 47 ③

48 난지형 잔디밭에 뗏밥을 넣어주는 적기는?

① 3~4월
② 6~8월
③ 9~10월
④ 11~1월

해설
한지형 잔디는 봄과 가을에, 난지형 잔디는 생육이 왕성한 5~7월 (6~8월)에 주는 것이 좋다. 뗏밥을 주면 노출된 지하줄기를 보호하고 지표면을 평탄하게 하며 잔디의 표층 상태를 좋게 한다. 또 부정근, 부정아를 발달시켜 잔디의 생육을 원활하게 한다.

49 콘크리트용 혼화재료에 관한 설명으로 옳지 않은 것은?

① 포졸란은 시공연도를 좋게 하고 블리딩과 재료분리현상을 저감시킨다.
② 플라이애시와 실리카흄은 고강도 콘크리트 제조용으로 많이 사용된다.
③ 알루미늄 분말과 아연 분말은 방동제로 많이 사용되는 혼화제이다.
④ 염화칼슘과 규산소다 등은 응결과 경화를 촉진하는 혼화제로 사용된다.

해설
③ 알루미늄 분말과 아연 분말은 발포제로 많이 사용되는 혼화제이다.

50 오늘날 세계 3대 수목병에 속하지 않는 것은?

① 잣나무 털녹병
② 느릅나무 시들음병
③ 밤나무 줄기마름병
④ 소나무류 리지나뿌리썩음병

해설
세계 3대 수목병 : 잣나무 털녹병, 느릅나무 시들음병, 밤나무 줄기마름병

51 다음 중 벌개미취에 대한 설명으로 틀린 것은?

① 잎은 어긋난다.
② 가장자리에 톱니가 있다.
③ 꽃은 붉은색이다.
④ 국화과의 여러해살이 풀이다.

해설
꽃은 6~10월에 피고, 지름 4~5cm로서 연한 자주색이다.

52 식물의 생장에 꼭 필요한 원소 중 질소가 결핍되었을 때 생기는 현상은?

① 신장생장이 불량하여 줄기나 가지가 가늘어지고, 묵은잎부터 황변하여 떨어진다.
② 잎이 비틀어지며 변색하고, 결실이 좋지 못하며 뿌리의 생장이 저하된다.
③ 옥신의 부족으로 절간생장이 억제되고, 잎이 작아진다.
④ 뿌리나 눈의 생장점이 붉게 변하여 죽고, 건조나 추위의 해를 받기 쉽다.

해설
질소(N)
- 광합성을 촉진시켜 잎이나 줄기 등 수목의 생장에 도움을 준다.
- 부족하면 생장이 위축되고 줄기가 가늘어지며 성숙이 빨라진다.
- 질소가 많으면 줄기가 보통 이상으로 길고 연하게 자라며 성숙이 늦어진다.

48 ② 49 ③ 50 ④ 51 ③ 52 ①

53 해충의 방제방법 중 기계적 방제방법에 해당하지 않는 것은?

① 경운법
② 유살법
③ 소살법
④ 방사선이용법

[해설]
④ 물리적 방제법
①·②·③ 기계적 방제법
기계적 방제법
- 포살법 : 해충을 손이나 도구를 이용하여 잡아 죽이는 방법
- 유살법 : 유아등이나 미끼 등으로 해충을 유인하여 잡아 죽이는 방법
- 소살법 : 해충 군서 시 경유 등을 사용하여 불로 태워 죽이는 방법
- 진동법 : 손이나 막대기 등으로 나무를 흔들어 떨어진 곤충을 잡아 죽이는 방법으로, 살충제가 들어 있는 수집용기에 채집하거나 손으로 직접 제거한다.
- 경운법 : 땅을 갈아엎어 땅속에 숨은 해충의 유충이나 애벌레, 성충 등을 표층으로 노출시켜 서식환경을 파괴하는 방법

54 다음 중 흰불나방의 피해가 가장 많이 발생하는 수종은?

① 감나무
② 사철나무
③ 플라타너스
④ 측백나무

[해설]
미국흰불나방이 피해를 주는 나무는 플라타너스, 미류나무, 버드나무이며 디플루벤주론 수화제, 비티쿠르스타키 수화제, 카바릴 수화제 등의 약제를 이용하여 방제한다.

55 바람으로 인해 병원체가 기주식물에 운반되는 것이 아닌 것은?

① 배나무 붉은별무늬병
② 잣나무 털녹병균
③ 밤나무 줄기마름병균
④ 참나무 시들음병균

[해설]
④ 참나무 시들음병균은 광릉긴나무좀에 의해 전반된다.

56 다음 중 무거운 돌을 놓거나, 큰 나무를 옮길 때 신속하게 운반과 적재를 동시에 할 수 있어 편리한 장비는?

① 체인블록
② 모터그레이더
③ 트럭크레인
④ 콤바인

[해설]
① 무거운 물건을 들어 올리는 데 쓰이는 도르래형 장비
② 주로 넓은 면적의 땅을 고르는 정지작업 등에 사용되는 토공기계
④ 농경지를 주행하면서 수확물의 탈곡과 선별을 동시에 수행하는 수확기계

57 개화를 촉진하는 정원수 관리에 관한 설명으로 옳지 않은 것은?

① 깻묵, 닭똥, 요소, 두엄 등을 15일 간격으로 시비한다.
② 물을 되도록 적게 주어 꽃눈이 많이 생기도록 한다.
③ 햇빛을 충분히 받도록 해준다.
④ 너무 많은 꽃봉오리는 솎아낸다.

[해설]
특히 깻묵, 닭똥, 요소, 두엄 같은 질소 성분이 풍부한 유기질 비료를 자주 주면, 잎과 줄기 생장이 과도하게 촉진될 수 있다.

58 일정한 응력을 가할 때, 변형이 시간과 더불어 증대하는 현상을 의미하는 것은?

① 탄성
② 취성
③ 릴랙세이션
④ 크리프

해설
① 재료에 외력을 가한 후 제거하면 원래의 형태로 돌아가는 성질
② 재료에 외력을 가했을 때 작은 변형만으로도 파괴되는 성질
③ PS강재를 긴장시킨 채 일정 길이로 유지시킬 경우 시간이 경과할수록 인장응력이 감소하는 현상

59 다음 중 상렬(霜裂)의 피해가 가장 적게 나타나는 수종은?

① 소나무
② 단풍나무
③ 일본목련
④ 배롱나무

해설
상렬(霜裂, Frost Cracks)
- 추위에 의하여 나무의 줄기 또는 수피가 수선 방향으로 갈라지는 현상을 말한다.
- 상렬은 늦겨울이나 이른 봄 남서면의 얼었던 수피가 햇빛을 받아 조직이 연해진 다음, 밤중에 기온이 급속히 내려감으로써 수분이 세포를 파괴하여 껍질이 갈라져 생긴다.
- 상렬의 피해가 많이 나타나는 수종은 수피가 얇은 단풍나무, 배롱나무, 일본목련, 벚나무, 밤나무 등이며, 지상으로부터 0.5~1m 정도 높이의 수간에서 피해가 많이 발생한다.

60 녹지계통의 형태가 아닌 것은?

① 분산형(산재형)
② 환상형
③ 입체분리형
④ 방사형

해설
도시 내 공원녹지체계(9가지) : 집중형, 분산형, 대상형, 격자형, 원호형, 환상형, 방사형, 쐐기형, 거미줄형

정답 58 ④ 59 ① 60 ③

2019년 제1회 과년도 기출복원문제

01 영국 정형식 정원의 특징 중 매듭화단이란 무엇인가?

① 낮게 깎은 회양목 등으로 화단을 기하학적 문양으로 구획한 화단
② 수목을 전정하여 정형적 모양으로 만든 미로
③ 가늘고 긴 형태로 한쪽 방향에서만 관상할 수 있는 화단
④ 카펫을 깔아 놓은 듯 화려하고 복잡한 문양이 펼쳐진 화단

해설
매듭화단
영국 튜더왕조에서 유행했던 화단으로, 낮게 깎은 회양목 등을 이용하여 여러 가지 기하학적 문양으로 구획하여 조성하였다.

02 다음 중 별서의 개념과 가장 거리가 먼 것은?

① 은둔생활을 하기 위한 것
② 효도하기 위한 것
③ 별장의 성격을 갖기 위한 것
④ 수목을 가꾸기 위한 것

해설
별서 : 사대부가 본가와 떨어져 농사를 지으며 생활하기 위해 초야에 지은 집이다.

03 다음 중 인도 정원에 영향을 미친 가장 중요한 요소는?

① 노단   ② 토피어리
③ 돌수반   ④ 물

해설
물은 인도정원에서 가장 중요한 요소로, 연못, 분수, 인공 호수 등 정원 내 물을 적극적으로 사용한 설계와 조경이 특징이다.

04 다음 중 스페인 정원과 가장 관련이 적은 것은?

① 비스타   ② 색채타일
③ 분수   ④ 발코니

해설
① 비스타(통경선)의 강조는 프랑스 정원양식과 관계가 있다.
스페인 정원의 특징
• 스페인 남부 안달루시아(Andalusia) 지방에서 발달했다.
• 건물로 완전히 둘러싸인 중정(파티오) 형태의 정원이다.
• 기하학적인 터 가르기를 한다.
• 바닥에는 색채타일을 이용하였다.
• 이슬람 문화의 영향으로 대리석과 물을 이용한 정원 발달하였다.
• 정원의 중심부는 분수가 설치된 작은 연못을 설치하였다.
• 난대, 열대 수목이나 꽃나무를 화분에 심어 중요한 자리에 배치하였다.

05 축소 지향적인 일본의 민족성과 극도의 상징성으로 조성된 정원양식은?

① 중정식
② 고산수식정원
③ 전원풍경식정원
④ 평면기하학식

해설
고산수식 정원은 물을 전혀 사용하지 않고 바위, 왕모래, 나무만을 사용한 축산고산수식에서 나무조차 사용하지 않는 평정고산수식으로 발달하였다.

정답 1① 2④ 3④ 4① 5②

06 먼셀의 색상환에서 BG는 무슨 색인가?

① 연두
② 남색
③ 청록
④ 보라

해설
먼셀 색체계
- 5가지 기본색상 : 빨강(R), 노랑(Y), 초록(G), 파랑(B), 보라(P)
- 중간색상 : 주황(YR), 연두(GY), 청록(BG), 남색(PB), 자주(RP)

07 시대별 정원유적으로 틀린 것은?

① 고구려 - 장안성
② 백제 - 궁남지
③ 통일신라 - 안압지
④ 고려 - 임류각

해설
임류각
충청남도 공주시 공산성에 있었던 삼국시대 백제의 누정으로 연못을 파고 기이한 짐승을 길렀다.

08 통일신라시대 귀족들이 계절에 따라 자리를 바꾸어가며 놀이장소로 즐겼던 별장은?

① 소쇄원
② 임대정
③ 사절유택
④ 명옥헌

해설
신라 하대에 중앙의 진골귀족들은 대토지 소유를 바탕으로 풍광이 수려한 곳에 35개의 금입택과 4개의 사절유택으로 상징되는 사치와 향락적인 생활을 추구하였다.

09 GPS로 측정 시 몇 개의 채널을 사용하는가?

① 1회선
② 2회선
③ 3회선
④ 4회선

해설
GPS 측정 시 3개 회선을 사용하며 GPS최소 위성수는 4대이다.

10 주차장법 시행규칙상 주차장의 주차단위 구획기준은?(단, 평행주차형식 외의 장애인 전용방식이다)

① 2.0m 이상×4.5m 이상
② 3.0m 이상×5.0m 이상
③ 2.3m 이상×4.5m 이상
④ 3.3m 이상×5.0m 이상

해설
주차장법 시행규칙상 주차장의 주차단위 구획기준(너비×길이)은 평행주차형식 외의 경우 일반형 2.5m 이상×5.0m 이상, 장애인 전용 3.3m 이상×5.0m 이상이다.

11 목재 유희시설물을 보수하려고 한다. 방충효과를 알아보기 위해 함수율을 계산하려 할 때 맞는 것은?(목재의 건조 전 중량은 120kg, 건조 후 중량은 80kg)

① 20% ② 40%
③ 50% ④ 60%

해설

목재의 함수율(%) = $\dfrac{건조\ 전\ 중량 - 건조중량}{건조중량} \times 100$

$= \dfrac{120-80}{80} \times 100 = 50\%$

12 보행자 2인이 나란히 통행하는 원로의 폭으로 가장 적합한 것은?

① 0.5~1.0m
② 1.5~2m
③ 3.0~3.5m
④ 4.0~4.5m

해설

원로 폭의 설계기준
• 보행자 1인이 통행 가능 : 0.8~1m
• 보행자 2인이 나란히 통행 가능 : 1.5~2m

13 동선설계 시 고려해야 할 사항으로 틀린 것은?

① 가급적 단순하고 명쾌해야 한다.
② 성격이 다른 동선은 반드시 분리해야 한다.
③ 가급적 동선의 교차를 피하도록 한다.
④ 이용도가 높은 동선은 길게 해야 한다.

해설

④ 이용도가 높은 동선의 길이는 짧게 해야 한다.

14 분쇄목인 우드칩(Wood Chip)을 멀칭재료로 사용할 때의 효과가 아닌 것은?

① 미관효과 우수
② 잡초억제기능
③ 배수억제효과
④ 토양개량효과

해설

우드칩의 멀칭효과
• 잡초의 발생을 방지한다.
• 수목에 양분을 공급한다.
• 토양에 수분 및 적정온도를 유지한다.
• 토사유실, 분진·비산먼지 및 흙튀김을 방지한다.

15 지피식물로 지표면을 덮을 때 유의할 조건으로 부적합한 것은?

① 지표면을 치밀하게 피복해야 한다.
② 식물체의 키가 높고, 일년생이어야 한다.
③ 번식력이 왕성하고, 생장이 비교적 빨라야 한다.
④ 관리가 용이하고, 병충해에 잘 견뎌야 한다.

해설

② 식물체의 키가 낮고, 다년생이어야 한다.
지피식물의 조건
• 지표면을 치밀하게 피복하고, 부드러워야 한다.
• 식물체의 키가 낮고, 다년생이어야 한다.
• 번식력이 왕성하고, 생장이 비교적 빨라야 한다.
• 성질이 강하고, 환경조건에 적응을 잘해야 한다.
• 병해충에 대한 저항성과 내답압성을 갖추어야 한다.
• 식물적 특성을 고루 갖추고, 관리가 용이해야 한다.

정답 11 ③ 12 ② 13 ④ 14 ③ 15 ②

16 콘크리트 블록 제품의 특징으로 적합하지 않은 것은?

① 모양을 임의로 만들 수 있다.
② 유지관리비가 적게 든다.
③ 인장강도 및 휨강도가 큰 편이다.
④ 만드는 방법이 비교적 간단하다.

해설
③ 콘크리트는 인장강도 및 휨강도가 작은 편이다.

콘크리트의 장단점

장점	• 모양을 임의로 만들 수 있으며, 재료의 채취와 운반이 용이 • 유지관리비가 적게 듦 • 철근을 피복하여 녹을 방지하고, 철근과의 부착력을 높임
단점	• 균열이 생기기 쉽고, 개조 및 파괴가 어려움 • 무게가 무겁고 인장강도 및 휨강도가 작으며, 품질 유지 및 시공 관리가 어려움

17 일반적으로 계산을 설계할 때 계단의 축상(蹴上)높이가 12cm일 때 답면(踏面)의 너비(cm)로 가장 적합한 것은?

① 20~25
② 26~31
③ 31~36
④ 36~41

해설
단 높이를 h, 단 너비를 b로 할 때 $2h + b = 60$~65cm이다. 따라서 $24 + b = 60$~65cm이므로 답면의 너비는 $b = 36$~41cm가 적합하다.

18 다음 설명하고 있는 수종으로 가장 적합한 것은?

• 꽃은 지난해에 형성되었다가 3월에 잎보다 먼저 총상꽃차례로 달린다.
• 물푸레나무과로 원산지는 한국이며, 세계적으로 1속 1종뿐이다.
• 열매의 모양이 둥근 부채를 닮았다.

① 미선나무
② 조록나무
③ 비파나무
④ 명자나무

해설
미선나무
• 낙엽활엽관목이며, 우리나라 특산으로 충북 진천군과 괴산군에 자생한다.
• 물푸레나뭇과로 원산지는 한국이며, 세계적으로 1속 1종뿐이다.
• 꽃색은 백색 또는 분홍색으로 향기가 있으며, 3월에 잎보다 먼저 총상꽃차례로 달린다.
• 열매 모양이 둥근 부채 모양이라 미선나무라 부른다.

19 가설공사 중 시멘트 창고 필요면적 산출 시에 최대로 쌓을 수 있는 시멘트 포대 기준은?

① 9포대
② 11포대
③ 13포대
④ 15포대

해설
포대 시멘트를 쌓아서 저장하면 그 질량으로 인해 하부 시멘트가 고결할 염려가 있으므로 시멘트를 쌓아 올리는 높이는 13포대 이하로 하는 것이 바람직하다.

20 도시공원 및 녹지 등에 관한 법률에 의한 주제공원에 해당되지 않는 것은?

① 근린공원
② 문화공원
③ 역사공원
④ 방재공원

해설
① 근린공원은 생활권공원에 속한다.
도시공원의 세분 및 규모(도시공원 및 녹지 등에 관한 법률 제15조 제1호)
1. 국가도시공원
2. 생활권공원 : 소공원, 어린이공원, 근린공원
3. 주제공원 : 역사공원, 문화공원, 수변공원, 묘지공원, 체육공원, 도시농업공원, 방재공원, 그 밖에 특별시·광역시·특별자치시·도·특별자치도 또는 지방자치법에 따른 서울특별시·광역시 및 특별자치시를 제외한 인구 50만 이상 대도시의 조례로 정하는 공원

21 전정(剪定)을 통하여 얻어지는 결과라고 볼 수 없는 것은?

① 수세의 조절
② 개화·결실의 조정
③ 일광·통풍의 양호
④ 지상부의 쇠약

해설
④ 전정을 통하여 지상부와 지하부의 균형이 맞춰지게 된다.
전정의 종류
• 생장을 돕기 위한 전정
• 생장을 억제하기 위한 전정
• 개화·결실을 돕기 위한 전정
• 생리를 조절하기 위한 전정
• 세력을 갱신하기 위한 전정

22 다음 중 왕과 왕비만이 즐길 수 있는 사적인 정원이 아닌 곳은?

① 경복궁의 아미산원
② 창덕궁 낙선재의 후원
③ 덕수궁 석조전 전정
④ 덕수궁 준명당의 후원

해설
석조전(石造殿)
덕수궁 내 위치한 석조전은 고종황제의 집무실 겸 접견실로 사용하고자 지은 대한제국 황궁의 정전으로, 1900년에 착공하여 1910년에 완공되었으며, 영국인 하딩과 로벨 등이 설계에 참여한 우리나라 최초의 서양식 건물이다. 또한 석조전 앞뜰에 분수와 연못을 중심으로 조성된 좌우대칭적인 기하학식 정원인 침상원(침상경원)은 우리나라 최초의 유럽식(프랑스) 정원이다.

23 수목의 생태 특성과 수종들의 연결이 옳지 않은 것은?

① 습한 땅에 잘 견디는 수종으로는 메타세쿼이아, 낙우송, 왕버들 등이 있다.
② 메마른 땅에 잘 견디는 수종으로는 소나무, 향나무, 아카시아 등이 있다.
③ 산성토양에 잘 견디는 수종으로는 느릅나무, 서어나무, 보리수나무 등이 있다.
④ 식재토양의 토심이 깊은 것(심근성)은 호두나무, 후박나무, 가시나무 등이 있다.

해설
산성토양에 잘 견디는 수종 : 소나무, 잣나무, 해송, 전나무, 상수리나무, 밤나무, 낙엽송, 편백, 아까시나무, 일본잎갈나무 등

정답 20 ① 21 ④ 22 ③ 23 ③

24 계단의 설계 시 고려해야 할 기준으로 옳지 않은 것은?

① 계단의 경사는 최대 30~35°가 넘지 않도록 해야 한다.
② 단 높이를 h, 단 너비를 b로 할 때 $2h+b = 60~65cm$ 가 적당하다.
③ 진행 방향에 따라 중간에 1인용일 때 단 너비 90~110cm 정도의 계단 참을 설치한다.
④ 계단의 높이가 5m 이상이 될 때에만 중간에 계단 참을 설치한다.

해설
④ 높이가 2m를 넘는 계단에는 2m 이내마다 해당 계단의 유효 폭 이상의 폭으로 너비 120cm 이상인 참을 둔다.

25 다음 중 등고선의 성질에 대한 설명으로 맞는 것은?

① 지표의 경사가 급할수록 등고선 간격이 넓어진다.
② 높이가 다른 두 등고선은 동굴이나 절벽의 지형이 아닌 곳에서는 교차하지 않는다.
③ 등고선은 지표의 최대 경사선의 방향과 직교하지 않는다.
④ 같은 등고선 위의 모든 점은 높이가 서로 다르다.

해설
② 높이가 다른 등고선은 절벽이나 동굴을 제외하고는 교차하거나 만나지 않는다.

26 다음 중 작은 변형에도 쉽게 파괴되는 재료의 성질은?

① 연성   ② 인성
③ 전성   ④ 취성

해설
① 재료에 외력을 가하면 파괴되지 않고 길게 늘어나며 영구변형 되는 성질
② 재료가 외력을 받으면 크게 변형되지만 파괴되지는 않는 성질
③ 재료에 외력을 가하면 파괴되지 않고 얇게 펴지며 영구변형되는 성질

27 비탈면에 교목과 관목을 식재하기에 적합한 비탈면 경사로 모두 옳은 것은?

① 교목 1 : 2 이하, 관목 1 : 3 이하
② 교목 1 : 3 이상, 관목 1 : 2 이상
③ 교목 1 : 2 이상, 관목 1 : 3 이상
④ 교목 1 : 3 이하, 관목 1 : 2 이하

해설
비탈면에 교목을 식재하려면 1 : 3보다 완만해야 하고, 관목을 식재하려면 1 : 2보다 완만해야 한다.

28 S. Gold(1980)의 레크리에이션 계획에 있어 과거의 일반대중이 여가시간에 언제, 어디에서, 무엇을 하는가를 상세하게 파악하여 그들의 행동패턴에 맞추어 계획하는 방법은?

① 자원접근방법
② 활동접근방법
③ 경제접근방법
④ 행태접근방법

해설
S. Gold(1980)의 레크리에이션 접근방법
• 자원접근법 : 물리적 자원 또는 자연자원이 레크리에이션의 유형과 양을 결정한다.
• 활동접근법 : 이용자 측면이 강조되며 대도시 내의 계획에 적합하다.
• 경제접근법 : 경제적 기반이나 예산규모가 레크리에이션의 총량, 유형, 입지를 결정한다.
• 행태접근법 : 이용자의 구체적인 행동패턴에 맞추어 계획한다.

정답 24 ④ 25 ② 26 ④ 27 ④ 28 ④

29 유리의 주성분이 아닌 것은?

① 규산
② 소다
③ 석회
④ 수산화칼슘

해설
일반적으로 유리라고 하면 소다석회유리(Soda-lime Glass)를 의미하는데, 주성분은 규산(이산화규소), 소다(산화나트륨), 석회(산화칼슘)이며, 건축물의 창유리부터 주방에서 사용하는 식기류까지 광범위한 용도로 사용된다.

30 고로쇠나무와 복자기에 대한 설명으로 옳지 않은 것은?

① 복자기의 잎은 복엽이다.
② 두 수종은 모두 열매는 시과이다.
③ 두 수종은 모두 단풍색이 붉은색이다.
④ 두 수종은 모두 과명이 단풍나무과이다.

해설
③ 고로쇠나무의 단풍은 황색이고, 복자기의 단풍은 붉은색이다.

31 산업규격 표준화의 분류 중 금속은 무엇인가?

① B   ② D
③ E   ④ F

해설
① 기계, ③ 광산, ④ 토건
산업규격 표준화의 분류
기본(A), 기계(B), 전기(C), 금속(D), 광산(E), 토건(F), 일용품(G), 식료품(H), 섬유(K), 요업(L), 화학(M), 의료품(P), 수송기계(R), 조선(V), 항공(W), 정보산업(X) 등의 부문으로 분류되고 있다.

32 지형도에서 등고선 간격(수직거리)이 20m이고, 등고선에 직각인 두 등고선의 평면거리(수평거리)가 100m인 경우 경사도(%)는?

① 10%   ② 20%
③ 50%   ④ 80%

해설
$$경사도(\%) = \frac{수직거리}{수평거리} \times 100$$
$$= \frac{20}{100} \times 100 = 20\%$$

33 다음 중 난지형 잔디에 해당되는 것은?

① 레드톱
② 버뮤다그래스
③ 켄터키 블루그래스
④ 톨페스큐

해설
- 난지형 잔디 : 한국잔디(들잔디, 금잔디, 갯잔디, 빌로드잔디), 버뮤다그래스 등
- 한지형 잔디 : 벤트그래스, 켄터키 블루그래스, 이탈리안 라이그래스 등

정답 29 ④ 30 ③ 31 ② 32 ② 33 ②

34 넓은 의미로의 조경을 가장 잘 설명한 것은?

① 기술자를 정원사라 부른다.
② 궁전 또는 대규모 저택을 중심으로 한다.
③ 식재를 중심으로 한 정원을 만드는 일에 중점을 둔다.
④ 정원을 포함한 광범위한 옥외공간 건설에 적극 참여 한다.

해설
조경의 의미
• 좁은 의미의 조경 : 집 주변의 정원을 만드는 일에 중점을 두는 것으로, 식재 중심의 전통적인 조경기술
• 넓은 의미의 조경 : 집 주변의 정원뿐만 아니라, 모든 옥외공간을 포함하는 환경을 조성하고 보존하는 종합과학예술

35 시멘트의 종류 중 혼합시멘트에 속하는 것은?

① 팽창 시멘트
② 알루미나 시멘트
③ 고로슬래그 시멘트
④ 조강 포틀랜드 시멘트

해설
혼합시멘트 : 슬래그 시멘트(고로 시멘트), 플라이애시 시멘트, 포졸란 시멘트(실리카 시멘트)

36 다음 중 녹나무과(科)로 봄에 가장 먼저 개화하는 수종은?

① 치자나무 ② 호랑가시나무
③ 생강나무 ④ 무궁화

해설
③ 녹나무과, 3월, 노란색 꽃
① 꼭두서니과, 6월~7월, 백색 꽃
② 감탕나무과, 4월~5월, 백색 꽃
④ 아욱과, 7월~10월, 분홍색 또는 붉은색 꽃

37 일반적으로 빗자루병이 가장 발생하기 쉬운 수종은?

① 향나무 ② 동백나무
③ 대추나무 ④ 장미

해설
빗자루병의 피해수종 : 전나무, 오동나무, 대추나무, 벚나무, 대나무, 살구나무 등이 있다.

38 가는 가지 자르기 방법 설명으로 옳은 것은?

① 자를 가지의 바깥쪽 눈 바로 위를 비스듬이 자른다.
② 자를 가지의 바깥쪽 눈과 평행하게 멀리서 자른다.
③ 자를 가지의 안쪽 눈 바로 위를 비스듬이 자른다.
④ 자를 가지의 안쪽 눈과 평행한 방향으로 자른다.

34 ④ 35 ③ 36 ③ 37 ③ 38 ① **정답**

39 한중(寒中) 콘크리트는 기온이 얼마일 때 사용하는가?

① -1℃ 이하   ② 4℃ 이하
③ 25℃ 이하   ④ 30℃ 이하

> **해설**
> 한중 콘크리트
> 평균기온 4℃ 이하에서는 콘크리트 응결경화반응이 매우 지연되어 한밤중이나 새벽뿐만 아니라 낮에도 콘크리트가 어는 경우가 있는데, 이러한 동결현상을 막기 위해 한중 콘크리트를 사용한다.

40 황색 꽃을 갖는 나무는?

① 모감주나무
② 조팝나무
③ 박태기나무
④ 산철쭉

> **해설**
> ② 백색, ③·④ 홍자색

41 이용지도의 목적에 따른 분류에 해당되지 않는 것은?

① 공원녹지의 보전
② 안전·쾌적이용
③ 적절한 예산의 배정
④ 유효이용

> **해설**
> 조경관리의 구분
> • 운영관리 : 예산, 조직, 재산, 재무제도 등의 관리
> • 유지관리 : 잔디, 초화류, 식재수목, 각종 시설물 및 건축물 등의 관리
> • 이용관리 : 주민참여 유도, 안전관리, 홍보, 이용지도, 행사프로그램 주도 등의 관리

42 자연석 중 전후좌우 사방 어디에서나 볼 수 있으며, 키가 높이야 효과적인 돌의 형태는?

① 입석(立石)   ② 횡석(橫石)
③ 평석(平石)   ④ 와석(臥石)

> **해설**
> 자연석의 모양
> • 입석 : 세워 쓰는 돌로 어디서나 관상할 수 있고, 키가 높아야 효과가 있다.
> • 횡석 : 눕혀 쓰는 돌로 안정감이 있다.
> • 평석 : 윗부분이 평평한 돌로 안정감을 주며, 주로 앞부분에 배석한다.
> • 환석 : 둥근 모양의 돌
> • 각석 : 각이 진 3각 또는 4각의 돌
> • 사석 : 비스듬히 세워서 쓰는 돌로 해안절벽의 표현 등에 사용한다.
> • 와석 : 소가 누운 형태로 횡석보다 더 안정감이 있다.
> • 괴석 : 태호석, 제주도나 흑산도의 현무암 등

43 겨울철 좋은 생활환경과 나무의 생육을 위해 최소 얼마 정도의 광선이 필요한가?

① 2시간 정도
② 4시간 정도
③ 6시간 정도
④ 10시간 정도

정답 39 ② 40 ① 41 ③ 42 ① 43 ③

44 다음 중 한국잔디 특성으로 가장 거리가 먼 것은?

① 지피성이 강하다.
② 내답압성이 강하다.
③ 재생력이 강하다.
④ 내습력이 강하다.

해설
한국잔디
- 우리나라에서 자생하는 난지형 잔디로, 들잔디, 금잔디, 갯잔디, 빌로드 잔디 등이 있다.
- 발아가 잘 되지 않아서 주로 영양번식에 의존한다.
- 가는 줄기와 땅속줄기에 의해 옆으로 퍼지는 포복경으로 번식한다.
- 5~9월 사이에 잎이 푸른 상태로 있어 녹색 기간이 짧고 그늘에서 잘 자라지 못한다.
- 추위, 더위, 건조, 병해충에 아주 강하고, 산성 토양이나 답압에도 강하여, 축구장, 공항, 공원, 묘지 등에 많이 쓰인다.
- 잔디밭 조성에 많은 시간이 소요되고, 손상을 받은 후 회복 속도가 느리며, 겨울 동안 황색 상태로 남아 있는 단점이 있다.

45 주택정원의 공간구분에 있어서 응접실이나 거실 전면에 위치한 뜰로 정원의 중심이 되는 곳이며, 면적이 넓고 양지바른 곳에 위치하는 공간은?

① 앞뜰 ② 안뜰
③ 작업뜰 ④ 뒤뜰

해설
① 대문과 현관 사이에 끼어있는 공간으로 대문, 진입로, 주차장, 차고 등으로 구성되며 수목이나 초화류, 분수 등으로 과장되게 처리하지 말고 단순하고 경쾌하게 치장하는 것이 좋다.
③ 주방, 세탁실, 다용도실 등과 연결되어 장독대, 건조장, 쓰레기장 등으로 사용되므로 전정이나 주정과는 시각적으로 차단되면서 동선의 연결이 필요하다.
④ 침실에 인접한 공간으로써 정숙한 분위기를 갖는 공간이다. 외국의 경우 일광욕실 등 흔히 폐쇄된 외딴 장소로 이용하는 경우도 있다.

46 미국흰불나방에 대한 설명으로 틀린 것은?

① 성충으로 월동한다.
② 1화기보다 2화기에 피해가 더 심하다.
③ 성충의 활동시기에 피해지역 또는 그 주변에 유아등이나 흡입포충기를 설치하여 유인 포살한다.
④ 알 기간에 알덩어리가 붙어 있는 잎을 채취하여 소각하며, 잎을 가해하고 있는 군서유충을 소살한다.

해설
미국흰불나방
연 2회 발생하고 수피 사이, 판자 틈, 지피물 밑, 잡초의 뿌리 근처 등에 고치를 만들어 그 속에서 번데기로 월동하며, 1화기 성충이 5월 중순~6월 상순에 나타나 600~700개의 알을 잎 뒷면에 무더기로 낳는다.

47 20L들이 분무기 한 통에 1,000배액의 농약 용액을 만들고자 할 때 필요한 농약의 약량은?

① 10mL ② 20mL
③ 30mL ④ 50mL

해설
필요 약량 = 총소요량 / 희석배수
= 20L / 1,000배액
= 0.02L
= 20mL (∵ 1L = 1,000mL)

정답 44 ④ 45 ② 46 ① 47 ②

48 방풍림을 설치하려고 할 때 가장 알맞은 수종은 어느 것인가?

① 구실잣밤나무 ② 자작나무
③ 버드나무   ④ 사시나무

해설
방풍식재용 수목 : 곰솔, 삼나무, 편백, 전나무, 가시나무, 녹나무, 구실잣밤나무, 후박나무, 아왜나무, 동백나무, 은행나무, 느티나무, 팽나무 등이 있다.

49 콘크리트의 혼화재료 중 혼화재에 해당하는 것은?

① AE제(공기 연행제)
② 분산제(감수제)
③ 응결촉진제
④ 슬래그

해설
혼화재와 혼화제
- 혼화재 : 시멘트의 성질을 개량할 목적으로 사용하는 재료로서, 시멘트량의 5% 이상을 첨가하므로 그 부피가 배합계산에 포함되는 것
  예) 고로슬래그, 천연포졸란, 플라이애시 등
- 혼화제 : 혼화재와 같이 시멘트의 성질 개량을 목적으로 사용하지만, 시멘트량의 1% 이하만 첨가하므로 그 부피가 배합계산에 포함되지 않는 것
  예) AE제, 감수제, 급결제, 지연제, 방수제 등

50 서향(*Daphne odora* Thunb.)에 대한 설명으로 맞지 않는 것은?

① 꽃은 청색계열이다.
② 성상은 상록활엽관목이다.
③ 뿌리는 천근성이고 내염성이 강하다.
④ 잎은 어긋나기하며 타원형이고, 가장자리가 밋밋하다.

해설
① 꽃은 백색 또는 홍자색이다.

51 외부공간 중 통행자가 많은 원로나 광장의 경우 몇 이상의 최저조도(lux)를 유지해야 하는가?

① 0.5   ② 1.5
③ 3.0   ④ 6.0

해설
조경 조명시설을 할 때 정원, 공원 등의 조도는 0.5~1.0lux로 한다.

52 석재의 성인(成因)에 의한 분류 중 변성암에 해당되는 것은?

① 대리석
② 섬록암
③ 현무암
④ 화강암

해설
암석의 분류
- 화성암 : 화강암, 안산암, 현무암, 섬록암 등
- 퇴적암 : 응회암, 사암, 점판암, 혈암, 석회암 등
- 변성암 : 편마암, 대리암, 사문암, 결절편암 등

정답 48 ① 49 ④ 50 ① 51 ① 52 ①

53 진딧물이나 깍지벌레의 분비물에 곰팡이가 감염되어 발생하는 병은?

① 흰가루병
② 녹병
③ 잿빛곰팡이병
④ 그을음병

해설
그을음병 : 깍지벌레, 진딧물 등의 배설물에서 발생하며, 생육이 불량한 나무의 잎, 가지, 줄기에 그을음이 퍼져 식물의 광합성을 방해한다.
① 장마철 이후부터 잎 표면과 뒷면에 흰색의 반점이 생기며, 점차 확대되어 가을이 되면 잎을 하얗게 덮는다. 그 후 갈색을 띤 작은 알갱이가 흰 분말 사이에 형성된다.
② 봄에 향나무의 잎과 줄기에 갈색의 돌기가 형성되며, 비가 와서 수분이 많아지면 황색의 한천 모양으로 부푼다.
③ 잎가장자리부터 갈색으로 변하고, 병반 주변에는 물결 모양의 주름이 생긴다. 병반에는 작고 검은 점이 나타나고, 다습하면 솜털 같은 회색 곰팡이(분생자병 또는 분생포자)가 생긴다.

54 중앙에 큰 암거를 설치하고 좌우에 작은 암거를 연결시키는 형태로, 경기장과 같이 전 지역의 배수가 균일하게 요구되는 곳에 주로 이용되는 형태는?

① 어골형
② 평행형
③ 자연형
④ 차단법

해설
암거배수의 배치형태
• 어골형 : 경기장과 같이 전 지역의 배수가 균일하게 요구되는 곳이나 대규모의 평탄한 지역에 주로 설치한다.
• 평행형 : 즐치형 또는 빗살형이라고도 하며, 비교적 좁은 면적의 전 지역을 균일하게 배수할 때 이용한다.
• 자연형 : 전면배수가 요구되지 않는 지역에 적합하다.
• 차단법 : 경사면 위나 자체의 유수를 막기 위해 사용한다.

55 흰말채나무의 설명으로 옳지 않은 것은?

① 층층나무과로 낙엽활엽관목이다.
② 노란색의 열매가 특징적이다.
③ 수피가 여름에는 녹색이나 가을, 겨울철의 붉은 줄기가 아름답다.
④ 잎은 대생하며, 타원형 또는 난상 타원형이고, 표면에작은 털, 뒷면은 흰색의 특징을 갖는다.

해설
② 흰말채나무의 열매는 흰색이다.

56 화강암(Granite)에 대한 설명 중 옳지 않은 것은?

① 내마모성이 우수하다.
② 구조재로 사용이 가능하다.
③ 내화도가 높아 가열 시 균열이 적다.
④ 절리의 거리가 비교적 커서 큰 판재를 생산할 수 있다.

해설
내구성・내마모성이 강하고 견고하며 외관이 아름답지만, 내화도가 작아 고열을 받는 곳에는 부적합하다.

57 정원의 넓이를 한층 더 크고 변화 있게 하려는 조경 기술 중 가장 좋은 방법은?

① 축을 강조
② 눈가림의 수법
③ 명암의 대비
④ 통경선

해설
변화와 거리감을 강조하는 기법으로 공간의 넓이를 실제 이상으로 넓어 보이게 하는 데 가장 적합하다.

58 한국잔디의 해충으로 가장 큰 피해를 주는 것은?

① 풍뎅이 유충
② 거세미나방
③ 땅강아지
④ 선충

해설
한국잔디의 해충 중 하나인 풍뎅이류는 유충과 성충 모두 큰 피해를 준다.

59 참나무 시들음병에 대한 설명으로 옳지 않은 것은?

① 매개충은 광릉긴나무좀이다.
② 피해목은 초가을에 모든 잎이 낙엽이 된다.
③ 매개충의 암컷등판에는 곰팡이를 넣는 균낭이 있다
④ 월동한 성충은 5월경에 침입공을 빠져나와 새로운 나무

해설
② 시들음병은 잎이 갑자기 마른채로 붙어 있다. 자연적인 낙엽처럼 떨어지지 않는다.

60 AE 콘크리트의 성질 및 특징 설명으로 틀린 것은?

① 수밀성이 향상 된다.
② 콘크리트 경화에 따른 발열이 커진다.
③ 입형이나 입도가 불량한 골재를 사용할 경우에 공기연행의 효과가 크다.
④ 일반적으로 빈배합의 콘크리트일수록 공기연행에 의한 워커빌리티의 개선효과가 크다.

해설
AE(Air-Entrained) 콘크리트
콘크리트를 비빌 때 AE제를 혼합하여 내부에 미세한 기포를 포함시킨 것으로 공기연행 콘크리트라고도 한다. 동일 조합·수량의 보통 콘크리트에 비해 워커빌리티가 좋고, 내구성이 크며, 발열·증발·수축균열이 적지만, 압축강도 및 철근과의 부착강도는 상당히 약하다.

정답 57 ② 58 ① 59 ② 60 ②

2019년 제2회 과년도 기출복원문제

01 영국의 스토우(Stowe)원을 설계했으며, 정원 내에 하하(Ha-ha)의 기교를 생각해 낸 조경가는?

① 찰스 브릿지맨
② 윌리엄 켄트
③ 험프리 렙턴
④ 이안 맥하그

해설
① 찰스 브릿지맨은 치즈윅 하우스, 루스햄, 스투어헤드를 설계하고 하하(Ha-ha)기법을 도입한 조경가이다.

02 파란색 조명에 빨간색 조명과 초록색 조명을 동시에 켰더니 하얀색으로 보였다. 이처럼 빛에 의한 색채의 혼합원리는?

① 가법혼색
② 병치혼색
③ 회전혼색
④ 감법혼색

해설
① 빨강, 초록, 파랑을 빛의 3원색이라 하며, 3원색을 동시에 혼합하면 흰색이 된다. 이처럼 빛에 의한 색채의 혼합원리를 가법혼색(가산혼합)이라 하며, 이때 원래의 색보다 명도가 증가한다.
② 가법혼색의 일종으로 많은 색의 점들을 조밀하게 병치하여 서로 혼합되게 보이는 방법이다.
③ 회전혼색은 하나의 면에 두 가지 이상 색을 붙인 후 빠른 속도로 회전하면 그 색들이 혼합되어 보이는 현상을 말한다.
④ 혼합한 색이 원래의 색보다 어두워 보이는 혼색으로, 물감을 섞거나 필터를 겹쳐서 사용하는 경우 순색의 강도가 약해져 어두워지는 것을 말한다.

03 주로 장독대, 쓰레기통, 빨래건조대 등을 설치하는 주택정원의 적합 공간은?

① 안뜰
② 앞뜰
③ 작업뜰
④ 뒤뜰

해설
① 거실과 인접한 공간으로 주택 내에서 가장 중요한 공간이다. 가족의 휴식이 이루어지는 장소로써 테라스, 연못, 화단, 산책길, 수영장 등 가장 특색있게 꾸며야 한다.
② 대문과 현관 사이에 끼어있는 공간으로 대문, 진입로, 주차장, 차고 등으로 구성되며 수목이나 초화류, 분수 등으로 과장되게 처리하지 말고 단순하고 경쾌하게 치장하는 것이 좋다.
④ 침실에 인접한 공간으로써 정숙한 분위기를 갖는 공간이다. 외국의 경우 일광욕실 등 흔히 폐쇄된 외딴 장소로 이용하는 경우도 있다.

04 원명원 이궁과 만수산 이궁은 어느 시대의 대표적 정원인가?

① 명나라
② 청나라
③ 송나라
④ 당나라

해설
• 원명원 이궁 : 동양 최초의 서양식 정원으로 프랑스 르 노트르식 정원의 영향을 받았다.
• 만수산 이궁(이화원) : 건축물과 자연이 강한 대비를 이루고 있는 청나라의 대표적 정원이다.

05 아미산 후원 교태전의 굴뚝에 장식된 문양이 아닌 것은?

① 반송 ② 매화
③ 호랑이 ④ 해태

해설
굴뚝을 벽면을 장식하고 있는 문양
당초무늬, 소나무, 매화, 대나무, 불로초 등이 조화롭게 배치되어 있다. 그 아래위로 장수, 부귀를 상징하는 무늬, 화마와 악귀를 막는 벽사의 의미를 갖는 상서로운 짐승들이 표현되어 있다.

06 조선시대 창덕궁의 후원(비원, 秘苑)을 가리키던 용어로 가장 거리가 먼 것은?

① 북원(北苑) ② 후원(後園)
③ 금원(禁苑) ④ 유원(留園)

해설
창덕궁 후원의 명칭 변화
후원(後園, 태종실록) → 후원(後苑, 세종실록, 동국여지승람, 애연정기) → 북원(北苑, 세종실록) → 금원(禁苑, 영조실록) → 비원(秘苑, 순종실록)

07 다음 중 사대부나 양반 계급에 속했던 사람이 자연 속에 묻혀 야인으로서의 생활을 즐기던 별서정원이 아닌 것은?

① 소쇄원
② 방화수류정
③ 부용동정원
④ 다산정원

해설
방화수류정은 성벽 모서리에 군사적 용도로 세운 누각이다.

08 기초제도에 대한 설명으로 틀린 것은?

① 도면의 긴 방향을 좌우 방향으로 놓은 위치를 정 위치로 한다.
② 치수 단위는 cm를 원칙으로 한다.
③ 도면의 방향은 정북 방향을 위로하여 제도하는 것이 일반적이다.
④ 도면의 좌에서 우로, 아래에서 위로 읽을 수 있도록 기입한다.

해설
② 치수의 단위는 mm로 하며, 단위 표시는 하지 않는다.

09 뿌리분의 직경을 정할 때 그 계산식으로 바른 것은? [A : 뿌리분의 직경, N : 근원지름, d : 상수(상록수 4, 낙엽수 5)]

① $A = 24 + (N-3) \times d$
② $A = 22 + (N+3) \times d$
③ $A = 26 + (N-3) \times d$
④ $A = 20 + (N+3) \times d$

정답 5 ③ 6 ④ 7 ② 8 ② 9 ①

10 다음 설명하는 해충은?

- 가해 수종으로는 향나무, 편백, 삼나무 등이 있다.
- 똥을 줄기 밖으로 배출하지 않기 때문에 발견하기 어렵다.
- 기생성 천적인 좀벌류, 맵시벌류, 기생파리류로 생물학적 방제를 한다.

① 박쥐나방
② 측백나무하늘소
③ 미끈이하늘소
④ 장수하늘소

[해설]
딱정벌레목 하늘소과의 곤충으로 측백나무, 향나무 등의 형성층에 유충이 구멍을 뚫고 먹어들어 간다. 주로 나무줄기의 아래쪽을 먹어들어가므로 큰 나무라도 말라 죽게 된다.

11 황금비는 단변이 1일 때 장변은 얼마인가?

① 1.681
② 1.618
③ 1.186
④ 1.861

[해설]
황금비는 인간이 인식하기에 가장 균형적이고 이상적으로 보이는 비율로, 일반적으로 1.618을 황금비로 활용한다.

12 단위용적중량이 1,700kgf/m³, 비중이 2.6인 골재의 공극률은 약 얼마인가?

① 34.6%
② 52.94%
③ 3.42%
④ 5.53%

[해설]
골재의 공극률(%) = $\left(1 - \dfrac{겉보기\ 단위용적중량}{진비중}\right) \times 100$
$= \left(1 - \dfrac{1.7}{2.6}\right) \times 100 ≒ 34.6\%$

13 다음 중 수간주입 방법으로 옳지 않은 것은?

① 구멍 속의 이물질과 공기를 뺀 후 주입관을 넣는다.
② 중력식 수간주사는 가능한 한 지제부 가까이에 구멍을 뚫는다.
③ 구멍의 각도는 50~60°가량 경사지게 세워서, 구멍지름 20mm 정도로 한다.
④ 뿌리가 제구실을 못하고 다른 시비방법이 없을 때, 빠른 수세회복을 원할 때 사용한다.

[해설]
③ 수간주입 시 구멍의 각도는 20~30° 내외로 한다.

14 내구성과 내마멸성이 좋으나, 일단 파손된 곳은 보수가 어려우므로 시공 때 각별한 주의가 필요하다. 다음 그림과 같은 원로 포장방법은?

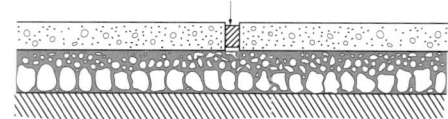

① 마사토 포장
② 콘크리트 포장
③ 판석 포장
④ 벽돌 포장

[해설]
콘크리트 포장
콘크리트로 노면을 덮는 도로 포장을 말하며 표층에 해당하는 콘크리트 슬래브와 중간층, 보조기층으로 구성되어 있다. 수명은 30~40년으로 아스팔트 포장(10~20년)에 비해 내구성이 좋고 시공이 간편하며 유지관리가 쉬우나, 공사비가 비싸다.

15 조경용 수목의 할증률은 얼마까지 적용할 수 있는가?

① 5%
② 10%
③ 15%
④ 20%

해설
조경용 수목, 조경용 잔디의 할증률은 10%이다.

16 다음 뗏장을 입히는 방법 중 줄붙이기 방법에 해당하는 것은?

해설
떼심기의 방법
- 전면 떼 붙이기(평떼 붙이기) : 조기에 잔디 경관을 조성해야 할 곳에 쓰이지만 뗏장이 많이 소요된다. 뗏장 사이를 1~3cm 정도로 어긋나게 배열하여 전체 면에 심는다.
- 어긋나게 붙이기 : 뗏장을 20~30cm 간격으로 어긋나게 놓거나 서로 맞물려 어긋나게 배열하여 심는다.
- 줄떼 붙이기 : 줄 사이를 뗏장 너비 또는 그 반 너비로 떼어서 10~30cm의 간격을 두고 줄 모양으로 이어 심는다.

17 천연석을 잘게 분쇄하여 색소와 시멘트를 혼합·연마한 것으로 부드러운 질감을 느끼게 하지만 미끄러운 결점이 있는 보차도용 콘크리트 제품은?

① 경계블록
② 보도블록
③ 인조석 보도블록
④ 강력압력 보도블록

해설
인조석 보도블록
천연석을 분쇄하여 시멘트와 색소를 혼합한 것으로, 부드러운 질감을 가지고 있고, 크기와 색상이 다양하다.

18 곁눈 밑에 상처를 내어 놓으면 잎에서 만들어진 동화물질이 축적되어 잎눈이 꽃눈으로 변하는 일이 많다. 어떤 이유 때문인가?

① C/N율이 낮아지므로
② C/N율이 높아지므로
③ T/R률이 낮아지므로
④ T/R률이 높아지므로

해설
C/N율 : 식물의 체내에 광합성에 의하여 만들어진 탄소(C)와 뿌리 등에서 흡수한 질소(N)와의 비율

19 다음 석재 중 조직이 균질하고 내구성 및 강도가 큰 편이며, 외관이 아름다운 장점이 있는 반면 내화성이 작아 고열을 받는 곳에는 적합하지 않은 것은?

① 응회암
② 화강암
③ 편마암
④ 안산암

해설
화강암은 석영, 장석 및 운모로 이루어졌으며 통상적으로 강도가 크고, 내구성이 커서, 내외부 벽체, 기둥 등에 다양하게 사용되지만 내화성이 작아 고열을 받는 곳에는 적합하지 않다.

정답 15 ② 16 ④ 17 ③ 18 ② 19 ②

20 다음 그림과 같은 형태를 보이는 수목은?

① 일본목련
② 복자기
③ 팔손이
④ 물푸레나무

해설
복자기
- 높이 20m 내외로 자란다.
- 수피는 회백색으로 가지는 붉은빛이 돌며 겨울눈은 검은색이고 달걀 모양이다.
- 잎은 마주나고 3개의 작은잎으로 구성되며, 작은잎은 긴 타원형의 달걀 모양 또는 긴 타원형 바소꼴로 가장자리에 2~4개의 톱니와 더불어 굵은 털이 있다.

21 다음 중 조경공사의 일반적인 순서를 바르게 나타낸 것은?

① 부지지반조성 → 조경시설물설치 → 지하매설물설치 → 수목식재
② 부지지반조성 → 지하매설물설치 → 수목식재 → 조경시설물설치
③ 부지지반조성 → 수목식재 → 지하매설물설치 → 조경시설물설치
④ 부지지반조성 → 지하매설물설치 → 조경시설물설치 → 수목식재

22 900m²의 잔디광장을 평떼로 조성하려고 할 때 필요한 잔디량은 약 얼마인가?(단, 잔디 1매의 규격은 30×30×3cm이다)

① 약 1,000매
② 약 5,000매
③ 약 10,000매
④ 약 20,000매

해설
떼장의 양 = $\dfrac{\text{전체면적}}{\text{떼장 1장의 면적}}$ = $\dfrac{900m^2}{0.09m^2}$ = 10,000매

23 개화를 촉진하는 정원수 관리에 관한 설명으로 옳지 않은 것은?

① 햇빛을 충분히 받도록 해준다.
② 물을 되도록 적게 주어 꽃눈이 많이 생기도록 한다.
③ 깻묵, 닭똥, 요소, 두엄 등을 15일 간격으로 시비한다.
④ 너무 많은 꽃봉오리는 솎아낸다.

해설
특히 깻묵, 닭똥, 요소, 두엄 같은 질소 성분이 풍부한 유기질 비료를 자주 주면, 잎과 줄기 생장이 과도하게 촉진될 수 있다.

24 가을에 씨뿌림 해야 하는 1년 초화류로 가장 적당한 것은?

① 팬지
② 매리골드
③ 샐비어
④ 채송화

해설
한해살이 초화류(1·2년생 초화류)
- 봄뿌림 : 맨드라미, 샐비어, 마리골드, 나팔꽃, 코스모스, 과꽃, 봉선화(봉숭아), 채송화, 분꽃, 피튜니아, 백일홍 등
- 가을뿌림 : 팬지, 금잔화, 금어초, 패랭이꽃, 안개초, 스위트피 등

25 다음 [보기]의 조건을 활용한 골재의 공극률 계산식은?

> 보기
> - D : 진비중
> - W : 겉보기 단위용적중량
> - W_1 : 110℃로 건조하여 냉각시킨 중량
> - W_2 : 수중에서 충분히 흡수된 대로 수중에서 측정한 것
> - W_3 : 흡수된 시험편의 외부를 잘 닦아내고 측정한 것

① $\dfrac{W_1}{W_3 - W_2}$

② $\dfrac{W_3 - W_1}{W_1} \times 100$

③ $\left(1 - \dfrac{D}{W_2 - W_1}\right) \times 100$

④ $\left(1 - \dfrac{W}{D}\right) \times 100$

해설
골재의 공극률(%) = $\left(1 - \dfrac{겉보기\ 단위용적중량}{진비중}\right) \times 100$

26 땅속줄기가 옆으로 뻗으면서 죽순이 나와서 높이 2~20m, 지름 2~5cm 자라며 속이 비어 있다. 줄기가 첫해에는 녹색이고, 2년째부터 검은 자색이 짙어져 간다. 잎은 비소 모양이고 잔톱니가 있으며 어깨털은 5개 내외로 곧 떨어지는 반죽이라고 불리는 수종은?

① 왕대 ② 조릿대
③ 오죽 ④ 맹종죽

해설
오죽
줄기의 색이 검기 때문에 오죽이라 불린다. 높이 2~10m에 달하고 나무껍질이 검은색이며, 잎은 장피침형으로 가지 끝에 5개씩 나며, 지름 2~5cm, 너비 10~15mm이다. 꽃은 6~7월에 피고 과실은 영과(穎果 : 벼의 열매와 같이 열매의 껍질이 건조하고 씨에 붙어있는 열매)로 가을에 결실한다.

27 콘크리트의 측압은 콘크리트 타설 전에 검토해야 할 매우 중요한 시공요인이다. 다음 중 콘크리트 측압에 영향을 미치는 요인에 대한 설명으로 틀린 것은?

① 콘크리트의 타설높이가 높으면 측압은 커지게 된다.
② 콘크리트의 타설속도가 빠르면 측압은 커지게 된다.
③ 콘크리트의 슬럼프가 커질수록 측압은 커지게 된다.
④ 콘크리트의 온도가 높을수록 측압은 커지게 된다.

해설
④ 콘크리트의 온도가 높을수록, 경화속도가 빠를수록 측압은 적게 된다.

28 다음 그림과 같이 쌓는 벽돌쌓기의 방법은?

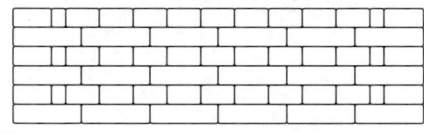

① 영국식 쌓기
② 프랑스식 쌓기
③ 영롱쌓기
④ 미국식 쌓기

해설
① 길이쌓기 켜와 마구리쌓기 켜를 반복하여 쌓고, 모서리의 벽 끝에는 이오토막을 쓰는 방법으로, 매우 견고하다.
② 켜마다 길이와 마구리가 번갈아 나오는 방법으로, 영국식 쌓기보다 아름다우나 견고성은 떨어진다.
④ 5켜까지 길이 쌓기로 하고, 그 위 1켜는 마구리쌓기로 하는 방법이다.

정답 25 ④ 26 ③ 27 ④ 28 ①

29 동선설계 시 고려해야 할 사항으로 틀린 것은?

① 가급적 단순하고 명쾌해야 한다.
② 성격이 다른 동선은 반드시 분리해야 한다.
③ 가급적 동선의 교차를 피하도록 한다.
④ 이용도가 높은 동선은 길게 해야 한다.

해설
④ 이용도가 높은 동선의 길이는 짧게 해야 한다.

30 다음 중 대비가 아닌 것은?

① 푸른 잎과 붉은 잎
② 직선과 곡선
③ 완만한 시내와 포플러나무
④ 벚꽃을 배경으로 한 살구꽃

해설
대비(Contrast)
• 구성재료 둘 이상의 색채나 크기, 길이, 너비 등의 성질이나 분량을 달리하여 공간적·시간적으로 접근시켰을 때 나타나는 현상이다.
• 대소, 장단, 명암, 강약, 강연, 원근, 한난 등과 같이 정반대의 분량이나 성질의 것을 늘어놓으면, 자기와는 가장 다른 성질을 상대에게 주는 관계가 생긴다.
• 대비는 반대, 대립, 변화 등의 심리적 자극과 흥분을 촉진시키며 다이내믹한 흥미를 불러일으키는 기본이 된다.

31 석가산을 만들고자 할 때 적당한 돌은?

① 잡석 ② 괴석
③ 호박돌 ④ 자갈

해설
석가산
• 주로 괴석을 이용하여 자연의 기암절벽을 모방하거나 신선세계를 형상화하려는 의도로 만들어졌다.
• 의종 6년(1152) 수창궁 북원에 괴석을 쌓아 가산을 만들고 만수정을 축조했다.
• 의종 10년에는 양성정 주위에 괴석을 쌓아올려 가산을 만들고 명화를 식재했다.

32 다음 중 백색 계통 꽃이 피는 수종들로 짝지어진 것은?

① 박태기나무, 개나리, 생강나무
② 쥐똥나무, 이팝나무, 층층나무
③ 목련, 조팝나무, 산수유
④ 무궁화, 매화나무, 진달래

해설
꽃의 색채
• 흰색(백색) : 백목련, 조팝나무, ㅁ선나무, 흰말채나무, 벚나무, 매화나무, 층층나무, 산딸나무, 돈나무, 팥배나무, 층층나무, 가막살나무, 쥐똥나무, 꽃사과, 백당나무, 야광나무, 아까시나무, 귀룽나무, 불두화, 꽃사과, 이팝나무
• 붉은색 : 동백나무, 배롱나무, 댕강나무, 명자나무, 박태기나무, 해당화, 모과나무, 모란
• 황색 : 산수유, 매자나무, 튤립나무, 개나리, 모감주나무, 생강나무, 풍년화
• 보라색 : 무궁화, 참오동나무, 등나무, 진달래, 수수꽃다리, 산철쭉, 비비추(연보라)

33 골담초(*Caragana sinica* Rehder)에 대한 설명으로 틀린 것은?

① 콩과(科) 식물이다.
② 꽃은 5월에 피고 단생한다.
③ 생장이 느리고 덩이뿌리로 위로 자란다.
④ 비옥한 사질양토에서 잘 자라고 토박지에서도 잘 자란다.

해설
③ 잔뿌리가 길게 자라며, 위를 향한 가지는 사방으로 늘어져 자란다.

29 ④ 30 ④ 31 ② 32 ② 33 ③

34 수준측량에서 표고(標高, Elevation)라 함은 일반적으로 어느 면(面)으로부터 연직거리를 말하는가?

① 해면(海面)
② 기준면(基準面)
③ 수평면(水平面)
④ 지평면(地平面)

해설
② 지반면의 높이를 비교할 때 기준이 되는 면을 말한다.

35 평판측량에서 도면상에 없는 미지점의 평판을 세워 그 점(미지점)의 위치를 결정하는 측량방법은?

① 원형교선법
② 후방교선법
③ 측방교선법
④ 복전진법

해설
평판측량의 방법
- 후방교선법(후방교회법) : 2~3개 기지점에서 미지점 위치를 구하려고 할 때 쓰이는 방법
- 전방교선법(전방교회법) : 기지점에서 미지점의 위치를 결정하는 방법
- 측방교선법(측방교회법) : 기지의 두 점 중 한점에 접근하기 곤란한 경우 기지의 한 점과 미지의 한 점에 평판을 세워 미지의 한 점을 구하는 방법

36 파이토플라스마에 의한 주요 수목병에 해당되지 않는 것은?

① 오동나무 빗자루병
② 뽕나무 오갈병
③ 대추나무 빗자루병
④ 소나무 시들음병

해설
파이토플라스마에 의한 주요 수목병 : 대추나무 빗자루병, 오동나무 빗자루병, 뽕나무 오갈병

37 목재의 두께가 7.5cm 미만에 폭이 두께의 4배 이상인 제재목은?

① 판재   ② 각재
③ 원목   ④ 합판

해설
- 각재 : 폭이 두께의 3배 미만인 것으로 구조재로 쓰인다.
- 판재 : 두께가 7.5cm 미만이고 폭이 두께의 4배 이상인 것으로 마무리 재료로 쓰인다.

38 다음 중 잔디밭의 넓이가 165m²(약 50평) 이상으로 잔디의 품질이 아주 좋지 않아도 되는 골프장의 러프지역, 공원의 수목지역 등에 많이 사용하는 잔디 깎는 기계는?

① 핸드모어   ② 그린모어
③ 로타리모어   ④ 갱모어

해설
③ 로타리모어는 잔디의 품질이 아주 좋지 않아도 큰 지역을 효율적으로 깎을 수 있어 러프나 공원지역에 많이 사용된다.
① 소형이며, 작은 잔디밭에 적합하다.
② 골프장의 그린과 같이 잔디 품질이 중요한 곳에서 주로 사용된다.
④ 매우 넓은 잔디밭을 효율적으로 깎을 수 있는 장비로, 고품질 잔디 관리에 적합하다.

39 체인블록(Chain Block)의 주 용도라 볼 수 없는 것은?

① 무거운 돌을 지면에 자리잡아 놓을 때
② 무거운 수목을 싣거나 내릴 때
③ 무거운 물체를 가까운 거리에 운반할 때
④ 무거운 돌을 높이 쌓을 때

해설
체인블록은 무거운 물건을 들어 올리는 데 쓰이는 도르래형 장비이다.

40 우리나라의 산림대별 특징 수종 중 식물의 분류학상 한림대(Cold Temperate Forest)에 해당되는 것은?

① 아왜나무
② 구실잣밤나무
③ 붉가시나무
④ 잎갈나무

해설
한림대 수종 : 잣나무, 전나무, 주목, 분비나무, 가문비나무, 잎갈나무, 종비나무 등

41 그 해 자란 가지에서 꽃눈이 분화하여 당년에 꽃이 피는 나무가 아닌 것은?

① 무궁화
② 철쭉
③ 능소화
④ 배롱나무

해설
초여름부터 가을에 걸쳐 꽃이 피는 나무는 그 해 자란 가지에 꽃눈이 분화하여 그 해 안에 꽃을 피우는데 능소화, 무궁화, 배롱나무, 장미, 찔레나무 등이 이에 속한다.

42 자연상태의 토량 1,000m³을 굴착하면, 그 흐트러진 상태의 토량은 얼마가 되는가?(단, 토량변화율을 $L = 1.25$, $C = 0.9$라고 가정한다)

① 900m³
② 1,000m³
③ 1,125m³
④ 1,250m³

해설
$L = \dfrac{\text{흐트러진 상태의 토량}}{\text{자연상태의 토량}}$

$1.25 = \dfrac{\text{흐트러진 상태의 토량}}{1,000\text{m}^3}$

∴ 흐트러진 상태의 토량 = 1,000m³ × 1.25 = 1,250m³

43 다음 중 열매를 감상하기 위하여 식재하는 수종이 아닌 것은?

① 피라칸타
② 석류나무
③ 조팝나무
④ 팥배나무

해설
열매를 관상하는 나무 : 피라칸타, 모과나무, 홍자단, 낙상홍, 자금우, 산사나무, 애기사과나무, 배나무, 팥배나무, 감나무, 석류나무, 포도나무 등

44 목재가공 작업과정 중 소지조정, 눈막이(눈메꿈), 샌딩실러 등은 무엇을 하기 위한 것인가?

① 도장
② 연마
③ 접착
④ 오버레이

해설
목재도장의 공정과정 : 소지공정 → 표백 → 착색 → 눈메꿈도장 → 하도도장 → 중도도장 → 상도도장
- 소지조정 : 도료의 부착성 및 녹막이효과를 양호하게 하기 위하여 기계적 또는 화학적으로 피도장물표면을 처리하여, 도장에 적합한 상태로 만드는 것이다.
- 눈막이(눈메꿈) : 환공재의 큰 관공을 메우는 물질이다.
- 샌딩실러 : 라커 마감을 위해 사용되는 도료이다.

45 일반적으로 제재된 목재의 기건상태는 함수율이 몇 %일 때인가?

① 약 5%
② 약 15%
③ 약 30%
④ 약 50%

해설
대기 중에서의 목재의 평균 함수율은 약 15%이다.

46 다음 중 수목에서 잘라야 할 가지가 아닌 것은?

① 수관 안으로 향한 가지
② 한 부위에서 평행하게 나오는 가지
③ 아래로 향한 가지
④ 수목의 주지

해설
전정 시 반드시 잘라야 할 가지 : 웃자란 가지(도장지), 안으로 향한 가지, 아래로 향한 가지, 말라죽은 가지와 병충해를 입은 가지, 줄기에 움돋은 가지, 교차한 가지와 얽힌 가지, 평행한 가지, 밑에서 움돋은 가지, 위로 자란 가지

47 제초제 1,000ppm은 몇 %인가?

① 0.01%
② 0.1%
③ 1%
④ 10%

해설
1% : 10,000ppm = x% : 1,000ppm
∴ x = 0.1%

48 기존의 레크리에이션 기회에 참여 또는 소비하고 있는 수요(需要)를 무엇이라 하는가?

① 표출수요
② 잠재수요
③ 유효수요
④ 유도수요

해설
② 사람들에게 내재되어 있는 수요로 적당한 시설, 접근수단, 정보가 제공되면 참여가 기대되는 수요
③ 재화에 대한 욕구가 실제로 그 재화를 구입할 만큼 구매력의 뒷받침이 있을 경우의 수요
④ 광고, 선전, 교육 등을 통해 이용을 유도시킬 수 있는 수요

정답 44 ① 45 ② 46 ④ 47 ② 48 ①

49 다음 중 루비깍지벌레의 구제에 가장 효과적인 농약은?

① 메피쿼트클로라이드 액제(나왕)
② 트리아디메폰 수화제(바리톤)
③ 트리클로르폰 수화제(디프록스)
④ 메티다티온 유제(수프라사이드)

해설
깍지벌레 방제약제로는 메치온 유제, 이카롤 유제, 디메토 유제, 비오킬 등이 있다.

50 다음 수종 중 양수에 속하는 것은?

① 백목련
② 후박나무
③ 팔손이
④ 전나무

해설
- 음수 : 주목, 전나무, 비자나무, 독일가문비나무, 가시나무, 녹나무, 후박나무, 동백나무, 호랑가시나무, 팔손이나무, 회양목, 목란 등
- 양수 : 소나무, 곰솔, 측백나무, 낙엽송, 향나무, 은행나무, 철쭉류, 삼나무, 느티나무, 포플러류, 가죽나무, 무궁화, 백목련, 모과나무, 두릅나무, 산수유 등

51 백제시대에 정원의 점경물로 만들어졌고, 물을 담아 연꽃을 심고 부들, 개구리밥, 마름 등의 부엽식물을 곁들이며 물고기도 넣어 키웠던 것은?

① 석연지
② 석조전
③ 안압지
④ 포석정

해설
석연지(石蓮池)는 물을 담아 연꽃을 키우거나 다른 장식물을 띄워 연못의 아름다움을 연출하는 데 사용되었다.

52 다음 중 건설기계의 용도 분류상 굴착용으로 사용하기에 부적합한 것은?

① 클램셸
② 파워셔블
③ 드래그라인
④ 스크레이퍼

해설
④ 스크레이퍼는 토사를 긁어모으는 기계로, 굴착용보다는 지반 고르기나 토사 운반 등에 사용된다.

53 알루민산 석회를 주광물로 한 시멘트로 조기강도(24시간에 보통 포틀랜드 시멘트의 28일 강도)가 아주 크므로 긴급공사 등에 많이 사용되며, 해안공사, 동절기 공사에 적합한 시멘트의 종류는?

① 알루미나 시멘트
② 백색 포틀랜드 시멘트
③ 팽창 시멘트
④ 중용열 포틀랜드 시멘트

해설
특수 시멘트(알루미나 시멘트, Alumina Cement)
회갈색 또는 회흑색을 나타내고 비중은 보통 포틀랜드 시멘트보다 가벼우며, 석고를 가하지 않는다. 조강성(조기강도)이 대단하며, 화학적 저항성이 크고, 내화성도 우수하여 내화용 콘크리트에 적합하다.

정답 49 ④ 50 ① 51 ① 52 ④ 53 ①

54
$40m^2$의 면적에 팬지를 20cm × 20cm 간격으로 심고자 한다. 필요한 팬지묘의 그루수는?

① 100그루
② 200그루
③ 400그루
④ 1,000그루

해설
식재면적이 $40m^2$이고, 한 본의 식재면적이 $0.2m × 0.2m = 0.04m^2$/본이므로 $40m^2$ 식재 시 필요본수는 $40m^2 ÷ 0.04m^2 = 1,000$본이다.

55
종자의 보관방법 중 옳지 않은 것은?

① 종자의 함수량이 5~10%가 되도록 말려서 저장하는 방법은 건조저장이다.
② 노천매장은 습사저온저장과 같이 건조하면 발아력이 떨어지거나 변온처리를 해야 발아되는 종자의 저장 및 발아 촉진 방법이며 씨뿌리기 한달 전에 매장하는 것이 좋은 수종은 소나무, 해송, 낙엽송 등이 있다.
③ 은행나무는 종자를 채집, 정선한 직후 노천 매장하는 수종이다.
④ 건사저장은 종자를 매장 시 종자와 축축한 모래를 층층이 넣어서 마르지 않게 저장하는 방법이다.

해설
④ 종자매장 시 종자와 축축한 모래를 층층이 넣어서 마르지 않게 저장하는 방법은 층적법이다.
※ 건사저장은 종자를 파종하기 전에 마른 모래 2, 종자 1의 비율로 섞어 종자를 건조하지 않도록 실내 또는 창고 등에 보관하는 방법이다.

수종별 노천매장 시기
• 종자를 채집, 정선한 직후 노천 매장하는 수종 : 단풍나무류, 벚나무류, 은행나무, 잣나무, 백송, 들메나무, 가래나무, 느티나무, 백합나무, 목련류, 벽오동, 팽나무, 물푸레나무, 신나무, 피나무, 층층나무 등
• 씨뿌리기 한 달전에 매장하는 것이 좋은 수종 : 소나무, 해송, 낙엽송, 리기다 소나무, 가문비나무, 전나무, 측백, 삼나무, 편백 등

56
조경시설물 중 관리시설물로 분류되는 것은?

① 분수, 인공폭포
② 그네, 미끄럼틀
③ 축구장, 철봉
④ 조명시설, 표지판

해설
① 수경시설물
② 유희시설물
③ 운동시설물

57
다음 중 몰(Mall)에 대한 설명으로 옳지 않은 것은?

① 도시환경을 개선하는 한 방법이다.
② 차량은 전혀 들어갈 수 없게 만들어진다.
③ 보행자 위주의 도로이다.
④ 원래의 뜻은 나무그늘이 있는 산책길이란 뜻이다.

해설
몰(Mall)
'나무그늘이 있는 산책로'란 뜻이지만 최근에는 단순히 통행을 위한 도로만이 아닌 광장·벤치·분수 등 가로장치물 등을 배치하여 휴식, 놀이, 모임 등의 기능을 부여한 것을 가리킨다. 상점가 등에 설치되어 있는 보행자 전용의 쇼핑몰(Pedestrian-Mall)을 말할 때가 많으며, 일반 자동차의 교통을 배제하고 버스, 노면전차 등 공공교통수단을 배치하여 보행자의 안전과 교통수단을 모두 확보한 것을 트랜짓몰(Transit-Mall)이라 한다.

58 스프레이건(Spray Gun)을 쓰는 것이 가장 적합한 도료는?

① 수성페인트
② 유성페인트
③ 래커
④ 에나멜

해설
스프레이건
분사도장에 사용하는 도장용구로, 도료를 압축공기로 안개모양으로 내뿜어 도장하며, 래커나 합성수지도료 등과 같이 건조가 빠른 도료를 넓은 면적에 도포할 경우에 사용된다.

59 다음 중 점토에 대한 설명으로 옳지 않은 것은?

① 암석이 오랜 기간에 걸쳐 풍화 또는 분해되어 생긴 세립자 물질이다.
② 가소성은 점토입자가 미세할수록 좋고 또한 미세부분은 콜로이드로서의 특성을 가지고 있다.
③ 화학성분에 따라 내화성, 소성 시 비틀림 정도, 색채의 변화 등의 차이로 인해 용도에 맞게 선택된다.
④ 습윤상태에서는 가소성을 가지고 고온으로 구우면 경화되지만 다시 습윤상태로 만들면 가소성을 갖는다.

해설
④ 습윤상태에서는 가소성을 가지지만, 고온으로 구우면 경화되는 동시에 가소성을 잃는다.

60 흡즙성 해충의 분비물로 인하여 발생하는 병은?

① 흰가루병
② 혹병
③ 그을음병
④ 점무늬병

해설
그을음병의 병징 : 가지, 줄기, 과일 등에 그을음을 발라 놓은 것처럼 보이며, 깍지벌레, 진딧물 등 흡즙성 해충의 배설물에 2차적으로 기생하는 부생성 그을음병균에 의한 경우가 대부분이다.

2020년 제1회 과년도 기출복원문제

01 다음 중 9세기 무렵에 일본 정원에 나타난 조경양식은?

① 평정고산수양식
② 침전조양식
③ 다정양식
④ 회유임천양식

해설
② 일본 헤이안시대 9세기 무렵에 등장한 정원양식으로, 주 건물을 침전으로 꾸미고 그 앞에 연못 등의 정원을 조성하였다.
① 15세기 후반
③ 16세기
④ 12~14세기

02 고대 그리스에서 청년들이 체육훈련을 하는 자리로 만들어졌던 것은?

① 페리스틸리움
② 지스터스
③ 짐나지움
④ 보스코

해설
짐나지움(Gymnasium)
고대 그리스에서는 남자가 16세가 되면 짐나지움에서 체육을 연마하였다. 초기에는 경기자들이 운동을 하고 난 후 목욕을 할 수 있도록 물에 가까운 곳에 위치했으며, 점차 체육훈련뿐만 아니라 지적 활동을 목적으로 하는 장소로 변하였다.
※ 로마시대 주택정원의 구성요소 : 아트리움, 페리스틸리움, 지스터스

03 '물체의 실제 치수'에 대한 '도면에 표시한 대상물'의 비를 의미하는 용어는?

① 척도
② 도면
③ 표제란
④ 연각선

해설
② 토지·구조물, 기타 사물의 형태·치수·내부구조 기타 내용을 일정한 공학적인 표현방법에 의하여 나타낸 그림이다.
③ 도면의 일부에 위치하여 도면 번호, 도명 등을 기록하는 난이다.

04 다음에서 설명하고 있는 수종은?

- 17세기 체코 선교사를 기념하는데서 유래되었다.
- 상록활엽수 교목으로 수형은 구형이다.
- 꽃은 한 개씩 정생 또는 액생, 꽃받침과 꽃잎은 5~7개이다.
- 열매는 삭과, 둥글며 3개로 갈라지고, 지름 3~4cm 정도이다.
- 짙은 녹색의 잎과 겨울철 붉은색 꽃이 아름다우며, 음수로서 반음지나 음지에 식재, 전정에 잘 견딘다.

① 생강나무
② 동백나무
③ 노각나무
④ 후박나무

정답 1 ② 2 ③ 3 ① 4 ②

05 조선시대의 정원 중 연결이 올바른 것은?

① 양산보 – 다산초당
② 윤선도 – 부용동 정원
③ 정약용 – 운조루 정원
④ 이유주 – 소쇄원

해설
①·④ 소쇄원은 양산보가 조성하였다.
③ 정약용은 다산초당과 관련 있다.

06 근대 독일 구성식 조경에서 발달한 조경시설물의 하나로 실용과 미관을 겸비한 시설은?

① 연못
② 벽천
③ 분수
④ 캐스케이드

해설
벽천은 독일에서 발달한 조경시설물로 벽에 붙인 수구(水口)나 조각물의 입에서 물이 나오도록 만든 수경시설이다. 넓은 면적이 필요하지 않아서 작은 공원이나 소광장 등에 잘 어울린다.

07 다음 이슬람 정원 중 알람브라궁전에 없는 것은?

① 알베르카 중정
② 사자 중정
③ 사이프러스 중정
④ 헤네랄리페 중정

해설
알람브라(Alhambra)궁전
스페인에 현존하는 이슬람 정원 형태로 유명한 곳이며, 4개의 중정(알베르카, 사자, 린다라하, 레하)이 남아있다.
※ 헤네랄리페(Generalife) 이궁 : 수로가 있는 중정으로, 연꽃 모양의 수반과 회양목으로 구성하여 3면은 건물이고, 한쪽은 아케이드로 둘러싸여 있다.

08 제도에서 사용되는 물체의 중심선, 절단선, 경계선 등을 표시하는 데 가장 적합한 선은?

① 실선
② 파선
③ 1점쇄선
④ 2점쇄선

해설
선의 용도에 의한 분류

명칭	굵기(mm)	용도에 의한 명칭
실선	전선 0.3~0.8	• 외형선 : 물체의 보이는 부분을 나타내는 선 • 단면선 : 절단면의 윤곽선
	가는 선 0.2 이하	치수선, 치수보조선, 지시선, 해칭선 : 설명, 보조, 지시 및 단면의 표시
파선	반선 전선의 1/2	숨은선 : 물체의 보이지 않는 부분의 모양 표시
1점쇄선	가는 선 0.2 이하	중심선 : 물체의 중심축, 대칭축 표시
	반선 전선의 1/2	경계선, 절단선 : 물체의 절단한 위치 및 경계 표시
2점쇄선	반선 전선의 1/2	가상선, 경계선 : 물체가 있을 것으로 생각되는 부분 표시

09 1857년 미국 뉴욕에 중앙공원(Central Park)을 설계한 사람은?

① 하워드
② 르코르뷔지에
③ 옴스테드
④ 브라운

해설
③ 프레데릭 로 옴스테드(Frederick Law Olmsted)와 칼버트 보(Calvert Vaux)가 센트럴파크를 설계했다. 현대 조경의 아버지라 불리며, 조경가(Landscape Architect)라는 용어를 정식으로 사용하였다.
① 산업혁명 이후 도시의 팽창과 인구집중 등의 도시문제를 해결하기 위해 전원도시계획을 제창하였다.
② 파리에서 활동한 프랑스의 건축가이다.
④ 스토우정원 등 많은 영국 정원을 수정하였다.

10 우리나라 후원양식의 정원수법이 형성되는 데 영향을 미친 것이 아닌 것은?

① 불교의 영향
② 음양오행설
③ 유교의 영향
④ 풍수지리설

해설
① 불교사상은 사찰정원을 중심으로 극락정토사상에 근거한 극락의 세계관을 현세에 조형시키고자 하였다.

11 식물이 필요로 하는 양분요소 중 미량원소로 옳은 것은?

① O   ② K
③ Fe   ④ S

해설
식물 생육에 필요한 원소
• 다량원소 : C, H, O, N, P, K, Ca, Mg, S
• 미량원소 : Fe, B, Mn, Cu, Zn, Mo, Cl

12 어떤 두 색이 맞붙어 있을 때 그 경계 언저리에 대비가 더 강하게 일어나는 현상은?

① 연변대비
② 면적대비
③ 보색대비
④ 한난대비

해설
① 나란히 단계적으로 균일하게 채색되어 있는 색의 경계부분에서 일어나는 대비현상
② 같은 색이라도 면적의 크고 적음에 따라 색의 명도 채도가 다르게 보이는 현상
③ 보색 관계에 있는 두 색을 같이 놓을 때, 서로의 영향으로 더 뚜렷하게 보이는 현상
④ 색의 차갑고 따뜻함에 따라 색이 다르게 보이는 현상

13 다음 중 개화시기가 가장 빠른 것은?

① 황매화
② 배롱나무
③ 매자나무
④ 생강나무

해설
나무의 개화시기
• 2월 : 풍년화, 오리나무
• 3월 : 매화나무, 생강나무, 올벚나무, 개나리, 산수유, 동백나무
• 4월 : 자목련, 개나리, 겹벚나무, 꽃산딸나무, 꽃아그배나무, 목련, 백목련, 산벚나무, 아그배나무, 왕벚나무, 이팝나무, 갯버들, 명자나무, 미선나무, 박태기나무, 산수유, 산철쭉, 수수꽃다리, 조팝나무, 진달래, 철쭉, 황철쭉, 동백나무, 소귀나무, 월계수, 만병초, 호랑가시나무, 남천, 등나무, 으름덩굴
• 5월 : 귀룽나무, 때죽나무, 백합나무, 산딸나무, 오동나무, 일본목련, 쪽동백나무, 채진목, 가막살나무, 모란, 병꽃나무, 장미, 쥐똥나무, 다정큼나무, 돈나무, 인동덩굴
• 6월 : 모감주나무, 층층나무, 치자나무, 개쉬땅나무, 수국, 아왜나무, 태산목, 클레마티스
• 7월 : 노각나무, 배롱나무, 자귀나무, 무궁화, 부용, 협죽도, 능소화
• 8월 : 배롱나무, 자귀나무, 부용, 싸리나무
• 9월 : 배롱나무, 부용, 싸리나무
• 10월 : 장미, 은목서, 금목서
• 11월 : 팔손이나무

14 다음 중 대기오염에 강한 수목은?

① 은행나무
② 독일가문비
③ 소나무
④ 자작나무

해설
대기오염(아황산가스 등)에 강한 수종 : 플라타너스(양버즘나무), 사철나무, 은행나무, 편백, 화백, 가시나무, 백합나무, 칠엽수 등

15 다음 중 가로수를 심는 목적이라고 볼 수 없는 것은?

① 녹음을 제공한다.
② 도시환경을 개선한다.
③ 방음과 방화의 효과가 있다.
④ 시선을 유도한다.

해설
가로수는 풍경을 개선하고 대기오염과 소음공해를 줄여주며 도시의 온도를 낮추는 등 다양한 효과가 있지만 방화까지의 효과는 없다.

16 수준측량과 관련이 없는 것은?

① 레벨
② 표척
③ 엘리데이드
④ 야장

해설
③ 엘리데이드는 평판측량에 사용되는 기구이다.

17 조경 제도용품 중 곡선자라고 하여 각종 반지름의 원호를 그릴 때 사용하기 가장 적합한 재료는?

① 원호자
② 운형자
③ 삼각자
④ T자

해설
② 여러 가지 곡선 모양을 본떠 만든 것으로 컴퍼스로 그리기 어려운 곡선을 그리는 데 사용한다.
③ 45°의 사선과 30°, 60°의 사선을 그을 수 있는 두 종류가 한 세트로 되어 있다.
④ T형으로 만들어진 자로, 크기는 모체 길이가 900mm의 것이 가장 널리 쓰이며 주로 평행선을 긋거나, 삼각자와 조합하여 수직선과 사선을 그을 때 사용한다.

18 다음 중 도시공원 및 녹지 등에 관한 법률 시행규칙에서 공원 규모가 가장 작은 것은?

① 묘지공원
② 체육공원
③ 광역권 근린공원
④ 어린이공원

해설
도시공원의 설치 및 규모의 기준(도시공원 및 녹지 등에 관한 법률 시행규칙 [별표 3])

공원구분		유치거리	규모
생활권 공원	어린이공원	250m 이하	1,500m² 이상
	광역권 근린공원	제한 없음	1,000,000m² 이상
주제 공원	묘지공원	제한 없음	100,000m² 이상
	체육공원	제한 없음	10,000m² 이상

19 열매를 관상목적으로 하는 조경수목 중 열매 색이 적색(홍색) 계열이 아닌 것은?(단, 열매색의 분류 : 황색, 적색, 흑색)

① 주목
② 화살나무
③ 산딸나무
④ 굴거리나무

해설
④ 굴거리나무의 열매는 흑색이다.

20 조경시공재료의 기호 중 벽돌에 해당하는 것은?

①    ②
③    ④

해설
② 벽돌, ① 석재, ④ 철재

21 토공사에서 터파기할 양이 100m³, 되메우기량이 70m³일 때 실질적인 잔토처리량(m³)은?(단, L = 1.1, C = 0.8이다)

① 24   ② 30
③ 33   ④ 39

해설
되메우기 후 잔토처리량 = (터파기량 − 되메우기량) × L
= (100 − 70) × 1.1
= 33m³

22 인공지반에 식재된 식물과 생육에 필요한 식재 최소 토심으로 가장 적합한 것은?(단, 배수구배는 1.5~2.0%, 인공토양 사용 시로 한다)

① 잔디, 초본류 : 15cm
② 소관목 : 20cm
③ 대관목 : 45cm
④ 심근성 교목 : 90cm

해설
식물 생육에 필요한 최소 토양깊이

구분	생존 최소 토심
잔디, 초본	인공토 10, 자연토 15
소관목	인공토 20, 자연토 30
대관목	인공토 30, 자연토 45
천근성교목	인공토 40, 자연토 60
심근성교목	인공토 60, 자연토 90

23 다음 설명에 적합한 수목은?

- 감탕나무과 식물이다.
- 상록활엽소교목으로 열매가 적색이다.
- 잎은 호생으로 타원상의 6각형이며 가장자리에 바늘 같은 각점(角點)이 있다.
- 자웅이주이다.
- 열매는 구형으로서 지름 8~10cm이며, 적색으로 익는다.

① 감탕나무
② 낙상홍
③ 먼나무
④ 호랑가시나무

해설
① 상록활엽소교목으로, 잎은 양끝이 좁은 장타원형이고 가장자리는 거의 밋밋하다.
② 낙엽활엽관목으로, 잎 끝이 뾰족하고 가장자리에 잔 톱니가 있다.
③ 상록활엽교목으로, 잎은 타원형 또는 긴 타원형이고 가장자리는 밋밋하다.

정답 19 ④ 20 ② 21 ③ 22 ② 23 ④

24 수집한 자료들을 종합한 후에 이를 바탕으로 개략적인 계획안을 결정하는 단계는?

① 목표설정　② 기본구상
③ 기본설계　④ 실시설계

해설
② 제반자료의 분석종합을 기초로 하고, 프로그램에서 제시된 계획방향에 의거하여 계획안의 개념을 정립하는 단계이다. 조경계획 및 설계에 있어서 몇 가지의 대안을 만들어 각 대안의 장단점을 비교한 후에 최종안으로 결정하는 단계이다.
① 계획의 목적과 방침 및 설계방법 등을 검토하는 것으로, 계획의 전체 성격에 영향을 미친다.
③ 조경계획 및 설계과정에 있어서 각 공간의 규모, 사용재료, 마감방법을 제시해주는 단계이다.
④ 시방서 및 공사비 내역서 등을 포함 하고 있는 설계이다.

25 다음 석재의 역학적 성질 설명 중 옳지 않은 것은?

① 공극률이 가장 큰 것은 대리석이다.
② 현무암의 탄성계수는 후크(Hooke)의 법칙을 따른다.
③ 석재의 강도는 압축강도가 특히 크며, 인장강도는 매우 작다.
④ 석재 중 풍화에 가장 큰 저항성을 가지는 것은 화강암이다.

해설
① 대리암은 높은 압력에 의해 형성되었기 때문에 공극률이 작은 편이다.

석재의 장단점

장점	• 외관이 매우 아름답다. • 내구성과 강도가 크다. • 변형되지 않으며, 가공성이 있다. • 가공 정도에 따라 다양한 외양을 가질 수 있다. • 산지에 따라 다양한 색조와 질감을 갖는다. • 압축강도와 내화학성이 크고, 마모성은 작다.
단점	• 무거워서 다루기 불편하다. • 타 재료에 비해 가공하기가 어렵다. • 경제적 부담이 크다. • 압축강도에 비해 휨강도나 인장강도가 작다. • 화열을 받을 경우 균열 또는 파괴되기가 쉽다.

26 활엽수이지만 잎의 형태가 침엽수와 같아서 조경적으로 침엽수로 이용하는 것은?

① 은행나무
② 산딸나무
③ 위성류
④ 이나무

해설
위성류는 활엽수이면서도 잎이 침엽과 같으므로 조경적으로 이용할 경우에는 잎의 모양을 따라 침엽수로 사용된다.

27 벽돌(190×90×57)을 이용하여 경계부의 담장을 쌓으려고 한다. 시공면적 10㎡에 1.5B(한장 반) 두께로 시공할 때 약 몇 장의 벽돌이 필요한가?(단, 줄눈은 10mm이고, 할증률은 무시한다)

① 약 750장　② 약 1,490장
③ 약 2,240장　④ 약 2,980장

해설

구분	0.5B	1.0B	1.5B	2.0B
기존형(210×100×60)	65장	130장	195장	260장
표준형(190×90×57)	75장	149장	224장	298장

표준형(190×90×57)이므로 1.5B는 224장이다.
따라서 10㎡에 1.5B 두께로 시공할 때 벽돌의 필요 수량 = 10 × 224 = 2,240장이다.

28 어떤 목재의 함수율이 50%일 때 목재중량이 3,000g이라면 절건중량은 얼마인가?

① 1,000g
② 2,000g
③ 4,000g
④ 5,000g

해설

함수율 = $\dfrac{\text{목재의 함수중량} - \text{목재의 절건중량}}{\text{목재의 절건중량}}$

$50\% = \dfrac{3{,}000 - x}{x} \times 100$

∴ $x = 2{,}000\text{g}$

29 쇠망치 및 날메로 요철을 대강 따내고, 거친 면을 그대로 두어 부풀린 느낌으로 마무리 하는 것으로 중량감, 자연미를 주는 석재가공법은?

① 혹두기 ② 정다듬
③ 도드락다듬 ④ 잔다듬

해설
② 혹두기한 면을 정으로 비교적 고르고 곱게 다듬는 작업으로 거친다듬, 중다듬, 고운다듬으로 구분된다.
③ 정다듬한 표면을 도드락망치를 이용하여 1~3회 정도 두드려 곱게 다듬는 작업이다.
④ 외날망치나 양날망치로 정다듬면 또는 도드락다듬면을 일정 방향, 주로 평행하게 나란히 찍어 평탄하게 마무리하는 작업이며, 다듬횟수는 1~5회 정도이다.

30 수종과 그 줄기 색의 연결이 틀린 것은?

① 벽오동은 녹색 계통이다.
② 곰솔은 흑갈색 계통이다.
③ 소나무는 적갈색 계통이다.
④ 흰말채 나무는 흰색 계통이다.

해설
④ 흰말채나무의 수피는 여름에 녹색이나 가을, 겨울철에는 붉은색이다.

줄기(수피)의 색채
• 백색계 줄기 : 자작나무, 백송, 플라타너스(양버즘나무), 동백나무 등
• 청록색계 줄기 : 황매화, 벽오동, 식나무 등
• 갈색계 줄기 : 배롱나무, 철쭉, 동백나무, 편백 등
• 얼룩무늬 줄기 : 모과나무, 배롱나무, 노각나무
• 흑갈색 줄기 : 곰솔
• 회갈색 줄기 : 개잎갈나무

31 시멘트 공장에서 포틀랜드 시멘트를 제조할 때 석고를 첨가하는 주요 이유는?

① 시멘트의 강도 및 내구성 증진을 위하여
② 시멘트의 장기강도 발현성을 높이기 위하여
③ 시멘트의 급격한 응결을 조정하기 위하여
④ 시멘트의 건조수축을 작게 하기 위하여

해설
시멘트는 그 응결시간의 길고 짧음에 따라 급결 시멘트와 완결 시멘트로 구분하며, 시멘트를 제조할 때 탄산칼슘($CaCO_3$)이나 탄산나트륨(Na_2CO_3)을 넣으면 급결성이 되고, 석고를 넣으면 완결성이 된다.

정답 28 ② 29 ① 30 ④ 31 ③

32 계단의 설계 시 고려해야 할 기준으로 옳지 않은 것은?

① 계단의 경사는 최대 30~35°가 넘지 않도록 해야 한다.
② 단 높이를 h, 단 너비를 b로 할 때 $2h+b = 60~65cm$가 적당하다.
③ 진행 방향에 따라 중간에 1인용일 때 단 너비 90~110cm 정도의 계단 참을 설치한다.
④ 계단의 높이가 5m 이상이 될 때에만 중간에 계단 참을 설치한다.

해설
④ 높이가 2m를 넘는 계단에는 2m 이내마다 해당 계단의 유효 폭 이상의 폭으로 너비 120cm 이상인 참을 둔다.

33 자연석(경관석)놓기에 대한 설명으로 틀린 것은?

① 경관석의 크기와 외형을 고려한다.
② 경관석 배치의 기본형은 부등변삼각형이다.
③ 경관석의 구성은 2, 4, 8 등 짝수로 조합한다.
④ 돌 사이의 거리나 크기를 조정하여 배치한다.

해설
경관석을 여러 개 짝지어 놓을 때는 중심이 되는 큰 주석과 보조역할을 하는 작은 부석을 잘 조화시켜야 하는데, 수량은 일반적으로 홀수로 하고, 돌 사이의 거리나 크기 등을 조정하여 힘이 분산되지 않고 짜임새가 있도록 한다.

34 겨울 화단에 식재하여 활용하기 가장 적합한 식물은?

① 팬지   ② 마리골드
③ 달리아 ④ 꽃양배추

해설
① 봄화단에 적합하다.
②·③ 가을화단에 적합하다.
계절에 따른 식재

계절별	구 분	종 류
봄화단	한 해	팬지, 데이지, 프리뮬러, 금잔화, 알리섬
	다년생	꽃단지, 은방울꽃, 며느리밥풀꽃, 붓꽃
	구 근	튤립, 크로커스, 수선화, 히아신스
여름화단	한 해	피튜니아, 색비름, 천일홍, 맨드라미
	다년생	붓꽃, 옥잠화, 작약
	구 근	글라디올러스, 칸나
가을화단	한 해	마리골드, 맨드라미, 피튜니아, 코스모스, 사루비아
	다년생	국화, 루드베키아, 숙근플록스
	구 근	달리아
겨울화단	-	꽃양배추

35 잔디의 뗏밥 넣기에 관한 설명으로 가장 부적합한 것은?

① 뗏밥은 가는 모래 2, 밭흙 1, 유기물 약간을 섞어 사용한다.
② 뗏밥에 이용하는 흙은 일반적으로 열처리하거나 증기 소독 등 소독을 하기도 한다.
③ 뗏밥은 한지형 잔디의 경우 봄, 가을에 주고 난지형 잔디의 경우 생육이 왕성한 6~8월에 주는 것이 좋다.
④ 뗏밥의 두께는 30mm 정도로 주고, 다시 줄 때에는 일주일이 지난 후에 잎이 덮일 때까지 주어야 좋다.

해설
뗏밥의 두께는 2~4mm 정도로 주고, 다시 줄 때에는 15일이 지난 후에 주어야 하며 봄철에 두껍게 한 번에 주는 경우에는 5~10mm 정도로 시행한다.

36 농약의 물리적 성질 중 살포하여 부착한 약제가 이슬이나 빗물에 씻겨 내리지 않고 식물체 표면에 묻어 있는 성질을 무엇이라 하는가?

① 고착성(Tenacity)
② 부착성(Adhesiveness)
③ 침투성(Penetrating)
④ 현수성(Suspensibility)

해설
② 약제가 식물체나 충체에 붙는 성질
③ 약제가 식물체나 충체에 스며드는 성질
④ 수화제 현탁액의 고체 미립자가 균일하게 분산하여 부유하는 성질

37 다음 중 열가소성 수지에 해당되는 것은?

① 페놀수지
② 멜라민수지
③ 폴리에틸렌수지
④ 요소수지

해설
합성수지의 분류
- 열가소성 수지 : 성형 후 열이나 용제를 가하면 소성변형하고, 냉각하면 고결하는 고체상의 고분자 물질로 구성된 수지
  예 폴리에틸렌수지, 폴리프로필렌수지, 폴리스타이렌수지, 폴리염화비닐수지, 아크릴수지, 불소수지, 폴리아미드수지(나일론, 아라미드), 폴리에스터수지, 아세탈수지 등
- 열경화성 수지 : 성형 후 열이나 용제를 가해도 형태가 변하지 않는, 비교적 저분자 물질로 구성된 수지
  예 페놀수지, 멜라민수지, 불포화폴리에스터수지, 에폭시수지, 우레아(요소)수지, 실리콘수지, 푸란수지 등

38 레미콘 규격이 25-210-12로 표시되어 있다면 a-b-c 순서대로 의미가 맞는 것은?

① a : 슬럼프, b : 골재 최대 치수, c : 시멘트의 양
② a : 물-시멘트비, b : 압축강도, c : 골재 최대 치수
③ a : 골재 최대 치수, b : 압축강도, c : 슬럼프
④ a : 물-시멘트비, b : 시멘트의 양, c : 골재 최대 치수

해설
레미콘의 규격은 골재 최대 치수(mm) - 압축강도(kg/cm^2) - 슬럼프(cm) 순으로 표시한다.

39 [보기]에 해당하는 도장공사의 재료는?

┌보기├
- 초화면(硝化綿)과 같은 용제에 용해시킨 섬유계 유도체를 주성분으로 하고 여기에 합성수지, 가소제와 안료를 첨가한 도료이다.
- 건조가 빠르고 도막이 견고하며 광택이 좋고 연마가 용이하며, 불점착성·내마멸성·내수성·내유성·내후성 등이 강한 고급 도료이다.
- 결점으로는 도막이 얇고 부착력이 약하다.

① 유성페인트
② 수성페인트
③ 래커
④ 니스

해설
래커페인트
- 에나멜과 마찬가지로 시너를 희석제로 사용하며, 주로 표면을 보호하거나 부패를 막아 주는 마감용 코팅제로 사용한다.
- 다양한 색과 함께 투명색도 있어 나무 표면에 사용하면 나무의 무늬와 질감을 그대로 표현할 수 있다.
- 다른 페인트를 녹일 만큼 독하기 때문에 덧칠할 시에는 기존의 페인트를 제거하는 것이 좋다.

정답 36 ① 37 ③ 38 ③ 39 ③

40 고속도로의 시선유도식재는 주로 어떤 목적을 갖고 있는가?

① 위치를 알려준다.
② 침식을 방지한다.
③ 속력을 줄이게 한다.
④ 전방의 도로 형태를 알려준다.

해설
시선유도식재
곡선반경이 극히 작은 종단철형(從斷凸形)의 노선이나 평면선형(平面線形)에서 한쪽으로 회전하는 곡선구간 등에 교통안전을 위하여 열식으로 식재하는 도로기능식재이다.

41 다음 [보기]는 무엇에 대한 설명인가?

[보기]
- 일반 지도와 같은 지형정보와 함께 지하시설물 등 관련정보를 인공위성으로 수집, 컴퓨터로 작성해 검색, 분석할 수 있도록 한 복합적인 지리정보시스템이다.
- 구체적으로 기상항공 정보분석, 상·하수도망, 통신망, 전력망, 도시가스망, 도로 등 지상·지하 시설물설치 및 관리, 공장부지, 농작물 재배지역, 산업단지선정 등에 이용된다.

① GPS
② GIS
③ PCS
④ Navigation

해설
GIS는 넓은 의미로 인간의 의사결정 능력의 지원을 위해 공간상 위치를 나타내는 도형자료(Graphic Data)와 이에 관련된 속성자료(Attribute Data)를 연결하여 처리하는 정보시스템으로서 다양한 형태의 지리정보를 효율적으로 수집, 저장, 갱신, 처리, 분석, 출력하기 위해 이용되는 하드웨어, 소프트웨어, 지리자료, 인적자원의 통합적 시스템이다.

42 실제 길이 3m는 축척 1/30 도면에서 얼마로 나타나는가?

① 1cm
② 10cm
③ 3cm
④ 30cm

해설
도상 길이 = 실제 거리 × 축척
$= 300\text{cm} \times \dfrac{1}{30} = 10\text{cm}$

43 화강암(Granite)에 대한 설명 중 옳지 않은 것은?

① 내마모성이 우수하다.
② 구조재로 사용이 가능하다.
③ 내화도가 높아 가열 시 균열이 적다.
④ 절리의 거리가 비교적 커서 큰 판재를 생산할 수 있다.

해설
내구성·내마모성이 강하고 견고하며 외관이 아름답지만, 내화도가 작아 고열을 받는 곳에는 부적합하다.

44 다음 벽돌의 줄눈 종류 중 우리나라의 전통담장의 사고석 시공에서 흔히 볼 수 있는 줄눈의 형태는?

① 오목줄눈
② 둥근줄눈
③ 빗줄눈
④ 내민줄눈

해설
내민줄눈
줄눈이 벽돌면보다 약간 돌출되게 마감된 형태로 벽돌이나 타일의 형태가 고르지 않거나 벽면이 울퉁불퉁할 때 줄눈의 효과를 증대시키기 위해 사용한다.

정답 40 ④ 41 ② 42 ② 43 ③ 44 ④

45 생울타리를 전지·전정하려고 한다. 태양의 광선을 가장 골고루 받지 못하는 생울타리 단면의 모양은?

① 원주형   ② 원뿔형
③ 역삼각형   ④ 달걀형

46 일반적인 플라스틱 제품에 대한 설명이다. 잘못된 것은?

① 가볍고 견고하다.
② 내화성이 크다.
③ 투광성, 접착성, 절연성이 있다.
④ 산과 알칼리에 견디는 힘이 크다.

[해설]
② 플라스틱은 열에 취약하다.
플라스틱의 특성
- 가벼우면서도 강도와 탄력성이 크다.
- 소성·가공성이 좋아 복잡한 모양으로 성형이 가능하다.
- 내산성·내알칼리성이 크고, 녹슬지 않는다.
- 착색이 자유롭고, 광택이 좋으며, 접착력이 크다.
- 절연성이 있어 전기가 통하지 않고, 열에 매우 취약하다.
- 내열성·내후성·내광성이 부족하며, 변색하는 등의 결점이 있다.

47 우리나라에서 발생하는 수목의 녹병 중 기주교대를 하지 않는 것은?

① 소나무 잎녹병
② 후박나무 녹병
③ 버드나무 잎녹병
④ 오리나무 잎녹병

[해설]
후박나무 녹병
*Monosporodium machili*이라고 하는 담자균류에 속하는 곰팡이의 일종에 의해 발생한다. 이 녹병균은 중간기주 없이 후박나무에서 정자(精子)와 겨울포자만을 형성해서 생활환(生活環)을 이어가는 동종기생균으로, 병환부에 형성된 겨울포자에 의해 후박나무에서 후박나무로 전염이 반복된다.
※ 이종기생균 : 기주교대, 즉 생활환을 이어가기 위해 전혀 다른 두 종류의 기주식물을 옮겨 가며 생활하는 병원체

48 습기가 많은 물가나 습원에서 생육하는 식물을 수생 식물이라 하는 데 다음 중 이에 해당하지 않는 것은?

① 부처손, 구절초
② 갈대, 물억새
③ 부들, 생이가래
④ 고랭이, 미나리

[해설]
- 부처손 : 건조한 바위면에서 자라는데, 담근체(擔根體)와 뿌리가 엉켜 줄기처럼 만들어진 끝에서 가지가 사방으로 퍼져 높이 20cm 정도 자란다.
- 구절초 : 높은 지대의 능선 부위에서 군락을 형성하여 자라며, 들에서도 흔히 볼 수 있다. 배수가 잘 되는 곳에서 잘 자라며, 충분한 광선을 요하지만 열악한 환경에도 잘 적응하며, 건조에는 다소 강한 편이고 과습하면 피해를 볼 수 있다.

49 옹벽 자체의 자중으로 토압에 저항하는 옹벽의 종류는?

① L형 옹벽
② 역T형 옹벽
③ 중력식 옹벽
④ 반중력식 옹벽

[해설]
①·② 형태를 본 따 이름을 지은 L형 옹벽과 역T형 옹벽이 있으며, 벽체와 밑판으로 구성된 가장 일반적인 형태의 철근콘크리트 옹벽이다. 캔틸레버를 이용해 옹벽의 재료를 절약하는 방식으로, 자중이 적어 배면의 뒷채움을 충분히 보강해 주어야 한다. 3~8m 높이의 다양한 경사면에 설치한다.
④ 중력식 옹벽과 캔틸레버 옹벽의 중간 형태로, 중력식 옹벽에 사용되는 콘크리트량을 절약하기 위해 소량의 철근을 넣어 만들며, 6m 정도 높이의 경사면에 설치한다.

50 소철과 은행나무의 공통점으로 옳은 것은?

① 속씨식물
② 자웅이주
③ 낙엽침엽교목
④ 우리나라 자생식물

> **해설**
> 소철과 은행나무
>
> | 구분 | 소철 | 은행나무 |
> |---|---|---|
> | 번식방법 | 겉씨식물 | 겉씨식물 |
> | 성상 | 상록침엽관목 · 소교목 | 낙엽침엽교목 |
> | 원산지 | 동아시아, 일본, 중국, 대만 | 중국 동부 |

51 벤치 좌면 재료 가운데 이용자가 4계절 가장 편하게 사용할 수 있는 재료는?

① 플라스틱 ② 목재
③ 석재   ④ 철재

> **해설**
> ② 플라스틱 벤치는 깨지기 쉽고 보수가 불가능하며, 석재나 철재 벤치는 계절에 따른 온도 변화가 심하기 때문에 사계절 편하게 사용하기에는 목재가 가장 적합하다.

52 수간과 줄기 표면의 상처에 침투성 약액을 발라 조직 내로 약효성분이 흡수되게 하는 농약 사용법은?

① 도포법 ② 관주법
③ 도말법 ④ 분무법

> **해설**
> ② 땅속에서 서식하고 있는 병해충을 방제하기 위하여 땅속에 약액을 주입하는 방법이다.
> ③ 종자 소독을 위해 분제나 수화제를 건조한 종자에 입혀 살균 · 살충하는 방법이다.
> ④ 분무기를 이용하여 다량의 액제를 살포하는 방법이다.

53 토량의 변화에서 체적비(변화율)는 L과 C로 나타낸다. 다음 설명 중 옳지 않은 것은?

① L값은 경암보다 모래가 더 크다.
② C는 다져진 상태의 토량과 자연상태의 토량의 비율이다.
③ 성토, 절토 및 사토량의 산정은 자연상태의 양을 기준으로 한다.
④ L은 흐트러진 상태의 토량과 자연상태의 토량의 비율이다.

> **해설**
> ① L값은 모래(1.10~1.20)보다 경암(1.70~2.00)이 더 크다.

54 이른 봄 늦게 오는 서리로 인한 수목의 피해를 나타내는 것은?

① 조상(早霜) ② 만상(晚霜)
③ 동상(凍傷) ④ 한상(寒傷)

> **해설**
> ① 초가을에 계절에 맞지 않게 추운 날씨가 계속되어 수목에 피해를 주는 현상을 말한다.
> ③ 수목이 0℃ 이하에서 얼어서 생기는 피해를 말한다.
> ④ 여름철 이상저온이나 일조량 부족으로 인한 수목의 피해를 말한다.

55 참나무 시들음병에 관한 설명으로 틀린 것은?

① 피해목은 벌채 및 훈증 처리한다.
② 솔수염하늘소가 매개충이다.
③ 곰팡이가 도관을 막아 수분과 양분을 차단한다.
④ 우리나라에서는 2004년 경기도 성남시에서 처음 발견되었다.

> **해설**
> ② 광릉긴나무좀이 매개충이다.

정답 50 ② 51 ② 52 ① 53 ① 54 ② 55 ②

56 조경공사용 기계의 종류와 용도(굴삭, 배토정지, 상차, 운반, 다짐)의 연결이 옳지 않은 것은?

① 굴삭용 - 무한궤도식 로더
② 운반용 - 덤프트럭
③ 다짐용 - 탬퍼
④ 배토정지 - 모터그레이더

해설
① 무한궤도식 로더는 상차용 기계이다.
작업종류에 따른 건설기계
- 굴착 : 셔블계 굴착기(파워셔블, 백호, 클램셸), 트랙터셔블, 불도저, 리퍼 등
- 적재 : 셔블계 굴착기(파워셔블, 백호, 클램셸), 트랙터셔블 등
- 운반 : 불도저, 덤프트럭, 벨트 컨베이어, 케이블 크레인 등
- 다짐 : 로드 롤러, 타이어 롤러, 탬핑 롤러, 진동 롤러, 진동 콤팩터, 래머 등
- 배토정지 : 모터그레이더, 골재 살포기, 굴삭기

57 잔디깎기의 목적으로 옳지 않은 것은?

① 잡초 방제
② 이용 편리 도모
③ 병충해 방지
④ 잔디의 분얼 억제

해설
잔디깎기의 목적은 이용 편리, 잡초 방제, 잔디분얼 촉진, 통풍 양호, 병충해 예방 등을 위함이다.

58 다음 중 루비깍지벌레의 구제에 가장 효과적인 농약은?

① 페니트로티온 수화제
② 다이아지논 분제
③ 포스파미돈 액제
④ 옥시테트라사이클린 수화제

해설
③ 침투성 살충제로 식물체에 의해서 흡수 이행되며, 과수의 진딧물, 솔잎혹파리, 루비깍지벌레 등의 방제에 사용된다.
① 나방류 방제용 약제
② 벼룩잎벌레, 배추흰나비 살충제
④ 대추나무 빗자루병 방제

59 솔나방의 생태적 특성으로 옳지 않은 것은?

① 식엽성 해충으로 분류된다.
② 줄기에 약 400개의 알을 낳는다.
③ 1년에 1회로 성충은 7~8월에 발생한다.
④ 유충이 잎을 가해하며, 심하게 피해를 받으면 소나무가 고사하기도 한다.

해설
솔나방은 우화 2일 후부터 약 500개의 알을 솔잎에 무더기로 나누어 낳으며, 알덩어리 하나의 알 수는 100~300개이다.

60 배롱나무, 장미 등과 같은 내한성이 약한 나무의 지상부를 보호하기 위하여 사용되는 가장 적합한 월동 조치법은?

① 흙묻기
② 새끼감기
③ 연기씌우기
④ 짚싸기

해설
동해의 예방
- 짚싸기 : 내한성이 약하거나 이식하여 세력이 떨어진 나무를 보호하기 위해 실시한다.
- 짚덮어주기 : 추위에 약한 관목류와 지피식물을 보호하는 방법으로, 지표면에 짚이나 낙엽을 덮어 주면 지표면이 어는 것을 어느 정도 완화시킬 수 있다.
- 흙묻이 : 추위에 약한 나무가 얼어 죽는 것을 방지하기 위하여, 가지를 묶은 다음 지상으로부터 40~50cm 정도 높이를 흙으로 묻는 방법이다.

2020년 제2회 과년도 기출복원문제

01 프랑스 평면기하학식 정원을 확립하는 데 가장 큰 기여를 한 사람은?

① 르 노트르
② 메이너
③ 브릿지맨
④ 비니올라

해설
① 평면기하학식 정원은 앙드레 르 노트르가 창안한 프랑스 고유의 정원양식이다.

02 아도니스원에 관한 설명으로 틀린 것은?

① 아도니스의 죽음을 애도하는 제사에서 유래하였다.
② 포트에 밀, 보리 등을 심어 장식하였다.
③ 후에 일종의 옥상정원과 포트가든으로 발달하였다.
④ 로마의 정원과 관련이 있다.

해설
④ 아도니스원은 고대 그리스에서 발달한 양식이다.

03 우리나라 조경의 역사적인 조성 순서가 오래된 것부터 바르게 나열된 것은?

① 궁남지 – 안압지 – 소쇄원 – 안학궁
② 안학궁 – 궁남지 – 안압지 – 소쇄원
③ 안압지 – 소쇄원 – 안학궁 – 궁남지
④ 소쇄원 – 안학궁 – 궁남지 – 안압지

해설
안학궁(고구려, 427년) – 궁남지(백제, 634년) – 안압지(신라, 674년) – 소쇄원(조선시대, 1534년)

04 우리나라 조경의 특징으로 가장 적합한 설명은?

① 경관의 조화를 중요시하면서도 경관의 대비에 중점
② 급격한 지형변화를 이용하여 돌, 나무 등의 섬세한 사용을 통한 정신세계의 상징화
③ 풍수지리설에 영향을 받으며, 계절의 변화를 느낄 수 있음
④ 바닥포장과 괴석을 주로 사용하여 계속적인 변화와 시각적 흥미를 제공

해설
①·②·④ 중국 정원에 대한 특징이다.
우리나라 조경의 특징
• 신선사상에 근거를 두고 음양오행설이 가미 되었다.
• 동양정원에서 연못을 파고 그 가운데 섬을 만드는 수법에 가장 큰 영향을 준 것 역시 신선사상이다.
• 연못은 땅(음)을 상징하고 있으며 둥근섬은 하늘(양)을 상징하고 있다.

05 고대 로마의 대표적인 별장이 아닌 것은?

① 빌라 투스카니
② 빌라 감베라이아
③ 빌라 라우렌티아나
④ 빌라 하드리아누스

해설
② 빌라 감베라이아는 후기 르네상스시대의 별장이다.
로마 정원의 별장(빌라, Villa)
• 빌라 라우렌티아나 : 전원풍과 도시풍의 혼합형 별장
• 빌라 투스카니 : 필리니 소유의 작은 도시풍 별장
• 빌라 하드리아누스 : 하드리아누스 황제의 대별장

정답 1 ① 2 ④ 3 ② 4 ③ 5 ②

06 보르비콩트(Vaux-le-Vicomte)정원과 가장 관련 있는 양식은?

① 노단식
② 평면기하학식
③ 절충식
④ 자연풍경식

해설
보르비콩트정원은 앙드레 르 노트르가 이탈리아에서 수학한 뒤 귀국하여 만든 최초의 평면기하학식 정원이다.

07 다음 중 색의 대비에 관한 설명이 틀린 것은?

① 보색인 색을 인접시키면 본래의 색보다 채도가 낮아져 탁해 보인다.
② 명도단계를 연속시켜 나열하면 각각 인접한 색끼리 두드러져 보인다.
③ 명도가 다른 두 색을 인접시키면 명도가 낮은 색은 더욱 어두워 보인다.
④ 채도가 다른 두 색을 인접시키면 채도가 높은 색은 더욱 선명해 보인다.

해설
보색대비
보색이 되는 색들끼리 나타나는 대비효과로 두 색은 서로의 영향을 받아 본래의 색보다 채도가 높아지고 선명해 진다.

08 우리나라 골프장 그린에 가장 많이 이용되는 잔디는?

① 블루그래스
② 벤트그래스
③ 라이그래스
④ 버뮤다그래스

해설
벤트그래스(Bentgrass)
• 대표적인 한지형 잔디로, 고온에서 생육이 불량하고 병충해가 발생하기 쉽다.
• 양지성이라 그늘에서 잘 자라지 않고, 답압에 약하지만 회복력이 강해 피해는 크지 않다.
• 질감이 좋고 생장이 균일하여 주로 골프장 그린에 사용된다.

09 영국 튜더왕조에서 유행했던 화단으로 낮게 깎은 회양목 등으로 화단을 여러 가지 기하학적 문양으로 구획하는 것은?

① 기식화단
② 매듭화단
③ 카펫화단
④ 경재화단

해설
① 작은 면적의 잔디밭 가운데나 원로 주위에 만들어지는 화단으로, 가운데는 키가 큰 화초를 심고 가장자리로 갈수록 키가 작은 화초를 심어 입체적으로 바라볼 수 있는 화단을 말한다.
③ 모던화단이나 양탄자화단이라고도 하며, 키가 작은 초화류를 이용하여 양탄자에 새겨진 무늬처럼 기하학적으로 도안해서 만든 화단을 말한다.
④ 건물, 담장, 울타리를 배경으로 그 앞쪽에다 장방형으로 길게 만들어진 화단을 말한다.

10 주변지역의 경관과 비교할 때 지배적이며, 특징을 가지고 있어 지표적인 역할을 하는 것을 무엇이라고 하는가?

① Vista
② Districts
③ Nodes
④ Landmarks

해설
랜드마크(Landmark)
• 좌우로 시선이 제한되어 전방의 일정 지점으로 시선이 모이도록 구성된 경관이다.
• 한 도시나 지역의 이미지를 떠오르게 하는 대표적인 건축물이나 조형물로서, 남산타워, 파리의 에펠탑, 런던의 타워 브릿지, 뉴욕의 자유의 여신상 등이 이에 속한다.

11 산울타리에 적합하지 않은 식물 재료는?

① 무궁화
② 측백나무
③ 느릅나무
④ 꽝꽝나무

해설
산울타리 수목의 종류 : 측백나무, 화백, 편백, 사철나무, 개나리, 명자나무, 피라칸타, 무궁화, 회양목, 탱자나무, 꽝꽝나무, 향나무, 호랑가시나무, 쥐똥나무 등이 있다.

12 물체의 앞이나 뒤에 화면을 놓은 것으로 생각하고, 시점에서 물체를 본 시선과 그 화면이 만나는 각 점을 연결하여 물체를 그리는 투상법은?

① 사투상법
② 투시도법
③ 정투상법
④ 표고투상법

해설
① 경사투상법이라고도 하며, 기준선 위에 물체의 정면을 실물로 그리고 각 꼭지점에서 기준선과 일정한 각도를 이루는 사선을 나란히 그어 물체의 안쪽 길이를 나타내 물체를 표현하는 방법
③ 물체의 각 면을 투상면에 나란하게 놓고 직각방향에서 본 물체의 모양을 표현하는 방법
④ 지형의 높고 낮음을 표시하는 것과 같이 기준면 위에 수직투상한 물체의 모양을 표현하는 방법

13 다음 중 녹나무과(科)로 봄에 가장 먼저 개화하는 수종은?

① 치자나무
② 호랑가시나무
③ 생강나무
④ 무궁화

해설
③ 녹나무과, 3월, 노란색 꽃
① 꼭두서니과, 6월~7월, 백색 꽃
② 감탕나무과, 4월~5월, 백색 꽃
④ 아욱과, 7월~10월, 분홍색 또는 붉은색 꽃

14 동일 면적에서 가장 많은 주차 대수를 설계할 수 있는 주차방식은?

① 직각주차방식
② 30°주차방식
③ 45°주차방식
④ 60°주차방식

해설
주차방법 중 대당 소요면적이 작은 것부터 큰 순서로 직각주차 - 60°주차 - 45°주차 - 평행주차이다.

15 다음 중 열매가 붉은색으로만 짝지어진 것은?

① 쥐똥나무, 팥배나무
② 주목, 칠엽수
③ 피라칸타, 낙상홍
④ 매실나무, 무화과나무

해설
① 쥐똥나무 열매 : 흑색
② 칠엽수 열매 : 황색
④ 매실나무 열매 : 녹색

16 기존의 레크리에이션 기회에 참여 또는 소비하고 있는 수요(需要)를 무엇이라 하는가?

① 표출수요
② 잠재수요
③ 유효수요
④ 유도수요

해설
② 사람들에게 내재되어 있는 수요로 적당한 시설, 접근수단, 정보가 제공되면 참여가 기대되는 수요
③ 재화에 대한 욕구가 실제로 그 재화를 구입할 만큼 구매력의 뒷받침이 있을 경우의 수요
④ 광고, 선전, 교육 등을 통해 이용을 유도시킬 수 있는 수요

17 1차 전염원이 아닌 것은?

① 균핵
② 분생포자
③ 난포자
④ 균사속

해설
- 자낭균은 자낭포자(1차 전염원)로 이루어지는 유성생식(완전세대)과 분생포자(2차 전염원)로 이루어지는 무성생식(불완전세대)으로 세대를 이어간다.
- 월동하면서 휴면상태로 생존하였다가 봄이나 가을에 감염을 일으키는 전염원을 1차 전염원이라 하고, 이들에 의한 감염을 1차 감염이라고 한다.
- 1차 감염으로부터 형성되는 전염원을 2차 전염원이라 하고, 이들에 의한 감염을 2차 감염이라고 한다.

18 귀룽나무(*Prunus padus* L.)에 대한 특성으로 맞지 않는 것은?

① 원산지는 한국, 일본이다.
② 꽃과 열매는 백색 계열이다.
③ Rosaceae과(科) 식물로 분류된다.
④ 생장속도가 빠르고 내공해성이 강하다.

해설
② 귀룽나무의 꽃은 백색 계열이고, 열매는 붉은색으로 열려 검은색으로 여문다.

19 다음 [보기]의 행위 시 도시공원 및 녹지 등에 관한 법률상의 벌칙 기준은?

| 보기 |
- 규정을 위반하여 도시공원에 입장하는 사람으로부터 입장료를 징수한 자
- 허가를 받지 아니하거나 허가받은 내용을 위반하여 도시공원 또는 녹지에서 시설·건축물 또는 공작물을 설치한 자

① 2년 이하의 징역 또는 3,000만원 이하의 벌금
② 1년 이하의 징역 또는 1,000만원 이하의 벌금
③ 1년 이하의 징역 또는 500만원 이하의 벌금
④ 1년 이하의 징역 또는 3,000만원 이하의 벌금

해설
벌칙(도시공원 및 녹지 등에 관한 법률 제53조)
다음의 어느 하나에 해당하는 자는 1년 이하의 징역 또는 1,000만원 이하의 벌금에 처한다.
1. 위탁 또는 인가를 받지 아니하고 도시공원 또는 공원시설을 설치하거나 관리한 자
2. 허가를 받지 아니하거나 허가받은 내용을 위반하여 도시공원 또는 녹지에서 시설·건축물 또는 공작물을 설치한 자
3. 거짓이나 그 밖의 부정한 방법으로 허가를 받은 자
4. 도시공원에 입장하는 사람으로부터 입장료를 징수한 자

20 굳지 않은 모르타르나 콘크리트에서 물이 분리되어 위로 올라오는 현상은?

① 워커빌리티(Workability)
② 블리딩(Bleeding)
③ 피니셔빌리티(Finishability)
④ 레이턴스(Laitance)

해설
블리딩(Bleeding)
굳지 않은 모르타르나 콘크리트에서 물이 분리되어 위로 올라오는 현상으로 이때 올라온 물이 시멘트 등 기타의 미립자를 표면으로 운반하여 레이턴스를 만든다.

21 구상나무(*Abies koreana* Wilson)와 관련된 설명으로 틀린 것은?

① 한국이 원산지이다.
② 측백나무과(科)에 해당한다.
③ 원추형의 상록침엽교목이다.
④ 열매는 구과로 원통형이며 길이 4~7cm, 지름 2~3cm의 자갈색이다.

해설
② 소나무과(科)에 해당한다.

22 이격비의 「낙양원명기」에서 원(園)을 가리키는 일반적인 호칭으로 사용되지 않은 것은?

① 원지   ② 원정
③ 별서   ④ 택원

해설
③ 「낙양원명기」에서의 원(園)은 정원을 말하는데 별서는 자연과의 관계를 즐기기 위해 조성해 놓은 공간을 말하므로 '원(園)'과는 관계가 없다. 정원이 아닌 조선시대에는 화계를 중심으로 하는 우리나라 고유의 정원양식인 후원과 자연친화적인 별서정원이 발달하였다.
① 정원 안에 있는 연못을 말한다.
② 집 안에 있는 뜰이나 꽃밭을 말한다.
④ 일반적인 정원을 뜻한다.

23 다음 중 계곡선에 대한 설명 중 맞는 것은?

① 주곡선 간격의 1/2 거리의 가는 파선으로 그어진 것이다.
② 주곡선의 다섯 줄마다 굵은선으로 그어진 것이다.
③ 간곡선 간격의 1/2 거리의 가는 점선으로 그어진 것이다.
④ 1/5000의 지형도 축척에서 등고선은 10m 간격으로 나타난다.

해설
등고선의 종류
• 주곡선 : 지형을 나타내는 데 기본이 되는 곡선(가는 실선)이다.
• 계곡선 : 표고를 읽기 쉽게 하기 위해 주곡선 5개마다 1개씩 굵은 실선으로 표시한 것이다.
• 간곡선 : 산정 경사가 고르지 못한 완만한 경사지, 그 외에 주곡선만으로는 지모의 상태를 상세하게 나타낼 수 없는 경우에 표시하며, 주곡선 간격의 1/2 간격에 가는 긴 파선으로 나타낸다.
• 조곡선 : 간곡선 간격의 1/2 거리로 간곡선만으로는 지형의 상태를 충분히 나타낼 수 없는 불규칙 지형에 가는 짧은 파선으로 표시한다.

24 수준측량에서 표고(標高, Elevation)라 함은 일반적으로 어느 면(面)으로부터 연직거리를 말하는가?

① 해면(海面)
② 기준면(基準面)
③ 수평면(水平面)
④ 지평면(地平面)

해설
② 지반면의 높이를 비교할 때 기준이 되는 면을 말한다.

25 다음 중 수목을 이식할 때 잎이나 가지를 적당히 제거하는 가지 다듬기를 실시하는 목적으로 가장 적당한 것은?

① 생장억제
② 세력갱신
③ 착화촉진
④ 생리조절

해설
생리를 조절하기 위한 전정
- 나무를 옮길 때 가지와 잎을 그대로 둔 상태로 식재하면 지하부와 지상부의 생리적 균형이 깨지기 쉬우므로, 가지와 잎을 알맞게 잘라 주는 방법이다.
- 이 목적으로 전정할 때는 수목의 맹아력을 고려해야 한다.
- 느티나무, 버즘나무 등과 같이 맹아력이 강한 나무는 상당히 큰 가지를 잘라도 훌륭한 새 가지가 생기지만, 소나무와 같이 맹아력이 약한 나무는 주의해야 한다.

26 수목을 관상적인 측면에서 본 분류 중 열매를 감상하기 위한 수종에 해당되는 것은?

① 은행나무
② 모과나무
③ 반송
④ 낙우송

해설
열매를 관상하는 나무 : 피라칸타, 모과나무, 홍자단, 낙상홍, 자금우, 산사나무, 애기사과나무, 배나무, 팥배나무, 감나무, 석류나무, 포도나무 등

27 다음 중 수목을 기하학적인 모양으로 수관을 다듬어 만든 수형을 가리키는 용어는?

① 정형수
② 형상수
③ 경관수
④ 녹음수

해설
형상수(Topiary)
자연 그대로의 식물을 여러 가지 모양으로 자르고 다듬어 보기 좋게 만드는 기술 또는 작품을 말한다.

28 다음 중 목재의 건조에 관한 설명으로 틀린 것은?

① 건조기간은 자연 건조 시는 인공건조에 비해 길고, 수종에 따라 차이가 있다.
② 인공건조 방법에는 증기건조, 공기가열건조, 고주파건조법 등이 있다.
③ 자연건조 시 두께 3cm의 침엽수는 약 2~6개월 정도 걸리고 활엽수는 그 보다 짧게 걸린다.
④ 목재의 두꺼운 판을 급속히 건조할 경우에는 고주파건조법이 효과적이다.

해설
자연건조 시 두께 3cm의 침엽수는 약 1~3개월 이상 걸리고, 활엽수는 침엽수의 2배 정도가 필요하나, 건조에 필요한 시간은 두께와 지름이 클수록 위의 값 이상으로 길게 할 필요가 있다.
목재의 건조방법
- 자연건조법 : 공기건조법, 침수법
- 인공건조법 : 자비법, 증기법, 열기법, 훈연법, 진공법, 고주파건조법

29 다음 중 순공사원가를 가장 바르게 표시한 것은?

① 재료비 + 노무비 + 경비
② 재료비 + 노무비 + 일반관리비
③ 재료비 + 일반관리비 + 이윤
④ 재료비 + 노무비 + 경비 + 일반관리비 + 이윤

해설
공사비의 구성
- 순공사비 = 재료비 + 노무비 + 경비
- 총공사비 = 도급액 + 관급자재비 + 이전비
- 직접노무비 = 시공수량 × 품셈 × 노무단가
- 간접노무비 = 직접노무비 × 간접노무비율(15% 내외)
- 이윤 = (순공사원가 + 일반관리비 − 재료비) × 15%
  또는 (노무비 + 경비 + 일반관리비) × 15%

정답 25 ④ 26 ② 27 ② 28 ③ 29 ①

30 다음 중 굵은 가지 절단 시 제거하지 말아야 하는 부위는?

① 목질부
② 지피융기선
③ 지륭
④ 피목

해설
③ 지륭은 가지의 하중을 지탱하기 위해 줄기와 접한 가지의 기부를 둘러싸면서 부풀어 오른 부분으로, 목질부를 보호하기 위해 화학적 보호층을 가지고 있기 때문에 굵은 가지치기를 할 때 제거하지 않도록 주의해야 한다.
① 나무의 구조 중에서 물과 양분을 이동시켜 주는 통로 역할을 하며, 단단한 기둥 역할을 함으로써 나무를 지탱해 주는 부분이다.
② 나무의 두 가지가 서로 맞닿아서 생긴 주름살 모양의 선이다.
④ 나무의 줄기나 뿌리에 코르크 조직이 만들어진 후 기공 대신 공기의 통로가 되는 조직이다.

31 해가 지면서 주위가 어둑해질 무렵 낮에 화사하게 보이던 빨간 꽃이 거무스름해져 보이고, 청록색 물체가 밝게 보인다. 이러한 원리를 무엇이라고 하는가?

① 명순응
② 면적효과
③ 색의 항상성
④ 푸르키니에 현상

해설
푸르키니에 현상
• 밝기의 변화에 따라 물체색의 명도가 변해 보이는 현상이다.
• 밝은 곳에서 빨갛게 보이는 물체는 어두운 곳에서 검게 보이고, 밝은 곳에서 파랗게 보이는 물체는 어두운 곳에서 밝은 회색으로 보인다.
• 밝기가 변화하여 어두워지면 파장이 긴 빨간색이 제일 먼저 보이지 않고, 파장이 짧은 파란색은 마지막까지 보이며, 밝아지면 반대로 파란색이 제일 먼저 보인다.

32 합판의 특징이 아닌 것은?

① 수축·팽창의 변형이 적다.
② 균일한 크기로 제작 가능하다.
③ 균일한 강도를 얻을 수 있다.
④ 내화성을 높일 수 있다.

해설
합판의 특징
• 목재를 얇은 판으로 깎은 단판에 접착제를 바른 다음, 나무의 결이 엇갈리게 여러 겹으로 붙여서 만든 판상의 가공재이다.
• 제품이 규격화되어 있어 능률적으로 사용 가능하다.
• 나뭇결이 아름답고, 균일한 크기로 제작이 가능하다.
• 수축·팽창 등에 의한 변형이 거의 없다.
• 고른 강도를 유지하며, 넓은 면적을 이용할 수 있다.
• 내구성과 내습성이 크다.

33 다음 그림은 어떤 돌쌓기방법인가?

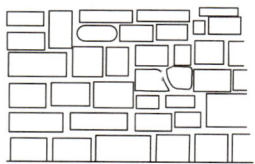

① 층지어쌓기
② 허튼층쌓기
③ 귀갑무늬쌓기
④ 마름돌 바른층쌓기

해설
허튼층쌓기
불규칙한 돌을 사용하여 가로 줄눈과 세로 줄눈이 일정하지 않게 흐르도록 쌓는 돌쌓기방법이다.

34 인간이나 기계가 공사 목적물을 만들기 위하여 단위물량당 소요로 하는 노력과 물질을 수량으로 표현한 것을 무엇이라 하는가?

① 할증   ② 품셈
③ 견적   ④ 내역

해설
① 일정한 값에 대한 일정 비율을 가산하는 것
③ 장래에 있을 거래가격을 사전에 계산하여 산출하는 것
④ 물품이나 금액 따위의 분명하고 자세한 내용

35 건설재료 단면의 경계표시 기호 중 지반면(흙)을 나타낸 것은?

① (점 무늬)   ② (사선 무늬)
③ (돌 무늬)   ④ (지그재그 무늬)

36 멀칭재료는 유기질, 광물질 및 합성재료로 분류할 수 있다. 유기질 멀칭재료에 해당하지 않는 것은?

① 볏짚   ② 마사
③ 우드칩   ④ 톱밥

해설
멀칭재료의 종류
• 유기질재료 : 쌀겨, 옥수수속, 땅콩껍질, 볏짚, 잔디깎기한 풀, 솔잎, 솔방울, 톱밥, 나무껍질(수피), 우드칩, 펄프, 이탄이끼 등
• 광물질재료 : 왕모래, 마사, 돌조각, 자갈, 조약돌 등
• 합성재료 : 토목섬유, 폴리프로필렌 부직포, 폴리에틸렌 필름(비닐) 등

37 목재의 방부제로 쓰이는 CCA 방부제는 어떤 성분을 주로 배합하여 만든 것인가?

① 크롬, 칼슘, 비소
② 구리, 비소, 크롬
③ 칼륨, 구리, 크롬
④ 칼슘, 칼륨, 구리

해설
CCA
크롬(Chrome)과 구리(Copper), 비소(Arsenic) 화합물로 수용성 방부제이며, 중금속 위해성으로 인해 2007년부터 생산 및 사용이 금지되었다.

38 다음 중 철쭉, 개나리 등 화목류의 전정시기로 가장 알맞은 것은?

① 가을 낙엽 후 실시한다.
② 꽃이 진 후에 실시한다.
③ 이른 봄 해동 후 바로 실시한다.
④ 시기와 상관없이 실시할 수 있다.

해설
② 진달래, 목련, 철쭉 등의 화목류는 개화가 끝나고 꽃이 진 후 바로 전정하되, 화아분화 시기와 분화 후 꽃 피는 습성에 따라 전정시기를 달리한다.

정답 34 ② 35 ④ 36 ② 37 ② 38 ②

39 축척이 1/5,000의 지도상에서 구한 수평면적이 5cm²라면 지상에서의 실제 면적은 얼마인가?

① 1,250m²
② 12,500m²
③ 2,500m²
④ 25,000m²

해설
실제 면적 = 도상 면적 × 축척제곱
= 0.0005m² × (5,000)²m²
= 12,500m²
(∵ 10,000cm² = 1m²)

40 시멘트의 성질 및 특성에 대한 설명으로 틀린 것은?

① 분말도는 일반적으로 비표면적으로 표시한다.
② 강도시험은 시멘트 페이스트 강도시험으로 측정한다.
③ 응결이란 시멘트 풀이 유동성과 점성을 상실하고 고화하는 현상을 말한다.
④ 풍화란 시멘트가 공기 중의 수분 및 이산화탄소와 반응하여 가벼운 수화반응을 일으키는 것을 말한다.

해설
② 강도시험은 휨시험과 압축시험으로 측정하며, 주로 재령 28일 압축강도를 기준으로 3일, 7일, 28일 시험을 행한다.

41 보행자 2인이 나란히 통행하는 원로의 폭으로 가장 적합한 것은?

① 0.5~1.0m
② 1.5~2m
③ 3.0~3.5m
④ 4.0~4.5m

해설
원로 폭의 설계기준
• 보행자 1인이 통행 가능 : 0.8~1m
• 보행자 2인이 나란히 통행 가능 : 1.5~2m

42 다음 중 녹음용 수종에 관한 설명으로 가장 거리가 먼 것은?

① 여름철에 강한 햇빛을 차단하기 위해 식재되는 나무를 말한다.
② 잎이 크고 치밀하며 겨울에는 낙엽이 지는 나무가 녹음수로 적당하다.
③ 지하고가 낮은 교목으로 가로수로 쓰이는 나무가 많다.
④ 녹음용 수목으로는 느티나무, 회화나무, 칠엽수, 플라타너스 등이 있다.

해설
수관이 크고, 큰 잎이 치밀하고 무성하며, 지하고가 높은 교목이 적합하다.

43 디딤돌을 놓을 때 답면(踏面)은 지표(地標)보다 어느 정도 높게 앉혀야 하는가?

① 3~6cm
② 7~10cm
③ 15~20cm
④ 25~30cm

해설
조경설계기준상 디딤돌(징검돌)은 크기가 30cm 내외인 경우에는 디딤돌의 상면이 지표면보다 3cm 정도 높게 설계하고 50~60cm인 경우에는 지표면보다 6cm 정도 높게 설계한다.

정답 39 ② 40 ② 41 ② 42 ③ 43 ①

44 이팝나무와 조팝나무에 대한 설명으로 옳지 않은 것은?

① 이팝나무의 열매는 타원형의 핵과이다.
② 환경이 같다면 이팝나무가 조팝나무보다 꽃이 먼저 핀다.
③ 과명은 이팝나무는 물푸레나무과(科)이고, 조팝나무는 장미과(科)이다.
④ 성상은 이팝나무는 낙엽활엽교목이고, 조팝나무는 낙엽활엽관목이다.

해설
② 조팝나무가 4~5월에 개화하므로 5월경에 개화를 하는 이팝나무에 비하여 약간 이르게 피는 셈이다.

45 이종기생균이 그 생활사를 완성하기 위하여 기주를 바꾸는 것을 무엇이라고 하는가?

① 기주교대   ② 중간기주
③ 이종기생   ④ 공생교환

해설
② 서로 다른 기주식물 중 경제적 가치가 적은 것
③ 전혀 다른 두 종류의 기주식물을 옮겨 가며 생활하는 것
④ 둘 또는 그 이상의 종이 어떤 형태로든지 서로 이익을 교환하며 생활하는 것

46 다음 해충 중 성충의 피해가 문제되는 것은?

① 솔나방
② 소나무좀
③ 뽕나무하늘소
④ 밤나무순혹벌

해설
소나무좀의 성충은 지제부의 수피 틈에서 월동을 하다가 3~4월경에 소나무의 체관부 깊숙이 알을 까고, 유충이 부화되는 6월 말까지 본격적인 피해를 준다.

47 뿌리돌림의 필요성을 설명한 것으로 거리가 먼 것은?

① 이식적기가 아닐 때 이식할 수 있도록 하기 위해
② 크고 중요한 나무를 이식하려 할 때
③ 개화결실을 촉진시킬 필요가 없을 때
④ 건전한 나무로 육성할 필요가 있을 때

해설
뿌리돌림의 목적 : 이식력이 약한 나무를 대상으로 굴취 전에 미리 잔뿌리를 발달시켜 이식력을 높이거나, 노목이나 쇠약목의 세력 회복을 위한 목적으로도 사용한다.

48 콘크리트 블록 제품의 특징으로 적합하지 않은 것은?

① 모양을 임의로 만들 수 있다.
② 유지관리비가 적게 든다.
③ 인장강도 및 휨강도가 큰 편이다.
④ 만드는 방법이 비교적 간단하다.

해설
③ 콘크리트는 인장강도 및 휨강도가 작은 편이다.
콘크리트의 장단점

장점	• 모양을 임의로 만들 수 있으며, 재료의 채취와 운반이 용이 • 유지관리비가 적게 듦 • 철근을 피복하여 녹을 방지하고, 철근과의 부착력을 높임
단점	• 균열이 생기기 쉽고, 개조 및 파괴가 어려움 • 무게가 무겁고 인장강도 및 휨강도가 작으며, 품질 유지 및 시공 관리가 어려움

정답 44 ② 45 ① 46 ② 47 ③ 48 ③

49 공원 내에 설치된 목재 벤치 좌판(坐板)의 도장보수는 보통 얼마 주기로 실시하는 것이 좋은가?

① 계절이 바뀔 때
② 6개월
③ 매년
④ 2~3년

[해설]
목재 벤치의 도장보수 주기는 2~3년이다.

50 다음 중 조경수목에 거름을 줄 때 방법과 설명으로 틀린 것은?

① 윤상거름주기 : 수관폭을 형성하는 가지 끝 아래의 수관선을 기준으로 환상으로 깊이 20~25cm, 너비 20~30cm로 둥글게 판다.
② 방사상거름주기 : 파는 도랑의 깊이는 바깥쪽일수록 깊이 넓게 파야하며, 선을 중심으로 하여 길이는 수관폭의 1/3 정도로 한다.
③ 선상거름주기 : 수관선상에 깊이 20cm 정도의 구멍을 군데군데 뚫고 거름을 주는 방법으로 액비를 비탈면에 줄 때 적용한다.
④ 전면거름주기 : 한 그루씩 거름을 줄 경우, 뿌리가 확장되어 있는 부분을 뿌리가 나오는 곳까지 전면으로 땅을 파고 주는 방법이다.

[해설]
③ 천공거름주기에 대한 설명이다. 선상거름주기는 산울타리처럼 수목이 띠 모양으로 군식되었을 때, 식재된 수목을 따라 밑동으로부터 일정한 간격을 두고 도랑처럼 길게 구덩이를 파서 거름을 주는 방법이다.

51 식물 생장에 꼭 필요한 원소 중 질소가 결핍되었을 때 생기는 현상은?

① 신장 생장이 불량하여 줄기나 가지가 가늘어지고 묵은 잎부터 황변하여 떨어진다.
② 잎이 비틀어지며 변색하고 결실이 좋지 못하며 뿌리의 생장이 저하된다.
③ 옥신의 부족으로 절간생장이 억제되고 잎이 작아진다.
④ 뿌리나 눈의 생장점이 붉게 변하여 죽고 건조나 추위의 해를 받기 쉽다.

[해설]
질소(N)
• 광합성을 촉진시켜 잎이나 줄기 등 수목의 생장에 도움을 준다.
• 부족하면 생장이 위축되고 줄기가 가늘어지며 성숙이 빨라진다.
• 질소가 많으면 줄기가 보통 이상으로 길고 연하게 자라며 성숙이 늦어진다.

52 다음 중 시방서에 포함되어야 할 내용으로 가장 부적합한 것은?

① 재료의 종류 및 품질
② 시공방법의 정도
③ 재료 및 시공에 대한 검사
④ 계약서를 포함한 계약 내역서

[해설]
시방서
건물을 설계할 때 도면상에 나타낼 수 없는 세부사항을 명시한 문서를 말한다. 공사에 필요한 재료의 종류와 품질, 사용처, 시공방법, 납기, 준공 기일 등 설계 도면에 나타내기 어려운 사항을 명확하게 기록하며 도면과 함께 설계의 중요한 부분을 구성하고 있다.

53 옥상녹화용 방수층 및 방근층 시공 시 바탕체의 거동에 의한 방수층의 파손 요인에 대한 해결방법으로 부적합한 것은?

① 거동 흡수 절연층의 구성
② 방수층 위에 플라스틱계 배수판 설치
③ 합성고분자계, 금속계 또는 복합계 재료 사용
④ 콘크리트 등 바탕체가 온도 및 진동에 의한 거동 시 방수층 파손이 없을 것

해설
② 방수층 위에 플라스틱계 배수판을 설치하는 것은 체류수의 원활한 흐름을 유도하기 위함이다.

54 콘크리트 1m³에 소요되는 재료의 양을 L로 계량하여 1:2:4 또는 1:3:6 등의 배합 비율로 표시하는 배합을 무엇이라 하는가?

① 표준계량배합
② 용적배합
③ 중량배합
④ 시험중량배합

해설
용적배합
• 콘크리트 1m³ 제작에 필요한 시멘트, 모래, 자갈을 부피로 계량하여 1:2:4 또는 1:3:6과 같은 비율로 나타낸다.
• 중량배합보다 정확하지 못하나 시공상 간편하여 많이 쓰인다.
※ 중량배합
 • 콘크리트 1m³ 제작에 필요한 각 재료를 무게(kg)로 표시하는 방법이다.
 • 측정상 오차가 거의 없어 주로 쓰이며 공장 생산이나 대규모 공사에 많이 사용된다.

55 설치비용은 비싸지만 열효율이 높고 투시성이 좋으며 관리비도 싸서 안개지역, 터널 등의 장소에 설치하기 적합한 조명등은?

① 할로겐등
② 고압수은등
③ 나트륨등
④ 형광등

해설
나트륨등
• 설치비는 비싸지만 유지관리비가 싸고, 수명이 비교적 길다.
• 빛의 조절이나 통제가 용이하고, 색채의 연출이 우수하다.
• 녹색과 푸른색을 제외한 색채의 연출이 불량하여 이를 보완하기 위해 인을 코팅한 전등을 사용한다.
• 변동하는 기온이나 조건하에서 발광 및 효율을 일정하게 유지하기 어렵다.

56 우리나라에서 1929년 서울의 비원(秘苑)과 전남 목포지방에서 처음 발견된 해충으로 솔잎 기부에 충영을 형성하고 그 안에서 흡즙해 소나무에 피해를 주는 해충은?

① 솔껍질깍지벌레
② 솔잎혹파리
③ 솔나방
④ 솔잎벌

해설
솔잎혹파리
유충이 솔잎 기부에 벌레혹을 형성하고, 그 속에서 수액을 빨아먹어 솔잎이 건전한 잎보다 짧아지며, 가을에 갈색으로 변색되어 말라 죽는다.

정답 53 ② 54 ② 55 ③ 56 ②

57 100cm × 100cm × 5cm 크기의 화강석 판석의 중량은?(단, 화강석의 비중 기준은 2.56ton/m³이다)

① 128kg
② 12.8kg
③ 195kg
④ 19.5kg

해설
(1m × 1m × 0.05m) × 2.56ton/m³ = 0.128ton
∴ 0.128ton = 128kg(∵ 1ton = 1,000kg)

58 표준품셈에서 수목을 인력시공 식재 후 지주목을 세우지 않을 경우 인력품의 몇 %를 감하는가?

① 5%
② 10%
③ 15%
④ 20%

해설
표준품셈은 건설 및 조경 작업에서 작업량을 산정하기 위한 기준으로, 작업의 종류와 방법에 따라 인력이나 장비 사용량을 표준화한 것이다. 수목 식재 시, 지주목을 세우지 않는 경우는 작업량이 줄어들기 때문에 인력품을 일정 비율로 감산하게 된다.

59 다음의 설명에 해당하는 장비는?

- 2개의 눈금자가 있는데 왼쪽 눈금은 수평거리가 20m, 오른쪽 눈금은 15m일 때 사용한다.
- 측정방법은 우선 나뭇가지의 거리를 측정하고 시공을 통하여 수목의 선단부의 측고기와 눈금이 일치하는 값을 읽는다. 이때 왼쪽 눈금은 수평거리에 대한 %값으로 계산하고, 오른쪽 눈금은 각도 값으로 계산하여 수고를 측정한다.
- 수고측정뿐만 아니라 지형경사도 측정에도 사용한다.

① 윤척
② 측고봉
③ 하고측고기
④ 순토측고기

해설
① 캘리퍼스(Callipers)라고도 하며, 임목의 지름을 측정하는 장비이다.
② 수고를 직접 측정하는 장비로, 조립식 장대에 눈금이 새겨져 있다.
③ 삼각법에 의하여 수고를 측정하는 장비이다.

60 추위에 의하여 나무의 줄기 또는 수피가 수선 방향으로 갈라지는 현상을 무엇이라 하는가?

① 고사   ② 피소
③ 상렬   ④ 괴사

해설
상렬
- 추위에 의하여 나무의 줄기 또는 수피가 수선 방향으로 갈라지는 현상을 말한다.
- 상렬은 늦겨울이나 이른 봄 남서면의 얼었던 수피가 햇빛을 받아 조직이 연해진 다음, 밤중에 기온이 급속히 내려감으로써 수분이 세포를 파괴하여 껍질이 갈라져 생긴다.
- 상렬의 피해가 많이 나타나는 수종은 수피가 얇은 단풍나무, 배롱나무, 일본목련, 벚나무, 밤나무 등이며, 지상으로부터 0.5~1m 정도 높이의 수간에서 피해가 많이 발생한다.

2021년 제1회 과년도 기출복원문제

01 조선시대의 궁궐정원인 경복궁에서 왕비를 위한 사적인 공간은?

① 교태전 ② 경회루
③ 향원정 ④ 자경전

해설
아미산원
왕과 왕비만이 즐길 수 있는 사적 정원이었던 경복궁 교태전 후정에 조성된 정원으로, 네 개의 단으로 이루어진 화계에 다양한 꽃과 나무를 식재하였다.

02 16세기 이탈리아의 대표적인 정원인 빌라 데스테(Villa d'Este)의 특징 설명으로 바르지 못한 것은?

① 사이프러스의 열식
② 자수화단
③ 미로
④ 연못

해설
① 사이프러스의 열식은 바빌로니아의 수렵원과 관련이 있다.
빌라 데스테(Villa d'Este)
16세기 이탈리아의 대표적인 정원으로 자수화단, 미로, 연못 등으로 구성되어 있다. 연못, 물 풍금(제1노단), 용의 분수(제2노단), 100개의 분수(제3노단) 등 다양한 수경시설을 조성하여 물의 정원이라고도 불린다.

03 조경 양식 중 노단식 정원양식을 발전시키게 한 자연적인 요인은?

① 기후 ② 지형
③ 식물 ④ 토질

해설
이탈리아에서는 구릉지 지형이 많아서 노단식 정원양식이 발달하였다.

04 독일 쾰른(Köln)에서 보여주는 녹지계통은?

① 방사식 ② 환상식
③ 방사환상식 ④ 평행식

해설
③ 방사식과 환상식을 결합한 형태로 가장 이상적인 도시녹지 형태이다.
① 도시 중심에서 외부로 내뻗는 형태로 배치된 형태이다.
② 도시를 중심으로 한 둥근 띠 모양의 형태로 도시 확대를 방지하는 데 효과적이다.
④ 도시 형태가 띠 모양일 때 도시를 따라 평행하게 배치된 형태이다.

05 우리나라 부유층의 민가정원에서 유교의 영향으로 부녀자들을 위해 특별히 조성된 부분은?

① 전정 ② 중정
③ 후정 ④ 주정

해설
③ 후정은 남성 중심의 유교사상으로 인해 전정을 사용하지 못했던 부녀자들을 위하여 안채 뒤쪽에 만들어진 정원으로, 당시 부유층의 주택에만 조성된 독특한 공간이다.

06 다음 중 묘원의 정원에 해당하는 것은?

① 타지마할 ② 알람브라
③ 공중정원 ④ 보르비콩트

해설
① 타지마할은 무덤, 사원, 정원, 출입문, 연못 등을 포함한 종합건축물이다.
② 스페인에 현존하는 이슬람 정원의 형태로 유명한 곳이며, 4개의 중정(알베르카 중정, 사자 중정, 린다라하 중정, 레하 중정)이 남아 있다.
③ 신바빌로니아의 네부카드네자르 2세가 왕비 아미티스를 위해 조성한 정원으로 세계 7대 불가사의 중 하나이다.
④ 앙드레 르 노트르가 설계한 프랑스 정원으로, 최초의 평면기하학식 정원이다.

정답 1 ① 2 ① 3 ② 4 ③ 5 ③ 6 ①

07 일본 조경양식의 발달 순서로 옳은 것은?

① 임천식 – 축산고산수식 – 평정고산수식 – 다정식
② 임천식 – 평정고산수식 – 축산고산수식 – 다정식
③ 임천식 – 다정식 – 축산고산수식 – 평정고산수식
④ 임천식 – 다정식 – 평정고산수식 – 축산고산수식

해설
일본 정원양식의 변천과정
임천식(헤이안시대) → 회유임천식(가마쿠라시대) → 축산고산수식(14세기) → 평정고산수식(15세기 후반) → 다정식(모모야마시대) → 지천임천식(에도시대 초기) → 축경식(에도시대 후기)

08 조경계획의 과정을 기술한 것 중 가장 잘 표현한 것은?

① 자료분석 및 종합 – 목표설정 – 기본계획 – 실시설계 – 기본설계
② 목표설정 – 기본설계 – 자료분석 및 종합 – 기본계획 – 실시설계
③ 기본계획 – 목표설정 – 자료분석 및 종합 – 기본설계 – 실시설계
④ 목표설정 – 자료분석 및 종합 – 기본계획 – 기본설계 – 실시설계

해설
조경계획의 과정 : 목표설정 → 현황자료분석(자연환경분석, 인문환경분석) 및 종합 → 기본구상 → 기본계획(토지이용계획, 교통동선계획, 시설물 배치계획, 식재계획, 하부구조계획, 집행계획) → 기본설계 → 실시설계 → 시공 및 감리 → 유지관리

09 중국 옹정제가 제위 전 하사받은 별장으로 영국에 중국식 정원을 조성하게 된 계기가 된 곳은?

① 원명원　　② 기창원
③ 이화원　　④ 외팔묘

해설
원명원
1709년 강희제(康熙帝)가 네 번째 아들 윤진에게 하사한 별장이었으나, 윤진이 옹정제(雍正帝)로 즉위하자 1725년 황궁의 정원으로 조성하였다.

10 시공 후 전체적인 모습을 알아보기 쉽도록 그린 다음과 같은 형태의 도면은?

① 평면도　　② 입면도
③ 조감도　　④ 상세도

해설
③ 설계 대상지 전체를 내려다 볼 수 있을 정도의 높은 곳에서 보이는 모습을 투시도 작도법으로 그린 것이다.
① 조경설계의 가장 기본적인 도면으로 물체를 위에서 바라본 것을 가정하고 작도하는 설계도이다.
② 평면도와 같은 축척을 이용하여 작성하며 정면도, 배면도, 측면도 등으로 세분된다.
④ 평면도나 단면도에 잘 나타나지 않는 세부사항을 표현한 도면이다.

11 낙엽활엽소교목으로 양수이며, 잎이 나오기 전 3월경 노란색으로 개화하고, 빨간 열매를 맺어 아름다운 수종은?

① 개나리　　② 생강나무
③ 산수유　　④ 풍년화

해설
① 낙엽활엽관목, 노란색 꽃, 갈색 열매
② 낙엽활엽관목, 노란색 꽃, 검은색 열매
④ 낙엽활엽관목·소교목, 노란색–붉은색 꽃, 갈색 열매

12 먼셀 색체계의 기본색인 5가지 주요 색상으로 바르게 짝지어진 것은?

① 빨강, 노랑, 초록, 파랑, 주황
② 빨강, 노랑, 초록, 파랑, 보라
③ 빨강, 노랑, 초록, 파랑, 청록
④ 빨강, 노랑, 초록, 남색, 주황

해설
먼셀 색체계의 5가지 기본색상 : R(Red, 빨강), Y(Yellow, 노랑), G(Green, 초록), B(Blue, 파랑), P(Purple, 보라)

13 굵은골재의 절대건조상태의 질량이 1,000g, 표면건조포화상태의 질량이 1,100g, 수중질량이 650g일 때 흡수율은 몇 %인가?(단, 시험온도에서의 물의 밀도는 1g/cm³이다)

① 10.0%
② 28.6%
③ 31.4%
④ 35.0%

해설
흡수율(%)
$= \dfrac{\text{표면건조포화상태의 질량} - \text{절대건조상태의 질량}}{\text{절대건조상태의 질량}} \times 100$

$= \dfrac{1,100 - 1,000}{1,000} \times 100$

$= 10$

14 줄기가 아래로 늘어지는 생김새의 수간을 가진 나무의 모양을 무엇이라 하는가?

① 쌍간
② 다간
③ 직간
④ 현애

해설
④ 고산지대의 높은 벼랑에 늘어져 생장하고 있는 형태를 묘사한 것으로, 묘목 때부터 밑 부분의 가지에 곡을 주어 아래로 늘어지게 만든 수형이다.
① 같은 뿌리 밑부터 두 갈래로 균형감 있고 안정적으로 갈라져 자라는 수형으로, 두 가지 중 한 가지는 크고 굵어야 하며, 같은 방향으로 윗가지도 같이 자라게 한다.
② 한 뿌리에서 3개 이상의 줄기가 나와 자라난 형태의 수형으로, 줄기 수는 반드시 홀수여야 하며, 줄기가 10개를 넘으면 줄기 수에 상관없고, 굵은 줄기를 주간으로 전체 수형이 삼각형을 이루듯 심는다.
③ 하나의 곧은 줄기가 위로 솟은 나무로, 하부에서 상부로 올라가면서 자연스럽게 가늘어지고, 가지도 순서 있게 좌우전후로 엇갈려 뻗은 모양의 수형이다.

15 다음 중 교목의 식재공사 공정으로 옳은 것은?

① 구덩이 파기 → 물 죽쑤기 → 묻기 → 지주세우기 → 수목방향 정하기 → 물집 만들기
② 구덩이 파기 → 수목방향 정하기 → 묻기 → 물 죽쑤기 → 지주세우기 → 물집 만들기
③ 수목방향 정하기 → 구덩이 파기 → 물 죽쑤기 → 묻기 → 지주세우기 → 물집 만들기
④ 수목방향 정하기 → 구덩이 파기 → 묻기 → 지주세우기 → 물 죽쑤기 → 물집 만들기

정답 12 ② 13 ① 14 ④ 15 ②

16 노외주차장의 구조 · 설비기준으로 틀린 것은?(단, 주차장법 시행규칙을 적용한다)

① 노외주차장의 출구와 입구에서 자동차의 회전을 쉽게 하기 위하여 필요한 경우에는 차로와 도로가 접하는 부분을 곡선형으로 하여야 한다.
② 노외주차장의 출구 부근의 구조는 해당 출구로부터 2m(이륜자동차전용 출구의 경우에는 1.3m)를 후퇴한 노외주차장의 차로의 중심선상 1.0m의 높이에서 도로의 중심선에 직각으로 향한 왼쪽 · 오른쪽 각각 45°의 범위에서 해당 도로를 통행하는 자를 확인할 수 있도록 하여야 한다.
③ 노외주차장의 출입구 너비는 3.5m 이상으로 하여야 하며, 주차대수 규모가 50대 이상인 경우에는 출구와 입구를 분리하거나 너비 5.5m 이상의 출입구를 설치하여 소통이 원활하도록 하여야 한다.
④ 노외주차장에서 주차에 사용되는 부분의 높이는 주차바닥면으로부터 2.1m 이상으로 하여야 한다.

해설
② 노외주차장의 출구 부근의 구조는 해당 출구로부터 2m(이륜자동차전용 출구의 경우에는 1.3m)를 후퇴한 노외주차장의 차로의 중심선상 1.4m의 높이에서 도로의 중심선에 직각으로 향한 왼쪽 · 오른쪽 각각 60°의 범위에서 해당 도로를 통행하는 자를 확인할 수 있도록 하여야 한다(노외주차장의 구조 · 설비기준(주차장법 시행규칙 제6조 제1항 제2호).
① 주차장법 시행규칙 제6조 제1항 제1호
③ 주차장법 시행규칙 제6조 제1항 제4호
④ 주차장법 시행규칙 제6조 제1항 제7호

17 목질재료의 단점에 해당되는 것은?

① 함수율에 따라 변형이 잘 된다.
② 무게가 가벼워서 다루기 쉽다.
③ 재질이 부드럽고 촉감이 좋다.
④ 비중이 적은데 비해 압축, 인장강도가 높다.

해설
목재의 장단점

장점	• 색깔 및 무늬 등 외관이 아름답다. • 재질이 부드럽고, 촉감이 좋다. • 무게가 가벼워서 운반하거나 다루기가 쉽다. • 중량에 비하여 강도가 크다. • 열, 소리, 전기 등의 전도성이 낮다. • 생산량이 많고, 가격이 비교적 저렴하며, 입수가 용이하다.
단점	• 자연소재이므로 내화성이 없고, 부패하기 쉽다. • 함수량의 증감에 따라 팽창 · 수축하여 변형되기 쉽다. • 부위에 따라 재질이 고르지 못하다. • 구부러지고 옹이가 있다. • 강도가 균일하지 못하고, 크기에 제한을 받는다.

18 관수의 효과가 아닌 것은?

① 토양 중의 양분을 용해하고 흡수하여 신진대사를 원활하게 한다.
② 증산작용으로 인한 잎의 온도 상승을 막고 식물체 온도를 유지한다.
③ 지표와 공중의 습도가 높아져 증산량이 증대된다.
④ 토양의 건조를 막고 생육 환경을 형성하여 나무의 생장을 촉진시킨다.

해설
③ 관수를 하게 되면 지표와 공중의 습도가 높아져 증산량이 적어진다.

16 ② 17 ① 18 ③

19 수목의 가슴높이 지름을 나타내는 기호는?

① F
② S.D
③ B
④ W

해설
조경수목의 규격 표시기준
- 수고(H) : 나무의 높이, 표시단위 m
- 수관(W) : 나무의 폭, 표시단위 m
- 근원지름(R) : 나무 밑둥 제일 아랫부분의 지름, 표시단위 cm
- 흉고지름(B) : 가슴높이의 줄기지름, 단위 cm
- 지하고(BH) : 바닥에서 가지가 있는 곳까지의 높이, 표시단위 m

20 그림과 같은 축도기호가 나타내고 있는 것으로 옳은 것은?

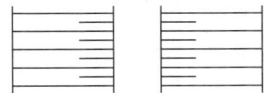

① 등고선
② 성토
③ 절토
④ 과수원

해설

성토	절토

21 도시공원 및 녹지 등에 관한 법률에서 어린이공원의 설계기준으로 틀린 것은?

① 유치거리는 250m 이하, 1개소의 면적은 1,500m² 이상의 규모로 한다.
② 휴양시설 중 경로당을 설치하여 어린이와의 유대감을 형성할 수 있다.
③ 유희시설에 설치되는 시설물에는 정글짐, 미끄럼틀, 시소 등이 있다.
④ 공원시설 부지면적은 전체면적의 60% 이하로 하여야 한다.

해설
공원시설의 설치·관리기준(도시공원 및 녹지 등에 관한 법률 시행규칙 제9조 제1항 제3호)
어린이공원에 설치할 수 있는 공원시설은 조경시설, 휴양시설(경로당 및 느린복지관은 제외), 유희시설, 운동시설, 교양시설 중 도서관(높이 1층, 면적 33m² 이하만 해당), 편익시설 중 화장실·음수장·공중전화실로 하며, 어린이의 이용을 고려할 것. 다만, 휴양시설 중 경로당과 교양시설 중 어린이집으로서 2005년 12월 30일 당시 설치 중이었거나 설치가 완료된 경로당 또는 어린이집은 증축·재축·개축 및 대수선을 할 수 있다.

22 다음 중 지피(地被)용으로 사용하기 가장 적합한 식물은?

① 맥문동
② 등나무
③ 으름덩굴
④ 멀꿀

해설
지피식물의 분류

분류	주요 식물
한국잔디류	들잔디, 금잔디, 빌로드 잔디 등
서양잔디류	켄터키블루그래스, 버뮤다그래스, 페스큐, 벤트그래스 등
소관목류	눈향나무, 회양목, 둥근향나무, 철쭉, 눈주목 등
초본류	맥문동, 비비추, 꽃잔디, 원추리, 클로버, 질경이 등
덩굴성 식물류	송악, 헤데라, 돌나물, 칡, 등나무, 담쟁이덩굴, 인동덩굴 등
기타	조릿대류, 고사리류, 선태류 등

정답 19 ③ 20 ② 21 ② 22 ①

23 체계적인 품질관리를 추진하기 위한 데밍(Deming's Cycle)의 관리로 가장 적합한 것은?

① 계획(Plan) - 추진(Do) - 조치(Action) - 검토(Check)
② 계획(Plan) - 검토(Check) - 추진(Do) - 조치(Action)
③ 계획(Plan) - 조치(Action) - 검토(Check) - 추진(Do)
④ 계획(Plan) - 추진(Do) - 검토(Check) - 조치(Action)

해설
PDCA 사이클은 일반적으로 업무현장에서 Plan(계획), Do(실행, 추진), Check(평가, 검토), Action(개선, 조치)을 반복함으로써, 생산 관리 및 품질 관리 등의 업무를 지속적으로 개선해 나가는 방법이다.

24 경관구성의 미적 원리는 통일성과 다양성으로 구분할 수 있다. 다음 중 통일성과 관련이 가장 적은 것은?

① 균형과 대칭   ② 강조
③ 조화   ④ 율동

해설
④ 율동은 다양성에 해당한다.

25 다음은 어떤 색에 대한 설명인가?

신비로움, 환상, 성스러움 등을 상징하며 여성스러움을 강조하는 역할을 하기도 하지만, 반면 비애감과 고독감을 느끼게 하기도 한다.

① 빨강   ② 주황
③ 파랑   ④ 보라

해설
보라색은 신비로움, 환상, 성스러움 등을 상징하기도 하지만 신비, 위엄, 신성, 장엄 등을 상징하기도 한다.

26 다음 중 시멘트와 그 특성이 바르게 연결된 것은?

① 조강 포틀랜드 시멘트 : 조기강도를 요하는 긴급 공사에 적합하다.
② 백색 포틀랜드 시멘트 : 시멘트 생산량의 90% 이상을 선점하고 있다.
③ 고로슬래그 시멘트 : 건조수축이 크며, 보통 시멘트보다 수밀성이 우수하다.
④ 실리카 시멘트 : 화학적 저항성이 크고 발열량이 적다.

해설
① 보통 포틀랜드 시멘트 원료와 거의 같으나 급경성(急硬性)을 갖게 한 고급 시멘트로서 단기에 높은 강도를 내고, 수밀성이 좋으며, 저온에서도 강도발현이 우수해 겨울철, 수중, 해중 공사 등에 적합하다. 수화열의 축적으로 콘크리트에 균열이 가기 쉬운 것이 단점이다.
② 산화철(Fe_2O_3)의 함량(0.3%)이 보통 시멘트(3.0%)보다 적어 건축물 도장, 타일 및 인조대리석 가공, 조각품이나 표식 등에 주로 쓰인다.
③ 보통 포틀랜드 시멘트에 비하여 분말도가 높고 응결 및 강도발현이 약간 느리지만, 화학적 저항성이 크고 발열량이 적어 해수나 기름의 작용을 받는 구조물이나 공장폐수 · 오수의 배수로 구축 등에 쓰인다.
④ 동결융해작용에 대한 저항성은 작지만 화학적 저항성은 커서 해수나 공장폐수, 하수 등을 취급하는 구조물이나 광산과 같은 특수목적 구조물에 사용된다.

27 통일신라 문무왕 14년에 중국의 무산 12봉을 본딴 산을 만들고 화초를 심었던 정원은?

① 비원   ② 안압지
③ 소쇄원   ④ 향원지

해설
동궁과 월지(안압지)
• 안압지라는 명칭은 동국여지승람에서 비롯되었으며, 궁중에 못을 파고 산을 만들어 진금기수를 길렀다는 기록이 있다.
• 연못 속에는 삼신산을 암시하는 3개의 섬[대(남쪽), 중(북쪽), 소(중앙)]이 타원형을 이루고 있으며, 임해전의 동쪽에 가장 큰 섬과 가장 작은 섬이 위치한다.
• 임해전이 주로 직선으로 된 연못의 남북축 선상에 배치되어 있고, 연못 내 돌을 쌓아 중국의 무산 12봉을 본 딴 석가산을 조성하였다.

정답 23 ④ 24 ④ 25 ④ 26 ① 27 ②

28 팥배나무(*Sorbus alnifolia* K. Koch)의 설명으로 틀린 것은?

① 꽃은 노란색이다.
② 생장속도는 비교적 빠르다.
③ 열매는 조류 유인식물로 좋다.
④ 잎의 가장자리에 이중거치가 있다.

해설
① 꽃은 5월에 흰색으로 핀다.
팥배나무(*Sorbus alnifolia* K. Koch)
낙엽교목으로 높이 15m 내외이고, 작은가지에 피목이 뚜렷하며, 수피는 회색빛을 띤 갈색이다. 잎은 어긋나고 달걀 모양에서 타원형이며 잎자루가 있고, 가장자리에 불규칙한 겹톱니가 있다. 잎 표면은 녹색, 뒷면은 연한 녹색이다.

29 가죽나무(가중나무)와 물푸레나무에 대한 설명으로 옳은 것은?

① 가중나무와 물푸레나무 모두 물푸레나무과(科)이다.
② 잎 특성은 가중나무는 복엽이고, 물푸레나무는 단엽이다.
③ 열매 특성은 가중나무와 물푸레나무 모두 날개 모양의 시과이다.
④ 꽃 특성은 가중나무와 물푸레나무 모두 한 꽃에 암술과 수술이 함께 있는 양성화이다.

해설
가죽나무와 물푸레나무

구분	가죽나무	물푸레나무
과(科)	소태나무과	물푸레나무과
잎	호생, 기수1회 우상복엽	대생, 기수1회 우상복엽
꽃	자웅이가화	자웅이주, 양성화

30 콘크리트 혼화제 중 내구성 및 워커빌리티(Workability)를 향상시키는 것은?

① 감수제
② 경화촉진제
③ 지연제
④ 방수제

해설
① 콘크리트 혼화제 중 AE제, 감수제, AE감수제, 고성능 감수제, 고성능 AE감수제는 콘크리트의 워커빌리티를 개선하는 효과가 있다.
② 시멘트의 응결을 촉진하여 콘크리트의 조기 강도를 증대하기 위하여 콘크리트에 첨가하는 물질이다.
③ 레미콘의 원거리 이동 시나 응결 지연이 필요할 때, 또는 슬럼프 저하를 적게 하거나 연속해서 다량의 콘크리트를 타설할 때 수화작용을 지연시켜 응결시간을 늘린다.
④ 종이, 헝겊, 가죽 따위에 발라서 물이 스며들지 못하게 하는 약제이다.

31 일반적인 동선의 성격과 기능을 설명한 것으로 부적합한 것은?

① 동선은 다양한 공간 내에서 사람 또는 사람의 이동경로를 연결하게 해 주는 기능을 갖는다.
② 동선은 가급적 단순하고 명쾌해야 한다.
③ 성격이 다른 동선은 혼합하여도 무방하다.
④ 이용도가 높은 동선의 길이는 짧게 해야 한다.

해설
③ 성격이 다른 동선은 반드시 분리되어야 하고, 되도록이면 동선의 교차는 피한다.

32 식물이 필요로 하는 양분요소 중 미량원소로 옳은 것은?

① O
② K
③ Fe
④ S

해설
식물 생육에 필요한 원소
• 다량원소 : C, H, O, N, P, K, Ca, Mg, S
• 미량원소 : Fe, B, Mn, Cu, Zn, Mo, Cl

33 해충 중에서 잎에 주사바늘과 같은 침으로 식물체 내에 있는 즙액을 빨아먹는 종류가 아닌 것은?

① 응애
② 깍지벌레
③ 측백하늘소
④ 매미

> **해설**
> 가해 습성에 따른 해충의 분류
> - 식엽성 해충 : 회양목명나방, 풍뎅이, 잎벌, 집시나방, 느티나무벼룩바구미 등
> - 흡즙성 해충 : 응애, 진딧물, 깍지벌레, 방패벌레 등
> - 천공성 해충 : 소나무좀, 노랑무늬솔바구미, 하늘소, 박쥐나방 등
> - 충영형성 해충 : 솔잎혹파리, 밤나무혹벌, 혹응애, 혹진딧물 등
> - 종실 해충 : 밤바구미, 복숭아명나방 등

34 선의 분류 중 모양에 따른 분류가 아닌 것은?

① 실선
② 파선
③ 1점쇄선
④ 치수선

> **해설**
> ④ 치수선은 물품의 치수를 적기 위해 긋는 선으로, 용도에 따른 분류이다.
> 선의 모양에 따른 분류 : 실선, 파선, 1점쇄선, 2점쇄선

35 다음 중 옥상조경 토양경량재가 아닌 것은?

① 펄라이트
② 버미큘라이트
③ 피트모스
④ 마사토

> **해설**
> ④ 마사토는 화강암이 풍화되어 생성된 모래흙으로 배수성, 통기성이 좋아서 야생초, 분재 등에 많이 쓰인다.
> **경량재** : 버미큘라이트, 펄라이트, 피트모스, 화산재 등이 있다.

36 벽돌로 만들어진 건축물에 태양광선이 비추어지는 부분과 그늘진 부분에서 나타나는 배색은?

① 톤 인 톤(Tone in Tone) 배색
② 톤 온 톤(Tone on Tone) 배색
③ 까마이외(Cama eu) 배색
④ 트리콜로르(Tricolore) 배색

> **해설**
> ② 동일한 색상의 톤을 조절하여 배치하는 방법으로, 그러데이션 배색이라고도 한다.
> ① 서로 다른 색상들을 동일한 톤으로 배치하는 방법을 말한다.
> ③ 동일한 색상에 아주 미세한 톤의 차이를 주어 배치하는 방법을 말한다.
> ④ 색상이나 톤이 명확하게 대조되는 3가지 색상을 배치하는 방법으로, 프랑스 국기가 대표적이다.

37 인공지반에 식재된 식물과 생육에 필요한 식재 최소 토심으로 가장 적합한 것은?(단, 배수구배는 1.5~2.0%, 인공토양 사용 시로 한다)

① 잔디, 초본류 : 15cm
② 소관목 : 20cm
③ 대관목 : 45cm
④ 심근성 교목 : 90cm

> **해설**
> **식물 생육에 필요한 최소 토양깊이**
>
> | 구분 | 생존 최소 토심 |
> | --- | --- |
> | 잔디, 초본 | 인공토 10, 자연토 15 |
> | 소관목 | 인공토 20, 자연토 30 |
> | 대관목 | 인공토 30, 자연토 45 |
> | 천근성교목 | 인공토 40, 자연토 60 |
> | 심근성교목 | 인공토 60, 자연토 90 |

정답 33 ③ 34 ④ 35 ④ 36 ② 37 ②

38 페니트로티온 45% 유제 원액 100cc를 0.05%로 희석 살포액을 만들려고 할 때 필요한 물의 양은 얼마인가?(단, 유제의 비중은 1.0이다)

① 69,900cc ② 79,900cc
③ 89,900cc ④ 99,900cc

해설
살포액의 희석

필요 수량 = 약량 × $\left(\dfrac{\text{원액 농도}}{\text{희석 농도}} - 1\right)$ × 원액 비중

= 100cc × $\left(\dfrac{45\%}{0.05\%} - 1\right)$ × 1.0

= 89,900cc

39 다음 중 시멘트가 풍화작용과 탄산화작용을 받은 정도를 나타내는 척도로 고온으로 가열하여 시멘트 중량의 감소율을 나타내는 것은?

① 경화 ② 강열감량
③ 위응결 ④ 수화반응

해설
강열감량(Ignition Loss)
시멘트 시료를 약 1,000℃의 온도에서 가열했을 때 줄어든 질량을 의미한다. 시멘트가 풍화되면 공기 중의 H_2O와 CO_2를 흡수해 강열감량이 증가한다.

40 1/1,000 축척의 도면에서 가로 20m, 세로 50m의 공간에 잔디를 전면붙이기를 할 경우 몇 장의 잔디가 필요한가?(단, 잔디는 25 × 25cm 규격을 사용한다)

① 5,500장 ② 11,000장
③ 16,000장 ④ 22,000장

해설
(20 × 50) ÷ (0.25 × 0.25) = 16,000장

41 다음 중 무거운 돌을 놓거나, 큰 나무를 옮길 때 신속하게 운반과 적재를 동시에 할 수 있어 편리한 장비는?

① 체인블록
② 모터그레이더
③ 트럭크레인
④ 콤바인

해설
① 무거운 물건을 들어 올리는 데 쓰이는 도르래형 장비
② 주로 넓은 면적의 땅을 고르는 정지작업 등에 사용되는 토공기계
④ 농경지를 주행하면서 수확물의 탈곡과 선별을 동시에 수행하는 수확기계

42 약제를 식물체의 뿌리, 줄기, 잎 등에 흡수시켜 깍지벌레와 같은 흡즙성 해충을 죽게 하는 살충제의 형태는?

① 기피제
② 유인제
③ 소화중독제
④ 침투성 살충제

해설
④ 식물체 내부로 약물이 흡수되어 흡즙성 해충이 식물의 수액을 흡수하면 중독되도록 하는 살충제이다.
① 해충을 식물에서 멀리 쫓아내는 효과를 가진 약물이다.
② 해충을 특정 장소로 유인하여 약물에 중독되게 하는 방식이다.
③ 해충이 약물을 섭취했을 때 소화기에서 작용하여 죽게 만드는 방식이다.

정답 38 ③ 39 ② 40 ③ 41 ③ 42 ④

43 수경시설(연못)의 유지관리에 관한 내용으로 옳지 않은 것은?

① 겨울철에는 물을 2/3 정도만 채워둔다.
② 녹이 잘 스는 부분은 녹막이 칠을 수시로 해준다.
③ 수중식물 및 어류의 상태를 수시로 점검한다.
④ 물이 새는 곳이 있는지의 여부를 수시로 점검하여 조치한다.

해설
① 급수구와 배수구의 막힘 여부는 수시로 점검하고, 겨울 전에 물을 빼 연못에 가라앉았던 이물질을 제거하고 청소한다.
수질관리
- 물은 고여 있으면 미생물의 활동으로 더러워지므로 물속의 유기물은 제거하고, 일정한 간격으로 물을 교체해 주어야 한다.
- 맑은 물을 계속 공급하면 스스로의 정화작용을 통하여 물이 맑아지고, 물속의 산소량도 증가한다.
- 물속의 산소량을 증가시키기 위해서는 분수나 폭포를 설치하거나, 물이 유입되는 곳에 여과장치 또는 정화조를 설치한다.
- 연못 같은 수경시설의 급수구는 수면보다 높게, 월류구는 수면과 같게 해 주고, 입구에 이물질이 막히지 않게 하여 항상 물이 조금씩 흐르게 해 준다.
- 수경시설에 수중동물이나 수초를 기르면 관상가치를 높일 수 있으며 물의 혼탁 여부도 예측할 수 있다.
- 급수구와 배수구의 막힘 여부는 수시로 점검하고, 겨울 전에 물을 빼 연못에 가라앉았던 이물질을 제거하고 청소한다.

44 통기성, 흡수성, 보온성, 부식성이 우수하여 줄기 감기용, 수목 굴취 시 뿌리감기용, 겨울철 수목 보호를 위해 사용되는 마(麻)소재의 친환경적 조경자재는?

① 녹화마대　　② 볏짚
③ 새끼줄　　　④ 우드칩

해설
녹화마대는 천연 식물 섬유제인 굵고 거친 삼실로 짠 커다란 자루로 통기성, 흡수성, 보온성, 부식성이 우수하다.

45 녹음수가 좁은 정원에서 필요 이상으로 자라지 않도록 줄기나 가지를 자르는 이유는 다음 중 어떤 목적에 해당하는가?

① 생장을 돕는 가지 다듬기
② 생장을 억제하는 가지 다듬기
③ 세력을 갱신하는 가지 다듬기
④ 생리 조정을 위한 가지 다듬기

해설
생장을 억제하기 위한 전정
- 녹음수가 좁은 정원에서 필요 이상으로 자라지 않도록 줄기나 가지를 자르거나, 향나무, 회양목 등 산울타리처럼 나무를 일정한 모양으로 유지시키기 위한 전정이다.
- 소나무의 순지르기, 활엽수의 잎따기도 생장을 억제하는 전정의 한 방법이다.

46 지형도상에서 2점 간의 수평거리가 200m이고, 높이 차가 5m라 하면 경사도는 얼마인가?

① 2.5%　　② 5.0%
③ 10.0%　　④ 50.0%

해설
경사도(%) = (수직높이 ÷ 수평거리) × 100
　　　　 = (5 ÷ 200) × 100
　　　　 = 2.5%
경사도의 표현
- 할 : (수직높이 ÷ 수평거리) × 10
- 백분율(%) : (수직높이 ÷ 수평거리) × 100
- 각도(°) : $\tan^{-1}$(수직높이 ÷ 수평거리)
- 비례식 : 수직높이 : 수평거리

정답 43 ①　44 ①　45 ②　46 ①

47 플라스틱의 장점에 해당하지 않는 것은?

① 가공이 우수하다.
② 경량 및 착색이 용이하다.
③ 내수 및 내식성이 강하다.
④ 전기 절연성이 없다.

해설
④ 전기와 열의 절연성이 있다.
플라스틱의 특성
• 가벼우면서도 강도와 탄력성이 크다.
• 소성·가공성이 좋아 복잡한 모양으로 성형이 가능하다.
• 내산성·내알칼리성이 크고, 녹슬지 않는다.
• 착색이 자유롭고, 광택이 좋으며, 접착력이 크다.
• 절연성이 있어 전기가 통하지 않고, 열에 매우 취약하다.
• 내열성·내후성·내광성이 부족하며, 변색하는 등의 결점이 있다.

48 다음 중 석탄을 235~315℃에서 고온건조하여 얻은 타르 제품으로서 독성이 적고 자극적인 냄새가 있는 유성 목재 방부제는?

① 콜타르
② 크레오소트유
③ 플루오린화나트륨
④ 펜타클로르페놀

해설
크레오소트유
• 황색 또는 암녹색의 액체로, 독특한 냄새가 난다.
• 물에 녹지 않고 알코올, 벤젠, 에테르, 톨루엔 등에 녹는다.
• 타르산이 함유되어 있어 금속에 대한 부식성이 있으며, 살균성이 있다.
• 주성분은 나프탈렌과 안트라센이며 목재 방부제, 살충제, 방수용 도료, 농약, 의약품 등에 사용된다.

49 콘크리트용 골재로서 요구되는 성질로 틀린 것은?

① 단단하고 치밀할 것
② 필요한 무게를 가질 것
③ 알의 모양은 둥글거나 입방체에 가까울 것
④ 골재의 낱알 크기가 균등하게 분포할 것

해설
콘크리트용 골재의 필요 성질
• 깨끗하고 유해물을 포함하지 말 것
• 물리적 내구성이 클 것
• 화학적 안정성이 클 것
• 밀도가 클 것(견고하고 강할 것)
• 부착력이 클 것(입방체나 공모양으로 표면이 매끄럽지 않은 것)
• 적당한 입도일 것(공극 감소)
• 소요의 중량을 가질 것
• 내마모성일 것
• 내화성일 것

50 배나무 붉은별무늬병의 겨울포자 세대의 중간기주 식물은?

① 잣나무
② 향나무
③ 배나무
④ 느티나무

해설
녹병균의 중간기주
• 배나무 붉은별무늬병(적성병) : 향나무
• 사과나무 붉은별무늬병 : 향나무
• 소나무 혹병 : 졸참나무, 신갈나무
• 잣나무 털녹병 : 송이풀, 까치밥나무
• 포플러 잎녹병 : 일본잎갈나무(낙엽송)

51 다음 수목의 외과수술용 재료 중 동공충전물의 재료로 가장 부적합한 것은?

① 콜타르
② 에폭시수지
③ 불포화폴리에스테르수지
④ 우레탄고무

해설
동공충전물은 가급적 목재와의 접착력이 강해야 하는데, 최근에는 수지류나 우레탄고무 등을 많이 사용한다.

52 조경공사에서 바닥포장인 판석시공에 관한 설명으로 틀린 것은?

① 판석은 점판암이나 화강석을 잘라서 사용한다.
② Y형의 줄눈은 불규칙하므로 통일성 있게 +자형의 줄눈이 되도록 한다.
③ 기층은 잡석다짐 후 콘크리트로 조성한다.
④ 가장자리에 놓을 판석은 선에 맞춰 절단하여 사용한다.
② 줄눈은 +자형보다 Y자형이 시각적으로 좋다.

해설
판석포장
• 점판암, 화강암을 쓰고, 두께가 얇고 작아 횡력에 약하므로 모르타르로 고정시킨다(모르타르 배합비 1 : 1~1 : 2).
• 줄눈은 +자형보다 Y자형이 시각적으로 좋다.
• 줄눈의 폭은 설계도면에 의하는데, 보통 10~20mm 정도로 하고, 깊이는 5~10mm 정도로 하거나 또는 깊이를 없애기도 한다.
• 시멘트와 모래를 1 : 1~1 : 3 비율로 배합하여 판석 밑을 채운다.

53 참나무 시들음병에 관한 설명으로 틀린 것은?

① 피해목은 벌채 및 훈증 처리한다.
② 솔수염하늘소가 매개충이다.
③ 곰팡이가 도관을 막아 수분과 양분을 차단한다.
④ 우리나라에서는 2004년 경기도 성남시에서 처음 발견되었다.

해설
② 광릉긴나무좀이 매개충이다.

54 재료의 역학적 성질 중 탄성에 관한 설명으로 옳은 것은?

① 재료가 작은 변형에도 쉽게 파괴되는 성질
② 물체에 외력을 가한 후 외력을 제거시켰을 때 영구변형이 남는 성질
③ 물체에 외력을 가한 후 외력을 제거하면 원래의 모양과 크기로 돌아가는 성질
④ 재료가 하중을 받아 파괴될 때까지 높은 응력에 견디며 큰 변형을 나타내는 성질

55 농약은 라벨과 뚜껑의 색으로 구분하여 표기하고 있는데, 다음 중 연결이 바른 것은?

① 제초제 – 분홍색
② 살균제 – 녹색
③ 살충제 – 빨간색
④ 생장조절제 – 파란색

해설
농약제의 포장지 색깔
• 살균제 : 분홍색
• 살충제 : 초록색
 ※ 살균·살충제 : 위쪽 – 분홍색, 아래쪽 – 초록색
• 제초제 : 노란색
• 비선택성 제초제 : 빨간색
• 생장조절제 : 파란색

56 다음 중 정신집중을 요구하는 사무공간에 어울리는 색은?

① 빨강 ② 노랑
③ 난색 ④ 한색

해설
온도감에 따른 색의 분류
- 한색 : 차가운 느낌을 주는 파란색 계통의 색으로 수축성과 후퇴성을 가지며 심리적으로 긴장감을 느끼게 한다.
- 난색 : 따뜻한 느낌을 주는 주황색 계통의 색으로 팽창성과 진출성을 가지며, 심리적으로 느슨함을 느끼게 한다.
- 중성색 : 녹색이나 보라색 계통의 색으로, 한색과 난색의 중간적인 성격을 가진다.

57 다음 중 곰솔(해송)에 대한 설명으로 옳지 않은 것은?

① 동아(冬芽)는 붉은색이다.
② 수피는 흑갈색이다.
③ 해안지역의 평지에 많이 분포한다.
④ 줄기는 한해에 가지를 내는 층이 하나여서 나무의 나이를 짐작할 수 있다.

해설
① 동아(冬芽)가 붉은색인 소나무와 달리 곰솔의 동아는 회백색이다.

58 토양침식에 대한 설명으로 옳지 않은 것은?

① 토양의 침식량은 유거수량이 많을수록 적어진다.
② 토양유실량은 강우량보다 최대강우강도와 관계가 있다.
③ 경사도가 크면 유속이 빨라져 무거운 입자도 침식된다.
④ 식물의 생장은 투수성을 좋게 하여 토양 유실량을 감소시킨다.

해설
유거수량이란 지표면을 따라 흐르는 물의 양을 말한다. 토양의 침식량은 유거수량이 많을수록 많아지고, 경사도가 클수록 유속이 빨라지며 침식량이 많아진다.

59 다음 중 수목의 굵은 가지치기 요령 중 가장 거리가 먼 것은?

① 잘라낼 부위는 가지의 밑둥으로부터 10~15cm 부위를 위에서부터 밑까지 내리 자른다.
② 잘라낼 부위는 아래쪽에 가지굵기의 1/3정도 깊이까지 톱자국을 먼저 만들어 놓는다.
③ 톱을 돌려 아래쪽에 만들어 놓은 상처보다 약간 높은 곳을 위로부터 내리 자른다.
④ 톱으로 자른 자리의 거친 면은 손칼로 깨끗이 다듬는다.

해설
굵은 가지 자르기
줄기에서 10~15cm 떨어진 곳에 밑에서 위쪽으로 굵기의 1/3 정도 깊이까지 톱질을 하여 톱자국을 낸 다음, 톱질한 곳에서 가지 끝쪽으로 약간 떨어진 곳에 위에서 아래쪽으로 톱질을 하면 스스로의 무게에 의해 떨어져 나가며 가지는 쪼개지지 않는다.

60 수목을 옮겨심기 전에 뿌리돌림을 하는 이유로 가장 중요한 것은?

① 관리가 편리하도록
② 수목 내의 수분 양을 줄이기 위하여
③ 무게를 줄여 운반이 쉽게 하기 위하여
④ 잔뿌리를 발생시켜 수목의 활착을 돕기 위하여

해설
뿌리돌림의 목적 : 이식력이 약한 나무를 대상으로 굴취 전에 미리 잔뿌리를 발달시켜 이식력을 높이거나, 노목이나 쇠약목의 세력 회복을 위한 목적으로도 사용한다.

2021년 제2회 과년도 기출복원문제

01 조선시대 전기 조경관련 대표 저술서이며, 정원식물의 특성과 번식법, 괴석의 배치법, 꽃을 화분에 심는 법, 최화법(催花法), 꽃이 꺼리는 것, 꽃을 취하는 법과 기르는 법, 화분 놓는 법과 관리법 등의 내용이 수록되어 있는 것은?

① 양화소록
② 작정기
③ 동사강목
④ 택리지

해설
양화소록은 조선시대 전기에 강희안이 꽃과 나무의 재배와 이용에 관하여 서술한 농업서로, 우리나라 최초의 전문 원예서이다.

02 일본의 다정(茶庭)이 나타내는 아름다움의 미는?

① 조화미
② 대비미
③ 단순미
④ 통일미

해설
일본의 정원양식은 조화와 관련이 있고, 중국의 정원양식은 대비와 관련이 있다.
다정원(茶庭園)
- 다실과 다실에 이르는 길을 중심으로 좁은 공간에 꾸며지는 일종의 자연식 정원으로 대자연의 운치를 연상시킨다.
- 뜀돌이나 포석수법을 구사하여 풍우에 씻긴 산길을 나타내고, 수통이나 돌로 만든 물그릇으로 샘을 상징하였다.
- 오래된 석탑이나 석등을 놓아 수림 속에 쇠퇴해버린 고찰의 분위기를 재현시켰다.
- 마른 소나무잎을 깔아 지피를 나타내는 등 제한된 공간 속에 깊은 산골의 정서를 표현하였다.
- 소나무나 삼나무 등을 심고, 담쟁이넝쿨을 올려 가을 단풍이나 낙엽으로 산거(山居)의 분위기를 나타냈다.

03 경관구성의 기법 중 [보기]가 설명하는 수목 배치 기법은?

|보기|
한 그루의 나무를 다른 나무와 연결시키지 않고 독립하여 심는 경우를 말하며 멀리서도 눈에 잘 띄기 때문에 랜드마크의 역할도 한다.

① 점식
② 열식
③ 군식
④ 부등변삼각형 식재

해설
② 정형식 조경양식에서 필수이며, 일렬 선형으로 식재하는 것
③ 관목이나 초본류를 모아 심는 것
④ 자연식 조경에 쓰임

04 넓은 의미로의 조경을 가장 잘 설명한 것은?

① 기술자를 정원사라 부른다.
② 궁전 또는 대규모 저택을 중심으로 한다.
③ 식재를 중심으로 한 정원을 만드는 일에 중점을 둔다.
④ 정원을 포함한 광범위한 옥외공간 건설에 적극 참여 한다.

해설
조경의 의미
- 좁은 의미의 조경 : 집 주변의 정원을 만드는 일에 중점을 두는 것으로, 식재 중심의 전통적인 조경기술
- 넓은 의미의 조경 : 집 주변의 정원뿐만 아니라, 모든 옥외공간을 포함하는 환경을 조성하고 보존하는 종합과학예술

1 ① 2 ① 3 ① 4 ④ **정답**

05 골프코스설계 시 골프장의 표준코스는 몇 개의 홀로 구성하는가?

① 9
② 18
③ 32
④ 36

해설
표준코스는 18홀(Hole)로 4개의 짧은 홀(220m 내외), 10개의 중간 홀(274~430m), 4개의 긴 홀(430m 이상)을 지형에 맞추어 흥미 있게 배치하는 데 전장 6,500야드, 용지 면적 60~80만㎡를 필요로 한다.

06 스페인 정원의 특징과 관계가 먼 것은?

① 건물로서 완전히 둘러싸인 가운데 뜰 형태의 정원
② 정원의 중심부는 분수가 설치된 작은 연못 설치
③ 웅대한 스케일의 파티오 구조의 정원
④ 난대, 열대 수목이나 꽃나무를 화분에 심어 중요한 자리에 배치

해설
스페인 정원의 특징
- 스페인 남부 안달루시아(Andalusia) 지방에서 발달했다.
- 건물로 완전히 둘러싸인 중정(파티오) 형태의 정원이다.
- 기하학적인 터 가르기를 한다.
- 바닥에는 색채타일을 이용하였다.
- 이슬람 문화의 영향으로 대리석과 물을 이용한 정원 발달하였다.
- 정원의 중심부는 분수가 설치된 작은 연못을 설치하였다.
- 난대, 열대 수목이나 꽃나무를 화분에 심어 중요한 자리에 배치하였다.

07 창덕궁 후원에 나타나지 않은 것은?

① 향원지
② 주합루
③ 부용지
④ 옥류천

해설
향원지는 경복궁과 관련이 있으며 향원지 한 가운데에는 육각형의 정자 향원정(보물 제 1759호)이 있다.

08 다음 중 소나무의 순자르기 방법으로 가장 거리가 먼 것은?

① 수세가 좋거나 어린나무는 다소 빨리 실시하고, 노목이나 약해 보이는 나무는 5~7일 늦게 한다.
② 손으로 순을 따 주는 것이 좋다.
③ 5~6월경에 새순이 5~10cm 자랐을 때 실시한다.
④ 자라는 힘이 지나치다고 생각 될 때에는 1/3~1/2 정도 남겨두고 끝부분을 따버린다.

해설
① 노목이나 약해 보이는 나무는 다소 빨리 하고, 수세가 좋거나 어린나무는 5~7일 정도 늦게 한다.

09 다음 미기후(Microclimate)에 관한 설명 중 적합하지 않은 것은?

① 지형은 미기후의 주요 결정 요소가 있다.
② 그 지역 주민에 의해 지난 수년 동안의 자료를 얻을 수 있다.
③ 일반적으로 지역적인 기후 자료보다 미기후 자료를 얻기가 쉽다.
④ 미기후는 세부적인 토지이용에 커다란 영향을 미치게 된다.

해설
미기후
- 개념 : 지형이나 풍향 등에 따른 부분적 장소의 독특한 기상 상태
- 조사항목 : 태양 복사열의 정도, 공기유통의 정도, 안개 및 서리해 유무, 지형적 여건에 따른 일조 시간, 대기오염 자료 등

정답 5 ② 6 ③ 7 ① 8 ① 9 ③

10 공원의 종류 중 여러가지 폐품이나 재료 등을 제공해 주어 어린이들이 직접 자르고, 맞추고, 조립하는 놀이를 통해 창의력을 가지도록 하는 공원은?

① 모험공원　② 교통공원
③ 조각공원　④ 운동공원

11 다음 중 흰불나방의 피해가 가장 많이 발생하는 수종은?

① 감나무
② 사철나무
③ 플라타너스
④ 측백나무

해설
미국흰불나방이 피해를 주는 나무는 플라타너스, 미류나무, 버드나무이며 디플루벤주론 수화제, 비티쿠르스타키 수화제, 카바릴 수화제 등의 약제를 이용하여 방제한다.

12 다음 중 비탈면을 보호하는 방법으로 짧은 시간과 급경사지역에 사용하는 시공방법은?

① 콘크리트 격자틀공법
② 자연석쌓기법
③ 떼심기법
④ 종자뿜어붙이기법

해설
종자뿜어붙이기법
초본류나 목본류의 종자와 비료 접착제 등을 섞어 기계로 비탈면에 분사 파종하는 방법이다. 급경사지에도 시공이 가능하고, 단시간 내에 넓은 지역을 처리할 수 있어 시공 능률과 경제성이 매우 높아 성토와 절토 비탈면에 모두 사용한다.

13 주로 장독대, 쓰레기통, 빨래건조대 등을 설치하는 주택정원의 적합 공간은?

① 안뜰　② 앞뜰
③ 작업뜰　④ 뒤뜰

해설
① 거실과 인접한 공간으로 주택 내에서 가장 중요한 공간이다. 가족의 휴식이 이루어지는 장소로써 테라스, 연못, 화단, 산책길, 수영장 등 가장 특색있게 꾸며야 한다.
② 대문과 현관 사이에 끼어있는 공간으로 대문, 진입로, 주차장, 차고 등으로 구성되며 수목이나 초화류, 분수 등으로 과장되게 처리하지 말고 단순하고 경쾌하게 치장하는 것이 좋다.
④ 침실에 인접한 공간으로써 정숙한 분위기를 갖는 공간이다. 외국의 경우 일광욕실 등 흔히 폐쇄된 외딴 장소로 이용하는 경우도 있다.

14 1857년 미국 뉴욕에 중앙공원(Central Park)을 설계한 사람은?

① 하워드
② 르코르뷔지에
③ 옴스테드
④ 브라운

해설
③ 프레데릭 로 옴스테드(Frederick Law Olmsted)와 칼버트 보우(Calvert Vaux)가 센트럴파크를 설계했다. 현대 조경의 아버지라 불리며, 조경가(Landscape Architect)라는 용어를 정식으로 사용하였다.
① 산업혁명 이후 도시의 팽창과 인구집중 등의 도시문제를 해결하기 위해 전원도시계획을 제창하였다.
② 파리에서 활동한 프랑스의 건축가이다.
④ 스토우정원 등 많은 영국 정원을 수정하였다.

15 자연식 조경 중 물을 전혀 사용하지 않고 나무, 바위와 왕모래 등으로 상징적인 정원을 만드는 양식은?

① 전원풍경식 ② 회유임천식
③ 고산수식   ④ 중정식

해설
고산수식은 정토사상과 신선사상을 바탕으로 불교 선사상의 직접적인 영향을 받아 극도의 상징성으로 조성된 14~15세기 일본의 정원양식이다.

16 조경미의 원리 중 대비가 불러오는 심리적 자극으로 가장 거리가 먼 것은?

① 반대 ② 대립
③ 변화 ④ 안정

해설
대비(Contrast)
- 어떤 구성을 하는 재료가 색채나 크기, 길이, 너비 등의 성질이 전혀 다르거나 또는 분량을 달리하는 둘 이상의 것이 공간적으로 또는 시간적으로 접근하여 나타날 때 일어나는 현상이다.
- 대소, 장단, 명암, 강약, 강연, 원근, 한난 등과 같이 정반대의 분량이나 성질의 것을 늘어놓으면 자기와는 가장 다른 성질을 서로 상대에게 주는 관계가 생긴다.
- 대비는 반대, 대립, 변화 등의 심리적 자극과 흥분을 촉진시키며 이에 다이내믹한 흥미를 불러일으키는 기본이 된다.

17 투명도가 높으므로 유기유리라는 명칭이 있고 착색이 자유로워 채광판, 도어판, 칸막이판 등에 이용되는 것은?

① 아크릴수지
② 멜라민수지
③ 알키드수지
④ 폴리에스테르수지

해설
아크릴수지
유기(有機)유리라고도 부르며, 유리 이상의 투명도가 있고 성형가공이 쉽다. 보통 유리에 비하여 무게는 약 반으로, 각종 강도·굳기·내열성은 작지만, 물·산·알칼리에 강하고, 유리 대신으로 쓰이는 경우가 많다.

18 이팝나무와 조팝나무에 대한 설명으로 옳지 않은 것은?

① 이팝나무의 열매는 타원형의 핵과이다.
② 환경이 같다면 이팝나무가 조팝나무보다 꽃이 먼저 핀다.
③ 과명은 이팝나무는 물푸레나무과(科)이고, 조팝나무는 장미과(科)이다.
④ 성상은 이팝나무는 낙엽활엽교목이고, 조팝나무는 낙엽활엽관목이다.

해설
② 조팝나무가 4~5월에 개화하므로 5월경에 개화를 하는 이팝나무에 비하여 약간 이르게 피는 셈이다.

19 다음 중 일시적 경관이 아닌 것은?

① 기상변화에 따른 변화
② 물 위에 투영된 영상(影像)
③ 동물의 출현
④ 가을의 단풍

해설
일시경관은 대기권의 상황 변화에 따라 모습이 달라지는 경관이다.
예 수면에 투영된 영상, 동물의 일시적 출현, 안개 등

정답 15 ③ 16 ④ 17 ① 18 ② 19 ④

20 재료가 외력을 받았을 때 작은 변형만 나타내도 파괴되는 현상을 무엇이라 하는가?

① 강성(剛性)
② 인성(靭性)
③ 전성(展性)
④ 취성(脆性)

해설
① 재료가 외력을 받아도 변형되지 않고 파괴되지도 않는 성질
② 재료가 외력을 받으면 크게 변형되지만 파괴되지는 않는 성질
③ 재료에 외력을 가하면 파괴되지 않고 얇게 펴지며 영구변형되는 성질

21 세라믹 포장의 특성이 아닌 것은?

① 융점이 높다.
② 상온에서의 변화가 적다.
③ 압축에 강하다.
④ 경도가 낮다.

해설
④ 높은 내화성, 내충격성으로 열처리된 세라믹은 균열이나 충격에 아주 강하다.

22 다음 설명에 해당되는 잔디는?

- 한지형 잔디이다.
- 불완전 포복형이지만, 포복력이 강한 포복경을 지표면으로 강하게 뻗는다.
- 잎의 폭이 2~3mm로 질감이 매우 곱고 품질이 좋아서 골프장 그린에 많이 이용한다.
- 짧은 예취에 견디는 힘이 가장 강하나, 병충해에 가장 약하여 방제에 힘써야 한다.

① 버뮤다그래스
② 켄터키 블루그래스
③ 벤트그래스
④ 라이그래스

해설
③ 골프장 그린에는 벤트그래스(한지형 잔디)를 심는다.
① 내한성이 약하고 남해안 지역에 자생하는 잔디이다.
② 미국이나 유럽에서 정원과 공원의 잔디밭에 가장 많이 쓰는 잔디이다.
④ 주로 경사지의 토양침식 방지용으로 사용된다.

23 다음 중 9월 중순~10월 중순에 성숙된 열매색이 흑색인 것은?

① 마가목
② 살구나무
③ 남천
④ 생강나무

해설
①·③ 적색, ② 황색

24 주거지역에 인접한 공장부지 주변에 공장경관을 아름답게 하고, 가스·분진 등의 대기오염과 소음 등을 차단하기 위해 조성되는 녹지의 형태는?

① 차폐녹지
② 차단녹지
③ 완충녹지
④ 자연녹지

해설
녹지의 세분(도시공원 및 녹지 등에 관한 법률 제35조)
- 완충녹지 : 대기오염·소음·진동·악취, 그 밖에 이에 준하는 공해와 각종 사고나 자연재해, 그 밖에 이에 준하는 재해 등의 방지를 위하여 설치하는 녹지
- 경관녹지 : 도시의 자연적 환경을 보전하거나 이를 개선하고 이미 자연이 훼손된 지역을 복원·개선함으로써 도시경관을 향상시키기 위하여 설치하는 녹지
- 연결녹지 : 도시 안의 공원·하천·산지 등을 유기적으로 연결하고 도시민에게 산책공간의 역할을 하는 등 여가·휴식을 제공하는 선형(線型)의 녹지

25 표준품셈에서 조경용 초화류 및 잔디의 할증률은 몇 %인가?

① 1% ② 3%
③ 5% ④ 10%

해설
조경용 수목, 조경용 잔디의 할증률은 10%이다.

28 900m²의 잔디광장을 평떼로 조성하려고 할 때 필요한 잔디량은 약 얼마인가?(단, 잔디 1매의 규격은 30×30×3cm이다)

① 약 1,000매
② 약 5,000매
③ 약 10,000매
④ 약 20,000매

해설
떳장의 양 = $\dfrac{\text{전체면적}}{\text{떳장 1장의 면적}} = \dfrac{900m^2}{0.09m^2} = 10,000$매

26 자연상태의 흙을 파내면 공극으로 인하여 그 부피가 늘어나게 되는데 가장 크게 부피가 늘어나는 것은?

① 모래 ② 진흙
③ 보통흙 ④ 암석

27 다음 중 차폐식재에 적용 가능한 수종의 특징으로 옳지 않은 것은?

① 지하고가 낮고 지엽이 치밀한 수종
② 전정에 강하고 유지 관리가 용이한 수종
③ 아랫가지가 말라죽지 않는 상록수
④ 높은 식별성 및 상징적 의미가 있는 수종

해설
④ 경관식재에 적용 가능한 수종이다.

29 옹벽 중 캔틸레버(Cantilever)를 이용하여 재료를 절약한 것으로 자체 무게와 뒤채움한 토사의 무게를 지지하여 안전도를 높인 옹벽으로 주로 5m 내외의 높지 않은 곳에 설치하는 것은?

① 중력식 옹벽
② 반중력식 옹벽
③ 부벽식 옹벽
④ L자형 옹벽

해설
옹벽의 종류 - 일반적인 옹벽
• 중력식 옹벽 : 무근콘크리트, 석축 등으로 만듦
• 반중력식 옹벽 : 약간의 철근으로 옹벽 단면을 줄임
• 캔틸레버식 옹벽 : 전면벽과 저판으로 구성
• 부벽식 옹벽 : 부벽을 설치하여 전단력과 모멘트를 감소시킴

정답 25 ④ 26 ④ 27 ④ 28 ③ 29 ④

30 맥하그(Ian McHarg)가 주장한 생태적 결정론(Ecological Determinism)의 설명으로 옳은 것은?

① 자연계는 생태계의 원리에 의해 구성되어 있으며, 따라서 생태적 질서가 인간환경의 물리적 형태를 지배한다는 이론이다.
② 생태계의 원리는 조경설계의 대안결정을 지배해야 한다는 이론이다.
③ 인간환경은 생태계의 원리로 구성되어 있으며, 따라서 인간사회는 생태적 진화를 이루어 왔다는 이론이다.
④ 인간행태는 생태적 질서의 지배를 받는다는 이론이다.

31 시멘트의 저장방법 중 주의사항에 해당하지 않는 것은?

① 시멘트 창고 설치 시 주위에 배수도랑을 두고 누수를 방지한다.
② 저장 중 굳은 시멘트부터 가급적 빠른 시간 내에 공사에 사용한다.
③ 포대 시멘트는 땅바닥에서 30cm 이상 띄우고 방습처리한다.
④ 시멘트의 온도가 너무 높을 때는 그 온도를 낮추어서 사용해야 한다.

해설
② 저장 중에 약간이라도 굳은 시멘트는 공사에 사용하지 않아야 한다. 3개월 이상 장기간 저장했을 경우 사용하기에 앞서 재시험을 실시하여 그 품질을 확인하여야 한다.

32 산울타리용으로 사용하기 부적합한 수종은?

① 꽝꽝나무 ② 탱자나무
③ 후박나무 ④ 측백나무

해설
③ 후박나무는 상록활엽교목이다.
산울타리 수종 : 측백나무, 화백, 사철나무, 개나리, 명자나무, 피라칸타, 무궁화, 회양목, 탱자나무, 꽝꽝나무, 호랑가시나무, 가이즈까향나무 등이 있다.

33 알루미나 시멘트의 최대 특징으로 옳은 것은?

① 값이 싸다.
② 조기강도가 크다.
③ 원료가 풍부하다.
④ 타 시멘트와 혼합이 용이하다.

해설
특수 시멘트(알루미나 시멘트, Alumina Cement)
회갈색 또는 회흑색을 나타내고 비중은 보통 포틀랜드 시멘트보다 가벼우며, 석고를 가하지 않는다. 조기강도가 크며, 화학적 저항성이 크고, 내화성도 우수하여 내화용 콘크리트에 적합하다.

34 조선시대 선비들이 즐겨 심고 가꾸었던 사절우(四節友)에 해당하는 식물이 아닌 것은?

① 난초 ② 대나무
③ 국화 ④ 매화나무

해설
- 사군자(四君子) : 매화나무, 난초, 국화, 대나무
- 사절우(四節友) : 매화나무, 소나무, 국화, 대나무

정답 30 ① 31 ② 32 ③ 33 ② 34 ①

35 수목의 이식 시 조개분으로 분뜨기 했을 때 분의 깊이는 근원직경의 몇 배 정도로 하는 것이 적당한가?

① 2배
② 3배
③ 4배
④ 6배

해설
뿌리분의 크기는 일반적으로 근원직경의 4~6배로 하는데, 보통 4배 정도를 기준으로 한다.
※ 뿌리분의 생김새(근원지름의 4배인 경우)
- 접시분 : 분의 크기 = $4d$, 분의 깊이 = $2d$
- 보통분 : 분의 크기 = $4d$, 분의 깊이 = $3d$
- 조개분 : 분의 크기 = $4d$, 분의 깊이 = $4d$

36 콘크리트의 크리프(Creep) 현상 관한 설명으로 옳지 않은 것은?

① 부재의 건조 정도가 높을수록 크리프는 증가된다.
② 양생, 보양이 나쁠수록 크리프는 증가한다.
③ 온도가 높을수록 크리프는 증가한다.
④ 단위수량이 적을수록 크리프는 증가한다.

해설
크리프(Creep) 현상 : 일정한 응력을 가할 때, 변형이 시간과 더불어 증대하는 현상

37 소나무류 가해 해충이 아닌 것은?

① 알락하늘소
② 솔잎혹파리
③ 솔수염하늘소
④ 솔나방

해설
알락하늘소의 피해작물은 감귤, 사과이며 단풍나무, 버즘나무, 버드나무류 가해 해충이다.

38 크기가 지름 20~30cm 정도의 것이 크고 작은 알로 고루고루 섞여져 있으며 형상이 고르지 못한 큰 돌이라 설명하기도 하며, 큰 돌을 깨서 만드는 경우도 있어 주로 기초용으로 사용하는 석재의 분류명은?

① 산석
② 야면석
③ 잡석
④ 판석

해설
잡석(雜石)
지름 20~30cm 정도의 돌로 큰 돌을 깨어 만드는 일이 많다. 주로 기초용이나 뒤채움용으로 많이 사용한다.

39 능소화(*Campsis grandifolia* K. Schum.)의 설명으로 틀린 것은?

① 낙엽활엽덩굴성이다.
② 잎은 어긋나며, 뒷면에 털이 있다.
③ 나팔모양의 꽃은 주홍색으로 화려하다.
④ 동양적인 정원이나 사찰 등의 관상용으로 좋다.

해설
② 잎은 마주나며, 가장자리에 털이 있다.

40 목재를 연결하여 움직임이나 변형 등을 방지하고, 거푸집의 변형을 방지하는 철물로 사용하기 가장 부적합한 것은?

① 볼트, 너트
② 못
③ 꺾쇠
④ 리벳

해설
④ 리벳은 철재끼리 접합시킬 때 사용하며, 보통 연성이 큰 리벳용 압연강재를 사용한다.

41 건조한 땅이나 습지에 모두 잘 견디는 수종은?

① 향나무
② 계수나무
③ 소나무
④ 꽝꽝나무

해설
④ 꽝꽝나무는 중용수로서 기후와 토질에 따라 음수도 되고 양수도 된다.
습지·건조지에 모두 잘 견디는 수종 : 사철나무, 꽝꽝나무, 플라타너스, 보리수나무, 자귀나무, 명자나무, 박태기나무, 산당화 등

42 비료는 화학적 반응을 통해 산성비료, 중성비료, 염기성비료로 분류되는데, 다음 중 산성비료에 해당하는 것은?

① 황산암모늄
② 과인산석회
③ 요소
④ 용성인비

해설
②·③ 중성비료, ④ 염기성비료

43 제초제 1,000ppm은 몇 %인가?

① 0.01%
② 0.1%
③ 1%
④ 10%

해설
1% : 10,000ppm = x% : 1,000ppm
∴ $x = 0.1$%
(∵ 1% = 10,000ppm)

44 겨울철 좋은 생활환경과 나무의 생육을 위해 최소 얼마 정도의 광선이 필요한가?

① 2시간 정도
② 4시간 정도
③ 6시간 정도
④ 10시간 정도

45 일반적으로 돌쌓기 시공상 유의할 점으로 틀린 것은?

① 밑돌은 가장 큰 돌을 쌓고, 아래 부위에 쌓을수록 비교적 큰 돌을 쌓아 안전도를 높인다.
② 돌끼리 접촉이 좋도록 하고, 굄돌을 사용하여 안정되게 놓는다.
③ 줄눈 두께는 9~12mm로 통줄눈이 되도록 한다.
④ 모르타르 배합비는 보통 1 : 2~1 : 3으로 한다.

해설
③ 돌쌓기의 세로줄눈이 일직선이 되는 통줄눈을 피하고, 막힘줄눈이 되도록 쌓는다.

정답 40 ④ 41 ④ 42 ① 43 ② 44 ③ 45 ③

46 주로 종자에 의하여 번식되는 잡초는?

① 올미 ② 가래
③ 피 ④ 너도방동사니

> **해설**
> ③ 피 : 주로 종자에 의해 번식되는 잡초로, 논과 밭에서 자주 볼 수 있다.
> ① 올미 : 습지 식물로 주로 뿌리나 줄기 등으로 번식된다.
> ② 가래 : 뿌리나 줄기 부분으로 번식되는 경향이 강하다.
> ④ 너도방동사니 : 종자보다는 뿌리나 줄기로 번식된다.

47 기초 토공사비 산출을 위한 공정이 아닌 것은?

① 터파기
② 되메우기
③ 정원석놓기
④ 잔토처리

> **해설**
> ③ 정원석놓기는 조경공사 표준품셈에 속한다.

48 다음 중 시방서에 포함되어야 할 내용으로 가장 부적합한 것은?

① 재료의 종류 및 품질
② 시공방법의 정도
③ 재료 및 시공에 대한 검사
④ 계약서를 포함한 계약 내역서

> **해설**
> 시방서
> 건물을 설계할 때 도면상에 나타낼 수 없는 세부사항을 명시한 문서를 말한다. 공사에 필요한 재료의 종류와 품질, 사용처, 시공방법, 납기, 준공 기일 등 설계 도면에 나타내기 어려운 사항을 명확하게 기록하며 도면과 함께 설계의 중요한 부분을 구성하고 있다.

49 콘크리트 $1m^3$에 소요되는 재료의 양을 L로 계량하여 1 : 2 : 4 또는 1 : 3 : 6 등의 배합 비율로 표시하는 배합을 무엇이라 하는가?

① 표준계량배합
② 용적배합
③ 중량배합
④ 시험중량배합

> **해설**
> 용적배합
> • 콘크리트 $1m^3$ 제작에 필요한 시멘트, 모래, 자갈을 부피로 계량하여 1 : 2 : 4 또는 1 : 3 : 6과 같은 비율로 나타낸다.
> • 중량배합보다 정확하지 못하나 시공상 간편하여 많이 쓰인다.
> ※ 중량배합
> • 콘크리트 $1m^3$ 제작에 필요한 각 재료를 무게(kg)로 표시하는 방법이다.
> • 측정상 오차가 거의 없어 주로 쓰이며 공장 생산이나 대규모 공사에 많이 사용된다.

50 '느티나무 10주에 600,000원, 조경공 1인과 보통공 2인이 하루에 식재한다'라고 가정할 때 느티나무 1주를 식재할 때 소용되는 비용은?(단, 조경공 노임은 60,000원/일, 보통공 노임은 40,000원/일이다)

① 68,000원 ② 70,000원
③ 72,000원 ④ 74,000원

> **해설**
> • 느티나무 1주 = 600,000원 ÷ 10 = 60,000원
> • 느티나무 1주 식재 시 인부 노임
> = (60,000원 + 2인 × 40,000원) ÷ 10 = 14,000원
> ∴ 느티나무 1주 식재 시 소요비용 = 60,000원 + 14,000원
> = 74,000원

[정답] 46 ③ 47 ③ 48 ④ 49 ② 50 ④

51 일반적으로 대형의 나무 및 경관적으로 중요한 곳에 설치하며, 나무줄기의 적당한 높이에서 고정한 와이어 로프를 세 방향으로 벌려서 지하에 고정하는 지주설치방법은?

① 삼발이형 ② 당김줄형
③ 매몰형   ④ 연결형

해설
수고 4.5m 이상의 수목은 버팀형이나 당김줄을 설치한다.

52 조경관리에서 주민참가의 단계는 시민권력의 단계, 형식 참가의 단계, 비참가의 단계 등으로 구분되는데 그 중 시민권력의 단계에 해당되지 않는 것은?

① 자치관리(Citizen Control)
② 유화(Placation)
③ 권한위양(Delegated Power)
④ 파트너십(Partnership)

해설
주민참가의 단계(아른슈타인, Arnstein)
비참가의 단계(조작, 치료) → 형식참가의 단계(정보제공, 상담, 유화) → 시민권력의 단계(파트너십, 권한위양, 자치관리)

53 구조물 재료의 단면 도시기호 중 강(鋼)을 나타낸 것으로 가장 적합한 것은?

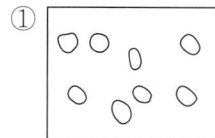 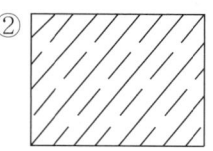
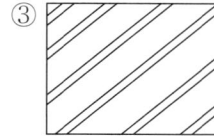 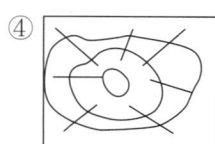

해설
① 콘크리트, ② 석재, ④ 목재(심재)

54 병해충 방제를 목적으로 쓰이는 농약의 포장지 표기 형식 중 색깔이 분홍색을 나타내는 것은 어떤 종류의 농약을 가리키는가?

① 살충제
② 살균제
③ 제초제
④ 살비제

해설
농약제의 포장지 색깔
• 살균제 : 분홍색
• 살충제 : 초록색
 ※ 살균·살충제 : 위쪽 - 분홍색, 아래쪽 - 초록색
• 제초제 : 노란색
• 비선택성 제초제 : 빨간색
• 생장조절제 : 파란색

55 벽돌(190×90×57)을 이용하여 경계부의 담장을 쌓으려고 한다. 시공면적 10m²에 1.5B(한장 반) 두께로 시공할 때 약 몇 장의 벽돌이 필요한가?(단, 줄눈은 10mm이고, 할증률은 무시한다)

① 약 750장
② 약 1,490장
③ 약 2,240장
④ 약 2,980장

해설

구분	0.5B	1.0B	1.5B	2.0B
기존형(210×100×60)	65장	130장	195장	260장
표준형(190×90×57)	75장	149장	224장	298장

표준형(190×90×57)이므로 1.5B는 224장이다.
따라서 10m²에 1.5B 두께로 시공할 때 벽돌의 필요 수량 = 10 × 224 = 2,240장이다.

56 개화를 촉진하는 정원수 관리에 관한 설명으로 옳지 않은 것은?

① 깻묵, 닭똥, 요소, 두엄 등을 15일 간격으로 시비한다.
② 물을 되도록 적게 주어 꽃눈이 많이 생기도록 한다.
③ 햇빛을 충분히 받도록 해준다.
④ 너무 많은 꽃봉오리는 솎아낸다.

해설
특히 깻묵, 닭똥, 요소, 두엄 같은 질소 성분이 풍부한 유기질 비료를 자주 주면, 잎과 줄기 생장이 과도하게 촉진될 수 있다.

57 공사원가 비용 중 안전관리비는 어디에 속하는가?

① 간접재료비   ② 간접노무비
③ 경비   ④ 일반관리비

해설
경비 : 공사의 시공을 위하여 소요되는 공사원가 중 재료비와 노무비를 제외한 비용
예) 전력비, 수도광열비, 운반비, 기계경비, 특허권사용료, 기술료, 연구개발비, 품질관리비, 보험료, 보관비, 외주가공비, 산업안전보건관리비, 폐기물처리비, 도서인쇄비, 안전관리비 등

58 뿌리돌림의 방법으로 옳은 것은?

① 노목은 피해를 줄이기 위해 한 번에 뿌리돌림 작업을 끝내는 것이 좋다.
② 뿌리돌림을 하는 분은 이식할 당시의 뿌리분 보다 약간 크게 한다.
③ 낙엽수의 경우 생장이 끝난 가을에 뿌리돌림을 하는 것이 좋다.
④ 뿌리돌림 시 남겨 둘 곧은 뿌리는 15~20cm의 폭으로 환상박피한다.

해설
큰 나무의 경우 수목을 지탱하기 위해 3~4방향으로 굵은 뿌리를 하나씩 남겨 두고 15cm 정도의 폭으로 환상박피한다.

59 다음 수목의 전정에 관한 설명 중 틀린 것은?

① 가로수의 밑가지는 2m 이상 되는 곳에서 나오도록 한다.
② 이식 후 활착을 위한 전정은 본래의 수형이 파괴되지 않도록 한다.
③ 춘계전정(4~5월) 시 진달래, 목련 등의 화목류는 개화가 끝난 후에 하는 것이 좋다.
④ 하계전정(6~8월)은 수목의 생장이 왕성한 때이므로 강전정을 해도 나무가 상하지 않아서 좋다.

해설
④ 단풍나무, 자작나무 등의 낙엽 활엽수는 하계전정 시 강전정을 피하는 것이 좋다.

60 잔디의 잎에 갈색 병반이 동그랗게 생기고, 특히 6~9월경에 벤트그래스에 주로 나타나는 병해는?

① 녹병
② 황화병
③ 브라운패치
④ 설부병

해설
브라운패치(Brown Patch, 갈색잎마름병)
예고가 낮은 벤트그래스 그린의 경우 매우 습할 때에는 패치의 가장자리에 암회색의 경계부위가 나타나 스모크링(Smoke Ring)과 같은 형태로 나타난다. 건조할 때에는 패치의 전체가 갈색으로 변해 고사한다.
예고가 높은 티잉그라운드, 페어웨이의 경우 이슬이 마르지 않은 아침에 패치의 가장자리에서 회갈색의 기중균사를 형성한다.

정답 56 ① 57 ③ 58 ④ 59 ④ 60 ③

2022년 제1회 과년도 기출복원문제

01 창경궁에 있는 통명전 지당의 설명으로 틀린 것은?

① 장방형으로 장대석으로 쌓은 석지이다.
② 무지개형 곡선 형태의 석교가 있다.
③ 괴석 2개와 앙련(仰蓮) 받침대석이 있다.
④ 물은 직선의 석구를 통해 지당에 유입된다.

해설
③ 통명전 지당 속에는 괴석을 심은 석분 3개와 기물을 받쳤던 앙련 받침대석 1개가 배치되어 있다.

02 조선시대 왕릉의 공간구성 순서를 바르게 나열한 것은?

① 진입공간 – 제향공간 – 전이공간 – 능침공간
② 진입공간 – 제향공간 – 능침공간 – 전이공간
③ 진입공간 – 능침공간 – 전이공간 – 제향공간
④ 진입공간 – 전이공간 – 능침공간 – 제향공간

해설
조선왕릉의 공간구성
진입공간은 왕릉의 시작 공간으로, 관리재(참봉 또는 영)가 머물면서 왕릉을 관리하고 제향을 준비하는 재실(齋室)에서부터 시작된다. 제향공간은 제례의식이 이루어지는 공간으로 산 자(왕)와 죽은 자(능에 계신 왕이나 왕비)의 만남의 공간이다. 능침공간은 봉분이 있는 왕릉의 핵심 공간으로 평상시에는 누구도 접근할 수 없는 공간이다.

03 영국의 18세기 낭만주의 사상과 관련이 있는 것은?

① 스토우(Stowe)정원
② 분구원(分區園)
③ 버컨헤드(Birkenhead)공원
④ 베르사이유궁의 정원

해설
영국의 18세기 후반 낭만주의 사상과 함께 자연(전원)풍경식 정원양식이 성행하였으며, 대표적으로 치즈윅하우스(Chiswick House), 스토우정원(Stowe Garden), 스투어헤드(Stourhead) 등을 손꼽을 수 있다.

04 우리나라 정원에서 홍예문의 성격을 띤 구조물이라 할 수 있는 것은?

① 정자   ② 테라스
③ 트렐리스   ④ 아치

해설
홍예문(虹霓門)은 1908년에 화강암으로 축조된 아치형 터널로, 인천광역시 중구 송학동 소재의 유형문화재 제49호이다.

05 그리스시대 공공건물과 주랑으로 둘러싸인 다목적 열린 공간으로 무덤의 전실을 가리키기도 했던 곳은?

① 포럼   ② 빌라
③ 테라스   ④ 커넬

해설
포럼(Forum)
지배계급을 위한 상징적 지역으로 왕의 행진이나 집단이 모여 토론할 수 있는 광장의 성격을 가지고 있다. 둘러싸인 건물군에 의해 일반광장, 시장광장, 황제광장으로 구분한다.

정답 1 ③ 2 ① 3 ① 4 ④ 5 ①

06 다음의 설명에 해당하는 장비는?

- 2개의 눈금자가 있는데 왼쪽 눈금은 수평거리가 20m, 오른쪽 눈금은 15m일 때 사용한다.
- 측정방법은 우선 나뭇가지의 거리를 측정하고 시공을 통하여 수목의 선단부의 측고기와 눈금이 일치하는 값을 읽는다. 이때 왼쪽 눈금은 수평거리에 대한 %값으로 계산하고, 오른쪽 눈금은 각도 값으로 계산하여 수고를 측정한다.
- 수고측정뿐만 아니라 지형경사도 측정에도 사용한다.

① 윤척
② 측고봉
③ 하고측고기
④ 순토측고기

해설
① 캘리퍼스(Callipers)라고도 하며, 임목의 지름을 측정하는 장비이다.
② 수고를 직접 측정하는 장비로, 조립식 장대에 눈금이 새겨져 있다.
③ 삼각법에 의하여 수고를 측정하는 장비이다.

07 다음 중 일반적으로 옥상정원 설계 시 일반 조경설계보다 중요하게 고려할 항목으로 관련이 가장 적은 것은?

① 토양층 깊이
② 방수 문제
③ 지주목의 종류
④ 하중 문제

해설
옥상조경 시공 시 유의할 점
- 하중, 옥상바닥 보호와 배수 문제
- 바람, 한발, 강우, 햇볕 등 자연재해로의 안전성 고려
- 토양층의 깊이와 구성 성분, 시비 및 식생의 유지
- 수종의 적절한 선택

08 조경설계 과정에서 가장 먼저 이루어져야 하는 것은?

① 구상개념도 작성
② 실시설계도 작성
③ 평면도 작성
④ 내역서 작성

해설
조경 설계도면을 작성하기 위해서는 구상개념도를 작성하거나 혹은 이해할 수 있어야 한다. 직접적으로 작성하여 제출하는 경우도 있으며, 그렇지 않더라도 전체적인 설계 개념을 이끌어내는 데 매우 필요한 단계이다.

09 다음 중 정신집중을 요구하는 사무공간에 어울리는 색은?

① 빨강
② 노랑
③ 난색
④ 한색

해설
온도감에 따른 색의 분류
- 한색 : 차가운 느낌을 주는 파란색 계통의 색으로 수축성과 후퇴성을 가지며 심리적으로 긴장감을 느끼게 한다.
- 난색 : 따뜻한 느낌을 주는 주황색 계통의 색으로 팽창성과 진출성을 가지며, 심리적으로 느슨함을 느끼게 한다.
- 중성색 : 녹색이나 보라색 계통의 색으로, 한색과 난색의 중간적인 성격을 가진다.

10 어린이 놀이시설물 설치에 대한 설명으로 옳지 않은 것은?

① 시소는 출입구에 가까운 곳, 휴게소 근처에 배치하도록 한다.
② 미끄럼대의 미끄럼판 각도는 일반적으로 30~40° 정도의 범위로 한다.
③ 그네는 통행이 많은 곳을 피하여 동서방향으로 설치한다.
④ 모래터는 하루 4~5시간의 햇볕이 쬐고 통풍이 잘 되는 곳에 위치한다.

해설
③ 그네는 집단적인 놀이가 활발한 자리 또는 통행량이 많은 곳에 배치하지 않아야 하고, 안장은 햇빛을 마주하지 않도록 북향 또는 동향으로 배치한다.

정답 6 ④ 7 ③ 8 ① 9 ④ 10 ③

11 플라스틱의 장점에 해당하지 않는 것은?

① 가공이 우수하다.
② 경량 및 착색이 용이하다.
③ 내수 및 내식성이 강하다.
④ 전기 절연성이 없다.

해설
④ 전기와 열의 절연성이 있다.
플라스틱의 특성
- 가벼우면서도 강도와 탄력성이 크다.
- 소성·가공성이 좋아 복잡한 모양으로 성형이 가능하다.
- 내산성·내알칼리성이 크고, 녹슬지 않는다.
- 착색이 자유롭고, 광택이 좋으며, 접착력이 크다.
- 절연성이 있어 전기가 통하지 않고, 열에 매우 취약하다.
- 내열성·내후성·내광성이 부족하며, 변색하는 등의 결점이 있다.

12 그림과 같은 뿌리분 감기 요령은 어떤 방법에 의한 것인가?

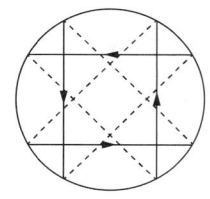

① 4줄 한 번 감기
② 4줄 세 번 감기
③ 3줄 한 번 감기
④ 3줄 두 번 감기

13 다음 중 L형 측구의 팽창줄눈 설치 시 지수판의 간격은?

① 20m 이내
② 25m 이내
③ 30m 이내
④ 35m 이내

해설
L형 측구 팽창줄눈에는 지수판을 설치하고 간격은 20m 이내로 한다.

14 수목 종자의 저장방법 설명으로 틀린 것은?

① 건조저장은 종자를 30% 이내의 함수량이 되도록 건조시킨다.
② 보호저장은 은행, 밤, 도토리 등을 모래와 혼합하여 실내나 창고에서 5℃로 유지한다.
③ 밀봉저장은 가문비나무, 삼나무, 편백 등의 종자를 유리병이나 데시케이터 등에 방습제와 함께 넣는다.
④ 노천매장은 잣나무, 단풍나무류, 느티나무 등의 종자를 모래와 1 : 2의 비율로 섞어 양지쪽에 묻는다.

해설
① 건조저장은 종자의 함수량이 5~10%가 되도록 말려서 저장하는 방법이다.

15 축척 $\frac{1}{1,200}$의 도면을 $\frac{1}{600}$로 변경하고자 할 때 도면의 증가면적은?

① 2배
② 3배
③ 4배
④ 6배

해설
(축척비)^{2}은 면적비이므로 $\left(\frac{1,200}{600}\right)^2 = 4$배이다.

※ 축척이 감소하면 길이는 두 배로, 면적은 네 배로 증가하며, 축척이 증가하면 그 반대이다.

16 정원수의 아름다움의 3가지 요소(삼재미)에 해당되지 않는 것은?

① 색채미
② 형자미(형태미)
③ 내용미
④ 식재미

해설
정원수의 미적 3요소(삼재미) : 색채미, 형태미(형자미), 내용미

17 다음 중 평판측량에 사용되는 기구가 아닌 것은?

① 평판　　　　② 삼각대
③ 레벨　　　　④ 엘리데이드

해설
③ 레벨은 수준측량에 사용되는 기구이다.

18 다음 토관 중 편지관은?

① 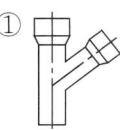　②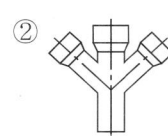
③ 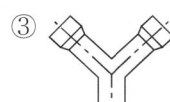　④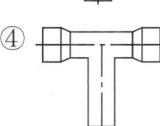

19 다음 중 괄호 안에 들어갈 각각의 내용으로 옳은 것은?

| 인간이 볼 수 있는 (　)의 파장은 약 (　~　)nm 이다. |

① 적외선, 560~960
② 가시광선, 560~960
③ 가시광선, 380~780
④ 적외선, 380~780

해설
인간이 볼 수 있는 가시광선의 파장은 약 380~780mm이다.

20 조경수목의 규격을 표시하는 방법 중 옳은 것은?

① 흉고직경(R) : 지표면 줄기의 굵기
② 근원직경(B) : 가슴 높이 정도의 줄기의 지름
③ 수고(W) : 지표면으로부터 수관의 하단부까지의 수직높이
④ 지하고(BH) : 지표면에서 수관의 맨 아랫가지까지의 수직높이

해설
조경수목의 규격 표시기준
• 수고(H) : 나무의 높이, 표시단위 m
• 수관(W) : 나무의 폭, 표시단위 m
• 근원지름(R) : 나무 밑둥 제일 아랫부분의 지름, 표시단위 cm
• 흉고지름(B) : 가슴높이의 줄기지름, 단위 cm
• 지하고(BH) : 바닥에서 가지가 있는 곳까지의 높이, 표시단위 m

21 25% A유제 100mL를 0.05%의 살포액으로 만드는 데 소요되는 물의 양(L)으로 가장 가까운 것은? (단, 비중은 1.0이다)

① 5　　　　② 25
③ 50　　　　④ 100

해설
살포액의 희석

필요 수량 = 약량 × $\dfrac{원액\ 농도}{희석\ 농도}$

$= 100 \times \dfrac{25}{0.05} = 50,000\text{mL}$

∴ 필요 수량 = 50L
(∵ 1L = 1,000mL)

정답　17 ③　18 ①　19 ③　20 ④　21 ③

22 다음 입찰계약 순서 중 옳은 것은?

① 입찰공고 → 낙찰 → 계약 → 개찰 → 입찰 → 현장설명
② 입찰공고 → 현장설명 → 입찰 → 계약 → 낙찰 → 개찰
③ 입찰공고 → 현장설명 → 입찰 → 개찰 → 낙찰 → 계약
④ 입찰공고 → 계약 → 낙찰 → 개찰 → 입찰 → 현장설명

해설
- 입찰공고 : 입찰의 시작 단계로 발주자가 입찰을 공개적으로 알린다.
- 현장설명 : 필수 단계는 아니지만 일반적인 절차이다. 공사에 대한 이해를 돕기 위해 입찰 참가자에게 현장을 설명한다.
- 입찰 : 입찰 참가자가 가격 등을 제안한다.
- 개찰 : 제출된 입찰서를 개봉하여 내용을 확인한다.
- 낙찰 : 입찰 조건에 가장 적합한 업체를 낙찰자로 선정한다.
- 계약 : 낙찰자와 최종적으로 계약을 체결한다.

23 벽면적 4.8m² 크기에 1.5B 두께로 붉은벽돌을 쌓고자 할 때 벽돌의 소요 매수는?(단, 줄눈의 두께는 10mm이고, 할증률을 고려한다)

① 925매   ② 963매
③ 1,109매   ④ 1,245매

해설
1m²당 벽돌의 소요매수는 224장이므로,
224매/m² × 4.8m² = 1,075.2매
할증률은 3%이므로,
1,075.2 × 1.03 = 1,107.456매 ≒ 1,109매

24 도료의 성분에 의한 분류로 틀린 것은?

① 수성페인트 : 합성수지 + 용제 + 안료
② 유성바니시 : 수지 + 건성유 + 희석제
③ 합성수지도료(용제형) : 합성수지 + 용제 + 안료
④ 생칠 : 옻나무에서 채취한 그대로의 것

해설
수성페인트는 안료를 물과 아라비아고무에 녹여 용제와 건조제 등을 고루 섞은 도료이다.

25 등고선에 관한 설명 중 틀린 것은?

① 등고선 상에 있는 모든 점들은 같은 높이로서 등고선은 같은 높이의 점들을 연결한다.
② 등고선은 급경사지에서는 간격이 좁고, 완경사지에서는 넓다.
③ 높이가 다른 등고선이라도 절벽, 동굴에서는 교차한다.
④ 모든 등고선은 도면 안 또는 밖에서 만나지 않고, 도중에서 소실된다.

해설
등고선의 성질
- 등고선상의 모든 점은 같은 높이이다.
- 등고선은 도면 안팎에서 반드시 만나며, 사라지지 않는다.
- 등고선이 도면 안에서 만나는 지점은 산꼭대기나 요지(凹地)이다.
- 높이가 다른 등고선은 절벽이나 동굴을 제외하고는 교차하거나 만나지 않는다.
- 급경사지는 간격이 좁고, 완경사지는 간격이 넓다.
- 경사가 같으면 간격도 같다.

26 주차장법 시행규칙상 주차장의 주차단위 구획기준은?(단, 평행주차형식 외의 장애인 전용방식이다)

① 2.0m 이상×4.5m 이상
② 3.0m 이상×5.0m 이상
③ 2.3m 이상×4.5m 이상
④ 3.3m 이상×5.0m 이상

해설
주차장법 시행규칙상 주차장의 주차단위 구획기준(너비×길이)은 평행주차형식 외의 경우 일반형 2.5m 이상×5.0m 이상, 장애인 전용 3.3m 이상×5.0m 이상이다.

27 조경계획 및 설계과정에 있어서 각 공간의 규모, 사용재료, 마감방법을 제시해 주는 단계는?

① 기본구상   ② 기본계획
③ 기본설계   ④ 실시설계

해설
기본설계
사업계획 및 기본방침, 대략의 공정, 시공법, 공사비 등 기본적인 내용을 작성하는 것으로, 기초설계를 토대로 공사 시행 시 발생할 수 있는 문제점과 타 공사와의 연관성, 예산 확보 등을 검토하고 확인할 수 있다.

28 4배색을 하면서 동일 색상에서 톤의 명도 차이를 주어 사용하는 배색 방법은?

① 토널 배색   ② 톤 온 톤 배색
③ 톤 인 톤 배색   ④ 도미넌트 배색

해설
② 동일한 색상의 톤을 조절하여 배치하는 방법으로, 그러데이션 배색이라고도 한다.
① 도미넌트 톤 배색이나 톤 인 톤 배색과 같은 종류의 배색 방법으로, 기본 톤으로 중명도, 중채도인 탁한 톤을 사용한 배색 방법으로 전체적으로 안정되며 편안한 느낌을 준다.
③ 서로 다른 색상들을 동일한 톤으로 배치하는 방법을 말한다.
④ 색상을 통일하고 톤의 변화를 주거나, 톤을 동일하게 하고 색상에 변화를 주는 등 색을 통제하여 통일감을 주는 배색을 의미한다.

29 토양환경을 개선하기 위해 유공관을 지면과 수직으로 뿌리 주변에 세워 토양 내 공기를 공급하여 뿌리 호흡을 유도하는데, 유공관의 깊이는 수종, 규격, 식재지역의 토양상태에 따라 다르게 할 수 있으나, 평균깊이는 몇 m 이내로 하는 것이 바람직한가?

① 1m   ② 1.5m
③ 2m   ④ 3m

해설
유공관의 설치깊이는 평균적으로 1m 이내로 하는 것이 바람직하다.

30 경사진 지형에서 흙이 무너지는 것을 방지하기 위하여 토양의 안식각을 유지하며 크고 작은 돌을 자연스러운 상태가 되도록 쌓아 올리는 방법은?

① 평석쌓기
② 견치석쌓기
③ 디딤돌쌓기
④ 자연석 무너짐쌓기

해설
① 넓고 평평한 돌을 켜켜이 쌓는 것
② 보통 모서리를 45° 돌려 쌓은 마름모쌓기
③ 보행자의 편의를 위해 원로의 동선에 디딤돌을 놓는 것

31 우리나라의 목재가 건조된 상태일 때 기건함수율로 가장 적당한 것은?

① 약 5%   ② 약 15%
③ 약 25%   ④ 약 35%

해설
기건함수율
기건상태의 목재가 가지는 함수율로 온대지방에서는 약 12~18% 정도이고, 우리나라에서는 약 15% 정도이다.

정답 26 ④ 27 ③ 28 ② 29 ① 30 ④ 31 ②

32 다음 벽돌의 줄눈 종류 중 우리나라의 전통담장의 사고석 시공에서 흔히 볼 수 있는 줄눈의 형태는?

① 오목줄눈
② 둥근줄눈
③ 빗줄눈
④ 내민줄눈

> **해설**
> 문화재 보수공사 시 담장에 가장 많이 사용되는 줄눈은 내민줄눈이다.

33 수목의 동해 발생에 관한 설명 중 틀린 것은?

① 큰나무 보다는 어린나무에서 많이 발생한다.
② 건조한 토양에서 보다 과습한 토양에서 많이 발생한다.
③ 늦은 가을과 이른 봄에 많이 발생한다.
④ 남쪽 경사면 보다 일교차가 심한 북쪽 경사면에서 피해가 많이 발생한다.

> **해설**
> **동해의 발생**
> - 오목한 지형에 있는 수목에서 많이 발생한다.
> - 늦가을과 이른 봄, 몹시 추운 겨울에 많이 발생한다.
> - 맑고 바람 없는 날에 많이 발생한다.
> - 북쪽 경사면보다는 일교차가 심한 남쪽 경사면에서 더 많이 발생한다.
> - 성목보다는 어린 유목에서 많이 발생한다.
> - 건조한 토양보다는 과습한 토양에서 더 많이 발생한다.
> - 북서쪽이 터진 곳이나 북서쪽 경사면이 높은 지역, 토양이 어는 응달에서 강우나 강설이 적고 북서계절풍이 심한 엄동일 때 수형에 관계없이 발생한다.
> - 찬바람의 해는 9부 능선이나 들판 가운데 고립된 임야에서 발생한다.

34 다음 중 조경시공에 활용되는 석재의 특징으로 부적합한 것은?

① 내화성이 뛰어나고 압축강도가 크다.
② 내수성·내구성·내화학성이 풍부하다.
③ 색조와 광택이 있어 외관이 미려·장중하다.
④ 천연물이기 때문에 재료가 균일하고 갈라지는 방향성이 없다.

> **해설**
> ④ 천연물이기 때문에 재료가 불균일하고 갈라지는 방향성이 있다.

35 다음에서 설명하고 있는 민속마을은?

> - 산태국, 수태극 형상을 이루는 풍산 류씨의 동족마을이다.
> - 연화부수형, 양진당, 충효당 등의 공간 구성을 하고 있다.
> - 낙동강의 흐름이 마을을 감싸며 'S'자형으로 흐르고 있다.

① 한국 민속촌
② 경주 양동마을
③ 안동 하회마을
④ 외암리 민속마을

> **해설**
> **안동 하회마을**
> 마을이름을 하회(河回)라고 한 것은 낙동강이 'S'자 모양으로 마을을 감싸 안고 흐르는데서 유래되었으며, 풍수지리적으로 태극형·연화부수형·행주형에 해당한다.

정답 32 ④ 33 ④ 34 ④ 35 ③

36 해충의 방제방법 분류상 잠복소를 설치하여 해충을 방제하는 방법은?

① 물리적 방제법
② 내병성 품종 이용법
③ 생물적 방제법
④ 화학적 방제법

해설
잠복소는 월동장소를 제공하여 월동벌레를 유인하기 위해 수간에 감은 짚이나 수목 주변에 깔아 놓는 짚 등을 말하는데, 보통 월동을 끝내기 전 봄에 이를 모아 태운다.

37 다음에 해당하는 벌칙 기준은?

- 규정을 위반하여 도시공원에 입장하는 사람으로부터 입장료를 징수한 자
- 허가를 받지 아니하거나 허가받은 내용을 위반하여 도시공원 또는 녹지에서 시설·건축물 또는 공작물을 설치한 자

① 2년 이하의 징역 또는 3,000만원 이하의 벌금
② 1년 이하의 징역 또는 1,000만원 이하의 벌금
③ 1년 이하의 징역 또는 500만원 이하의 벌금
④ 1년 이하의 징역 또는 3,000만원 이하의 벌금

해설
벌칙(도시공원 및 녹지 등에 관한 법률 제53조)
다음의 어느 하나에 해당하는 자는 1년 이하의 징역 또는 1,000만원 이하의 벌금에 처한다.
1. 위탁 또는 인가를 받지 아니하고 도시공원 또는 공원시설을 설치하거나 관리한 자
2. 허가를 받지 아니하거나 허가받은 내용을 위반하여 도시공원 또는 녹지에서 시설·건축물 또는 공작물을 설치한 자
3. 거짓이나 그 밖의 부정한 방법으로 허가를 받은 자
4. 도시공원에 입장하는 사람으로부터 입장료를 징수한 자

38 다음 중 가로수로 식재하며, 주로 봄에 꽃을 감상할 목적으로 식재하는 수종은?

① 팽나무   ② 마가목
③ 협죽도   ④ 벚나무

해설
- 가로수용 수목 : 벚나무, 은행나무, 느티나무, 가죽나무, 회화나무, 은단풍, 칠엽수, 메타세쿼이아, 플라타너스 등
- 봄꽃을 관상하는 나무 : 진달래, 벚나무, 철쭉, 동백나무, 목련, 조팝나무, 산사나무, 매화나무, 개나리, 산수유, 등나무, 수수꽃다리, 모란, 박태기나무 등

39 다음 중 목재 방부제의 처리방법 중 가장 효과적인 방법인 것은?

① 도장법   ② 표면탄화법
③ 침투법   ④ 주입법

해설
방부제 처리방법
- 주입법 : 감압 또는 가압 등의 기계적 압력차에 의해 목재 중에 크레오소트나 PCP를 침투시키는 처리방법으로 가장 효과적인 방법이다.
- 침지법 : 상온에서 방부액이나 물에 목재를 담가 산소 공급을 차단하는 방법이다.
- 표면탄화법 : 목재 표면을 3~4mm 정도 태워 수분을 제거하는 방법으로 흡수성이 증가하는 단점이 있다.
- 도포법(도장법) : 방수용 도장제(페인트, 니스, 오일스테인 등), 방부제, 아스팔트, 콜타르 등을 칠하는 방법이다.

40 공사의 설계 및 시공을 의뢰하는 사람을 뜻하는 용어는?

① 설계자   ② 발주자
③ 시공자   ④ 감독자

해설
② 공사의 설계와 시공을 의뢰하는 사람을 말하며, 주로 사업주나 고객에 해당한다.
① 건축이나 조경의 설계를 담당하는 전문가를 말한다.
③ 공사 현장에서 실제로 작업을 진행하는 업체나 인력을 말한다.
④ 현장 공사를 관리하고 감독하는 역할을 하는 사람이다.

정답 36 ① 37 ② 38 ④ 39 ④ 40 ②

41 골프장 코스 중 출발지점을 말하는 것은?

① 티(Tee)
② 그린(Green)
③ 페어웨이(Fairway)
④ 해저드(Hazard)

해설
홀의 구성
- 티(Tee) : 출발점
- 그린(Green) : 종점
- 페어웨이(Fairway) : 티와 그린 사이에 짧게 깎은 잔디 지역
- 러프(Rough) : 페어웨이 주변의 깎지 않은 초지로 이루어진 지역
- 해저드(Hazard) : 장애 지역

42 다음 중 벽돌쌓기 작업에 관한 설명으로 틀린 것은?

① 시공 시 가능하면 통줄눈으로 쌓는다.
② 벽돌은 쌓기 전에 충분히 물을 축여 쌓는다.
③ 벽돌은 어느 부분이든 균일한 높이로 쌓아 올라간다.
④ 치장줄눈은 되도록 짧은 시일에 하는 것이 좋다.

해설
① 시공 시 가능하면 막힌 줄눈으로 쌓아야 한다.
줄눈
- 통줄눈 : 가로 줄눈과 세로 줄눈이 교차하는 十자 형태로, 하중이 분포되지 않아 붕괴 위험이 크다.
- 막힌줄눈 : 통줄눈과는 다르게 위아래 세로 줄눈이 서로 어긋난 형태로, 하중이 고르게 분포되어 안전하며, 가장 일반적인 줄눈이다.
- 치장줄눈 : 줄눈을 여러 형태로 아름답게 처리하여 벽돌을 쌓은 면 전체가 미관상 보기 좋도록 할 수 있다.

43 다음 중 위요된 경관(Enclosed Landscape)의 특징 설명으로 옳은 것은?

① 시선의 주의력을 끌 수 있어 소규모의 지형도 경관으로서 의의를 갖게 해준다.
② 보는 사람으로 하여금 위압감을 느끼게 하며 경관의 지표가 된다.
③ 확 트인 느낌을 주어 안정감을 준다.
④ 주의력이 없으면 등한시하기 쉬운 것이다.

해설
위요경관(Enclosed Landscape)
주위 경관요소들에 의하여 울타리처럼 둘러싸인 경관이다.
예 숲속의 호수, 초원 등

44 다음 한국잔디의 특성을 설명한 것 중 옳은 것은?

① 더위에 강하다.
② 회복 속도가 빠르다.
③ 병해충에 약하다.
④ 그늘에서 잘 자란다.

해설
한국잔디
- 우리나라에서 자생하는 난지형 잔디로, 들잔디, 금잔디, 갯잔디, 빌로드 잔디 등이 있다.
- 발아가 잘 되지 않아서 주로 영양번식에 의존한다.
- 가는 줄기와 땅속줄기에 의해 옆으로 퍼지는 포복경으로 번식한다.
- 5~9월 사이에 잎이 푸른 상태로 있어 녹색 기간이 짧고 그늘에서 잘 자라지 못한다.
- 추위, 더위, 건조, 병해충에 아주 강하고, 산성 토양이나 답압에도 강하여, 축구장, 공항, 공원, 묘지 등에 많이 쓰인다.
- 잔디밭 조성에 많은 시간이 소요되고, 손상을 받은 후 회복 속도가 느리며, 겨울 동안 황색 상태로 남아 있는 단점이 있다.

45 다음 중 마운딩(Mounding)의 기능으로 가장 거리가 먼 것은?

① 배수 방향을 조절
② 자연스러운 경관을 조성
③ 공간기능을 연결
④ 유효토심 확보

해설
마운딩의 기능
- 흙쌓기에 의해 지면 형상을 변화시켜 수목의 생장에 필요한 유효토심을 확보한다.
- 배수 방향을 조절하고, 자연스러운 경관을 조성하며, 토지 이용상 공간을 분할한다.

46 정원수를 이식할 때 가지와 잎을 적당히 잘라 주는 이유는 다음 중 어떤 목적에 해당하는가?

① 생장을 돕는 가지 다듬기
② 생장을 억제하는 가지 다듬기
③ 세력을 갱신하는 가지 다듬기
④ 생리 조정을 위한 가지 다듬기

해설
생리를 조절하기 위한 전정
- 나무를 옮길 때 가지와 잎을 그대로 둔 상태로 식재하면 지하부와 지상부의 생리적 균형이 깨지기 쉬우므로, 가지와 잎을 알맞게 잘라 주는 방법이다.
- 느티나무, 버즘나무 등과 같이 맹아력이 강한 나무는 상당히 큰 가지를 잘라도 훌륭한 새 가지가 생기지만, 소나무와 같이 맹아력이 약한 나무는 주의해야 한다.

47 다음 중 천근성(淺根性) 수종으로 짝지어진 것은?

① 독일가문비나무, 자작나무
② 전나무, 백합나무
③ 느티나무, 은행나무
④ 백목련, 가시나무

해설
- 천근성 수종 : 독일가문비나무, 일본잎갈나무(낙엽송), 편백, 버드나무, 자작나무, 아까시나무, 포플러류, 현사시나무, 매화나무, 황철나무 등
- 심근성 수종 : 소나무, 곰솔, 전나무, 주목, 동백나무, 일본목련, 느티나무, 백합나무, 상수리나무, 은행나무, 칠엽수, 백목련, 낙우송 등

48 다음 중 조경계획의 수행과정 단계가 옳은 것은?

① 목표설정 - 자료분석 및 종합 - 기본계획 - 실시설계 - 기본설계
② 자료분석 및 종합 - 목표설정 - 기본계획 - 기본설계 - 실시설계
③ 목표설정 - 자료분석 및 종합 - 기본계획 - 기본설계 - 실시설계
④ 목표설정 - 자료분석 및 종합 - 기본설계 - 기본계획 - 실시설계

해설
조경계획의 과정 : 목표 설정 → 현황자료 분석(자연환경분석, 인문환경분석) 및 종합 → 기본구상 → 기본계획(토지이용계획, 교통동선계획, 시설물 배치계획, 식재계획, 하부구조계획, 집행계획) → 기본설계 → 실시설계 → 시공 및 감리 → 유지관리

정답 45 ③ 46 ④ 47 ① 48 ③

49 성인이 이용할 정원의 디딤돌 놓기 방법으로 틀린 것은?

① 납작하면서도 가운데가 약간 두둑하여 빗물이 고이지 않는 것이 좋다.
② 디딤돌의 간격은 보행폭을 기준하여 35~50cm 정도가 좋다.
③ 디딤돌은 가급적 사각형에 가까운 것이 자연미가 있어 좋다.
④ 디딤돌 및 징검돌의 장축은 진행방향에 직각이 되도록 배치한다.

해설
디딤돌은 보통 한 면이 넓적하고 평평한 자연석을 많이 쓰나, 가공한 화강암 판석이나 점판암 판석 또는 통나무 등을 쓰는 경우도 있다.

50 다음 중 미선나무에 대한 설명으로 옳은 것은?

① 열매는 부채 모양이다.
② 꽃색은 노란색으로 향기가 있다.
③ 상록활엽교목으로 산야에서 흔히 볼 수 있다.
④ 원산지는 중국이며 세계적으로 여러 종이 존재한다.

해설
미선나무
- 낙엽활엽관목이며, 우리나라 특산으로 충북 진천군과 괴산군에 자생한다.
- 물푸레나뭇과로 원산지는 한국이며, 세계적으로 1속 1종뿐이다.
- 꽃색은 백색 또는 분홍색으로 향기가 있으며, 3월에 잎보다 먼저 총상꽃차례로 달린다.
- 열매 모양이 둥근 부채 모양이라 미선나무라 부른다.

51 다음 중 제초제 사용의 주의사항으로 틀린 것은?

① 비나 눈이 올 때는 사용하지 않는다.
② 될 수 있는 대로 다른 농약과 섞어서 사용한다.
③ 적용 대상에 표시되지 않은 식물에는 사용하지 않는다.
④ 살포할 때는 보안경과 마스크를 착용하며, 피부가 노출되지 않도록 한다.

해설
② 농약을 될 수 있는 대로 섞으면 안되며 주의사항을 숙지하고 혼용해야 한다.
제초제 사용 시 주의사항
- 혼용 시 침전물이 생기면 사용하지 않아야 한다.
- 농약의 혼용은 반드시 농약 혼용가부표를 참고한다.
- 농약을 혼용하여 조제한 약제는 될 수 있으면 즉시 살포하여야 한다.
- 농약 혼용 시 장점 : 독성 경감, 약효 상승, 약효지속기간 연장

52 항공사진측량의 장점 중 틀린 것은?

① 축척 변경이 용이하다.
② 분업화에 의한 작업능률성이 높다.
③ 동적인 대상물의 측량이 가능하다.
④ 좁은 지역 측량에서 50% 정도의 경비가 절약된다.

해설
④ 항공사진측량은 좁은 지역 측량시 비경제적인 단점이 있다.
항공사진 측량의 장단점

장점	• 전체에 걸쳐 정도가 균일 • 정량적, 정성적 측정 가능 • 분업화에 의해 작업 능률이 높음 • 동체 측정에 의해 보존 이용이 가능 • 접근하기 어려운 대상물의 측정 가능 • 축척 변경 용이 • 거시적인 관찰 가능 • 넓은 지역에서 경제적 • 4차원 측정 가능
단점	• 피사대상 식별 어려움 • 지상 측량에 비해 정도가 떨어짐. • 기후의 영향 • 좁은 지역에서 비경제적 • 시설비용 많이 듦

53 화단에 초화류를 식재하는 방법으로 옳지 않은 것은?

① 식재 할 곳에 1m²당 퇴비 1~2kg, 복합비료 80~120g을 밑거름으로 뿌리고 20~30cm 깊이로 갈아준다.
② 큰 면적의 화단은 바깥쪽부터 시작하여 중앙부위로 심어 나가는 것이 좋다.
③ 식재하는 줄이 바뀔 때마다 서로 어긋나게 심는 것이 보기에 좋고 생장에 유리하다.
④ 심기 한나절 전에 관수해 주면 캐낼 때 뿌리에 흙이 많이 붙어 활착에 좋다.

해설
② 꽃묘는 줄이 바뀔 때마다 어긋나게 심는 것이 좋고, 비교적 큰 면적의 화단은 중심부에서 바깥쪽으로 심어 나간다.

54 다음 중 합판에 관한 설명으로 틀린 것은?

① 합판을 베니어판이라 하고, 베니어란 원래 목재를 얇게 한 것을 말하며, 이것을 단판이라고도 한다.
② 슬라이스드 베니어(Sliced Veneer)는 끌로서 각목을 얇게 절단한 것으로 아름다운 결을 장식용으로 이용하기에 좋은 특징이 있다.
③ 합판의 종류에는 섬유판, 조각판, 적층판 및 강화 적층재 등이 있다.
④ 합판의 특징은 동일한 원재로부터 많은 정목판과 나무결 무늬판이 제조되며, 팽창 수축 등에 의한 결점이 없고 방향에 따른 강도 차이가 없다.

해설
③ 합판의 종류에는 용도에 따라 내수합판, 방화합판, 방충합판, 방부합판 등이 있다.

합판의 특징
- 목재를 얇은 판으로 깎은 단판에 접착제를 바른 다음, 나무의 결이 엇갈리게 여러 겹으로 붙여서 만든 판상의 가공재이다.
- 제품이 규격화되어 있어 능률적으로 사용 가능하다.
- 나뭇결이 아름답고, 균일한 크기로 제작이 가능하다.
- 수축·팽창 등에 의한 변형이 거의 없다.
- 고른 강도를 유지하며, 넓은 면적을 이용할 수 있다.
- 내구성과 내습성이 크다.

55 다음 선의 종류와 선긋기의 내용이 잘못 짝지어진 것은?

① 가는 실선 – 수목인출선
② 파선 – 보이지 않는 물체
③ 1점쇄선 – 지역 구분선
④ 2점쇄선 – 물체의 중심선

해설
④ 2점쇄선 : 가상선, 경계선

56 암거배수란 어느 것을 말하는가?

① 강우 시 표면에 떨어진 물을 처리하기 위한 배수시설
② 땅 밑에 돌이나 관을 묻어 배수시키는 시설
③ 지하수를 이용하기 위한 시설
④ 돌이나 관을 땅에 수직으로 뚫어 설치하는 것

해설
암거배수
토양 내 과잉수를 제거하기 위해 지하에 모래, 자갈, 호박돌 등으로 큰 공극을 만들어 주변의 물이 스며들도록 하거나, 투수성을 지닌 유공관을 설치해 배수하는 시설을 말한다.

정답 53 ② 54 ③ 55 ④ 56 ②

57 담금질을 한 강에 인성을 주기 위하여 변태점 이하의 적당한 온도에서 가열한 다음 냉각시키는 조작을 의미하는 것은?

① 풀림
② 사출
③ 불림
④ 뜨임질

해설
열처리
- 풀림 : 강을 연화하거나 강의 응력을 제거하기 위한 열처리로, 일정 온도로 가열유지한 후 노(爐) 내에서 냉각하는 작업
- 불림 : 강의 입자를 미세화하고 조직을 균일하게 하여 강의 성질을 개선하기 위한 열처리로, 적당한 온도로 가열한 후 대기 중에서 냉각하는 작업
- 담금질 : 강의 경도와 강도를 최고점까지 높이기 위한 열처리로, 가열유지한 후 물이나 기름으로 급속냉각하는 작업
- 뜨임질 : 담금질한 강의 취성을 제거하고 인성을 부여하기 위한 열처리로, 담금질한 강을 다시 적당한 온도까지 가열한 후 냉각하는 작업

58 토공작업 시 지반면보다 낮은 면의 굴착에 사용하는 기계로 깊이 6m 정도의 굴착에 적당하며, 백호라고도 불리는 기계는?

① 클램셸
② 드래그라인
③ 파워셔블
④ 드래그셔블

해설
① 기계를 장치한 위치보다 낮은 데를 굴삭하는 데 적합하고, 조개껍질처럼 양쪽으로 열리는 버킷이 특징이다.
② 기계를 장치한 위치보다 낮은 데를 굴삭하는 데 적합하고, 굴삭반경이 크지만, 단단한 토질을 굴삭할 수 없어 수중굴삭이나 모래 채취에 주로 사용된다.
③ 파워셔블은 기계를 장치한 위치보다 높은 곳을 굴삭하는 데 적합하고, 비교적 단단한 토질을 굴삭할 수 있으며, 파기와 싣기 모두 가능하다.

59 네덜란드 정원에 관한 설명으로 가장 거리가 먼 것은?

① 운하식이다.
② 튤립, 히아신스, 아네모네, 수선화 등의 구근류로 장식했다.
③ 프랑스와 이탈리아의 규모보다 통상 2배 이상 크다.
④ 테라스를 전개시킬 수 없었으므로 분수, 캐스케이드가 채택될 수 없었다.

해설
이탈리아의 영향을 받았다고 하더라도, 대부분이 산지인 이탈리아와는 달리 지면이 해면보다 낮고 평평한 네덜란드는 노단건축식 정원이나 분수, 캐스케이드는 배제하였다. 따라서 프랑스와 이탈리아의 규모보다는 작다.

60 다음 중 상렬(霜裂)의 피해가 가장 적게 나타나는 수종은?

① 소나무
② 단풍나무
③ 일본목련
④ 배롱나무

해설
상렬(霜裂, Frost Cracks)
- 추위에 의하여 나무의 줄기 또는 수피가 수선 방향으로 갈라지는 현상을 말한다.
- 상렬은 늦겨울이나 이른 봄 남서면의 얼었던 수피가 햇빛을 받아 조직이 연해진 다음, 밤중에 기온이 급속히 내려감으로써 수분이 세포를 파괴하여 껍질이 갈라져 생긴다.
- 상렬의 피해가 많이 나타나는 수종은 수피가 얇은 단풍나무, 배롱나무, 일본목련, 벚나무, 밤나무 등이며, 지상으로부터 0.5~1m 정도 높이의 수간에서 피해가 많이 발생한다.

57 ④ 58 ④ 59 ③ 60 ①

2022년 제2회 과년도 기출복원문제

01 다음 중 일본 정원과 관련이 가장 적은 것은?

① 축소 지향적
② 인공적 기교
③ 통경선의 강조
④ 추상적 구성

해설
③ 통경선의 강조는 프랑스 정원양식과 관계가 있다.
일본 조경의 특징
- 일본 정원에서 중점을 두고 있는 것 : 조화
- 정신세계의 상징화, 인공적인 기교, 추상적 구성, 관상적인 가치에 가장 치중한 정원이다.

02 미국에서 하워드의 전원도시의 영향을 받아 도시 교외에 개발된 주택지로서 보행자와 자동차를 완전히 분리하고자 한 것은?

① 웰린(Welwyn)
② 요세미티
③ 레치워어드(Letch Worth)
④ 래드번(Rad Burn)

해설
래드번 계획의 원칙
- 보행자와 자동차 교통의 분리
- 간선도로에 의해 분할되지 않는 슈퍼블록으로 구성
- 쿨데삭으로 차량의 서비스 도로
- 부엌 등 서비스 관계의 실은 쿨데삭쪽에 배치
- 거실, 침실 등은 중앙의 마당에 면하도록 배치

03 조선시대 유학자 송시열이 제자들을 가르쳤던 건물은?

① 내원서
② 남간정사
③ 소쇄원
④ 남계서원

해설
남간정사
조선 숙종 때인 1683년, 송시열이 말년에 강학을 위하여 흥농동(현재 대전광역시 동구 가양동)에 지은 별당건물이다.
※ 암서재 : 송시열선생이 정치를 그만 두고 은거할 때 학문을 닦고 제자들을 가르치던 곳이다.

04 고려시대에 궁궐 내의 조경을 담당하던 관청은?

① 내원서
② 상림원
③ 장원서
④ 화림원

해설
고려시대 정원을 맡아보던 관서는 내원서이며 고려 25대 충렬왕 34년(1308)에 모든 궁궐의 원화를 맡아보던 관서로서 사원서 관할 하에 만들어졌다.

05 시대별 정원유적으로 틀린 것은?

① 고구려 – 장안성
② 백제 – 궁남지
③ 통일신라 – 안압지
④ 고려 – 임류각

해설
공주 공산성 임류각은 백제시대에 왕궁의 동쪽에 지은 누각으로, 왕과 신하들의 연회장소로 추정된다.

정답 1 ③ 2 ④ 3 ② 4 ① 5 ④

06 다음 중 고대 로마의 폼페이 주택정원에서 볼 수 없는 것은?

① 아트리움
② 페리스틸리움
③ 포럼
④ 지스터스

해설
③ 포럼은 지배계급을 위한 상징적 지역으로 왕의 행진, 집단이 모여 토론할 수 있는 광장의 성격을 지닌다.
폼페이의 주택정원은 2개의 중정과 1개의 후원으로 구성된 내향적인 양식이다.
• 제1중정(아트리움, Atrium) : 고대 로마 주택정원의 제1중정으로, 손님 접대나 사무용 공적 공간이다.
• 제2중정(페리스틸리움, Peristylium) : 고대 로마 주택정원의 제2중정으로, 가족용 사적 공간이다.
• 후원(지스터스, Xystus) : 수로를 축으로 그 좌우에 산책로인 원로와 화단을 대칭적으로 배치한 공간이다.

07 우리나라에서 최초의 유럽식 정원이 도입된 곳은?

① 덕수궁 석조전 앞 정원
② 파고다 공원
③ 장충단 공원
④ 구 중앙정부청사 주위 정원

해설
석조전 앞뜰에 분수와 연못을 중심으로 조성된 좌우대칭적인 기하학식 정원인 침상원(침상경원)이 우리나라 최초의 유럽식(프랑스) 정원이다.

08 도시공원 및 녹지 등에 관한 법률에 의한 어린이공원의 기준에 관한 설명으로 옳은 것은?

① 유치거리는 500m 이하로 제한한다.
② 1개소 면적은 1,200m² 이상으로 한다.
③ 공원시설 부지면적은 전체 면적의 60% 이하로 한다.
④ 공원구역 경계로부터 500m 이내에 거주하는 주민 250명 이상의 요청 시 어린이공원 조성 계획의 정비를 요청할 수 있다.

해설
① 유치거리 250m 이하(도시공원 및 녹지 등에 관한 법률 시행규칙 [별표 3])
② 규모 1,500m² 이상(도시공원 및 녹지 등에 관한 법률 시행규칙 [별표 3])
④ 공원구역 경계로부터 250m 이내에 거주하는 주민 500명 이상의 요청(도시공원 및 녹지 등에 관한 법률 시행령 제15조 제1항 제1호)

09 다음 설계 기호는 무엇을 표시한 것인가?

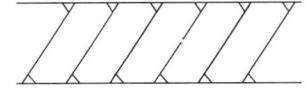

① 인조석다짐   ② 잡석다짐
③ 보도블록포장 ④ 콘크리트포장

10 도시기본구상도의 표시기준 중 주거용지는 무슨색으로 표현되는가?

① 노란색   ② 파란색
③ 빨간색   ④ 보라색

해설
도시계획지역의 구분과 표현색
• 주거지역 : 노란색
• 녹지지역 : 초록색
• 상업지역 : 빨간색
• 공업지역 : 보라색
• 미지정 : 무색

11 지형도에서 U자(字) 모양으로 그 바닥이 낮은 높이의 등고선을 향하면 이것은 무엇을 의미하는가?

① 계곡 ② 현애
③ 능선 ④ 동굴

해설
능선은 산이나 언덕의 정상에서 양쪽으로 경사진 부분이 연결된 지형을 말한다. 지형도에서 능선을 표현할 때, U자형 등고선의 곡선이 바닥이 낮은 쪽을 향하는 형식으로 나타난다. 이는 능선의 고도가 주변 지형보다 높은 것을 의미하며, 능선 자체는 그 곡선 방향의 반대쪽으로 경사져 있다.

12 지반검사를 통해 알 수 있는 정보가 아닌 것은?

① 토질
② 지층 N값
③ 지하수위
④ 기상상태

해설
지반조사 : 지반을 구성하는 지층 및 토층의 형성, 지하수의 상태, 각 층의 토질 등을 알아내 구조물을 계획, 설계 및 시공하는데 필요한 기초 자료를 구하는 조사

13 우리나라 최초의 국립공원은?

① 설악산 ② 한라산
③ 지리산 ④ 내장산

해설
- 한국 최초로 지정된 국립공원은 지리산이고, 세계 최초로 지정된 국립공원은 옐로스톤(Yellow Stone)이다.
- 국립공원은 자연경치가 뛰어난 지역의 자연과 문화적 가치를 보호하기 위하여 국가에서 지정하여 관리하는 공원이다.

14 다음 설명의 ( ) 안에 들어갈 각각의 용어는?

- 면적이 커지면 명도와 채도가 (㉠).
- 큰 면적의 색을 고를 때의 견본색은 원하는 색보다 (㉡) 색을 골라야 한다.

① ㉠ 높아진다, ㉡ 밝고 선명한
② ㉠ 높아진다, ㉡ 어둡고 탁한
③ ㉠ 낮아진다, ㉡ 밝고 선명한
④ ㉠ 낮아진다, ㉡ 어둡고 탁한

해설
면적대비 : 면적이 크고 작음에 따라 색이 다르게 보이는 현상
- 면적이 커지면 명도 및 채도가 증대되어 그 색은 실제보다 더 밝고 선명하게 보이고, 반대로 면적이 작아지면 명도와 채도가 감소되어 보인다.
- 작은 견본으로는 정확한 색상 선택이 어려우므로 벽면과 같이 큰 면적의 색을 고를 때는 원하는 색상보다 약간 어둡고 탁한 색을 골라야 한다.

15 설계도면에서 표제란에 위치한 막대축척이 1/200이다. 도면에서 1cm는 실제 몇 m인가?

① 0.5m ② 1m
③ 2m   ④ 4m

해설
실제 거리 = 도상 길이 ÷ 축척
= 1cm ÷ (1/200)
= 200cm
= 2m

16 퍼걸러 설치와 관련한 설명으로 부적합한 것은?

① 보행동선과의 마찰을 피한다.
② 높이에 비해 넓이가 약간 넓게 축조한다.
③ 퍼걸러는 그늘을 만들기 위한 목적이다.
④ 불결하고 외진 곳을 피하여 배치한다.

해설
② 일반적으로 높이보다 길이가 길도록 한다.

17 다음 설명하는 특징을 갖는 조명등은?

- 조명등 중 전기효율이 높은 편이다.
- 빛이 먼 거리까지 잘 비쳐 가로등이나 각종 시설조명으로 사용된다.
- 발광색은 노란색이어서 매우 특징적이므로 미적 효과를 연출하기 용이하다.
- 곤충들이 모여들지 않는 특징이 있다.

① 할로겐등　　② 형광등
③ 수은등　　　④ 나트륨등

해설
나트륨등
- 설치비는 비싸지만 유지관리비가 싸고, 수명이 비교적 길다.
- 빛의 조절이나 통제가 용이하고, 색채의 연출이 우수하다.
- 녹색과 푸른색을 제외한 색채의 연출이 불량하여 이를 보완하기 위해 인을 코팅한 전등을 사용한다.
- 변동하는 기온이나 조건하에서 발광 및 효율을 일정하게 유지하기 어렵다.

18 시멘트 중 간단한 구조물에 가장 많이 사용되는 것은?

① 보통 포틀랜드 시멘트
② 중용열 포틀랜드 시멘트
③ 조강 포틀랜드 시멘트
④ 고로 시멘트

해설
보통포틀랜드 시멘트는 주성분이 실리카(SiO_2), 알루미나(Al_2O_3), 석회(CaO)이며, 건축구조물이나 콘크리트제품 등 여러 방면에 이용되고 있고, 시멘트 세계 총생산량의 90% 이상을 점유하고 있다. 광범위하게 사용되는 시멘트이다.

19 비탈면에 교목과 관목을 식재하기에 적합한 비탈면 경사로 모두 옳은 것은?

① 교목 1:2 이하, 관목 1:3 이하
② 교목 1:3 이상, 관목 1:2 이상
③ 교목 1:2 이상, 관목 1:3 이상
④ 교목 1:3 이하, 관목 1:2 이하

해설
비탈면에 교목을 식재하려면 1:3보다 완만해야 하고, 관목을 식재하려면 1:2보다 완만해야 한다.

20 인간이나 기계가 공사 목적물을 만들기 위하여 단위물량당 소요로 하는 노력과 물질을 수량으로 표현한 것을 무엇이라 하는가?

① 할증　　　② 품셈
③ 견적　　　④ 내역

해설
① 일정한 값에 대한 일정 비율을 가산하는 것
③ 장래에 있을 거래가격을 사전에 계산하여 산출하는 것
④ 물품이나 금액 따위의 분명하고 자세한 내용

16 ①　17 ④　18 ①　19 ④　20 ②　**정답**

21 여름의 연보라 꽃과 초록의 잎 그리고 가을에 검은 열매를 감상하기 위한 지피식물은?

① 영산홍　② 꽃잔디
③ 맥문동　④ 칡

해설
맥문동은 여름철에 연보라색 꽃을 피우고, 초록색 잎을 사계절 유지하며, 가을에 검은색 열매를 맺는 다년생 지피식물이다. 그늘진 곳에서도 잘 자라는 특성상 땅을 덮는 식물로 활용되며, 환경에 잘 적응하고 관리가 쉽다.

22 다음 중 호박돌 쌓기에 이용되는 쌓기법으로 가장 적합한 것은?

① +자 줄눈 쌓기
② 줄눈 어긋나게 쌓기
③ 이음매 경사지게 쌓기
④ 평석 쌓기

해설
호박돌 쌓기
- 호박돌은 깨지지 않고 표면이 깨끗하며 크기가 비슷한 것으로 선택하여 사용한다.
- 호박돌은 크기가 작아 안전성이 부족하므로 찰쌓기를 하는데, 이때 뒷길이가 긴 것을 쓰고 굄돌을 잘 해야 한다.
- 호박돌 쌓기는 불규칙하게 쌓는 것보다 규칙적인 모양을 갖도록 쌓는 것이 보기에 좋고 안전성이 있으며, 돌을 서로 어긋나게 놓아 +자 줄눈이 생기지 않도록 한다.
- 쌓기 중에 모르타르가 돌의 표면에 붙지 않도록 하며, 돌틈 사이에서 흘러나온 모르타르는 굳기 전에 깨끗이 제거한다.

23 소나무류의 순지르기에 알맞은 적기는?

① 1~2월　② 3~4월
③ 5~6월　④ 7~8월

해설
소나무의 순지르기(순따주기)
원하는 모양을 만들기 위해서는 5~6월에 새순이 5~10cm 길이로 자랐을 때 1~2개의 순을 남기고 중심순을 포함한 나머지는 다 따버리는 것이 좋다.

24 목재의 방부제로 쓰이는 CCA 방부제는 어떤 성분을 주로 배합하여 만든 것인가?

① 크롬, 칼슘, 비소
② 구리, 비소, 크롬
③ 칼륨, 구리, 크롬
④ 칼슘, 칼륨, 구리

해설
CCA
크롬(Chrome)과 구리(Copper), 비소(Arsenic) 화합물로 수용성 방부제이며, 중금속 위해성으로 인해 2007년부터 생산 및 사용이 금지되었다

25 다음 도료 중 건조가 가장 빠른 것은?

① 오일페인트　② 바니시
③ 래커　④ 레이크

해설
래커
- 자연건조방법에 의해 상온에서 경화된다.
- 도막의 건조시간이 빨라 백화를 일으키기 쉽다.
- 도막은 단단하고 불점착성이다.
- 셀룰로스도료라고도 한다.
- 내마모·내수성·내유성 등이 우수하다.

26 조경공사의 유형 중 환경 생태복원 녹화공사에 속하지 않는 것은?

① 분수공사
② 비탈면 녹화공사
③ 옥상 및 벽체 녹화공사
④ 자연하천 및 저수지공사

해설
① 분수공사는 수경시설공사에 속한다.

정답　21 ③　22 ②　23 ③　24 ②　25 ③　26 ①

27 옥외조경공사 지역의 배수관 설치에 관한 설명으로 잘못된 것은?

① 관에 소켓이 있을 때는 소켓이 관의 상류쪽으로 향하도록 한다.
② 관의 이음부는 관 종류에 따른 적합한 방법으로 시공하며, 이음부의 관 내부는 매끄럽게 마감한다.
③ 경사는 관의 지름이 작은 것일수록 급하게 한다.
④ 배수관의 깊이는 동결심도 바로 위쪽에 설치한다.

해설
옥외배관은 동결심도(Freezing Depth) 이하의 깊이로 한다. 설계도면에서 특별히 정한 바가 없는 경우에는 옹벽 찰쌓기를 할 때 배수구는 PVC관(경질염화 비닐관)을 $3m^3$당 1개가 적당하다.

28 다음 중 유자격자는 모두 입찰에 참여할 수 있으며, 균등한 기회를 제공하고, 공사비 등을 절감할 수 있으나 부적격자에게 낙찰될 우려가 있는 입찰방식은?

① 특명입찰
② 일반경쟁입찰
③ 지명경쟁입찰
④ 수의계약

해설
① 특명입찰 : 건축주가 해당 공사에 가장 적격한 단일 도급업자를 지명하여 입찰시키는 방식
③ 지명경쟁입찰 : 건축주가 공사에 적격하다고 인정되는 3~7곳의 시공회사를 선정하여 입찰시키는 방식
④ 수의계약 : 경쟁이나 입찰에 따르지 아니하고, 일방적으로 상대편을 골라서 맺는 계약

29 인출선에 대한 설명으로 옳지 않은 것은?

① 수목명, 본수, 규격 등을 기입하기 위하여 주로 이용되는 선이다.
② 도면의 내용물 자체에 설명을 기입할 수 없을 때 사용하는 선이다.
③ 인출선의 긋는 방향과 기울기는 서로 다르게 하는 것이 효과적이다.
④ 인출선은 가는 실선을 사용하며, 한 도면 내에서는 그 굵기와 질은 동일하게 유지한다.

해설
③ 긋는 방향과 기울기를 통일한다.

30 석재의 특성 중 장점에 해당되지 않는 것은?

① 불연성이며, 압축강도가 크고 내구성·내화학성이 풍부하며 마모성이 적다.
② 종류가 다양하고 같은 종류의 석재라도 산지나 조직에 따라 여러 외관과 색조가 나타난다.
③ 외관이 장중하고 치밀하여 가공 시 아름다운 광택을 낸다.
④ 화열에 닿으면 화강암 등은 균열이 생기고, 석회암이나 대리석과 같이 분해가 일어나기도 한다.

해설
④ 석재는 화열을 받을 경우 균열 또는 파괴되기가 쉬운 단점이 있다.

31 다음 조경식물 중 생장속도가 가장 느린 것은?

① 배롱나무
② 쉬나무
③ 눈주목
④ 층층나무

해설
③ 일본 원산으로 주목보다 생장속도가 느리고, 너비가 높이의 2배 정도로 퍼져 자란다.
① 배롱나무의 새순은 세력이 좋아 도장하려는 경향이 있으므로, 일찍 아래로 구부려 생장을 억제한다.
② 수형이 아름답고, 대기오염에 강하며, 생장속도가 빠른 속성수이다.
④ 그늘진 곳에서도 잘 자라고, 생장속도가 빠르며, 병충해·공해·추위에 강하다.

32 흙은 같은 양이라 하더라도 자연상태(N)와 흐트러진 상태(S), 인공적으로 다져진 상태(H)에 따라 각각 그 부피가 달라진다. 자연상태의 흙의 부피(N)를 1.0으로 할 경우 부피가 많은 순서로 적당한 것은?

① S > N > H
② S > H > N
③ N > S > H
④ N > H > S

해설
자연상태의 토량을 기준으로 흙의 부피를 비교하면 흐트러진 상태의 토량 > 자연상태의 토량 > 다져진 상태의 토량 순이다.

33 콘크리트를 혼합한 다음 운반해서 다져넣을 때까지 시공성의 좋고 나쁨을 나타내는 성질 즉, 콘크리트의 시공성을 나타내는 것은?

① 슬럼프시험(Slump Test)
② 워커빌리티(Workability)
③ 물–시멘트비(Water Cement Ratio)
④ 양생(Curing)

해설
① 슬럼프란 굳지 않은 콘크리트의 반죽질기를 의미하며, 일반적으로 워커빌리티는 슬럼프값으로 표시하는데, 반죽질기를 측정하는 방법으로 슬럼프 시험이 가장 많이 쓰이고 있다.
③ 콘크리트 배합 시 시멘트 중량에 대한 물 중량의 비율을 말하며, 시멘트풀의 농도를 의미하고, 배합 시 콘크리트의 강도, 내구성 및 수밀성을 좌우하는 가장 중요한 요소이다.
④ 콘크리트를 친 후 응결과 경화가 완전히 이루어지도록 보호하는 것을 말한다.

34 원로의 기울기가 몇도 이상일 때 일반적으로 계단을 설치하는가?

① 3°
② 5°
③ 10°
④ 15°

35 피아노의 리듬에 맞추어 분수를 계획할 때 강조해서 적용해야 할 경관구성 원리는?

① 율동
② 조화
③ 균형
④ 비례

해설
① 각 요소들이 강약, 장단의 주기성이나 규칙성을 가지면서 전체적으로 연속적인 운동감을 가지는 것으로 다른 원리에 비해 명감이 강하며 활기 있는 표정과 경쾌한 느낌을 준다.
② 색채나 형태가 유사한 시각적 요소들이 서로 잘 어울리는 것을 말한다.
③ 한쪽으로 치우침이 없이 전체적으로 균등하게 분배된 구성을 말한다.
④ 길이, 면적 등 물리적 크기의 비례에 규칙적인 변화를 주게 되면 부분과 전체의 관계를 보다 풍부하게 할 수 있다.

정답 31 ③ 32 ① 33 ② 34 ④ 35 ①

36 골프장 설치장소로 적합하지 않은 곳은?

① 교통이 편리한 위치에 있는 곳
② 골프코스를 흥미롭게 설계 할 수 있는 곳
③ 기후의 영향을 많이 받는 곳
④ 부지매입이나 공사비가 절약될 수 있는 곳

해설
③ 골프장은 기후의 영향을 많이 받으면 안된다.

37 다음 중 심근성 수종으로 가장 적당한 것은?

① 버드나무 ② 사시나무
③ 자작나무 ④ 느티나무

해설
- 심근성 수종 : 소나무, 곰솔, 전나무, 주목, 동백나무, 일본목련, 느티나무, 백합나무, 상수리나무, 은행나무, 칠엽수, 백목련, 낙우송 등
- 천근성 수종 : 독일가문비나무, 일본잎갈나무(낙엽송), 편백, 버드나무, 자작나무, 아까시나무, 포플러류, 현사시나무, 사시나무, 매화나무, 황철나무 등

38 응애(Mite)의 피해 및 구제법으로 틀린 것은?

① 살비제를 살포하여 구제한다.
② 같은 농약의 연용을 피하는 것이 좋다.
③ 발생지역에 4월 중순부터 1주일 간격으로 3회 정도 살포한다.
④ 침엽수에는 피해를 주지 않으므로 약제를 살포하지 않는다.

해설
응애(Mite)의 피해 및 구제법
- 응애는 진딧물과 같이 대부분의 수종에 피해를 준다.
- 바늘과 같이 끝이 뾰족한 입틀로 잎의 즙액을 빨아먹어 잎에 황색의 반점을 만든다.
- 살비제를 살포하여 구제한다.
- 같은 농약의 연용을 피하는 것이 좋다.
- 발생지역에 4월 중순부터 1주일 간격으로 3회 정도 살포한다.

39 다음 설명하는 열경화성 수지는?

- 강도가 우수하며, 베이클라이트를 만든다.
- 내산성, 전기 절연성, 내약품성, 내수성이 좋다.
- 내알칼리성이 약한 결점이 있다.
- 내수합판 접착제 용도로 사용된다.

① 요소계 수지
② 메타아크릴수지
③ 염화비닐계 수지
④ 페놀계 수지

해설
④ 페놀수지 접착제는 페놀과 폼알데하이드를 주재로 하는 합성수지로, 페놀수지로 만든 액상 접착제는 무색투명하고, 내수성·내약품성·내열성이 가장 우수하며, 이종재 간의 접착에 사용된다.

40 테라스(Terrace)를 쌓아 만들어진 정원은?

① 일본 정원
② 프랑스 정원
③ 이탈리아 정원
④ 영국 정원

해설
이탈리아 정원은 높이가 다른 여러 개의 노단(테라스)을 조화시켜 높은 곳에서 낮은 곳을 내려다보는 인위적인 전망을 살리고자 하였다.

41 돌쌓기의 종류 가운데 돌만을 맞대어 쌓고 뒷채움은 잡석·자갈 등으로 하는 방식은?

① 찰쌓기   ② 메쌓기
③ 골쌓기   ④ 켜쌓기

해설
메쌓기
- 모르타르나 콘크리트를 사용하지 않고, 뒤틈 사이에 굄돌을 고인 후 뒷채움 골재로 채우며 쌓는 방법이다.
- 배수가 잘 되어 토압을 증대시키지 않는 장점이 있으나, 견고하지 못하므로 높이에 제한을 받게 된다.
- 전면기울기는 1:0.3 이상을 표준으로 한다.

42 재료의 기계적 성질 중 작은 변형에도 파괴되는 성질을 무엇이라 하는가?

① 취성   ② 소성
③ 강성   ④ 탄성

해설
② 소성 : 재료에 외력을 가한 후 제거하여도 원래의 형태로 돌아가지 않는 성질
③ 강성 : 재료가 외력을 받아도 잘 변형되지 않는 성질
④ 탄성 : 재료에 외력을 가한 후 제거하면 원래의 형태로 돌아가는 성질

43 콘크리트의 혼화재료 중 혼화재에 해당하는 것은?

① AE제(공기 연행제)
② 분산제(감수제)
③ 응결촉진제
④ 슬래그

해설
혼화재와 혼화제
- 혼화재 : 시멘트의 성질을 개량할 목적으로 사용하는 재료로서, 시멘트량의 5% 이상을 첨가하므로 그 부피가 배합계산에 포함되는 것
  예) 고로슬래그, 천연포졸란, 플라이애시 등
- 혼화제 : 혼화재와 같이 시멘트의 성질 개량을 목적으로 사용하지만, 시멘트량의 1% 이하만 첨가하므로 그 부피가 배합계산에 포함되지 않는 것
  예) AE제, 감수제, 급결제, 지연제, 방수제 등

44 각 재료에 대한 소성온도에 대한 설명으로 틀린 것은?

① 토기의 소성온도는 1,000℃ 이상이다.
② 자기질타일의 소성온도는 1,250℃ 이상이다.
③ 석기질타일의 소성온도는 1,200~1,350℃이다.
④ 도기질타일의 소성온도는 1,000~12,000℃이다.

해설
토기의 소성온도는 700℃~1000℃ 이다.

45 자연석 무너짐 쌓기 방법의 설명으로 가장 거리가 먼 것은?

① 기초가 될 밑돌은 약간 큰 돌을 사용해서 땅속에 20~30cm 정도 깊이로 묻는다.
② 제일 윗부분에 놓는 돌은 돌의 윗부분이 모두 고저차가 크게 나도록 놓는다.
③ 돌과 돌이 맞물리는 곳에는 작은 돌을 끼워 넣지 않는다.
④ 돌을 쌓고 난 후 돌과 돌 사이의 틈에는 키가 작은 관목을 식재한다.

해설
자연석 무너짐 쌓기
- 기초 부분은 터파기한 후 잘 다지거나 콘크리트 기초를 한다.
- 기초석을 놓고 중간석과 상석을 쌓아 나가며 크고 작은 돌이 잘 어울리도록 배치한다.
- 안전을 고려하여 상부에 놓는 돌은 하부보다 작은 돌을 쓴다.
- 돌이 서로 맞닿는 면은 잘 맞물리는 돌을 골라 쓴다.
- 뒷부분에는 괸돌과 뒤채움돌을 써서 구조적으로 안정되도록 한다.
- 필요에 따라 중간에 뒷길이가 60~90cm 정도인 돌을 맞물려 쌓아 붕괴를 방지한다.
- 돌과 돌 사이의 빈 공간에 양질의 흙을 채워 넣고, 회양목, 철쭉 등의 관목류나 초화류 등으로 돌틈식재를 한다.

46 죽(竹)은 대나무류, 조릿대류, 밤부류로 분류할 수 있다. 그 중 조릿대류로 길게 자라며, 생장 후에도 껍질이 떨어지지 않으며 붙어있는 종류는?

① 죽순대
② 오죽
③ 신이대
④ 마디대

해설
신이대(神異竹)
조릿대류에 속하는 대나무의 일종으로, 몇 가지 독특한 특성을 가지고 있다. 특히, 생장 후에도 대나무 껍질이 자연스럽게 떨어지지 않고 줄기에 계속 붙어있어 조경과 장식용으로 많이 사용한다.

정답 42 ① 43 ④ 44 ① 45 ② 46 ③

47 다음 설명에 해당하는 도시공원의 종류는?

- 설치기준의 제한은 없으며, 유치거리 500m 이하, 공원면적 10,000m² 이상으로 할 수 있다.
- 주로 인근에 거주하는 자의 이용에 제공할 목적으로 설치한다.

① 어린이공원
② 근린생활권 근린공원
③ 도보권 근린공원
④ 묘지공원

해설
도시공원의 설치 및 규모의 기준-생활권 공원(도시공원 및 녹지 등에 관한 법률 시행규칙 [별표 3])

공원구분	설치기준	유치거리	규모
근린생활권 근린공원	제한 없음	500m 이하	10,000m² 이상

48 흙쌓기 작업 시 가라앉을 것을 예측하여 더돋기를 하는데, 이때 일반적으로 계획된 높이보다 어느 정도 더 높이 쌓아 올리는가?

① 1~5%
② 10~15%
③ 20~25%
④ 30~35%

해설
가라앉을 것을 예측하여 계획된 높이보다 더 쌓는 흙을 여성토(더돋기)라 하고, 일반적으로 계획높이의 10~15% 미만으로 쌓아 올린다.

49 체계적인 품질관리를 추진하기 위한 데밍(Deming's Cycle)의 관리로 가장 적합한 것은?

① 계획(Plan)-추진(Do)-조치(Action)-검토(Check)
② 계획(Plan)-검토(Check)-추진(Do)-조치(Action)
③ 계획(Plan)-조치(Action)-검토(Check)-추진(Do)
④ 계획(Plan)-추진(Do)-검토(Check)-조치(Action)

해설
PDCA 사이클은 일반적으로 업무현장에서 Plan(계획), Do(실행, 추진), Check (평가,검토), Action (개선,조치)을 반복함으로써, 생산 관리 및 품질 관리 등의 업무를 지속적으로 개선해 나가는 방법이다.

50 다음 [보기]는 수목 외과수술 방법의 순서이다. 작업순서를 바르게 나열한 것은?

보기
㉠ 동공충전
㉡ 부패부 제거
㉢ 살균살충처리
㉣ 매트 처리
㉤ 방부·방수처리
㉥ 인공나무껍질처리

① ㉠ → ㉡ → ㉢ → ㉣ → ㉤ → ㉥
② ㉢ → ㉥ → ㉣ → ㉠ → ㉤ → ㉡
③ ㉡ → ㉢ → ㉤ → ㉠ → ㉣ → ㉥
④ ㉥ → ㉡ → ㉣ → ㉢ → ㉤ → ㉠

해설
수목 외과수술은 상처부위나 부패로 인한 공동이 더이상 부패되지 않도록 하며, 수간의 물리적 지지력을 높이고 자연스러운 외형을 갖게 하는 것이다.

51 산업규격 표준화의 분류 중 기계는 무엇인가?

① A
② B
③ C
④ D

해설
① 기본, ③ 전기, ④ 금속
산업규격 표준화의 분류
기본(A), 기계(B), 전기(C), 금속(D), 광산(E), 토건(F), 일용품(G), 식료품(H), 섬유(K), 요업(L), 화학(M), 의료품(P), 수송기계(R), 조선(V), 항공(W), 정보산업(X) 등의 부문으로 분류되고 있다.

52 진비중이 2.6이고, 가비중이 1.2인 토양의 공극률은 얼마인가?

① 36.2%
② 46.5%
③ 53.8%
④ 66.4%

해설
토양의 공극률(%) $= \left(1 - \dfrac{가비중}{진비중}\right) \times 100$

$= \left(1 - \dfrac{1.2}{2.6}\right) \times 100 = 53.8\%$

53 주로 한국잔디류에 가장 많이 발생하는 병은?

① 브라운패치
② 녹병
③ 핑크패치
④ 달라스팟

해설
녹병(Rust)
- 한국잔디에 가장 많이 발병하고, 잎에 적갈색 반점과 가루가 나타난다.
- 5~6월 또는 9~10월 정도의 기온에서 습윤 시 다발하고, 영양불량, 시비의 불균형, 과도한 답압 및 배수불량 등의 원인으로도 발생하기 쉽다.
- 예방 및 방제약으로는 다이젠 400~800배액이나, 디니코나졸 수화제 등이 있다.

54 농약 취급 시 주의할 사항으로 부적합한 것은?

① 농약을 살포할 때는 방독면과 방호용 옷을 착용하여야 한다.
② 쓰고 남은 농약은 변질될 수 있으므로 즉시 주변에 버리거나, 다른 용기에 담아둔다.
③ 피로하거나 건강이 나쁠 때는 작업하지 않는다.
④ 작업 중에 식사 또는 흡연을 금한다.

해설
② 사용하고 남은 희석한 농약은 미련 없이 버린다. 음료수병에 보관하는 것은 절대금지이며, 사용 후 남은 원액은 그대로 밀봉하여 어린이의 손이 닿지 않는 장소에 보관한다.

55 식물의 아래 잎에서 황화현상이 일어나고 심하면 잎 전면에 나타나며, 잎이 작지만 잎수가 감소하며 초본류의 초장이 작아지고 조기낙엽이 비료결핍의 원인이라면 어느 비료 요소와 관련된 설명인가?

① P
② N
③ Mg
④ K

해설
비료의 역할
- 질소(N) : 광합성작용을 촉진하여 수목의 잎이나 줄기 등의 생장에 도움을 주는데, 부족하면 생장이 위축되고 성숙이 빨라진다.
- 인(P) : 세포분열을 촉진하거나 꽃·열매·뿌리의 발육에 관여하는데, 부족하면 성숙이 빨라져 수확량이 감소한다.
- 칼륨(K) : 꽃과 열매의 향기나 색깔을 조절하는데, 부족하면 황화현상이 나타나고 잎이 고사한다.
- 칼슘(Ca) : 단백질을 합성하고 식물체 유기산을 중화하는데, 부족하면 성장점이 파괴되어 갈변한다.
- 마그네슘(Mg) : 엽록소의 구성성분이며 각종 효소를 활성화하는데, 부족하면 잎이 얇아지고 황백화현상이 나타난다.

정답 51 ② 52 ③ 53 ② 54 ② 55 ②

56 다음 설명하는 잡초로 옳은 것은?

- 일년생 광엽잡초
- 논잡초로 많이 발생할 경우는 기계수확이 곤란
- 줄기 기부가 비스듬히 땅을 기며 부리가 내리는 잡초

① 메꽃　　　② 한련초
③ 가막사리　④ 사마귀풀

해설
사마귀풀
종자로 번식하는 닭의장풀과의 일년생 잡초로 논둑 옆에서 많이 발생하며, 4월부터 11월까지 피해를 주고, 줄기의 재생력이 강하여 제초 시 줄기가 남아 있으면 마디로부터 뿌리가 내려 재생한다.

57 일반적으로 빗자루병이 가장 발생하기 쉬운 수종은?

① 향나무　　② 동백나무
③ 대추나무　④ 장미

해설
빗자루병의 피해수종 : 전나무, 오동나무, 대추나무, 벚나무, 대나무, 살구나무 등이 있다.

58 더운 여름 오후에 햇빛이 강하면 수간의 남서쪽 수피가 열에 의해서 피해(터지거나 갈라짐)를 받을 수 있는 현상을 무엇이라 하는가?

① 피소　　② 상렬
③ 조상　　④ 만상

해설
② 추위에 의하여 나무의 줄기 또는 수피가 수선방향으로 갈라지는 현상이다.
③ 초가을에 계절에 맞지 않게 추운 날씨가 계속되어 수목에 피해를 주는 현상이다.
④ 봄에 식물의 발육이 시작된 후 기온이 갑작스럽게 0℃ 이하로 떨어지면서 수목에 피해를 주는 현상이다.

59 다음 설명하는 해충으로 가장 적합한 것은?

- 유충은 적색, 분홍색, 검은색이다.
- 끈끈한 분비물을 분비한다.
- 식물의 어린잎이나 새가지, 꽃봉오리에 붙어 수액을 빨아먹어 생육을 억제한다.
- 점착성 분비물을 배설하여 그을음병을 발생시킨다.

① 응애　　② 솜벌레
③ 진딧물　④ 깍지벌레

해설
① 흡즙성 해충으로 초봄부터 한여름까지의 고온건조기에 소나무, 감나무, 사철나무 등에 많이 발생한다.
② 솜의 둥근 꼬투리 속에 있는 씨를 먹으며, 아시아에서 전 세계로 퍼져나갔다.
④ 감나무, 벚나무, 사철나무 등에 많이 발생하고, 콩 꼬투리 모양의 보호깍지로 싸여 있으며, 왁스 물질을 분비하기도 한다.

60 오늘날 세계 3대 수목병에 속하지 않는 것은?

① 잣나무 털녹병
② 느릅나무 시들음병
③ 밤나무 줄기마름병
④ 소나무류 리지나뿌리썩음병

해설
세계 3대 수목병 : 잣나무 털녹병, 느릅나무 시들음병, 밤나무 줄기마름병

정답　56 ④　57 ③　58 ①　59 ③　60 ④

2023년 제1회 과년도 기출복원문제

01 원명원 이궁과 만수산 이궁은 어느 시대의 대표적 정원인가?

① 명나라　② 청나라
③ 송나라　④ 당나라

해설
- 원명원 이궁 : 동양 최초의 서양식 정원으로 프랑스 르 노트르식 정원의 영향을 받았다.
- 만수산 이궁(이화원) : 건축물과 자연이 강한 대비를 이루고 있는 청나라의 대표적 정원이다.

02 그리스의 신 아도니스가 죽음을 맞이한 후 흘린 피에서 피어난 것에서 유래한 꽃은?

① 물망초　② 장미
③ 아네모네　④ 튤립

해설
아도니스는 그 멧돼지에게 물려 죽는데, 아도니스의 연인 아프로디테는 아도니스가 멧돼지에게 물렸다는 소식을 듣자마자 달려왔지만, 이미 아도니스는 죽어있었고 그의 시신을 붙잡고 절규하였다고 한다. 이때 아도니스가 흘린 피에서 아네모네가 피어났다고 하며, 아프로디테가 흘린 눈물에선 장미가 피어났다고 한다.

03 버킹엄의 스토우 가든을 설계하고, 담장 대신 정원 부지의 경계선에 도랑을 파서 외부로부터의 침입을 막은 Ha-ha기법을 실현하게 한 사람은?

① 켄트　② 브릿지맨
③ 와이즈맨　④ 챔버

해설
스토우정원(Stowe Garden) : 찰스 브릿지맨과 윌리엄 켄트가 설계한 후 브라운이 개조한 것으로 하하(Ha-ha)기법을 도입하였으며 브릿지맨은 정원 내에 하하기법을 도입하였다.

04 통일신라 시대의 안압지에 관한 설명으로 틀린 것은?

① 연못의 남쪽과 서쪽은 직선이고 동안은 돌출하는 반도로 되어 있으며, 북쪽은 굴곡 있는 해안형으로 되어 있다.
② 신선사상을 배경으로 한 해안풍경을 묘사하였다.
③ 연못 속에는 3개의 섬이 있는데 임해전의 동쪽에 가장 큰 섬과 가장 작은 섬이 위치한다.
④ 물이 유입되고 나가는 입구와 출구가 한 군데 모여 있다.

해설
④ 안압지는 물이 유입되고 나가는 입구와 출구가 나뉘어 있다.

05 다음 중 서원조경에 대한 설명으로 틀린 것은?

① 도산서당의 정우당, 남계서원의 지당에 연꽃이 식재된 것은 주렴계의 애련설의 영향이다.
② 서원의 진입공간에는 홍살문이 세워지고, 하마비와 하마석이 놓여진다.
③ 서원에 식재되는 수목들은 관상을 목적으로 식재되었다.
④ 서원에 식재되는 대표적인 수목은 은행나무로 행단과 관련이 있다.

해설
③ 서원에 식재되는 수목은 관상의 목적보다는 서원이라는 공간적 성격에 적합한 일부 수목만을 식재하였다.
예 은행나무, 느티나무, 향나무 등

정답　1 ②　2 ③　3 ②　4 ④　5 ③

06 다음 제시된 색 중 같은 면적에 적용했을 경우 가장 좁아보이는 색은?

① 옅은 하늘색　　② 선명한 분홍색
③ 밝은 노란 회색　④ 진한 파랑

해설
면적대비 : 면적이 크고 작음에 따라 색이 다르게 보이는 현상
- 면적이 커지면 명도와 채도가 높아진 것처럼 느껴져 색은 밝고 선명해 보이지만, 반대로 면적이 작아지면 색은 어둡고탁해 보인다.
- 작은 견본으로는 정확한 색상 선택이 어려우므로 벽면과 같이 큰 면적의 색을 고를 때는 원하는 색상보다 약간 어둡고 탁한 색을 고르는 것이 좋다.

07 고려시대와 관련이 없는 것은?

① 동산바치　　② 객관정원
③ 격구장　　　④ 내원서

해설
① 동산바치는 조선시대의 정원사를 의미하는 말이다.
② 객관정원은 순천관이라고도 하며 문종이 창건한 대명궁이라는 별궁이다.
③ 고려시대 격구가 크게 성행하였으며 무신정권기 최우가 수백 채의 집을 헐고 그곳에 격구장을 지었다.
④ 내원서는 고려시대에 궁궐정원을 맡아보던 관서이다.

08 하늘, 땅, 인간을 크게 미의 형태로 표현하여 이를 조화시킨 아름다움을 표현하는 용어는?

① 삼재미　　② 조화미
③ 조경미　　④ 강조미

해설
삼재미는 정원수의 아름다움 3가지 요소인 색채미, 형태미, 내용미를 의미한다.

09 설계도면에서 선의 용도에 따라 구분할 때 실선의 용도에 해당되지 않는 것은?

① 대상물의 보이는 부분을 표시한다.
② 치수를 기입하기 위해 사용한다.
③ 지시 또는 기호 등을 나타내기 위해 사용한다.
④ 물체가 있을 것으로 가상되는 부분을 표시한다.

해설
④ 물체가 있을 것으로 생각되는 부분 표시한 것은 2점쇄선이다.

10 다음 중 수문(水文)계획에서 고려하여야 할 것은?

① 집수구역　　② 식생분포
③ 야생동물　　④ 식생구조

해설
수문조사란 물의 분포순환 과정을 정량적으로 규명하기 위한 하천의 수위·유량, 유역의 강수량·토양수분량·증발산량 등을 수집하는 것이다. 집수구역이란 빗물이 상수원으로 흘러드는 지역으로서 주변의 능선을 잇는 선으로 둘러싸인 구역이며 일정한 강이나 바다, 호수를 기준으로 그곳으로 물이 모여드는 구역이다. 따라서 수문계획과 관련이 있다.

11 다음 중 골프장에서 잔디와 그린이 있는 곳을 제외하고 모래나 연못 등과 같이 장애물을 설치한 곳을 가리키는 것은?

① 페어웨이　　② 해저드
③ 벙커　　　　④ 러프

해설
② 골프장에서 물, 모래, 연못 등과 같은 장애물을 설치한 구역을 가리킨다. 플레이어가 공을 해저드에 빠뜨리면 추가적인 벌타를 받게 된다.
① 티와 그린 사이에 위치한 넓고 평탄한 구역으로, 잔디가 적당히 깎여 있어 공을 치기 유리한 구역을 말한다.
③ 주로 모래로 채워진 장애물 구역으로, 해저드의 일종이다. 공이 벙커에 빠지면 벙커 내에서 공을 쳐야 한다.
④ 페어웨이 주변에 위치한 구역으로, 잔디가 길게 자라 공을 치기 어려운 구역이다.

6 ④　7 ①　8 ①　9 ④　10 ①　11 ②　**정답**

12 흙쌓기 작업 시 시간이 경과하면서 가라앉을 것을 예측하여 더돋기를 하는데 이때 일반적으로 계획된 높이보다 어느 정도 더 높이 쌓아 올리는가?

① 1~5%
② 10~15%
③ 20~25%
④ 30~35%

해설
가라앉을 것을 예측하여 계획된 높이보다 더 쌓는 흙을 여성토(더돋기)라 하고, 일반적으로 계획높이의 10~15% 미만으로 쌓아 올린다.

13 삼각형의 세 변의 길이가 각각 5m, 4m, 5m라고 하면 면적은 약 얼마인가?

① 약 8.2m²
② 약 9.2m²
③ 약 10.2m²
④ 약 11.2m²

해설
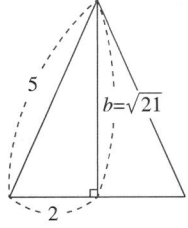
피타고라스의 정리($a^2+b^2=c^2$)를 이용하면
$a=2$, $b=$높이, $c=5$이므로,
$2^2+b^2=5^2$
$b^2=21$
$b=\sqrt{21}$
따라서 밑변이 4m이고 높이가 $\sqrt{21}$ m인 삼각형의 면적은
$4\times\sqrt{21}\times\frac{1}{2}≒$ 약 9.2m²
(∵ $\sqrt{21}≒$ 약 4.58)

14 조경이 타 건설 분야와 차별화될 수 있는 가장 독특한 구성 요소는?

① 지형
② 암석
③ 식물
④ 물

해설
조경은 식물소재를 주된 요소로 다루므로 다른 건설 분야와의 차이점이라고 볼 수 있다.

15 조경을 프로젝트의 대상지별로 구분할 때 문화재 주변 공간에 해당되지 않는 곳은?

① 궁궐
② 사찰
③ 유원지
④ 왕릉

해설
③ 유원지는 위락·관광시설이다.
위락·관광시설 : 골프장, 야영장, 경마장, 스키장, 해수욕장, 낚시터, 관광농원, 유원지, 휴양지, 삼림욕장 등

16 어린이 놀이 시설물 설치에 대한 설명으로 옳지 않은 것은?

① 시소는 출입구에 가까운 곳, 휴게소 근처에 배치하도록 한다.
② 미끄럼대의 미끄럼판 각도는 일반적으로 30~40° 정도의 범위로 한다.
③ 그네는 통행이 많은 곳을 피하여 동서방향으로 설치한다.
④ 모래터는 하루 4~5시간의 햇볕이 쬐고 통풍이 잘 되는 곳에 위치한다.

해설
③ 그네는 집단적인 놀이가 활발한 자리 또는 통행량이 많은 곳에 배치하지 않아야 하고, 안장은 햇빛을 마주하지 않도록 북향 또는 동향으로 배치한다.

정답   12 ②   13 ②   14 ③   15 ③   16 ③

17 다음 석재 중 조직이 균질하고 내구성 및 강도가 큰 편이며, 외관이 아름다운 장점이 있는 반면 내화성이 작아 고열을 받는 곳에는 적합하지 않은 것은?

① 응회암   ② 화강암
③ 편마암   ④ 안산암

해설
암석의 분류
- 화성암 : 화강암, 안산암, 현무암, 섬록암 등
- 퇴적암 : 응회암, 사암, 점판암, 혈암, 석회암 등
- 변성암 : 편마암, 대리암, 사문암, 결정편암 등

18 주축선을 따라 설치된 원로의 양쪽에 짙은 수림을 조성하여 시선을 주축선으로 집중시키는 수법을 무엇이라 하는가?

① 비스타(Vista)
② 파티오(Patio)
③ 테라스(Terrace)
④ 퍼걸러(Pergola)

해설
비스타는 통경선이라고도 하며 좌우로의 시선을 제한하여 전방의 일정 지점으로 시선을 집중시키는 경관이다.

19 복수초(*Adonis amurensis* Regel &Radde)에 대한 설명으로 틀린 것은?

① 여러해살이풀이다.
② 꽃색은 황색이다.
③ 실생개체의 경우 1년 후 개화한다.
④ 우리나라에는 1속 1종이 난다.

해설
③ 복수초 실생개체의 경우 파종하여 발아한 후 3년 이상 경과해야 개화할 수 있다.

20 다음 그림과 같은 형태를 보이는 수목은?

① 일본목련   ② 물푸레나무
③ 팔손이   ④ 복자기

해설
복자기
높이 20m 내외로 자라며, 수피는 회백색 또는 회갈색으로 세로로 얇게 벗겨져 너덜너덜해진다. 마주달리는 잎은 3출엽이고, 측면부의 작은 잎은 넓은 피침형으로 가장자리 끝부분에 2~4개의 큰 톱니가 있다. 가운데 끝의 작은잎은 표면과 가장자리에 털이 있고 뒷면에 뚜렷한 엽맥이 있다.

21 골프장에 사용되는 잔디 중 난지형 잔디는?

① 들잔디
② 벤트그래스
③ 켄터키 블루그래스
④ 라이그래스

해설
- 난지형 잔디 : 한국잔디(들잔디, 금잔디, 갯잔디, 빌로드잔디), 버뮤다그래스 등
- 한지형 잔디 : 벤트그래스, 켄터키 블루그래스, 이탈리안 라이그래스 등

22 다음 중 줄기의 색채가 백색 계열에 속하는 수종은?

① 모과나무　② 자작나무
③ 노각나무　④ 해송

해설
백색 계열의 줄기에는 자작나무, 백송, 플라타너스(양버즘나무), 동백나무 등이 있다.

23 조경 수목 중 아황산가스에 대해 강한 수종은?

① 양버즘나무　② 삼나무
③ 전나무　④ 단풍나무

해설
아황산가스에 강한 수종 : 플라타너스(양버즘나무), 사철나무, 은행나무, 편백, 화백, 가시나무, 백합나무, 칠엽수 등

24 단위용적중량이 1,700kgf/m³, 비중이 2.6인 골재의 공극률은 약 얼마인가?

① 34.6%　② 52.94%
③ 3.42%　④ 5.53%

해설
공극률 = $\dfrac{2.6-1.7}{2.6} \times 100 = 34.6\%$

※ 단위중량 단위 : $1g/cm^3 = 1ton/m^3 = 9.81kN/m^3$
$= 0.0361lbf/in^3$ (∵ 1ton = 1,000kgf)

25 조경의 기본계획에서 일반적으로 토지이용 분류, 적지분석, 종합배분의 순서로 이루어지는 계획은?

① 동선계획
② 시설물 배치계획
③ 토지이용계획
④ 식재계획

해설
기본계획
- 토지이용계획 : 토지이용 분류, 적지분석, 종합배분
- 교통동선계획 : 교통동선의 계획과정, 교통동선체계
- 시설물 배치계획 : 시설물 평면계획, 시설물의 배치(시설물의 형태·재료·색채)
- 식재계획 : 수종 선택, 배식, 녹지체계
- 하부구조계획 : 가능한 한 지하로 매설하여 경관을 살리며, 안전성을 높이고 보수가 용이하도록 한다.
- 집행계획 : 투자계획, 법규검토, 유지관리계획

26 그 해에 자란 가지에 꽃눈이 분화하여 월동 후 봄에 개화하는 형태의 수종은?

① 자목련　② 능소화
③ 개나리　④ 수국

해설
그 해에 자란 가지에 꽃눈이 분화하여 월동 후 봄에 개화하는 형태의 수종은 개나리, 단풍나무, 동백나무, 왕벚나무 등이 있다. 초여름부터 가을에 걸쳐 꽃이 피는 나무는, 그해 자란 가지에 꽃눈이 분화하여 그해 안에 꽃을 피우는데 능소화, 무궁화, 배롱나무, 장미, 찔레나무 등이 이에 속한다.

27 주택단지의 대지를 이용형태에 따라 분류한 것으로 틀린 것은?

① 건축용　② 교통용
③ 녹지용　④ 도보용

해설
주택단지의 대지는 이용형태에 따라 건축용, 교통용, 녹지용으로 나뉜다.

정답 22 ② 23 ① 24 ① 25 ③ 26 ③ 27 ④

28 감법혼색으로 Yellow와 Cyan을 조합하여 혼색한 결과로 옳은 것은?

① 흰색(W)   ② 빨강(R)
③ 초록(G)   ④ 파랑(B)

해설
Yellow와 Cyan을 섞으면 초록색이 된다.

29 호랑가시나무(감탕나무과)와 목서(물푸레나무과)의 특징 비교 중 옳지 않은 것은?

① 목서의 꽃은 백색으로 9~10월에 개화한다.
② 호랑가시나무의 잎은 마주나며 얇고 윤택이 없다.
③ 호랑가시나무의 열매는 지름 0.8~1.0cm로 9~10월에 적색으로 익는다.
④ 목서의 열매는 타원형으로 이듬해 10월경에 암자색으로 익는다.

해설
② 호랑가시나무의 잎은 어긋나기하고 두꺼우며 윤택이 있다.

30 식물의 분류와 해당 식물들의 연결이 옳지 않은 것은?

① 한국잔디류 : 들잔디, 금잔디, 비로드잔디
② 덩굴성 식물류 : 송악, 칡, 등나무
③ 초본류 : 맥문동, 비비추, 꽃잔디
④ 소관목류 : 회양목, 이팝나무, 원추리

해설
이팝나무는 우리나라의 남부 지방을 비롯해 일본, 대만, 중국 등지에 분포하는 낙엽성 교목이고, 원추리는 초본류에 속한다.

31 다음 중 시설물의 사용연수로 가장 부적합한 것은?

① 철재 시소 : 10년
② 목재 벤치 : 7년
③ 철재 퍼걸러 : 40년
④ 원로의 모래자갈 포장 : 10년

해설
③ 철재 퍼걸러의 사용연수는 20년이다.

32 인공폭포나 인공동굴의 재료로 많이 쓰이는 것은?

① FRP(Fiber Reinforced Plastic)
② Red wood
③ STS(Stainless steel)
④ PE(Polyethylene)

해설
FRP(유리섬유 강화플라스틱)
강도가 약한 플라스틱에 강화제인 유리섬유를 넣어 성질을 개량한 플라스틱이다. 벤치, 미끄럼대의 미끄럼판, 인공폭포, 인공암, 화분대, 수목보호판 등에 사용된다.

33 토공사에서 터파기할 양이 100m³, 되메우기량이 70m³일 때 실질적인 잔토처리량(m³)은?(단, L = 1.1, C = 0.8이다)

① 24   ② 30
③ 33   ④ 39

해설
되메우기 후 잔토처리량 = (터파기량 − 되메우기량) × L
= (100 − 70) × 1.1
= 33

정답 28 ③ 29 ② 30 ④ 31 ③ 32 ① 33 ③

34 곤충이 빛에 반응하여 일정한 방향으로 이동하려는 행동 습성은?

① 주광성(Phototaxis)
② 주촉성(Thigmotaxis)
③ 주화성(Chemotaxis)
④ 주지성(Geotaxis)

해설
주광성은 다양한 주성의 종류 중 하나로, 빛의 자극에 반응하여 무의식적으로 움직이는 성질이다.
② 곤충이 고형물에 접촉하려고 하는 성질
③ 곤충의 매질 속에 존재하는 화학물질의 농도차가 자극이 되어 특정 행동을 하는 성질
④ 생물이 중력에 의해 특정 행동을 하는 성질

35 다음 중 시비시기와 관련된 설명 중 틀린 것은?

① 온대지방에서는 수종에 관계없이 가장 왕성한 생장을 하는 시기가 봄이며, 이 시기에 맞게 비료를 주는 것이 가장 바람직하다.
② 시비효과가 봄에 나타나게 하려면 겨울눈이 트기 4~6주 전인 늦은 겨울이나 이른 봄에 토양에 시비한다.
③ 질소비료를 제외한 다른 대량원소는 연중 필요할 때 시비하면 되고, 미량원소를 토양에 시비할 때는 가을에 실시한다.
④ 우리나라의 경우 고정생장을 하는 소나무, 전나무, 가문비나무 등은 9~10월보다는 2월에 시비가 적절하다.

해설
④ 소나무나 전나무, 가문비나무, 참나무 등의 경우 고정생장을 하므로 2월보다는 9~10월에 시비하는 것이 적절하다.

36 물 200L를 가지고 제초제 1,000배액을 만들 경우 필요한 약량은 몇 mL인가?

① 20   ② 200
③ 10   ④ 100

해설
살포액의 희석
필요 약량 = 물의 양 ÷ 희석배수
= 200L ÷ 1,000
= 0.2L = 200mL(∵ 1L = 1,000mL)

37 학교조경의 다양한 공간 중 진입공간에 대한 설명으로 옳지 않은 것은?

① 보행자 도로 주변에 낙엽수를 설치하여 그늘을 제공한다.
② 학교의 얼굴에 해당하는 곳으로 상징하는 수목을 식재한다.
③ 교문 주변과 교내의 차량 동선 및 보행자 도로를 포함한다.
④ 벤치, 퍼걸러 등의 휴식공간을 사용한다.

해설
④ 벤치, 퍼걸러 등의 휴식공간은 휴게공간에 해당한다.
학교조경은 쿠지의 형태, 건물의 위치, 부지의 면적 등에 따라 진입공간, 휴게공간, 운동장, 교사주변 화단, 경계공간 등으로 나눌 수 있다.

38 다음 중 벽돌구조에 대한 설명으로 옳지 않은 것은?

① 표준형 벽돌의 크기는 190×90×57mm이다.
② 이오토막은 네덜란드식, 칠오토막은 영국식 쌓기의 모서리 또는 끝부분에 주로 사용된다.
③ 벽의 중간에 공간을 두고 안팎으로 쌓는 조적벽을 공간벽이라고 한다.
④ 내력벽에는 통줄눈을 피하는 것이 좋다.

해설
② 이오토막은 영국식, 칠오토막은 네덜란드식 쌓기의 모서리 또는 끝부분에 주로 사용된다.

39 다음 중 다른 도면들에 비해 확대된 축척을 사용하며 재료, 공법, 치수 등을 자세히 기입하는 도면의 종류로 가장 적당한 것은?

① 상세도 ② 투시도
③ 평면도 ④ 단면도

해설
상세도는 일반 평면도나 단면도에서 잘 나타나지 않는 세부사항을 시공이 가능하도록 표현한 도면이다.

40 콘크리트의 배합 방법 중에서 1 : 2 : 4, 1 : 3 : 6과 같은 형태의 배합 방법으로 가장 적합한 것은?

① 용적배합 ② 중량배합
③ 복식배합 ④ 표준계량배합

해설
콘크리트 1m³ 제작에 필요한 시멘트, 모래, 자갈을 부피로 계량하여 1 : 2 : 4 또는 1 : 3 : 6과 같은 비율로 나타낸다.

41 표면건조 내부 포수상태의 골재에 포함하고 있는 흡수량의 절대 건조상태의 골재 중량에 대한 백분율은 다음 중 무엇을 기초로 하는가?

① 골재의 함수율
② 골재의 흡수율
③ 골재의 표면수율
④ 골재의 조립률

해설
골재의 흡수율 : 골재가 표면건조포화상태가 될 때까지 흡수하는 수량의, 절대건조상태의 골재질량에 대한 백분율

42 다음 중 한 가지에 많은 봉우리가 생긴 경우 솎아낸다든지, 열매를 따버리는 등의 작업을 하는 목적으로 가장 적당한 것은?

① 생장조장을 돕는 가지 다듬기
② 세력을 갱신하는 가지 다듬기
③ 착화 및 착과 촉진을 위한 가지 다듬기
④ 생장을 억제하는 가지 다듬기

해설
개화 · 결실을 돕기 위한 전정
• 과일나무의 개화와 결실을 촉진하기 위하여 실시하는 전정과 꽃나무류의 개화를 촉진하기 위하여 실시하는 전정이 있다.
• 감나무 등 과일나무는 그냥 놓아두면 해거리 현상이 심하지만, 매년 알맞게 전정을 해 주면 열매가 해마다 고르게 잘 맺는다.
• 장미와 같은 꽃나무류에서 한 가지에 너무 많은 꽃봉오리가 있을 때 솎아 내거나, 열매가 열리지 않게 잘라 냄으로써 다음 꽃이 빨리 피게 하는 것도 이에 속한다.

43 곰팡이가 식물에 침입하는 방법은 직접 침입, 자연개구로 침입, 상처 침입으로 구분할 수 있다. 다음 중 직접 침입이 아닌 것은?

① 피목 침입
② 흡기로 침입
③ 세포 간 균사로 침입
④ 흡기를 가진 세포 간 균사로 침입

해설
병원체의 침입경로
• 각피를 통한 침입 : 잎 · 줄기 등의 표면에 있는 각피나 뿌리의 표피를 병원체가 자기 힘으로 뚫고 침입하는 것
• 자연개구부를 통한 침입 : 기공, 수공, 피목, 밀선(꿀샘) 등과 같은 식물체에 존재하는 미세한 구멍을 통해 침입하는 것
• 상처를 통한 침입 : 여러 가지 원인에 의해서 만들어진 상처의 괴사조직을 통해 병원체가 침입하는 것

44 다음 중 기준점 및 규준틀에 관한 설명으로 틀린 것은?

① 규준틀은 공사가 완료된 후에 설치한다.
② 규준틀은 토공의 높이, 나비 등의 기준을 표시한 것이다.
③ 기준점은 이동의 염려가 없는 곳에 설치한다.
④ 기준점은 최소 2개소 이상 여러 곳에 설치한다.

해설
① 규준틀은 건물의 위치와 높이 등을 표시하기 위한 가설물이다. 따라서 공사가 완료되기 전에 설치한다.

45 오리나무잎벌레의 천적으로 가장 보호되어야 할 곤충은?

① 벼룩좀벌
② 침노린재
③ 무당벌레
④ 실잠자리

해설
오리나무잎벌레 천적으로는 무당벌레류, 풀잠자리류, 거미류 등이 있다.

46 다음 중 잎이나 가지에 붙어 즙액을 빨아먹어 잎이 황색으로 변하게 되고 2차적으로 그을음병을 유발시키며, 감나무, 동백나무, 호랑가시나무, 사철나무, 치자나무 등에 공통적으로 발생하기 쉬운 충해는?

① 흰불나방
② 측백나무 하늘소
③ 깍지벌레
④ 진딧물

해설
깍지벌레류
• 대부분의 수종에 피해를 주는 해충으로 수목의 잎, 가지에 붙어서 즙액을 빨아먹는다.
• 번식력이 강하여 다수가 기생한 나무는 점차 쇠약해져서 심하면 고사한다.
• 나무에 직접적인 피해뿐 아니라, 그을음병, 고약병 등을 유발시켜 간접적 피해도 준다.

47 배롱나무, 장미 등과 같은 내한성이 약한 나무의 지상부를 보호하기 위하여 사용되는 가장 적합한 월동 조치법은?

① 흙묻기
② 새끼감기
③ 연기쓰우기
④ 짚싸기

해설
동해의 예방
• 짚싸기 : 너한성이 약하거나 이식하여 세력이 떨어진 나무를 보호하기 위해 실시한다.
• 짚덮어주기 : 추위에 약한 관목류와 지피식물을 보호하는 방법으로, 지표면에 짚이나 낙엽을 덮어 주면 지표면이 어는 것을 어느 정도 완화시킬 수 있다.
• 흙묻이 : 추위에 약한 나무가 얼어 죽는 것을 방지하기 위하여, 가지를 묶은 다음 지상으로부터 40~50cm 정도 높이를 흙으로 묻는 방법이다.

48 농약의 사용 시 확인할 농약 방제 대상별 포장지의 색깔과 구분이 올바른 것은?

① 살균제 – 청색
② 제초제 – 분홍색
③ 살충제 – 초록색
④ 생장조절제 – 노란색

해설
농약제의 포장지 색깔
• 살균제 : 분홍색
• 살충제 : 초록색
  ※ 살균·살충제 : 위쪽 – 분홍색, 아래쪽 – 초록색
• 제초제 : 노란색
• 비선택성 제초제 : 빨간색
• 생장조절제 : 파란색

정답 44 ① 45 ③ 46 ③ 47 ④ 48 ③

49 비교적 좁은 지역에서 대축척으로 세부 측량을 할 경우 효율적이며, 지역 내에 장애물이 없는 경우 유리한 평판측량방법은?

① 방사법
② 전진법
③ 전방교회법
④ 후방교회법

해설
한 측점에 평판을 세우고, 그 주위에 있는 목표점의 방향선과 거리를 측정하여 점을 잡아 실지 지형을 알아낸다.

50 목재의 장점이라 할 수 있는 것은?

① 가공하기 쉽고 열전도율이 낮다.
② 부패성이 크다.
③ 부위에 따라 재질이 고르지 못하나 불에는 강하다.
④ 함수율에 따라 변형되기 쉽다.

해설
목재의 장점
- 색깔 및 무늬 등 외관이 아름다우며, 재질이 부드럽고 촉감이 좋음
- 가벼워서 운반하거나 다루기가 쉽고, 중량에 비하여 강도가 큼
- 열, 소리, 전기 등의 전도성이 낮음
- 생산량이 많고, 가격이 비교적 저렴하며, 입수가 용이

51 공원 내에 설치된 목재 벤치 좌판(坐板)의 도장보수는 보통 얼마 주기로 실시하는 것이 좋은가?

① 계절이 바뀔 때
② 6개월
③ 매년
④ 2~3년

해설
도장이 퇴색된 곳은 재도장하되, 도장은 2~3년에 1회씩 칠한다.

52 다음 중 공사원가에 속하지 않는 것은?

① 재료비
② 경비
③ 노무비
④ 일반관리

해설
순공사비 = 노무비 + 재료비 + 경비

53 수목의 굴취 시 흉고직경에 의한 품셈을 적용한 것이 가장 적합한 수종은?

① 산수유
② 은행나무
③ 리기다소나무
④ 느티나무

해설
흉고직경에 의한 품셈을 적용하는 수종 : 가죽나무, 메타세쿼이아, 벽오동, 벚나무, 은단풍, 은행나무, 자작나무, 백합나무, 층층나무, 플라타너스, 현사시나무 등

54 가을에 씨뿌림해야 하는 1년 초화류로 가장 적당한 것은?

① 팬지
② 마리골드
③ 샐비어
④ 채송화

해설
1년생 초화류
- 봄에 파종하는 1년초 : 봄에 씨를 뿌리고 여름~가을에 걸쳐 꽃피는 초화로 맨드라미, 마리골드, 샐비어 등
- 가을에 파종하는 1년초 : 가을에 파종하고 월동시키면 이듬해 봄~여름에 걸쳐 꽃피는 초화로 팬지, 데이지 등

55 오늘날 세계 3대 수목병에 속하지 않는 것은?

① 잣나무 털녹병
② 느릅나무 시들음병
③ 밤나무 줄기마름병
④ 소나무류 리지나뿌리썩음병

해설
세계 3대 수목병 : 잣나무 털녹병, 느릅나무 시들음병, 밤나무 줄기마름병

56 조경수목과 시설물관리를 위한 예산·재무조직 등의 업무기능을 수행하는 조경관리에 해당하는 것은?

① 유지관리
② 운영관리
③ 이용관리
④ 사후관리

해설
운영관리는 예산, 조직, 재산, 재무제도 등을 관리하는 것을 말한다.

57 조경수의 전정 방법으로 옳지 않은 것은?

① 전체적인 수형의 구성을 미리 정한다.
② 충분한 햇빛을 받을 수 있도록 가지를 배치한다.
③ 병해충 피해를 받은 가지는 제거한다.
④ 아래에서 위로 올라가면서 전정한다.

해설
전정의 순서 : 전체적인 수형을 결정한 다음, 수형이나 목적에 맞지 않는 큰 가지부터 전정하는데, 가지를 자를 때는 수관의 위에서부터 아래로, 수관의 밖에서부터 안으로 자르고, 굵은 가지를 자른 후에 잔가지를 다듬는다.

58 지주목 설치에 대한 설명으로 틀린 것은?

① 수피와 지주가 닿는 부분은 보호조치를 취한다.
② 지주목을 설치할 때는 풍향과 지형 등을 고려한다.
③ 대형목이나 경관상 중요한 곳에는 당김줄형을 설치한다.
④ 지주는 뿌리 속에 박아 넣어 견고히 고정되도록 한다.

해설
④ 지주는 아래를 뾰족하게 깎아서 땅속으로 30~50cm 정도의 깊이로 박는다.

59 주로 수량의 다소에 따라서 반죽이 되고 진 정도를 나타내는 굳지 않은 콘크리트의 성질은?

① Workbility(워커빌리티)
② Plasticity(성형성)
③ Consistency(반죽질기)
④ Finishability(피니셔빌리티)

해설
① Workability(시공성) : 콘크리트를 혼합한 후 운반, 타설, 다지기 및 마무리할 때까지 굳지 않은 콘크리트의 성질로, 콘크리트 시공 시 작업 난이도 및 재료분리에 저항하는 정도를 나타낸다.
② Plasticity(성형성) : 거푸집 등의 형상에 순응하여 채우기 쉽고, 분리가 일어나지 않는 굳지 않은 콘크리트의 성질
④ Finishability(마감성) : 굵은골재의 최대 치수, 잔골재율, 잔골재의 입도, 반죽질기 등에 따른 마무리하기 쉬운 정도를 말하는 굳지 않은 콘크리트의 성질

60 철의 부식을 막기 위해 제일 먼저 칠하는 페인트는?

① 에나멜 페인트
② 카세인
③ 광명단
④ 바니시

해설
철재 시설물은 녹을 방지하기 위해 광명단 등으로 녹막이 칠을 해 준다.

정답 55 ④ 56 ② 57 ④ 58 ④ 59 ③ 60 ③

2023년 제2회 과년도 기출복원문제

01 조경관리에서 주민참가의 단계는 시민권력의 단계, 형식참가의 단계, 비참가의 단계 등으로 구분되는데 그 중 시민권력의 단계에 해당되지 않는 것은?

① 자치관리(Citizen Control)
② 유화(Placation)
③ 권한위양(Delegated Power)
④ 파트너십(Partnership)

해설
② 유화 : 주민이 정책결정에 영향력을 행사하는 능력을 갖지 못하는 수준이며 명목적 참여이기 때문에 시민권력 단계가 아니다. 권력, 영향력이 없다.
③ 권한 위양 : 주민의 영향력이 강하여 행정기관은 문제해결을 위하여 주민을 협상으로 유도하는 수준
※ 주민참가의 단계(아른슈타인, Arnstein)
비참가의 단계(조작, 치료) → 형식참가의 단계(정보제공, 상담, 유화) → 시민권력의 단계(파트너십, 권한위양, 자치관리)

02 규준망의 「작정기」에 수록된 내용이 아닌 것은?

① 서원조 정원 건축과의 관계
③ 지형의 취급방법
② 원지를 만드는 법
④ 입석의 의장법

해설
작정기
규준망이 직접 여러 정원을 감상한 후 정원에 관한 이야기를 모아 엮은 책이다. 내용은 침전조계 통의 정원의 형태와 의장에 관한 것으로서 정원 전체의 땅가름, 연못, 섬, 입석, 작천 등 정원에 관한 모든 내용을 기록하고 있다.

03 덩굴로 자라면서 여름(7~8월경)에 아름다운 주황색 꽃이 피는 수종은?

① 남천
② 능소화
③ 등나무
④ 홍가시나무

해설
능소화는 낙엽성 덩굴식물로 여름에 주황색 꽃이 핀다. 지름이 6~8cm로서 황홍색이다.

04 시공 후 전체적인 모습을 알아보기 쉽도록 그린 그림과 같은 형태의 도면은?

① 평면도
③ 조감도
② 입면도
④ 상세도

해설
③ 설계 대상지 전체를 내려다 볼 수 있을 정도의 높은 곳에서 보이는 모습을 투시도 작도법으로 그린 것이다.
① 조경설계의 가장 기본적인 도면으로 물체를 위에서 바라본 것을 가정하고 작도하는 설계도이다.
② 평면도와 같은 축척을 이용하여 작성하며 정면도, 배면도, 측면도 등으로 세분된다.
④ 평면도나 단면도에 잘 나타나지 않는 세부사항을 표현한 도면이다.

05 흰말채나무의 특징 설명으로 틀린 것은?

① 노란색의 열매가 특징적이다.
② 층층나무과로 낙엽활엽관목이다.
③ 수피가 여름에는 녹색이나 가을, 겨울철의 붉은 줄기가 아름답다.
④ 잎은 대생하며 타원형 또는 난상타원형이고, 표면에 작은 털이 있으며 뒷면은 흰색의 특징을 갖는다.

해설
① 흰말채나무의 열매는 흰색이다.

06 다음 도료 중 건조가 가장 빠른 것은?

① 오일페인트   ② 바니시
③ 래커   ④ 레이크

해설
래커
• 자연건조방법에 의해 상온에서 경화된다.
• 도막의 건조시간이 빨라 백화를 일으키기 쉽다.
• 도막은 단단하고 불점착성이다.
• 셀룰로스도료라고도 한다.
• 내마모·내수성·내유성 등이 우수하다.

07 금속의 특징으로 옳지 않은 것은?

① 불에 타지 않는다.
② 내산성과 내알칼리성이 크다.
③ 연성 및 전성이 우수하다.
④ 녹이 슬고 부식이 된다.

해설
금속재료의 특성
• 대부분 상온에서 고체이고, 비중이 크다.
• 입자배열이 규칙적이며, 일정한 결정구조를 가진다.
• 소재 고유의 광택이 우수하고, 고유한 색깔을 지닌다.
• 연성 및 전성이 우수하고, 합금이 다양하다.
• 열과 전기가 잘 통하고, 산·알칼리와 크게 반응한다.

08 다음 중 비전염성병에 해당하는 것은?

① 부적합한 토양에 의한 병
② 종자식물에 의한 병
③ 바이러스에 의한 병
④ 마이코플라스마에 의한 병

해설
전염성병은 바이러스, 마이코플라스마, 세균, 진균, 선충, 기생성 종자식물 등 생물성 병원체에 의한 병이고, 비전염성병은 부적당한 토양, 기상 조건 등 전염이 되지 않는 비생물성 병원체에 의한 병이다.

09 프랑스 평면기하학식 정원을 확립하는데 가장 큰 기여를 한 인물은?

① 르 노트르   ② 옴스테드
③ 브릿지맨   ④ 브라운

해설
르 노트르는 이탈리아 여행 중 노단건축식 정원을 배웠으나 귀국한 후에는 프랑스의 지형과 풍토에 알맞은 평면기하학식 정원수법을 고안하였다.

정답 5 ① 6 ③ 7 ② 8 ① 9 ①

10 25% A유제 100mL를 0.05%의 살포액으로 만드는 데 소요되는 물의 양(L)으로 가장 가까운 것은? (단, 비중은 1.0이다)

① 5
② 25
③ 50
④ 100

해설
살포액의 희석

필요 수량 = 약량 × $\dfrac{원액\ 농도}{희석\ 농도}$

$= 100 × \dfrac{25}{0.05} = 50,000\text{mL}$

∴ 필요 수량 = 50L
(∵ 1L = 1,000mL)

11 줄기가 아래로 늘어지는 생김새의 수간을 가진 나무의 모양을 무엇이라 하는가?

① 쌍간
② 다간
③ 직간
④ 현애

해설
현애
고산지대의 높은 벼랑에 늘어져 생장하고 있는 형태를 묘사한 것으로, 묘목 때부터 밑 부분의 가지에 곡을 주어 아래로 늘어지게 만든 수형이다.

12 다음 중 ( ) 안에 알맞은 것은?

공사 목적물을 완성하기까지 필요로 하는 여러 가지 작업의 순서와 단계를 ( )(이)라고 한다. 가장 효과적으로 공사 목적물을 만들 수 있으며 시간을 단축시키고 비용을 절감할 수 있는 방법을 정할 수 있다.

① 공종
② 검토
③ 시공
④ 공정

해설
① 공사의 종류를 말한다.
② 어떤 사실이나 내용을 분석하여 따지는 것이다.
③ 공사를 시행하는 것을 말한다.

13 다음의 ( ) 안에 들어갈 디자인 요소는?

형태, 색채와 더불어 ( )은(는) 디자인의 필수 요소로서 물체의 조성 성질을 말하며, 이는 우리의 감각을 통해 형태에 대한 지식을 제공한다.

① 질감
② 광선
③ 공간
④ 입체

14 정숙한 장소로서 장래 시가화가 예상되지 않는 자연녹지 지역에 100,000m² 규모 이상 설치할 수 있는 기준을 적용하는 도시의 주제공원은?(단, 도시공원 및 녹지 등에 관한 법률 시행규칙을 적용한다)

① 어린이공원
② 체육공원
③ 묘지공원
④ 도보권 근린공원

해설
도시공원의 설치 및 규모의 기준(도시공원 및 녹지 등에 관한 법률 시행규칙 [별표 3])

공원구분		유치거리	규모
생활권 공원	어린이공원	250m 이하	1,500m² 이상
	도보권 근린공원	1,000m 이하	30,000m² 이상
주제 공원	묘지공원	제한 없음	100,000m² 이상
	체육공원	제한 없음	10,000m² 이상

정답 10 ③ 11 ④ 12 ④ 13 ① 14 ③

15 잔디밭에서 많이 발생하는 잡초인 클로버(토끼풀)를 제초하는 데 가장 효율적인 것은?

① 베노밀 수화제
② 캡탄 수화제
③ 디코폴 수화제
④ 디캄바 액제

해설
잔디밭의 클로버를 제초하는 데 효과적인 것은 디캄바 액제, 메코프로프 액제, 메코프로프-피 액제가 있다.

16 조선시대의 정원 중 연결이 올바른 것은?

① 양산보 – 다산초당
② 윤선도 – 부용동 정원
③ 정약용 – 운조루 정원
④ 이유주 – 소쇄원

해설
①·④ 소쇄원은 양산보가 조성하였다.
③ 정약용은 다산초당과 관련 있다.

17 한국 조경사 중 백제시대의 조경에 해당하지 않는 것은?

① 임류각 ② 궁남지
③ 석연지 ④ 안학궁

해설
안학궁 : 고구려
• 장수왕 때 평양(대동강 상류 대성산)에 지은 궁으로 궁내에 자연곡선 형태의 연못과 인공동산(축산)이 있었으며, 연못 안에는 몇 개(3~4개)의 섬이 있었다.
• 성벽으로 둘러싸여 있으며, 52개의 집자리가 발견되었고, 남궁, 북궁, 중궁 등으로 구분되어 있었다.

18 작은 색견본을 보고 색을 선택한 다음 아파트 외벽에 칠했더니 명도와 채도가 높아져 보였다. 이러한 현상을 무엇이라고 하는가?

① 색상대비 ② 한난대비
③ 면적대비 ④ 보색대비

해설
면적대비
• 면적이 크고 작음에 따라 색이 다르게 보이는 현상이다.
• 면적이 커지면 명도 및 채도가 증대되어 그 색은 실제보다 더 밝고 선명하게 보이고, 반대로 면적이 작아지면 명도와 채도가 감소되어 보인다.

19 우리나라에서 사용하고 있는 표준형 벽돌규격(mm)은?

① 200×100×50
② 150×100×50
③ 210×90×50
④ 190×90×57

해설
시멘트벽돌 규격(mm)
• 기존형 : 210×100×60
• 표준형 : 190×90×57

20 위락, 관광시설 분야의 조경에 해당되지 않는 대상은?

① 휴양지 ② 사찰
③ 유원지 ④ 골프장

해설
② 사찰은 문화재에 해당된다.
위락·관광시설 : 골프장, 야영장, 경마장, 스키장, 해수욕장, 낚시터, 관광농원, 유원지, 휴양지, 삼림욕장 등

21 겨울철 또는 수중 공사 등 빠른 시일에 마무리해야 할 공사에 사용하기 편리한 시멘트는?

① 보통 포틀랜드 시멘트
② 중용열 포틀랜드 시멘트
③ 조강 포틀랜드 시멘트
④ 슬래그 시멘트

해설
조강 포틀랜드 시멘트
보통 포틀랜드 시멘트 원료와 거의 같으나 급경성(急硬性)을 갖게 한 고급 시멘트로서 단기에 높은 강도를 내고, 수밀성이 좋으며, 저온에서도 강도발현이 우수해 겨울철, 수중, 해중 공사 등에 적합하다. 수화열의 축적으로 콘크리트에 균열이 가기 쉬운 것이 단점이다.

22 다음 중 붉은색의 단풍이 드는 수목들로 구성된 것은?

① 낙우송, 느티나무, 백합나무
② 칠엽수, 참느릅나무, 졸참나무
③ 감나무, 화살나무, 붉나무
④ 이깔나무, 메타세콰이어, 은행나무

해설
붉은색(다홍색) 단풍으로는 단풍나무, 마가목, 감나무, 화살나무, 붉나무, 담쟁이덩굴, 옻나무, 산딸나무 등이 있다.

23 공사원가계산 체계에서 이윤 산정 시 고려하는 내용이 아닌 것은?

① 재료비
② 노무비
③ 경비
④ 일반관리비

해설
이윤 = (노무비 + 경비 + 일반관리비) × 15%이다.

24 자연석 무너짐 쌓기에 대한 설명으로 부적합한 것은?

① 크고 작은 돌이 서로 상재미가 있도록 좌우로 놓아 나간다.
② 돌을 쌓은 단면의 중간이 볼록하게 나오는 것이 좋다.
③ 제일 윗부분에 놓이는 돌은 돌의 윗부분이 수평이 되도록 놓는다.
④ 돌과 돌이 맞물리는 곳에는 작은 돌을 끼워 넣지 않도록 한다.

해설
② 돌과 돌 사이의 빈 공간에 양질의 흙을 채워 넣고, 회양목, 철쭉 등의 관목류나 초화류 등으로 돌틈식재를 한다. 중간석의 서로 맞닿은 면은 잘 물리는 돌을 사용한다.

25 암석은 그 성인(成因)에 따라 대별되는데 편마암, 대리석 등은 어느 암으로 분류 되는가?

① 수성암
② 화성암
③ 변성암
④ 석회질암

해설
암석의 분류
• 화성암 : 화강암, 안산암, 현무암, 섬록암 등
• 퇴적암 : 응회암, 사암, 점판암, 혈암, 석회암 등
• 변성암 : 편마암, 대리암, 사문암, 결정편암 등

26 다음 중 사군자(四君子)에 해당되지 않는 것은?

① 매화   ② 난초
③ 국화   ④ 소나무

해설
사군자(四君子)는 매화, 난초, 국화, 대나무 네 가지의 식물을 일컫는 개념이다.

27 16세기 무굴제국의 인도 정원과 가장 관련이 깊은 것은?

① 타지마할
② 퐁텐블로
③ 클로이스터
④ 알람브라궁원

해설
타지마할(Taj Mahal)
- 무굴인도의 샤자한 왕이 왕비 뭄타즈마할을 기념하기 위해 세운 묘소로, 아그라의 자무나강 서편에 위치한다.
- 중앙에는 수로에 의해 4등분 된 정원이 있어 물의 반사성을 이용하였고, 그 뒤로 흰 대리석으로 꾸며진 대분천지가 있다.
- 높은 울담으로 둘러싸여 있고, 능묘 앞에는 긴 반사연못을 설치하여 건축물을 더욱 돋보이게 하였다.

28 다음 중 식엽성(食葉性) 해충이 아닌 것은?

① 솔나방   ② 텐트나방
③ 복숭아명나방   ④ 미국흰불나방

해설
식엽성 해충은 식물의 잎을 갉아 먹어 피해를 입히는 해충이다. 회양목명나방, 복숭아명나방, 풍뎅이, 잎벌, 집시나방, 느티나무벼룩바구미 등이 있다.

29 통일신라 때의 연회장소이며 흐르는 물에 술잔을 띄워 곡수연을 즐기던 곳으로, 왕희지의 난정고사를 본 따 만든 왕과 측근들의 유락공간은?

① 안압지   ② 포석정
③ 상림원   ④ 궁남지

해설
포석정
흐르는 물에 술잔을 띄워 곡수연을 즐기던 곳으로, 왕희지의 난정고사를 본따 만든 왕과 측근들의 유락공간이었다.

30 흙막이용 돌쌓기에 일반적으로 가장 많이 사용되는 것으로 앞면의 길이를 기준으로 하여 길이는 1.5배 이상, 접촉부 나비는 1/10 이상으로 하는 시공 재료는?

① 호박돌   ② 경관석
③ 판석   ④ 견치돌

해설
돌을 뜰 때 앞면, 길이, 뒷면, 접촉부 등의 치수를 지정하여 마름모꼴이나 사각형 뿔 모양으로 깨낸 석재로, 면에서 직각으로 잰 길이가 최소변의 1.5배 이상이고, 접촉부의 너비는 1/10 이상이다. 주로 흙막이용 돌쌓기에 사용된다.

[정답] 26 ④ 27 ① 28 ③ 29 ② 30 ④

31 다음 중 호박돌 쌓기의 방법 설명으로 부적합한 것은?

① 표면이 깨끗한 돌을 사용한다.
② 크기가 비슷한 것이 좋다.
③ 불규칙하게 쌓는 것이 좋다.
④ 기초공사 후 찰쌓기로 시공한다.

해설
호박돌 쌓기에서는 돌을 최대한 규칙적이고 안정적으로 쌓아야 한다. 불규칙하게 쌓으면 구조적으로 취약해질 수 있다.

32 줄기의 색이 아름다워 관상가치를 가진 대표적인 수종의 연결로 옳지 않은 것은?

① 백색계의 수목 : 자작나무
② 갈색계의 수목 : 편백
③ 적갈색계의 수목 : 소나무
④ 흑갈색계의 수목 : 벽오동

해설
④ 벽오동은 청록색 계열 줄기의 색채이다.

33 다음과 같이 설명하는 토공사 장비는 종류는?

- 기계가 서 있는 위치보다 낮은 곳의 굴착에 용이
- 넓은 면적을 팔 수 있으나 파는 힘은 강력하지 못함
- 연질지반 굴착, 모래채취, 수중 흙 파올리기에 이용

① 백호
② 파워셔블
③ 불도저
④ 드래그라인

해설
드래그라인
기계를 장치한 위치보다 낮은 데를 굴삭하는 데 적합하고, 굴삭반경이 크지만, 단단한 토질을 굴삭할 수 없어 수중굴삭이나 모래채취에 주로 사용된다.

34 흙을 이용하여 2m 높이로 마운딩하려 할 때, 더돋기를 고려해 실제 쌓아야 하는 높이로 가장 적합한 것은?

① 2m
② 2m 20cm
③ 3m
④ 3m 30cm

해설
가라앉을 것을 예측하여 계획된 높이보다 더 쌓는 흙을 여성토(더돋기)라 하고, 일반적으로 계획높이의 10~15% 미만으로 쌓아 올린다. 따라서 2m에 10%인 20cm를 더 쌓아야 하므로 200 + 20 = 220cm이다.

35 콘크리트 미끄럼대를 시공할 경우 일반적으로 지표와 미끄럼면이 이루는 각도는 어느 정도가 가장 적당한가?

① 70°
② 55°
③ 45°
④ 35°

해설
미끄럼판의 기울기는 30~35°로 재질을 고려하여 설계하고, 1인용 미끄럼판의 폭은 40~50cm를 기준으로 한다.

정답 31 ③ 32 ④ 33 ④ 34 ② 35 ④

36 콘크리트용 혼화재료로 사용되는 플라이애시에 대한 설명 중 틀린 것은?

① 포졸란 반응에 의해서 중성화 속도가 저감된다.
② 플라이애시의 비중은 보통 포틀랜드 시멘트보다 작다.
③ 입자가 구형이고 표면조직이 매끄러워 단위수량을 감소시킨다.
④ 플라이애시는 이산화규소(SiO_2)의 함유율이 가장 많은 비결정질 재료이다.

해설
플라이애시(Fly Ash)
- 화력발전소의 미분탄 연소 시 발생하는 미립분으로, 대표적인 인공포졸란이며 포졸란 반응을 통해 콘크리트의 성질을 개량한다.
- 콘크리트에 혼합 시 워커빌리티를 개선하고, 수화열이 감소하며, 내구성·수밀성·저항성이 증가하지만 조기강도를 저하시키는 단점이 있다.

37 초기 강도가 매우 크고 해수 및 기타 화학적 저항성이 크며 열분해 온도가 높아 내화용 콘크리트에 적합한 시멘트는?

① 조강 포틀랜드 시멘트
② 알루미나 시멘트
③ 고로슬래그 시멘트
④ 플라이애시 시멘트

해설
알루미나 시멘트의 비중은 보통 포틀랜드 시멘트보다 가볍고 석고를 가하지 않는데, 조강성이 대단하며, 화학적 저항성이 크고, 내화성도 우수하여 내화용 콘크리트에 적합하다.

38 다음 중 치장줄눈용 모르타르의 배합비는?

① 1 : 1
② 1 : 2
③ 1 : 3
④ 1 : 5

해설
모르타르 배합비(시멘트 : 모래)
- 조적용 모르타르 = 1 : 3
- 아치쌓기용 모르타르 = 1 : 2
- 치장줄눈용 모르타르 = 1 : 1

39 합판의 특징에 대한 설명으로 옳은 것은?

① 팽창, 수축 등으로 생기는 변형이 크다.
② 목재의 완전 이용이 불가능하다.
③ 제품이 규격화되어 사용에 능률적이다.
④ 섬유방향에 따라 강도의 차이가 크다.

해설
합판의 특징
- 목재를 얇은 판으로 깎은 단판에 접착제를 바른 다음, 나무의 결이 엇갈리게 여러 겹으로 붙여서 만든 판상의 가공재이다.
- 제품이 규격화되어 있어 능률적으로 사용 가능하다.
- 나뭇결이 아름답고, 균일한 크기로 제작이 가능하다.
- 수축·팽창 등에 의한 변형이 거의 없다.
- 고른 강도를 유지하며, 넓은 면적을 이용할 수 있다.
- 내구성과 내습성이 크다.

40 다음 중 정형식 배식유형은?

① 부등변삼각형 식재
② 임의식재
③ 군식
④ 교호식재

해설
정형식 배식에는 단식, 대식, 군식 등이 있으며 자연식 배식에는 부등변삼각형 식재, 임의식재, 모아심기 등이 있다.

정답 36 ① 37 ② 38 ① 39 ③ 40 ④

41 목재의 단면에서 수액이 적고 강도, 내구성 등이 우수하기 때문에 목재로서 이용가치가 큰 부위는?

① 변재
② 수피
③ 심재
④ 변재와 심재사이

해설
- 심재 : 나무줄기를 잘랐을 때 한복판에 짙게 착색된 부분으로, 생식기능이 줄어든 세포로 이루어져 있다. 성장이 거의 멈춘 부분으로 목질이 단단하다.
- 변재 : 심재 바깥쪽에 비교적 옅은 색을 가진 부분으로, 수액의 통로이자 양분의 저장소이다. 성장을 계속하는 부분으로 목질이 연하다.

42 기존의 레크리에이션 기회에 참여 또는 소비하고 있는 수요(需要)를 무엇이라 하는가?

① 우도수요
② 잠재수요
③ 표출수요
④ 유효수요

해설
② 사람들에게 내재되어 있는 수요로 적당한 시설, 접근수단, 정보가 제공되면 참여가 기대되는 수요
③ 재화에 대한 욕구가 실제로 그 재화를 구입할 만큼 구매력의 뒷받침이 있을 경우의 수요
④ 광고, 선전, 교육 등을 통해 이용을 유도시킬 수 있는 수요

43 다음 중 사대부나 양반 계급에 속했던 사람이 자연 속에 묻혀 야인으로서의 생활을 즐기던 별서정원이 아닌 것은?

① 소쇄원
② 방화수류정
③ 부용동정원
④ 다산정원

해설
방화수류정은 성벽 모서리에 군사적 용도로 세운 누각이다.

44 도시공원 및 녹지 등에 관한 법률에 의한 어린이공원의 기준에 관한 설명으로 옳은 것은?

① 유치거리는 500m 이하로 제한한다.
② 1개소 면적은 1200m^2 이상으로 한다.
③ 공원시설 부지면적은 전체 면적의 60% 이하로 한다.
④ 공원구역 경계로부터 500m 이내에 거주하는 주민 250명 이상의 요청 시 어린이공원조성 계획은 정비를 요청할 수 있다.

해설
어린이공원의 부지면적은 60% 이하로 하며 유치거리는 250m 이하, 규모는 1,500m^2 이상으로 한다.

45 시멘트의 응결에 대한 설명으로 옳지 않은 것은?

① 시멘트와 물이 화학반응을 일으키는 작용이다.
② 수화에 의하여 유동성과 점성을 상실하고 고화하는 현상이다.
③ 시멘트 겔이 서로 응집하여 시멘트입자가 치밀하게 채워지는 단계로서 경화하여 강도를 발휘하기 직전의 상태이다.
④ 저장 중 공기에 노출되어 공기 중의 습기 및 탄산가스를 흡수하여 가벼운 수화반응을 일으켜 탄산화하여 고화되는 현상이다.

해설
④는 풍화에 대한 설명이다.

46 독도는 광활한 바다에 우뚝 솟은 바위섬이다. 독도의 전망대에서 바라보는 경관의 유형으로 가장 적합한 것은?

① 파노라마경관　② 지형경관
③ 위요경관　　　④ 초점경관

해설
파노라마경관은 시야를 가리지 않고 멀리 펴져 보이는 경관이다.

47 다음 중 목재의 방화제(防火劑)로 사용될 수 없는 것은?

① 염화암모늄　　② 황산암모늄
③ 제2인산암모늄　④ 질산암모늄

해설
목재의 방화제로 사용되는 암모늄염 : 제2인산암모늄, 제1인산암모늄, 브롬화암모늄, 붕산암모늄, 염화암모늄, 설파민암모늄, 황산암모늄 등

48 다음 중 일반적으로 전정 시 제거해야 하는 가지가 아닌 것은?

① 도장한 가지　② 바퀴살 가지
③ 얽힌 가지　　④ 주지(主枝)

해설
주지는 원줄기에 붙어있는 굵은 가지인데 일반적으로 전정 시 제거하는 가지는 아니다.
전정 시 반드시 잘라야 할 가지 : 웃자란 가지(도장지), 안으로 향한 가지, 아래로 향한 가지, 말라죽은 가지와 병충해를 입은 가지, 줄기에 움돋은 가지, 교차한 가지와 얽힌 가지, 평행한 가지, 밑에서 움돋은 가지, 위로 자란 가지

49 일반적으로 추운 지방이나 겨울철에 콘크리트가 빨리 굳어지도록 주로 섞어 주는 것은?

① 석회　　② 염화칼슘
③ 붕사　　④ 마그네슘

해설
급결제
겨울철이나 물속 공사, 콘크리트 뿜어붙이기 등에 필요한 조기강도의 발생 촉진을 위하여 첨가하는 것으로, 주로 염화칼슘(시멘트량의 1% 정도)이나 규산나트륨(시멘트량의 3% 정도)을 사용하고 이외에 탄산나트륨, 염화나트륨, 염화마그네슘 등이 있다.

50 살수기 설치 시 배치 간격은 바람이 없을 때를 기준으로 살수 작동 지름의 어느 정도가 가장 적합한가?

① 55~60%　② 60~65%
③ 70~75%　④ 80~85%

해설
살수기 배치간격은 바람이 없을 때를 기준으로 살수 작동 최대간격은 살수직경의 60~65%로 제한한다.

51 잔디의 잎어 갈색 병반이 동그랗게 생기고, 특히 6~9월경에 벤트그래스에 주로 나타나는 병해는?

① 녹병　　　② 황화병
③ 브라운패치　④ 설부병

해설
브라운패치(Brown Patch, 갈색잎마름병)
예고가 낮은 벤트그라스 그린의 경우 매우 습할 때에는 패치의 가장자리에 암회색의 경계부위가 나타나 스모크링(Smoke Ring)과 같은 형태로 나타난다. 건조할 때에는 패치의 전체가 갈색으로 변해 고사한다. 예고가 높은 티잉그라운드, 페어웨이의 경우 이슬이 마르지 않은 아침에 패치의 가장자리에서 회갈색의 기중균사를 형성한다.

52 골프장의 각 코스를 설계할 때 어느 방향으로 길게 배치하는 것이 가장 이상적인가?

① 동서방향　② 남북방향
③ 동남방향　④ 북서방향

해설
골프장은 남북방향으로 설계하는 것이 좋으며 방위(방향)는 잔디를 위해 남사면, 또는 남동사면으로 설계하는 것이 좋다.

53 만월대와 관련이 있는 시대는?

① 통일신라　② 백제
③ 고려　　　④ 조선

해설
만월대(滿月臺)는 고려의 궁궐터를 부르는 명칭이다. 현재는 편의상 그 궁궐을 지칭하는 표현으로도 사용되고 있다.

54 응애(Mite)의 피해 및 구제법으로 틀린 것은?

① 살비제를 살포하여 구제한다.
② 같은 농약의 연용을 피하는 것이 좋다.
③ 발생지역에 4월 중순부터 1주일 간격으로 3회 정도 살포한다.
④ 침엽수에는 피해를 주지 않으므로 약제를 살포하지 않는다.

해설
응애(Mite)의 피해 및 구제법
- 응애는 진딧물과 같이 대부분의 수종에 피해를 준다.
- 바늘과 같이 끝이 뾰족한 입틀로 잎의 즙액을 빨아먹어 입에 황색의 반점을 만든다.
- 살비제를 살포하여 구제한다.
- 같은 농약의 연용을 피하는 것이 좋다.
- 발생지역에 4월 중순부터 1주일 간격으로 3회 정도 살포한다.

55 1,800m²의 잔디광장을 평떼로 조성하려고 할 때 필요한 잔디량은 약 얼마인가?(단, 잔디 1매의 규격은 30×30×3cm이다)

① 10,000매　② 20,000매
③ 1,000매　　④ 2,000매

해설
필요잔디량 = $\dfrac{\text{전체면적}}{\text{떼장 1장의 면적}}$

= $\dfrac{1,800m^2}{0.09m^2}$

= 20,000매

56 단위용적중량이 1.65t/m²이고 굵은골재의 비중이 2.65일 때, 이 골재의 실적률(A)과 공극률(B)은 얼마인가?

① A : 62.3%, B : 37.7%
② A : 69.7%, B : 30.3%
③ A : 66.7%, B : 33.3%
④ A : 71.4%, B : 28.6%

해설
- 실적률 : 100 − 37.7 = 62.3%
- 공극률 : $\dfrac{2.65 - 1.65}{2.65} \times 100 = 37.7\%$

57 콘크리트의 측압은 콘크리트 타설 전에 검토해야 할 매우 중요한 시공요인이다. 다음 중 콘크리트 측압에 영향을 미치는 요인에 대한 설명으로 틀린 것은?

① 콘크리트의 타설높이가 높으면 측압은 커지게 된다.
② 콘크리트의 타설속도가 빠르면 측압은 커지게 된다.
③ 콘크리트의 슬럼프가 커질수록 측압은 커지게 된다.
④ 콘크리트의 온도가 높을수록 측압은 커지게 된다.

해설
④ 콘크리트의 온도가 높을수록, 경화속도가 빠를수록 측압은 적게 된다.

거푸집에 작용하는 콘크리트 측압에 영향을 주는 요인

증가 요인	• 콘크리트 타설속도가 빠를수록 • 반죽이 묽은 콘크리트일수록 • 콘크리트 비중이 클수록 • 다짐이 많을수록 • 대기습도가 높을수록 • 거푸집 단면이 클수록 • 부배합일수록 • 수평부재보다는 수직부재일수록
감소 요인	• 응결시간이 빠를수록 • 철골 또는 철근의 양이 많을수록 • 온도가 높을수록(경화가 빠를수록)

58 식재할 경우 수간감기(Wrapping)를 하는 이유 중 틀린 것은?

① 수간으로부터 수분증산 억제
② 잡초 발생 방지
③ 병해충 방지
④ 상해(霜害) 방지

해설
잡초 발생 방지는 토양피복(멀칭)을 할 때 방지가 되지만 수간감기를 해서 잡초 발생이 방지되는 것은 아니다.

59 자연상태의 토량 $1,000m^3$을 굴착하면, 그 흐트러진 상태의 토량은 얼마가 되는가?(단, 토량변화율을 $L=1.25$, $C=0.9$라고 가정한다)

① $900m^3$ ② $1,000m^3$
③ $1,125m^3$ ④ $1,250m^3$

해설
$$L = \frac{흐트러진\ 상태의\ 토량}{자연상태의\ 토량}$$
$$1.25 = \frac{흐트러진\ 상태의\ 토량}{1,000m^3}$$
흐트러진 상태의 토량 = $1,000m^3 \times 1.25 = 1,250m^3$

60 다음과 같은 피해 특징을 보이는 대기오염물질은?

• 침엽수는 물에 젖은 듯한 모양, 적갈색으로 변색
• 활엽수 잎의 끝부분과 엽맥 사이의 조직 괴사, 물에 젖은 듯한 모양(엽육조직 피해)

① 오존 ② 아황산가스
③ PAN ④ 중금속

해설
① 활엽수의 잎 표면에 주근깨 같은 반점이 형성되고, 반점이 합쳐져서 표면이 백색화된다. 침엽수는 잎 끝이 고사하고, 황화현상의 반점이 형성된다.
③ 활엽수 잎 뒷면에 광택이 나면서 후에 청동색으로 변색되며, 고농도에서는 잎 표면도 피해를 입는다.
④ 활엽수 잎 끝과 가장자리가 고사하고, 조기낙엽과 잎의 왜성화가 나타난다. 침엽수는 잎의 신장을 억제하고, 유엽 끝에 황화현상이 나타나며 잎의 기부까지 고사가 확대된다.

2024년 제 1 회 과년도 기출복원문제

01 다음 중 골프장에서 잔디와 그린이 있는 곳을 제외하고 모래나 연못 등과 같이 장애물을 설치한 곳을 가리키는 것은?

① 페어웨이　　② 해저드
③ 벙커　　　　④ 러프

해설
② 골프장에서 물, 모래, 연못 등과 같은 장애물을 설치한 구역을 가리킨다. 플레이어가 공을 해저드에 빠뜨리면 추가적인 벌타를 받게 된다.
① 티와 그린 사이에 위치한 넓고 평탄한 구역으로, 잔디가 적당히 깎여 있어 공을 치기 유리한 구역을 말한다.
③ 주로 모래로 채워진 장애물 구역으로, 해저드의 일종이다. 공이 벙커에 빠지면 벙커 내에서 공을 쳐야 한다.
④ 페어웨이 주변에 위치한 구역으로, 잔디가 길게 자라 공을 치기 어려운 구역이다.

02 다음 중 색의 삼속성이 아닌 것은?

① 색상　　② 명도
③ 채도　　④ 대비

해설
④ 서로 다른 색이나 밝기의 차이를 강조하는 개념으로, 색의 삼속성에는 포함되지 않는다.
① 색의 종류를 나타내는 속성으로, 빨강, 파랑, 노랑 등의 색을 구분하는 기준이다.
② 색의 밝고 어두운 정도를 나타내는 속성이다. 명도가 높을수록 밝고, 낮을수록 어둡다.
③ 색의 선명하고 탁한 정도를 나타내는 속성이다. 채도가 높을수록 색이 선명하고, 낮을수록 탁하다.

03 땅속줄기가 옆으로 뻗으면서 죽순이 나와서 높이 2~20m, 지름 2~5cm로 자라며 속이 비어 있다. 줄기가 첫해에는 녹색이고, 2년째부터 검은 자색이 짙어져 간다. 잎은 비소 모양이고 잔톱니가 있고 어깨털은 5개 내외로 곧 떨어지며 '반죽'이라고도 불리는 수종은?

① 왕대　　② 조릿대
③ 오죽　　④ 맹종죽

해설
오죽
줄기의 색이 검기 때문에 오죽이라 불린다. 높이 2~10m에 달하고 나무껍질이 검은색이며, 잎은 장피침형으로 가지 끝에 5개씩 나며, 지름 2~5cm, 너비 10~15mm이다. 꽃은 6~7월에 피고 과실은 영과(穎果 : 벼의 열매와 같이 열매의 껍질이 건조하고 씨에 붙어있는 열매)로 가을에 결실한다.

04 기존의 레크레이션 기회에 참여 또는 소비하고 있는 수요(需要)를 무엇이라 하는가?

① 표출수요　　② 잠재수요
③ 유효수요　　④ 유도수요

해설
② 사람들에게 내재되어 있는 수요로 적당한 시설, 접근수단, 정보가 제공되면 참여가 기대되는 수요
③ 재화에 대한 욕구가 실제로 그 재화를 구입할 만큼 구매력의 뒷받침이 있을 경우의 수요
④ 광고, 선전, 교육 등을 통해 이용을 유도시킬 수 있는 수요

1 ② 2 ④ 3 ③ 4 ① 정답

05 흙 더돋기(여성토)는 계획된 높이보다 얼마나 더 하는가?

① 5% ② 10%
③ 20% ④ 30%

해설
가라앉을 것을 예측하여 계획된 높이보다 더 쌓는 흙을 더돋기(여성토)라 하고, 일반적으로 계획높이의 10~15% 미만으로 쌓아 올린다.

06 중국 청조(淸朝)의 원림 중 3산5원에 해당하지 않는 것은?

① 반주산 소원(小園)
② 향산 정의원(靜宜園)
③ 옥천산 정명원(靜明園)
④ 원명원(圓明園)

해설
① 반주산 소원(小園) : 반주산 소원은 중국 청조의 3산5원에 속하지 않는다.
  ※ 3산5원은 중국 청나라 시대의 황실 정원들을 말하는 것으로, 3개의 산과 5개의 주요 황실 정원을 지칭한다.
② 향산 정의원(靜宜園) : 향산 정의원은 3산5원 중 하나로, 청나라 황실의 여름 별궁으로 사용된 정원이다.
③ 옥천산 정명원(靜明園) : 옥천산 정명원은 청나라 황실의 5원 중 하나로, 중요한 정원이다.
④ 원명원(圓明園) : 원명원은 청나라 황제들의 거처로 사용되었으며, 5원 중 하나에 해당하는 대규모 정원이다.

07 다음 중 인공폭포, 인공암 등을 만드는 데 사용되는 플라스틱 제품은?

① ILP ② FRP
③ MDF ④ OSB

해설
FRP(Fiberglass Reinforced Plastic)
유리섬유 강화플라스틱으로, 인공폭포나 암벽 등 다양한 구조물 제작에 사용된다.

08 다음 설명의 ( ) 안에 들어갈 시설물은?

> 시설지역 내부의 포장지역에도 ( )을/를 이용하여 낙엽성 고목을 식재하면 여름에도 그늘을 만들 수 있다.

① 볼라드(Bollard)
② 펜스(Fence)
③ 벤치(Eench)
④ 수목보호대(Grating)

해설
수목보호대(Grating)
나무 주변에 설치되어 나무를 보호하면서 포장 지역에도 그늘을 제공하는 역할을 한다.

09 다음은 수목 외과수술 방법의 순서이다. 작업순서를 바르게 나열한 것은?

> ㉠ 동공충전
> ㉡ 부패부 제거
> ㉢ 살균살충처리
> ㉣ 매트처리
> ㉤ 방부·방수처리
> ㉥ 인공나무껍질처리

① ㉠ → ㉡ → ㉢ → ㉣ → ㉤ → ㉦ → ㉥
② ㉡ → ㉢ → ㉤ → ㉠ → ㉣ → ㉥ → ㉦
③ ㉢ → ㉥ → ㉦ → ㉣ → ㉠ → ㉤ → ㉡
④ ㉥ → ㉡ → ㉣ → ㉢ → ㉤ → ㉦ → ㉠

해설
수목 외과수술은 상처부위나 부패로 인한 공동이 더이상 부패되지 않도록 하며, 수간의 물리적 지지력을 높이고 자연스러운 외형을 갖게 하는 것이다.

정답 5 ② 6 ① 7 ② 8 ④ 9 ②

10 다음 중 아황산가스에 강한 수종으로만 짝지어진 것은?

① 소나무, 전나무
② 히말라야시다, 느티나무
③ 삼나무, 편백나무
④ 사철나무, 은행나무

해설
아황산가스에 강한 수종 : 플라타너스(양버즘나무), 사철나무, 은행나무, 편백, 화백, 가시나무, 백합나무, 칠엽수 등

11 목재의 구조에 대한 설명으로 틀린 것은?

① 춘재는 빛깔이 엷고 재질이 연하다.
② 춘재와 추재의 두 부분을 합친 것을 나이테라 한다.
③ 목재의 수심 가까이에 위치하고 있는 진한색 부분을 변재라 한다.
④ 생장이 느린 수목이나 추운 지방에서 자란 수목은 나이테가 좁고 치밀하다.

해설
목재의 수심 가까이에 위치한 진한색 부분이 심재이고, 나무의 바깥쪽에 위치한 부분이 변재이다.

12 담쟁이덩굴과 미국담쟁이덩굴에 대한 설명으로 옳은 것은?

① 담쟁이덩굴은 잎이 주로 3갈래, 미국담쟁이덩굴은 잎이 주로 5갈래로 나뉜다.
② 담쟁이덩굴과 미국담쟁이덩굴 모두 한국, 중국, 일본, 미국에서 자생한다.
③ 담쟁이덩굴의 꽃은 6~7월에 검은색으로 핀다.
④ 담쟁이덩굴과 미국담쟁이덩굴 모두 장미과에 속한다.

해설
② 담쟁이덩굴은 한국, 중국, 일본에서 자생하고, 미국담쟁이덩굴은 북미 원산의 식물이다.
③ 꽃은 6~7월에 황녹색으로 핀다.
④ 모두 포도과(*Vitaceae*)에 속한다.

13 흐르는 물에 술잔을 띄워 곡수연을 즐기던 곳은?

① 안압지   ② 포석정
③ 궁남지   ④ 석연지

해설
포석정
흐르는 물에 술잔을 띄워 곡수연을 즐기던 곳으로, 왕희지의 난정고사를 본따 만든 왕과 측근들의 유락공간이었다.

14 개화를 촉진하는 정원수 관리에 관한 설명으로 옳지 않은 것은?

① 햇빛을 충분히 받도록 해준다.
② 물을 되도록 적게 주어 꽃눈이 많이 생기도록 한다.
③ 깻묵, 닭똥, 요소, 두엄 등을 15일 간격으로 시비한다.
④ 너무 많은 꽃봉오리는 솎아낸다.

해설
특히 깻묵, 닭똥, 요소, 두엄 같은 질소 성분이 풍부한 유기질 비료를 자주 주면, 잎과 줄기 생장이 과도하게 촉진될 수 있다.

15 강(鋼)과 비교한 알루미늄의 특징에 대한 내용 중 옳지 않은 것은?

① 강도가 작다.
② 비중이 작다.
③ 열팽창율이 작다.
④ 전기 전도율이 높다.

해설
알루미늄은 온도 변화에 따라 쉽게 팽창하거나 수축하는 특성이 있어 강철보다 열팽창율이 크다.

16 다음 중 유자격자는 모두 입찰에 참여할 수 있으며, 균등한 기회를 제공하고, 공사비 등을 절감할 수 있으나 부적격자에게 낙찰된 우려가 있는 입찰방식은?

① 특명입찰
② 일반경쟁입찰
③ 지명경쟁입찰
④ 수의계약

해설
일반경쟁입찰은 모든 유자격업체에게 균등한 참여 기회를 제공하고 공사비를 절감하는 등의 장점이 있지만, 가격만을 기준으로 선정될 경우 부적격자에게 낙찰될 위험성이 있다.

17 차경에 대한 설명 중 적당하지 않은 것은?

① 멀리 바라보이는 자연풍경을 경관 구성재료 일부분으로 이용하는 수법이다.
② 전망이 좋은 곳에서 쉽게 적용시킬 수 있는 수법이다.
③ 축을 강조하는 정원 양식에서 특히 많이 사용된다.
④ 차경을 이용할 때 정원은 깊이가 있게 된다.

해설
차경은 먼 경치를 정원의 일부처럼 보이도록 하는 수법이다. 축을 강조하는 정원 양식보다는 자연경관을 활용한 전통 정원에서 많이 사용된다.

18 용광로에서 선철을 제조할 때 나온 광석 찌꺼기를 석고와 함께 시멘트에 섞은 것으로서 수화열이 낮고, 내구성이 높으며, 화학적 저항성이 큰 한편, 투수가 적은 특징을 갖는 것은?

① 실리카 시멘트
② 고로 시멘트
③ 중용열 포틀랜드 시멘트
④ 조강 포틀랜드 시멘트

해설
고로 시멘트는 제철 과정에서 발생하는 부산물인 고로슬래그 미분말을 포틀랜드 시멘트와 혼합하여 제조한 시멘트이다. 초기 강도는 낮지만 장기강도가 우수하고 수화열이 낮아 콘크리트 균열 방지에 효과적이다.

19 옐로(Yellow)와 사이안(Cyan)을 섞으면 무슨 색으로 나타나는가?

① 빨강
② 파랑
③ 초록
④ 마젠타

해설
사이안은 파란색에 가깝고, 옐로는 노란색이므로 이 두 색을 섞으면 초록색이 나온다.

20 지형도에서 U자(字) 모양으로 그 바닥이 낮은 높이의 등고선을 향하면 이것은 무엇을 의미하는가?

① 계곡
② 능선
③ 현애
④ 동굴

해설
능선은 산이나 언덕의 정상에서 양쪽으로 경사진 부분이 연결된 지형을 말한다. 지형도에서 능선을 표현할 때, U자형 등고선의 곡선이 바닥이 낮은 쪽을 향하는 형식으로 나타난다. 이는 능선의 고도가 주변 지형보다 높은 것을 의미하며, 능선 자체는 그 곡선 방향의 반대쪽으로 경사져 있다.

정답 15 ③ 16 ② 17 ③ 18 ② 19 ③ 20 ②

21 다음 중 단위용적중량이 1.4t/m³이고 굵은골재의 비중이 2.8일 때, 이 골재의 공극률(A)과 실적률(B)은 얼마인가?

① A : 50%, B : 50%
② A : 52%, B : 48%
③ A : 54%, B : 46%
④ A : 57%, B : 43%

해설
- 공극률 : $\left(1 - \dfrac{1.4}{2.8}\right) \times 100 = 50\%$
- 실적률 : $100 - 50 = 50\%$

22 여름의 연보라 꽃과 초록의 잎 그리고 가을에 검은 열매를 감상하기 위한 지피식물은?

① 맥문동   ② 꽃잔디
③ 영산홍   ④ 칡

해설
맥문동은 여름철에 연보라색 꽃을 피우고, 초록색 잎을 사계절 유지하며, 가을에 검은색 열매를 맺는 다년생 지피식물이다. 그늘진 곳에서도 잘 자라는 특성상 땅을 덮는 식물로 활용되며, 환경에 잘 적응하고 관리가 쉽다.

23 92~96%의 철을 함유하고 나머지는 크롬·규소·망간·유황·인 등으로 구성되어 있으며 창호철물, 자물쇠, 맨홀 뚜껑 등의 재료로 사용되는 것은?

① 선철   ② 강철
③ 주철   ④ 순철

해설
주철(Cast Iron)
92~96%의 철(Fe)을 포함하고, 나머지는 크롬(Cr), 규소(Si), 망간(Mn), 유황(S), 인(P) 등 다양한 합금 원소로 구성되어 있다. 높은 내마모성과 내식성을 가지며, 압축력에 강해 매우 단단하고 튼튼하여 오래 사용되는 제품에 적합하다.

24 표준품셈에서 수목을 인력시공 식재 후 지주목을 세우지 않을 경우 인력품의 몇 %를 감하는가?

① 5%   ② 10%
③ 15%   ④ 20%

해설
표준품셈은 건설 및 조경 작업에서 작업량을 산정하기 위한 기준으로, 작업의 종류와 방법에 따라 인력이나 장비 사용량을 표준화한 것이다. 수목 식재 시, 지주목을 세우지 않는 경우는 작업량이 줄어들기 때문에 인력품을 일정 비율로 감산하게 된다.

25 다음 중 고광나무(*Philadelphus schrenkii*)의 꽃 색깔은?

① 적색   ② 황색
③ 백색   ④ 자주색

해설
고광나무(*Philadelphus schrenkii*)
키는 2~4m이고, 잎은 마주나기하며 길이 7~13cm, 폭 4~7cm로 표면은 녹색이고 털이 거의 없으며, 뒷면은 연녹색으로 잔털이 있고 달걀 모양을 하고 있다. 가지는 2개로 갈라지고 작은 가지는 갈색으로 털이 있으며 2년생 가지는 회색이고 껍질이 벗겨진다. 꽃은 정상부 혹은 잎이 붙은 곳에서 긴 꽃대에 여러개의 꽃들이 백색으로 달리고 향이 있다.

26 파이토플라스마에 의한 수목병이 아닌 것은?

① 벚나무 빗자루병
② 붉나무 빗자루병
③ 오동나무 빗자루병
④ 대추나무 빗자루병

> **해설**
> 벚나무 빗자루병은 병원성 곰팡이에 의해 발병한다.

27 다음 중 성목의 수간 질감이 가장 거칠고, 줄기는 아래로 처지며, 수피가 회갈색으로 갈라져 벗겨지는 것은?

① 배롱나무
② 개잎갈나무
③ 벽오동
④ 주목

> **해설**
> 잎갈나무와 비슷하게 생겼으나 상록성이므로 개잎갈나무라고 부른다. 가지가 수평으로 퍼지고 작은가지에 털이 나며 밑으로 처진다. 나무껍질은 잿빛을 띤 갈색인데 얇은 조각으로 벗겨진다.

28 다음 중 인도 정원에 영향을 미친 가장 중요한 요소는?

① 노단
② 토피어리
③ 돌수반
④ 물

> **해설**
> 물은 인도정원에서 가장 중요한 요소로, 연못, 분수, 인공 호수 등 정원 내 물을 적극적으로 사용한 설계와 조경이 특징이다.

29 다음 중 그을음병이 그 이름을 얻게 된 이유로 옳은 것은?

① 병에 걸린 식물이 열에 의해 손상되어 그을음처럼 보이기 때문에
② 곰팡이 포자가 식물 표면에 검은색으로 덮여 마치 그을음처럼 보여서
③ 그을음과 비슷한 냄새가 나기 때문에
④ 병에 걸린 식물이 불에 타는 듯한 증상을 보여서

> **해설**
> **그을음병**
> 주로 진딧물이나 깍지벌레 같은 해충이 분비하는 배설물에 곰팡이가 자라면서 발생한다. 곰팡이 포자층이 식물 표면에 검은색으로 덮여 그을음이 묻은 것처럼 보이기 때문에 그을음병이라는 이름이 붙었다.

30 다음 중 일본에서 가장 먼저 발달한 정원 양식은?

① 고산수식
② 회유임천식
③ 다정식
④ 축경식

> **해설**
> **일본 정원양식의 변천과정**
> 임천식(헤이안시대) → 회유임천식(가마쿠라시대) → 축산고산수식(14세기) → 평정고산수식(15세기 후반) → 다정식(모모야마시대) → 지천임천식(에도시대 초기) → 축경식(에도시대 후기)

정답 26 ① 27 ② 28 ④ 29 ② 30 ②

31 감상하기 편리하도록 땅을 1~2m 파내려가 그 바닥에 꾸민 화단은?

① 살피화단 ② 모둠화단
③ 양탄자화단 ④ 침상화단

해설
침상화단 : 지면보다 1m 정도 낮게 하여 기하학적인 땅가름을 하고 초화식재가 한눈에 내려다보이도록 한다.

32 벽돌쌓기 방법 중 가장 견고하고 튼튼한 것은?

① 영국식 쌓기 ② 미국식 쌓기
③ 네덜란드식 쌓기 ④ 프랑스식 쌓기

해설
영국식 쌓기
길이쌓기와 마구리쌓기를 교차해서 쌓는다. 길이쌓기는 가장 긴 면(길이 방향)이 외부로 보이도록 쌓고, 마구리쌓기는 벽돌의 짧은 면(마구리 면)이 외부로 보이도록 쌓는다. 벽의 두께를 더 두껍게 만들고 벽돌이 서로 겹치도록 배열하여 벽의 안정성을 높이는 방식이다.

33 다음 돌의 가공방법에 대한 설명으로 잘못된 것은?

① 혹두기 : 표면의 큰 돌출부분만 떼어 내는 정도의 다듬기
② 정다듬 : 정으로 비교적 고르고 곱게 다듬는 정도의 다듬기
③ 잔다듬 : 도드락다듬면을 일정 방향이나 평행선으로 나란히 찍어 다듬어 평탄하게 마무리하는 다듬기
④ 도드락다듬 : 혹두기한 면을 연마기나 숫돌로 매끈하게 갈아내는 다듬기

해설
도드락다듬은 정다듬한 표면을 도드락망치를 이용하여 1~3회 정도 두드려 곱게 다듬는 작업이다.

34 다음 그림에서 A점과 B점의 차는 얼마인가?(단, 등고선 간격은 5m이다)

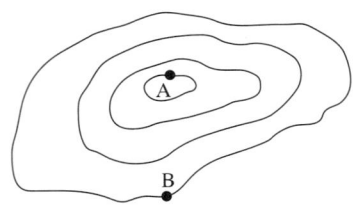

① 10m ② 15m
③ 20m ④ 25m

해설
A점에서 B점까지 3개의 등고선이 있다. 각 등고선 간의 간격이 5m이므로, 고도 차이는 3개의 등고선 간격을 더해주면 된다.
고도 차이 = 3 × 5m = 15m

35 다음 설명의 해충은?

- 가해 수종으로는 향나무, 편백, 삼나무 등이 있다.
- 똥을 줄기 밖으로 배출하지 않기 때문에 발견하기 어렵다.
- 기생성 천적인 좀벌류, 맵시벌류, 기생파리류로 생물학적 방제를 한다.

① 박쥐나방
② 측백나무하늘소
③ 미끈이하늘소
④ 장수하늘소

해설
딱정벌레목 하늘소과의 곤충으로 측백나무, 향나무 등의 형성층에 유충이 구멍을 뚫고 먹어들어 간다. 주로 나무줄기의 아래쪽을 먹어들어가므로 큰 나무라도 말라 죽게 된다.

36 다음 중 기본계획에 해당되지 않는 것은?

① 땅가름   ② 주요시설배치
③ 식재계획   ④ 실시설계

해설
실시설계는 기본계획 이후에 진행되는 구체적인 설계 단계로, 기본계획에 포함되지 않는다. 기본계획은 큰 틀에서 공간과 시설 배치 등을 다루고, 실시설계는 이를 세부적으로 설계하는 과정이다.

37 근원직경이 22cm 나무의 뿌리분을 만들려고 한다. 다음 식을 이용하여 소나무 뿌리분의 지름을 계산하면 얼마인가?(단, 공식은 $24 + (N-3) \times d$, d는 상록수 4, 활엽수 5이다)

① 70cm   ② 80cm
③ 90cm   ④ 100cm

해설
N(근원직경) = 22, d(상록수) = 4이다.
∴ $24 + (22-3) \times 4 = 24 + 76 = 100$

38 장미과(科) 식물이 아닌 것은?

① 피라칸타   ② 해당화
③ 아까시나무   ④ 왕벚나무

해설
아까시나무는 콩과 식물이다.

39 중국식 정원에 대한 기술 중 가장 옳은 것은?

① 풍경식으로 대비에 중점을 두었다.
② 풍경식으로 조화에 중점을 두었다.
③ 선사상과 묵화의 영향을 많이 입었다.
④ 건축식 조경수법을 강조한 풍경식이다.

해설
중국정원의 특징
- 차경수법을 도입하였다.
- 사실주의보다는 상징적 축조가 주를 이루는 사의주의에 입각하였다.
- 대비에 중점을 두고 있으며, 이것이 중국정원의 특색을 이루고 있다.
- 기하학적인 무늬가 그려져 있는 원로가 있다.
- 건물과 정원이 한 덩어리가 되는 형태로 발달했다.
- 지역마다 재료를 달리한 정원양식이 생겼다.
- 태호석과 같은 구멍 뚫린 괴석을 세우는 정원 수법이 유래되었고, 태호석을 이용한 석가산 수법이 유행하였다.
- 자연경관이 수려한 곳에 인위적으로 암석과 수목을 배치하였다.
- 중국정원의 양식에 가장 많은 영향을 끼친 사상은 신선사상이다.

40 도시공원의 설치 및 규모의 기준상 어린이공원의 유치거리는?

① 100m   ② 250m
③ 500m   ④ 1,000m

해설
도시공원 및 녹지 등에 관한 법률 시행규칙상 도시공원의 설치 및 규모의 기준에서 어린이공원의 유치거리는 250m로 규정하고 있다. 이는 어린이들이 쉽게 접근할 수 있는 거리에 위치하도록 하기 위함이다.

정답 36 ④ 37 ④ 38 ③ 39 ① 40 ②

41 블리딩 현상에 의하여 콘크리트 표면에 떠올라 표면의 물이 증발함에 따라 콘크리트 표면에 남는 가볍고 미세한 물질로서 시공 시 작업이음을 형성하는 것에 대한 용어로서 맞는 것은?

① Workability
② Consistency
③ Laitance
④ Plasticity

해설
③ Laitance(레이턴스) : 콘크리트 시공 시 표면에 떠오른 물과 미세한 물질이 응고되면서 생기는 얇은 층으로 아직 굳지 않은 시멘트나 콘크리트 표면에 뜨는 우유 모양의 침전물이다. 물이 너무 많을 경우나 지나친 진동 때문에 생긴다.
① Workability(시공성) : 콘크리트를 혼합한 후 운반, 타설, 다지기 및 마무리할 때까지 굳지 않은 콘크리트의 성질로, 콘크리트 시공 시 작업 난이도 및 재료분리에 저항하는 정도를 나타낸다.
② Consistency(반죽질기) : 주로 수량의 다소에 따라서 반죽이 되고 진 정도를 나타내는 굳지 않은 콘크리트의 성질이다.
④ Plasticity(성형성) : 거푸집 등의 형상에 순응하여 채우기 쉽고, 분리가 일어나지 않는 굳지 않은 콘크리트의 성질이다.

42 다음 중 건설기계의 용도 분류상 굴착용으로 사용하기에 부적합한 것은?

① 클램셸
② 파워셔블
③ 드래그라인
④ 스크레이퍼

해설
④ 스크레이퍼는 토사를 긁어모으는 기계로, 굴착용보다는 지반 고르기나 토사 운반 등에 사용된다.

43 콘크리트를 친 후 응결과 경화가 완전히 이루어지도록 보호하는 것을 가리키는 용어는?

① 타설
② 파종
③ 다지기
④ 양생

해설
양생은 콘크리트가 응결과 경화를 완전히 이룰 수 있도록 일정한 습도와 온도 조건에서 보호하는 작업을 말한다.

44 수목의 규격을 표시하는 방법 중 틀린 것은?

① 수고 - H
② 수관폭 - C
③ 흉고지름 - B
④ 근원지름 - R

해설
조경식물의 규격
- 수고(H) : 지표면으로부터 수관의 상단부까지의 수직 높이를 수고라 하며, 이때 웃자란 가지는 제외한다.
- 지하고(BH) : 지표면에서부터 수관의 맨 아래 가지까지의 수직높이를 말한다.
- 수관고 : 수고에서 지하고를 뺀 수관의 높이를 말한다.
- 수관폭(W) : 수관 투영면 양단의 직선거리를 말한다.
- 흉고직경(가슴높이지름, B) : 줄기의 굵기를 측정하는 것으로, 일반적인 가슴높이(지표면에서부터 1.2m)에서 잰 나무줄기의 지름을 말한다.
- 근원직경(근원지름, R) : 지표면과 접한 줄기의 지름을 말한다.

45 조선시대 주례고공기(周禮考工記)의 적용에 관한 설명 중 옳지 않은 것은?

① 조선 궁궐을 만드는 원칙 가운데 하나이다.
② 삼조삼문의 치조는 정전과 편전이 있는 곳을 의미한다.
③ 우리나라에서는 전조후시 원칙을 적용하여 궁궐을 조성했다.
④ 삼조삼문의 외조는 신하들이 활동하는 관청이 있는 곳이다.

해설
조선시대 한양의 도성계획은 중국 주나라의 주례고공기(周禮考工記)에 의해 이루어졌다. 주례고공기에 따르면, 수도의 좌측에는 종묘, 우측에는 사직단을 설치하도록 되어있다. 전조후시 원칙은 중국의 궁궐 배치 방식으로, 궁궐 앞에는 조정(정무를 보는 곳)이, 뒤에는 사적인 공간(후원)이 배치되는 것을 의미한다. 우리나라 궁궐은 이러한 방식보다는 다른 원칙들이 적용되었다. 조선의 궁궐은 지형적 요인과 풍수지리 사상을 반영해 배치하였다.

46 주차장법 시행규칙상 주차장의 주차단위 구획기준은?(단, 평행주차형식 외의 장애인 전용방식이다)

① 2.0m 이상×4.5m 이상
② 3.0m 이상×5.0m 이상
③ 2.3m 이상×4.5m 이상
④ 3.3m 이상×5.0m 이상

해설
주차장법 시행규칙상 주차장의 주차단위 구획기준(너비×길이)은 평행주차형식 외의 경우 일반형 2.5m 이상×5.0m 이상, 장애인 전용 3.3m 이상×5.0m 이상이다.

47 일반적인 플라스틱 제품의 특성으로 옳은 것은?

① 마모가 적고 탄력성이 크므로 바닥재료 등에 적합하다.
② 내열성이 크고 내후성, 내광성이 좋다.
③ 불에 타지 않으며 부식이 된다.
④ 흡수성이 크고 투수성이 부족하여 방수제로는 부적합하다.

해설
플라스틱의 특성
• 가벼우면서도 강도와 탄력성이 크다.
• 소성・가공성이 좋아 복잡한 모양으로 성형이 가능하다.
• 내산성・내알칼리성이 크고, 녹슬지 않는다.
• 착색이 자유롭고, 광택이 좋으며, 접착력이 크다.
• 절연성이 있어 전기가 통하지 않고, 열에 매우 취약하다.
• 내열성・내후성・내광성이 부족하며, 변색하는 등의 결점이 있다.

48 조경수목의 연간 관리 작업계획표를 작성하려고 한다. 작업 내용에 포함되는 것이 아닌 것은?

① 병해충 방제
② 시비
③ 뗏밥주기
④ 수관 손질

해설
뗏밥주기
노출된 지하줄기를 보호하고, 지표면을 평탄하게 하며 잔디의 표층 상태를 좋게 하지만 연간 관리에는 해당하지 않는다.

정답 45 ③ 46 ④ 47 ① 48 ③

49 조감도는 소점이 몇 개인가?

① 1개
② 2개
③ 3개
④ 4개

해설
조감도는 일반적으로 3개의 소점(투시의 중심점)을 사용하여, 입체적이고 사실적인 경관을 표현하는 데 이용된다.
• 1소점 투시도 : 평행 투시
• 2소점 투시도 : 유각 투시, 성각 투시
• 3소점 투시도 : 사각 투시, 경사 투시

50 보행자 2인이 나란히 통행하는 원로의 폭으로 가장 적합한 것은?

① 0.5~1.0m
② 1.5~2m
③ 3.0~3.5m
④ 4.0~4.5m

해설
원로 폭의 설계기준
• 보행자 1인이 통행 가능 : 0.8~1m
• 보행자 2인이 나란히 통행 가능 : 1.5~2m

51 농약의 사용 시 확인할 농약 방제 대상별 포장지의 색깔과 구분이 올바른 것은?

① 살균제 – 분홍색
② 제초제 – 분홍색
③ 살충제 – 파란색
④ 생장조절제 – 노란색

해설
농약제의 포장지 색깔
• 살균제 : 분홍색
• 살충제 : 초록색
  ※ 살균·살충제 : 위쪽 – 분홍색, 아래쪽 – 초록색
• 제초제 : 노란색
• 비선택성 제초제 : 빨간색
• 생장조절제 : 파란색

52 조선시대 전기 조경 관련 대표 저술서이며, 정원식물의 특성과 번식법, 괴석의 배치법, 꽃을 화분에 심는 법, 최화법(催花法), 꽃을 꺼리는 것, 꽃을 취하는 법과 기르는 법, 화분 놓는 법과 관리법 등의 내용이 수록되어 있는 것은?

① 양화소록
② 작정기
③ 동사강목
④ 택리지

해설
조선시대 전기에 강희안이 꽃과 나무의 재배와 이용에 관하여 서술한 농업서로, 우리나라 최초의 전문 원예서이다.

53 다음 접착제로 사용되는 수지 중 접착력이 제일 우수한 것은?

① 요소수지 ② 에폭시수지
③ 멜라닌수지 ④ 페놀수지

해설
② 에폭시수지 : 에폭시수지는 접착력이 매우 강하며, 내구성과 내화학성이 뛰어난 접착제로 산업용으로도 많이 사용된다.
① 요소수지 : 비교적 접착력이 약하며, 주로 목재 접착에 사용된다.
③ 멜라닌수지 : 내열성과 내수성이 있지만, 접착력은 에폭시수지보다 약하다.
④ 페놀수지 : 내화학성이 뛰어나지만, 접착력에서는 에폭시수지에 미치지 못한다.

54 줄기감기를 하는 목적이 아닌 것은?

① 수분 증발을 활성화 시키고자
② 병·해충의 침입을 막고자
③ 강한 태양 광선으로부터 피해를 방지하고자
④ 물리적 힘으로부터 수피의 손상을 방지하고자

해설
줄기감기는 수분 증발을 억제하기 위한 것이지, 활성화하기 위한 것이 아니다.

55 수중에 있는 골재를 채취했을 때 무게가 1,000g, 표면건조내부포화상태의 무게가 900g, 대기건조상태의 무게가 860g, 완전건조상태의 무게가 850g일 때 함수율 값은?

① 4.65% ② 5.88%
③ 11.11% ④ 17.65%

해설
$$함수율 = \frac{목재의\ 함수량 - 목재의\ 절건중량}{목재의\ 절건중량} \times 100$$
$$= \frac{1,000g - 850g}{850g} \times 100$$
$$= 17.65\%$$

※ 목재의 절건중량은 목재를 완전히 건조한 상태에서의 무게를 의미한다. 즉, 목재 내부의 모든 수분을 제거한 상태에서의 무게를 뜻한다. 완전건조상태는 목재가 더이상 수분을 포함하지 않는 상태로, 이 상태에서의 무게가 절건중량이라고 볼 수 있다.

56 다음의 잔디종자 파종작업들을 순서대로 바르게 나열한 것은?

㉠ 기비 살포	㉡ 정지작업
㉢ 파종	㉣ 멀칭
㉤ 전압	㉥ 복토
㉦ 경운	

① ㉦ → ㉠ → ㉡ → ㉢ → ㉥ → ㉤ → ㉣
② ㉠ → ㉢ → ㉡ → ㉥ → ㉣ → ㉤ → ㉦
③ ㉡ → ㉣ → ㉤ → ㉥ → ㉢ → ㉠ → ㉦
④ ㉢ → ㉠ → ㉡ → ㉥ → ㉤ → ㉦ → ㉣

정답 53 ② 54 ① 55 ④ 56 ①

57 버킹엄의 스토우 가든을 설계하고, 담장 대신 정원 부지의 경계선에 도랑을 파서 외부로부터의 침입을 막은 Ha-ha 수법을 실현하게 한 사람은?

① 에디슨 ② 브릿지맨
③ 켄트   ④ 브라운

해설
② 스토우(Stowe) 가든은 영국의 18세기 낭만주의 사상과 관련이 있으며 찰스 브릿지맨과 윌리엄 켄트가 설계하였고, 브릿지맨은 정원 내에 하하(Ha-ha)의 기법을 도입하였다.
※ 하하 기법은 정원 설계에서 시각적 경계를 만들기 위해 사용된 건축적 요소로, 경관을 가리지 않으면서도 물리적 경계를 제공하는 독특한 수법이다.

58 다음 중 호박돌 쌓기의 방법 설명으로 부적합한 것은?

① 표면이 깨끗한 돌을 사용한다.
② 크기가 비슷한 것이 좋다.
③ 불규칙하게 쌓는 것이 좋다.
④ 기초공사 후 찰쌓기로 시공한다.

해설
호박돌 쌓기에서는 돌을 최대한 규칙적이고 안정적으로 쌓아야 한다. 불규칙하게 쌓으면 구조적으로 취약해질 수 있다.

59 주로 종자에 의하여 번식되는 잡초는?

① 올미   ② 가래
③ 피   ④ 너도방동사니

해설
③ 피 : 주로 종자에 의해 번식되는 잡초로, 논과 밭에서 자주 볼 수 있다.
① 올미 : 습지 식물로 주로 뿌리나 줄기 등으로 번식된다.
② 가래 : 뿌리나 줄기 부분으로 번식되는 경향이 강하다.
④ 너도방동사니 : 종자보다는 뿌리나 줄기로 번식된다.

60 조경 제도 용품 중 곡선자라고 하여 각종 반지름의 원호를 그릴 때 사용하기 가장 적합한 재료는?

① 원호자 ② 운형자
③ 삼각자 ④ T자

해설
② 여러 가지 곡선 모양을 본떠 만든 것으로, 컴퍼스로 그리기 어려운 곡선을 그리는 데 사용한다.
③ 제도용 삼각자는 45°의 사선과 30°, 60°의 사선을 그을 수 있는 두 종류가 한 세트로 되어 있다.
④ T형으로 만들어진 자로, 크기는 모체 길이가 900mm의 것이 가장 널리 쓰이며 주로 평행선을 긋거나, 삼각자와 조합하여 수직선과 사선을 그을 때 사용한다.

2024년 제2회 과년도 기출복원문제

01 다음 중 순공사원가에 해당되지 않는 것은?

① 재료비 ② 노무비
③ 이윤   ④ 경비

해설
이윤
순공사원가는 직접적으로 공사에 들어가는 비용을 의미하는데, 이윤은 공사 이익을 위해 포함되는 항목으로 순공사원가에는 포함되지 않는다.

02 골프장 코스를 구성하는 요소 중 페어웨이와 그린 주변에 모래 웅덩이를 조성해 놓은 곳은?

① 티   ② 벙커
③ 해저드 ④ 러프

해설
벙커는 그린이나 페어웨이 주변에 위치한 모래 함몰지로, 난이도를 높이기 위한 요소이다.

03 다음에서 설명하는 수종은?

- 낙엽활엽교목으로 부채꼴형 수형이다.
- 야합수(夜合樹)라 불리기도 한다.
- 여름에 피는 꽃은 분홍색으로 화려하다.
- 천근성 수종으로 이식에 어려움이 있다.

① 자귀나무 ② 치자나무
③ 은목서   ④ 서향

해설
자귀나무 잎은 어긋나기하며, 짝수 2회 깃모양겹잎이고 소엽은 낫 같고 원줄기를 향해 굽으며 좌우가 같지 않은 긴 타원형이다. 열매는 길이 15cm 정도의 편평한 협과에 5~6개의 종자가 들어 있으며 9월 말~10월 초 성숙한다. 줄기가 굽거나 사선으로 자라며, 약간 드러눕는다. 큰 가지가 드문드문 나와 퍼지고 일년생가지는 털이 없으며 능선이 존재한다.

04 KS 규격에서 정하는 설계 도면상 표현되는 대상물의 치수를 보여주는 기본단위는 무엇인가?

① 밀리미터(mm)
② 센티미터(cm)
③ 미터(m)
④ 인치(inch)

해설
KS 규격에서는 국제적으로 통용되는 SI 단위계를 기반으로 설계 도면을 작성하며, 그 중에서도 밀리미터가 치수의 기본 단위로 사용된다. 작은 물체부터 큰 구조물까지 모두 상세하게 표현할 수 있어 일반적으로 사용되는 단위이다.

정답 1 ③ 2 ② 3 ① 4 ①

05 공사의 설계 및 시공을 의뢰하는 사람을 뜻하는 용어는?

① 설계자 ② 시공자
③ 발주자 ④ 감독자

해설
③ 공사의 설계와 시공을 의뢰하는 사람을 말하며, 주로 사업주나 고객에 해당한다.
① 건축이나 조경의 설계를 담당하는 전문가를 말한다.
② 공사 현장에서 실제로 작업을 진행하는 업체나 인력을 말한다.
④ 현장 공사를 관리하고 감독하는 역할을 하는 사람이다.

06 더운 여름 오후에 햇빛이 강하면 수간의 남서쪽 수피가 열에 의해서 피해(터지거나 갈라짐)를 받을 수 있는 현상을 무엇이라 하는가?

① 피소 ② 상렬
③ 조상 ④ 한상

해설
① 피소현상이란 외부와 내부적인 환경으로 인해 수목의 노출된 수피 밑 사부조직이 타는 현상이다. 지하부에서 흡수하는 수분과 양분의 양보다 지상부에서 필요로 하는 양이 더 많을 때 일어나며, 수목을 이식할 때나 뿌리돌림을 했을 때, 고목이나 노목이 강한 서향볕에 장시간 노출 될 때, 수피가 얇거나 매끄러운 수목을 이식했을 때 일어날 수 있다. 대책으로는 수분과 양분의 적절한 공급과 멀칭, 수피 피복작업 등이 있다.
② 추위에 의하여 나무의 줄기 또는 수피가 수선방향으로 갈라지는 현상이다.
③ 초가을에 계절에 맞지 않게 추운 날씨가 계속되어 수목에 피해를 주는 현상이다.
④ 봄에 식물의 발육이 시작된 후 기온이 갑작스럽게 0℃ 이하로 떨어지면서 수목에 피해를 주는 현상이다.

07 다음 중 문화재로 지정되지 않은 곳은 무엇인가?

① 안압지 ② 소쇄원
③ 부용동 정원 ④ 광한루

해설
①·②·④ 안압지(동궁과 월지), 소쇄원, 광한루는 모두 대한민국의 문화재로 지정된 곳이다.

08 다음 중 종묘에 대한 설명으로 틀린 것은?

① 종묘는 왕과 왕비의 신위를 봉안하고 제사를 지내는 왕실의 사당이다.
② 종묘는 사직과 더불어 '국가'를 뜻하는 대명사로 사용되었다.
③ 종묘는 고대 중국의 주나라 때부터 시작된 조상 숭배 관념에서 비롯되었다.
④ 종묘는 모든 왕조의 통치자가 입묘할 수 있는 공간으로 제한이 없다.

해설
종묘는 모든 왕조의 통치자가 입묘할 수 있는 것이 아니라, 왕조의 창업자와 극히 제한된 수의 통치자만 입묘할 수 있는 배타적 공간이다.

09 영국인 Brown의 지도하에 덕수궁 석조전 앞뜰에 조성된 정원 양식과 관계되는 것은?

① 빌라 메디치 ② 보르비콩트 정원
③ 분구원 ④ 센트럴 파크

해설
덕수궁 석조전 앞뜰의 정원 양식은 보르비콩트 정원과 유사한 특징을 가지고 있다. 영국인 브라운(Brown)에 의해 설계된 이 정원은 자연스러운 풍경을 강조하면서도 대칭적이고 질서 정연한 배치를 따랐다. 이러한 설계 방식은 바로크 정원의 영향을 받은 것이며, 인공적으로 만들어진 공간에서 자연의 조화를 표현하려는 의도를 반영한다.

정답 5 ③ 6 ① 7 ③ 8 ④ 9 ②

10 설치비용은 비싸지만 열효율이 높고 투시성이 좋으며 관리비도 싸서 안개지역, 터널 등의 장소에 설치하기 적합한 조명등은?

① 할로겐등
② 고압수은등
③ 저압나트륨등
④ 형광등

해설
③ 저압나트륨등은 열효율이 매우 높고, 안개 지역이나 터널 등에서 빛을 멀리 투과시키는 능력이 뛰어나며 유지비가 저렴한 장점이 있다.
① 높은 에너지를 소모하며 열효율이 상대적으로 낮다.
② 열효율이 저압나트륨등보다 낮으며, 유지비가 높다.
④ 열효율이 높지만, 외부에서 사용할 경우 조도와 내구성이 낮다.

11 잔디밭을 조성하려 할 때 뗏장붙이는 방법으로 틀린 것은?

① 뗏장붙이기 전에 미리 땅을 갈고 정지(整地)하여 밑거름을 넣는 것이 좋다.
② 뗏장붙이는 방법에는 전면붙이기, 어긋나게붙이기, 줄붙이기 등이 있다.
③ 줄붙이기나 어긋나게붙이기는 뗏장을 절약하는 방법이지만, 아름다운 잔디밭이 완성되기까지에는 긴 시간이 소요된다.
④ 경사면에는 평떼 전면붙이기를 시행한다.

해설
평떼붙이기는 주로 사면 기울기가 1:1보다 완만한 곳에 흙이 떨어지지 않은 온떼를 사용하여 전면녹화를 목적으로 시공하는 산지사방녹화공법이다.

12 생울타리처럼 수목이 대상으로 군식 되었을 때 거름 주는 방법으로 가장 적당한 것은?

① 전면거름주기
② 방사상거름주기
③ 천공거름주기
④ 선상거름주기

해설
④ 나무 줄기 아래로 긴 선을 따라 거름을 주는 방법으로, 생울타리처럼 긴 형태로 군식된 수목에 적합하다.
① 넓은 지역에 균등하게 거름을 주는 방식이다.
② 개별 나무의 중심에서 방사형으로 거름을 주는 방식으로, 군식에는 적합하지 않다.
③ 나무의 뿌리 근처에 구멍을 내고 거름을 주는 방식으로, 생울타리에는 적합하지 않다.

13 병의 발생에 필요한 3가지 요인을 정량화하여 삼각형의 각 변으로 표시하고 이들 상호관계에 의한 삼각형의 면적을 발병량으로 나타내는 것을 병삼각형이라 한다. 여기에 포함되지 않는 것은?

① 병원체
② 환경
③ 기주
④ 저항성

해설
병 삼각형의 세 가지 요인 : 병원체, 환경, 기주

14 다음 중 수수꽃다리에 대한 설명으로 옳지 않은 것은?

① 수수꽃다리의 줄기는 높이 2~3m에 달하며, 어린 가지는 회갈색이고 털이 없다.
② 수수꽃다리의 잎은 마주나며 난형 또는 넓은 난형으로 끝이 뾰족하다.
③ 수수꽃다리의 꽃은 향기가 없으며, 8~9월에 핀다.
④ 수수꽃다리의 열매는 타원형의 삭과이다.

해설
③ 꽃은 4~5월에 연한 자주색으로 피고, 향기가 있다.

15 다음 이슬람 정원 중 알람브라궁전에 없는 것은?

① 알베르카 중정
② 사자의 중정
③ 사이프러스의 중정
④ 헤네랄리페 중정

해설
알람브라(Alhambra)궁전
스페인에 현존하는 이슬람 정원 형태로 유명한 곳이며, 4개의 중정(알베르카, 사자, 린다라하, 레하)이 남아있다.
※ 헤네랄리페(Generalife) 이궁 : 수로가 있는 중정으로, 연꽃 모양의 수반과 회양목으로 구성하여 3면은 건물이고, 한쪽은 아케이드로 둘러싸여 있다.

16 약제를 식물체의 뿌리, 줄기, 잎 등에 흡수시켜 깍지벌레와 같은 흡즙성 해충을 죽게 하는 살충제의 형태는?

① 기피제
② 유인제
③ 소화중독제
④ 침투성 살충제

해설
④ 식물체 내부로 약물이 흡수되어 흡즙성 해충이 식물의 수액을 흡수하면 중독되도록 하는 살충제이다.
① 해충을 식물에서 멀리 쫓아내는 효과를 가진 약물이다.
② 해충을 특정 장소로 유인하여 약물에 중독되게 하는 방식이다.
③ 해충이 약물을 섭취했을 때 소화기에서 작용하여 죽게 만드는 방식이다.

17 모래터에 심을 녹음수로 가장 적합한 나무는?

① 백합나무
② 가문비나무
③ 수양버들
④ 낙우송

해설
백합나무는 건조하고 배수가 잘 되는 토양, 모래 성분이 많은 땅에서도 잘 자라는 활엽수이다. 수형이 아름답고 잎이 커 여름철 그늘을 제공하는 녹음수로 적합하다.

18 중국 송시대의 수법을 모방한 화원과 석가산 및 누각 등이 많이 나타난 시기는?

① 백제시대
② 신라시대
③ 고려시대
④ 조선시대

해설
고려시대는 중국 송나라의 문화적, 정치적 영향을 많이 받았던 시기로, 특히 정원 설계와 건축 양식에서 그 흔적이 뚜렷하다. 고려 시대에는 송나라의 정원 수법을 모방한 석가산(石假山)과 누각이 등장하면서, 송나라의 정원 양식이 적극적으로 도입되었다.

19 화단의 초화류를 엷은 색에서 점점 짙은 색으로 배열할 때 가장 강하게 느껴지는 조화미는?

① 통일미
② 균형미
③ 점층미
④ 대비미

해설
③ 색이 엷은 것에서 짙은 것으로 점차 변화할 때 느껴지는 조화미로, 시각적 완급 조절을 가능하게 한다.
① 같은 종류의 색상이나 형태를 반복적으로 사용하여 나타나는 조화미를 말한다.
② 좌우 또는 상하 대칭의 배치에서 느껴지는 미적 감각이다.
④ 서로 다른 색상이나 형태를 나란히 배치하여 대비를 주는 미를 의미한다.

15 ④ 16 ④ 17 ① 18 ③ 19 ③

20 정형식 배식 방법에 대한 설명이 옳지 않은 것은?

① 단식 – 생김새가 우수하고, 중량감을 갖춘 정형수를 단독으로 식재
② 대식 – 시선축의 좌우에 같은 형태, 같은 종류의 나무를 대칭 식재
③ 열식 – 같은 형태와 종류의 나무를 일정한 간격으로 직선상에 식재
④ 교호식재 – 서로 마주보게 배치하는 식재

해설
④ 교호식재는 마주보게 배치하는 방식이 아니라 나무를 교차하여 심는 방법이다.

21 도시공원 및 녹지 등에 관한 법률 시행규칙상 도시공원 중 광역권 근린공원의 설치 규모는?

① 1,000m^2 이상
② 10,000m^2 이상
③ 100,000m^2 이상
④ 1,000,000m^2 이상

해설
도시공원의 설치 및 규모의 기준(도시공원 및 녹지 등에 관한 법률 시행규칙 [별표 3])

22 다음 중 중국 4대 명원(四大名園)에 포함되지 않는 것은?

① 작원　　　　② 사자림
③ 졸정원　　　④ 창랑정

해설
중국 4대 명원으로는 사자림(獅子林), 졸정원(拙政園), 유원(留園), 이화원(頤和園)이 있다.

23 다음 중 인공토양을 만들기 위한 경량재가 아닌 것은?

① 부엽토
② 화산재
③ 펄라이트(perlite)
④ 버미큘라이트(vermiculite)

해설
① 부엽토는 경량재가 아니라 자연적으로 발생하는 유기물로, 토양 개량에 사용된다.
② 경량재로 사용되며, 흙의 통기성을 높이는 역할을 한다.
③ 가벼운 경량재로서, 배수성을 개선하는 데 주로 사용된다.
④ 토양의 보습성을 높여주는 경량재로, 화분 재배 등에 많이 사용된다.

24 금속을 활용한 제품으로 철금속제품에 해당하지 않는 것은?

① 철근, 강판　　② 형강, 강관
③ 볼트, 너트　　④ 도관, 가도관

해설
도관, 가도관은 비철금속제품으로 비금속 재료로 만든 전선 보호용 관이다.

25 나무줄기의 색채가 흰색계열이 아닌 수종은?

① 분비나무　　② 서어나무
③ 자작나무　　④ 모과나무

해설
모과나무의 줄기는 나무껍질은 붉은갈색과 녹색 얼룩무늬가 있으며 비늘모양으로 벗겨진다. 꽃은 분홍색으로 4월 말에 피며 지름 2.5~3cm로서 가지 끝에 1개씩 달리며 꽃받침조각은 달걀모양이고 선상의 톱니가 있으며 안쪽에 백색 면모가 있고 표면에 털이 없다. 잎은 어긋나기하고 타원상 달걀모양 또는 긴 타원형이며 양끝이 좁고 가장자리에 뾰족한 잔톱니가 있다.

정답　20 ④　21 ④　22 ①　23 ①　24 ④　25 ④

26 가해방법에 따른 해충의 분류 중 잎을 갉아먹는 해충은?

① 진딧물　　② 솔나방
③ 응애　　　④ 밤나무혹벌

해설
② 솔나방은 잎을 갉아먹는 대표적인 식엽성 해충으로, 특히 소나무와 같은 침엽수의 잎을 갉아먹는다.
①·③ 진딧물, 응애는 수액을 빨아먹는 흡즙성 해충이다.
④ 밤나무혹벌은 충영을 형성하는 해충이다.

27 다음 수종 중 단풍이 붉은색이 아닌 것은?

① 신나무　　② 복자기
③ 화살나무　④ 고로쇠나무

해설
고로쇠나무의 단풍은 노란색이나 황갈색을 띤다.

28 비탈면의 녹화와 조경에 사용되는 식물의 요건으로 가장 부적합한 것은?

① 적응력이 큰 식물
② 생장이 빠른 식물
③ 시비 요구도가 큰 식물
④ 파종과 식재시기의 폭이 넓은 식물

해설
③ 비탈면의 녹화는 관리가 어려운 경우가 많기 때문에, 시비(거름) 요구도가 큰 식물은 부적합하다.

29 다음 중 잔디밭의 넓이가 50평 이상으로 잔디의 품질이 아주 좋지 않아도 되는 골프장의 러프(Rough)지역, 공원의 수목지역 등에 많이 사용하는 잔디 깎는 기계는?

① 핸드모어(Hand Mower)
② 그린모어(Green Mower)
③ 로타리모어(Rotary Mower)
④ 갱모어(Gang Mower)

해설
③ 로타리모어는 잔디의 품질이 아주 좋지 않아도 큰 지역을 효율적으로 깎을 수 있어 러프나 공원지역에 많이 사용된다.
① 소형이며, 작은 잔디밭에 적합하다.
② 골프장의 그린과 같이 잔디 품질이 중요한 곳에서 주로 사용된다.
④ 매우 넓은 잔디밭을 효율적으로 깎을 수 있는 장비로, 고품질 잔디 관리에 적합하다.

30 도시기본구상도의 표시기준 중 공업용지는 무슨 색으로 표현되는가?

① 노란색　　② 파란색
③ 빨간색　　④ 보라색

해설
① 노란색은 주로 주거용지를 나타낸다.
② 파란색은 상업용지를 나타낸다.
③ 빨간색은 공공시설 또는 교통시설 용지를 나타낼 때 사용된다.

정답　26 ②　27 ④　28 ③　29 ③　30 ④

31 일반적으로 관목성 수목의 규격표시 방법으로 가장 적합한 것은?

① 수고×흉고직경
② 수고×수관폭
③ 간장×근원직경
④ 근장×근원직경

해설
관목의 규격을 표시할 때 가장 일반적으로 사용되는 방법은 수고(나무의 높이)와 수관폭(수목의 가지가 뻗은 폭)을 함께 표시하는 것이다. 관목은 주로 가지와 잎이 넓게 퍼지는 특징을 가지고 있기 때문에 높이와 수관의 폭을 통해 수목의 전체적인 크기와 형태를 평가하는 것이 적합하다.

32 20L들이 분무기 한 통에 1,000배액의 농약 용액을 만들고자 할 때 필요한 농약의 약량은?

① 10mL
② 20mL
③ 30mL
④ 50mL

해설
필요 약량 = 총소요량 / 희석배수
= 20L / 1,000배액
= 0.02L
= 20mL(∵ 1L = 1,000mL)

33 다음 중 코르크마개에 적합한 수목으로 옳은 것은?

① 굴참나무
② 소나무
③ 은행나무
④ 전나무

해설
코르크마개는 주로 굴참나무(코르크나무, *Quercus suber*)로 만든다.

34 기름을 뺀 대나무로 등나무를 올리기 위한 시렁을 만들면 윤기가 나고 색이 변하지 않는다. 대나무 기름을 빼는 방법의 설명이 옳은 것은?

① 불에 쬐어 수세미로 닦아 준다.
② 알코올 등으로 닦아 준다.
③ 물에 오래 담가 놓았다가 닦아 준다.
④ 석유, 휘발유 등에 담근 후 닦아 준다.

해설
대나무에는 천연 기름 성분이 포함되어 있어 가공할 때 내부의 기름 성분을 제거하는 것이 중요하다. 이 기름을 제대로 제거하지 않으면 시간이 지나면서 대나무의 색이 변하거나 윤기가 사라질 수 있다. 기름을 제거하면 대나무가 더 오래 유지되며, 윤기 있는 표면을 오랫동안 보존할 수 있다.

35 다음 중 멜루스(*Malus*)속에 해당되는 식물은?

① 아그배나무
② 복사나무
③ 팥배나무
④ 쉬땅나무

해설
아그배나무는 장미과 멜루스속에 속하며, 과실이 작고 먹을 수 있다. 쌍떡잎식물 낙엽소교목이며 산지와 냇가에서 자란다. 가지가 많이 갈라지고 어린 가지에 털이 나고, 잎은 어긋나고 타원형이거나 달걀 모양이며 가장자리에 날카로운 톱니가 있다.

36 다음 중 전라남도 담양지역의 정자원림이 아닌 것은?

① 소쇄원 원림
② 명옥헌 원림
③ 식영정 원림
④ 임대정 원림

해설
임대정 원림은 전라남도 화순에 있다.

37 토공사에서 터파기할 양이 150m³, 되메우기량이 90m³일 때 실질적인 잔토처리량(m³)은?(단, L = 1.1, C = 0.80이다)

① 55 ② 66
③ 70 ④ 77

해설
되메우기 후 잔토처리량 = (터파기량 − 되메우기량) × L
= (150 − 90) × 1.1
= 66m³

38 구조용 재료의 단면 도시기호 중 콘크리트를 나타낸 것으로 가장 적합한 것은?

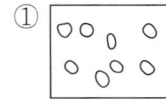

해설
① 콘크리트, ② 석재, ③ 강(鋼), ④ 목재(심재)

39 다음 중 콘크리트 내구성에 영향을 주는 다음 화학 반응식의 현상은?

$$Ca(OH)_2 + CO_2 \rightarrow CaCO_3 + H_2O \uparrow$$

① 콘크리트 염해
② 동결융해현상
③ 콘크리트 중성화
④ 알칼리 골재반응

해설
공기 중의 탄산가스(CO_2) 또는 산성비가 콘크리트 중의 수산화칼슘($Ca(OH)_2$)과 화학반응하여 서서히 탄산칼슘($CaCO_3$)이 되면서 콘크리트의 알칼리성을 상실한다. 이와 같은 현상을 콘크리트 중성화라고 한다.

40 주택정원에 설치하는 시설물 중 수경시설에 해당하는 것은?

① 퍼걸러 ② 미끄럼틀
③ 정원등 ④ 벽천

해설
④ 벽천은 물이 벽에서 떨어지는 형태의 수경시설로, 정원 내 장식적 요소로 많이 사용된다.
① 퍼걸러는 그늘을 제공하는 구조물로, 수경시설은 아니다.
② 놀이시설로 수경시설과는 무관하다.
③ 정원에 설치되는 조명장치로, 수경시설은 아니다.

41 조경시설재료로 사용되는 목재는 용도에 따라 구조용 재료와 장식용 재료로 구분된다. 다음 중 강도 및 내구성이 커서 구조용 재료에 가장 적합한 수종은?

① 단풍나무 ② 은행나무
③ 오동나무 ④ 소나무

해설
소나무는 강도가 높고 내구성이 뛰어나기 때문에 하중을 받는 구조물에 사용하기 적합하다. 소나무는 오래된 전통 건축물에서도 많이 사용된 목재로, 시간이 지나도 견고함을 유지하는 특징이 있다.

42 데발시험기(Deval Abrasion Tester)란?

① 석재의 마모에 대한 저항성 측정시험기
② 석재의 휨강도 시험기
③ 석재의 인장강도 시험기
④ 석재의 압축강도 시험기

해설
데발시험기는 골재의 마모 저항성을 측정하기 위한 시험 기구이다. 이 시험은 주로 도로 건설에 사용되는 골재가 얼마나 마모에 잘 견디는지를 평가하기 위해 실시된다. 마모 저항성이 낮은 골재는 시간이 지나면서 도로 표면에서 분리되어 도로의 수명에 영향을 미칠 수 있기 때문에 데발시험은 도로 및 건축 자재의 품질을 확인하는 중요한 방법 중 하나이다.

43 항공사진 측량 시 낙엽수와 침엽수, 토양의 습윤도 등의 판독에 쓰이는 요소는?

① 질감　　② 음영
③ 색조　　④ 모양

해설
항공사진은 상공에서 촬영되기 때문에 다양한 지형지물이나 식물의 차이를 시각적으로 분석해야 하는데, 색조가 나무의 종류나 토양의 상태를 파악하는 데 중요한 역할을 한다.
항공사진에서 낙엽수는 계절에 따라 잎이 변하거나 떨어지면서 색조가 달라지고, 침엽수는 연중 일정한 녹색을 유지하는 특징을 가지고 있다. 이러한 차이를 색조로 파악할 수 있다. 습기가 많은 토양은 상대적으로 짙고 어두운 색을 띠며, 건조한 토양은 밝은 색조로 나타난다. 이를 통해 토양의 상태를 분석할 수 있다.

44 죽(竹)은 대나무류, 조릿대류, 밤부류로 분류할 수 있다. 그 중 조릿대류로 길게 자라며, 생장 후에도 껍질이 떨어지지 않으며 붙어있는 종류는?

① 죽순대　　② 오죽
③ 신이대　　④ 마디대

해설
신이대(神異竹)
조릿대류에 속하는 대나무의 일종으로, 몇 가지 독특한 특성을 가지고 있다. 특히, 생장 후에도 대나무 껍질이 자연스럽게 떨어지지 않고 줄기에 계속 붙어있어 조경과 장식용으로 많이 사용한다.

45 조경의 직무는 조경설계기술자, 조경시공기술자, 조경관리기술자로 크게 분류할 수 있다. 그 중 조경설계기술자의 직무내용에 해당하는 것은?

① 식재공사
② 시공감리
③ 병해충방제
④ 조경묘목생산

해설
조경설계기술자는 설계뿐만 아니라 시공이 올바르게 진행되는지 감리하는 역할도 담당한다.

46 조선시대의 정원 중 연결이 올바른 것은?

① 양산보 - 다산초당
② 윤선도 - 부용동 정원
③ 정약용 - 운조루 정원
④ 이유주 - 소쇄원

해설
①·④ 소쇄원은 양산보가 조성하였다.
③ 정약용은 다산초당과 관련 있다.

정답 42 ①　43 ③　44 ③　45 ②　46 ②

47 채도대비에 의해 주황색 글씨를 보다 선명하게 보이도록 하려면 바탕색으로 어떤 색이 가장 적합한가?

① 빨간색 ② 노란색
③ 파란색 ④ 회색

해설
채도대비
채도 차가 큰 두 색을 인접하여 배치하면 채도가 높은 색은 더욱 선명하게 보이고, 채도가 낮은 색은 더욱 탁해 보인다.

48 시멘트 풍화에 대한 설명으로 옳지 않은 것은?

① 시멘트가 풍화하면 밀도가 떨어진다.
② 풍화한 시멘트는 강열감량이 감소한다.
③ 풍화는 고온다습한 경우 급속도로 진행된다.
④ 시멘트가 저장 중 공기와 접촉하여 공기 중의 수분 및 이산화탄소를 흡수하면서 나타나는 수화반응이다.

해설
풍화된 시멘트는 공기 중에서 수분 및 이산화탄소를 흡수하여 화학반응을 일으켜 수화물이 생성되고, 이로 인해 강열감량이 증가한다.

49 다음 중 연못가나 습지 등에서 가장 잘 견디는 수목은?

① 오리나무 ② 향나무
③ 신갈나무 ④ 자작나무

해설
오리나무는 물가나 습지 환경에서 잘 자라는 수목이다. 습윤한 환경에 강하며, 물이 많은 토양에서도 견딜 수 있는 특성이 있다.

50 다음 중 광선(光線)과의 관계상 음수(陰樹)로 분류하기 가장 적합한 것은?

① 박달나무
② 눈주목
③ 감나무
④ 배롱나무

해설
눈주목은 음수로 분류되어 적은 빛에서도 잘 자라며, 그늘진 환경에서 생존이 가능하다.

51 일본 강호시대(에도시대) 정원은?

① 계리궁(桂離宮), 수학원이궁(修學院離宮)
② 대덕사(大德寺), 후락원(後樂園)
③ 대선원(大仙院), 영보사(永保寺)
④ 서방사(西芳寺), 서천사(瑞泉寺)

해설
- 계리궁은 교토에 위치한 궁궐 정원으로, 일본 정원의 전통적 요소인 차경이 잘 구현되어 있다.
- 수학원이궁도 교토에 있으며, 전통적인 일본 정원에서 자주 볼 수 있는 연못과 산책로를 갖추고 있다.

52 다음 중 무어족의 옥외공간 처리 솜씨를 엿볼 수 있는 대표적인 것은?

① 멜버른홀(Melbourne Hall)
② 에스테장(Villa d'Este)
③ 알람브라궁원(Alhambra Palace)
④ 벨베데레원(Belvedere garden)

해설
알람브라궁원은 무어족의 영향으로 만들어진 대표적인 옥외공간으로 아름다운 건축과 정원 디자인을 엿볼 수 있다.

53 도형의 색이 바탕색의 잔상으로 나타나는 심리보색의 방향으로 변화되어 지각되는 대비효과를 무엇이라고 하는가?

① 색상대비   ② 명도대비
③ 채도대비   ④ 동시대비

해설
② 어느 한 색이 주변 명도 차에 의해 달라져 보이는 현상
③ 채도 차가 큰 두 색을 인접하여 배치하면 채도가 높은 색은 더욱 선명하게 보이고, 채도가 낮은 색은 더욱 탁해 보인다.
④ 동시대비는 도형과 바탕색 사이의 대비로 인해, 색상이 보색으로 지각되는 현상을 말한다. 이 대비효과는 주로 심리적으로 발생하며, 두 색상이 동시에 존재할 때 시각적으로 영향을 미친다.

54 축척 1/50 도면에서 도상(圖上)에 가로 6cm 세로 8cm 길이로 표시된 연못의 실제 면적은 얼마인가?

① $12m^2$ ② $24m^2$
③ $36m^2$ ④ $48m^2$

해설
주어진 축척이 1/50이므로, 도면에서 측정된 길이를 실제 길이로 환산하려면 50배를 해야 한다.
• 가로 6cm × 50 = 300cm(3m)
• 세로 8cm × 50 = 400cm(4m)가 된다.
∴ 실제 면적 = 3m × 4m = $12m^2$

55 조경시설 중 관리시설로 분류되는 것은?

① 분수, 인공폭포
② 그네, 미끄럼틀
③ 축구장, 철봉
④ 조명시설, 표지판

해설
조명시설과 표지판은 관리시설로 분류된다. 이들은 정기적인 유지보수가 필요하며, 주로 조경 구역의 안내나 경관을 위한 시설로 설치된다.

56 다음의 설명으로 가장 적합한 잔디는?

• 한지형 잔디로 잎 표면에 도드라진 줄이 있다.
• 질감이 거칠기는 하나 고온과 건조에 가장 강하다.
• 척박한 토양에서도 잘 견디기 때문에 비탈면의 녹화에 적합하다.
• 주형(株型)으로 분얼로만 퍼져 자주 깎아 주지않으면 잔디밭으로의 기능을 상실한다.

① 톨페스큐
② 켄터키블루그래스
③ 버뮤다그래스
④ 들잔디

해설
① 톨페스큐는 한지형 잔디로, 고온과 건조에 강하며 척박한 토양에서도 잘 자라 비탈면의 녹화에 자주 사용된다. 질감은 다소 거칠지만 내구성이 뛰어나다.
② 켄터키블루그래스는 잔디밭에 주로 사용되며, 비탈면에 적합하지 않다.
③ 버뮤다그래스는 난지형 잔디로, 고온다습한 지역에서 주로 사용된다.
④ 들잔디는 주로 잔디밭이나 정원에 사용되며, 비탈면의 녹화에는 적합하지 않다.

정답   52 ③   53 ①   54 ①   55 ④   56 ①

57 1,800m²의 잔디광장을 평떼로 조성하려고 할 때 필요한 잔디량은 약 얼마인가?(단, 잔디 1매의 규격은 30×30×3cm이다)

① 약 1,000매
② 약 5,000매
③ 약 10,000매
④ 약 20,000매

해설

필요잔디량 = 전체면적 / 떳장 1장의 면적

$= \dfrac{1,800m^2}{0.09m^2}$

$= 20,000$매

58 페니트로티온 40% 유제 원액 200cc를 0.1%로 희석 살포액을 만들려고 할 때 필요한 물의 양은 얼마인가?(단, 유제의 비중은 1.0이다)

① 약 79,800cc
② 약 99,800cc
③ 약 59,800cc
④ 약 49,800cc

해설

살포액의 희석

필요 수량 = 약량 × ($\dfrac{원액\ 농도}{희석\ 농도} - 1$) × 원액 비중

$= 200 × (\dfrac{40}{0.1} - 1) × 1.0$

$= 200 × 399$

$= 79,800cc$

59 다음 그림의 비탈면 기울기를 올바르게 나타낸 것은?

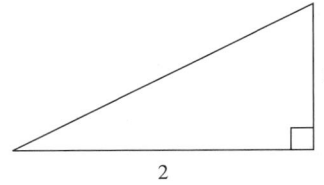

① 경사는 1할이다.
② 경사는 20%이다.
③ 경사는 50°이다.
④ 경사는 1 : 2이다.

해설

④ 높이 : 밑변 = 경사 1 : 2를 의미한다. 기울기가 1m 올라갈 때, 수평으로 2m 이동한다는 뜻이다.
① 1할은 경사도가 10%인 경우를 의미한다.
② $\dfrac{1}{2} × 100 = 50\%$이다.
③ $\tan^{-1}(1/2)$ = 약 26°

60 다음 중 콘크리트의 공사에 있어서 거푸집에 작용하는 콘크리트 측압의 증가요인이 아닌 것은?

① 타설 속도가 빠를수록
② 슬럼프가 클수록
③ 다짐이 많을수록
④ 빈배합일 경우

해설

빈배합은 콘크리트의 굵은 골재 비율이 높은 상태로, 물과 시멘트의 비율이 적은 경우를 말한다. 유동성이 떨어지기 때문에 콘크리트가 거푸집에 가하는 압력은 줄어든다.

2025년 제1회 최근 기출복원문제

01 경사지의 토양유실 방지에 효과가 있는 환경친화적인 경사면 보호용 재료로 가장 적당한 것은?

① 콘크리트블럭 ② 차광망
③ 코이어메시 ④ PE조경블럭

해설
코이어메시
- 코코넛 섬유로 만든 생분해성 섬유망이다.
- 식생 유도가 가능하고 자연친화적이다.
- 사용 후 자연 분해된다.
- 경사면에 설치하여 초기 식물의 생육을 도우며 토사유실 방지에 효과적이다.

02 이식할 수목의 가식장소와 그 방법의 설명으로 잘못된 것은?

① 공사의 지장이 없는 곳에 감독관의 지시에 따라 가식 장소를 정한다.
② 그늘지고 점토질 성분이 풍부한 토양을 사용한다.
③ 나무가 쓰러지지 않도록 세우고 뿌리분에 흙을 덮는다.
④ 필요한 경우 관수시설 및 수목 보양시설을 갖춘다.

해설
- 그늘보다 햇볕이 적당히 드는 곳이 수목 생장에 더 유리하다.
- 점토질 토양은 배수가 나쁘고 통기성도 낮아 뿌리 발육에 해롭다.
- 가식지의 토양은 배수가 잘되는 사양토(모래가 많이 섞인 흙)가 적당하다.

03 어떤 목재의 함수율이 50%일 때 목재중량이 6,000g 이라면 전건중량은 얼마인가?

① 1,000g ② 2,000g
③ 3,000g ④ 4,000g

해설
$$50\% = \frac{6,000 - x}{x} \times 100$$
$$x = 4,000$$

04 유상곡수연을 위해 원정에 곡수(曲水)를 돌리는 곡수거를 조성한 기록이 남아 있는 것과 관련된 인물은?

① 도연명 ② 이태백
③ 두보 ④ 왕희지

해설
왕희지의 난정고사에 유상곡수연을 위해 원정에 곡수(曲水)를 돌리는 곡수거를 조성한 기록이 남아 있고, 도연명의 안빈낙도의 철학이 정원양식에 영향을 미쳤다.

정답 1 ③ 2 ② 3 ④ 4 ④

05 다음 입찰계약 순서 중 옳은 것은?

① 입찰공고 → 낙찰 → 계약 → 개찰 → 입찰 → 현장설명
② 입찰공고 → 현장설명 → 입찰 → 계약 → 낙찰 → 개찰
③ 입찰공고 → 현장설명 → 입찰 → 개찰 → 낙찰 → 계약
④ 입찰공고 → 계약 → 낙찰 → 개찰 → 입찰 → 현장설명

해설
- 입찰공고 : 입찰의 시작 단계로 발주자가 입찰을 공개적으로 알린다.
- 현장설명 : 필수 단계는 아니지만 일반적인 절차이다. 공사에 대한 이해를 돕기 위해 입찰 참가자에게 현장을 설명한다.
- 입찰 : 입찰 참가자가 가격 등을 제안한다.
- 개찰 : 제출된 입찰서를 개봉하여 내용을 확인한다.
- 낙찰 : 입찰 조건에 가장 적합한 업체를 낙찰자로 선정한다.
- 계약 : 낙찰자와 최종적으로 계약을 체결한다.

06 도면을 그릴 때 일반적으로 마지막에 실시해야 할 내용인 것은?

① 도면의 축척을 정한다.
② 표제란의 내용을 기재한다.
③ 테두리 선 및 방위를 그린다.
④ 물체의 표현 위치를 정한다.

해설
표제란에는 공사명, 도면명, 범례, 축척, 설계자명, 도면 번호, 설계 일시 등의 사항을 기록하며, 도면을 완성한 후 최종적으로 기입한다.

07 대목을 대립종자의 유경이나 유근을 사용하여 접목하는 방법으로 접목한 뒤에는 관계습도를 높게 유지하며, 정식 후 근두암종병의 발병율이 높은 단점을 갖는 접목법은?

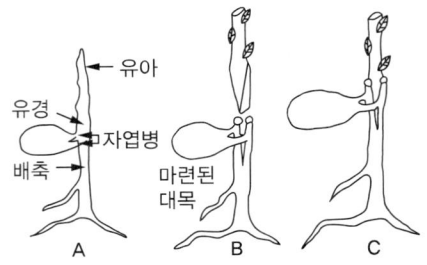

① 아접법
② 유대접
③ 호접법
④ 교접법

해설
유대접
- 접수의 유아(어린 싹)와 대목의 유경(어린 줄기)를 접목하는 방법이다.
- 묘목 상태에서 이뤄지는 접목으로, 생장이 빠르고 활착률이 높다.
- 접목 후 관계습도를 높여야 하며, 온실 등에서 정밀한 관리가 필요하다.
- 일반적으로 포도나무, 사과나무 등에서 많이 사용된다.
① 아접법 : 대목에 눈만을 접수하여 접목하는 방법으로, 여름철에 활발히 사용된다.
③ 호접법 : 접수와 대목을 서로 붙인 상태로 유지하며 유합되면 절단하는 방식으로, 활착률이 높고 안정적인 방법이다.
④ 교접법 : 접수와 대목의 굵기가 비슷할 때 양쪽을 비스듬히 절단 후 맞붙여 접합하는 방법이다.

08 애모무늬잎말이나방의 방제 시기로 가장 적당한 것은 성충 발생 최성기 얼마 후인가?

① 1일 후
② 5일 후
③ 10일 후
④ 15일 후

해설
약제방제 적기는 알에서 부화하여 깨어나오는 시기이므로 5월 이후는 성페로몬트랩에 의한 발생예찰을 실시하여 성충 발생 최성기 10일 후에 약제를 살포한다.

09 다음 중 방풍용수의 조건으로 옳지 않은 것은?

① 양질의 토양으로 주기적으로 이식한 천근성 수목
② 일반적으로 견디는 힘이 큰 낙엽활엽수보다 상록활엽수
③ 파종에 의해 자란 자생수종으로 직근(直根)을 가진 것
④ 대표적으로 소나무, 가시나무, 느티나무 등임

해설
방풍용 수목은 강한 풍압에 잘 견딜 수 있는 심근성이면서 줄기와 가지가 강인해야 한다.

10 시멘트의 강열감량(Ignition Loss)에 대한 설명으로 틀린 것은?

① 시멘트 중에 함유된 H_2O와 CO_2의 양이다.
② 클링커와 혼합하는 석고의 결정수량과 거의 같은 양이다.
③ 시멘트에 약 1,000℃의 강한 열을 가했을 때의 시멘트 감량이다.
④ 시멘트가 풍화하면 강열감량이 적어지므로 풍화의 정도를 파악하는 데 사용된다.

해설
강열감량은 시멘트 시료를 약 1,000℃의 온도에서 가열했을 때 줄어든 질량을 의미한다. 시멘트가 풍화되면 공기 중의 H_2O와 CO_2를 흡수해 강열감량이 증가한다.

11 일본 무로마치시대의 대표적 정원인 대선원에서 사용되지 않은 것은?

① 바위   ② 왕모래
③ 나무   ④ 물

해설
고산수식 정원은 물을 전혀 사용하지 않고 바위, 왕모래, 나무만을 사용한 축산고산수식에서 나무조차 사용하지 않는 평정고산수식으로 발달하였다.

12 디자인 요소를 같은 양, 같은 간격으로 일정하게 되풀이하여 움직임과 율동감을 느끼게 하는 것으로 리듬의 유형 중 가장 기본적인 것은?

① 반복   ② 점층
③ 방사   ④ 강조

해설
리듬은 시각적인 움직임과 흐름을 만드는 구성 원리이다. 그중 가장 기본적인 리듬 형식은 반복으로, 동일한 요소를 일정한 간격으로 되풀이함으로써 안정감과 통일감을 준다.

13 다음 기구 중 수목의 흉고직경을 측정할 때 사용하는 것은?

① 경척
② 덴드로미터
③ 와이제측고기
④ 윤척

해설
윤척은 임목의 지름, 특히 흉고직경(가슴높이에서의 직경)을 측정하는 데 사용되는 도구로, 눈금이 있는 자에 두 개의 다리가 달려있어 이 다리를 나무에 대고 직경을 측정한다.

14 자연상태의 토량 5,000m³을 굴착하면 그 흐트러진 상태의 토량은 얼마가 되는가?(단, 토량변화율을 $L = 1.25$, $C = 0.9$라고 가정한다)

① 3,000m³
② 4,250m³
③ 5,000m³
④ 6,250m³

해설

$$L = \frac{흐트러진\ 상태의\ 토량}{자연\ 상태의\ 토량}$$

$1.25 = \dfrac{x}{5,000m^3}$

$x = 5,000m^3 \times 1.25 = 6,250m^3$

15 설계도면에 표시하기 어려운 재료의 종류나 품질, 시공법, 재료 검사 방법 등에 대해 충분히 알 수 있도록 글로 작성하여 설계상의 부족한 부분을 규정 보충한 문서는?

① 일위대가표
② 설계 설명서
③ 시방서
④ 내역서

해설

시방서
건물을 설계할 때 도면상에 나타낼 수 없는 세부사항을 명시한 문서를 말한다. 공사에 필요한 재료의 종류와 품질, 사용처, 시공 방법, 납기, 준공 기일 등 설계 도면에 나타내기 어려운 사항을 명확하게 기록하며 도면과 함께 설계의 중요한 부분을 구성하고 있다.

16 조경계획 및 설계에 있어서 자연환경과 인문환경을 조사하고 분석하는 단계는?

① 기본구상
② 목표설정
③ 기본계획
④ 현황분석

해설

현황분석 단계에서는 대상지의 지형, 기후, 토양, 식생, 문화, 역사, 사회적 특성 등을 파악하여, 설계 방향을 잡는 기초자료로 활용한다.

17 발해의 상류주택에서 대규모로 식재되었다고 기록이 전해지는 식물은?

① 모란
② 석류
③ 앵두
④ 매화

해설

모란은 예로부터 부귀, 화려함, 권위를 상징하는 꽃으로, 발해를 비롯한 고대 귀족 문화에서 상류층 주택의 정원에 식재된 기록이 있다.

18 부석이라고도 하며, 화산에서 분출된 마그마가 급냉각하여 응고된 다공질로 경량골재나 내화재로 사용되는 재료는?

① 석회암
② 대리석
③ 화강암
④ 화산암

해설

부석은 화산 폭발 시 용암이 급격히 냉각되면서 가스가 빠져나가 형성된 다공질의 화산암으로 유문암, 안산암, 조면암질 마그마에서 주로 생성된다.

정답 14 ④ 15 ③ 16 ④ 17 ① 18 ④

19 다음 중 색의 3속성이 아닌 것은?

① 색상   ② 명도
③ 채도   ④ 대비

해설
색의 3속성(3요소)
- 색상 : 빨강, 파랑, 노랑 등 색의 종류
- 명도 : 색의 밝고 어두운 정도
- 채도 : 색의 선명함 또는 탁함의 정도

20 평판측량에서 평판을 정치하는 데 생기는 오차 중 측량 결과에 가장 큰 영향을 주므로 특히 주의해야 할 것은?

① 수평맞추기 오차
② 중심맞추기 오차
③ 방향맞추기 오차
④ 엘리데이드의 수준기에 따른 오차

해설
방향맞추기 오차는 평판의 방향이 기준선과 정확히 맞지 않을 때 발생한다.

21 독도는 광활한 바다에 우뚝 솟은 바위섬이다. 독도의 전망대에서 바라보는 경관의 유형으로 가장 적합한 것은?

① 파노라마경관
② 지형경관
③ 위요경관
④ 초점경관

해설
파노라마경관은 시야를 가리지 않고 멀리 퍼져 보이는 경관이다.

22 물에 대한 설명으로 옳지 않은 것은?

① 물은 호수, 연못, 풀 등의 정적으로 이용된다.
② 물은 분수, 폭포, 벽천, 계단폭포 등 동적으로 이용된다.
③ 조경에서 물의 이용은 동서양 모두 즐겨 이용했다.
④ 수직의 벽에 설치된 수구로부터 물이 흐르도록 한 구조를 가진 벽천은 다른 수경에 비해 대규모 지역에 어울리는 방법이다.

해설
벽천은 수직 벽면을 따라 물이 흐르게 하는 소규모 수경시설로, 정원, 휴게공간, 소공원 등 소규모 공간에 적합하다.

23 A2 도면의 크기(mm)로 옳은 것은?

① 594×841
② 420×594
③ 297×420
④ 210×297

해설
① 594×841 : A1
③ 297×420 : A3
④ 210×297 : A4

24 설계도서 중 일위대가표를 작성할 때 일위대가표의 금액란의 금액 단위 표준은?

① 0.01원 ② 0.1원
③ 1원 ④ 10원

해설
일위대가표는 단위 작업당 비용을 산정하는 표로, 단가 산정의 정확성 확보를 위해 소수점 단위까지 세밀하게 표현하며, 금액 단위는 0.1원이 표준이다.

25 콘크리트의 응결경화 조절의 목적으로 사용되는 혼화제에 대한 설명 중 틀린 것은?

① 콘크리트용 응결경화 조정제는 시멘트의 응결경화속도를 촉진시키거나 지연시킬 목적으로 사용되는 혼화제이다.
② 촉진제는 그라우트에 의한 지수공법 및 뿜어붙이기 콘크리트에 사용된다.
③ 지연제는 조기 경화현상을 보이는 서중콘크리트나 수송거리가 먼 레디믹스트 콘크리트에 사용된다.
④ 급결제를 사용한 콘크리트의 조기강도 증진은 매우 크나 장기강도는 일반적으로 떨어진다.

해설
② 그라우트에 의한 지수공법 및 뿜어붙이기 콘크리트에 사용되는 것은 급결제이다.

26 동양과 서양정원의 설명으로 맞는 것은?

① 동양정원의 자연관은 '자연은 인간의 영원한 스승이다'이다.
② 동양정원에서 외부공간은 자연의 지배를 통해 만들어진 세계이다.
③ 서양정원에서 자연미는 인간이 만들어낸 균형미보다 훌륭한 것이다.
④ 서양정원의 아름다움은 사람의 추상적인 개념의 정원이 표현된 것만이다.

해설
동양 정원은 자연과의 조화와 순응을 중시한다.

27 금속을 활용한 제품으로서 철 금속 제품에 해당하지 않는 것은?

① 철근, 강판 ② 형강, 강관
③ 볼트, 너트 ④ 도관, 가도관

해설
도관, 가도관은 비철금속제품으로 비금속 재료로 만든 전선 보호용 관이다.

28 중세 수도원의 전형적인 정원으로 예배실을 비롯한 교단의 공공건물에 의해 둘러싸인 네모난 공지를 가리키는 것은?

① 아트리움(Atrium)
② 페리스탈리움(Peristylium)
③ 클라우스트룸(Claustrum)
④ 파티오(Patio)

해설
일반적으로 수도원 건물, 특히 예배당과 수도원 생활 공간 사이에 위치한다. 네모꼴 또는 직사각형의 안뜰이며, 회랑로 둘러싸여 있다.

정답 24 ② 25 ② 26 ① 27 ④ 28 ③

29 다음 중 일반적인 토양의 상태에 따른 뿌리 발달의 특징 설명으로 옳지 않은 것은?

① 비옥한 토양에서는 뿌리목 가까이에서 많은 뿌리가 갈라져 나가고 길게 뻗지 않는다.
② 척박지에서는 뿌리의 갈라짐이 적고 길게 뻗어나간다.
③ 건조한 토양에서는 뿌리가 짧고 좁게 퍼진다.
④ 습한 토양에서는 호흡을 위하여 땅 표면 가까운 곳에 뿌리가 퍼진다.

해설
건조한 토양에서는 식물이 수분을 확보하기 위해 뿌리를 깊고 멀리 뻗는 경향이 있다.

30 도시공원 및 녹지 등에 관한 법률에 의한 어린이공원의 기준에 관한 설명으로 옳은 것은?

① 유치거리는 500m 이하로 제한한다.
② 1개소 면적은 1,200m^2 이상으로 한다.
③ 공원시설 부지면적은 전체면적의 60% 이하로 한다.
④ 공원구역 경계로부터 500m 이내에 거주하는 주민 250명 이상의 요청 시 어린이공원 조성계획의 정비를 요청할 수 있다.

해설
① 유치거리는 250m 이하로 제한한다.
② 1개소 면적은 1,500m^2 이상으로한다.
④ 소공원 및 어린이공원은 공원구역 경계로부터 250m 이내에 거주하는 주민 500명 이상의 요청이 있을 경우, 조성계획의 정비를 요청할 수 있다.

31 오방색 중 황(黃)의 오행과 방위가 바르게 짝지어진 것은?

① 금(金) - 서쪽
② 목(木) - 동쪽
③ 토(土) - 중앙
④ 수(水) - 북쪽

해설
오방색은 음양오행의 오행을 색으로 나타낸 것이다.
• 황색(黃) : 중앙을 상징하며, 만물의 근원과 중심을 의미한다.
• 청색(靑) : 동쪽을 상징하며, 만물이 움트는 봄, 희망, 새로운 시작을 의미한다.
• 백색(白) : 서쪽을 상징하며, 결백, 진실, 순수, 가을을 의미한다.
• 적색(赤) : 남쪽을 상징하며, 정열, 생명력, 여름을 의미한다.
• 흑색(黑) : 북쪽을 상징하며, 지혜, 겨울, 죽음, 그리고 인간의 내면세계를 의미한다.
또한, 목(木)은 청(靑), 금(金)은 백(白), 화(火)는 적(赤), 수(水)는 흑(黑), 토(土)는 황(黃)에 대응된다.

32 다음 평판 측량 방법과 관계가 없는 것은?

① 방사법   ② 전진법
③ 좌표법   ④ 교회법

해설
좌표법은 기준 좌표계를 설정하고 수치로 위치를 측정하는 방법이다. 토탈스테이션, GPS 등 수치 기반 측량기기를 사용한다.

33 다음 중 중국정원의 특징에 해당하는 것은?

① 정형식   ② 태호석
③ 침전조정원 ④ 직선미

해설
태호석은 중국정원의 대표적인 요소로, 기괴하고 구멍 뚫린 형상의 석재를 감상 요소로 배치한다.

정답 29 ③ 30 ③ 31 ③ 32 ③ 33 ②

34 묘지공원의 설계 지침으로 가장 올바른 것은?

① 장제장 주변은 기능상 키가 작은 관목만을 식재한다.
② 산책로는 이용하기 좋게 주로 직선화한다.
③ 묘지공원 내는 경건한 분위기를 위해 어린이 놀이터 등 휴게시설 설치를 일체 금지시킨다.
④ 전망대 주변에는 큰 나무를 피하고, 적당한 크기의 화목류를 배치한다.

해설
④ 전망대의 시야를 확보하기 위해 큰 나무는 피하고, 적절한 화목류로 공간을 구성한다.

35 조경 재료는 식물재료와 인공재료로 크게 구분이 되는데 다음 중 인공재료의 특성으로 옳은 것은?

① 자연성   ② 연속성
③ 불변성   ④ 조화성

해설
인공재료는 식물재료에 비해 기후·물리적 변화에 강하며, 형태 유지가 쉬운 불변성이 특징이다.

36 친환경적 생태하천에 호안을 복구하고자 할 때 생물의 종다양성과 자연성 향상을 위해 이용되는 소재로 가장 부적합한 것은?

① 섶단
② 소형고압블록
③ 돌망태
④ 야자롤

해설
소형고압블록은 콘크리트 재질로 만든 소형의 인공블록이다. 주로 배수구 정비, 인도, 경사면 보호, 농수로 정비 등에 사용된다.

37 골프장 코스를 구성하는 요소 중 페어웨이와 그린 주변에 모래 웅덩이를 조성해 놓은 곳은?

① 티   ② 벙커
③ 해저드   ④ 러프

해설
벙커는 그린이나 페어웨이 주변에 위치한 모래 함몰지로, 난이도를 높이기 위한 요소이다.

38 거실이나 응접실 또는 식당 앞에 건물과 잇대어서 만드는 시설물은?

① 정자   ② 테라스
③ 모래터   ④ 트렐리스

해설
테라스는 실내 공간과 외부공간을 자연스럽게 연결하는 반(半)야외 공간이다. 주로 거실이나 식당과 연결되며 휴식, 식사, 등을 즐기는 공간으로 활용된다.

34 ④ 35 ③ 36 ② 37 ② 38 ②

39 토공사용 기계에 대한 설명으로 부적당한 것은?

① 불도저는 일반적으로 60m 이하의 배토작업에 사용한다.
② 드래그라인은 기계 위치보다 낮은 연질 지반의 굴착에 유리하다.
③ 클램셸은 좁은 곳의 수직터파기에 쓰인다.
④ 파워셔블은 기계가 위치한 면보다 낮은 곳의 흙 파기에 쓰인다.

해설
④ 파워셔블은 버킷이 위로 향하는 굴삭장비로, 기계보다 높은 위치의 흙을 퍼올리는 데 사용된다.

40 좁고 얄팍한 목재를 엮어 1.5m 정도의 높이가 되도록 만들어 놓은 격자형의 시설물로서 덩굴식물을 지탱하기 위한 것은?

① 퍼걸러
② 아치
③ 트렐리스
④ 정자

해설
트렐리스는 수직 또는 사선 형태의 격자형 구조물로, 덩굴식물이 자라도록 지지하는 역할을 하며, 공간 분할, 시선 차단, 장식 기능을 수행한다.

41 다음 중 파이토플라스마(Phytoplasma)에 의한 나무병이 아닌 것은?

① 뽕나무 오갈병
② 대추나무 빗자루병
③ 벚나무 빗자루병
④ 오동나무 빗자루병

해설
벚나무 빗자루병은 병원성 곰팡이에 의해 발병한다.

42 능소화(*Campsis grandifolia* K. Schum)의 설명으로 틀린 것은?

① 낙엽활엽덩굴성이다.
② 잎은 어긋나며 뒷면에 털이 있다.
③ 나팔모양의 꽃은 주홍색으로 화려하다.
④ 동양적인 정원이나 사찰 등의 관상용으로 좋다.

해설
잎은 마주나기(대생)이며 길이 3~6cm로 가장자리 톱니와 더불어 연모가 있다.

43 다음 벽돌의 줄눈 종류 중 우리나라의 전통담장의 사고석 시공에서 흔히 볼 수 있는 줄눈의 형태는?

① 오목줄눈
② 둥근줄눈
③ 빗줄눈
④ 내민줄눈

해설
내민줄눈
줄눈이 벽돌면보다 약간 돌출되게 마감된 형태로 벽돌이나 타일의 형태가 고르지 않거나 벽면이 울퉁불퉁할 때 줄눈의 효과를 증대시키기 위해 사용한다.

44 장미 검은무늬병은 주로 식물체 어느 부위에 발생하는가?

① 꽃
② 잎
③ 뿌리
④ 식물 전체

해설
장미 검은무늬병은 잎에 검은 반점이 생기고 점차 황변, 낙엽으로 이어지는 곰팡이병이다.

정답 39 ④ 40 ③ 41 ③ 42 ② 43 ④ 44 ②

45 플라스틱 제품의 특성이 아닌 것은?

① 비교적 산과 알칼리에 견디는 힘이 강하다.
② 접착 시키기가 간단하다.
③ 저온에서도 파손이 안 된다.
④ 60℃ 이상에서 연화된다.

해설
플라스틱은 열에 매우 취약하며 소성·가공성이 좋아 복잡한 모양으로 성형이 가능하고, 가벼우면서도 강도와 탄력성이 큰 특성이 있다.

46 강을 적당한 온도(800~1,000℃)로 가열하여 소정의 시간까지 유지한 후에 노(爐) 내부에서 천천히 냉각시키는 열처리법은?

① 풀림(Annealing)
② 불림(Normalizing)
③ 뜨임질(Tempering)
④ 담금질(Quenching)

해설
풀림(Annealing)
금속의 내부응력을 제거하고 연성을 높여 가공성을 향상시키는 열처리 방법이다.

47 콘크리트의 측압은 콘크리트 타설 전에 검토해야 할 매우 중요한 시공요인이다. 다음 중 콘크리트 측압에 영향을 미치는 요인에 대한 설명으로 틀린 것은?

① 콘크리트의 타설높이가 높으면 측압은 커지게 된다.
② 콘크리트의 타설속도가 빠르면 측압은 커지게 된다.
③ 콘크리트의 슬럼프가 커질수록 측압은 커지게 된다.
④ 콘크리트의 온도가 높을수록 측압은 커지게 된다.

해설
④ 콘크리트의 온도가 높을수록, 경화속도가 빠를수록 측압은 적게 된다.

48 곤충이 빛에 반응하여 일정한 방향으로 이동하려는 행동 습성은?

① 주광성(Phototaxis)
② 주촉성(Thigmotaxis)
③ 주화성(Chemotaxis)
④ 주지성(Geotaxis)

해설
주광성은 다양한 주성의 종류 중 하나로, 빛의 자극에 반응하여 무의식적으로 움직이는 성질이다.
② 곤충이 고형물에 접촉하려고 하는 성질
③ 곤충의 매질 속에 존재하는 화학물질의 농도차가 자극이 되어 특정 행동을 하는 성질
④ 생물이 중력에 의해 특정 행동을 하는 성질

49 진비중이 1.5, 전건비중이 0.54인 목재의 공극율은?

① 66% ② 64%
③ 62% ④ 60%

해설
공극률 = [1 − (가비중/진비중)] × 100
     = [1 − (0.54/1.5)] × 100
     = 64%

50 시멘트의 응결을 빠르게 하기 위하여 사용하는 혼화제는?

① 지연제 ② 발표제
③ 급결제 ④ 기포제

해설
급결제는 겨울철이나 물속 공사, 콘크리트 뿜어붙이기 등에 필요한 조기강도의 발생 촉진을 위하여 첨가하는 혼화재료이다.

51 다음 중 사대부나 양반 계급에 속했던 사람이 자연 속에 묻혀 야인으로서의 생활을 즐기던 별서정원이 아닌 것은?

① 소쇄원 ② 방화수류정
③ 부용동정원 ④ 다산정원

해설
방화수류정은 성벽 모서리에 군사적 용도로 세운 누각이다.

52 다음에서 설명하는 수종은?

- 학명은 *Betula schmidtii* Regel이다.
- Schmidt birch 또는 단목(檀木)이라 불리기도 한다.
- 곧추 자라나 불규칙하며, 수피는 흑색이다.
- 5월에 개화하고 암수한그루이며, 수형은 원추형, 뿌리는 심근성, 잎의 질감이 섬세하여 녹음수로 사용 가능하다.

① 오리나무 ② 박달나무
③ 소사나무 ④ 녹나무

해설
박달나무는 참나무목 자작나무과에 속하며 겨울에 잎이 지는 넓은잎, 큰키나무이다. 온대북부지방의 깊은 산에서 20~30m 정도로 자란다.

53 다음 중 열가소성 수지는 어느 것인가?

① 페놀수지 ② 멜라민수지
③ 폴리에틸렌수지 ④ 요소수지

해설
열경화성 수지와 열가소성 수지의 종류
- 열경화성 수지 : 페놀수지, 멜라민수지, 요소수지, 폴리에스테르수지, 에폭시수지, 프란수지, 우레탄수지, 실리콘수지, 알키드수지
- 열가소성 수지 : 염화비닐수지, 폴리비닐수지, 폴리아미드수지, 플루오린수지, 폴리에틸렌수지, 초산비닐수지, 메타아크릴수지, 폴리카보네이트수지, 폴리스티렌수지

54 옮겨 심은 후 줄기에 새끼줄을 감고 진흙을 반드시 이겨 발라야 되는 수종은?

① 배롱나무 ② 은행나무
③ 향나무 ④ 소나무

해설
소나무는 수분 스트레스에 취약하고, 이식 후 활착률이 낮아지는 것을 방지하기 위해 이식 직후 반드시 줄기 보호 및 수분 증산 억제 조치가 필요하다.

정답 49 ② 50 ③ 51 ② 52 ② 53 ③ 54 ④

55 백제시대 정원의 점경물로 만들어졌고, 물을 담아 연꽃을 심고 부들, 개구리밥, 마름 등의 부엽식물을 곁들이며 물고기도 넣어 키웠던 것은?

① 석연지　② 석조전
③ 안압지　④ 포석정

> **해설**
> 석연지(石蓮池)는 물을 담아 연꽃을 키우거나 다른 장식물을 띄워 연못의 아름다움을 연출하는 데 사용되었다.

56 제도 후 도면의 표제란에 기재하지 않아도 되는 것은?

① 도면명　② 도면번호
③ 제도장소　④ 축척

> **해설**
> 제도장소는 설계와 시공에 직접적인 정보가 아니므로 생략 가능하다.

57 위험을 알리는 표시에 가장 적합한 배색은?

① 흰색-노랑
② 노랑-검정
③ 빨강-파랑
④ 파랑-검정

> **해설**
> 명시성
> 두 가지 이상의 색·선·모양을 대비시켰을 때 금방 눈에 뜨이는 성질을 말하며, 노랑과 검정은 명시성이 강해 교통표지판 등에 주로 쓰인다.

58 농약 보관 시 주의하여야 할 사항으로 옳은 것은?

① 농약은 고온보다 저온에서 분해가 촉진된다.
② 분말 제제는 흡습되어도 물리성에는 영향이 없다.
③ 유제는 유기용제의 혼합으로 화재의 위험성이 있다.
④ 고독성 농약은 일반 저독성 약제와 혼적하여도 무방하다.

> **해설**
> ③ 유제는 휘발성 유기용제에 농약 성분을 녹인 제형으로 물에 희석해 사용한다.

59 참나무 시들음병에 대한 설명으로 옳지 않은 것은?

① 매개충은 광릉긴나무좀이다.
② 피해목은 초가을에 모든 잎이 낙엽이 된다.
③ 매개충 암컷의 등판에는 곰팡이를 넣는 균낭이 있다.
④ 월동한 성충은 5월경에 침입공을 빠져나와 새로운 나무를 가해한다.

> **해설**
> ② 시들음병은 잎이 갑자기 마른채로 붙어 있다. 자연적인 낙엽처럼 떨어지지 않는다.

60 거푸집에 쉽게 다져 넣을 수 있고 거푸집을 제거하면 천천히 형상이 변화하지만 재료가 분리되거나 허물어지지 않는 굳지 않은 콘크리트의 성질은?

① Workbility　② Plasticity
③ Consistency　④ Finishability

> **해설**
> 성형성(Plasticity)은 재료가 외부의 힘에 의해 변형된 후에도 원래 형태로 되돌아가지 않고 영구 변형을 유지하는 특성을 말한다.

2025년 제2회 최근 기출복원문제

01 모래터에 심을 녹음수로 가장 적합한 나무는?

① 백합나무
② 가문비나무
③ 수양버들
④ 낙우송

해설
백합나무는 건조하고 배수가 잘되는 토양, 모래 성분이 많은 땅에서도 잘 자라는 활엽수이다. 수형이 아름답고 잎이 커 여름철 그늘을 제공하는 녹음수로 적합하다.

02 토양습도에 대한 내성이 서로 다른 것끼리 이루어진 것은?

① 때죽나무, 팥배나무
② 서어나무, 느티나무
③ 산철쭉, 진달래
④ 왕버들, 귀룽나무

해설
- 왕버들은 습지, 하천가 등 수분이 많은 환경에서 잘 자라는 내습성 수종이다.
- 귀룽나무는 배수가 잘되는 평지나 건조한 토양에서도 잘 자라며 내건성이 강한 수종이다.

03 하수도에 방류하는 경우에는 빗물과 오수를 동일관거로 배제하는 합류식과 분리하는 분류식으로 나눌 수 있다. 합류식의 장점이 아닌 것은?

① 분류식에 비해 설치비용이 적게 든다.
② 갈수기에 침전물이 생기지 않는다.
③ 관리가 용이하다.
④ 관 내부의 환기가 용이하다.

해설
합류식 하수도는 빗물과 오수를 같은 관거로 처리하여 구조가 단순하고 설치비용이 절감되지만 물이 고일 수 있는 구조이므로 관 내부의 환기 기능은 약하다.

합류식 하수도와 분류식 하수도의 비교

구분	합류식 하수도 (오수관 = 우수관)	분류식 하수도 (오수관 ≠ 우수관)
장점	• 관을 하나만 묻으면 되므로 비용이 저렴하고 시공이 용이하다. • 침수 다발지역에 유리하다.	• 관로 청소가 용이하고 관거 내 오물 퇴적이 적다. • 오수만을 처리하여 처리비용이 적다. • 오수를 하천에 직접 방류하지 않는다.
단점	• 우천 시 다량의 토사가 유입된다. • 맑은 날씨에 수위가 낮고 유속이 낮아 고형물이 퇴적되기 쉽다. • 정화조나 오수처리시설을 둬야 하며 매년 1회 이상 청소해야 한다.	• 강우 초기 도로와 공기 중의 오염물질이 하천에 방류된다. • 관을 따로따로 매설해야 하므로 비용이 들고 시공이 곤란하다.

04 GPS 측량에서 수신기 GPS의 최소위성수는 몇 대인가?

① 1대
② 2대
③ 3대
④ 4대

해설
GPS 측정 시 3개 회선을 사용하며 GPS 최소위성수는 4대이다.

정답 1 ① 2 ④ 3 ④ 4 ④

05 아스팔트의 침입도에 대한 설명으로 옳지 않은 것은?

① 침입도는 아스팔트의 컨시스턴시를 임의 관입저항으로 평가하는 방법이다.
② 침입도의 값이 클수록 아스팔트는 연하다.
③ 침입도는 온도가 높아지면 크다.
④ 침입도가 작으면 비중이 작다.

해설
침입도가 높을수록 아스팔트의 비중은 낮아지고, 침입도가 낮을수록 비중은 높아진다.

06 생물분류학적으로 거미강에 속하며 덥고, 건조한 환경을 좋아하고 뾰족한 입으로 즙을 빨아먹는 해충은?

① 진딧물 ② 나무좀
③ 응애   ④ 가루이

해설
응애는 진드기류와 유사한 거미강 무척추동물로 뾰족한 침을 이용해 식물 조직에서 수분을 빨아먹는다.

07 자연석 무너짐 쌓기의 설명으로 틀린 것은?

① 기초가 될 밑돌은 약간 큰 돌을 땅속에 20~30cm 정도 깊이로 묻히게 한다.
② 제일 윗부분에 놓이는 돌은 돌의 윗부분이 모두 고저차가 크게 나도록 놓는다.
③ 돌과 돌이 맞물리는 곳에는 작은 돌을 끼워 넣지 않는다.
④ 돌을 쌓고 난 후 돌과 돌 사이에 키가 작은 관목을 심는다.

해설
자연석 무너짐 쌓기
- 제일 윗부분에 놓이는 돌은 돌의 윗부분이 수평이 되도록 놓는다.
- 기초 부분은 터파기한 후 잘 다지거나 콘크리트 기초를 한다.
- 기초석을 놓고 중간석과 상석을 쌓아 나가며 크고 작은 돌이 잘 어울리도록 배치한다.
- 안전을 고려하여 상부에 놓는 돌은 하부보다 작은 돌을 쓴다.
- 돌이 서로 맞닿는 면은 잘 맞물리는 돌을 골라 쓴다.
- 뒷부분에는 굄돌과 뒤채움돌을 써서 구조적으로 안정되도록 한다.
- 필요에 따라 중간에 뒷길이가 60~90cm 정도인 돌을 맞물려 쌓아 붕괴를 방지한다.
- 돌과 돌 사이의 빈 공간에 양질의 흙을 채워 넣고, 회양목, 철쭉 등의 관목류나 초화류 등으로 돌틈식재를 한다.

08 다음 조경 식물의 주요 해충 중 흡즙성 해충은?

① 깍지벌레
② 독나방
③ 오리나무잎벌
④ 미끈이하늘소

해설
깍지벌레류는 잎이나 가지에 붙어 즙액을 빨아먹어 식물의 잎이 황색으로 변한다.

정답 5 ④ 6 ③ 7 ② 8 ①

09 다음 중 수목을 식재할 경우 수간감기를 하는 이유로 틀린 것은?

① 수간으로부터 수분증산 억제
② 잡초 발생 방지
③ 병해충 방지
④ 상해 방지

해설
잡초 발생 방지는 토양피복(멀칭)을 할 때 방지가 되지만 수간감기를 해서 잡초 발생이 방지되는 것은 아니다.

10 다수의 대상이 존재할 때 어느 색이 보다 쉽게 지각되는지 또는 쉽게 눈에 띄는지의 정도를 나타내는 용어는?

① 유목성   ② 시인성
③ 식별성   ④ 가독성

해설
① 유목성 : 한 대상이 다른 대상보다 눈에 더 잘 띄는 성질을 의미하며, 광고·표지판 색 설계 등에 적용된다.
② 시인성 : '얼마나 잘 알아볼 수 있는가', 즉 어떤 대상이나 정보가 멀리서도 눈에 잘 띄어 쉽게 인지될 수 있는 정도를 의미한다.
③ 식별성 : 어떤 대상이 다른 대상과 구별될 수 있는 성질이나 능력을 의미한다.
④ 가독성 : 글자나 인쇄물을 읽기 쉬운 정도를 말한다.

11 다음 중 콘크리트 타설 시 염화칼슘의 사용 목적은?

① 콘크리트의 조기강도
② 콘크리트의 장기강도
③ 고온증기 양생
④ 황산염에 대한 저항성 증대

해설
염화칼슘은 시멘트의 수화반응을 촉진시켜 콘크리트의 초기 경화속도를 빠르게 하는 대표적인 촉진제이다. 특히 겨울철 시공 시 저온 환경에서 조기강도를 확보하기 위해 사용된다.

12 성인이 이용할 정원의 디딤돌 놓기 방법으로 틀린 것은?

① 납작하건서도 가운데가 약간 두둑하여 빗물이 고이지 않는 것이 좋다.
② 디딤돌의 간격은 보행폭을 기준하여 35~50cm 정도가 좋다.
③ 디딤돌은 가급적 사각형에 가까운 것이 자연미가 있어 좋다.
④ 디딤돌 및 징검돌의 장축은 진행방향에 직각이 되도록 배치한다.

해설
디딤돌은 보통 한 면이 넓적하고 평평한 자연석을 많이 쓰나, 가공한 화강암 판석이나 점판암 판석 또는 통나무 등을 쓰는 경우도 있다.

13 흰색 계열의 작은 꽃은 5~6월에 피고 가을에 붉은 계통의 단풍잎 또는 관상가치가 있으며 음지사면에 식재하면 좋은 수종은?

① 왕벚나무
② 모과나무
③ 국수나무
④ 족제비싸리

해설
국수나무
장미목 장미과에 속하는 관속식물로 산지, 햇빛이 잘 드는 숲 가장자리에 흔하게 자란다. 꽃은 5~6월에 햇가지 끝의 원추꽃차례에 달리며, 노란빛이 도는 흰색, 지름 4~5mm 정도이다. 줄기의 골속이 국수처럼 생겼다 하여 '국수나무'라고 부른다.

정답 9 ② 10 ① 11 ① 12 ③ 13 ③

14 석재의 가공 방법 중 혹두기한 면을 다시 비교적 고르고 곱게 다듬는 혹두기 작업 바로 다음의 후속 작업은?

① 물갈기
② 잔다듬
③ 정다듬
④ 도드락다듬

해설
③ 혹두기한 면을 정으로 비교적 고르고 곱게 다듬는 작업으로 거친다듬, 중다듬, 고운다듬으로 구분된다.
① 필요에 따라 잔다듬면을 연마기나 숫돌로 매끈하게 갈아 내는 방법이다.
② 외날망치나 양날망치로 정다듬 면 또는 도드락다듬면을 일정 방향, 주로 평행하게 나란히 찍어 평탄하게 마무리하는 작업이다.
④ 정다듬한 표면을 도드락망치를 이용하여 1~3회 정도 두드려 곱게 다듬는 작업이다.
※ 석재가공순서 : 혹두기 → 정다듬 → 도드락다듬 → 잔다듬 → 물갈기

15 설계안이 완공되었을 경우를 가정하여 설계 내용을 실제 눈에 보이는 대로 절단한 면을 그린 그림은?

① 평면도
② 조감도
③ 투시도
④ 상세도

해설
설계안이 완공되었을 경우를 가정하여 설계내용을 실제 눈에 보이는 대로 절단한 면에서 먼 곳에 있는 것은 작게, 가까이 있는 것은 크고 깊이가 있게 하나의 화면에 그린다.

16 조경 제도 용품 중 곡선자라고 하여 각종 반지름의 원호를 그릴 때 사용하기 가장 적합한 재료는?

① 원호자
② 운형자
③ 삼각자
④ T자

해설
② 여러 가지 곡선 모양을 본떠 만든 것으로 컴퍼스로 그리기 어려운 곡선을 그리는 데 사용한다.
③ 45°의 사선과 30°, 60°의 사선을 그을 수 있는 두 종류가 한 세트로 되어 있다.
④ 주로 평행선을 긋거나, 삼각자와 조합하여 수직선과 사선을 그을 때 사용한다.

17 때죽나무에 대한 설명으로 옳지 않은 것은?

① 병충해에 대한 저항성이 강해서 관리상 편하다.
② 밑에서 많은 줄기를 내어 관목상을 이루고 가지가 많아 넓게 퍼진다.
③ 흰꽃과 종모양꽃부리의 은색 열매가 아름답다.
④ 생장속도는 느리며 이식이 어려운 수종이다.

해설
④ 때죽나무의 생장속도는 보통이고 이식이 용이하다.

18 식재설계시 인출선에 포함되어야 할 내용이 아닌 것은?

① 수량
② 수목명
③ 규격
④ 수목 성상

해설
④ 수목 성상은 나무의 생김새와 특성을 의미하며 인출선에는 포함하지 않아도 된다.
인출선은 도면의 내용물 자체에 설명을 기입할 수 없을 때 사용하는 선으로 조경설계에서는 수목명, 본수, 규격 등을 기입하기 위하여 많이 이용한다.

19 수목에 구멍을 뚫어 피해를 주는 해충은?

① 매미나방
② 솔잎혹파리
③ 박쥐나방
④ 미국흰불나방

해설
박쥐나방 유충은 나무껍질 속에 들어가 목질부를 갉으며 터널을 만들고 외부로 톱밥을 배출한다. 이외에도 수목에 구멍을 뚫어 피해를 주는 천공성 해충에는 소나무좀, 노랑무늬송바구미, 하늘소 등이 있다.
가해 습성에 따른 해충의 분류
• 식엽성 해충 : 회양목명나방, 풍뎅이, 잎벌, 집시나방, 느티나무벼룩바구미 등
• 흡즙성 해충 : 응애, 진딧물, 깍지벌레, 방패벌레 등
• 천공성 해충 : 소나무좀, 노랑무늬송바구미, 하늘소, 박쥐나방 등
• 충영형성 해충 : 솔잎혹파리, 밤나무혹벌, 혹응애, 혹진딧물 등
• 종실 해충 : 밤바구미, 복숭아명나방 등

20 다음 중 이식의 성공률이 가장 낮은 수종은?

① 가시나무   ② 버드나무
③ 은행나무   ④ 사철나무

해설
가시나무는 직근성 뿌리를 가지며 뿌리 회복력이 낮아 이식이 까다로운 수종이다.

21 덩굴성 식물로 짝지어진 것은?

① 으름, 수국
② 등나무, 금목서
③ 송악, 담쟁이덩굴
④ 치자나무, 멀꿀나무

해설
덩굴성 식물 : 능소화, 칡, 등나무, 덩굴장미, 담쟁이덩굴, 인동덩굴, 송악 등

22 주택정원의 공간구분에 있어서 응접실이나 거실 전면에 위치한 뜰로 정원의 중심이 되는 곳이며, 면적이 넓고 양지바른 곳에 위치하는 공간은?

① 앞뜰   ② 안뜰
③ 작업뜰   ④ 뒤뜰

해설
① 대문과 현관 사이에 끼어있는 공간으로 대문, 진입로, 주차장, 차고 등으로 구성되며 수목이나 초화류, 분수 등으로 과장되게 처리하지 말고 단순하고 경쾌하게 치장하는 것이 좋다.
③ 주방, 세탁실, 다용도실 등과 연결되어 장독대, 건조장, 쓰레기장 등으로 사용되므로 전정이나 주정과는 시각적으로 차단되면서 동선의 연결이 필요하다.
④ 침실에 인접한 공간으로써 정숙한 분위기를 갖는 공간이다. 외국의 경우 일광욕실 등 흔히 폐쇄된 외딴 장소로 이용하는 경우도 있다.

23 주택정원을 공사할 때 어느 공종을 가장 먼저 실시하여야 하는가?

① 돌쌓기
② 콘크리트 치기
③ 터닦기
④ 나무심기

해설
조경시공의 순서
터닦기 → 급배수 및 호안공 → 콘크리트 공사 → 정원시설물 설치 → 식재공사

정답 19 ③ 20 ① 21 ③ 22 ② 23 ③

24 다음 중 묘원의 정원에 해당하는 것은?

① 타지마할
② 알람브라
③ 공중정원
④ 보르비콩트

해설
① 타지마할은 무덤, 사원, 정원, 출입문, 연못 등을 포함한 종합건축물이다.
② 스페인에 현존하는 이슬람 정원의 형태로 유명한 곳이며, 4개의 중정(알베르카 중정, 사자 중정, 린다라하 중정, 레하 중정)이 남아 있다.
③ 신바빌로니아의 네부카드네자르 2세가 왕비 아미티스를 위해 조성한 정원으로 세계 7대 불가사의 중 하나이다.
④ 앙드레 르 노트르가 설계한 프랑스 정원으로, 최초의 평면기하학식 정원이다.

25 생울타리처럼 수목이 대상으로 군식 되었을 때 거름 주는 방법으로 가장 적당한 것은?

① 전면 거름주기
② 방사상 거름주기
③ 천공 거름주기
④ 선상 거름주기

해설
④ 나무 줄기 아래로 긴 선을 따라 거름을 주는 방법으로, 생울타리처럼 긴 형태로 군식된 수목에 적합하다.
① 넓은 지역에 균등하게 거름을 주는 방식이다.
② 개별 나무의 중심에서 방사형으로 거름을 주는 방식으로, 군식에는 적합하지 않다.
③ 나무의 뿌리 근처에 구멍을 내고 거름을 주는 방식으로, 생울타리에는 적합하지 않다.

26 기존의 레크레이션 기회에 참여 또는 소비하고 있는 수요(需要)를 무엇이라 하는가?

① 표출수요   ② 잠재수요
③ 유효수요   ④ 유도수요

해설
② 사람들에게 내재되어 있는 수요로 적당한 시설, 접근수단, 정보가 제공되면 참여가 기대되는 수요
③ 재화에 대한 욕구가 실제로 그 재화를 구입할 만큼 구매력의 뒷받침이 있을 경우의 수요
④ 광고, 선전, 교육 등을 통해 이용을 유도시킬 수 있는 수요

27 잔디밭에서 많이 발생하는 잡초인 클로버(토끼풀)를 제초하는데 가장 효율적인 것은?

① 베노밀 수화제
② 캡탄 수화제
③ 디코폴 수화제
④ 디캄바 수화제

해설
잔디밭의 클로버를 제초하는 데 효과적인 것은 디캄바 액제, 메코프로프 액제, 메코프로프-피 액제가 있다.

28 비탈면의 잔디를 기계로 깎으려면 비탈면의 경사가 어느 정도보다 완만하여야 하는가?

① 1 : 1보다 완만해야 한다.
② 1 : 2보다 완만해야 한다.
③ 1 : 3보다 완만해야 한다.
④ 경사에 상관없다.

해설
비탈면에 교목을 식재하려면 1 : 3보다 완만해야 하고, 관목을 식재하려면 1 : 2보다 완만해야 한다. 비탈면의 잔디를 기계로 깎으려면 비탈면의 경사가 1 : 3보다 완만한 것이 좋다.

24 ① 25 ④ 26 ① 27 ④ 28 ① **정답**

29 이탈리아의 조경양식이 크게 발달한 시기는 어느 시대부터 인가?

① 암흑시대
② 르네상스시대
③ 고대 이집트시대
④ 세계 1차대전이 끝난 후

해설
이탈리아 조경양식의 본격적인 발전은 르네상스시대(14세기 후반~16세기)부터 시작되었다. 질서와 균형, 대칭성을 중시하는 정형식 정원이 발달하여 건축물과 정원, 자연이 조화를 이루는 공간 구성을 이루었으며, 계단식 노단(테라스), 축선(Axes), 분수, 조각, 캐스케이드(계단식 폭포) 등이 등장하였다.

30 다음 수종 중 가로수로 적당하지 않은 나무는?

① 은행나무
② 무궁화
③ 느티나무
④ 벚나무

해설
무궁화는 병충해에 약하고, 수형 관리가 어려우며, 개화 기간이 짧다는 단점이 있어 가로수로서 적당하지 않다.

31 비중이 1.15인 아이소프로티올레인 유제(50%) 100mL로 0.05% 살포액을 제조하는데 필요한 물의 양은?

① 104.9L
② 110.5L
③ 114.9L
④ 124.9L

해설
- 아이소프로티올레인(Isoprothiolane) 유제 100mL의 질량은 100mL × 1.15g = 115g이다. 여기에 들어있는 아이소프로티올레인의 질량은 115g × 0.5 = 57.5g이다.
- 0.05% 용액 100g이란 용질 0.05g + 용매 99.95g인 용액을 말한다.
  [(용질 0.05g)/(용액 100g)] × 100 = 0.05%
  ∴ 0.05 : 99.95 = 57.5 : x
  x = 99.95 × 57.5/0.05
     = 114,942.5g

32 용광로에서 선철을 제조할 때 나온 광석찌꺼기를 석고와 함께 시멘트에 섞은 것으로서 수화열이 낮고, 내구성이 높으며, 화학적 저항성이 큰 한편, 투수가 적은 특징을 갖는 것은?

① 실리카 시멘트
② 고로 시멘트
③ 중용열 포틀랜드시멘트
④ 조강 포틀랜드시멘트

해설
고로 시멘트는 제철 과정에서 발생하는 부산물인 고로슬래그 미분말을 포틀랜드 시멘트와 혼합하여 제조한 시멘트이다. 초기 강도는 낮지만 장기강도가 우수하고 수화열이 낮아 콘크리트 균열 방지에 효과적이다.

33 청나라의 건륭제가 조영하였으며, 만수산과 곤명호로 구성되어 있는 정원은?

① 서호
② 졸정원
③ 원명호
④ 이화원

해설
이화원은 건륭제가 조영한 청나라의 대표 정원으로 만수산과 곤명호로 구성되어 있으며, 건축물과 자연이 강한 대비를 이루고 있다.

정답 29 ② 30 ② 31 ③ 32 ② 33 ④

34 색광의 3원색인 R, G, B를 모두 혼합하면 어떤 색이 되는가?

① 검은색 ② 회색
③ 흰색 ④ 붉은색

해설
빨강, 초록, 파랑을 빛의 3원색이라 하고, 3원색을 동시에 혼합하면 흰색이 된다. 이처럼 빛에 의한 색채의 혼합원리를 가법혼색(가산혼합)이라 하며, 이때 원래의 색보다 명도가 증가한다.

35 수목을 옮겨심기 전 일반적으로 뿌리돌림을 실시하는 시기는?

① 6개월~1년 ② 3~6개월
③ 1~2년 ④ 2~3년

해설
뿌리돌림은 수목을 옮겨심기 6개월~1년 전에 실시한다. 봄의 해토 직후부터 생장이 가장 활발한 시기에 하는 것이 적합하며, 혹서기와 혹한기는 피하는 것이 좋다.

36 다음 중 일반적으로 봄에 가장 먼저 황색 계통의 꽃이 피는 수종은?

① 등나무 ② 산수유
③ 박태기나무 ④ 벚나무

해설
산수유
- 원산지 : 우리나라 남부, 중부지방 등지에서 흔히 관상용으로 심고 약용 식물로 재배하는 산수유과이다.
- 잎 : 잎은 대생으로 장타원형이며 길이는 4~10cm, 폭은 2~6cm 정도이다. 잎 표면에는 광택이 나고 잎의 뒷면은 맥 사이에 갈색의 털이 밀생해 있다.
- 꽃 : 잎이 나오기 전 3월경에 노란색으로 개화하는데 산형화서로 20~30개의 작은 꽃이 맺혀있다.
- 열매 : 열매는 핵과로 타원형이며 길이는 1.5~2.0cm 정도로 광택이 나는데 빨간 핵과로 익기 시작하여 10월경에 성숙한다.
- 가지, 줄기 : 수피는 잘 벗겨지고 회갈색이며, 소지는 자갈색이다.
- 성상 : 낙엽활엽소교목으로 심근성이고, 토심이 깊고 비옥한 곳에서 좋은 생육을 보인다.

37 거름을 주는 목적이 아닌 것은?

① 조경 수목을 아름답게 유지하도록 한다.
② 병해충에 대한 저항력을 증진시킨다.
③ 토양 미생물의 번식을 억제시킨다.
④ 열매 성숙을 돕고, 꽃을 아름답게 한다.

해설
거름은 유기물을 공급하여 토양 미생물의 활동을 증진시키는 효과가 있다.

38 도급공사는 공사 실시방식에 따른 분류와 공사비 지불방식에 따른 분류로 구분할 수 있다. 다음 중 공사 실시방식에 따른 분류에 해당하는 것은?

① 분할도급
② 정액도급
③ 단가도급
④ 실비정산 보수가산도급

해설
공사 실시방식

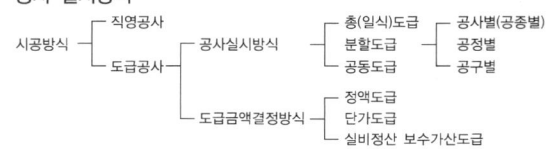

39 르네상스시대 이탈리아 정원의 설명으로 옳지 않은 것은?

① 높이가 다른 여러개의 노단을 잘 조화시켜 좋은 전망을 살린다.
② 강한 축을 중심으로 정형적 대칭을 이루도록 꾸며진다.
③ 주축선 양쪽에 수림을 만들어 주축선을 강조 하는 비스타 수법을 이용하였다.
④ 원로의 교차점이나 종점에는 조각, 분천, 연못, 카스케이드 벽천, 장식화분 등이 배치된다.

해설
르네상스 시대 이탈리아 정원은 중앙에 물을 담은 분수나 연못을 두고 그 주위에 정형적 대칭을 이루는 형태로 조성되었으며, 높낮이가 다른 노단을 활용하였다. 주축선을 강조하기 위해 수림을 배치하는 것은 프랑스식 정원의 특징이다.

40 도시공원 및 녹지 등에 관한 법률에서 규정한 편익시설로만 구성된 공원시설들은?

① 주차장, 매점
② 박물관, 휴게소
③ 야외음악당, 식물원
④ 그네, 미끄럼틀

해설
정의(도시공원 및 녹지 등에 관한 법률 제2조 제2항 제4호)
'공원시설'이란 도시공원의 효용을 다하기 위하여 설치하는 다음의 시설을 말한다.
가. 도로 또는 광장
나. 화단, 분수, 조각 등 조경시설
다. 휴게소, 긴 의자 등 휴양시설
라. 그네, 미끄럼틀 등 유희시설
마. 테니스장, 수영장, 궁도장 등 운동시설
바. 식물원, 동물원, 수족관, 박물관, 야외음악당 등 교양시설
사. 주차장, 매점, 화장실 등 이용자를 위한 편익시설
아. 관리사무소, 출입문, 울타리, 담장 등 공원관리시설
자. 실습장, 체험장, 학습장, 농자재 보관창고 등 도시농업(도시농업의 육성 및 지원에 관한 법률에 따른 도시농업)을 위한 시설
차. 내진성 저수조, 발전시설, 소화 및 급수시설, 비상용 화장실 등 재난관리시설
카. 그 밖에 도시공원의 효용을 다하기 위한 시설로서 국토교통부령으로 정하는 시설

41 동양정원에서 연못을 파고 그 가운데 섬을 만드는 수법에 가장 큰 영향을 준 것은?

① 자연지형
② 기상요인
③ 신선사상
④ 생활양식

해설
우리나라 조경의 특징
• 신선사상에 근거를 두고 음양오행설이 가미 되었다.
• 동양정원에서 연못을 파고 그 가운데 섬을 만드는 수법에 가장 큰 영향을 준 것 역시 신선사상이다.
• 연못은 땅(음)을 상징하고 있으며 둥근섬은 하늘(양)을 상징하고 있다.

42 잔디의 뗏밥주기에 대한 설명으로 틀린 것은?

① 토양은 기존의 잔디밭의 토양과 같은 것을 5mm 체로 쳐서 사용한다.
② 난지형 잔디의 경우 생육이 왕성한 6~8월에 준다.
③ 잔디포장 전면에 골고루 뿌리고, 레이크로 긁어 준다.
④ 일시에 많이 주는 것이 효과적이다.

해설
뗏밥은 연 1~2회 주며, 두께는 보통 2~4mm 정도로 주고 다시 줄 때는 15일이 지난 후에 준다. 골프장의 경우 3~7mm 정도로 연 3~5회 주고, 일시에 많이 주는 것은 피한다.

43 철재의 일반 성질 중 재료가 파괴되기까지 높은 응력에 잘 견딜 수 있고, 동시에 큰 변형이 되는 성질은?

① 탄성
② 강도
③ 인성
④ 내구성

해설
인성은 재료가 오력으로 변형을 일으키면서도 파괴되지 않고 견딜 수 있는 성질이다.

44 우리나라 고려시대의 대표적인 궁궐은?

① 안학궁 ② 국내성
③ 만월대 ④ 칠궁

해설
③ 만월대는 고려의 궁궐터를 부르는 명칭이다.
고려시대 대표적인 정원 유적으로는 동지(東池), 만월대, 수창궁원, 청평사 문수원 정원 등이 있다.

45 식재, 포장, 계단, 분수 등과 같은 한정된 문제를 해결하기 위해 구성요소, 재료, 수목들을 선정하여 기능적이고 미적인 3차원적 공간을 구체적으로 창조하는데 초점을 두어 발전시키는 것은?

① 조경설계 ② 평가
③ 단지계획 ④ 조경계획

해설
조경프로젝트의 수행단계별 구분
- 조경계획 : 자료의 수집, 분석, 종합에 초점을 맞추는 수행단계
- 조경설계 : 자료를 활용하여 3차원적 공간을 창조해 나가는 수행단계
- 조경시공 : 공학적 지식과 생물을 다루는 특별한 기술이 필요한 수행단계
- 조경관리 : 식생과 시설물의 이용에 관한 전체적인 것을 다루는 수행단계

46 퍼걸러 설치와 관련한 설명으로 부적합한 것은?

① 보행동선과의 마찰을 피한다.
② 높이에 비해 넓이가 약간 넓게 축조한다.
③ 퍼걸러는 그늘을 만들기 위한 목적이다.
④ 불결하고 외진 곳을 피하여 배치한다.

해설
② 일반적으로 높이보다 길이가 길도록 한다.

47 다음 중 순공사원가를 가장 바르게 표시한 것은?

① 재료비 + 노무비 + 경비
② 재료비 + 노무비 + 일반관리비
③ 재료비 + 일반관리비 + 이윤
④ 재료비 + 노무비 + 경비 + 일반관리비 + 이윤

해설
공사비의 구성
- 순공사비 = 재료비 + 노무비 + 경비
- 총공사비 = 도급액 + 관급자재비 + 이전비
- 직접노무비 = 시공수량 × 품셈 × 노무단가
- 간접노무비 = 직접노무비 × 간접노무비율(15% 내외)
- 이윤 = (순공사원가 + 일반관리비 − 재료비) × 15%
  또는 (노무비 + 경비 + 일반관리비) × 15%

48 조경시설물의 관리원칙으로 옳지 않은 것은?

① 여름철 그늘이 필요한 곳에 차광시설이나 녹음수를 식재한다.
② 노인, 주부 등이 오랜 시간 머무는 곳은 가급적 석재를 사용한다.
③ 바닥에 물이 고이는 곳은 배수시설을 하고 다시 포장한다.
④ 이용자의 사용빈도가 높은 것은 충분히 조이거나 용접한다.

해설
노인, 주부 등이 오랜 시간 머무는 곳의 시설은 가능한 목재로 설치하고, 그늘이나 습기가 많은 곳의 시설은 콘크리트재나 석재로 설치한다.

49 다음 중 금속재료의 특성이 바르게 설명된 것은?

① 소재 고유의 광택이 우수하다
② 소재의 재질이 균일하지 않다.
③ 재료의 질감이 따뜻하게 느껴진다.
④ 일반적으로 산에 부식되지 않는다.

해설
금속재료의 특성
• 대부분 상온에서 고체이고, 비중이 크다.
• 입자배열이 규칙적이며, 일정한 결정구조를 가진다.
• 소재 고유의 광택이 우수하고, 고유한 색깔을 지닌다.
• 연성 및 전성이 우수하고, 합금이 다양하다.
• 열과 전기가 잘 통하고, 산·알칼리와 크게 반응한다.

50 소나무에 많이 발생하는 솔나방 구제에 가장 효과적인 농약은?

① 만코지제(다이센)
② 캡탄 수화제(오소사이드)
③ 폴리옥신 수화제
④ 디프제(디프록스)

해설
솔나방에는 디프록스(디프), 알시스틴, 그로포(더스반), 메프(스미티온·메프티온) 수화제 등을 사용하여 방제한다.

51 콘크리트 슬럼프시험에 대한 설명 가운데 옳지 않은 것은?

① 반죽질기를 측정하는 것이다.
② 슬럼프값이 높은 수치일수록 좋은 것이다.
③ 슬럼프값의 단위는 cm이다.
④ 콘크리트 치기작업의 난이도를 판단할 수 있다.

해설
② 슬럼프값 높으면 작업성이 좋지만 강도 저하 가능성이 있으므로 적정 슬럼프값을 유지하는 것이 좋다.

52 콘크리트의 혼화재료 중 혼화재에 해당하는 것은?

① AE제(공기 연행제)
② 분산제(감수제)
③ 응결촉진제
④ 슬래그

해설
혼화재와 혼화제
- 혼화재 : 시멘트의 성질을 개량할 목적으로 사용하는 재료로서, 시멘트량의 5% 이상을 첨가하므로 그 부피가 배합계산에 포함되는 것
  예 고로슬래그, 천연포졸란, 플라이애시 등
- 혼화재 : 혼화재와 같이 시멘트의 성질 개량을 목적으로 사용하지만, 시멘트량의 1% 이하만 첨가하므로 그 부피가 배합계산에 포함되지 않는 것
  예 AE제, 감수제, 급결제, 지연제, 방수제 등

53 다음은 합판에 대한 설명이다. 잘못된 것은?

① 보통합판은 짝수의 단판을 직교시켜 붙여서 만든다.
② 섬유방향에 따라 달라지는 강도의 차이가 없다.
③ 합판은 나뭇결이 아름답고 수축·팽창으로 생기는 변형이 거의 없다.
④ 평활한 넓은 판을 만들 수 있다.

해설
① 단판의 적층은 보통 3, 5, 7매로 구성하고 특수 용도로는 15부 합판, 24부 합판 등 단판의 적층에 따라 합판의 두께를 조절할 수 있다.
합판의 특징
- 합판은 목재를 얇은 판으로 깎은 단판에 접착제를 바른 다음, 나무의 결이 엇갈리게 여러 겹으로 붙여서 만든 판상의 가공재이다.
- 제품이 규격화되어 있어 능률적으로 사용 가능하다.
- 나뭇결이 아름답고, 균일한 크기로 제작이 가능하다.
- 수축·팽창 등에 의한 변형이 거의 없다.
- 고른 강도를 유지하며, 넓은 면적을 이용할 수 있다.
- 내구성과 내습성이 크다.

54 다음 중 도시공원 및 녹지 등에 관한 법률 시행규칙에서 구분한 공원 가운데 그 규모가 가장 작은 것은?

① 묘지공원
② 체육공원
③ 도보권 근린공원
④ 어린이공원

해설
도시공원의 설치 및 규모의 기준(도시공원 및 녹지 등에 관한 법률 시행규칙 [별표 3])

공원구분		유치거리	규모
생활권 공원	어린이공원	250m 이하	1,500m² 이상
	도보권 근린공원	1,000m 이하	30,000m² 이상
주제 공원	묘지공원	제한 없음	100,000m² 이상
	체육공원	제한 없음	10,000m² 이상

55 시멘트의 저장에 관한 설명으로 옳은 것은?

① 벽이나 땅바닥에서 30cm 이상 떨어진 마루 위에 쌓는다.
② 20포대 이상 포개 쌓는다.
③ 유해가스배출을 위해 통풍이 잘 되는 곳에 보관한다.
④ 덩어리가 생기기 시작한 시멘트를 우선 사용한다.

해설
시멘트 창고의 기준과 보관 방법
- 창고의 바닥높이는 지면에서 30cm 이상으로 한다.
- 지붕은 비가 새지 않는 구조로 하고, 벽이나 천장은 기밀하게 한다.
- 창고 주위는 배수도랑을 두고 우수의 침입을 방지한다.
- 출입구 채광창 이외의 환기창은 두지 않는다.
- 반입구와 반출구를 따로 두어 먼저 쌓는 것부터 사용하도록 한다.
- 시멘트쌓기의 높이는 13포(1.5m) 이내로 하고, 장기간 쌓아 두는 것은 7포 이내로 한다.
- 저장 중에 약간이라도 굳은 시멘트는 공사에 사용하지 않아야 한다.
- 3개월 이상 장기간 저장한 시멘트는 사용하기에 앞서 재시험을 실시하여 그 품질을 확인하여야 한다.
- 시멘트의 온도가 너무 높을 때는 그 온도를 낮추어서 사용하여야 하고, 일반적으로 50℃ 정도 이하의 시멘트를 사용하는 것이 좋다.

52 ④ 53 ① 54 ④ 55 ④ **정답**

56 잔디의 뗏밥넣기에 관한 설명으로 가장 부적합한 것은?

① 뗏밥은 가는 모래 2, 밭흙 1, 유기물 약간을 섞어 사용한다.
② 뗏밥에 이용하는 흙은 일반적으로 열처리하거나 증기 소독 등 소독을 하기도 한다.
③ 뗏밥은 한지형 잔디의 경우 봄, 가을에 주고 난지형 잔디의 경우 생육이 왕성한 6~8월에 주는 것이 좋다.
④ 뗏밥의 두께는 30mm 정도로 주고, 다시 줄 때에는 일주일이 지난 후에 잎이 덮일 때까지 주어야 좋다.

해설
④ 뗏밥의 두께는 2~4mm 정도로 주고, 다시 줄 때에는 15일이 지난 후에 주어야 하며, 봄철에 두껍게 한 번에 주는 경우에는 5~10mm 정도로 시행한다.

57 일반적인 전정시기와 횟수에 관한 설명으로 틀린 것은?

① 침엽수는 10~11월경이나 2~3월에 한 번 실시한다.
② 상록활엽수는 5~6월과 9~10월경 두 번 실시한다.
③ 낙엽수는 일반적으로 11~3월 및 7~8월경에 각각 한번씩 두 번 전정한다.
④ 관목류는 일반적으로 계절이 변할 때마다 전정하는 것이 좋다.

해설
관목류의 전정을 할 때는 수목 특성에 따라 다듬기, 솎아내기 등을 실시한다.

58 '자연은 직선을 싫어한다'라고 주장한 영국의 낭만주의 조경가는?

① 브릿지맨　② 켄트
③ 챔버　　　④ 렙턴

해설
윌리엄 켄트는 근대 조경의 아버지로 불리며, '자연은 직선을 싫어한다'는 말을 남겼다. 수로, 산울타리 등을 배척하고 불규칙적인 생김새의 정원을 꾸몄다.

59 다음 중 혼합시멘트로 가장 적당한 것은?

① 보통 시멘트
② 조강 시멘트
③ 실리카 시멘트
④ 중용열 시멘트

해설
혼합시멘트 : 슬래그 시멘트(고로 시멘트), 플라이애시 시멘트, 포졸란 시멘트(실리카 시멘트)

60 양질의 포졸란을 사용한 시멘트의 일반적인 특징 설명으로 틀린 것은?

① 수밀성이 크다.
② 해수(海水) 등에 화학 저항성이 크다.
③ 발열량이 적다.
④ 강도의 증진이 빠르나 장기강도가 작다.

해설
포졸란은 자체적으로는 물과 반응하여 굳는 성질을 가지지 않지만 물에 녹아 있는 수산화칼슘과 반응하여 불용성의 화합물을 형성하는 물질이다. 포졸란 반응으로 초기강도는 감소되고 장기강도는 증가되어 수밀성이 개선되고 해수에 대한 화학적 저항성이 증진되는 특징이 있다.

정답　56 ①　57 ④　58 ②　59 ③　60 ④

참 / 고 / 문 / 헌

- 교육부, NCS 학습모듈(조경관리), 한국직업능력개발원, 2024

- 교육부, NCS 학습모듈(조경설계), 한국직업능력개발원, 2024

- 교육부, NCS 학습모듈(조경시공), 한국직업능력개발원, 2024

- 김광래, 조경관리학, 대한교과서, 1988

- 김수봉, 환경과 조경, 학문사, 2003

- 이범영·정영진, 한국수목해충, 성안당, 1999

- 조경기술 Ⅰ·Ⅱ, 교육인적자원부, 2007

- 최광희, 조경기능사 한권으로 끝내기, 시대고시기획, 2022

- 최대희 외, 조경기사·산업기사 한권으로 끝내기, 시대고시기획, 2009

무단뽀 조경기능사 필기

개정3판1쇄 발행	2026년 01월 05일 (인쇄 2025년 07월 24일)
초 판 발 행	2023년 01월 05일 (인쇄 2022년 12월 13일)
발 행 인	박영일
책 임 편 집	이해욱
저　　자	홍석윤
편 집 진 행	윤진영 · 장윤경
표지디자인	권은경 · 길전홍선
편집디자인	정경일
발 행 처	(주)시대고시기획
출 판 등 록	제10-1521호
주　　소	서울시 마포구 큰우물로 75 [도화동 538 성지 B/D] 9F
전　　화	1600-3600
팩　　스	02-701-8823
홈 페 이 지	www.sdedu.co.kr
I S B N	979-11-383-9604-2(13520)
정　　가	26,000원

※ 저자와의 협의에 의해 인지를 생략합니다.
※ 이 책은 저작권법의 보호를 받는 저작물이므로 동영상 제작 및 무단전재와 배포를 금합니다.
※ 잘못된 책은 구입하신 서점에서 바꾸어 드립니다.